土木工程系列教材

房屋建筑学

（第 3 版）

裴刚　沈粤　扈媛　安艳华　编

华南理工大学出版社

·广州·

内 容 简 介

本书是供非建筑学专业开设"房屋建筑学"课程用的教科书。本书在内容上力求贴近实际工程、贴近现行规范,努力做到全面系统地阐述建筑设计的理论和方法。

全书共分三篇,第一篇为民用建筑设计原理,第二篇为民用建筑构造,第三篇为工业建筑设计原理及构造。

本书可作为土木工程、建筑工程管理、建筑设备工程等专业的本专科教材和教学参考书,也可供从事建筑设计、施工的技术人员参考。

图书在版编目(CIP)数据

房屋建筑学/裴刚等编. —3 版. —广州:华南理工大学出版社,2011.1(2024.3 重印)
土木工程系列教材
ISBN 978-7-5623-3367-8

Ⅰ. ①房… Ⅱ. ①裴… Ⅲ. ①房屋建筑学-高等学校-教材 Ⅳ. TU22

中国版本图书馆 CIP 数据核字(2011)第 010450 号

总 发 行:华南理工大学出版社(广州五山华南理工大学 17 号楼,邮编 510640)
　　　　　营销部电话:020-87113487　　87110964　　87111048(传真)
　　　　　E-mail: scutc13@scut.edu.cn　　http://hg.cb.scut.edu.cn
责任编辑:赖淑华
印 刷 者:广州小明数码印刷有限公司
开　　本:787mm×1092mm　1/16　印张:32.25　字数:805 千
版　　次:2011 年 1 月第 3 版　2024 年 3 月第 24 次印刷
印　　数:47001～48000 册
定　　价:48.50 元

版权所有　盗版必究

编辑委员会

顾　问：
　　　　容柏生　（工程院院士、设计大师,广东省建筑设计研究院总工程师、高工）
　　　　何镜堂　（工程院院士、设计大师,华南理工大学教授、博导）
　　　　方秦汉　（工程院院士,华中科技大学教授、博导）
　　　　曾庆元　（工程院院士,长沙铁道学院教授、博导）
　　　　陈宗弼　（设计大师、高工,广东省建筑设计研究院副总工程师）
　　　　陈家辉　（高工,广东省建筑工程总公司总工程师）
　　　　江见鲸　（清华大学教授、博导,全国土木工程专业教学指导委员会副主任）
　　　　蒋永生　（东南大学教授、博导,全国土木工程专业教学指导委员会副主任）
　　　　沈蒲生　（湖南大学教授、博导,全国土木工程专业教学指导委员会委员）
　　　　钟善桐　（哈尔滨工业大学教授、博导）
　　　　吴仁培　（华南理工大学教授）
　　　　姚玲森　（同济大学教授）
　　　　秦　荣　（广西大学教授、博导）
　　　　叶国铮　（广州大学教授）
　　　　卢　谦　（清华大学教授）

主　任：蔡　健
副主任：卫　军　张学文
委　员：（以姓氏笔划为序）
　　　　于　布　文鸿雁　王元汉　王仕统　王　勇　王祖华
　　　　邓志恒　叶伟年　叶作楷　刘玉珠　李汝庚　李丽娟
　　　　李惠强　杨小平　杨昭茂　杨　锐　张中权　张　原
　　　　吴瑞麟　陈存恩　陈雅福　陈超核　罗旗帜　周　云
　　　　金仁和　金康宁　资建民　徐礼华　梁启智　梁昌俊
　　　　覃　辉　谭宇胜　裴　刚　熊光晶
策划编辑：赖淑华　杨昭茂
项目执行：赖淑华

前　言

根据教育部1998年7月颁布的新的普通高等学校本科专业目录的要求，新的土木工程专业面扩大了许多，"大土木"的专业特点正在形成，本教材力求结合这新的情况为非建筑学专业的学生学习建筑设计提供较全面的知识。

本书以文字为主，图文并茂，并第一次尝试将城市规划和建筑装饰构造从其他章节中分离出来，独立成章以便读者更系统地掌握。本书着重阐述民用与工业建筑设计的基本原理和基本方法，紧密结合建筑的设计规律，同时吸取国内外建筑设计与构造的许多经验和做法，体现了建筑设计的全过程。在参考了其他同类教材的基础上为读者提供一本较为完整、系统、内容丰富的教科书。

全书共分为3篇，第1篇为民用建筑设计原理，以大量的民用建筑设计为主，涉及部分大型公共建筑。第2篇为民用建筑构造，以构造原理及常用构造做法为主。第3篇为工业建筑设计原理及构造，以厂房设计原理为主。本书除可作为非建筑学专业本、专科学生的建筑学教材外，也可供从事建筑设计、施工、监理的工程技术人员作为参考书使用。

本书第一版是以2001年以前的教学大纲为依据，以当时的国家规范为准绳，涉及的许多建筑理念和做法现已过时。在本书责任编辑赖淑华老师的支持下，在2006年由广州大学裴刚老师对本书进行了修订。迄今，修订版已使用了四年。为将这四年的教学经验和用书心得融入其中，裴刚老师又对本书再次进行修订。此次修订更新了书中的部分内容，并对部分章节重新进行整合，使之更系统、更完整、更适应教学要求。

本书编写分工如下：

第1~2章、第17~20章由沈粤编写，第5章由扈媛编写，第16章由安艳华编写，第3~4章、第6~15章由裴刚编写。全书由裴刚负责统稿。

限于水平和经验，书中如有不妥之处，敬请读者批评指正。

编　者

2010年10月

目　录

第1篇　民用建筑设计原理

第1章　建筑设计概论 (3)
　1.1　建筑和构成建筑的基本要素 (3)
　1.2　建筑的发展 (4)
　1.3　建筑物的分类 (23)
　1.4　工程建设的基本程序与内容 (25)
　1.5　建筑设计的要求 (28)
　1.6　建筑设计的依据 (30)

第2章　建筑平面设计 (38)
　2.1　概述 (38)
　2.2　使用部分的平面设计 (40)
　2.3　交通联系部分的平面设计 (56)
　2.4　建筑平面的组合设计 (62)

第3章　建筑剖面设计 (76)
　3.1　房间的剖面形状 (76)
　3.2　房屋各部分高度的确定 (79)
　3.3　房屋的层数 (86)
　3.4　建筑空间的组合与利用 (89)

第4章　建筑体型及立面设计 (96)
　4.1　影响体型和立面设计的因素 (96)
　4.2　建筑构图的基本法则 (101)
　4.3　建筑体型及立面设计方法 (109)

第5章　城市规划原理 (123)
　5.1　城市规划概述 (123)
　5.2　城市总体规划 (125)
　5.3　城市详细规划概述 (128)
　5.4　城市控制性详细规划 (129)
　5.5　城市修建性详细规划 (142)

第2篇 建筑构造

- 第6章 建筑构造概论 (149)
  - 6.1 建筑构造研究的对象与目的 (149)
  - 6.2 建筑物的构造组成及各组成部分的作用 (149)
  - 6.3 影响建筑构造的因素 (150)
  - 6.4 建筑构造设计原则 (151)
- 第7章 基础与地下室构造 (153)
  - 7.1 概述 (153)
  - 7.2 地下室的防潮、防水构造 (159)
- 第8章 墙体构造 (164)
  - 8.1 概述 (164)
  - 8.2 墙体构造 (165)
  - 8.3 砌块墙构造 (174)
  - 8.4 隔墙构造 (176)
- 第9章 楼地层构造 (181)
  - 9.1 概述 (181)
  - 9.2 钢筋混凝土楼板层构造 (183)
  - 9.3 地坪构造 (193)
  - 9.4 楼板层的防水、隔声构造 (194)
  - 9.5 阳台与雨篷构造 (197)
- 第10章 建筑装饰构造 (204)
  - 10.1 概述 (204)
  - 10.2 墙体饰面装修构造 (205)
  - 10.3 楼地面装饰构造 (213)
  - 10.4 顶棚装饰构造 (220)
- 第11章 楼梯构造 (225)
  - 11.1 概述 (225)
  - 11.2 钢筋混凝土楼梯构造 (226)
  - 11.3 楼梯的细部构造 (233)
  - 11.4 楼梯设计 (239)
  - 11.5 台阶与坡道 (244)
  - 11.6 电梯与自动扶梯 (246)
  - 11.7 有高差处无障碍设计的构造 (251)
- 第12章 屋顶构造 (256)
  - 12.1 概述 (256)
  - 12.2 平屋顶构造 (259)

| 12.3 坡屋顶 | (279) |

第13章 门窗构造 (290)
13.1 概述	(290)
13.2 木门窗构造	(293)
13.3 金属门窗	(301)
13.4 塑料门窗	(308)
13.5 遮阳	(308)

第14章 变形缝构造 (311)
14.1 概述	(311)
14.2 伸缩缝	(311)
14.3 沉降缝	(316)
14.4 防震缝	(319)

第15章 民用建筑工业化 (322)
15.1 概述	(322)
15.2 大板建筑	(323)
15.3 大模板建筑	(333)
15.4 框架板材建筑	(336)
15.5 其他类型的工业化建筑	(341)

第16章 建筑节能设计及构造 (347)
16.1 概述	(347)
16.2 建筑规划与节能设计	(352)
16.3 建筑体型与节能设计	(355)
16.4 建筑围护结构的建筑节能设计与构造	(357)

第3篇 工业建筑设计

第17章 工业建筑设计概论 (389)
| 17.1 工业建筑的特点和分类 | (389) |
| 17.2 工业建筑设计要求 | (391) |

第18章 单层厂房设计 (393)
18.1 单层厂房的组成	(393)
18.2 平面的设计	(396)
18.3 厂房剖面设计	(402)
18.4 单层厂房定位轴线	(419)
18.5 单层厂房立面设计及内部空间处理	(424)

第19章 单层厂房构造 (429)
| 19.1 外墙 | (429) |
| 19.2 屋面 | (438) |

19.3 侧窗、大门 …………………………………………………………………(450)
19.4 天窗 ………………………………………………………………………(458)
19.5 地面及其他设施 …………………………………………………………(471)
第20章 多层厂房设计 …………………………………………………………(478)
20.1 概述 ………………………………………………………………………(478)
20.2 多层厂房平、剖面设计 …………………………………………………(479)
20.3 多层厂房柱网选择与结构选型 …………………………………………(492)
20.4 立面设计 …………………………………………………………………(497)
参考文献 …………………………………………………………………………(506)

第1篇 民用建筑设计原理

第1章 建筑设计概论

1.1 建筑和构成建筑的基本要素

1.1.1 什么是建筑

人类的生存和发展，都与建筑有着密不可分的关系，以人们最基本的生活条件"衣、食、住、行"来说，其中的"住"就需要房屋，"房屋"从广义上来讲就是"建筑"，而我们常说的"盖"房子，也叫"建筑"房子。这表明"建筑"两个字具有多层含义。

"建筑"这个词是近代从外国传进来的，在我国古代曾叫"营造"、"营建"、"营缮"，也就是经营建造的意思。时至今日，"建筑"已有了这样一些含义：一是建筑物和构筑物的通称，建筑物是为了满足社会的需要、利用所掌握的物质技术手段，在科学规律和美学法则的支配下，通过对空间的限定、组织而创造的人为社会生活环境。如居住建筑、公共建筑、宗教建筑、工业建筑等；构筑物则是人们不在其中进行生产、生活的建筑，如烟囱、水塔、电塔、堤坝等。二是指各种土木工程、建筑工程的建造活动，如建造楼房、建造堤坝、建造桥梁等。三是指工程技术和建筑艺术的综合创作，如建筑技术、建筑造型、建筑艺术、建筑思潮等。

1.1.2 构成建筑的基本要素

构成建筑的基本要素是建筑功能、建筑技术和建筑形象，通称为建筑的三要素。

（1）建筑功能

人们建造房屋有着明显的使用要求，它体现了建筑物的目的性。例如，建造工厂是为了生产的需要，建造住宅是为了居住的需要，建造影剧院则是文化生活的需要等。因此，满足人们对各类建筑的不同的使用要求，即为建筑功能要求。但是，各类房屋的建筑功能不是一成不变的，它随着人类社会的不断发展和人们物质文化生活水平的不断提高而有不同的内容和要求。

（2）建筑技术

建筑技术是建造房屋的手段，包括建筑结构、建筑材料、建筑施工和建筑设备等内容。结构和材料构成了建筑的骨架，设备是保证建筑物达到某种要求的技术条件，施工是保证建筑物实施的重要手段。建筑功能的实施离不开建筑技术作为保证条件。随着生产和科学技术的发展，各种新材料、新结构、新设备的发展和新的施工工艺水平的提高，新的建筑形式不断涌现，同时更加满足了人们对各种不同功能的需求。

（3）建筑形象

建筑形象是建筑物内外观感的具体体现，它包括内外空间的组织，建筑体型与立面的处理，材料、装饰、色彩的应用等内容。建筑形象处理得当能产生良好的艺术效果，给人以感染力，如庄严雄伟、朴素大方、简洁明快、生动活泼等不同的感觉。建筑形象因社会、民族、地域的不同而不同，它反映出了绚丽多彩的建筑风格和特色。

建筑功能、技术条件和建筑形象三者是辩证统一的，不可分割并相互制约。一般情况下，建筑功能是第一性的，是房屋建造的目的，是起主导作用的因素；其次是建筑技术，它是通过物质技术达到目的的手段，但同时又有制约和促进作用；而建筑形象则是建筑功能、建筑技术与建筑艺术内容的综合表现。但有时对一些纪念性、象征性、标志性建筑，建筑形象往往也起主导作用，成为主要因素。总之，在一个优秀的建筑作品中，这三者应该是和谐统一的。

1.1.3 认识"房屋建筑学"

"房屋建筑学"是研究建筑物设计的一门科学。"房屋建筑学"这门课程就是研究建筑物的平面和空间设计以及建筑物构造等的设计问题，并将其分为主要的两大部分（即民用建筑、工业建筑）来论述。"房屋建筑学"这门课程的内容与"建筑制图"、"建筑材料"、"建筑历史"、"建筑设计原理"、"建筑物理"等相关课程有关。

1.2 建筑的发展

1.2.1 国外建筑的发展概况

建造房屋是人类最早的生产活动之一，随着社会的不断发展，人类对建造房屋的内容和形式的要求发生了巨大的变化。建筑的发展反映了时代的变化与发展，建筑形式也深深地留下了时代的烙印。

1.2.1.1 原始社会

人们在最初对建筑的要求就是能防止野兽的侵袭、挡风避雨。当人类进入新石器时代，随着人类的定居和工具的发展，开始用石头和树枝建造掩蔽物，这便是建筑物发展的最初形式（图1-1）。

1.2.1.2 奴隶社会

公元前4000年以后，世界上开始由奴隶社会取代原始社会，出现了最早的奴隶制国家，在建筑形式上也发生了巨大的变化。

(1) 古埃及建筑

在大约公元前3000年，埃及成了统一的奴隶制帝国，实行奴隶主专制统治，同时在这里也出现了人类第一批巨大的纪念性建筑，如陵墓和神庙。金字塔是古埃及最著名的建筑，它是古埃及统治者"法老"的陵墓，距今已有5000余年的历史。散布在尼罗河下游两岸的金字塔共有70多座，最大的一座为胡夫金字塔，底面边长230.6m，高146.4m，用230万块巨石干砌而成，每块石料重2.6t（图1-2）。

太阳神庙也是古埃及著名建筑之一，神庙内部有134根高21m和13m的柱子形成的柱林，体现出一派冷酷神秘的气氛（图1-3）。

(a) 天然洞穴

(b) 石洞

(c) 巢居

图 1-1 原始的洞穴和窝棚

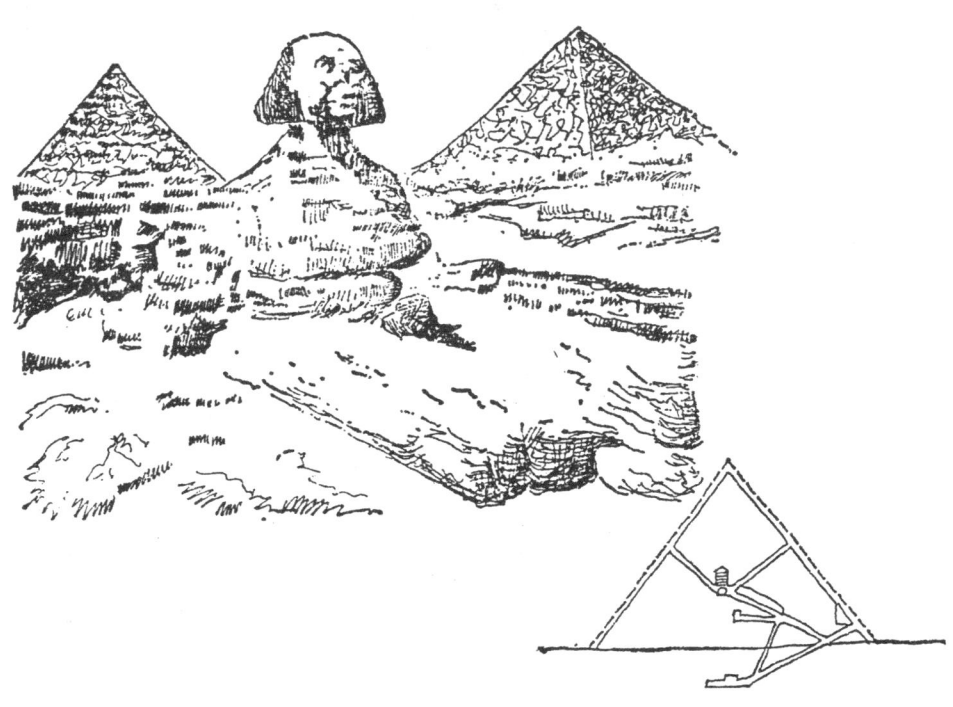

图 1-2 埃及吉萨金字塔群（公元前 2650—公元前 2500）

图 1-3 古埃及太阳神庙柱厅剖面

(2) 古希腊建筑

古希腊包括巴尔干半岛、小亚细亚西岸、爱琴海诸岛屿、西西里和黑海地区。古希腊是欧洲文化的摇篮，古希腊的建筑特色在柱式（Ordo）上很有特点，其中多立克（Doric）和爱奥尼克（Ionic）极具代表性。多立克柱式刚劲雄健，用来表示古朴庄重的建筑形式；爱奥尼克柱式清秀柔美，适用于秀丽典雅的建筑形象（图 1-4）。古希腊时期还产生了第三种柱式，即科林斯柱式（Corinthian），它的柱头由忍冬草的叶片组成，宛如一个花篮。古希腊的柱式后来被古罗马人继承和发展，并随着古罗马的建筑影响全世界。

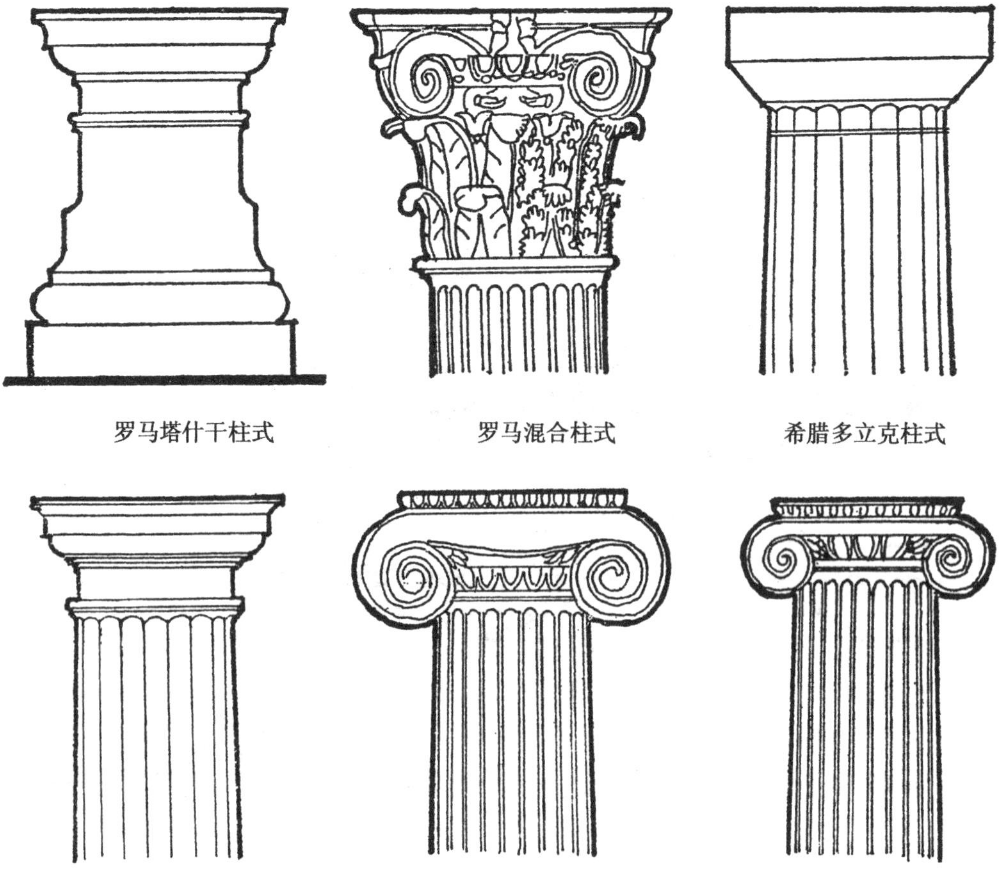

| 罗马塔什干柱式 | 罗马混合柱式 | 希腊多立克柱式 |

| 罗马多立克柱式 | 希腊爱奥尼克柱式 | 罗马爱奥尼克柱式 |

图 1-4 古希腊和古罗马柱式

被视为古希腊建筑典范的雅典卫城，是雅典人为了纪念波希战争的胜利而修建的一组建筑群，它是由帕堤农神庙、伊瑞克先神庙、胜利神庙和卫城山门组成。建筑群布局灵活、主次分明、高低错落，被誉为西方建筑史上建筑群体组合艺术的辉煌杰作（图1-5）。

图1-5 雅典卫城

帕堤农神庙是雅典卫城的主体建筑，该建筑恰当地选择了陶立克柱式，使整个神庙尺度适宜，简洁大方，风格明朗（图1-6）。

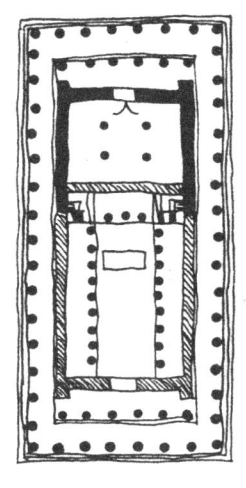 

图1-6 帕堤农神庙的平面和残迹

(3) 古罗马建筑

罗马本是意大利半岛中部西岸的小城邦国家，后逐渐向外扩张，到公元前30年，罗马已成为横跨欧、亚、非的帝国。公元1~3世纪是古罗马建筑最繁荣的时期，也是世界奴隶制时代建筑的最高水平。

古罗马建筑在建筑空间处理以及结构、材料、施工等方面都取得了重大成就，形成了独特的建筑风格。在空间处理上，注意空间的层次、形体的组合，达到了宏伟壮观的效果；在结构方面发展了拱券和穹顶结构，在建筑材料上运用了当地出产的天然混凝土，有效地取代了石材。

罗马万神庙就是穹顶技术的成功一例。万神庙是古罗马宗教膜拜诸神的庙宇，平面由矩形门廊和圆形正殿组成，圆形正殿直径和高度均为43.3m，上覆穹隆，顶部开有直径8.9m的圆洞，可顶部采光，并寓意人与神的联系。这一建筑从建筑构图到结构形式，堪称为古罗马建筑的珍品（图1-7）。

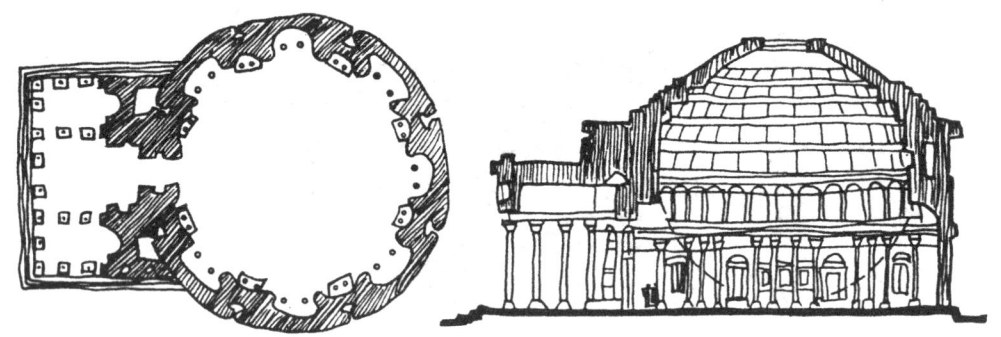

图1-7 罗马万神庙平、剖面图

罗马大斗兽场也是罗马建筑的代表作之一。大斗兽场用作角斗士与野兽或角斗士相互角斗的场所，建筑平面呈椭圆形，长轴188m，短轴156m，立面高48.5m，分为4层，下面3层为连续的券柱组合，第4层为实墙（图1-8）。它是建筑功能、结构和形式三者和谐统一的楷模，它有力地证明了古罗马建筑已发展到了相当成熟的地步。

图1-8 罗马大斗兽场

1.2.1.3 封建社会

在公元4~5世纪，欧洲各国先后进入到中世纪的封建社会。在这一时期宗教建筑得到了迅速的发展，能容纳上千人的大教堂、修道院等便成了这一时期建筑活动的重要内容。为了适应大空间、大跨度的要求，建筑技术也有了进一步的发展，拱肋结构、飞扶壁结构、穹帆结构相继出现，使建筑内外部空间更加丰富多彩（图1-9）。

以这一时期法国的巴黎圣母院为典型实例。它位于巴黎的斯德岛上，平面宽47m，长125m，可容纳万人，结构用柱墩承重，柱墩之间全部开窗，并有尖券六分拱顶、飞扶壁。其建筑形象也反映了强烈的宗教气氛，是哥特式建筑的代表作品（图1-10）。

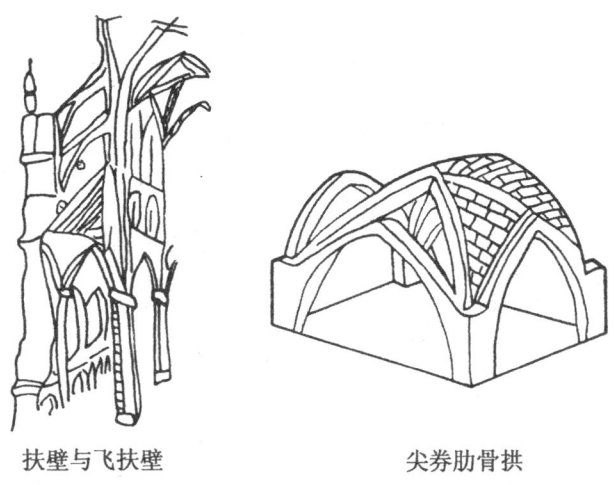

图 1-9　扶壁与飞扶壁结构、尖券肋骨拱结构

图 1-10　巴黎圣母院

1.2.1.4　文艺复兴和资本主义近现代建筑

在 14 世纪末，资产阶级在上层建筑领域里掀起了"文艺复兴运动"，即借助于古典文化来反对封建文化并建立自己的文化。在这期间，建筑家们在古希腊、古罗马的柱式的基础上，结合当时的建造技术、材料和施工方法等，总结出了一套完整的建筑构图原理，于是各种拱顶券廊、柱式成为文艺复兴时期建筑构图的主要手段，并一直发展到 19 世纪。这种建筑形式在欧洲各国都占有统治地位，甚至有的建筑师把这种古典建筑形式绝对化，发展成为古典主义学院派（图 1-11）。

图 1-11 文艺复兴时期几种建筑构图

这一时期的代表性建筑有罗马圣彼得大教堂。它是世界上最大的天主教堂，历时120年建成（1506—1626年），罗马最优秀的建筑师都曾主持过设计与施工，它集中了16世纪意大利建筑、结构和施工的最高成就。它的平面为拉丁十字形，大穹顶轮廓为完整的整球形，内径41.9m，从采光塔到地面为137.8m，是罗马城的最高点。这一建筑被称为意大利文艺复兴时期最伟大的纪念碑（图1-12）。

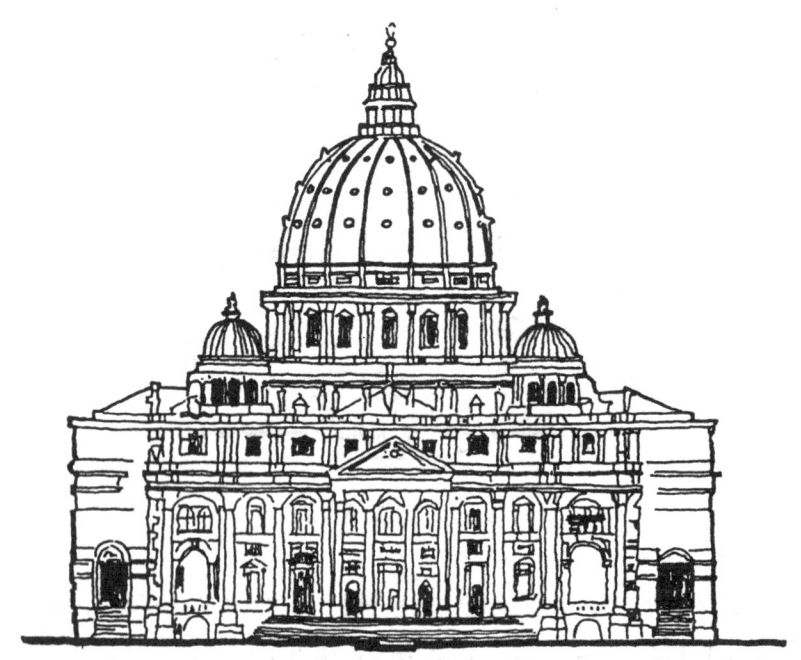

图 1-12 罗马圣彼得大教堂

19世纪欧洲进入资本主义社会。在这初期，虽然建筑规模、建筑技术、建筑材料都有了很大的发展，但是受到根深蒂固的古典主义学院派的束缚，建筑形式没有发生大的变化，以至到19世纪中期，建成的美国国会大厦仍采用万神庙的形式。但社会在不断地进步,技术在迅速地发展,于是建筑新技术、新内容与旧形式之间的矛盾日益尖锐。19 世纪中叶开始,一批建筑师、工程师、艺术家纷纷提出了各自的见解,倡导"新建筑"运动,到 20 世纪 20 年代形成了一套完整的理论体系,即注重建筑的使用功能与建筑形式的统一,力求体现材料和结构特性,反对虚假、繁琐的装饰,并强调建筑的经济性及规模建造。这期间,以格罗皮乌斯、勒·柯布西埃、密斯·凡·德·罗和赖特为代表的"现代建筑"取代了复古主义学院派,形成了世界建筑的主流。德国著名建筑师格罗皮乌斯设计的"鲍豪斯"学校,就是现代建筑的典型代表。校园按功能要求合理分区,平面灵活布局,立面简洁大方,体型新颖(图 1-13)。

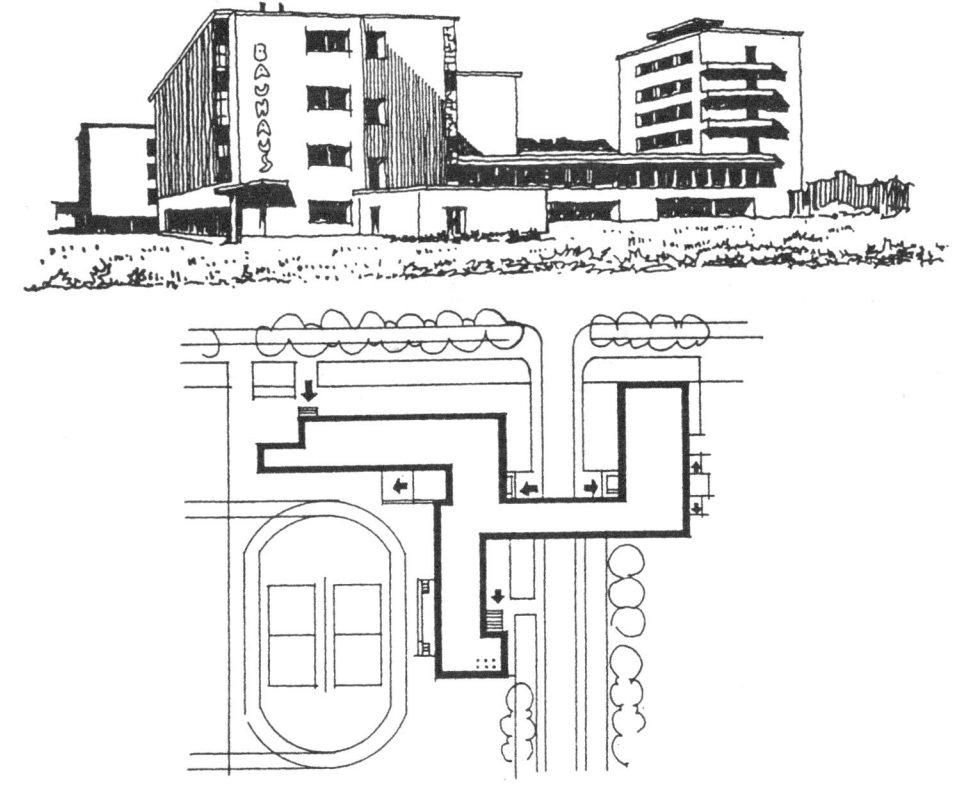

图 1-13 德国鲍豪斯学校

随着社会的不断发展,特别是 19 世纪以来,钢筋混凝土的应用、电梯的发明、新型建筑材料的涌现和建筑结构理论的不断完善,使高层建筑、大跨度建筑相继问世。特别是第二次世界大战以后,建筑设计思潮非常活跃,出现了设计多元化时期,同时也创造出了丰富多彩的建筑形式。

罗马小体育馆的平面是一个直径 60m 的圆,可容纳观众 5000 人,兴建于 1957 年,它是由意大利著名结构工程师和建筑师奈尔维设计的。他把使用要求、结构受力和艺术效果有机地结合起来,可谓体育建筑的精品(图 1-14)。

巴黎国家工业与技术中心陈列馆平面为三角形,每边跨度 218m,高度 48m,总建筑面积为 9 万 m^2,是目前世界上最大的壳体结构,兴建于 1959 年(图 1-15)。

纽约肯尼迪机场候机厅充分利用了混凝土的可塑性,将机场候机厅设计成一只凌空欲

图 1-14 罗马小体育馆

透视　　　　　　　　　　　　　平面

图 1-15 巴黎国家工业与技术中心陈列馆

飞的鸟，象征机场。该建筑于 1960 年建成，由美国著名建筑师伊罗·萨里宁设计（图 1-16）。

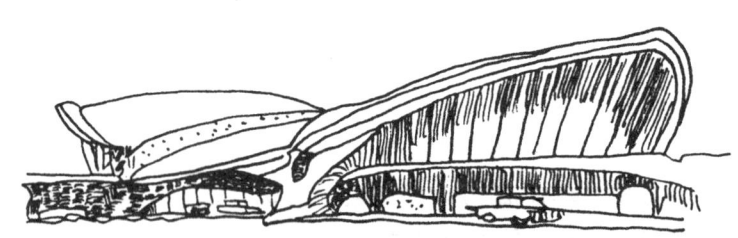

图 1-16 纽约肯尼迪机场候机厅

澳大利亚悉尼歌剧院坐落在澳大利亚悉尼市三面环水的贝尼朗岛上，总建筑面积为 8.8 万 m^2，由音乐厅、歌剧院、剧场、展览厅等组成。它的外形像一支迎风扬帆的船队，采用的是预应力构件组成的肋拱体系，由丹麦建筑师任重设计，1973 年竣工（图 1-17）。

蓬皮杜艺术文化中心将结构构件以及设备管线全部外露，它独特的构思和造型令世人瞩目，也引起许多争议。它总建筑面积 10 万 m^2，由图书馆、现代艺术博物馆、工艺美术设计中心、音乐和声学研究中心等部分组成，落成于 1977 年（图 1-18）。

古根汉姆博物馆坐落在美国纽约市 5 号大街上，在高楼耸立的都市中，它似一枚神奇

第1章 建筑设计概论

图1-17 澳大利亚悉尼歌剧院

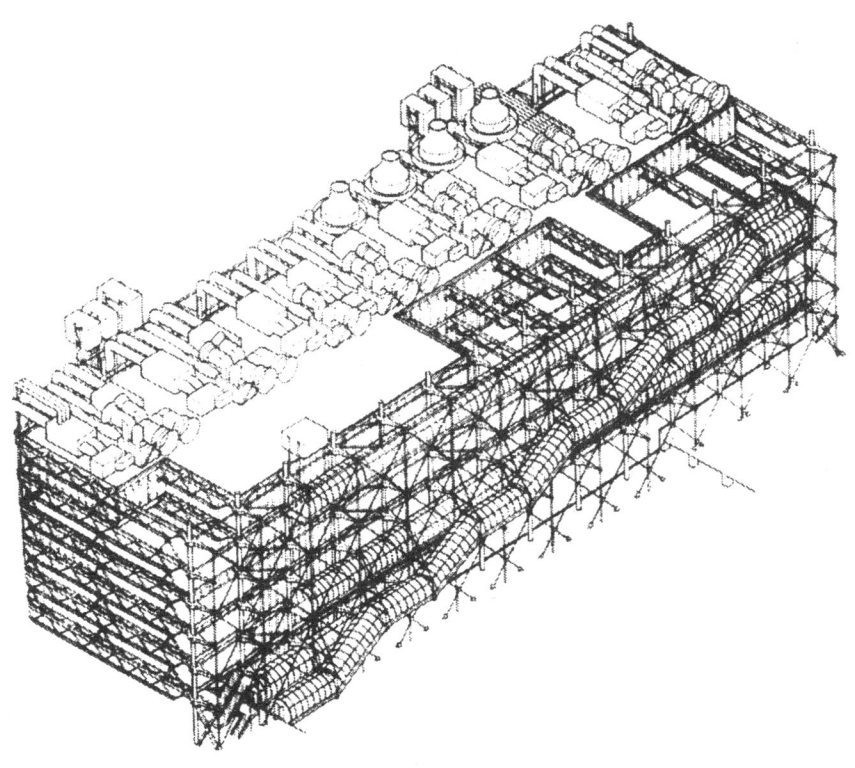

图1-18 法国蓬皮杜艺术文化中心

的海螺以其螺旋形的体态出现，格外引人注目。这造型满足了展览建筑人流参观路线连续的特点，设计上富有新意。该建筑由美国著名建筑师赖特设计，1959年落成（图1-19）。

目前（2010）年世界第一高层建筑为迪释塔（828m）；广州塔（610m）位居第二；台北

的 101 大厦（508m）位居第三；第四为上海的环球金融中心（492m）；第五高的建筑物是吉隆坡的"双塔"，高度为 452m；第六高度为：曾二十多年为世界第一高度的希尔斯大厦，高 443m，地上 110 层，地下 3 层，总建筑面积 41.8 万 m²，底部平面 68.7m×68.7m，由 9 个 22.9m 见方的框架式钢框筒组成束筒结构，随着高度增加分段收缩。这幢建筑于 1974 年建成（图 1-20）。

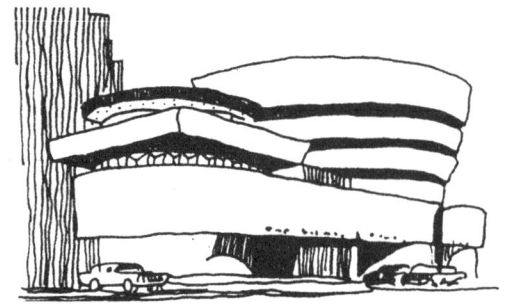

图 1-19 古根汉姆博物馆

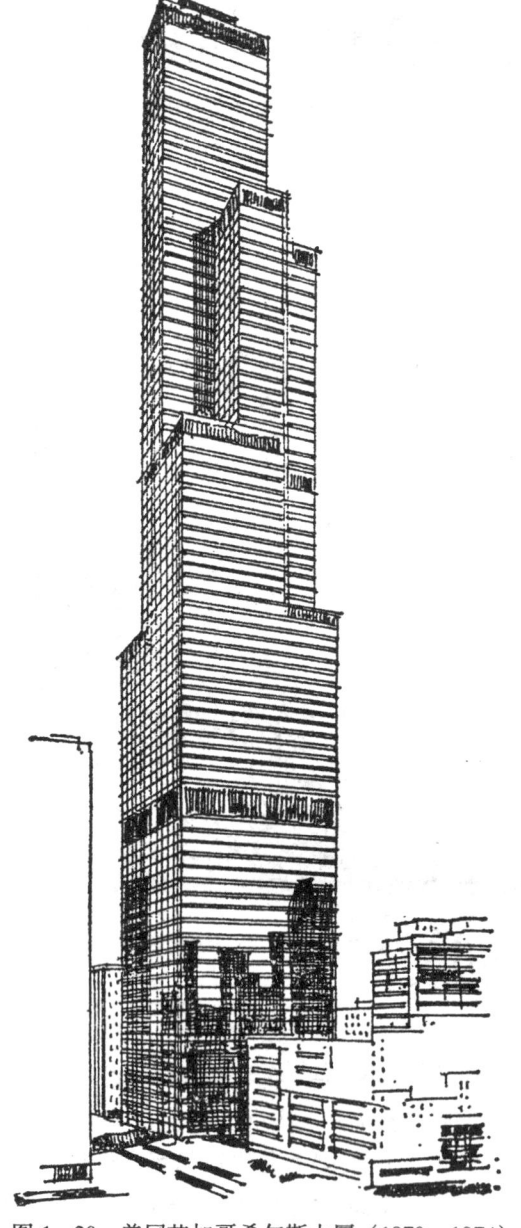

图 1-20 美国芝加哥希尔斯大厦（1970—1974）

近现代国外建筑发展更快,改革开放使我们对国外建筑有了更加直接的了解,也为我国建筑吸收和借鉴外国建筑的长处提供了更多的机会。

1.2.2 国内建筑的发展概况

1.2.2.1 中国古代建筑

经过原始社会、奴隶社会和封建社会三个历史发展阶段,特别是经历了漫长的封建社会,中国古代建筑逐步形成了一种成熟的、独特的体系,在世界建筑史上占有重要的位置。

(1) 原始社会建筑

我国目前发现人类最早的住所是北京猿人居住的岩洞。随着生产力的发展和社会的进步,人们开始利用天然材料建造各种类型的房屋。在距今已有六七千年历史的浙江余姚河姆渡村遗址中,就发现了大量的木制榫卯构件,说明当时已有了木结构建筑,而且达到了一定的技术水平(图 1-21)。

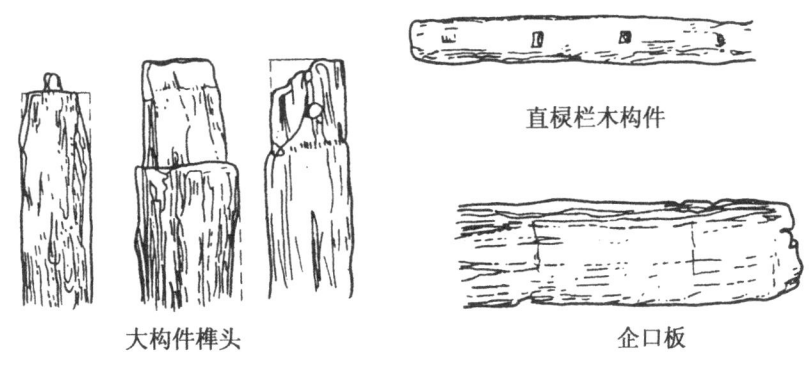

图 1-21 浙江余姚河姆渡村遗址出土的各种木构件

从我国的西安半坡遗址可以看出距今 5000 多年前的院落布局及较完整的房屋雏形(图 1-22)。

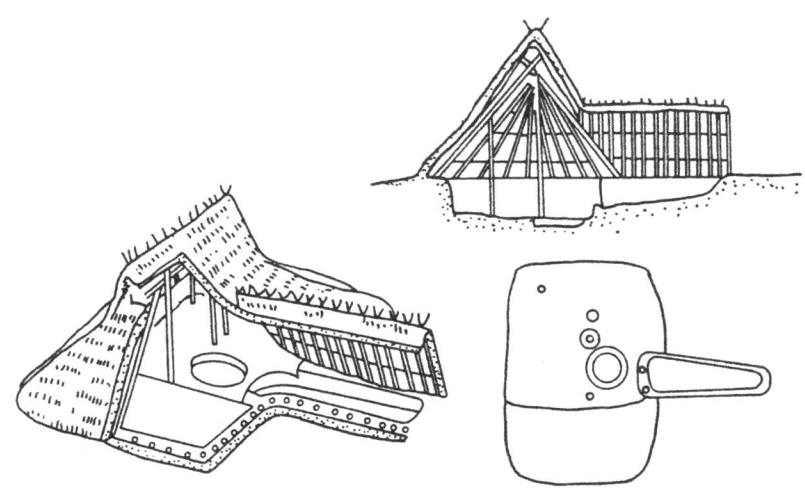

图 1-22 西安半坡遗址

(2) 奴隶社会建筑

中国在公元前 21 世纪到公元前 476 年这段时间,即从夏朝起经商朝,到西周,达到奴隶社会的鼎盛时期,在这期间已经出现了宫殿、宗庙、都城等建筑。从考古发现夏代有了夯土筑成的城墙和房屋的台基,商代已形成了木架夯土建筑和庭院,西周时期在建筑布局上已形成了完整的四合院格局(图 1‐23)。

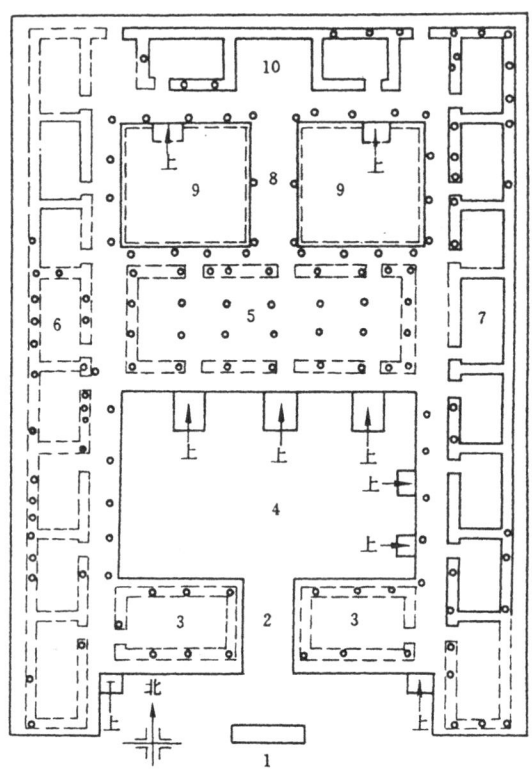

图 1‐23 陕西岐山凤雏村西周建筑遗址平面

(3) 封建社会建筑

中国的封建社会经历了 3000 多年的历史,在这漫长的岁月中,中国古建筑逐步发展成独特的建筑体系。在城市规划、园林、民居、建筑技术与艺术等方面都取得了很大的成就。

我国的万里长城被誉为世界建筑史上的奇迹,它最初兴建于春秋战国时期,是各国诸侯为相互防御而修筑的城墙。公元前 221 年秦始皇灭六国后,建立起中国历史上第一个统一的封建帝国,逐步将这些城墙增补连接起来,后经历代修缮,形成了西起嘉峪关、东至山海关,总长 6700km 的"万里长城"(图 1‐24)。

兴建在隋朝的河北赵县安济桥是我国古代石建筑的瑰宝,在工程技术和建筑造型上都达到了很高的水平。桥身是一道雄伟的单孔弧券,跨度达 37.37m,两端券背之上又增设两道小圆券。这种处理方式一方面可以防止洪水雨季急流对桥身的冲击,另一方面可减轻桥身的自重,并形成了桥面的缓和曲线,它是世界上现存最早的敞肩式石拱桥(图 1‐25)。

唐代是我国封建社会经济文化发展的一个高潮时期,著名的山西五台山佛光寺大殿就兴建于唐朝。它是我国保存年代最久、现存最大的木构件建筑,该建筑是唐代木结构庙堂的范例,它充分地表现了结构和艺术的统一(图 1‐26)。

图 1-24 万里长城

图 1-25 河北赵县安济桥

图 1-26 山西五台山佛光寺

到了明清时期，随着生产力的发展，建筑技术与艺术也有了突破性的发展，兴建了一些举世闻名的建筑。明清两代的皇宫紫禁城（又称故宫）就是代表性建筑之一，它采用了中国传统的对称布局的形式，格局严谨，轴线分明，整个建筑群体高低错落，起伏开阔，色彩华丽，庄严巍峨，体现了王权至上的思想（图 1-27）。

在这一时期的北京颐和园、天坛也集中体现了古代园林和祭祀建筑的光辉成就，建筑技术和艺术都达到了极高的境界（图 1-28、图 1-29）。

20世纪20~30年代,我国在特殊的历史条件下,在上海外滩建造了一大批西洋建筑。它是帝国主义侵略我国的铁证,但同时也带来了新的建筑技术。

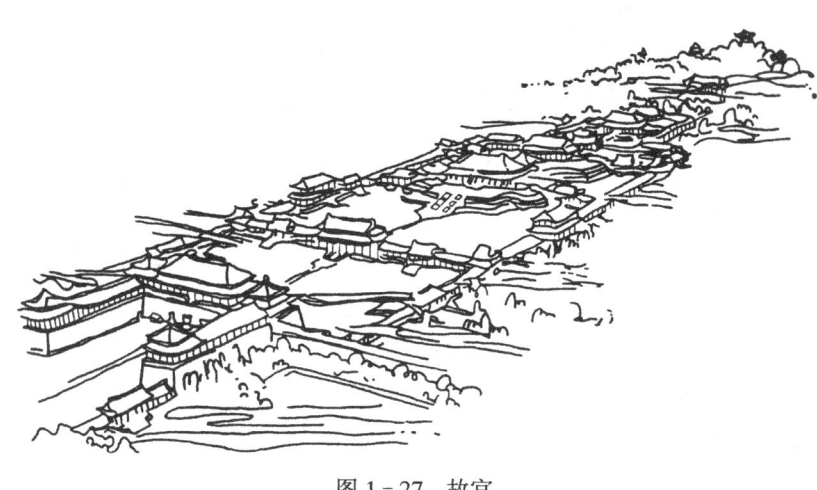

图1-27 故宫

图1-28 颐和园

图1-29 天坛

第1章 建筑设计概论

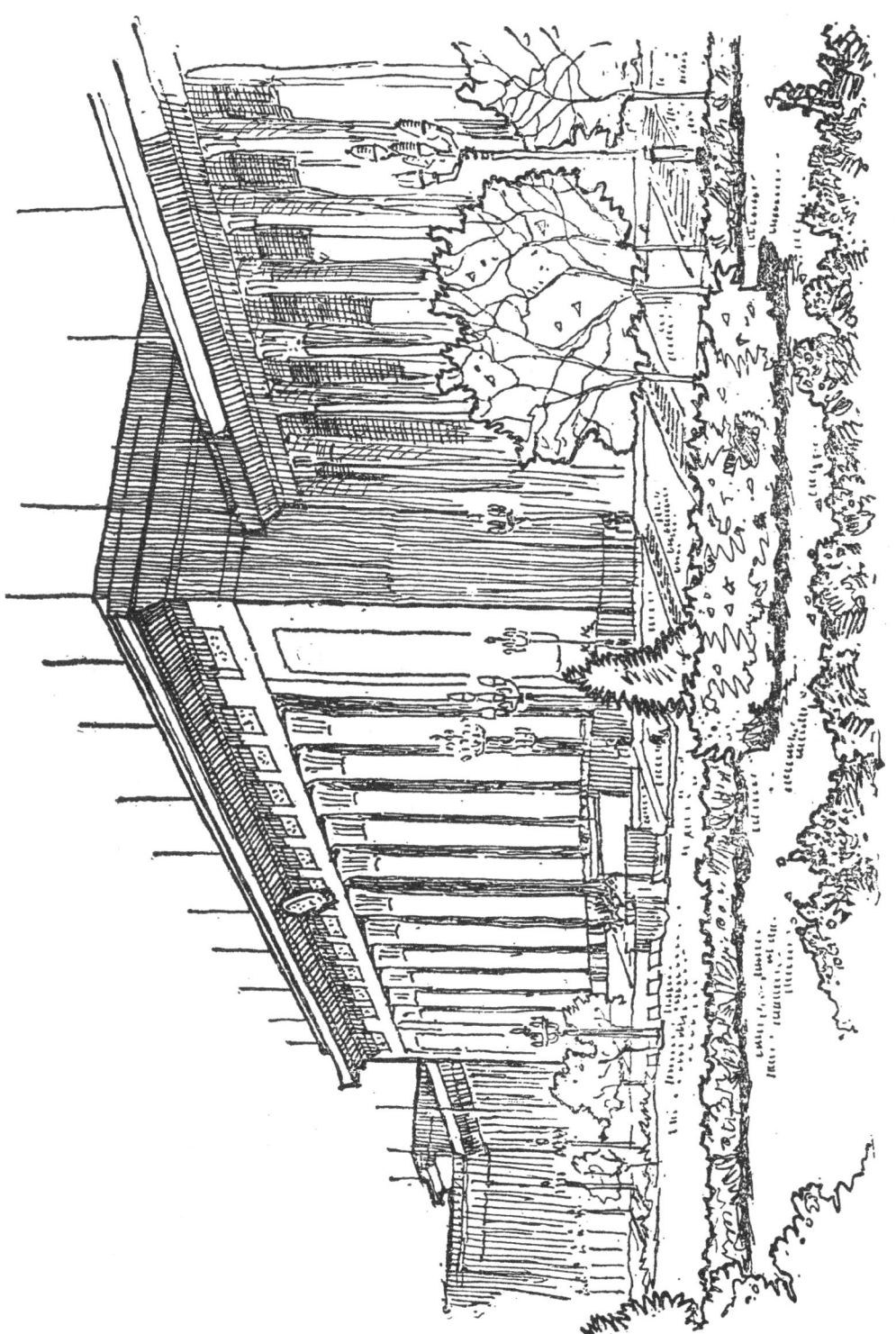

图1-30 北京人民大会堂

1.2.2.2 新中国建筑

1949年新中国成立以来,随着国民经济的恢复和发展,建设事业取得了很大的成就。1959年在建国10周年之际,北京市兴建了人民大会堂、北京火车站、民族文化宫等十大建筑,建筑规模、建筑质量、建设速度都达到了很高的水平。图1-30为人民大会堂。

20世纪60年代至70年代,我国在广州、上海、北京等地兴建了一批大型公共建筑,如1968年兴建的27层广州宾馆,1977年兴建的33层广州白云宾馆,1970年兴建的上海体育馆(图1-31)等建筑,都是当时高层建筑和大跨度建筑的代表作。

图1-31 上海体育馆

进入20世纪80年代以来,随着改革开放和经济建设的不断发展,我国的建设事业也出现了蓬勃发展的景象。1985年建成的北京国际展览中心是我国最大的展览建筑,总建筑面积7.5万 m^2。1987年建成的北京图书馆新馆,建筑面积14.2万 m^2,它是我国规模最大、设备与技术最先进的图书馆。1990年建成的国家奥林匹克体育中心游泳馆,建筑面积3.7万 m^2,内设6000个坐席,是北京亚运会的重要比赛场馆之一。同时,我国还兴建了深圳国贸中心、深圳发展中心大厦、广州国际大厦、广州中信广场、北京京广中心、上海市浦东的金茂大厦等一大批高层建筑,在港台地区更是出现了大量的高层建筑,标志着我国高层建筑的发展已达到或接近世界先进水平(图1-32~图1-37)。

图1-32 北京国际展览中心(2~5号馆)

图 1-33 深圳国际贸易中心

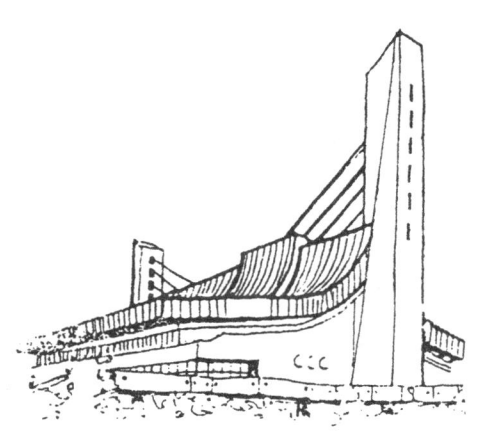

图 1-34 北京奥林匹克体育中心游泳馆

图 1-35 深圳发展中心大厦

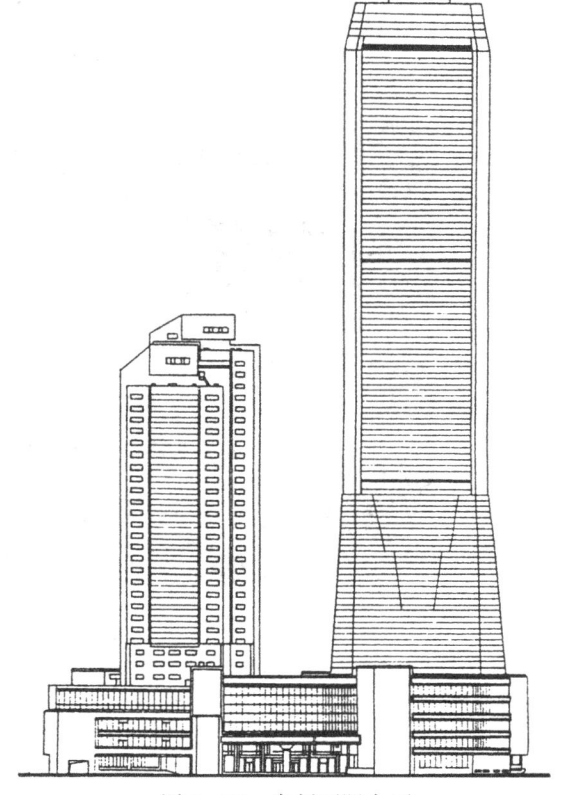

图 1-36 广州国际大厦

图1-37 香港新地标——国际金融中心及其周围的高层建筑群

时间来到21世纪，特别是伴随着2008年北京奥运会和2010年上海世博会的成功举办，一大批划时代的建筑横空出世。以"鸟巢"国家体育场、"水立方"国家游泳中心、上海世博会中国馆等为代表的优秀建筑赢得世界的广泛赞誉（图1-38～图1-40）。

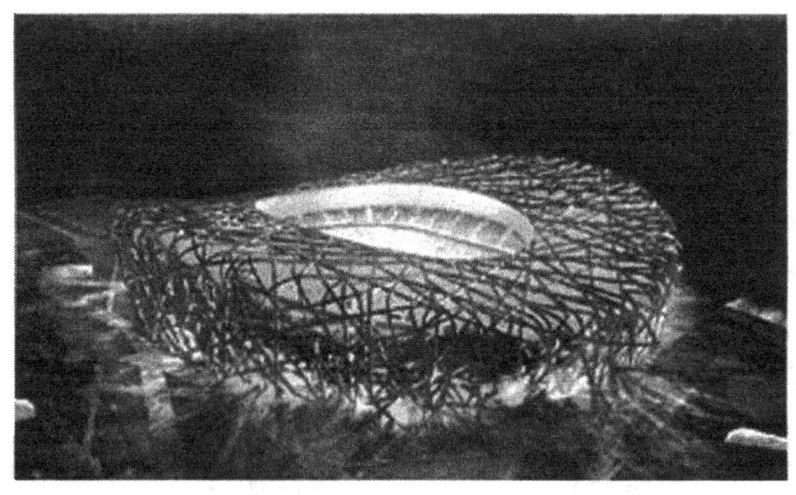

图1-38 鸟巢

新中国成立以来，我国在住宅建设方面也取得了很大的发展，至2008年，我国城镇住宅人均建筑面积达20.5m²，户均住宅建筑面积升至60m²。住宅小区建设也已发生了质的变化，人们居住水平和条件已有了一个飞跃的发展。人们最基本的生活条件"衣、食、住、行"，也已随着历史的进程，有了新的跨越。

第1章 建筑设计概论

图1-39 水立方

图1-40 中国馆

1.3 建筑物的分类

1.3.1 按建筑物的用途分类

按建筑物的用途(功能)通常可以分为民用建筑、工业建筑和农业建筑。

1.3.1.1 民用建筑

民用建筑即为人们大量使用的非生产性建筑。它又可以分为居住建筑和公共建筑两大类。

(1) 居住建筑

主要是指提供家庭和集体生活起居用的建筑物,如住宅、宿舍、公寓等。

(2) 公共建筑

主要是指提供人们进行各种社会活动的建筑物,其中包括:
①行政办公建筑:机关、企事业单位的办公楼等。
②文教建筑:学校、图书馆、文化宫等。
③托教建筑:托儿所、幼儿园等。
④科研建筑:研究所、科学实验楼等。
⑤医疗建筑:医院、门诊部、疗养院等。
⑥商业建筑:商店、商场、购物中心等。
⑦观览建筑:电影院、剧院、音乐厅、杂技场等。
⑧体育建筑:体育馆、体育场、健身房、游泳池等。
⑨旅馆建筑:旅馆、宾馆、招待所等。
⑩交通建筑:航空港、水路客运站、火车站、汽车站、地铁站等。
⑪通讯广播建筑:电信楼、广播电视台、邮电局等。
⑫园林建筑:公园、动物园、植物园、亭台楼榭等。
⑬纪念性建筑:纪念堂、纪念碑、陵园等。
⑭其他建筑类:如监狱、派出所、消防站等。

1.3.1.2 工业建筑

为工业生产服务的各类建筑,也可以叫厂房类建筑,如生产车间、辅助车间、动力用房、仓储建筑等。厂房类建筑又可以分为单层厂房和多层厂房两大类。

1.3.1.3 农业建筑

用于农业、牧业生产和加工用的建筑,如温室、畜禽饲养场、粮食与饲料加工站、农机修理站等。

目前由于农村与城镇的区别越来越小,因此农业建筑会慢慢地归属于工业建筑类。

1.3.2 按建筑物的层数或高度分类

(1) 单层建筑

即只有一层的民用建筑(住宅除外)。

(2) 低层建筑

即一层至三层的住宅建筑。

(3) 多层建筑

即四层至六层的住宅建筑,或高度不大于24m除住宅外的民用建筑。

(4) 中高层建筑

即七层至九层的住宅建筑。

(5) 高层建筑

即十层以上的住宅建筑,或高度超过24m且层数为两层以上的其他民用建筑。

(6) 超高层建筑

即高度超过100m的民用建筑。

1.3.3 按主要承重结构材料分类

建筑的主要承重结构一般为墙、柱、梁、板四个主要构件,而由墙、柱、梁、板所使用的材料，即可分出新的种类。

（1）木结构建筑

即木板墙、木柱、木楼板、木屋顶的建筑，如木古庙、木塔等。

（2）砖木结构建筑

即由砖（石）砌墙体，木楼板、木屋顶的建筑，如农村老房屋。

（3）砖混结构建筑

即由砖（石）砌墙体，钢筋混凝土做楼板和屋顶的多层建筑，如早期的集体宿舍等。

（4）钢筋混凝土结构建筑

即由钢筋混凝土柱、梁、板承重的多层和高层建筑（它又可分为框架结构建筑、筒体结构建筑、剪力墙结构建筑），如现代的大量建筑，以及用钢筋混凝土材料制造的装配式大板、大模板建筑。

（5）钢结构建筑

即全部用钢柱、钢梁组成承重骨架的建筑。

（6）其他结构建筑

如生土建筑、充气建筑、塑料建筑等。

1.3.4　按建筑物的规模分类

（1）大量性建筑

单体建筑规模不大，但兴建数量多、分布面广的建筑，如住宅、学校、中小型办公楼、商店、医院等。

（2）大型性建筑

建筑规模大、耗资多、影响较大的建筑，如大型火车站、航空港、大型体育馆、博物馆、大会堂等。

1.4　工程建设的基本程序与内容

工程建设的基本程序，是指一个工程建设项目或一栋房屋由开始拟定计划至建成投入使用所必须遵循的程序。包括可行性研究、基建计划任务书的编制、上报和审批，城建部门的拨地批文，建筑设计、施工和设备安装，最后竣工验收、投入使用等环节。

1.4.1　批文阶段

（1）计划任务书

计划任务书是工程项目建设单位向上级主管部门呈报的工程建设文件。该文件包括工程建设项目的性质、内容、用途、总建筑面积、总投资、建筑标准及房屋使用期限要求等。

（2）可行性研究

一个建筑项目在正式列入基建计划之前，应对其投资进行客观的分析，研究其建成后的经济效益、社会效益和环境效益，以决定其是否列入计划投资兴建。

（3）主管部门对计划任务书的批文

批文就是经上级主管部门审核、对建设单位呈报的计划任务书的批复文件。该文件包括核定的工程建设项目的性质、内容、用途、总建筑面积、总投资、建筑标准（每平方米建筑面积造价）及房屋使用期限要求等。

（4）规划管理部门同意拨地的批文

指城建规划管理部门对一项工程同意拨地兴建的文件。文件内容包括基地范围地形图及划出的用地范围，并规定出建筑红线（指城市沿街建筑物的外墙、台阶、橱窗等不得超越的临街界线），并根据城市规划、环境要求对拟建房屋提出有关要求。

1.4.2 设计阶段

1.4.2.1 设计前的准备工作

有了上述两个批文后，建设单位即可据此向建筑设计部门委托设计。当设计人员接受了设计任务后，首先要熟悉设计任务书，了解本设计的建筑性质、功能要求、规模大小、投资造价以及工期要求等，同时对影响建筑设计的有关因素进行调查研究。其主要内容有以下几方面：

①基地情况：如地形、地貌、地物、周围建筑及树木现状等。

②水文地质：用作地基的土壤类别、承载力、地质构造、有无冲沟、河道、古墓以及地下水等不良的地质情况。

③气象条件：如日照情况、温度变化、降雨量、主导风向、风荷雪载和冻土深度等。

④市政设施：如给排水、煤气、热力管网的排供能力、电力负荷能力等。

⑤道路交通：是否有路可通，通行车种及运输能力等。

⑥施工能力及材料供应：施工机具的装备程度，施工人员的技术水平和管理水平，能保证材料供应的品种、数量、期限以及地方性材料可利用的情况等。

1.4.2.2 初步（方案）设计

初步设计之前，设计人员根据设计任务书的要求，进行方案构思，绘制建筑方案设计图，习惯上叫做"草图"。重要建筑还需绘制各类表现图（透视图、鸟瞰图等）。在多方案比较的基础上，经建设单位（重要建筑还需城建规划管理部门乃至政府领导人）认定，方可进行初步设计。

初步设计的图纸文件包括：总平面图（比例尺 1:500～1:2000），建筑平面、立面、剖面图（比例尺 1:100～1:200），彩色效果图及简要说明。

1.4.2.3 技术设计

一般建设项目按两个阶段进行设计，即初步（方案）设计和施工图设计。对于技术要求复杂的建设项目，可在两个设计阶段之间增加技术设计阶段。

在初步设计完成以后，建筑、结构、设备（水、暖气、通风、电）等专业人员在初步设计的基础上，进一步具体解决各种技术问题，经过充分的讨论，合理地解决建筑、结构、设备等专业之间在技术方面存在的矛盾，互提要求，反复磋商，取得各专业的协调统一，并为各专业的施工图设计打下基础。

在初步设计的图纸文件基础上，增加结构系统的说明，以及采暖通风、给排水、电气照明、煤气供应等系统的说明，再增加总概算及主要材料用料、各项技术经济指标等，这些即构成技术设计文件。

上述图纸文件应有一定的深度，以满足设计审查、主要材料及设备订购、施工图设计的编制等方面的需要。

1.4.2.4 施工图设计

初步设计或是技术设计被批准后，即可进行施工图设计。施工图设计阶段，主要是将初步设计或技术设计的内容进一步具体化。各专业绘制的施工图纸（包括详图）和施工说明必须满足建筑材料、设备订货、施工预算和施工组织计划的编制等要求，以保证施工质量和加快施工的进度。

施工图一般有如下几种：

①建筑施工图，由建筑专业完成。
②结构施工图，由结构专业完成。
③水施工图，由给排水专业完成。
④电器施工图，由电器专业完成。
⑤电梯等设备施工图，由电梯等建筑设备专业完成。
⑥空调施工图，由空调专业完成。
⑦通信施工图，由通信工程专业完成。
⑧网络施工图，由网络工程专业完成。

除了以上8种以外，依照建筑工程项目的复杂程度还可有其他特殊种类的施工图，或少于8种施工图，但是最少要有前4种必需的施工图方可施工。

1.4.3 施工阶段

工程项目或者房屋的施工过程，大体可分为施工前准备、工程施工和验收三个阶段。

1.4.3.1 施工前准备

施工前准备首先是进行"三通一平"工作，即路通（修通施工行车运输道路）、水通（引进施工用水）、电通（引进施工用电）和地平（平整施工场地）。搭建临时棚屋，组织建筑材料和施工队伍进入工地。

继而进行房屋基础工程的定位放线工作。开始主体工程施工。

1.4.3.2 工程施工阶段

这是工程项目或者说房屋施工生产的主要阶段。这一过程又分为主体工程阶段、建筑装修阶段和设备安装阶段。它也是控制工程项目或者说房屋质量的关键阶段。

（1）主体工程阶段

以砖混结构为例，本阶段包括挖基槽，砌基础，回填基槽，逐层砌墙、柱、吊装或浇制楼板、楼梯、屋面板等。即建筑物的基础、墙、柱、梁、板、屋顶和楼梯等的施工过程阶段。

（2）建筑装修阶段

包括做屋面防水，室内外墙体抹灰及饰面、楼、地面工程，门窗安装及建筑配件和油漆等，它不同于目前的室内装修。

（3）设备安装阶段

各种设备系统的管线埋设安装工作，通常是在房屋施工的各阶段中穿插进行的。有的则在即将竣工时安装完毕,如水路、电路、照明灯具、电表开关等。

如复杂的建筑工程项目还有电梯、自动扶梯、空调等。

1.4.3.3 验收

建筑工程项目的验收按严格要求来说至少应该有两次关键时期的质量检查过程。第一是结构主体工程阶段施工完毕后的验收;第二是整个工程阶段施工完毕后的验收。即上述各阶段均施工完毕,水、暖、电路、设备开通的验收,也叫"总验收"。其余则是无数次小过程的检验。

验收一般有工程建设方、工程施工方、工程设计方、工程监理方等多方代表参加,按照国家标准,检验是否合格。

1.4.4 交付使用

(1) 交付使用

建筑工程项目验收合格后,即交付建设单位使用。

(2) 使用后问题的处理

建筑工程项目交付建设单位使用后,一般情况下施工方仍需在一定的时间内负责工程质量问题的处理。

1.5 建筑设计的要求

(1) 建筑功能要求

满足建筑物的功能要求,为人们的生产和生活活动创造良好的环境,是建筑设计的首要任务。即文要对题,例如,设计一间学校,首先要考虑满足教学活动的需要,教室设置应分班合理,采光通风良好,同时还要合理安排教师备课、办公、贮藏和厕所等行政管理和辅助用房,并配置良好的体育场馆和室外活动场地等。

(2) 建筑技术要求

正确选用建筑材料,根据建筑空间组合的特点,采用合理的技术措施,选择合理的结构、施工方案,使房屋坚固耐久、建造方便。例如近年来,我国设计建造的一些覆盖面积较大的体育馆,由于屋顶采用钢网架空间结构和整体提升的施工方法,既节省了建筑物的用钢量,也缩短了施工期限。它也反映出施工单位的技术实力。

(3) 建筑经济要求

建造房屋是一个复杂的物质生产过程,需要大量的人力、物力和资金,在房屋的设计和建造中,要因地制宜、就地取材,尽量做到节省劳动力、节约建筑材料和资金。设计和建造房屋要有周密的计划和核算,重视经济领域的客观规律,讲究经济效果。房屋设计的使用要求和技术措施,要和相应的造价、建筑标准统一起来,使其具有良好的经济效果。

(4) 建筑美观要求

建筑物是社会物质和文化财富的体现,它在满足使用要求的同时,还需要考虑满足人们在美观方面的要求,考虑建筑物所赋予人们在精神上的感受。建筑设计要努力创造具有我国时代精神的建筑空间组合与建筑形象。历史上创造的具有时代印记和特色的各种建筑形象,往往是一个国家、一个民族文化传统宝库中的重要组成部分。

(5) 建筑规划要求

单体建筑是总体规划中的组成部分，单体建筑应符合总体规划提出的要求。建筑物的设计，还要充分考虑和周围环境的关系。例如，原有建筑的状况、道路的走向、基地面积大小以及绿化等方面和拟建建筑物的关系。新设计的单体建筑，应使所在基地形成协调的室外空间组合、良好的室外环境（图1-41）。

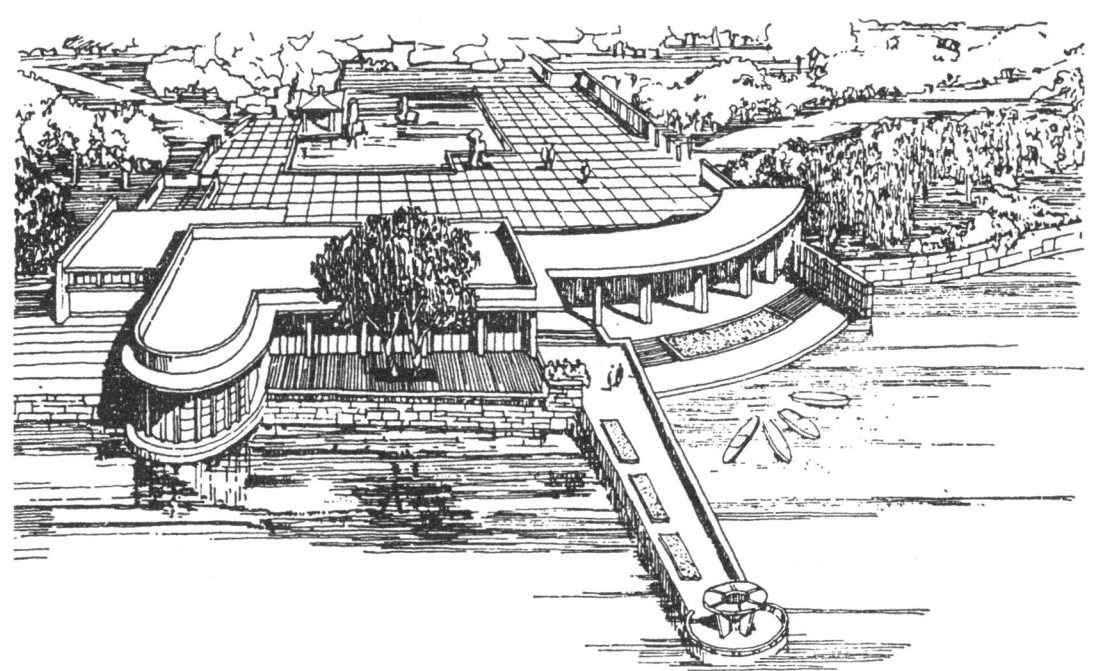

(a) 公园茶室与基地环境的协调

(b) 入口与室外空间的组合

图1-41 单体建筑与室外环境的协调

1.6 建筑设计的依据

1.6.1 人体和人体活动的空间尺度

在建筑设计中,首先必须满足的就是人体和人体活动的空间尺度要求。建筑物中家具、设备的尺寸,踏步、窗台、栏杆的高度,门洞、走廊、楼梯的宽度和高度,以及各类房间的高度和面积大小,都和人体尺度以及人体活动所需的空间尺度直接或间接有关,因此,人体尺度和人体活动所需的空间尺度,是确定建筑空间的基本依据之一。我国成年男子和女子的平均高度分别为 1670mm 和 1560mm,人体尺度和人体活动所需的空间尺度如图 1-42 所示。(此尺寸为 20 世纪 80 年代统计值,目前使用应适当提高。)

1.6.2 家具、设备的空间尺度

家具、设备的空间尺度,即家具、设备的尺寸和使用它们的必要空间,说明了人们在使用家具和设备时所必要的活动空间,是考虑房间内部使用面积的重要依据。民用建筑中常用的家具尺寸如图 1-43 所示。

1.6.3 环境因素

环境因素即自然条件,由于建筑物始终处于自然界之中,因此进行建筑物设计时必须对自然条件有充分的了解。

(1) 温度、湿度、日照、雨雪、风向、风速等气候条件的影响

气候条件对建筑物的设计有较大的影响。例如湿热地区,房屋设计要很好地考虑隔热、通风和遮阳等问题;干冷地区,通常又希望把房屋的体型尽可能设计得紧凑一些,以减少外围护面的散热,以利于室内采暖、保温。

日照和主导风向,通常是确定房屋朝向和间距的主要因素;风速是高层建筑、电视塔等设计中考虑结构布置和建筑体型的重要因素;雨雪量的多少对屋顶形式和构造也有一定影响。

在设计前,必须收集当地上述有关的气象资料,作为设计的依据。图 1-44 是我国部分城市的全年及夏季风向频率玫瑰图。风向频率玫瑰图即风玫瑰图,是根据某一地区多年平均统计的各个方向吹风次数的百分数值,并按一定比例绘制而成,一般多用 8 个或 16 个罗盘方位表示。玫瑰图上所表示风的吹向,是指从外面吹向地区中心。

(2) 地形、地质条件和地震烈度的影响

基地地形的平缓或起伏,基地的地质构成、土壤特性和土耐力的大小,对建筑物的平面组合、结构布置和建筑体型都有明显的影响。坡度较陡的地形,常使房屋结合地形错层建造(图 1-45);复杂的地质条件,要求房屋的构成和基础的设置采取相应的结构构造措施。

地震烈度表示地面及房屋建筑遭受地震破坏的程度。在烈度 5 度及 5 度以下地区,地震对建筑物的损坏影响较小。9 度以上的地区,由于地震过于强烈,从经济因素及耗用材料考虑,除特殊情况外,一般应尽可能避免在这些地区修建建筑物。房屋抗震设防的重点是 6、7、8、9 度地震烈度的地区,亦是现行规范的考虑范围。

第1章 建筑设计概论

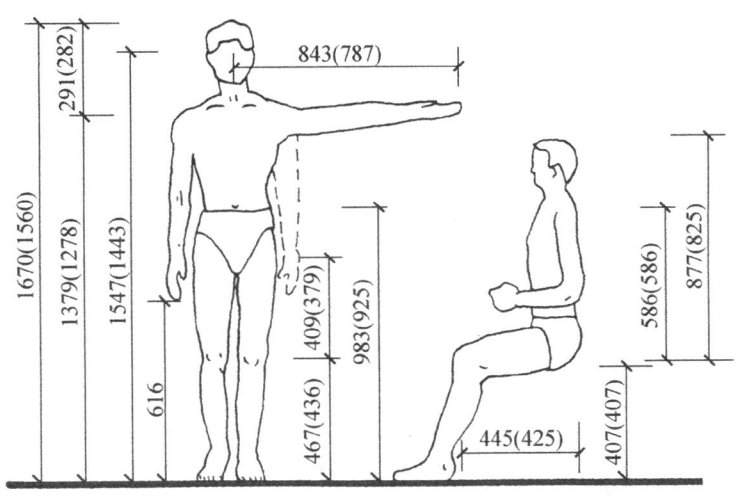

(a) 人体尺度（括号内为女子人体尺度）

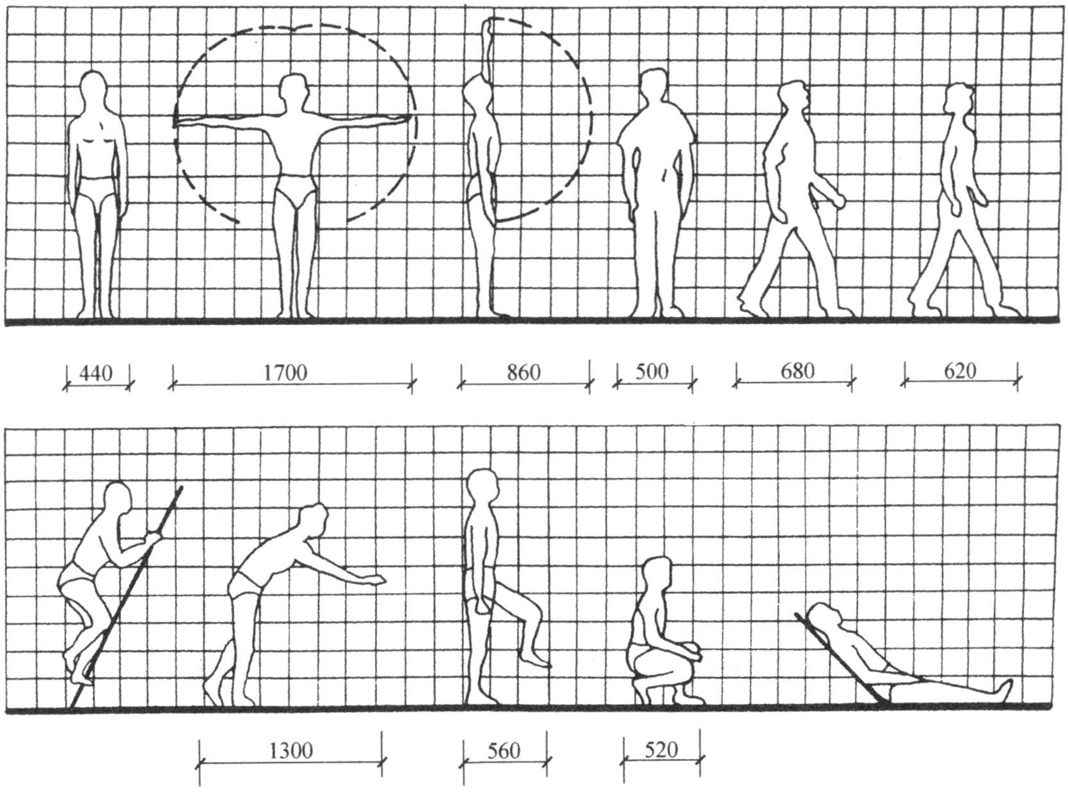

(b) 人体活动所需空间尺度

图 1-42 人体尺度和人体活动所需的空间尺度

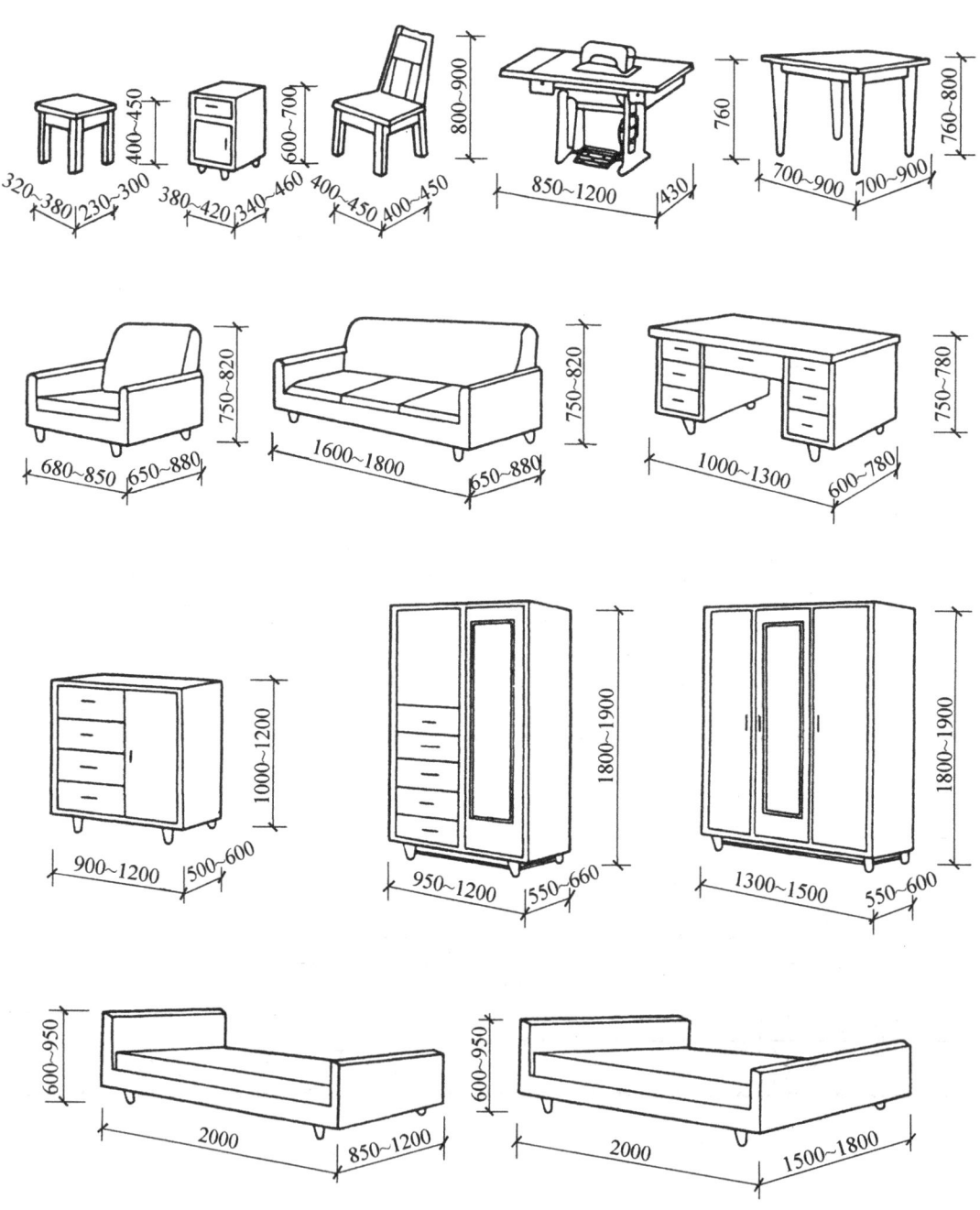

图 1-43 常见家具和设备尺寸

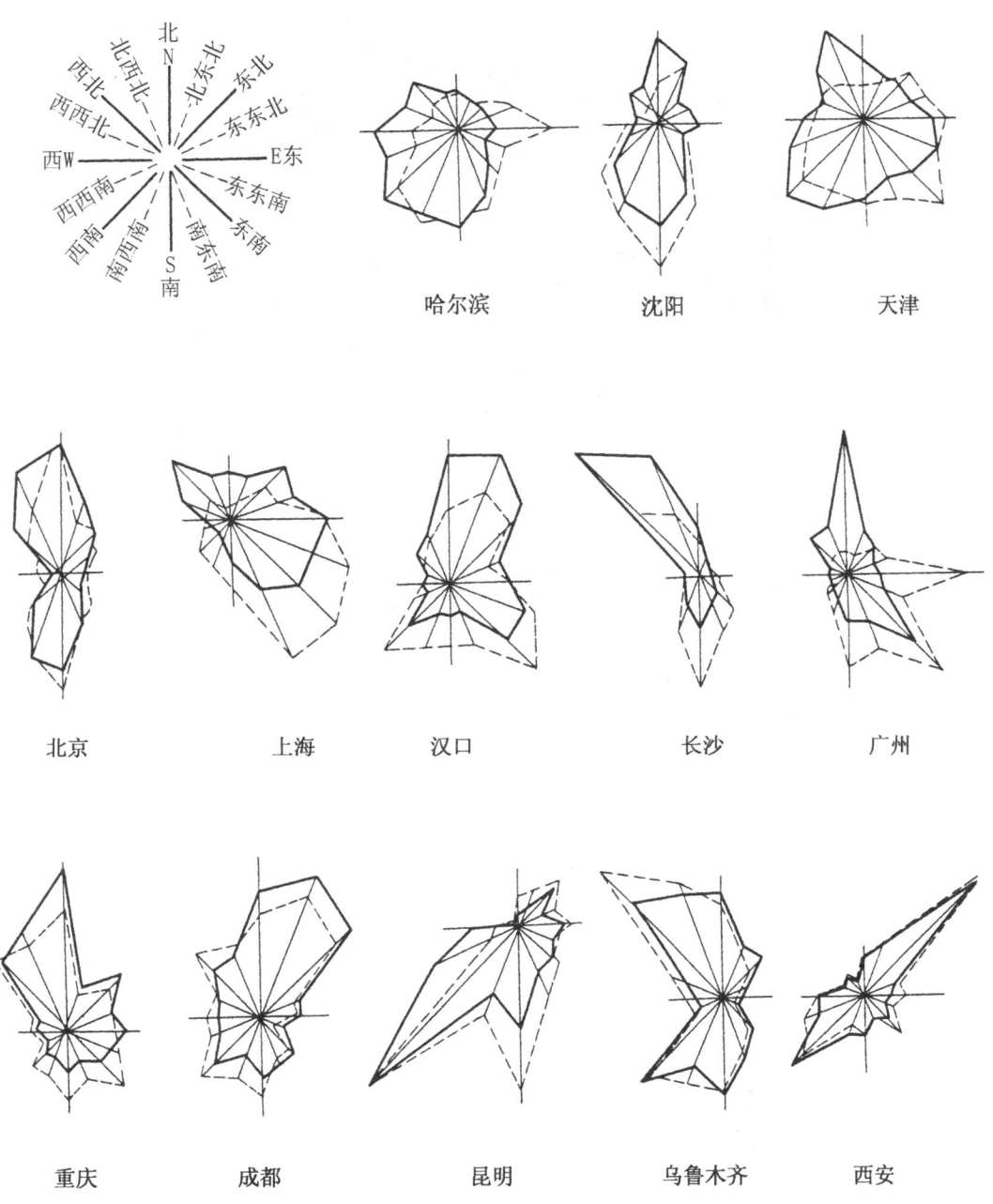

图 1-44 我国部分城市风向频率玫瑰图

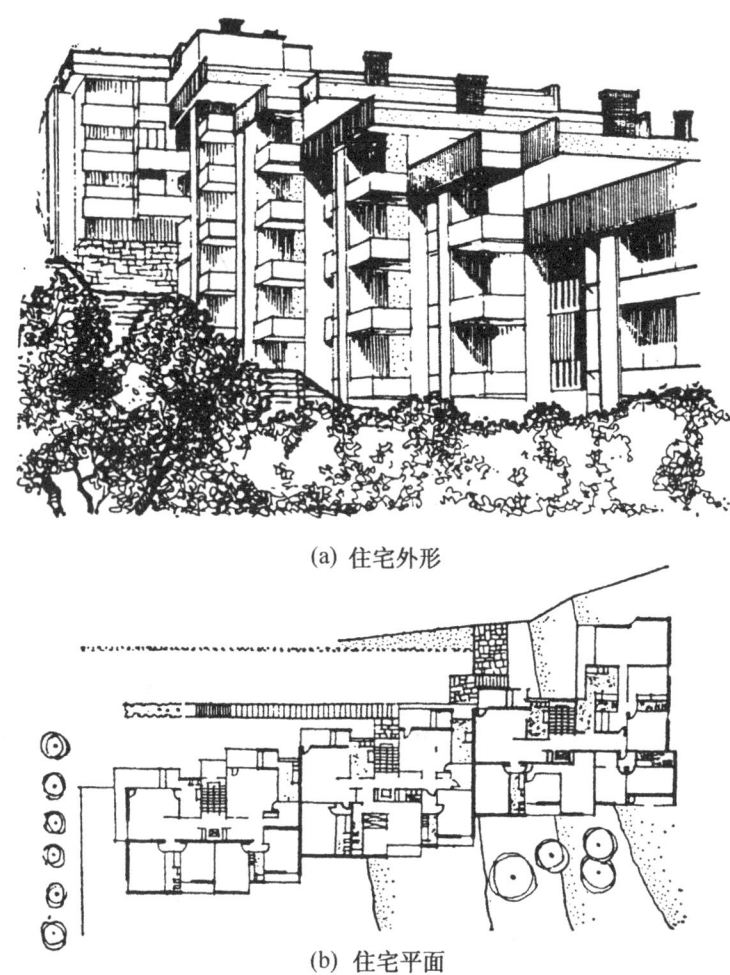

(a) 住宅外形

(b) 住宅平面

图 1-45 结合地形错层建造的住宅

地震区的房屋设计，主要应考虑：

①选择对抗震有利的场地和地基，例如应选择地势平坦、较为开阔的场地，避免在陡坡、深沟、峡谷地带，以及处于断层上下的地段建造房屋。

②房屋设计的体型，应尽可能规整、简洁，避免在建筑平面及体型上有凹凸。例如住宅设计中，地震区应避免采用突出的楼梯间和凹阳台等。

③采取必要的加强房屋整体性的构造措施，不做或少做地震时容易倒塌或脱落的建筑附属物，如女儿墙、附加的花饰等。

④从材料选用和构造做法上尽可能减轻建筑物的自重，特别需要减轻屋顶和围护墙的重量。

1.6.4 建筑模数

建筑模数和模数制是建筑设计工程师必须掌握的一个基本概念。

为了使建筑设计、构件生产以及施工等方面的尺寸相互协调，从而提高建筑工业化的水平，降低造价并提高房屋设计和建造的质量和速度，建筑设计应采用国家规定的建筑统一模数制。

建筑模数是选定的标准尺度单位，作为建筑物、建筑构配件、建筑制品以及有关设备尺寸相互间协调的基础。根据国家制定的《建筑模数协调统一标准》（GBJ2—86），我国采用的基本模数$1M=100mm$，整个建筑物和建筑物的各部分以及建筑组合件的模数化尺寸，应是基本模数的倍数。

由于建筑设计中对建筑部位、构件尺寸、构造节点以及断面、缝隙等的尺寸有不同要求，还分别采用以下两种变化模数：

(1) 扩大模数

扩大模数分水平扩大模数和竖向扩大模数：水平扩大模数的基数为$3M$、$6M$、$12M$、$15M$、$30M$、$60M$，其相应尺寸分别为300mm、600mm、1200mm、1500mm、3000mm、6000mm，适用于建筑物的跨度（进深）、柱距（开间）及建筑制品的尺寸等。竖向扩大模数的基数为$3M$与$6M$，其相应尺寸为300mm、600mm。竖向扩大模数主要用于建筑物的高度、层高和门窗洞口等处。其中$12M$、$30M$、$60M$各扩大模数特别适用于大型建筑物的跨度（进深）、柱距（开间）、层高及构配件的尺寸等。

(2) 分模数

分模数也叫"缩小模数"，一般为$1/10M$、$1/5M$、$1/2M$，相应的尺寸为10mm、20mm、50mm。分模数数列主要用于成材的厚度、直径、构件之间缝隙、构造节点的细小尺寸、构配件截面及建筑制品的公偏差等。

1.6.5 建筑的类别

由于建筑自身对质量的标准要求不同，通常按建筑物的使用年限和耐火程度进行分类。

1.6.5.1 按建筑物的使用年限分类

建筑物的使用年限主要是根据建筑物的重要性和使用时间长短来划分，作为基本建设投资、建筑设计和材料选择的重要依据，见表1-1。

表1-1 按设计使用年限分类

类别	设计使用年限（年）	示例
1	5	临时性建筑
2	25	易于替换结构构件的建筑
3	50	普通建筑物和构筑物
4	100	纪念性和特别重要的建筑

1.6.5.2 按建筑物的耐火等级分类

建筑物的耐火等级是由建筑物构件的燃烧性能和耐火极限两个方面来决定的，共分为四级。各级建筑物所用构件的燃烧性能和耐火极限见表1-2。

表1-2 建筑物构件的燃烧性能和耐火极限

构件名称		耐火等级			
		一级	二级	三级	四级
墙	防火墙	不燃烧体 3.00	不燃烧体 3.00	不燃烧体 3.00	不燃烧体 3.00
	承重墙	不燃烧体 3.00	不燃烧体 2.50	不燃烧体 2.00	难燃烧体 0.50
	非承重外墙	不燃烧体 1.00	不燃烧体 1.00	不燃烧体 0.50	燃烧体
	楼梯间的墙；电梯井的墙；住宅单元之间的墙；住宅分户墙	不燃烧体 2.00	不燃烧体 2.00	不燃烧体 1.50	难燃烧体 0.50
	疏散走道两侧的隔墙	不燃烧体 1.00	不燃烧体 1.00	不燃烧体 0.50	难燃烧体 0.25
	房间隔墙	不燃烧体 0.75	不燃烧体 0.50	难燃烧体 0.50	难燃烧体 0.25
柱		不燃烧体 3.00	不燃烧体 2.50	不燃烧体 2.50	难燃烧体 0.50
梁		不燃烧体 2.00	不燃烧体 1.50	不燃烧体 1.00	难燃烧体 0.50
楼 板		不燃烧体 1.50	不燃烧体 1.00	不燃烧体 0.50	难燃烧体
屋顶承重构件		不燃烧体 1.50	不燃烧体 0.50	燃烧体	燃烧体
疏散楼梯		不燃烧体 1.50	不燃烧体 1.00	非燃烧体 0.50	燃烧体
吊顶（包括吊顶搁栅）		不燃烧体 0.25	难燃烧体 0.25	难燃烧体 0.15	燃烧体

注：引自《建筑设计防火规范》(GB50016—2006)。

（1）构件的耐火极限

对任一建筑构件按时间-温度标准曲线进行耐火试验，从受到火的作用时起，到失去支持能力或完整性被破坏或失去隔火作用时为止的这段时间，称为耐火极限，用小时（h）表示。

（2）构件的燃烧性能

按建筑构件在空气中遇火时的不同反应将燃烧性能分为三类。

①不燃烧体 用非燃烧材料制成的构件。此类材料在空气中受到火烧或高温作用时，不起火、不碳化、不微燃，如砖石材料、钢筋混凝土、金属等。

②难燃烧体 用难燃烧材料做成的构件，或用燃烧材料做成，而用非燃烧材料做保护层的构件。此类材料在空中受到火烧或高温作用时难燃烧、难碳化，离开火源后燃烧或微

燃立即停止，如石膏板、水泥石棉板、板条抹灰等。

③燃烧体 用燃烧材料做成的构件。此类材料在空气中受到火烧或高温作用时立即起火或燃烧，离开火源继续燃烧或微燃，如木材、苇箔、纤维板、胶合板等。

1.6.6 国家或行业强制性标准的要求

在确保工程建设质量的实践中，强制性标准的实施起到关键性的作用，贯穿整个工程建设。在中华人民共和国境内从事新建、扩建、改建等工程建设活动，必须执行工程建设强制性标准。

我国颁布的工程建设强制性标准有中华人民共和国国家标准和中华人民共和国行业标准，都以设计技术规范的文件形式表达。建设项目规划审查机关应当对工程建设规划阶段执行强制性标准的情况实施监督。施工图设计文件审查单位应当对工程建设勘察、设计阶段执行强制性标准的情况实施监督。建筑安全监督管理机构应当对工程建设施工阶段执行施工安全强制性标准的情况实施监督。工程质量监督机构应当对工程建设施工、监理、验收等阶段执行强制性标准的情况实施监督。

第 2 章　建筑平面设计

2.1　概述

任何一幢建筑物，都是由各种不同的使用空间和交通联系空间组成，而表达建筑物的三度空间和具体构造的工程图，通常是由建筑的平、立、剖面图和各细部构造详图等组成。一栋建筑物的平、立、剖面图综合在一起，表达了三度空间的建筑整体和各部分之间的组合关系。

建筑平面设计的结果，表示了建筑物在水平方向房屋各部分的组合关系。由于建筑平面通常较为集中地反映了建筑功能方面的问题，一些剖面关系比较简单的民用建筑，它们的平面布置基本上能够反映空间组合的主要内容，因此，从学习和叙述的先后考虑，我们首先从建筑平面设计的分析入手。但是在平面设计中，始终需要从建筑整体空间组合的效果来考虑，紧密联系建筑剖面和立面，分析剖面、立面的可能性和合理性，不断调整修改平面，反复深入。也就是说，虽然我们从平面设计入手，但是着眼于建筑空间的组合，由平面联系到空间，再由空间联系到平面。

建筑平面设计是在熟悉任务，对建设地点、周围环境及设计对象有了较为深刻的理解的基础上开始的，设计时首先进行总体分析，初步确定出入口位置及建筑物平面形状，然后分析功能关系和流线组织，安排建筑各部分的相对位置，再确定建筑各部分尺寸。

2.1.1　平面设计的作用、内容和设计方法

平面设计的主要任务是根据设计要求和基地条件，确定建筑平面中各组成部分的大小和相互关系，通常用平面图来表示。平面设计是整个建筑设计中的一个重要组成部分。一般来说，它对建筑方案的确定起着决定性的作用，是建筑设计的基础。因为平面设计不仅决定了建筑各部分的平面布局、面积、形状，而且还影响到建筑空间的组合、结构方案的选择、技术设备的布置、建筑造型的处理和室内设计等许多方面。所以在进行建筑平面设计时，需要反复推敲，综合考虑剖面、立面、技术、经济等各方面因素，使平面设计尽善尽美。

平面设计的内容主要包括以下几个方面：

（1）结合基地环境、自然条件，根据城乡规划建设要求，使建筑平面形式、布局与周围环境相适应。

（2）根据建筑规模和使用性质要求进行单个房间的面积、形状及门窗位置等设计以及交通部分和平面组合设计。

（3）妥善处理好平面设计中的日照、采光、通风、隔声、保温、隔热、节能、防潮防

第2章 建筑平面设计

水和安全防火等问题，满足不同的功能使用要求。

（4）为建筑结构选型、建筑体型组合与立面处理、室内设计等提供合理的平面布局。

（5）尽量减少交通辅助面积和结构面积，提高平面利用系数，有利于降低建筑造价，节约投资。

在平面设计中，会经常遇到各种矛盾。平面设计的过程，实际上也是协调矛盾诸方面、综合解决矛盾的过程。在设计中要善于从全局出发，抓住主要矛盾，不断对方案进行修改和调整，使之逐步趋于完善。

平面设计的方法没有统一模式。因为设计的对象——建筑物多种多样，环境条件各异，设计师的素质、水平也不同。对同一个建筑物的设计，设计者各有自己的理解和构思，具体设计手法也不同。但就平面设计方法的一般程序而言，有些具有共性，可以遵循。

从建筑设计的程序来说，一般是先从方案的总体布置开始，而后逐步深入到平面、剖面、立面设计，也就是先宏观后微观、先整体后局部。建筑设计实际是空间设计、环境设计。宏观和微观、整体和局部是相对而言，又相互影响、相互制约。设计中要在宏观、整体相对合理的情况下再考虑微观，进行微观和局部设计时也要充分考虑到对宏观、整体的影响。在进行平面设计时，要先从整体到局部，综合解决平面中各方面功能使用要求，但同时又要充分考虑到剖面、立面、组合、结构等影响因素。

平面设计是在总体构思方案的基础上进行的。也就是说，建筑师在进行平面设计之前，已经对总体设计作了全面的分析研究，并对建筑设计方案有了初步设想，或者说，已有了"构思"和"立意"。因此，在进行平面设计时要解决的主要问题是：根据建筑物的使用性质、规模，确定使用房间的面积、形状和尺寸；根据使用要求确立门厅、走廊、楼梯等交通部分设计；根据使用要求、环境条件做平面组合设计。

2.1.2 平面组成及平面利用系数

民用建筑的平面组成，从使用性质分析，均可归纳为使用部分和交通部分。使用部分是指主要使用活动和辅助使用活动的面积，即各类建筑物中的使用房间和辅助房间。

使用房间：例如学校中的教室、实验室、办公室；住宅中的居室、卧室；商店中的营业厅，等等。

辅助房间：例如学校中的厕所、贮藏室；住宅中的厨房、卫生间；商店中的厕所、水暖电气用房等。

交通联系部分是建筑物中各个房间之间、楼层之间和房间内外之间联系通行的面积，即各类建筑物中的走廊、门厅、过厅、楼梯、坡道，以及电梯和自动扶梯等所占的面积空间。

除此之外，平面中各类墙、柱、墙墩以及隔断等构件所占用的面积，可称之为结构部分，也可称之为房屋构件部分。图2-1是由使用、交通联系、房屋构件部分组成的住宅单元平面。

平面利用系数简称平面系数，用字母 K 来表示，数值上它等于使用面积与建筑面积的百分比。

即：

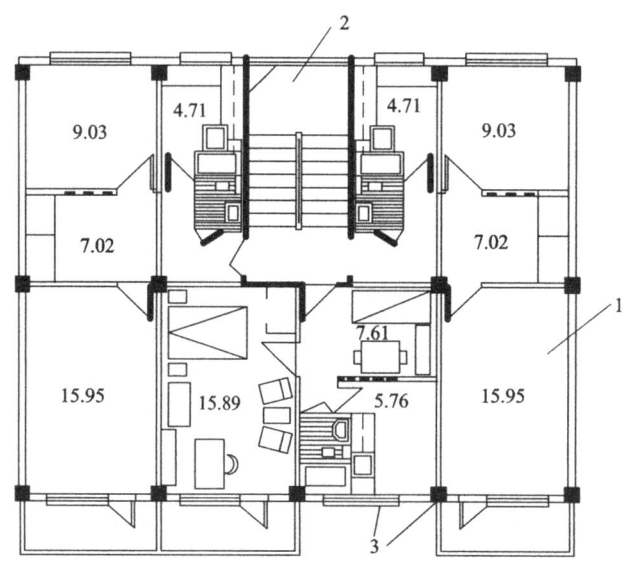

图 2-1 住宅单元平面的各组成部分
1—使用部分；2—交通联系部分；3—房屋构件所占部分

$$K = 使用面积/建筑面积 \times 100\%$$

其中使用面积是指除交通面积和结构面积之外的所有空间净面积之和；建筑面积是指外墙包围的（含外墙）各楼层面积总和。

平面系数是衡量设计方案经济合理性的主要经济技术指标之一。民用建筑中 K 值越大，说明使用面积在建筑面积中占的比重越大，即建筑物的面积利用率越高。用同样的投资、同样的建筑面积，不同的平面布置方案会产生不同的平面系数。从建筑平面空间布局的经济性来说，在满足功能使用的前提下尽可能提高面积利用率，这无疑是达到设计方案经济性的有效途径。当然，设计中也要防止片面追求高平面系数的倾向，K 值要在同一地区、同一类型、同一标准的不同方案之间做比较才有意义，住宅建筑的 K 值一般为 85% 左右时比较合理。

2.2 使用部分的平面设计

建筑平面中各个使用房间和辅助房间，是建筑平面组合的基本单元。

本节先简要叙述使用房间的分类和设计要求，然后着重从房间本身的使用要求出发，分析房间面积大小、形状尺寸、门窗在房间平面的位置等，考虑单个房间平面布置的几种可能性，作为下一步综合分析多种因素、进行建筑平面和空间组合的基本依据之一。

2.2.1 使用房间的分类和设计要求

从使用房间的功能要求来分，主要有以下几类：

生活用房间：住宅的起居室、卧室，宿舍和招待所的卧室等。

工作、学习用的房间：各类建筑物的办公室、值班室、学校的教室、实验室等。

公共活动房间：商场的营业厅，剧院、电影院的观众厅、休息厅等。

一般说来，生活、工作和学习用的房间要求安静，少干扰，由于人们在其中停留的时间相对较长，因此希望能有较好的朝向；公共活动房间的主要特点是人流比较集中，通常进出频繁，因此室内人们活动和通行面积的组织比较重要。特别是人流的疏散问题较为突出。使用房间的分类，有助于平面组合中对不同房间进行分组和功能分区。

对使用房间平面设计的要求主要有：

(1) 房间的面积、形状和尺寸要满足室内使用活动和家具、设备合理布置的要求；

(2) 门窗的大小和位置，应考虑房间的出入方便，疏散安全，采光、通风良好；

(3) 房间的构成应使结构构造布置合理，施工方便，也要有利于房间之间的组合，所用材料要符合相应的建筑标准；

(4) 室内空间以及顶棚、地面、各个墙面和构件细部，要考虑人们的使用和审美要求。

2.2.2 使用房间的面积、形状和尺寸

2.2.2.1 房间的面积

使用房间面积的大小，主要是由房间内部活动特点、使用人数的多少、家具设备的多少等因素决定的。例如住宅的起居室、卧室面积相对较小；剧院、电影院的观众厅，除了人多、坐椅多外，还要考虑人流迅速疏散的要求，所需的面积就大；又如室内游泳池和健身房，由于使用活动的特点，要求有较大的面积。

为了深入分析房间内部的使用要求，我们根据房间的使用特点，把一个房间内部的面积分为以下几个部分：

(1) 家具或设备所占面积；

(2) 人们在室内的使用活动面积（包括使用家具及设备时近旁所需的面积）；

(3) 房间内部的交通面积。

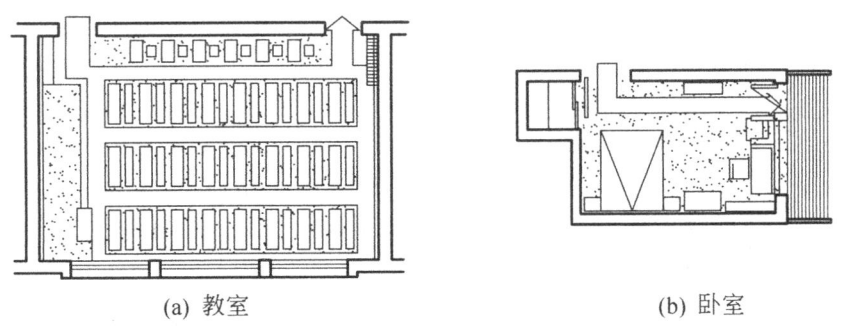

(a) 教室　　　　　　　　(b) 卧室

图 2-2　教室及卧室中室内使用面积分析示意图

图 2-2a、b 分别是学校中一个教室和住宅中一间卧室的室内使用面积分析示意图。实际上，室内使用面积和室内交通面积也可能有重合或互换，但是这并不影响对使用房间面积的基本确定。

从图例中可以看到，为了确定房间使用面积的大小，除了需要掌握室内家具、设备的数量和尺寸外，还需要了解室内活动和交通面积的大小，这些面积的确定又都和人体活动

的基本尺度有关。例如，教室中学生就座、起立时桌椅近旁必要的使用活动面积，入座、离座时通行的最小宽度，课桌行与行之间的距离（小学 500～550mm，中学 550～600mm）；最后一排距后墙距离（大于 600mm），以及教师讲课时黑板前的活动面积，第一排桌椅距讲台的距离（2000mm）等，均为教室的交通面积。图 2-3 为卧室、教室以及商店营业厅中，人们使用各种家具时，家具近旁必要的尺寸举例。

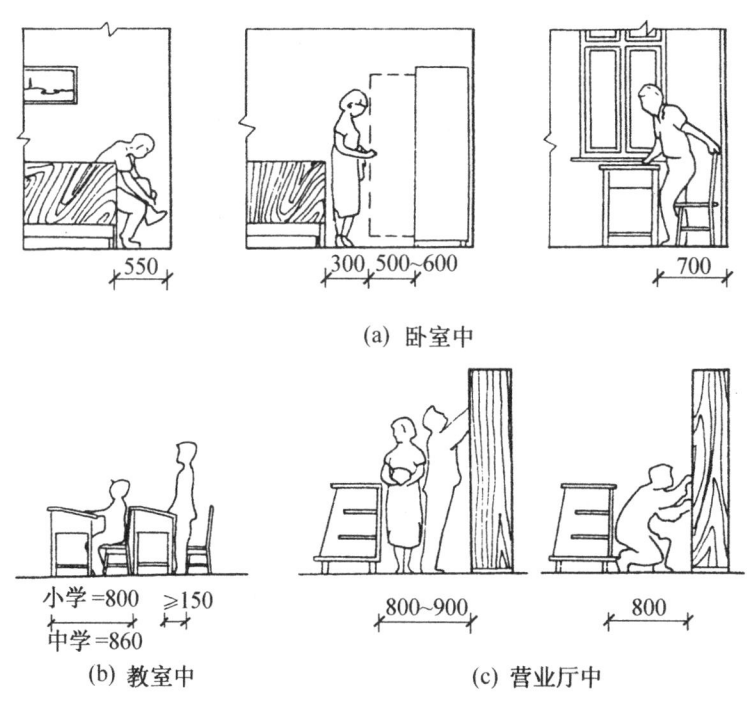

图 2-3 教室、卧室、营业厅中，家具近旁必要尺寸

在一些建筑物中，房间使用面积大小的确定，并不像上例中教室平面的面积分配那样明显，例如商店营业厅中柜台外顾客的活动面积，剧院、电影院休息厅中观众活动的面积等，由于这些房间中使用活动的人数并不固定，也不能直接从房间内家具的数量来确定使用面积的大小，通常需要通过对已建的同类型房间进行调查，掌握人们实际使用活动的一些规律，然后根据调查所得的数据资料，结合设计房间的使用要求和相应的经济条件，确定比较合理的室内使用面积。一般把调查所得数据折算成和使用房间的规模有关的面积数据，例如，商店营业厅中每个营业员可设多少营业面积，剧院休息厅以观众厅中每个座位需要多少休息面积等来决定。

在实际设计工作中，国家或所在地区的设计主管部门，通过大量调查研究和设计资料的积累，结合我国经济条件和各地具体情况，对住宅、学校、商店、医院、剧院等各种类型的建筑物编制出一系列面积定额指标，用以控制各类建筑中使用面积的限额，并作为确定房间使用面积的依据。

表 2-1 是根据国家有关规范规定的面积定额指标编制出的《部分民用建筑房间面积定额参考指标》；

表 2-2 是上海市教育局对中小学部分房间面积定额的参考指标。

第2章 建筑平面设计

表2-1 部分民用建筑房间面积定额参考指标

项目 建筑类型	房间名称	面积定额 （m²/人）	备 注
中小学	普通教室	1.12～1.2	小学取下限
	教师办公室	3.5	
办公楼	普通办公室	3.0	
	单间办公室	10.0	
	中小型会议室	0.8	无会议桌
		1.8	有会议桌
电影院	观众厅	0.6～0.8	
公路客运站	候车厅	1.10	按最高聚集人数计

表2-2 上海市新建中小学部分房间面积定额参考指标

房 间 名 称	小学使用面积（m²）	中学使用面积（m²）
普 通 教 室	43.5	51
音 乐 教 室	43.5	51
实验室（中学） 科学常识教室（小学）	58.5	70
仪器准备室（中学） 教具仪器室（小学）	28.5	51
科技活动室	22	51
阅 览 室（中学） 图书室兼会议室（小学）	28.5	70
教师办公室	每人2.8 m²	每人3 m²

具体进行设计时，在已有面积定额的基础上，仍然需要分析各类房间中家具布置、人们的活动和通行情况，深入分析房间内部的使用要求，方能确定各类房间合理的平面形状和尺寸，或对同类使用性质的房间进行合理的分间。

2.2.2.2 房间的形状

房间的形状一般是矩形、方形，但有时也会是多边形、圆形以及不规则图形。房间形状的选择是在满足使用功能的前提下充分考虑到结构、施工、建筑造型、美观等因素来决定的。

矩形和方形房间形状之所以被广泛应用，是因为它们具有平面简单、墙体平直、便于家具和设备的布置、具有较大的灵活性、房间之间组合方便等特点。同时，它节约了土地，使结构构件简单统一，便于装配式施工，加快了施工速度。

在初步确定了使用房间面积的大小以后，就可进一步确定房间平面的形状和具体尺寸。

房间平面的形状和尺寸，除了受以上主要因素影响外，还要由室内使用活动的特点、家具布置方式，以及采光、通风、音响等要求来决定。在满足使用要求的同时，构成房间的技术经济条件，以及人们对室内空间的观感，也是确定房间平面形状和尺寸的重要因素。

仍以中小学普通教室为例。面积相同的教室，可能有很多种平面形状和尺寸，仅以50座矩形平面的教室为例，就有多种可能的尺寸组合（图2-4）。根据普通教室以听课为主的使用特点来分析，首先要保证学生上课时视、听方面的质量，即座位的排列不能太远太偏，教师讲课时黑板前要有必要的活动余地等，通过具体调查实测，或借鉴已有的设计数据资料，确定允许排列的离黑板最远的座位距离不大于8.5m，边座和黑板面远端夹角控制在不小于30°，以及第一排座位离黑板的最小距离为2m左右。在上述范围内，结合桌椅的尺寸和排列方式，根据人体活动尺度，确定排距和桌子间通道的宽度，基本上可以满足普通教室中视、听活动和通行等方面的要求。图2-5是仅从视、听要求考虑的教室平面形状的几种可能性。

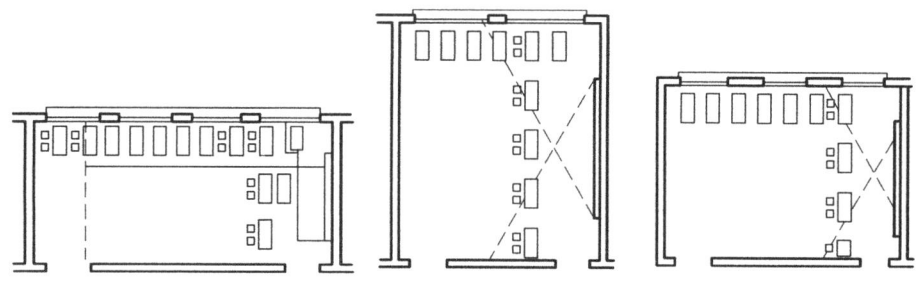

图2-4　50座矩形平面教室的布置

确定教室平面形状和尺寸时，除考虑了视、听要求外，还需要综合考虑其他方面的要求。从教室内需要有足够和均匀的天然采光来分析，进深较大的方形、六角形平面，要求房间两侧都能开窗采光，或采用侧光和顶光相结合；当平面组合中房间只能一侧开窗采光时，则矩形平面较好。但是，在同样能满足使用功能要求时，矩形平面并不是唯一的选择。例如，如图2-5所示，六边形教室平面较好地解决了最后一排座位距黑板小于

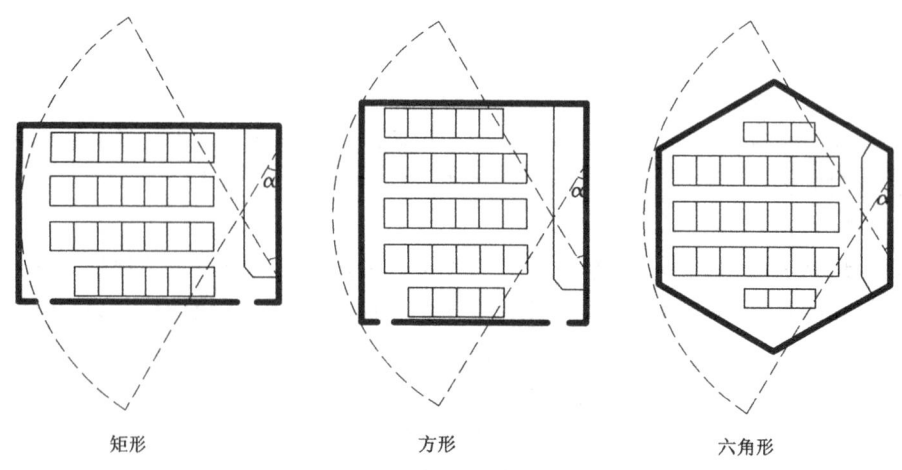

矩形　　　　　　　方形　　　　　　　六角形

图2-5　教室的平面形状

8.5m、边桌距黑板远端夹角不小于30°，以及第一排座位与黑板最小距离为2m的功能要求。由此可见，六边形教室具有室内布置合理、视听效果较好、平面组合方便等优点，但由于墙与墙之间的夹角不是垂直角，增加了施工和构件统一的难度。

对于一些形状特殊的房间平面，往往在功能上有特殊要求，如影剧院平面形状常为钟形、扇形和六角形。这些平面都有各自的特点，如钟形平面加强对后排声音的反射；扇形平面使声音能均匀地分散到大厅的各个区域；六角形平面增加了视听良好区域的面积（图2-6）。再如，圆形的杂技场平面是为了满足动物和车技演员跑弧线的需要，同时具有良好的视线条件；圆形体育馆则满足观众多、易于疏散的要求。圆形厅堂建筑往往存在着严重的声场不均匀现象，设计时应注意。

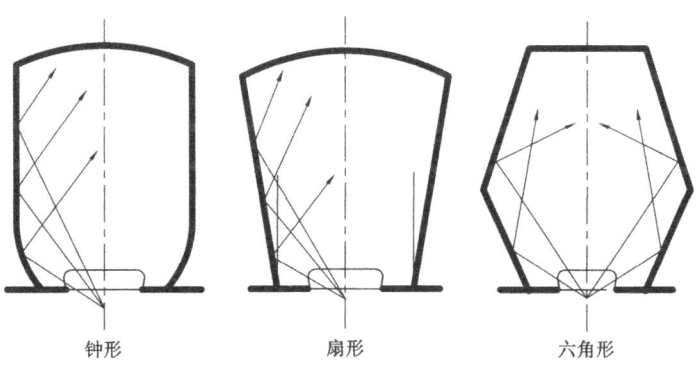

图2-6 观众厅的平面形状

另外，一些建筑采用了不规则的平面形状，其立意往往是结合环境，形成丰富的空间，并与环境有机地结合。应当指出的是，在设计过程中，那些不顾使用功能、周围环境、结构形式等因素，片面地追求形式的标新立异的做法是不可取的，房间的形状应满足适用、合理、经济、美观的要求。

2.2.2.3 房间的尺寸

确定房间尺寸是使房间设计的内容进一步量化，对于民用建筑常用的矩形平面来说就是确定宽与长的尺寸，在建筑设计上用开间和进深表示。开间就是房间在建筑外立面上所占的宽度，进深是垂直于开间的深度尺寸。开间和进深是表示两个方向的轴线尺寸。以房间四周常见的普通240mm厚砖墙为例，开间、进深的轴线一般设在墙厚方向中心线位置上，此时开间、进深的尺寸是房间的净尺寸加上墙的厚度（图2-7）。

在实际工程中，开间、进深尺寸的确定要考虑到柱的位置、墙体的厚度以及上下层墙体厚度的变化和结构、施工等因素，这些都需在工程实践中逐步加以掌握。下面根据上述确定房间面积的原则，通过卧室、病房和教室具体说明确定房间尺寸的方法。

作为住宅的主卧室，一般情况下是设一张双人床，但为了增加它的适应性，确定房间尺寸时按设置一张双人床和一张单人床来考虑。首先确定开间尺寸，如果床是顺着开间方向布置，那么开间尺寸最小则为床的长度加上一扇门的宽度，另外再加上结构厚度，开间尺寸最小不得小于3.3m。进深方向如将大小床横竖布置，两床之间设有床头柜，再加上结构厚度，那么进深方向的最小尺寸不得小于4.2m（图2-8）。

次卧室则考虑布置一张单人床和写字台即可，图2-9是其常见形式。从家具布置方

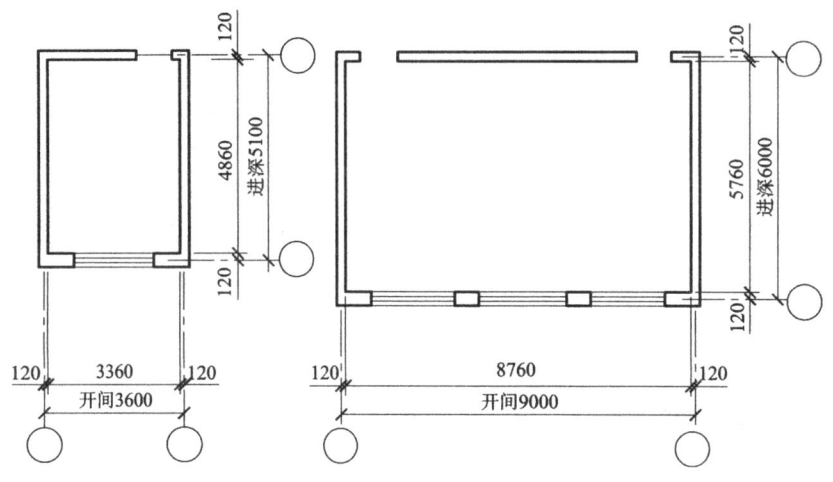

图 2-7 居室和教室的开间、进深举例

式可以得到次卧室开间与进深的最小尺寸。

住宅设计中卧室的常见尺寸为:

主卧室开间：3.3m、3.6m、3.9m；进深：4.2m、4.5m、4.8m、5.1m 等。

次卧室开间：2.4m、2.7m、3.0m；进深：2.7m、3.0m、3.3m、3.6m、3.9m 等。

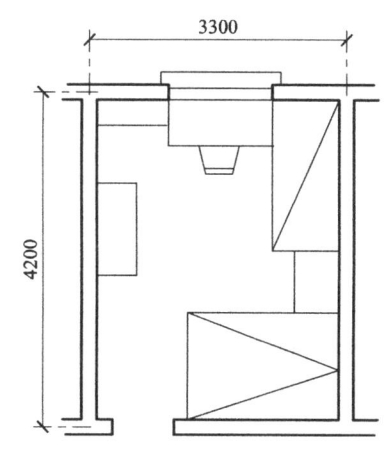

图 2-8 主卧室平面布置

对于病房的设计，我国有关规范中规定，病床的排列应平行于采光窗墙面。单排一般不超过 3 床，双排一般不超过 6 床，特殊情况下不得超过 8 床。平行两床的净距不小于 0.8m，靠墙病床床沿与墙面的净距不小于 1.10m。双排病床（床端）间通道净宽不应小于 1.40m，病房门应直接开向走道，不应通过其他用房进入病房，病房门净宽不得小于 1.10m。根据这些要求，3 人病床的开间×进深最小尺寸为 3.6m×6m，6 人病床的一般开间×进深尺寸

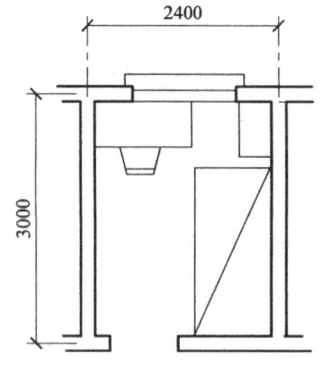

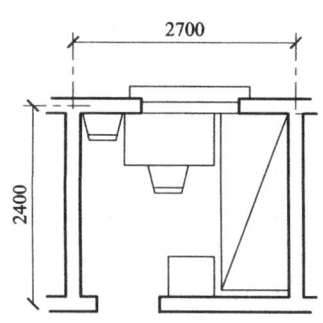

图 2-9 次卧室平面布置

为 5.7m×6m，其布置方法如图 2-10 所示。

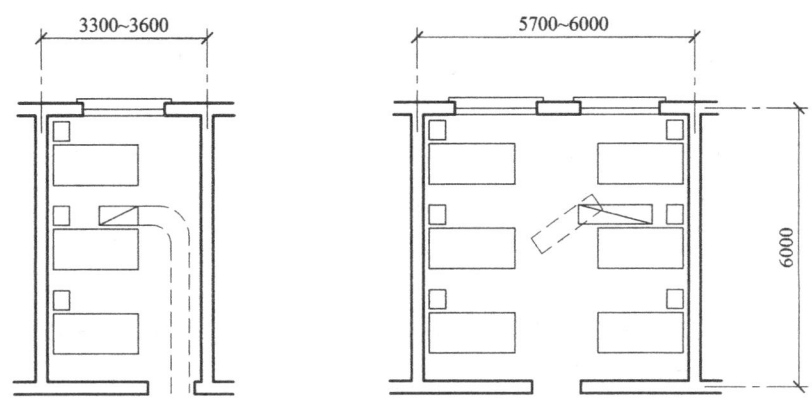

图 2-10 医院病房布置

教室的开间、进深尺寸是根据课桌椅的布置方式以及室内满足通行和视听的需要来确定的。常见的中小学教室的开间为 9.0m（3 个 3.0m 开间组合）、9.3m（2 个 3.0m 开间和 1 个 3.3m 开间组合），进深方向为 6.0m、6.3m、6.6m。其布置方法如图 2-11 所示。

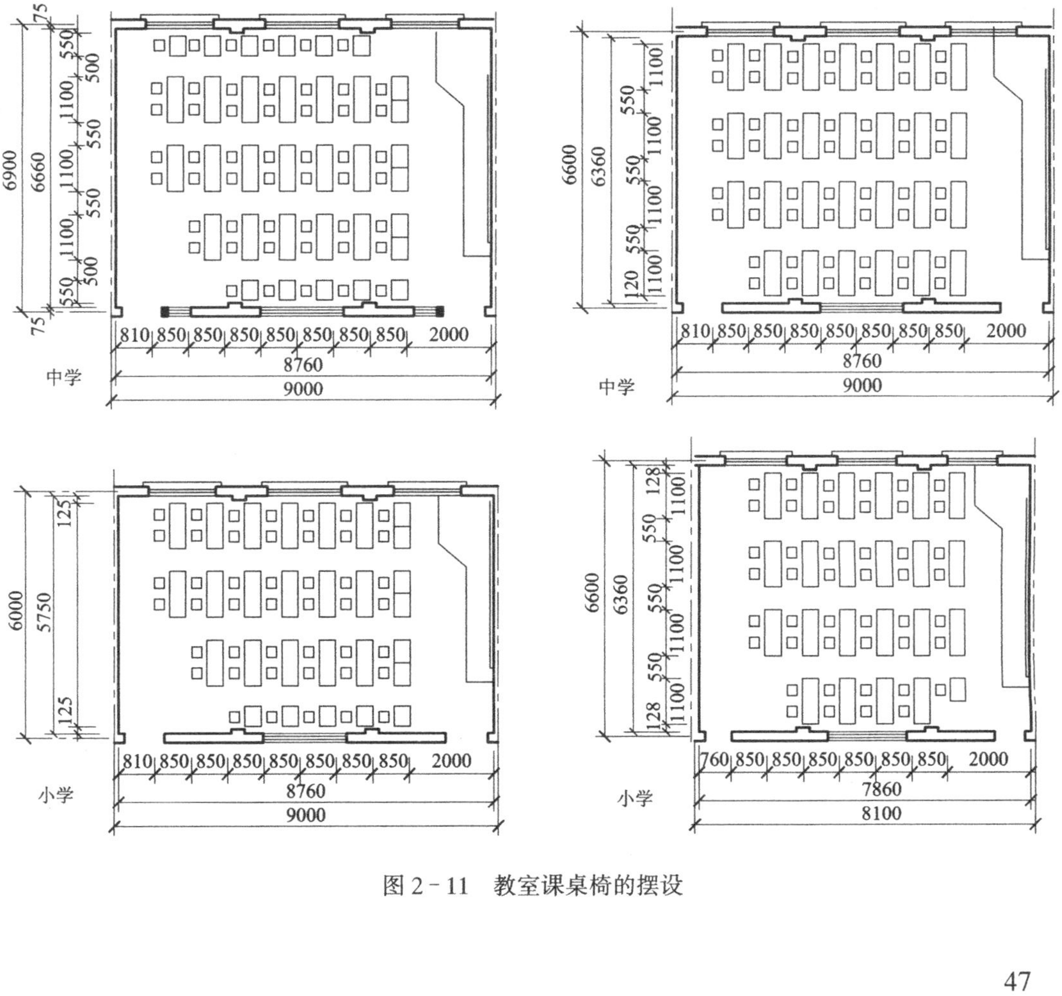

图 2-11 教室课桌椅的摆设

房间尺寸除了满足家具的布置要求外，还要满足采光、通风等物理环境要求。作为大量性的民用建筑，一般都要求有良好的天然采光和自然通风，特别是单侧采光的房间，如房间进深过大会使远离采光面一侧出现照度不够的情况，这个问题要结合房间层高和开窗高度一起考虑。

结构布置的合理性和符合建筑统一模数制的要求，也是确定房间尺寸的依据之一。目前常采用的墙承重体系和框架结构体系中板的经济跨度在4m左右，钢筋混凝土梁较经济的跨度在9m以下，因此在设计过程中要考虑到梁板布置，尽量统一开间尺寸，减少构件类型，使结构布置经济合理。符合建筑模数、协调统一标准是提高建筑工业化水平、加快施工速度的需要，所以房间的开间和进深要符合建筑模数制的要求。民用建筑的开间和进深通常用 $3M$ 即 300mm 为模数。

2.2.3 房间的门窗设置

一个房间平面设计考虑是否周到，使用是否方便，门窗的设置是一个重要的因素。门的主要作用是供人出入和联系不同使用空间，有时也兼采光和通风；窗的主要功能是采光和通风，有时也要根据立面的需要决定它的位置与形式。因此，设计门窗时要进行综合的考虑，反复推敲。

2.2.3.1 门的宽度、数量、位置与开启方式

(1) 宽度

门的宽度一般由人流多少和搬运家具设备时所需要的宽度来确定。单股人流通行最小宽度一般根据人体尺寸定为 550～600mm，所以门的最小宽度为 600～700mm，如住宅中的厕所、卫生间门等。大多数房间的门必须考虑到一人携带物品通行，所以门的宽度为 900～1000mm（图2-12）。住宅中由于房间面积较小、人数较少，为了减少门占用的使用面积，分户门和主要使用房间门的宽度为 900mm，阳台和厨房的门可用 800mm 宽；学校的教室由于使用人数较多可采用 1000mm 宽度的门。

在房间面积较大、通行人数较多的情况下，如会议室、大教室、观众厅等，可根据疏散要求设宽度为 1200～1800mm 宽的双扇门。作为建筑的主要出入门，如大厅、过厅，也有采用四扇门或多扇门的，每扇门宽度一般相等。对于有特殊要求的房间，如医院的病房可采用大小扇门的形式，正常通行时关闭小扇，当通过病人用车时，保证门的宽度有 1300mm（图2-13）。

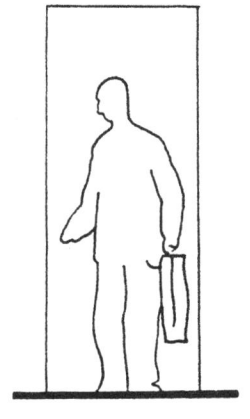

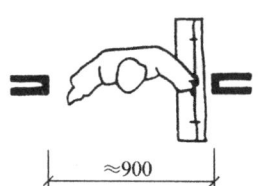

图2-12 卧室门的宽度

有大量人流通过的房间，如剧院、电影院、礼堂、体育馆的观众厅，门的总宽度根据建筑性质确定，国家规范中规定按每 100 人不小于 0.6m 计算。

(2) 数量

门的数量根据房间人数的多少、面积的大小以及疏散方便程度等因素决定。防火规范

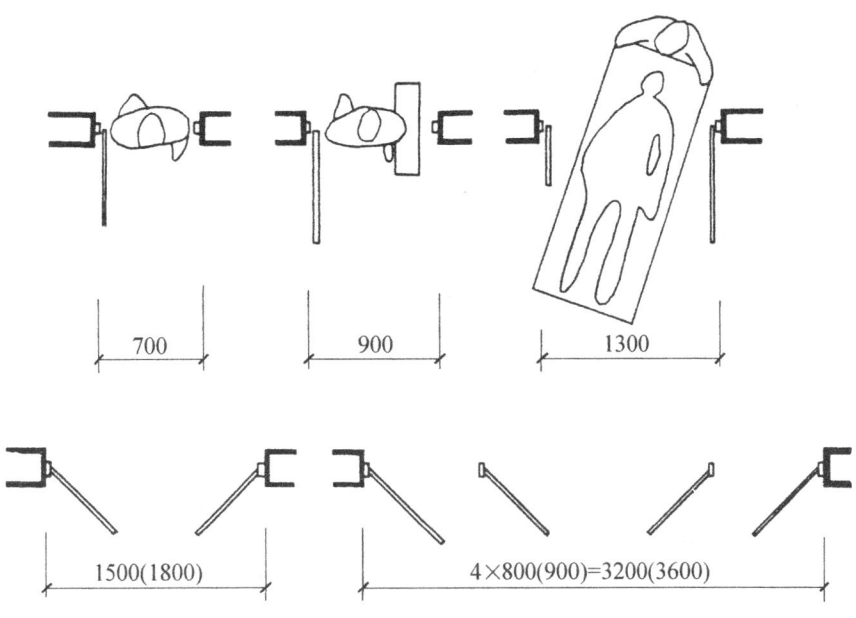

图 2-13 门的宽度举例

中规定，当一个房间面积超过 60m², 且人数超过 50 人时，门的数量要有 2 个，并分设在房间两端，以利于疏散。位于走道尽端的房间（托儿所、幼儿园除外）由最远一点到房间门口的直线距离不超过 14m，且人数不超过 80 人时，可设一个向外开启的门，但门的净宽不应小于 1.4m。

剧院、电影院、礼堂的观众厅安全出口的数目均不应少于 2 个，且每个安全出口的平均疏散人数不应超过 250 人。即 1000 人的大厅安全出口的数目不应少于 4 个。

（3）位置

门的位置恰当与否直接影响到房间的使用，所以确定门的位置时要考虑到室内人流活动的特点和家具布置的要求，考虑到缩短交通路线，争取室内有较完整的空间和墙面，同时还要考虑到有利于组织采光和穿堂风。

图 2-14 是在同一面积情况下由于房间门的位置不同，出现了不同的使用效果。图

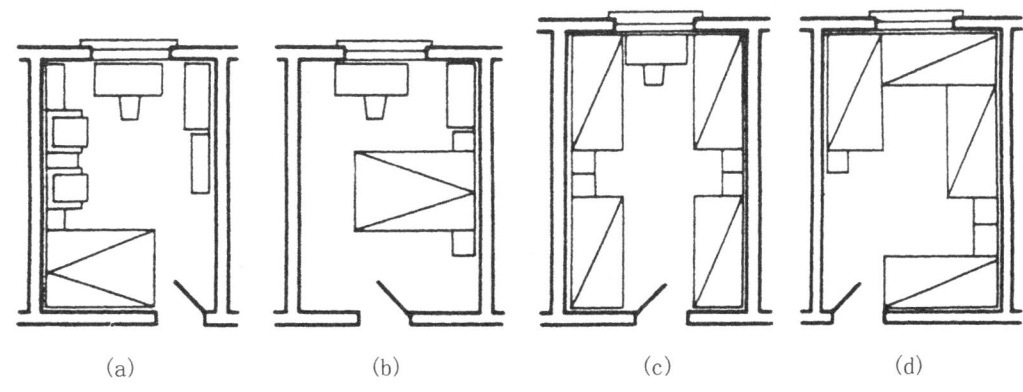

(a)　　　　　　(b)　　　　　　(c)　　　　　　(d)

图 2-14 卧室、集体宿舍门的位置

2-14a表示住宅卧室的门布置在房间一角，使房间有比较完整的使用空间和墙面，有利于家具的布置，房间利用率高；图2-14b门布置在房间墙中间，使家具的布置受到了局限；图2-14c是四人间集体宿舍，将门布置在墙的中间，有利于床位的摆设，且活动方便，互不干扰；图2-14d布置干扰大，使用不便。所以，门的合理布置要根据具体情况，综合分析来确定。

当一个房间有2个或2个以上的门时，门与门之间的交通联系必然给房间的使用带来影响，这时既要考虑缩短交通路线，又要考虑家具布置灵活。图2-15是套间门的位置设置比较，其中，图2-15a、c房间内的穿行面积过大，影响房间家具摆设和使用，图2-15b、d房间内交通面积较短，家具设置方便。

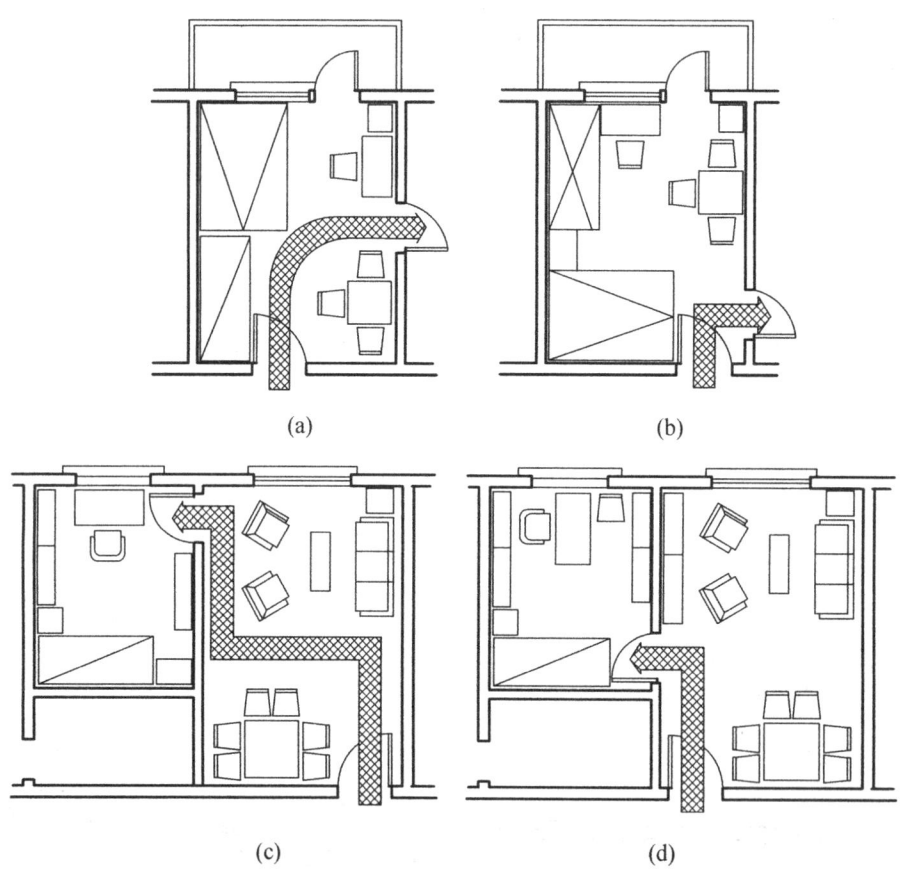

图2-15 套间布置门的位置比较

在住宅设计过程中，可将一些房间的门集中到一起，形成一个小的过道，避免由于开门太多而影响房间的使用。当房间人数较多时，门的设计除了要满足数量的要求以外，还要强调均匀布置，门均匀地布置在房间四周，使疏散方便。图2-16是影剧院观众厅疏散门和实验室门的布置示意。

(4) 开启方式

门的开启方式类型很多，如普通平开门、双向自由门（弹簧门）、转门、推拉门、折

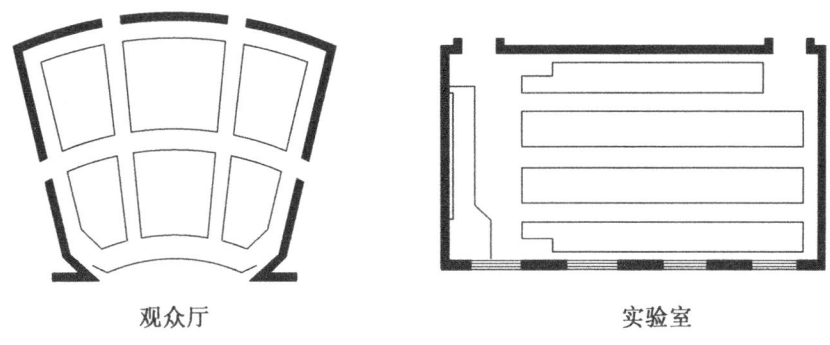

图 2-16 观众厅及实验室门的位置举例

叠门以及卷帘门等,在民用建筑中用得最普遍的是普通平开门。平开门分外开和内开两种,对于人数较少的房间,一般要求门向房间内开启,以免影响走廊的交通,如住宅、宿舍、办公室等;使用人数较多的房间,如会议室、礼堂、教室、观众厅以及住宅单元入口门,考虑疏散的安全,门应开向疏散方向。对有防风沙、保温要求或人员出入频繁的房间,可以采用转门或弹簧门。我国有关规范还规定,对于幼儿园建筑,为确保安全,不宜设弹簧门。影剧院建筑的观众厅疏散门严禁用推拉门、卷帘门、折叠门、转门等,应采用双肩外开门,门的净宽不应小于 1.4m。

当房间门位置比较集中时,要考虑到同时开启发生碰撞的可能性,要协调好几个门的开启方向,防止门扇碰撞或交通不便(图 2-17)。

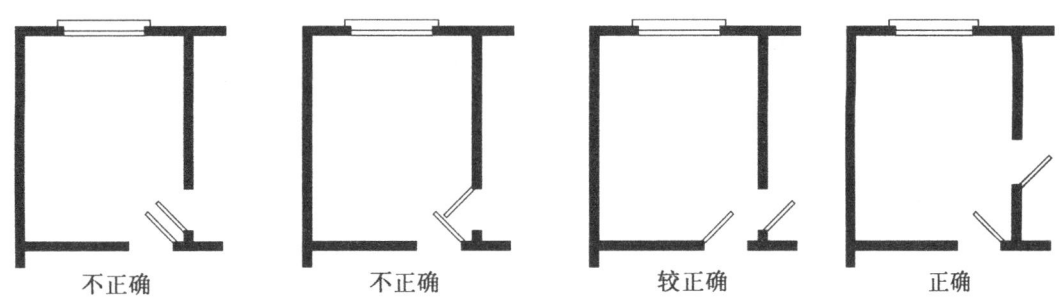

图 2-17 门的相互位置关系

2.2.3.2 房间采光和通风要求

(1) 采光

民用建筑一般情况下都要具有良好的天然采光,采光效果主要取决于窗的大小和位置。民用建筑中由于房间使用性质不同而对采光要求也不同。通常用采光面积比来衡量采光的好坏。采光面积比是指窗的透光面积与房间地板面积之比,不同使用性质的房间采光面积比规范中已有规定,详见表 2-3。在具体设计工作中,除了要满足上述要求外,还要结合具体情况来确定窗的面积,如南方炎热地区,要考虑到通风要求,窗口面积可适当扩大;寒冷地区宜从建筑节能的角度考虑,为防止冬季室内热量从窗口散失过多,不宜开大窗。此外,窗的位置、室外遮挡情况以及建筑立面要求都对开窗大小有直接的影响。

表 2-3 民用建筑中房间使用性质的采光分级和采光面积比

采光等级	视觉工作特征		房 间 名 称	天然照度系数	采光面积比
	工作或活动要求精确程度	要求识别的最小尺寸（mm）			
1	极精密	<0.2	绘画室、制图室、画廊、手术室	5～7	1/3～1/5
2	精密	0.2～1	阅览室、医务室、健身房、专业实验室	3～5	1/4～1/6
3	中等精密	1～10	办公室、会议室、营业厅	2～3	1/6～1/8
4	粗糙	>10	观众厅、休息厅、盥洗室、厕所	1～2	1/8～1/10
5	极粗糙	无规定	贮藏室、门厅、走廊、楼梯间	0.25～1	1/10 以下

窗的平面位置，主要影响到房间沿外墙（开间）方向来的照度是否均匀、有无暗角和眩光。窗的位置要使进入房间的光线均匀和内部家具布置方便。如果房间的进深较大，同样面积的矩形窗户竖向设置，可使房间进深方向的照度比较均匀。中小学教室在一侧采光的条件下，窗户应位于学生左侧，窗间墙的宽度从照度均匀考虑，一般不宜过大（具体窗间墙尺寸的确定还需综合考虑房屋结构或抗震要求等因素），宽度应在 1000～1500mm 之间（框架结构可不限制其宽度）。同时，窗户和挂黑板墙面之间的距离要适当，这段距离太小会使黑板产生眩光，距离太大又会形成暗角。综合采光和结构安全要求，黑板处窗间墙应在 1000～2000mm 之间（图 2-18）。

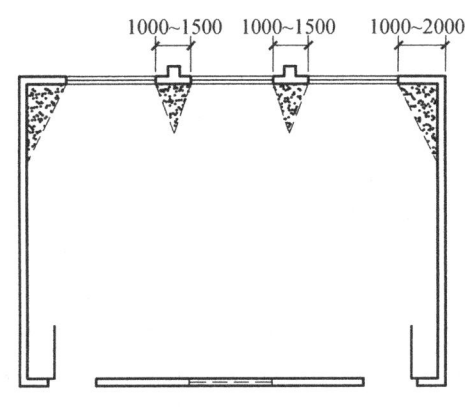

图 2-18 一侧采光的教室中窗在平面中的位置

（2）通风

建筑物室内的自然通风，除了和建筑朝向、间距、平面布局等因素有关外，房间中的窗位置对室内通风效果的影响也很关键，通常利用房间两侧相对应的窗户或门窗之间组织穿堂风，门窗的相对位置采用对面通直布置时，室内气流通畅（图 2-19），同时也要尽

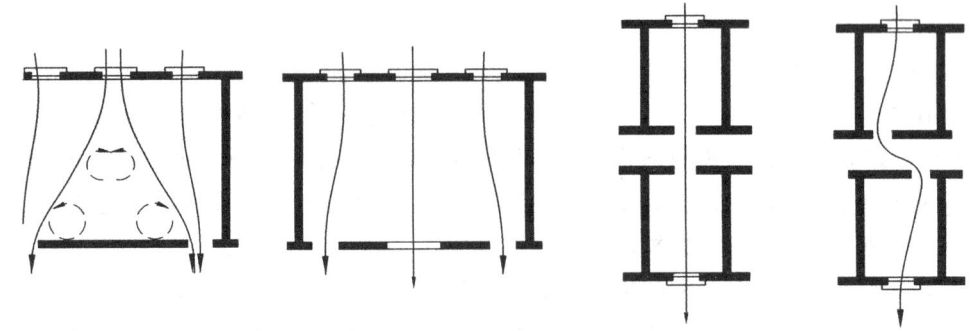

图 2-19 门窗布置对气流组织的影响

可能使穿堂风通过室内使用活动部分的空间。图中所示教室平面，常在靠走廊一侧开设高窗，以调节出风通路，改善教室内通风条件。

2.2.4 辅助房间的平面设计

（1）厕所、浴室、盥洗室

各类民用建筑中辅助房间的平面设计和上述使用房间的设计分析方法基本相同。厕所、浴室、盥洗室等辅助房间，通常根据各种建筑物的使用特点和使用人数的多少，先确定所需设备的个数（见表2-4、表2-5）。根据计算所得的设备数量，考虑在整幢建筑物中厕所、浴室、盥洗室的分间情况，最后在建筑平面组合中，根据整幢房屋的使用要求适当调整并确定这些辅助房间的面积、平面形式和尺寸。

表2-4 部分建筑类型厕所设备个数参考指标

建筑类别	男小便器（人/个[①]）	男大便器（人/个）	女大便器（人/个）	洗手盆或水龙头（人/个）	男女比例	备 注
幼托		5～10	5～10	2～5	1:1	
中小学	40	40	25	100	1:1	小学数量应稍多
宿舍	20	20	15	15		男女比例按实际使用情况
门诊所	50	100	60	150	1:1	总人数按全日门诊人数计算
火车站	80	80	50	150	2:1	男旅客按旅客人数的2/3计算
剧院	35	75	50	140	3:1	

注：①或小便槽长，折合0.6m为一个。

表2-5 浴室、盥洗室设备个数参考指标

建筑类型	男淋浴器（人/个）	女淋浴器（人/个）	洗脸盆或水龙头（人/个）
旅馆	15	10	10
幼托	每班2个		2～5

浴室按进浴方式有多种形式，这里介绍的是使用比较普遍的淋浴浴室，如旅馆、招待所等公共浴室的设计。浴室、盥洗室常与厕所布置在一起通称为卫生间。浴室、卫生间的设备主要有：洗脸盆、淋浴器、浴盆、大便器等，卫生间分为专用卫生间和公共卫生间。专用卫生间使用人数较少，常用于住宅、宾馆和标准较高的病房；公共卫生间将沐浴、厕所和盥洗分为几个空间，既分割又联系，通常设在旅馆、招待所、公寓、宿舍等建筑内。

公共卫生间的位置确定要考虑到使用频率较高的厕所和盥洗室的功能，希望设在使用方便而又较隐蔽之处，并保证有良好的自然通风和天然采光。对专用卫生间则要求与使用房间结合，附设在靠走廊的一端，不应向客房或走道开窗，通常采用人工照明和竖向通风道机械通风。浴室、卫生间要严密防水、防渗漏，并选择不吸水、不吸污、耐腐蚀、易于清洗防滑的墙面和地面材料。室内标高要略低于走道标高，并应有不小于5%的坡道坡向地漏。

图 2-20 是厕所、浴室、盥洗室中，考虑设备大小和人体使用所需尺度的几种基本布置方式和所需尺寸。建筑物中公共服务的厕所应设置前室，这样使厕所较隐蔽，又有利于改善通向厕所的走廊或过厅处的卫生条件。有盥洗室的公共服务厕所，为了节省交通面积并使管道集中，通常采用套间布置，以节省前室所需的面积，图 2-20b、c 分别为一中学附有前室的厕所和一宿舍盥洗室和男厕所套间布置的平面。图 2-21 是专用卫生间和公共卫生间布置举例。

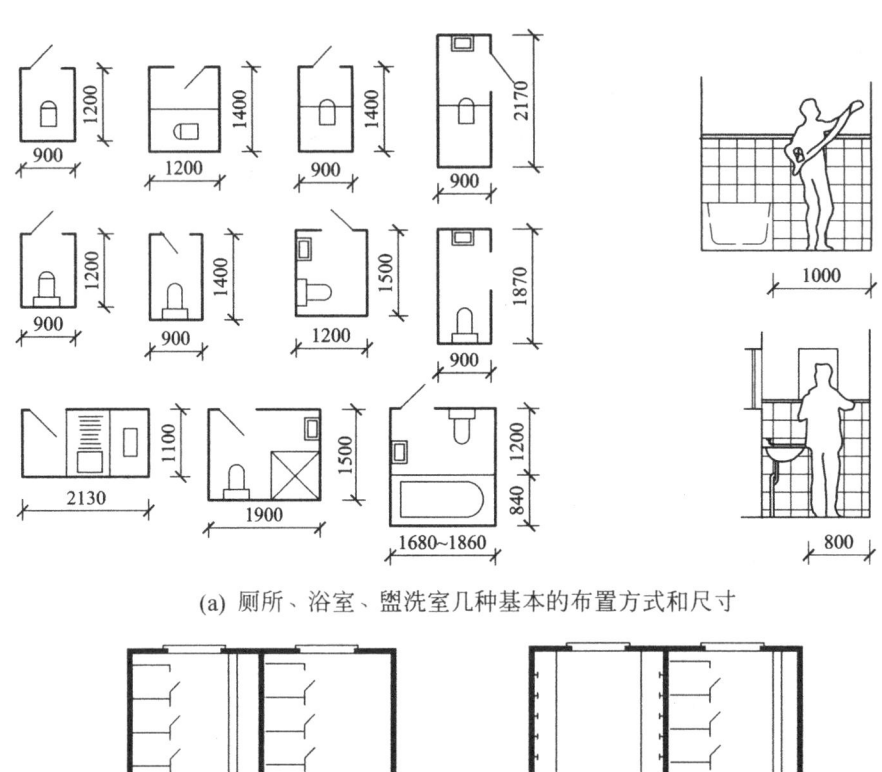

(a) 厕所、浴室、盥洗室几种基本的布置方式和尺寸

(b) 附有前室的中学男女厕所　　(c) 宿舍中套间布置的盥洗室和男厕所

图 2-20　厕所、浴室、盥洗室基本尺度和布置方式

(2) 厨房

这里是指住宅、公寓内每户的专用厨房。厨房主要供烹调之用，面积较大的厨房可兼作餐室。随着住宅标准和人们生活水平的不断提高，厨房的设计要求也不断被赋予新的内容。厨房内主要设备有灶台、洗涤池、案台、固定式碗橱（或搁板、壁龛）、冰箱及排烟装置，其常见尺寸见表 2-6。

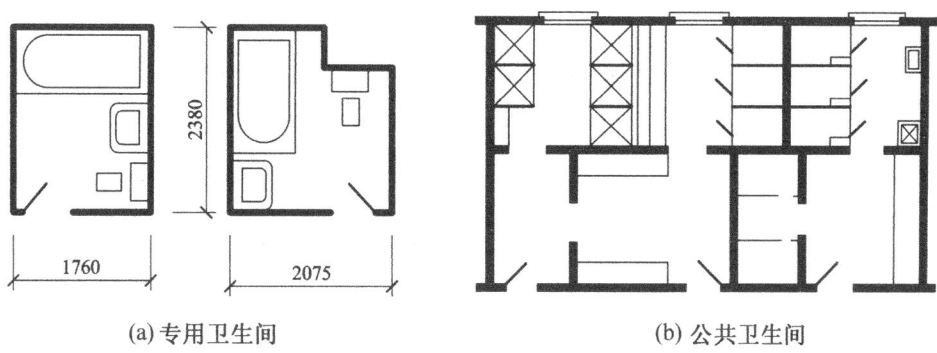

(a)专用卫生间　　　　　　　(b)公共卫生间

图 2-21　卫生间布置举例

表 2-6　厨房常用设备参考尺寸

设备名称	设备尺寸（cm）		
	长	宽	上缘离地尺寸
煤炉	80~120	50~70	78
蜂窝煤炉	40~50	40~50	45~55
煤气炉	60~70	25~30	78
液化石油气炉	65~70	30~35	65~70
液化石油气罐	33~35	33~35	65~70
水池	55~60	50~55	80
洗涤槽（家具盆）	56~61	41~46	80
洗衣机	50~55	40~45	85~90
电冰箱	53~59	52~54	93~140

厨房在平面组合上尽量靠外墙布置，通常布置在次要朝向，要求有天然采光窗和自然通风条件。室内家具的布置与设计要符合操作流程和人的使用特点。使用管道煤气和液化石油气为燃料的厨房面积不应小于 3.5m²，以加工煤为燃料的厨房不应小于 4.5m²，以薪柴为燃料的厨房不应小于 5.5m²。厨房的墙面、地面应考虑防水和易于清洁，地面比一般房间低 20~30mm，地面设地漏。采用煤、柴为燃料的厨房应设烟囱。厨房炉灶上方应留排气罩位置。

厨房按平面布置形式常采用的有单排、双排、L 形、U 形几种。单排布置的长度在 1800mm 左右，厨房设备布置在一侧。双排则将水池、炉灶和操作台布置在两侧，此种形式常用于厨房外设服务阳台的情况。L 形和 U 形布置操作较方便，平面利用率高（图 2-22）。

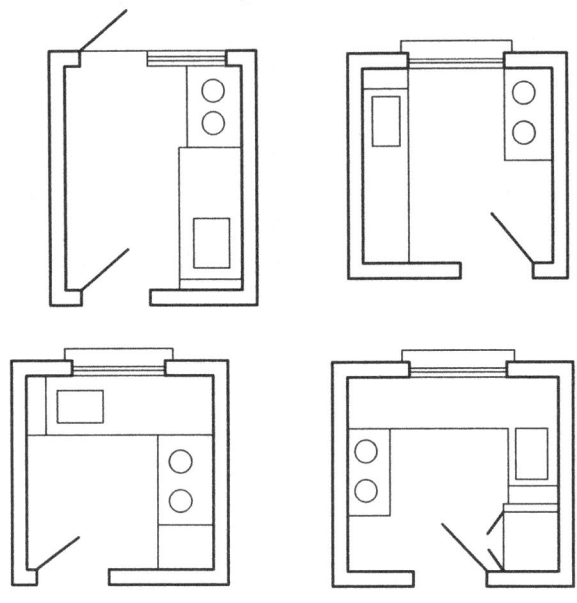

图 2-22 厨房布置示意

2.3 交通联系部分的平面设计

一幢建筑物除了有满足使用要求的各种房间外,还需要有交通联系部分把各个房间之间以及室内外之间联系起来。建筑物内部的交通联系部分可以分为:水平交通联系的走廊、过道等;垂直交通联系的楼梯、坡道、电梯、自动梯等;交通联系枢纽的门厅、过厅等。

交通联系部分设计的主要要求有:
①交通路线简捷明确,联系通行方便;
②人流通畅,紧急疏散时迅速安全;
③满足一定的采光通风要求;
④力求节省交通面积,同时考虑空间处理等造型问题。

交通联系部分的面积,在一些常见的建筑类型如宿舍、教学楼、医院或办公楼中,占建筑面积的1/4左右。这部分面积设计得是否合理,除了直接关系到建筑物中各部分的联系通行是否方便外,也对房屋造价、建筑用地、平面组合方式等许多方面有很大影响。

进行交通联系部分的平面设计,首先需要具体确定走廊、楼梯等通行疏散要求的宽度,具体确定门厅、过厅等人们停留和通行所必需的面积,然后结合平面布局考虑交通联系部分在建筑平面中的位置以及空间组合等设计问题。

以下分述各种交通联系部分的平面设计。

2.3.1 走道

走道（走廊）是连接各个房间、楼梯和门厅等部分，以解决房屋中水平联系和疏散问题的通道。

走道的宽度应符合人流通畅和建筑防火要求，通常单股人流的通行宽度为550～600mm。在通行人数少的住宅走道中，考虑到两人相对通过和搬运家具的需要，走道的最小宽度也不宜小于1100mm（图2-23）。在通行人数较多的公共建筑中，按各类建筑的使用特点、建筑平面组合要求、通过人流的多少及根据调查分析或参考设计资料确定走道宽度。公共建筑门扇开向走道时，走道宽度通常不小于1500mm。例如中小学教学楼中走道宽度，根据走道连接教室的多少，常采用1800mm（走道一侧设教室）或2400mm（走道两侧设教室）左右。设计走道的宽度时，应根据建筑物的耐火等级、层数和走道中通行人数的多少，进行防火要求最小宽度的校核，见表2-7。

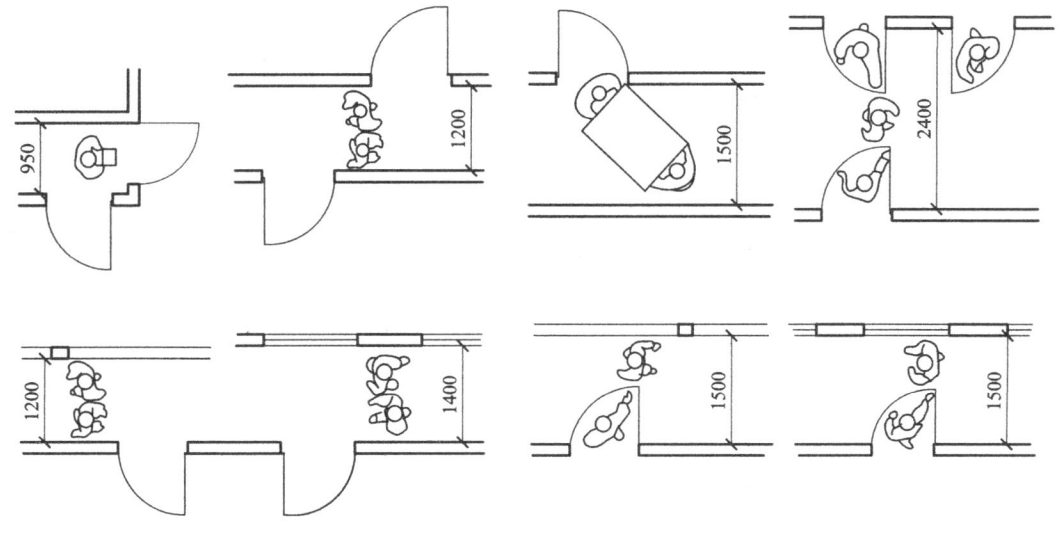

图2-23 走道的宽度

表2-7 走道的宽度（根据耐火等级和房屋的层数确定）

宽度（m/100人）		房屋耐火等级		
		一、二级	三级	四级
层数	一、二层	0.65	0.75	1.00
	三层	0.75	1.00	
	>四层	1.00	1.25	

走道从房间门到楼梯间或外门的最大距离，以及袋形走道的长度，从安全疏散考虑也有一定的限制，见表2-8。

表 2-8 房间门至外部出口或楼梯间①的最大距离 单位：m

建筑类型	位于两个外部出口或楼梯间之间的房间 L_1			位于袋形走道两侧或尽端的房间 L_2		
	耐火等级			耐火等级		
	一、二级	三级	四级	一、二级	三级	四级
托儿所、幼儿园	25	20		20	15	
医院、疗养院	35	30		20	15	
学 校	35	30		22	20	
其他民用建筑	40	35	25	22	20	15

注：①指封闭楼梯间或防烟楼梯间，见图 2-24。

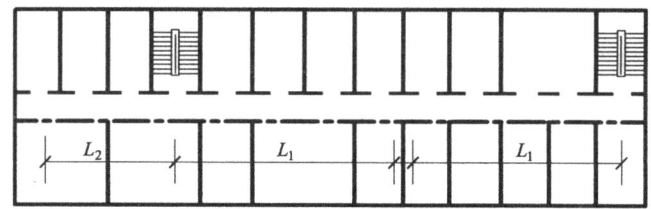

图 2-24 走道长度的控制

根据不同建筑类型的使用特点，走道除了交通联系外，也可以兼有其他的使用功能。例如，学校教学楼中的走道，兼有学生课间休息活动的功能；医院门诊部分的走道，兼有病人候诊的功能等，这时走道的宽度和面积相应增加。可以在走道边的墙上开设高窗或设置玻璃隔断以改善走道的采光通风条件。住宅建筑中厨房与餐室的既可分隔，又可兼用的布置，也是在交通面积中结合会客、进餐等使用功能，以提高建筑面积的利用率。

2.3.2 楼梯、坡道

楼梯是房屋各层间的垂直交通联系部分，是楼层人流疏散必经的通道。楼梯设计主要根据使用要求和人流通行情况确定梯段和休息平台的宽度，选择适当的楼梯形式，考虑整幢建筑的楼梯数量，以及楼梯间的平面位置和空间组合。有关楼梯的各个组成部分和构造要求，将在本书民用建筑构造中叙述。

楼梯的宽度，也是根据通行人数的多少和建筑防火要求决定的。梯段的宽度和走道一样，考虑两人相对通过，通常不小于 1100mm（图 2-25b）。三人相对通过时，通常不小于 1500mm（图 2-25c）。一些辅助楼梯，从节省建筑面积出发，把梯段的宽度设计得小一些，考虑到同时有人上下时能有侧身避让的余地，梯段的宽度也不应小于 850mm（图 2-25a）。所有梯段宽度的尺寸，也都需要以防火要求的最小宽度进行校核，防火要求宽度的具体尺寸与对走道的要求相同（见表 2-7）。楼梯平台的宽度，除了考虑人流通行外，还需要考虑搬运家具的方便，平台的宽度不应小于梯段的宽度，并不得小于 1200mm（图 2-25d）。

楼梯形式的选择，主要以房屋的使用要求为依据。两跑楼梯由于面积紧凑、使用方便，是一般民用建筑中最常采用的形式。当建筑物的层高较高，或利用楼梯间顶部天窗采光时，常采用三跑楼梯。一些旅馆、会场、剧院等公共建筑，经常把楼梯的设置和门厅、休息厅等结合起来。这时，楼梯可以根据室内空间组合的要求，采用比较多样的形式，具

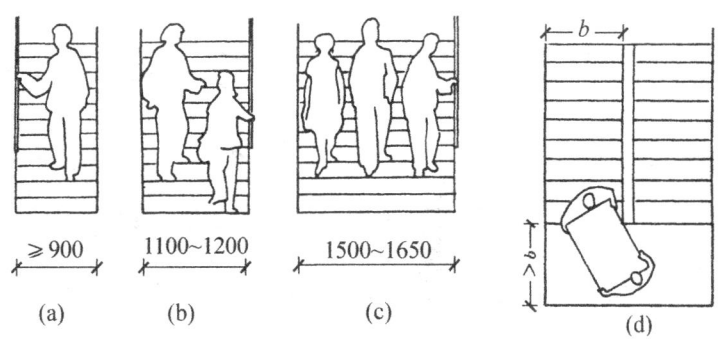

图 2-25 楼梯梯段和平台的通行宽度

体详见本书民用建筑构造部分。

楼梯在建筑平面中的数量和位置，是交通联系部分的设计中、建筑平面组合中比较关键的问题，它关系到建筑物中人流交通的组织是否通畅安全，建筑面积的利用是否经济合理。

楼梯的数量主要根据楼层人数多少和建筑防火要求来确定。当建筑物中楼梯和远端房间的距离超过防火要求的距离（见表 2-8、图 2-24），二至三层的公共建筑楼层面积超过 200m^2，或者二层及二层以上的三级耐火房屋楼层人数超过 50 人时，都需要布置两个或两个以上的楼梯。

一些公共建筑物，通常在主要出入口处相应地设置一个位置明显的主要楼梯；在次要出入口处，或者房屋的转折和交接处设置次要楼梯供疏散及服务用。这些楼梯的宽度和形式，根据所在平面位置、使用人数多少和空间处理的要求，也应有所区别。

垂直交通联系部分除楼梯外，还有坡道、电梯和自动扶梯等。室内坡道的特点是上下比较省力（楼梯的坡度在 30°～40°，室内坡道的坡度通常 ＜10°），通行人流的能力几乎和平地相当（人群密集时，楼梯由上往下人流通行速度为每分钟 10m，坡道人流通行速度接近于平地的每分钟 16m），但是坡道的最大缺点是所占面积比楼梯面积大得多。一些医院为了病人上下和手推车通行的方便可采用坡道；为儿童使用的建筑物，也可采用坡道；有些人流大量集中的公共建筑，如大型体育馆的部分疏散通道，也可用坡道来解决垂直交通联系。

电梯通常使用在多层或高层建筑中，一些有特殊使用要求的建筑，如医院病房部分也常采用。自动扶梯适用于具有频繁而连续人流的大型公共建筑中，如百货大楼、展览馆、游乐场、火车站、地铁站、航空港等建筑物中。见图 2-26、图 2-27。

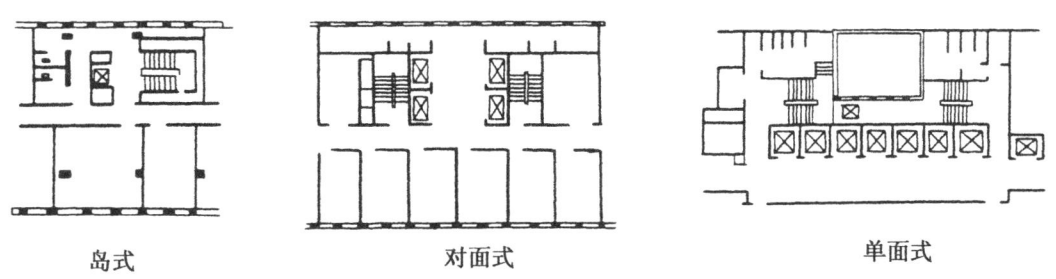

图 2-26 电梯间布置方式

图 2-27 一些公共建筑中设置的自动扶梯

2.3.3 门厅

门厅是建筑物主要出入口处的内外过渡、人流集散的交通枢纽。在一些公共建筑中，门厅除了交通联系外，还兼有适应建筑类型特点的其他功能要求，例如旅馆门厅中的服务台、问讯处或小卖部，门诊所门厅中的挂号、取药、收费等部分，有的门厅还兼有展览、陈列等使用功能，图 2-28 为兼有会客、休息功能的旅馆门厅。

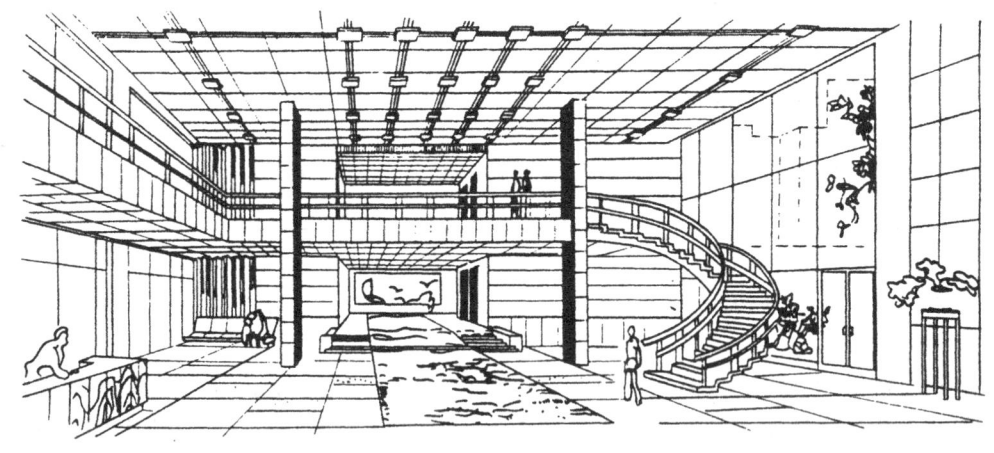

图 2-28 某兼有会客、休息功能的旅馆门厅

和所有交通联系部分的设计一样，疏散出入安全也是门厅设计的一个重要内容。门厅对外出入口的总宽度，应不小于通向该门厅的走道、楼梯宽度的总和；人流比较集中的公共建筑物，门厅对外出入口的宽度，一般按每 100 人 0.6m 计算。外门的开启方式应向外开启或采用弹簧门扇。

门厅的面积大小，主要根据建筑物的使用性质和规模确定，在调查研究、积累设计经验的基础上，根据相应的建筑标准，不同的建筑类型都有一些面积定额可供参考，见表 2-9。一些兼有其他功能的门厅面积，还应根据实际使用要求相应地增加。

表 2-9 部分建筑门厅面积设计参考指标

建筑名称	面积定额	备 注
中小学校	0.06～0.08m²/每生	
食堂	0.08～0.18m²/每座	包括洗手台
城市综合医院	11m²/每日百人次	包括衣帽间和问讯处
旅馆	0.2～0.5m²/床	
电影院	0.13m²/每个观众	

导向性明确，避免交通路线过多的交叉和干扰，是门厅设计中的重要问题。门厅的导向明确，即要求人们进入门厅后，能够比较容易地找到各走道口和楼梯口，并易于辨别这些走道或楼梯的主次，以及它们通向房屋各部分使用性质上的区别。根据不同建筑类型平面组合的特点，以及房屋建造所在基地形状、道路走向对建筑中门厅设置的要求，门厅的布局通常有对称和不对称两种（图 2-29）。对称的门厅有明显的轴线，如果起主要交通联系作用的走道或主要楼梯沿轴线布置，则主导方向较为明确（图 2-29 b）。不对称的门厅（图 2-29 a），由于门厅中没有明显的轴线，往往需要通过对走廊口门洞的大小、墙面的透空和装饰处理以及楼梯踏步的引导等设计手法，使人们易于辨别交通联系的主导方向。

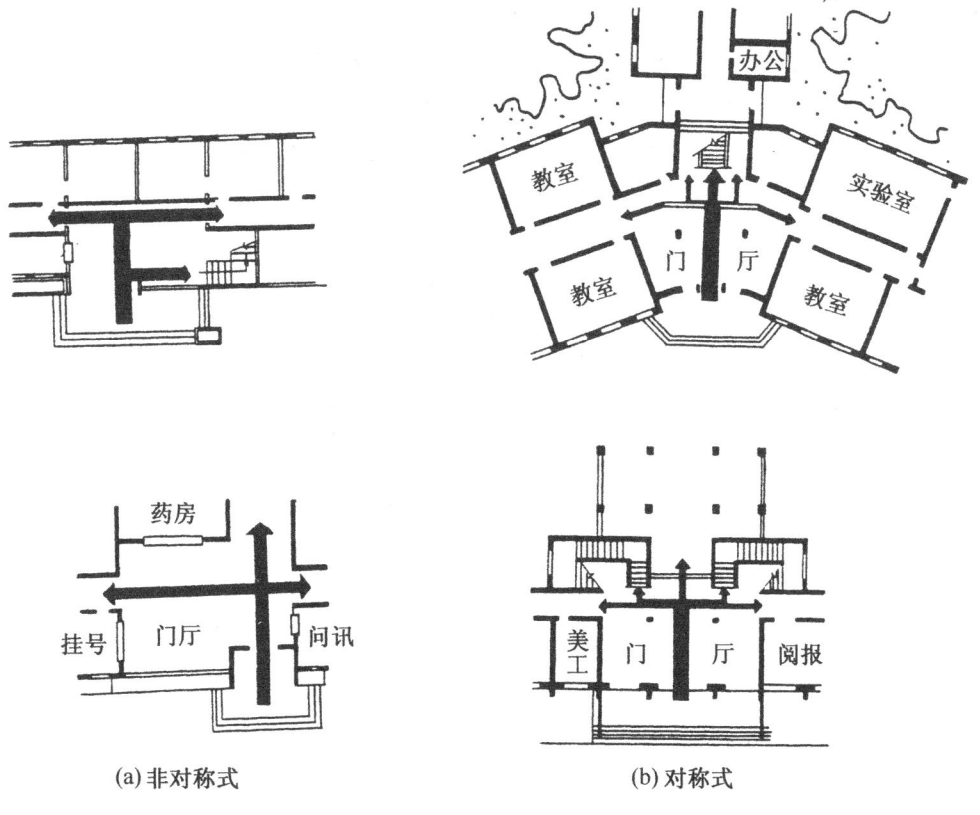

(a) 非对称式   (b) 对称式

图 2-29 门厅的布置方式

由于门厅是人们进入建筑物首先到达、经常经过或停留的地方,因此门厅的设计除了要合理地解决好交通枢纽等功能要求外,门厅中还应组织好各个方向的交通路线,尽可能减少来往人流的交叉和干扰。门厅内的空间组合和建筑造型要求,也是一些公共建筑中重要的设计内容之一。

2.4 建筑平面的组合设计

建筑平面的组合设计和立面及造型设计是建筑设计不可分割的整体,平面组合时房间之间的关系必然要反映到建筑形体上来。因此,在进行平面组合设计时应重视对建筑立面和造型效果的影响,以便为进一步进行体型和立面设计打下基础。建筑体型与立面设计详见第5章。

2.4.1 组合原则

在进行建筑平面的组合设计时,还要根据具体设计要求,掌握以下几个原则。

(1) 房间的主次关系

在组成建筑物的各类房间中,均有主次房间之分,因此在进行平面组合时应分清主次,合理安排。在住宅设计中,起居室、卧室是主要房间,厨房、卫生间、贮藏室是次要房间;商业建筑中营业厅是主要房间,库房、行政办公室和生活用房是次要房间;教学楼建筑中教室、实验室是主要房间,办公室、厕所则是次要房间。在平面组合上一般将主要房间放在朝向比较好的位置上,或安排在靠近主要出入口,并要求有良好的采光通风条件。图2-30是学校食堂平面,从图中可看出将餐厅置于人流和交通的主要位置上,将厨房、煤场放在次要位置上,使主次关系分明,使用方便。

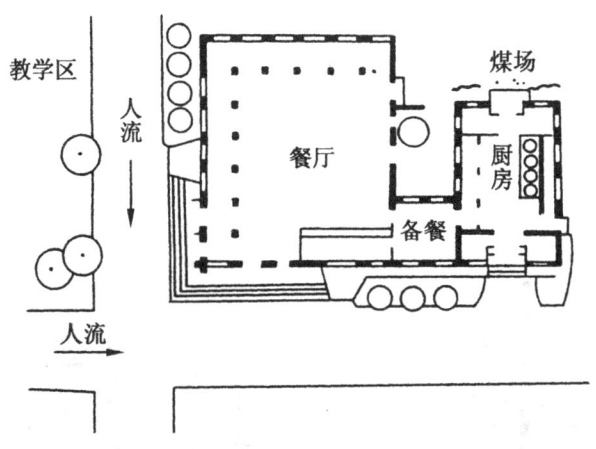

图2-30 某食堂的平面布置

(2) 房间的内外关系

公共建筑从使用功能上来分析,可以分为供内部使用和供外部使用两部分空间。如商店建筑,营业厅是供外部人员使用的,应位于主要沿街位置上,满足商业建筑需醒目的特点和人流的需要；而库房、办公用房是供内部人员使用，位置可隐蔽一些。图2-31是一小商店平面，它较好地解决了建筑物内外之间的关系问题。

(3) 房间的联系与分隔

在建筑平面组合时要考虑到房间之间的联系与分隔，将联系密切的房间相对集中，把既有联系又因使用性质不同、需避免相互之间干扰的房间适当分隔。在学校建筑中，普通教室和音乐教室同属教学用房，但因声音干扰问题，可用较长的走道将其适当隔开；教室和教职工办公室之间虽联系比较密切，但为了避免学生影响老师的工作，可将这类房间用门厅隔开（图2-32）。

(4) 房间的交通流线关系

流线在民用建筑设计中是指人或物在房间之间、房间内外之间的流动路线，即人流和货流。人流又可分为主要人流、次要人流，内部人流、外部人流等；货流也可视具体情况进行分类。

展览建筑为保持展览的连续性和避免人流的交叉，要有非常明确的参观路线。展室的组合设计就是根据人们参观的顺序来决定的（图2-34）。火车站建筑是对流线要求较高、流线组织比较严密的建筑类型，有人流、货流之分，人流又可分为上车人流、下车人流，货流也有上下两种情况。各部分流线组织要保证简捷、明确、通畅，避免迂回和相互交叉。因此，此类建筑组织交通流线至关重要。

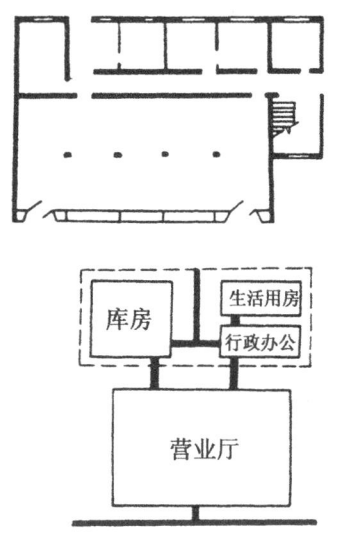

图2-31 某小商店的平面布置

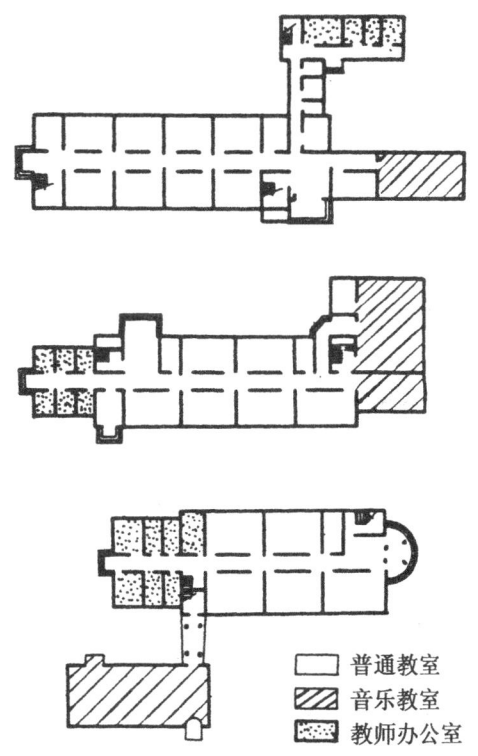

图2-32 教学楼中的联系与分隔

2.4.2 组合形式

前面已简要阐述了影响平面组合的因素以及设计要求，下面将对民用建筑中常采用的平面组合形式进行分析。

2.4.2.1 走道式组合

走道式组合就是利用走道将使用房间连接起来，各房间沿走道一侧或两侧布置。其特点是使用房间与交通联系部分明确分开，保持着各房间使用上的独立性，彼此干扰较小。

它是民用建筑中应用最广泛的一种组合形式，应用于学校、办公楼、医院、旅馆等建筑。

根据走道与房间的位置不同，分为单外廊、单内廊和双外廊、双内廊等几种形式。

(1) 单外廊

房间位于走道一侧，房间朝向及采光通风效果良好，房间之间干扰较小。为了使房间有较好的隔声、保温效果，也可将单外廊封闭。这种布局的交通路线偏长，占用土地较多，经济性差一些。

(2) 单内廊

它充分地利用了内走廊服务于较多的房间，因而应用较广。这种布局房屋进深较大，有利于节约土地，同时减少了外围护结构面积，在寒冷地区对保温节能有利。它的缺点是走廊两侧房间有一定的干扰，房间通风受到影响。

(3) 双外廊

这种形式应用于特殊的建筑组合平面中，它利用两外廊将使用房间包围起来，适用于对温度、湿度、洁净要求较高的建筑，如实验室、手术室等。

(4) 双内廊

这种组合方式通常是将楼梯、电梯、设备间布置在建筑平面的中部，两侧设走廊，服务于更多的房间。它进深较大，在大型宾馆建筑中常采用这种形式。

图 2-33 是走道式组合举例。

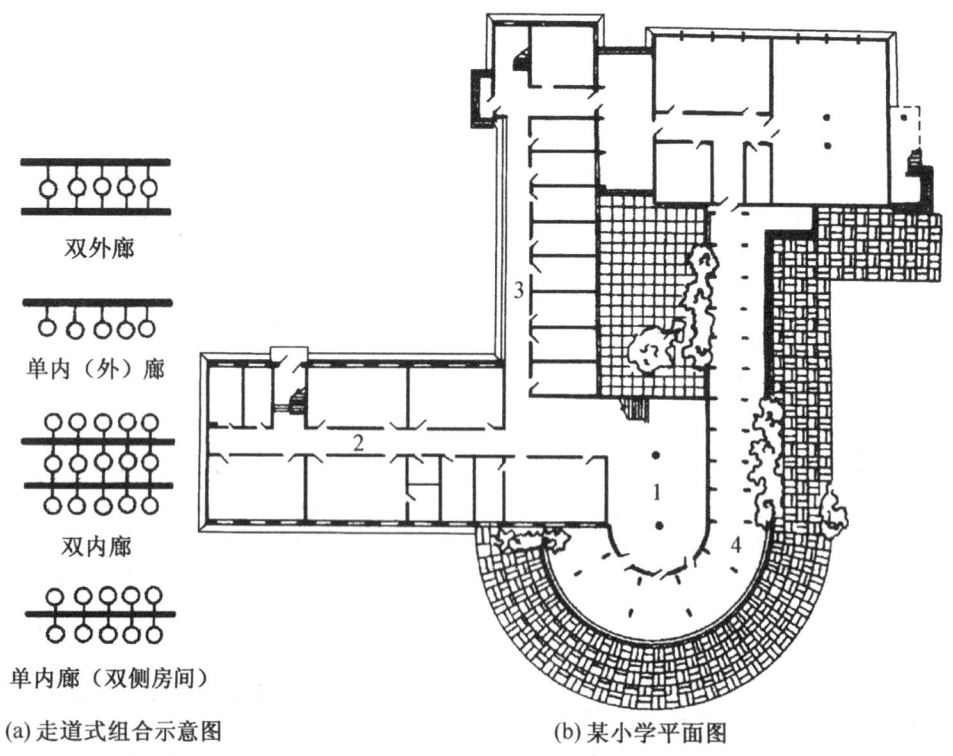

(a) 走道式组合示意图　　(b) 某小学平面图

图 2-33　走道式组合

1—门厅；2—内廊（双侧布置房间）；3—外廊（单侧布置房间）；4—外廊

2.4.2.2 套间式组合

套间式组合是将各使用房间相互穿套，穿套原则是按使用上的流线要求而定。其特点是将使用面积和交通面积合为一体，平面紧凑，面积利用率高。这种组合方式也称为串联式，如展览建筑、超市商场（图2-34）。

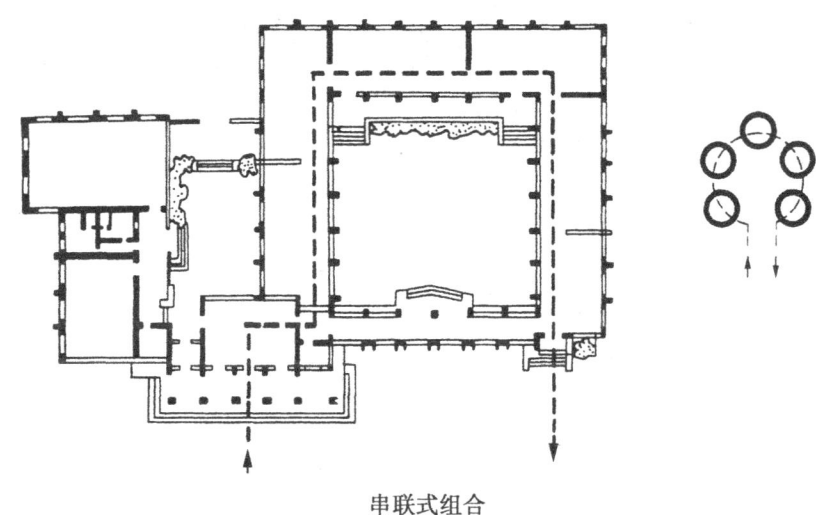

串联式组合

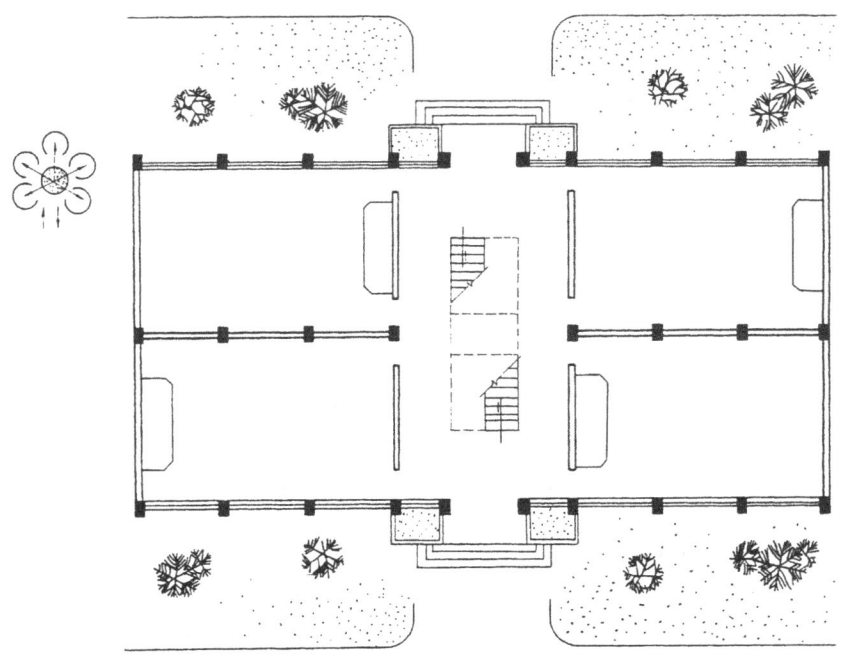

放射式组合

图2-34 套间式组合

2.4.2.3 大厅式组合

大厅式组合是围绕公共建筑的大厅进行平面组合，其特点是主体结构的大厅空间大，使用人数多，是建筑物的主体和中心。而其他使用房间服务于大厅，而且面积较小，如体育馆建筑、大型商场、电影院等（图2-35）。

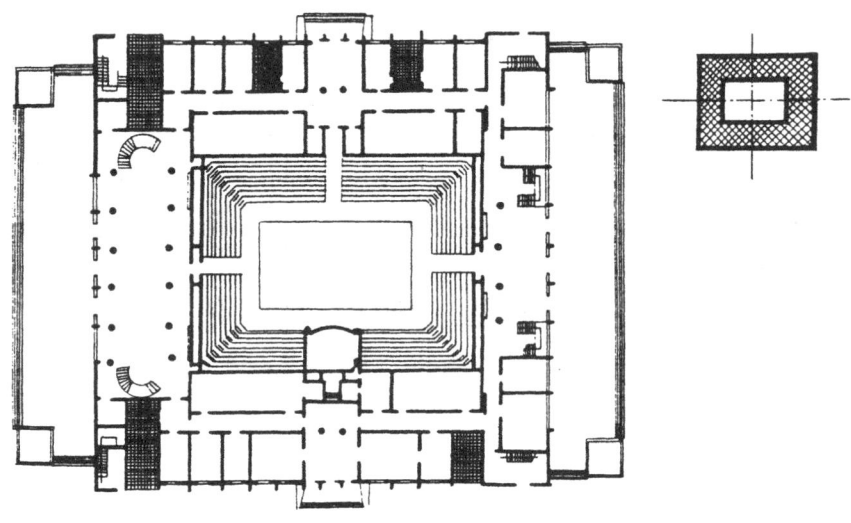

图2-35 大厅式组合（体育馆）

2.4.2.4 单元式组合

单元就是将关系密切的房间组合在一起，成为一个相对独立的整体。单元式组合就是将这些独立的单元按使用性质在水平或垂直方向重复组合成一幢建筑。单元式组合功能分区明确，单元之间相对独立，组合布局灵活，适应性强，同时减少了设计、施工工作量。这种组合方式在住宅、托幼、学校建筑中应用较广。图2-36是单元式组合的实例。

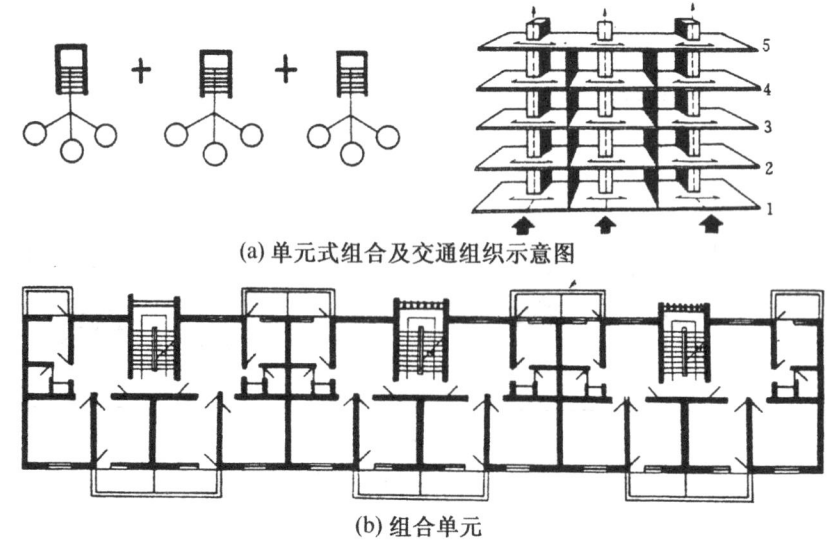

图2-36 单元式住宅组合形式

2.4.2.5 混合式组合

在民用建筑中，由于功能上的要求，在组合方式上往往出现多种组合形式共存于一幢建筑物的情况，即混合式组合。图2-37是某剧院建筑混合式组合平面图，门厅与咖啡厅形成套间式组合；大厅与周边的附属建筑形成大厅式组合；后台演员化妆、服装、道具部分则是走道式组合。

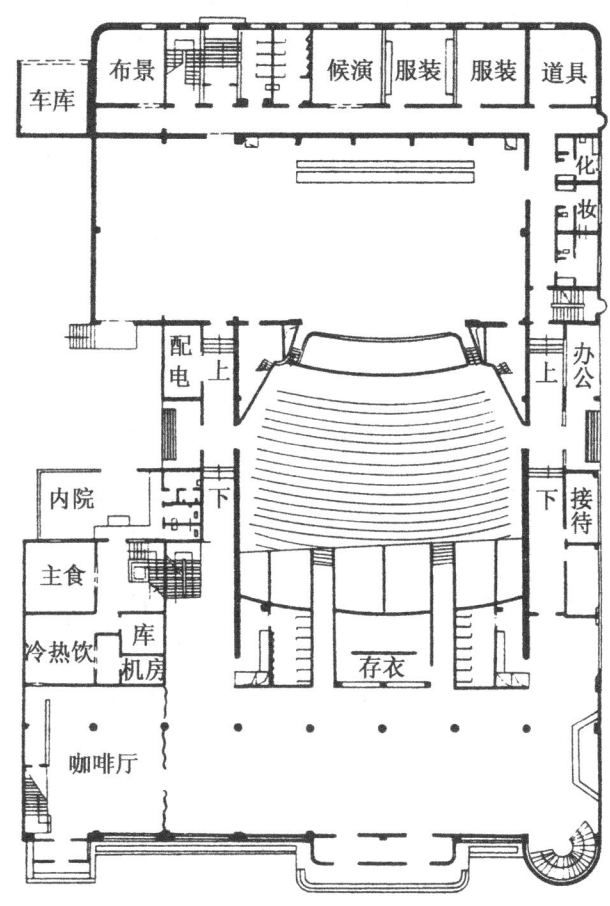

底层平面图

图2-37 混合式组合（剧院）

2.4.3 结构类型对平面组合的影响

进行建筑平面组合设计时，要认真考虑和重视结构对建筑组合的影响。它包括结构的可行性、经济性、安全性和结构形式带来的空间效果等。

目前，民用建筑常用的结构类型有砖混结构、框架结构、空间结构等。

2.4.3.1 砖混结构

以砖墙和钢筋混凝土梁板承重并组成房屋的主体结构，称为砖混结构或墙承重结构体系。这种结构按承重墙的布置方式不同可分为三种类型。

（1）横墙承重：横墙一般是指建筑物短轴方向的墙，横墙承重就是将楼板压在横墙上,纵墙仅承受自身的荷载和起到分隔、围护作用。这种布置方式,由于横墙较多,建筑物整体刚度和抗震性能较好,外墙不承重,使开窗较灵活。缺点是房间开间受到楼板跨度的影响,使房间布局灵活性上受到了一定的限制。这种布置方式适用于开间较小、规律性较强的房间,如住宅、宿舍、普通办公楼,一般性的旅馆等。

(2) 纵墙承重:纵墙是建筑物长轴方向的墙。楼板压在纵墙上的结构布置方式,即为纵墙承重。由于横墙不承重,平面布局比较灵活,在保证隔声的前提下,横墙可用较薄砌体和其他轻质隔墙,以节约面积,但建筑物整体刚度和抗震效果比横墙承重差。由于受板长的影响,房间进深不可能太大,外墙开窗也受到一定的限制。这种布置方式常用于教室、会议室等房间。

(3) 混合承重:在一幢建筑中根据房间的使用和结构要求,既采用了横墙承重方式,又采用了纵墙承重方式,这种结构形式称之为混合承重。它具有平面布置灵活、整体刚度好的优点。缺点是增加了板型,梁的高度影响了建筑的净高。这种承重方式在民用建筑中应用较广。

图 2-38 是几种墙体承重的结构布置示意图。

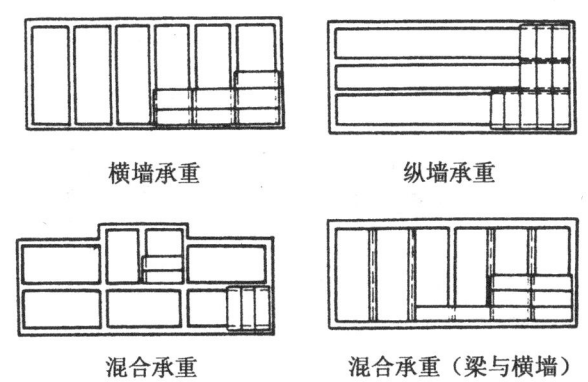

图 2-38 墙体承重结构布置

图 2-39 是混合承重的某门诊建筑实例。大诊室是纵横墙混合承重,小诊室是横墙承重,走道是纵墙承重。

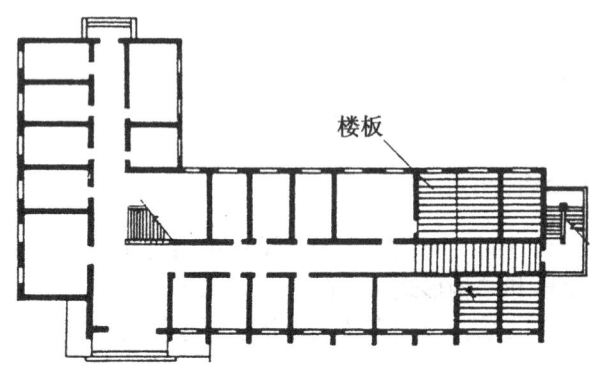

图 2-39 采用墙体承重的门诊部平面

混合结构布置时要尽量使房间开间、进深统一,减少板型;上下承重墙体要对齐,如有大房间可设在顶层或单独设置;要考虑到建筑物整体刚度均匀,门窗洞口的大小要满足墙体的受力特征。

2.4.3.2 框架结构

框架是由梁和柱刚性连接的骨架结构。它的特点是强度高、自重轻、整体性和抗震性能好；结构体系本身将承重和围护构件分开，可充分发挥材料各自的性能，如围护结构可用保温隔热性能好、自重轻的材料。框架结构使建筑空间布局更加灵活，而且建筑立面开窗的大小和形式不受结构的限制。它适用于商场、宾馆、图书馆、教学实验楼、火车站等（图 2-40）。

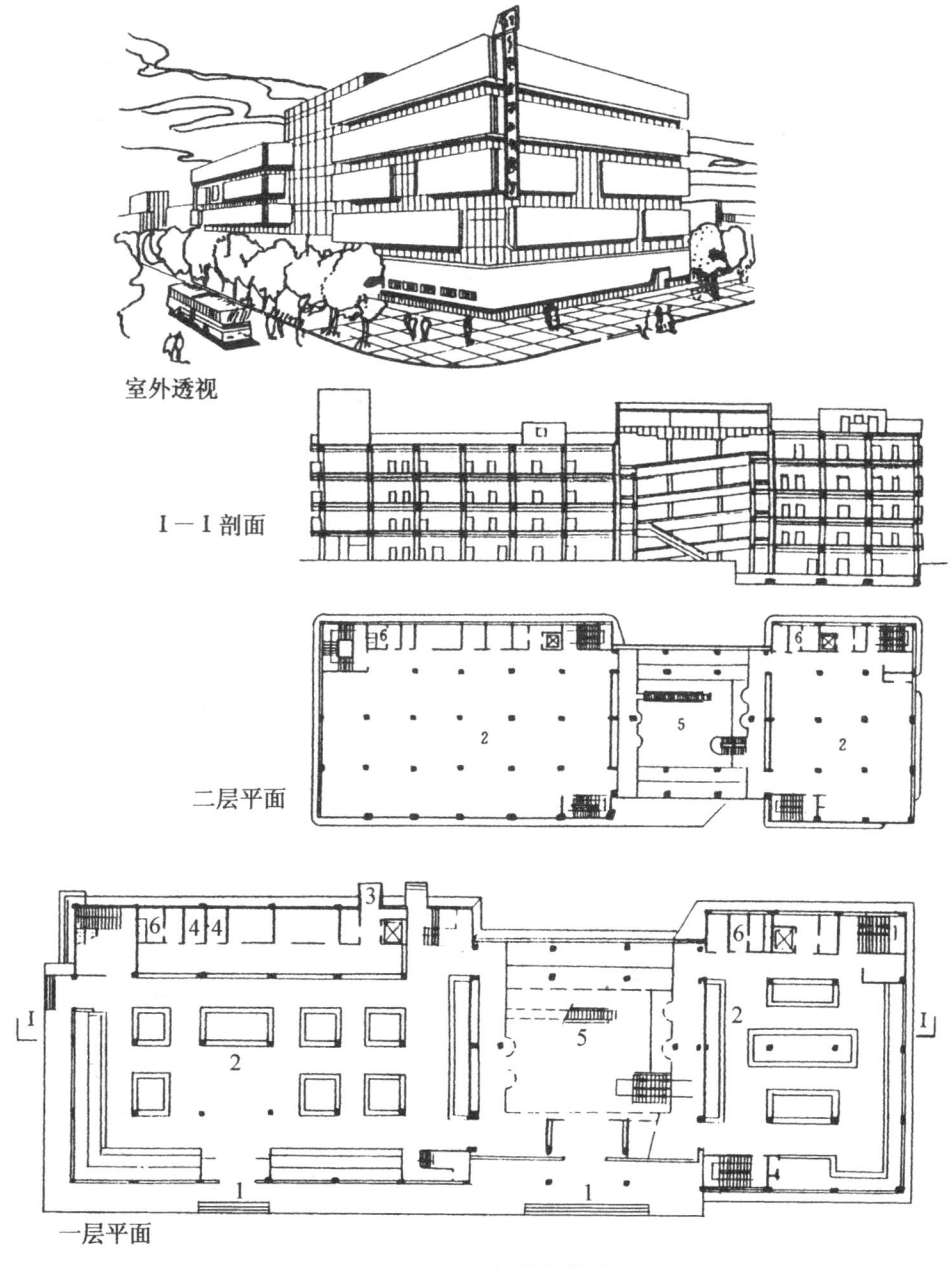

图 2-40 框架结构举例
1—顾客入口；2—营业厅；3—货物入口；4—办公；5—中庭；6—厕所

2.4.3.3 空间结构

随着建筑技术、建筑材料、建筑施工方法的不断发展和建筑结构理论的进步，新的结构形式——空间结构迅速发展起来，它有效地解决了大跨度建筑空间的覆盖问题，同时也创造出了丰富多彩的建筑形象。

(1) 薄壳结构：这是一种薄壁空间结构，主要利用钢筋混凝土的可塑性，形成各种形式，如筒壳、双曲壳、折板等。壳体结构的特点是壁薄，自重轻，充分发挥了材料的力学性能（图2-41）。

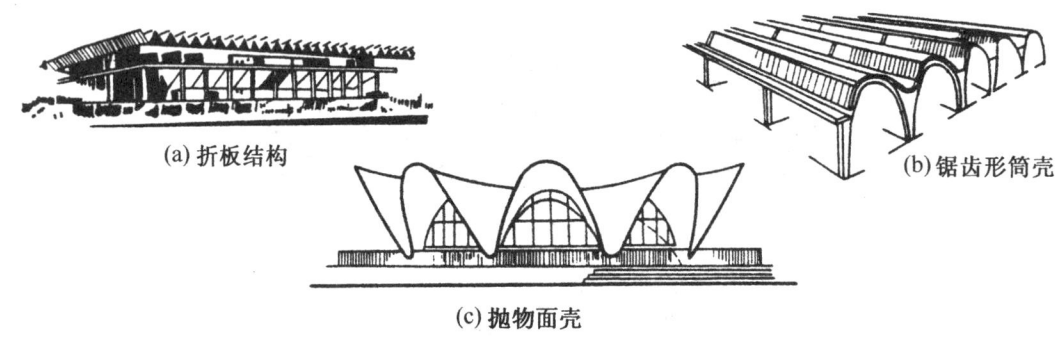

(a) 折板结构　　(b) 锯齿形筒壳

(c) 抛物面壳

图2-41　薄壳结构

(2) 网架结构：它是将许多杆件按照一定规律布置成网格状的空间杆系结构。它具有整体性好、受力分布均匀、自重轻、刚度大、能适用于各种平面的特点，尤其是在大空间建筑中，其优越性更为明显。我国的首都体育馆和上海体育馆（图2-42）均采用网架结构。

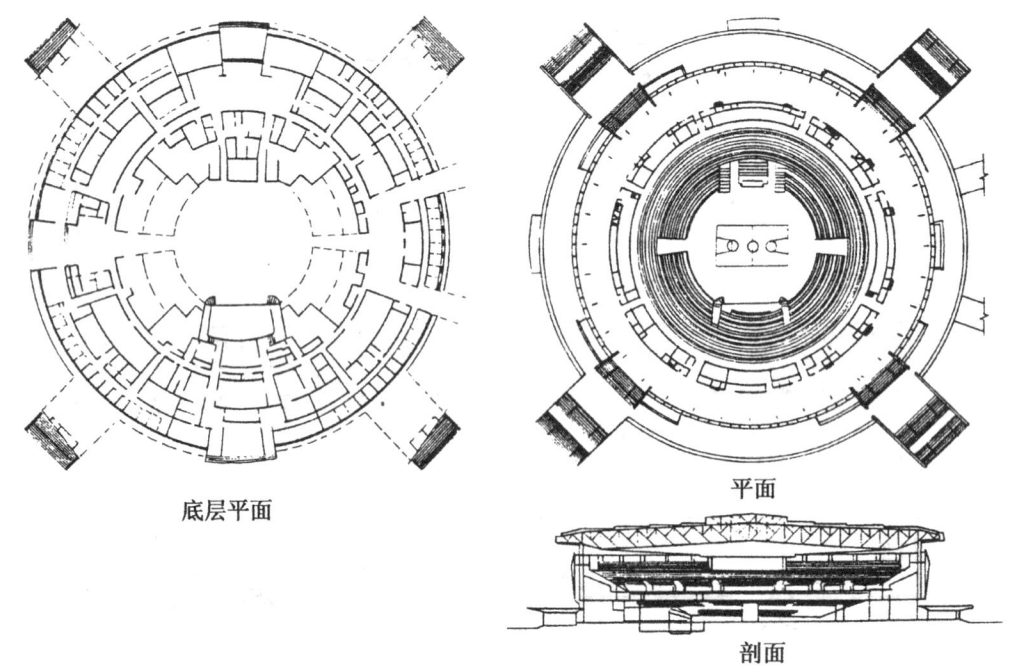

底层平面　　平面

剖面

图2-42　上海体育馆的网架结构

(3) 悬索结构：是利用高强度钢索承受荷载的一种结构。钢索与端部锚固构件和支承结构共同工作、受力合理。它减轻了结构自重，节省了材料，适应性强，特别是以其独特的造型被目前大跨度建筑广泛采用（图 2-43）。

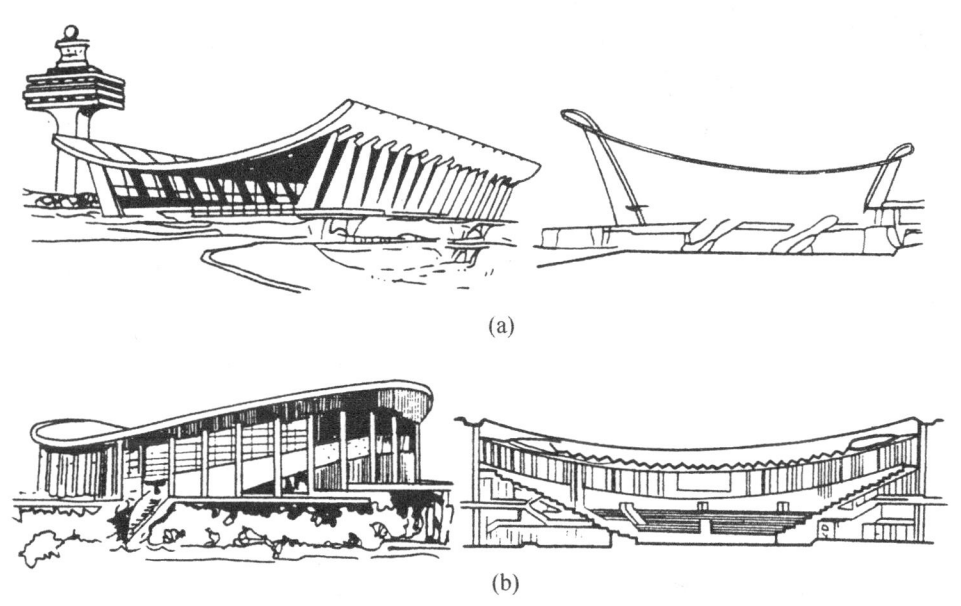

图 2-43 悬索结构举例

建筑结构的形式除上述介绍的三种类型之外，还有剪力墙结构、筒体结构、张拉膜结构、充气结构等。

2.4.4 基地环境对平面组合的影响

每幢建筑总是处于一个特定的环境之中，这个环境直接影响到建筑平面组合。这里主要涉及地形、地貌、气候环境等对建筑组合的影响。

2.4.4.1 地形、地貌的影响

(1) 基地的大小和形状

建筑平面组合的方式与基地的大小和形状有着密切的关系。一般情况下，当场地规整平坦时，对于规模小、功能单一的建筑，常采用简单、规整的矩形平面；对于建筑功能复杂、规模较大的公共建筑，可根据功能要求，结合基地情况，采取"L"形、"I"形、"口"形等组合形式（图 2-44）；当场地平面不规则，或较狭窄时，则要根据使用性质，结合实际情况，充分考虑基地环境，采取不规则的平面布置方式。图 2-45 是天津贵州路中学平面组合示意，它位于道路交叉口弧形的三角形地段，教学楼采用"Y"形平面，既争取了好的朝向，又照顾了街景，起到了丰富室内外空间的作用。

另外，城市规划对建筑立面的要求，基地范围内需保留的古迹、树木和城市公共设施（如电力、给排水管道）等也影响到基地内建筑平面组合与布置。

(2) 基地的地形地貌

当建筑物处于平坦地形时，平面组合的灵活性较大，可以有多种布局方式，但在地势起伏较大、地形复杂的情况下，平面组合将受到多方面因素的制约。但是，如能充分地结

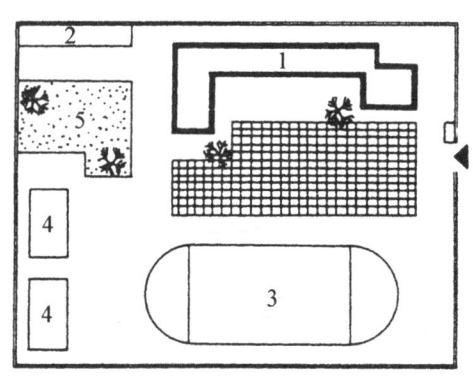
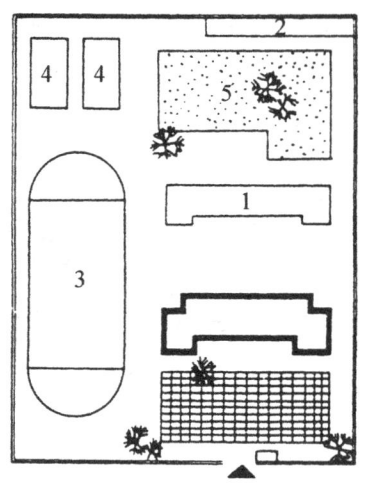

图 2-44 规则地形平面布置
1—教学楼；2—生活用房；3—运动场；4—篮球场；5—实验园地

图 2-45 不规则地形平面布置

合环境，利用地形，也将会创作出层次分明、空间丰富的组合方式，赋予建筑物以鲜明的特色。

在坡地上进行平面设计应掌握的原则是依山就势，充分利用地势的变化，减少土方量，妥善解决好朝向、道路、排水以及景观要求。坡度较大时还应注意滑坡和地震带来的影响。

建筑平面布局与等高线有两种关系。即平行等高线和垂直等高线。当地面坡度小于25%时，房屋多平行于等高线布置，这种布置方式土方量少，造价经济。当基地坡度在10%左右时，可将房屋放在同一标高上，只需把基地稍作平整，或者把房屋前后勒脚调整到同一标高即可（图 2-46）。当坡度大于25%时，如果将房屋平行等高线布置，建筑土方量、道路及挡土墙等室外工程投资较大，对通风、采光、排水都不利，甚至受到滑坡的威胁，此时要将建筑物垂直等高线布置，即采用错层的办法解决上述问题。但是这种布置方式使房屋基础比较复杂，道路布置也有一定困难（图 2-47）。

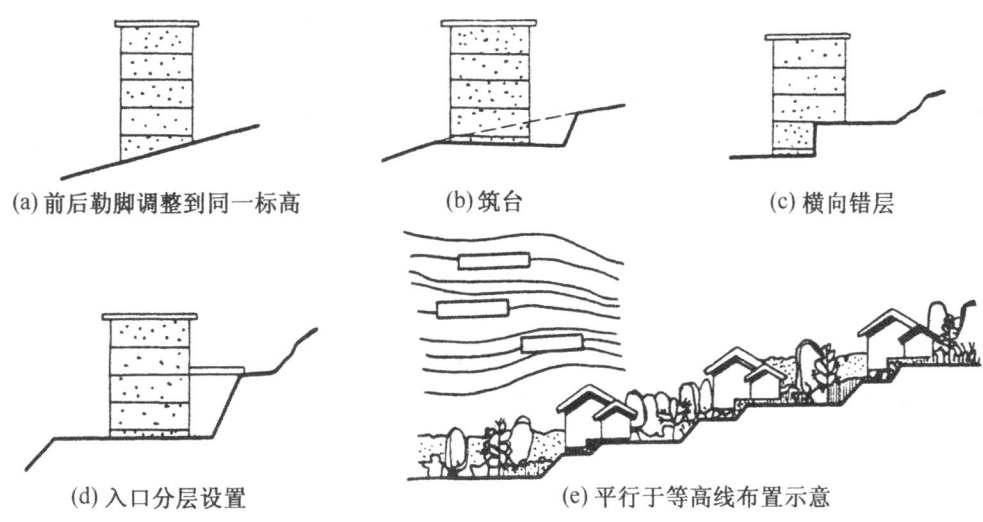

(a) 前后勒脚调整到同一标高　　(b) 筑台　　(c) 横向错层

(d) 入口分层设置　　(e) 平行于等高线布置示意

图 2-46　建筑物平行等高线的布置

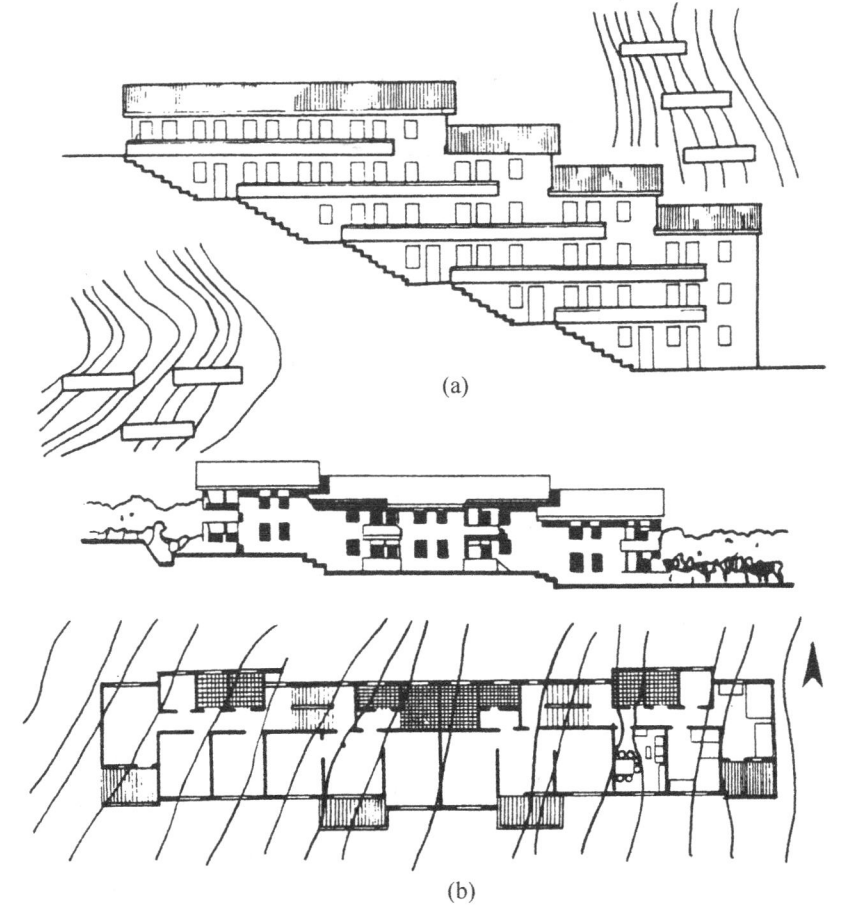

图 2-47　建筑物垂直等高线的布置

除了上述两种基本形式外，为了争取良好的朝向和通风条件，综合其他因素，房屋还可与等高线成斜角布置，以弥补其他方面的不足。

2.4.4.2 建筑物朝向和间距的影响

（1）朝向

影响建筑物朝向的因素主要有日照和风向。不同的季节，太阳的位置、高度都在发生有规律的变化。太阳在天空中的位置，可以用高度角和方位角来确定（图2-48）。太阳高度角是指太阳射到地球表面的光线与地面所成的夹角 h；方位角是太阳射到地球表面的光线与南北轴之间的夹角 A。

根据我国所处的地理位置，建筑物南向或南偏东、偏西少许角度能获得良好的日照，这是因为冬季太阳高度角小，射入室内光线较多，而夏季太阳高度角大，射入室内光线少，能保证冬暖夏凉的效果。

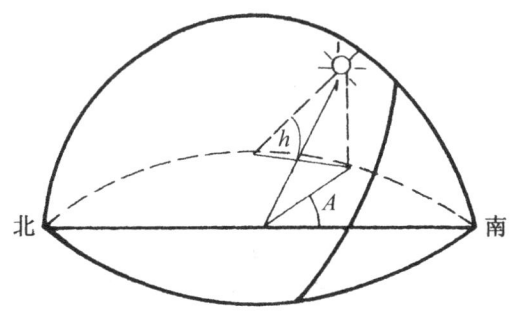

图2-48 太阳运行轨迹

h—太阳高度角；A—太阳方位角

正确的朝向，可改变室内气候条件，创造舒适的室内环境。如在住宅设计中合理地利用夏季主导风向是解决夏季通风降温的有效手段，这一点在我国南方地区尤其明显。在北方地区公共建筑的北入口要考虑到冬季北风的侵入，要有防范措施。

（2）间距

影响建筑物之间间距的因素很多，如日照间距、防火间距、防视线干扰间距、隔声间距等。在民用建筑设计中，日照间距是确定房屋间距的主要依据，一般情况下，只要满足了日照间距，其他要求也就能得到满足。

日照间距是保证房间在规定时间内，能有一定日照时数的建筑物之间的距离（见图2-49中的"L"）。日照间距的计算一般以冬至日正午12时太阳光线能直射到底层窗台为设计依据（图2-50）。

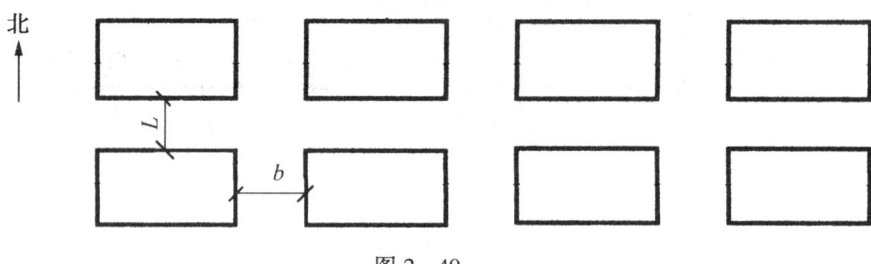

图2-49

日照间距计算式为：

$$L = \frac{H}{\tan h}$$

式中，L 为房屋间距，H 为南向前排房屋檐口至后排房屋底层窗台的高度，h 为冬至日正午的太阳高度角。

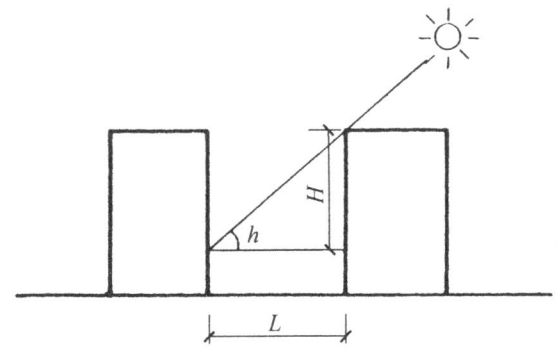

图 2-50 建筑物日照间距

在实际工程中，一般房屋日照间距通常用房屋间距 L 和南向前排房屋檐口至后排房屋底层窗台高度 H 的比值来控制。我国南方地区日照间距较小，北方地区大一些。我国日照间距一般在 $(1.0\sim1.8)H$ 之间。其他标准可参见第 5 章。

防火间距是建筑物之间防火和疏散所要求的距离（见图 2-49 中的"b"），如高层民用建筑主体部分与其他民用建筑之间的距离至少保证 9m；高层建筑物之间的距离至少保持 13m。

在学校建筑中为防止视线的干扰，当两排教室的长边相对时，其间距不宜小于 25m，教室的长边与运动场的间距不宜小于 25m 等。

另外，建筑物之间的空间效果要求、绿化面积、房屋扩建等因素也都影响到建筑物之间的间距。

第3章 建筑剖面设计

3.1 房间的剖面形状

房间的剖面形状分为矩形和非矩形两类，大多数民用建筑均采用矩形。这是因为矩形剖面简单、规整，便于竖向空间的组合，容易获得简洁而完整的体型，同时结构简单，施工方便。非矩形剖面常用于有特殊要求的房间。

房间的剖面形状主要是根据使用要求和特点来确定，同时也要结合具体的物质技术、经济条件及特定的艺术构思考虑，使之既满足使用要求又能达到一定的艺术效果。

3.1.1 使用要求的影响

在民用建筑中，绝大多数的建筑是属于一般功能要求的，如住宅、学校、办公楼、旅馆、商店等。这类建筑房间的剖面形状多采用矩形。对于某些特殊功能要求（如视线、音质等）的房间，则应根据使用要求选择适合的剖面形状。

有视线要求的房间主要是影剧院的观众厅、体育馆的比赛大厅、教学楼中阶梯教室等。这类房间除平面形状、大小满足一定的视距、视角要求外，地面还应有一定的坡度，以保证良好的视觉要求，即舒适、无遮挡地看清对象。

地面的升起坡度与设计视点的选择、座位排列方式（即前排与后排对位或错位排列）、排距、视线升高值 C（即后排与前排的视线升高差）等因素有关。

设计视点是指按设计要求所能看到的极限位置，以此作为视线设计的主要依据。各类建筑由于功能不同，观看对象性质不同，设计视点的选择也不一致。如电影院设计视点定在银幕底边的中点，这样可保证观众看清银幕的全部；体育馆设计视点定在篮球场边线或边线上空 300～500mm 处，等等。设计视点选择是否合理，是衡量视觉质量好坏的重要标准，直接影响到地面升起的坡度和经济性。设计视点愈低，视觉范围愈大，但房间地面升起的坡度愈大；设计视点愈高，视野范围愈小，地面升起的坡度就平缓。一般说来，当观察对象低于人的眼睛时，地面起坡大，反之则起坡小。图 3-1 表示电影院和体育馆设计视点与地面坡度的关系。

(a) 电影院　　　　　　　　　(b) 体育馆

图 3-1　设计视点与地面坡度的关系

视线升高值 C 的确定与人眼到头顶的高度和视觉标准有关,一般定为 120 mm。当错位排列(即后排人的视线擦过前面隔一排人的头顶而过)时,C 值取 60 mm;当对位排列(即后排人的视线擦过前排人的头顶而过)时,C 值取 120 mm。以上两种座位排列法均可保证视线无遮挡的要求(图 3-2)。

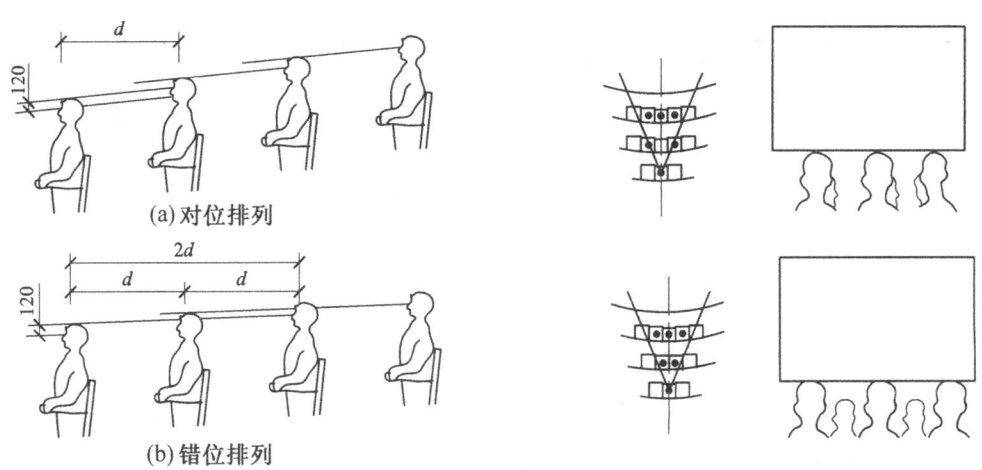

图 3-2　视觉标准与地面升起的关系

图 3-3 为中学演示教室地面升高,其中图 3-3a 为对位排列,逐排升高,地面起坡大,图 3-3b 为错位排列,每两排升高一级,地面起坡小。一般情况下,当地面坡度大于 1:6 时,应做成台阶形。

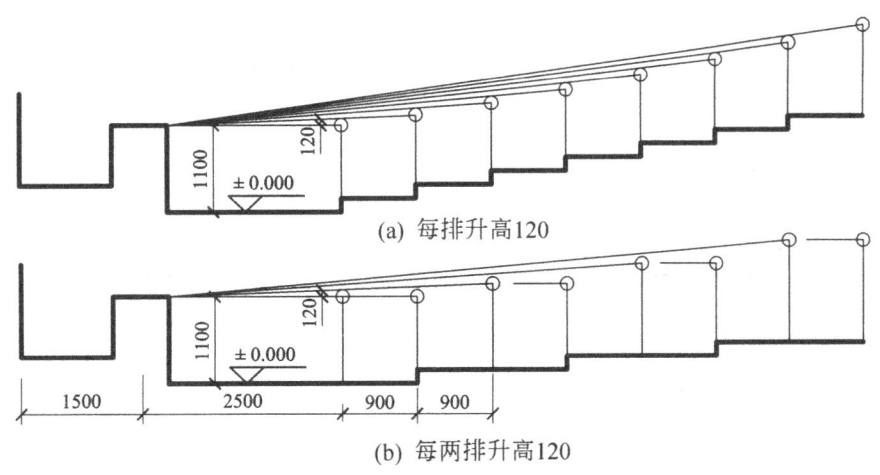

图 3-3　中学演示教室的地面升起

凡剧院、电影院、会堂等建筑,大厅的音质要求对房间的剖面形状影响很大。为保证室内声场分布均匀,防止出现空白区、回声和聚焦等现象,在剖面设计中要注意顶棚、墙面的处理。顶棚的高度和形状是保证听得清、听得好的一个重要因素,它的形状应使大厅各座位都能获得均匀的反射声,同时并能加强声压不足的部位。一般说来,凹面易产生聚焦,声场分布不均匀,凸面是声扩散面,不会产生聚焦,声场分布均匀。为此,大厅顶棚应尽量避免采用凹曲面或拱顶。

图 3-4 为观众厅的几种剖面形状示意。其中图 3-4a 平顶棚仅适用于容量小的观众厅。图 3-4b 降低台口顶棚，并使其向舞台面倾斜，声场分布较均匀。图 3-3c 采用波浪形顶棚，反射声能均匀分布到大厅各座位。后两种形状都较常用。

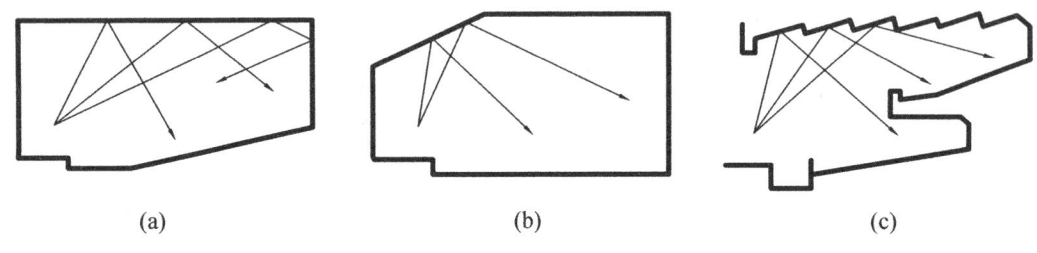

图 3-4 观众厅的几种剖面形状示意

3.1.2 结构、材料和施工的影响

房间的剖面形状不仅要满足使用要求，而且还应考虑结构类型、材料及施工的影响，长方形的剖面形状规整、简洁，有利于梁板式结构布置，同时施工也较简单。即使有特殊要求的房间，在能满足使用要求的前提下，也宜优先考虑采用矩形剖面。

不同的结构类型对房间的剖面形状有一定的影响，大跨度建筑的房间剖面由于结构形式的不同而形成不同于砖混结构的内部空间特征，如北京体育馆比赛大厅（图 3-5）采用跨度为 50 多米的三铰拱钢桁架，既满足使用要求，又具有独特的空间形状。

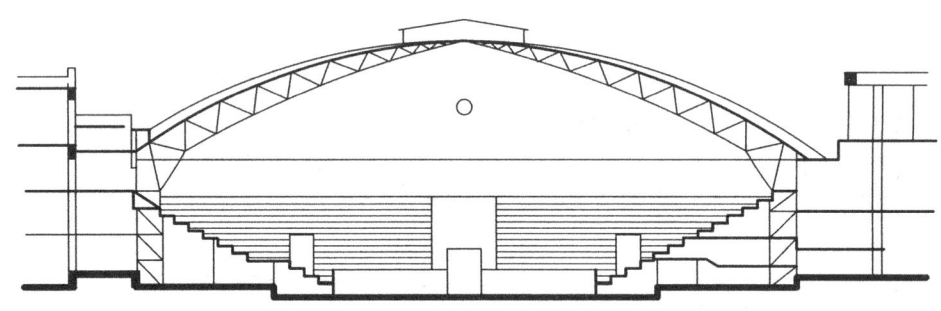

图 3-5 北京体育馆比赛大厅

3.1.3 采光、通风要求的影响

一般进深不大的房间，采用侧窗采光和通风已足够满足室内卫生的要求。当房间进深较大、侧窗不能满足要求时，常设置各种形式的天窗，从而形成了各种不同的剖面形状。

有的房间虽然进深不大，但具有特殊要求，如展览馆中的陈列室，为使室内照度均匀、稳定、柔和，并减轻和消除眩光的影响，避免直射阳光损害陈列品，常设置各种形式的采光窗。图 3-6 为不同采光方式对剖面形状的影响。

对于在操作过程中散发出大量蒸汽、油烟的房间，可在顶部设置排气窗以加速排除有害气体（图 3-7）。

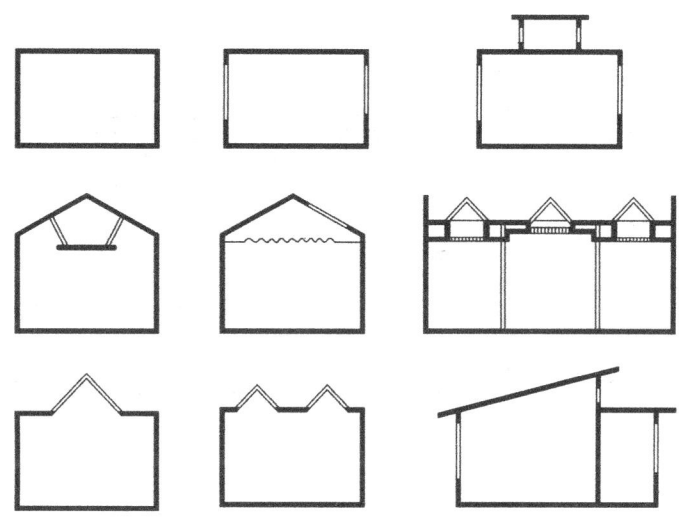

图 3-6 不同采光方式对剖面形状的影响

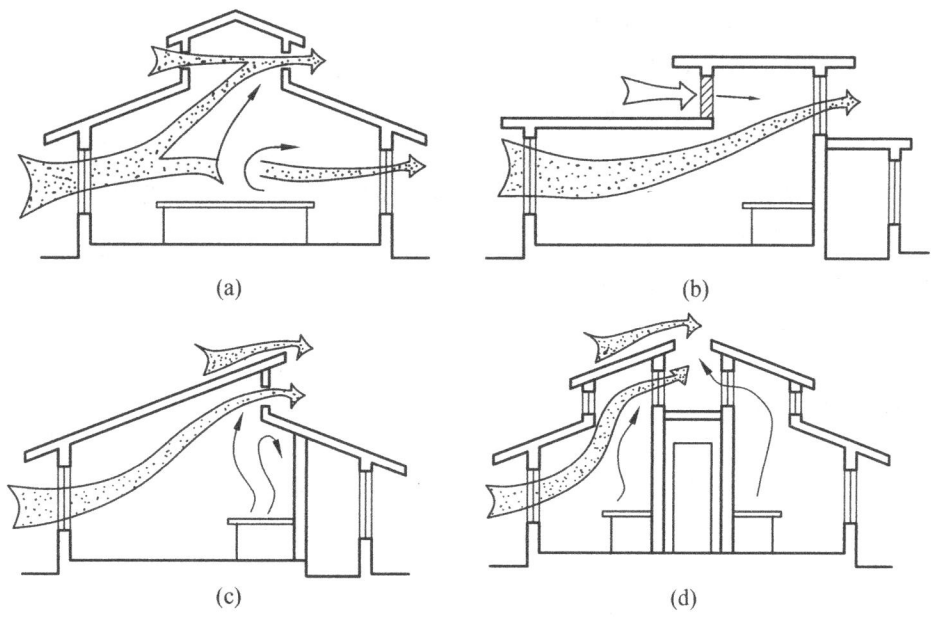

图 3-7 设置顶部气窗的厨房剖面形状

3.2 房屋各部分高度的确定

3.2.1 房间的净高和层高

房间的剖面设计,首先需要确定房间的净高和层高。房间的净高是指楼地面到结构层(梁、板)底面或顶棚下表面之间的距离。层高是指该层楼地面到上一层楼地面之间的距离(图 3-8)。房间的高度恰当与否,直接影响到房间的使用、经济以及室内空间的艺术效

79

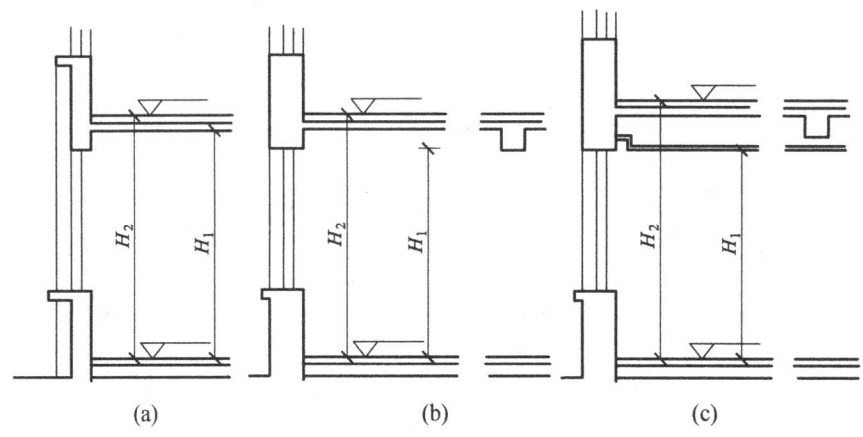

图 3-8 净高与层高
H_1—净高；H_2—层高

果，在通常情况下，应从几个方面综合考虑来确定房间高度。

3.2.1.1 人体活动及家具设备的要求

房间的净高与人体活动尺度有很大关系。为保证人们的正常活动，一般情况下，室内最小净高应使人举手不接触到顶棚为宜。因此，房间净高应不低于 2.20m（图 3-9）。

不同类型的房间，由于使用人数不同、房间面积大小不同，对房间的净高要求也不相同。卧室使用人数少、面积不大，又无特殊要求，故净高较低，常取 2.8～3.0m，不应小于 2.4m；教室使用人数多，面积相应增大，净高宜高一些，一般取 3.30～3.60m；公共建筑的门厅是接纳、分配人流及联系各部分的交通枢纽，也是人们活动的集散地，人流较多，高度可较其他房间适当提高；商店营业厅净高受房间面积及客流量多少等因素的影响，国内大中型营业厅（无空调设备的）底层层高为 4.2～6.0m，二层层高为 3.6～5.1m。

除此之外，房间的家具设备以及人们使用家具设备所需的必要空间，也直接影响到房间的净高和层高。图 3-10 表示家具设备和使用活动要求对房间高度的影响。

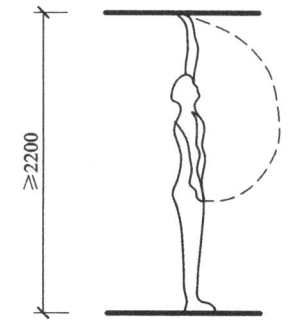

图 3-9 房间最小净高

学生宿舍通常设有上层床铺，净高应比一般住宅适当提高，结合楼板层高度考虑，层高不宜小于 3.30m；演播室顶棚下装有若干灯具，要求距

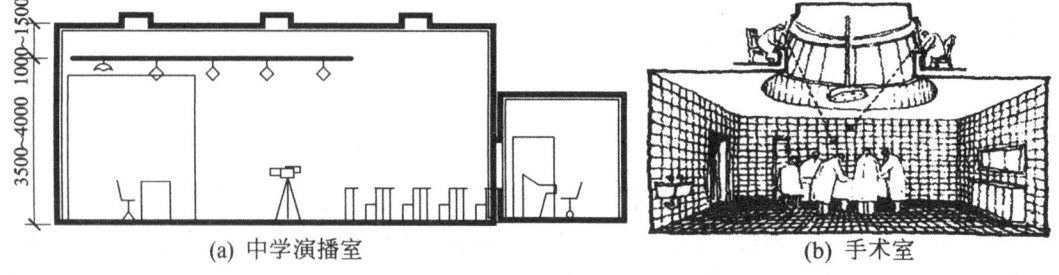

图 3-10 家具设备和使用活动要求对房间高度的影响

顶棚有足够的高度，同时为避免灯光直接投射到演讲人的视野范围而引起严重眩光，灯光源距演讲人头顶至少有 2.0～2.5m 的距离，这样，演播室的净高不应小于 4.5m（图 3-10a）；医院手术室净高以及层高应考虑手术台、无影灯、手术观摩、风管尺寸及必要的检修空间（图 3-10b）。

3.2.1.2 采光、通风要求

房间的高度应有利于天然采光和自然通风，以保证房间必要的学习、生活及卫生条件。室内光线的强弱和照度是否均匀，除了和平面中窗户的宽度及位置有关外，还和窗户在剖面中的高低有关。房间里光线的照射深度，主要靠窗户的高度来解决，进深越大，要求窗户上沿的位置越高，即相应房间的净高也要高一些。当房间采用单侧采光时，通常窗户上沿离地的高度，应大于房间进深长度的一半。当房间允许两侧开窗时，房间的净高不小于总深度的 1/4。图 3-11 表示了学校教室采光的剖面形式。

房间的通风要求，室内进出风口在剖面上的高低位置，也对房间净高有一定影响。潮湿和炎热地区的房间，经常利用空气的气压差来组织室内穿堂风，如在内墙上开设高窗，或在门上设置亮子等改善室内的通风条件，在这些情况下，房间净高就相应要高一些。

除此以外，容纳人数较多的公共建筑，应考虑房间正常的气容量，保证必要的卫生条

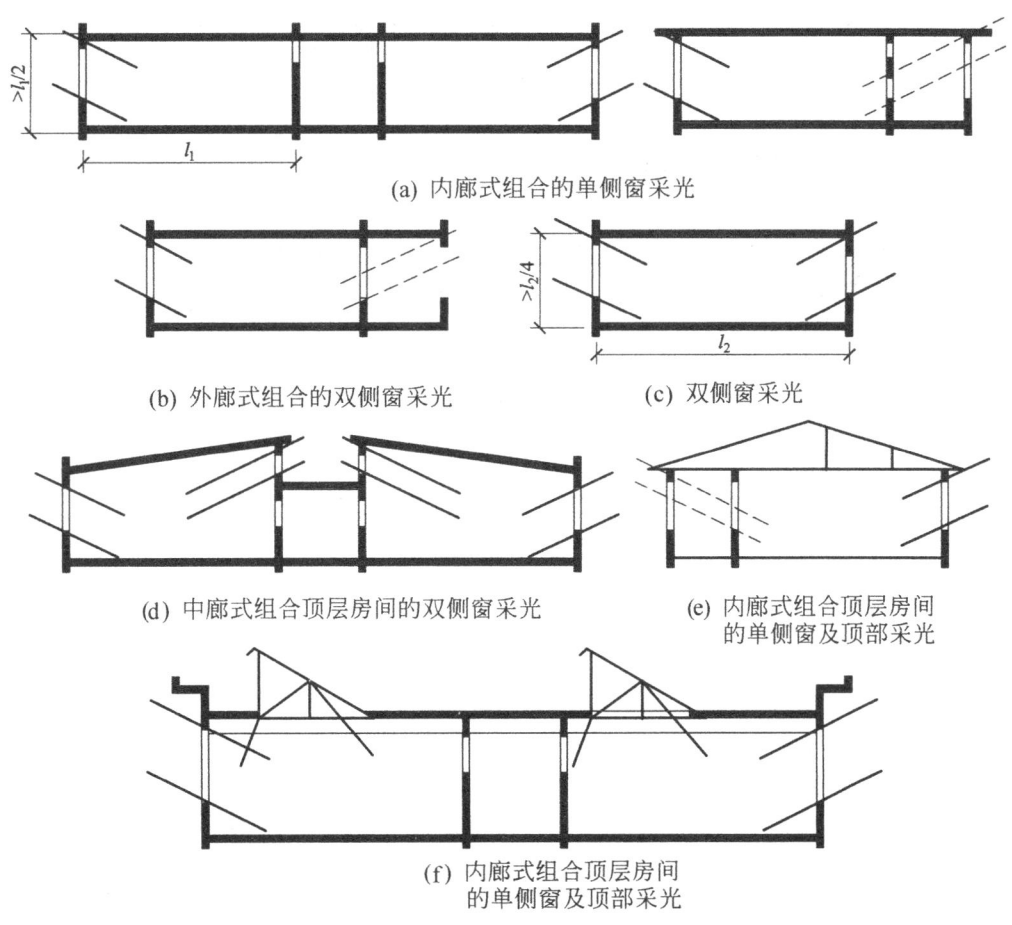

图 3-11 学校教室的采光方式

件。按照卫生要求，中小学教室每个学生气容量为 $3 \sim 5 m^3 /$人，电影院为 $4 \sim 5 m^3 /$人。根据房间的容纳人数、面积大小及气容量标准，可以确定出符合卫生要求的房间净高。

3.2.1.3 结构高度及其布置方式的影响

从图 3-8 中可知，层高等于净高加上楼板层（或屋顶结构层）的高度。因此在满足房间净高要求的前提下，其层高尺寸随结构层的高度而变化。住宅建筑的开间进深小，多采用墙体承重，在墙上直接搁板，由于结构高度小，层高可取得小一些。面积较大的房间（如教室、餐厅、商店等），多采用梁板布置方式，板搁置在梁上，梁支承在墙上，结构高度较大，确定层高时，应考虑梁所占的空间高度。图 3-12 为梁板结构高度对房间高度的影响。其中图 3-12a 的预制板直接搁置在墙上，节省了梁所占的空间，图 3-12b 的房间面积大，增加了大梁，板搁置在墙和梁上。可见在相同净高的情况下，结构布置不同，房屋的层高也相应不同。图 3-12c 为采用梁板结构的渥太华加拿大银行大型办公室剖面图，梁板结构高度约占层高的 1/4。

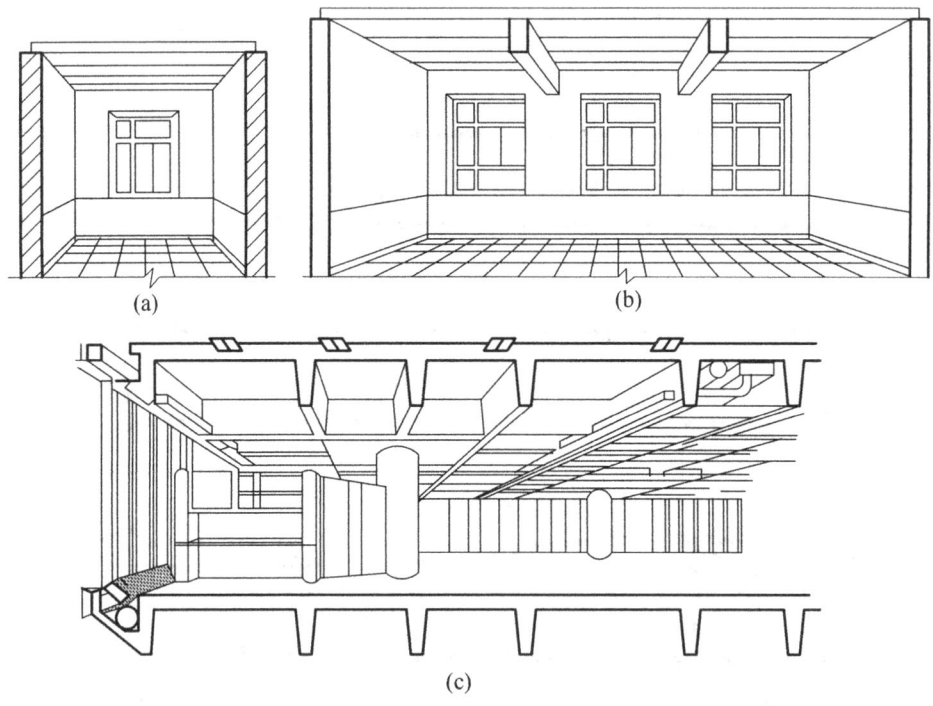

图 3-12 梁板结构高度对房间高度的影响

采用空间网架结构的大厅，如南京五台山体育馆比赛大厅，面积为 $5010 m^2$，大厅南北长 88.60m，东西宽 76.80m，呈八角形，可容纳一万名观众。室内顶棚高 20m，而三向平板网架屋盖的端部高就有 5m。

坡屋顶建筑的屋顶空间高，不做吊顶时可充分利用屋顶空间，房间高度可较平屋顶建筑低。

3.2.1.4 建筑经济效果

层高是影响建筑造价的一个重要因素。因此，在满足使用要求和卫生要求的前提下，适当降低层高可相应减小房屋的间距，节约用地，减轻房屋自重，改善结构受力情况，节约材料。寒冷地区以及有空调要求的建筑，从减少空调费用、节约能源出发，层高也宜适当降低。实践表明，普通砖混结构的建筑物，层高每降低 100mm 可节省投资 1%。

3.2.1.5 室内空间比例

按照上述要求合理地确定房间高度的同时，还应注意房间的高宽比例所产生的视觉效果。一般来说，面积大的房间高度要高一些，面积小的房间高度则可适当降低。同时，不同的比例尺度往往得出不同的心理感受，高而窄的比例易使人产生兴奋、激昂、向上的情绪，且具有严肃感，但过高就会觉得不亲切；宽而矮的空间使人感觉宁静、开阔、亲切，但过低又会使人产生压抑、沉闷的感觉。住宅建筑要求空间具有小巧、亲切、温馨的气氛；纪念性建筑则要求高大的空间以营造严肃、庄重的气氛；大型公共建筑的休息厅、门厅要求具有开阔、博大的气氛。巧妙地运用空间比例的变化，使物质功能与精神感受结合起来，就能获得理想的效果。图 3-13a 所示空间运用高而窄的比例处理门廊空间，从而获得庄严、雄伟的效果。图 3-13b 所示宽而相对较矮的空间则使人感到亲切与开阔。

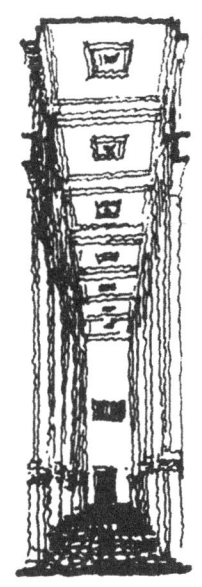
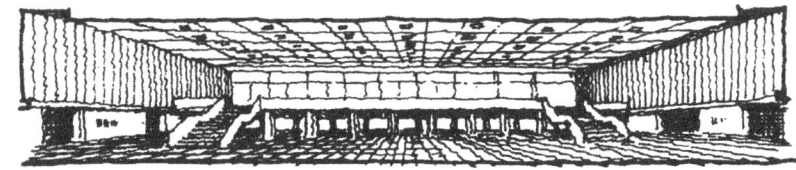

(a) 高而较窄的空间比例　　　　　　(b) 宽而较矮的空间比例

图 3-13　空间比例不同给人以不同的感受

处理空间比例时，在不增加房间高度的情况下，可以借助于以下手法来获得满意的空间效果：

(1) 利用窗户的不同处理来调节空间的比例感。图 3-14 细而长的窗户使房间感觉高一些，宽而扁的窗户则感觉房间低一些。德国萨尔布吕根画廊门厅，宽而低矮的房间在侧面开了一排落地窗，将窗外景色引入室内，增大了视野，起到了改变空间比例的效果（图 3-15）。

(2) 运用以低衬高的对比手法，将次要房间的顶棚降低，从而使主要空间显得更加高大，次要空间感到亲切宜人。图 3-16 为北京火车站中央大厅，以低矮的夹层空间衬托出中央大厅空间的高大。

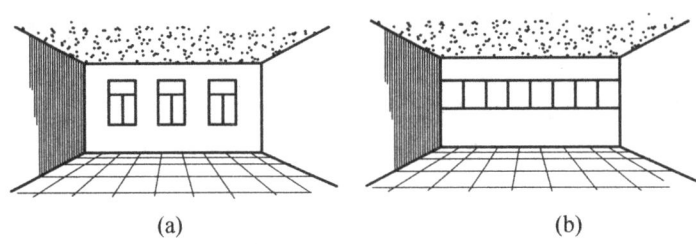

图 3-14 窗户的比例不同对房间高度感的影响

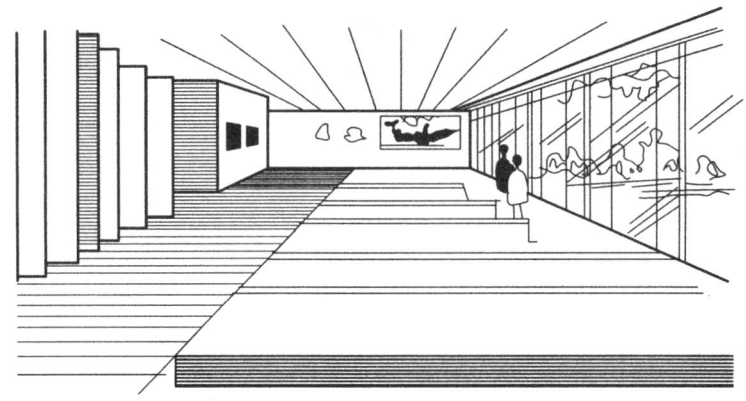

图 3-15 设大片落地窗来改变房间的比例效果

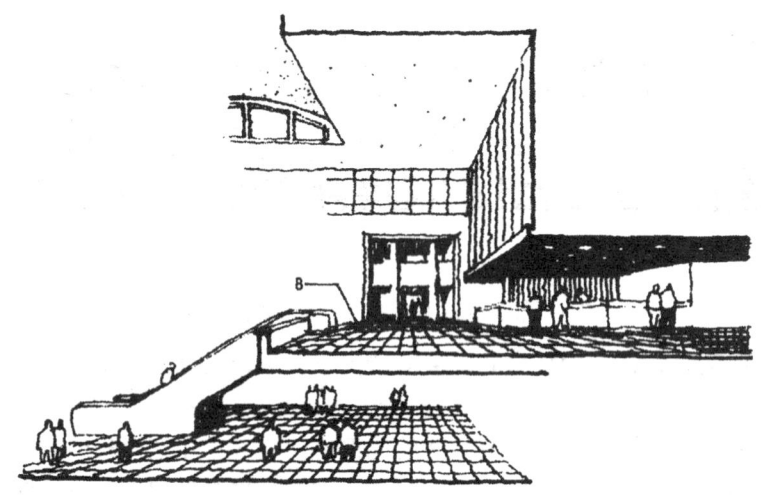

图 3-16 以低矮的夹层空间衬托出中部高大的空间

3.2.2 窗台高度

窗台高度与使用要求、人体尺度、家具尺寸及通风要求有关。大多数的民用建筑，窗台高度主要考虑方便人们工作、学习，保证书桌上有充足的光线。

窗台过高，书桌将全部或大部分处在阴影区，影响使用效果，一般常取 900～

1000mm，这样窗台距桌面高度控制在 100~200mm，保证了桌面上充足的光线，并使桌上纸张不致被风吹出窗外，如图 3-17a。

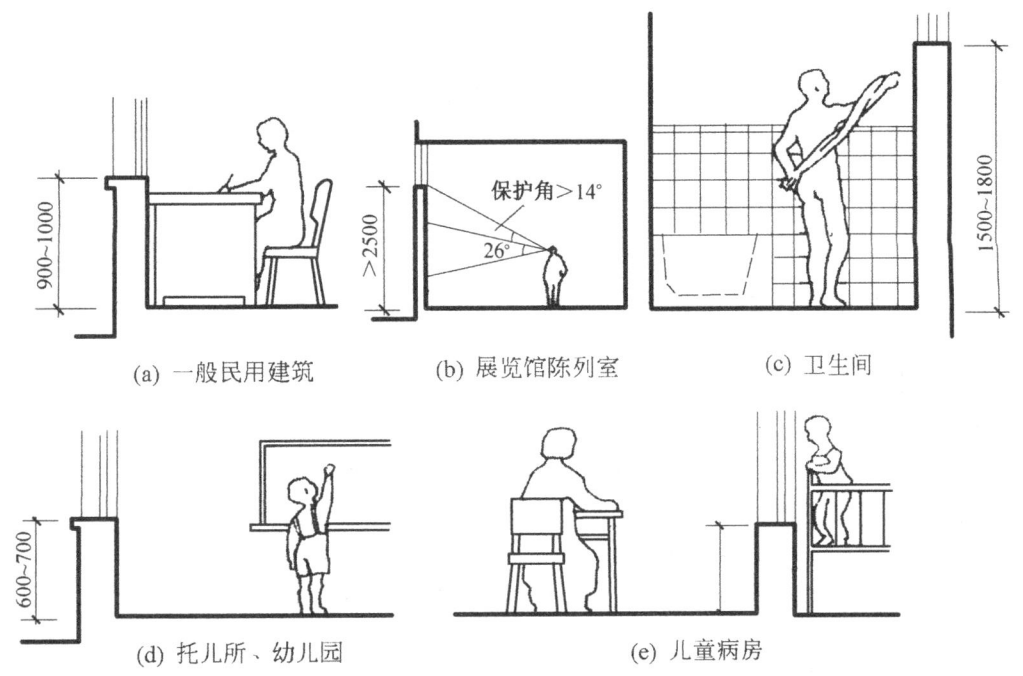

图 3-17 窗台高度

对于有特殊要求的房间，如图 3-17b 所示设有高侧窗的陈列室，为了消除和减少眩光，应避免陈列品靠近窗台布置。实践中总结出窗台到陈列品的距离要使保护角大于 14°。为此，一般将窗下口提高到离地 2500mm 以上。厕所、浴室窗台可提高到 1800mm 左右，如图 3-17c。托儿所、幼儿园窗台高度应考虑儿童的身高及较小的家具设备，医院儿童病房为方便护士照顾病儿，窗台高度均应较一般民用建筑低一些，如图 3-17d。

除此以外，某些公共建筑的房间如餐厅、休息厅、娱乐活动场所，以及疗养建筑、旅游建筑、高的住宅等，为使室内阳光充足和便于观赏室外景色，丰富室内空间，常将窗台做得很低，甚至采用落地窗。

3.2.3 室内外地面高差

在建筑设计中，一般将底层室内地面标高定为 ±0.000，高于它的为正值，低于它的为负值。

为了防止室外雨水流入室内，并防止墙身受潮，一般民用建筑常把室内地坪适当提高，以使建筑物室内外地面形成一定高差，高差的确定要根据以下多种因素综合考虑。

(1) 内外联系方便

建筑物室内外高差应方便联系，室外踏步的级数一般不超过三级，即室内外地面高差不大于 600mm 为好（常用 450mm）。对于某些建筑，在入口处常设置坡道，为避免坡道过长影响室外道路布置，室内外地面高差以不超过 300mm 为宜。

(2) 防水、防潮要求

为了防止室外雨水流入室内,并防止墙身受潮,底层室内地面应高于室外地面,一般为 300mm 或 300mm 以上。对于地下水位较高或雨量较大的地区以及防潮要求较高的建筑物,还可以适当提高室内地面标高。

(3) 地形及环境条件

位于山地和坡地的建筑物,应结合地形的起伏变化和室外道路布置等因素,综合确定底层地面标高,使其既方便内外联系,又有利于室外排水和减少土石方工程量。

3.3 房屋的层数

影响确定房屋层数的因素很多,概括起来有以下几方面。

3.3.1 使用要求

住宅、办公楼、旅馆等建筑,使用人数不多、室内空间高度较低,多由若干面积不大的房间组成,即使是灵活分隔的大空间办公室,其空间高度、房间荷载也不大。因此,这一类建筑可采用多层和高层,利用楼梯、电梯作为垂直交通工具。

对于托儿所、幼儿园等建筑,考虑到儿童的生理特点和安全,同时为便于室内与室外活动场所的联系,其层数不宜超过三层。医院门诊部为方便病人就诊,层数也以不超过三层为宜。

影剧院、体育馆等一类公共建筑都具有面积和高度较大的房间,人流集中,为迅速而安全地进行疏散,宜建成低层。

3.3.2 建筑结构、材料和施工的要求

建筑结构类型和材料是决定房屋层数的基本因素。混合结构的建筑是以墙或柱承重的梁板结构体系,墙体材料自重大、整体性差,墙体厚度随层数的增加,下部墙体愈来愈厚,既费材料又减少有效的使用空间,因此,混合结构的建筑一般为 1~6 层,常用于民用建筑,如住宅、宿舍、中小学教学楼、中小型办公楼、医院、食堂等。

多层和高层建筑,可采用梁柱承重的框架结构、剪力墙结构或框架剪力墙结构等结构体系。表 3-1、图 3-18 分别表示各种结构体系的适用层数及高层建筑的结构体系。

表 3-1 各种结构体系的适用层数

体系名称	框架	框架剪力墙	剪力墙	框筒	筒体	筒中筒	束筒	带刚臂框筒	巨形支撑
适用功能	商业娱乐办公	酒店办公	住宅公寓	办公、酒店、公寓	办公、酒店、公寓	办公、酒店、公寓	办公、酒店、公寓	办公、酒店、公寓	办公、酒店、公寓
适用高度	12层 50m	24层 80m	40层 120m	30层 100m	100层 400m	110层 450m	110层 450m	120层 500m	150层 800m

空间结构体系,如薄壳、网架、悬索等则适用于低层大跨度建筑,如影剧院、体育馆、仓库、食堂等。

确定房屋层数除受结构类型的影响外,建筑的施工条件、起重设备、吊装能力以及施

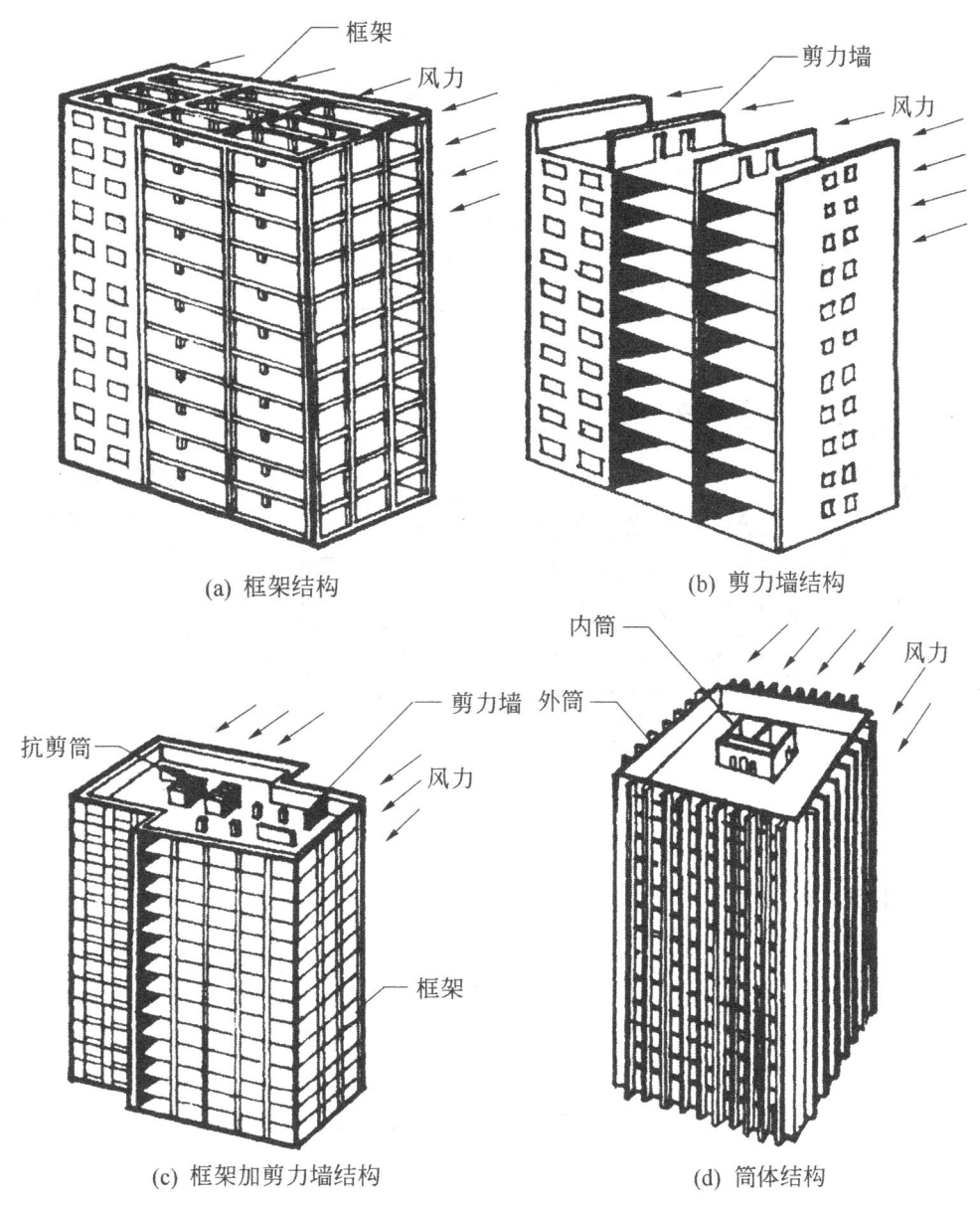

图 3-18 高层建筑结构体系

工方法等均对层数有所影响，如吊装能力的大小对构件的重量、建筑总高度的限制；又如滑模施工，由于是利用一套提升设备使模板随着浇筑的混凝土不断向上滑升，直至完成全部钢筋混凝土工程量，建筑结构整体性较预制装配好，同时可以节约大量模板，缩短工期，降低造价，因此，对于多层和高层钢筋混凝土结构的建筑是适宜的，而且层数愈多，经济效益也愈显著。

3.3.3 建筑基地环境与城市规划的要求

房屋的层数与所在地段的大小、高低起伏变化有关。如在相同建筑面积的条件下，基地范围小，底层占地面积也小，相应层数也可能多一些；地形变化陡，从减少土石方、布置灵活考虑,建筑物的长度、进深不宜过大,从而建筑物的层数也可相应增加。

此外,确定房屋的层数也与建筑设计的其他部分一样,不能脱离一定的环境条件。特别是位于城市街道两侧、广场周围、风景园林区等,必须重视建筑与环境的关系,做到与周围建筑物、道路、绿化等协调一致,同时要符合各地区城市规划部门对整个城市面貌的统一要求。而风景园林区显然与街道的环境特点不同,应以自然环境为主,充分借助大自然的美来丰富建筑空间,并通过建筑处理使风景更加增色,因此宜采用小巧、低层的建筑群,避免采用多层和高层以免形成喧宾夺主的效果。图3-19为苏州怡园,采用分散低层的建筑布局,使建筑与景色融为一体。

图3-19 苏州怡园

3.3.4 建筑防火要求

按照《建筑设计防火规范》的规定,建筑物层数应根据不同建筑的耐火等级来决定。如一、二级的民用建筑物,其层数不受限制;三级的民用建筑物,允许层数为1~5层,见表3-2。

表3-2 民用建筑的耐火等级以及允许层数、长度和面积

耐火等级	最多允许层数	防火分区间		备注
		最大允许长度(m)	每层最大允许建筑面积(m²)	
一、二级	按本规范第1.0.3条的规定	150	2500	(1)剧院、体育馆等的长度和面积,可以放宽 (2)托儿所、幼儿园的儿童用房不应设在四层及四层以上
三级	5	100	1200	(1)托儿所、幼儿园的儿童用房不应设在三层及三层以上 (2)电影院、剧院、礼堂、食堂不应超过二层 (3)医院、疗养院不应超过三层
四级	2	60	600	学校、食堂、菜市场等不应超过一层

3.4 建筑空间的组合与利用

建筑空间组合就是根据内部使用要求，结合基地环境等条件将各种不同形状、大小、高低的空间组合起来，使之成为使用方便、结构合理、体型简洁完美的整体。空间组合包括水平方向及垂直方向的组合关系，前者除反映功能关系外，还反映出结构关系以及空间的艺术构思，而剖面的空间关系也在一定程度上反映出平面关系，因而将两方面结合起来就成为一个完整的空间概念。

3.4.1 建筑空间的组合

在进行建筑空间组合时，应根据使用性质和使用特点将各房间进行合理的垂直分区，做到分区明确，使用方便，流线清晰，空间利用合理，同时应注意结构合理，设备管线集中。对于不同空间类型的建筑也应采取不同的组合方式。

3.4.1.1 重复小空间的组合

这类空间的特点是大小、高度相等或相近，在一幢建筑物内房间的数量较多，功能要求各房间应相对独立。因此常采用走道式和单元式的组合方式，如住宅、医院、学校、办公楼等。组合中常将高度相同、使用性质相近的房间组合在同一层上，以楼梯将各垂直排列的空间联系起来构成一个整体。由于空间的大小、高低相等，对于统一各层楼地面标高、简化结构是有利的。

有的建筑由于使用要求或房间大小不同，出现了高低差别。如学校中的教室和办公室，由于容纳人数不同，使用性质不同，教室的高度相应比办公室大些。为了节约空间、降低造价，可将它们分别集中布置，采取不同的层高，以楼梯或踏步来解决两部分空间的联系（图3-20）。

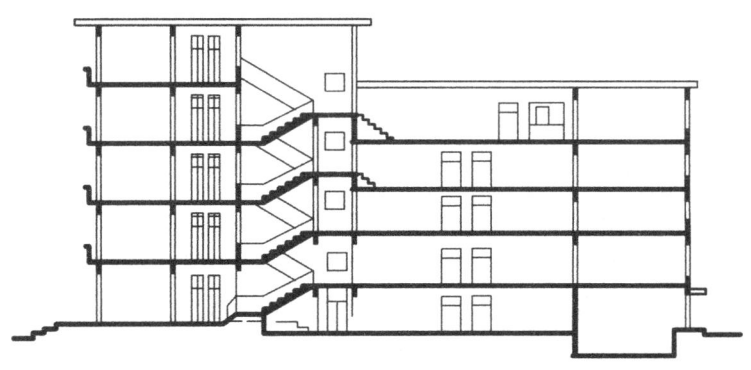

图 3-20 教学楼不同层高的剖面处理

3.4.1.2 大小、高低相差悬殊的空间组合

（1）以大空间为主体，穿插布置小空间

有的建筑如影剧院、体育馆等，虽然有多个空间，但其中有一个空间是建筑主要功能所在，其面积和高度都比其他房间大得多。空间组合常以观众厅和比赛大厅等大空间为中心，在其周围布置小空间，或将小空间布置在大厅看台下面，充分利用看台下的结构空

间。这种组合方式应处理好辅助空间的采光、通风以及运动员、工作人员的人流交通问题。如天津市体育馆，以比赛大厅为中心将运动员休息室、更衣室、贵宾室以及设备用房等布置在看台下，并利用四周的休息廊将辅助空间和比赛大厅、门厅联系起来，既充分利用了空间又利于比赛大厅的保温（图 3-21）。

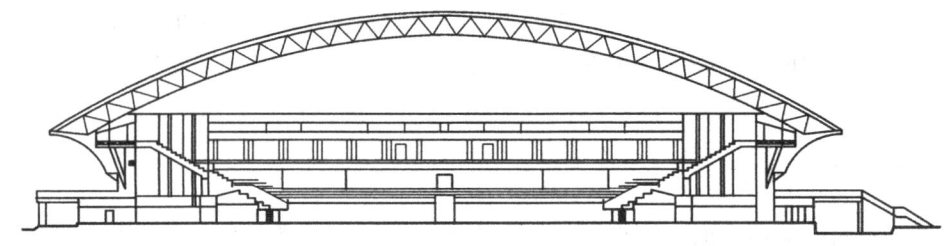

图 3-21 天津体育馆剖面

（2）以小空间为主，灵活布置大空间

某些类型的建筑，如教学楼、办公楼、旅馆、临街带商店的住宅等，虽然构成建筑物的绝大部分房间为小空间，但由于功能要求还需布置少量大空间，如教学楼中的阶梯教室，办公楼中的大会议室，旅馆中的餐厅、临街住宅中的营业厅等。这类建筑在空间组合中常以小空间为主，将大空间附建于主体建筑旁，避免受到层高与结构的限制；或将大小空间上下叠合起来，分别将大空间布置在顶层或一、二层（图 3-22）。

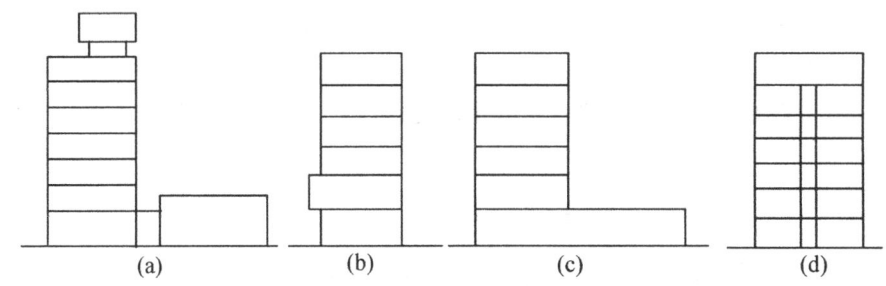

图 3-22 大小、高低不同的空间组合

（3）综合性空间组合

有的建筑需满足多种功能的要求，常由若干大小、高低不同的空间组合起来形成多种空间的组合形式。如文化宫建筑中有较大空间的电影厅、餐厅、健身房等，又有阅览室、门厅、办公室等空间要求不同的房间；图书馆建筑中的阅览室、书库、办公等用房在空间要求上也不一致，阅览室要求较好的天然采光和自然通风，层高一般为 4～5m，而书库是为了保证最大限度地藏书及取用方便的要求，一般层高 2.2～2.5m。对于这一类复杂空间的组合不能仅局限于一种方式，必须根据使用要求，采用与之相适应的多种组合方式。湖南大学图书馆（图 3-23）采用集中式布置，阅览室与书库组合在一起，高度比为 1:2，有利于结构的简化。

3.4.1.3 错层式空间组合

当建筑物内部出现高低差或由于地形的变化使房屋几部分空间的楼地面出现高低错落现象时，可采用错层的处理方式使空间取得和谐统一。

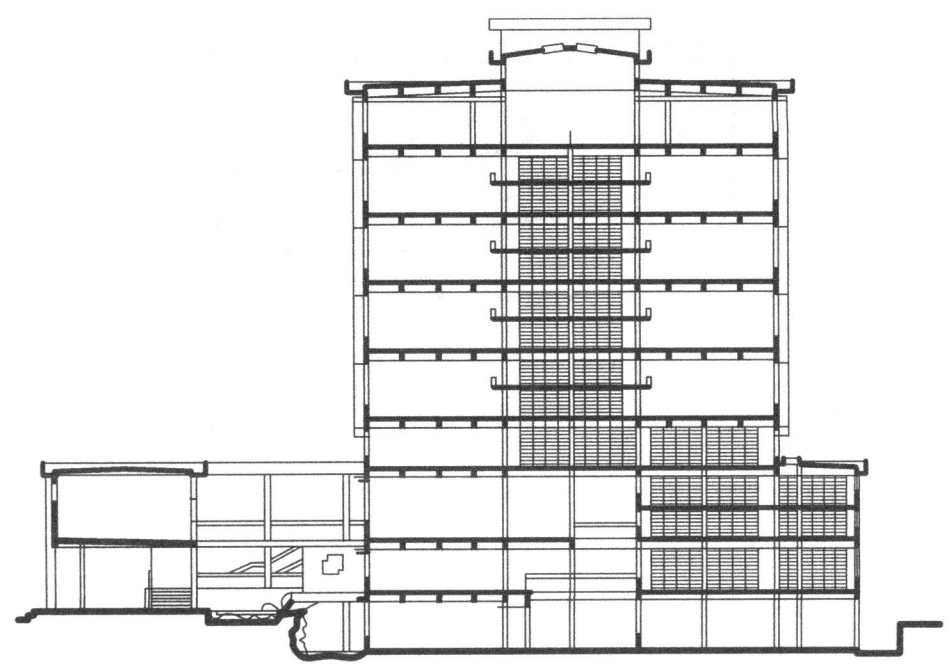

图 3-23 湖南大学图书馆剖面

具体处理方式如下：

（1）以踏步或楼梯联系各层楼地面以解决错层高差

有的公共建筑，如教学楼、办公楼、旅馆等主要使用房间空间高度并不高，为了丰富门厅空间变化并得到合适的空间比例，常将门厅地面降低。这种高差不大的空间联系常借助于少量踏步来解决（图 3-24）。

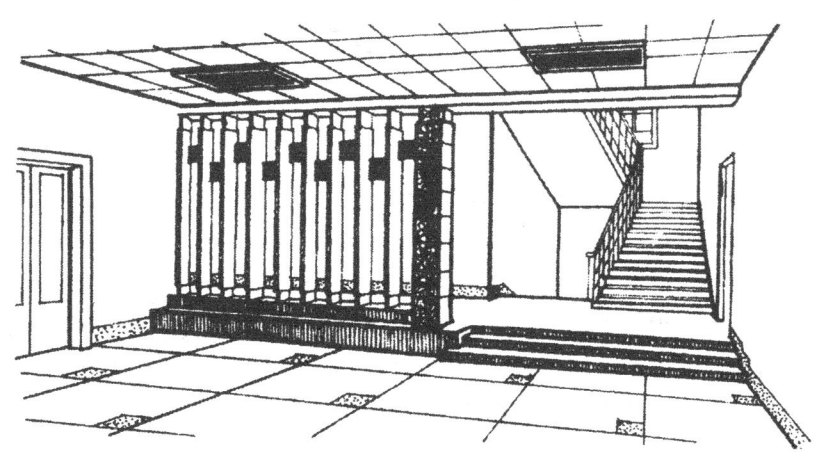

图 3-24 以踏步解决错层高差

当组成建筑物的两部分空间高差较大或由于地形起伏变化，房屋几部分之间楼地面高低错落，这时常利用楼梯间解决错层高差。通过调整梯段踏步的数量，使楼梯平台与错层楼地面标高一致。这种方法能够较好地结合地形、灵活地解决纵横向的错层高差。图 3-

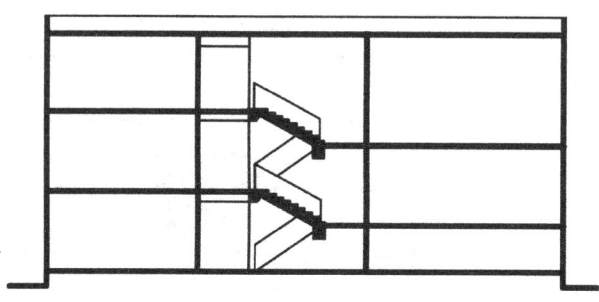

图 3-25 以楼梯间解决错层高差

25 所示两部分房间层高比为 3:2，分别通过两个平台进入各层房间。

（2）以室外台阶解决错层高差

图 3-26 为垂直等高线布置的住宅建筑，各单元垂直错落，错层高差为一层，均由室外台阶到达楼梯间。这种错层方式较自由，可以随地形变化相当灵活地进行随意错落。

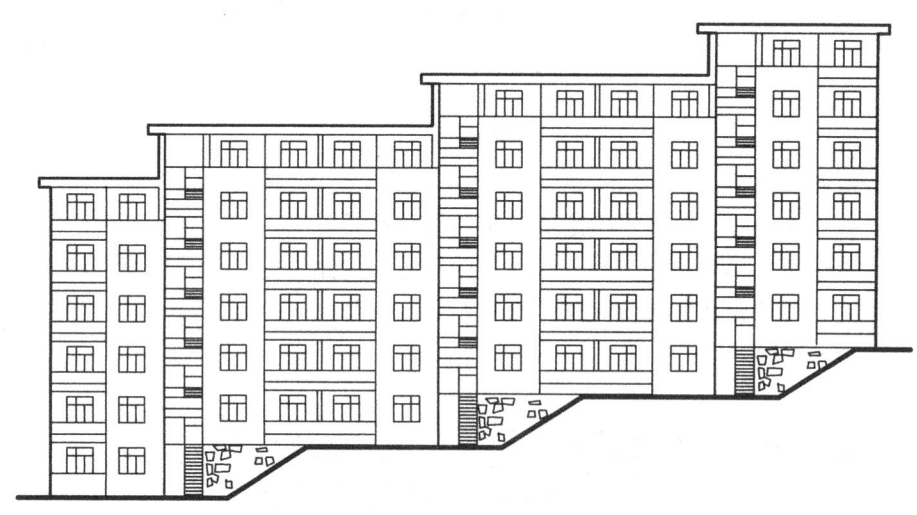

图 3-26 以室外台阶解决错层高差

3.4.1.4 阶梯式空间组合

阶梯式空间组合的特点是建筑由下至上形成内收的剖面形式，从而为人们提供了进行户外活动及绿化布置的露天平台。此种建筑形式如用于连排的总体布置中，可以减少房屋间距，取得节约用地的效果。同时由于台阶式建筑采用了竖向叠层、向上内收、垂直绿化等手法，从而丰富了建筑外观形象（图 3-27）。

3.4.2 建筑空间的利用

建筑空间的利用涉及建筑的平面及剖面设计，充分利用室内空间不仅可以增加使用面积、节约投资，而且，如果处理得当还可以起到改善室内空间比例、丰富室内空间艺术的效果。

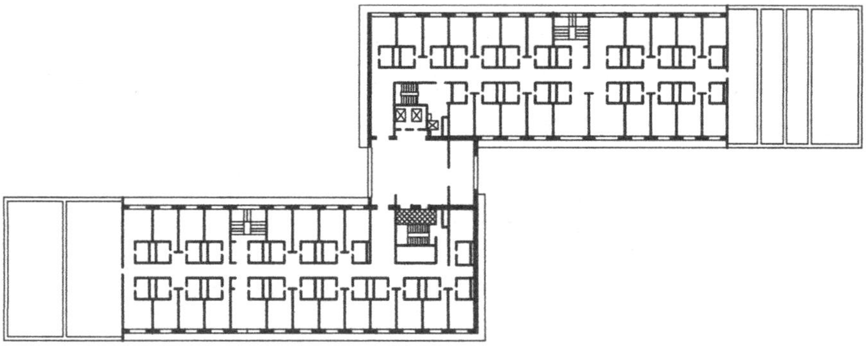

第3章 建筑剖面设计

(a) 平面

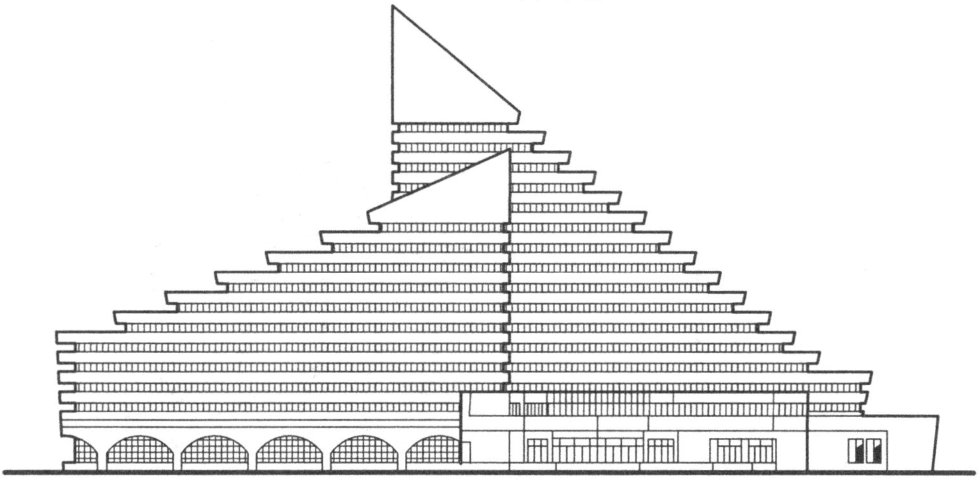

(b) 立面

图 3-27 阶梯式建筑（大连银帆宾馆）

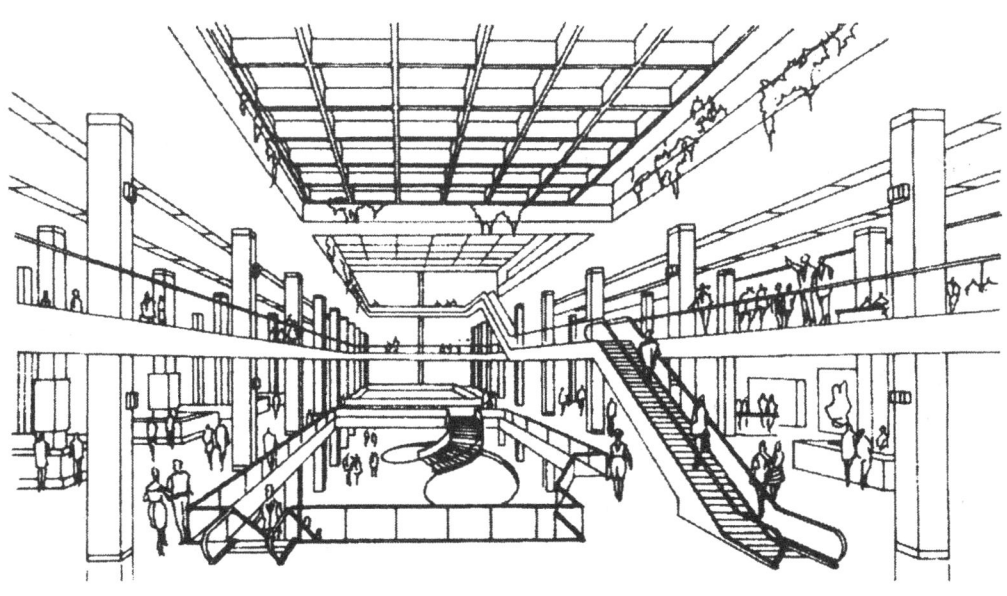

图 3-28 夹层空间的利用

3.4.2.1 夹层空间的利用

在公共建筑中的营业厅、体育馆、影剧院、候机楼等，其主体空间与辅助空间的面积和层高要求是不一致的，因此常采取在大空间周围布置夹层的方式，从而达到利用空间及丰富室内空间的效果（图 3‐28）。

在设计夹层的时候，特别在多层公共大厅中应特别注意楼梯的布置和处理，应充分利用楼梯平台的高差来适应不同层高的需要。

3.4.2.2 房间上部空间的利用

房间上部空间主要是指除了人们日常活动和家具布置以外的空间。如住宅中常利用房间上部空间设置搁板、吊柜作为储藏之用（图 3‐29）。

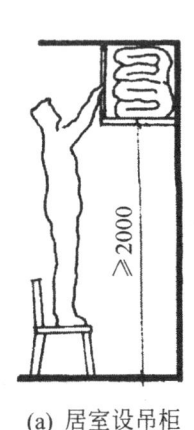

(a) 居室设吊柜　　　　　　　(b) 厨房设吊柜

图 3‐29　房间上空间设搁板、吊柜

3.4.2.3 结构空间的利用

在建筑物中，随着墙体厚度的增加，所占用的室内空间也相应增加，因此充分利用墙体空间可以起到节约空间的作用。通常多利用墙体空间设置壁龛、窗台柜（图 3‐30），利用角柱布置书架及工作台。

除此以外，设计中还应将结构空间与使用功能要求的空间在大小、形状、高低上尽量统一起来，以达到最大限度地利用空间。

3.4.2.4 楼梯间及走道空间的利用

一般民用建筑楼梯间底层休息平台下至少有半层高，为了充分利用这部分空间，可采取降低平台下地面标高或增加第一梯段高度以增加平台下的净空高度，作为布置储藏室及辅助用房和出入口之用。同时，楼梯间顶层有一层半空间高度，可以利用部分空间布置一个小储藏间，如图 3‐31a 所示。

民用建筑走道主要用于人流通行，其面积和宽度都较小，因此高度也相应要求低些。但从简化结构考虑，走道和其他房间往往采取相同的层高。为充分利用走道上部多余的空间，常利用走道上空布置设备管道及照明线路。居住建筑中常利用走道上空布置储藏空间，这样处理不但充分利用了空间，也使走道的空间比例尺度更加协调，如图 3‐31b、图 3‐31c 所示。

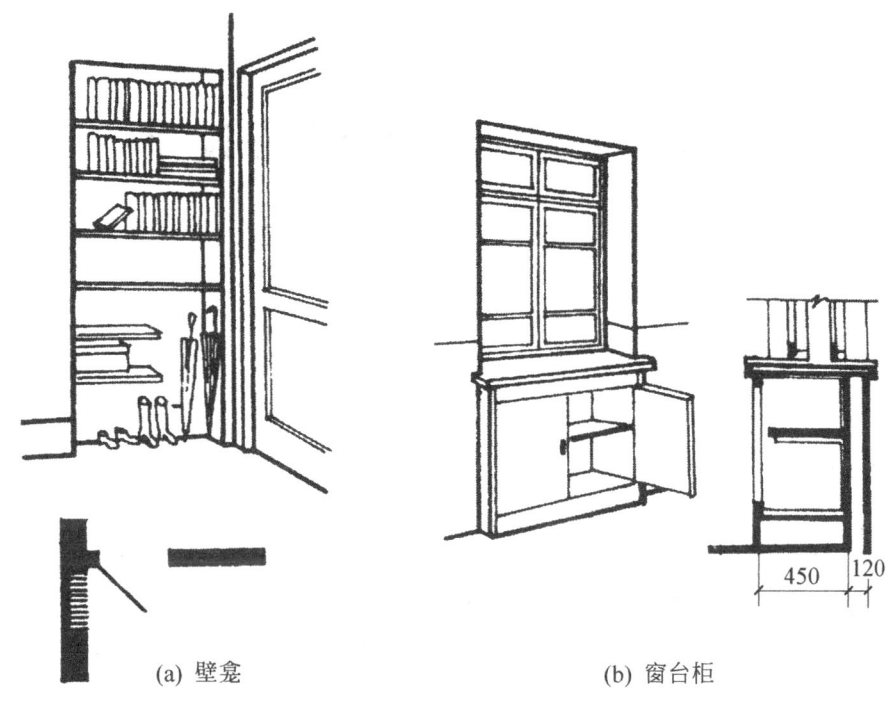

(a) 壁龛　　　　　　　　　　　(b) 窗台柜

图 3-30　利用墙空间设壁龛、窗台柜

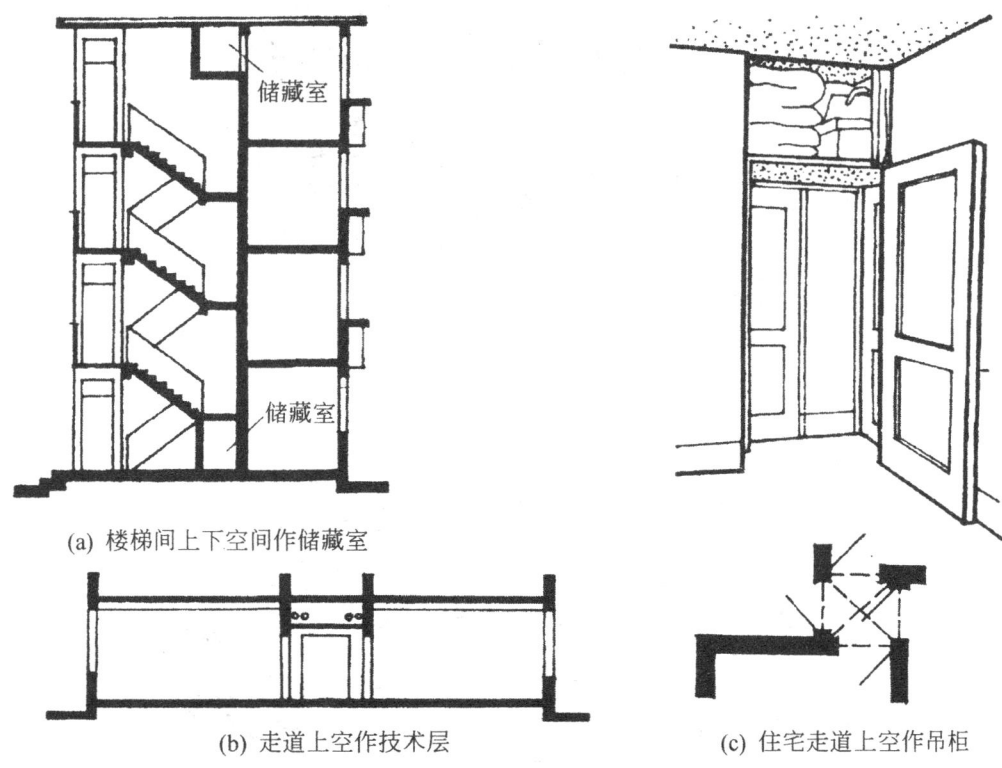

(a) 楼梯间上下空间作储藏室

(b) 走道上空作技术层　　　(c) 住宅走道上空作吊柜

图 3-31　走道及楼梯间空间的利用

第4章 建筑体型及立面设计

4.1 影响体型和立面设计的因素

4.1.1 使用功能

建筑是为了满足人们生产和生活需要而创造出的物质空间环境。根据使用功能的要求，结合物质技术、环境条件确定房间的形状、大小、高低，并进行房间的组合。而室内空间与外部体型又是互相制约不可分割的两个方面。房屋外部形象反映建筑内部空间的组合特点，美观问题紧密地结合功能要求，这正是建筑艺术有别于其他艺术的特点之一。因此，各类建筑由于使用功能的千差万别，室内空间全然不同，在很大程度上必然导致出不同的外部体型及立面特征（图4-1）。

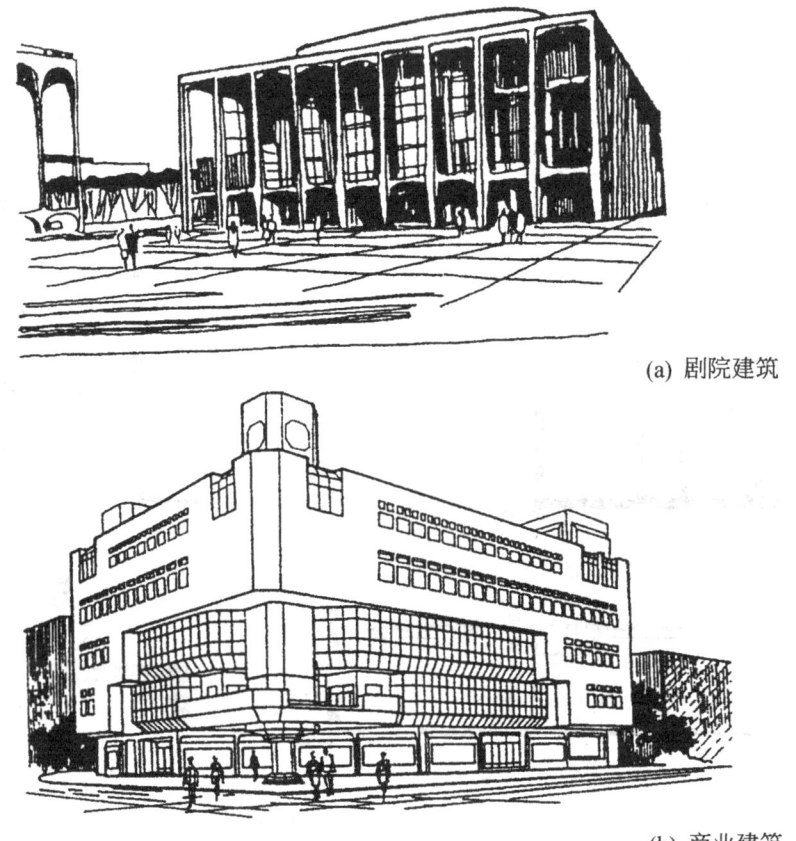

(a) 剧院建筑

(b) 商业建筑

第 4 章　建筑体型及立面设计

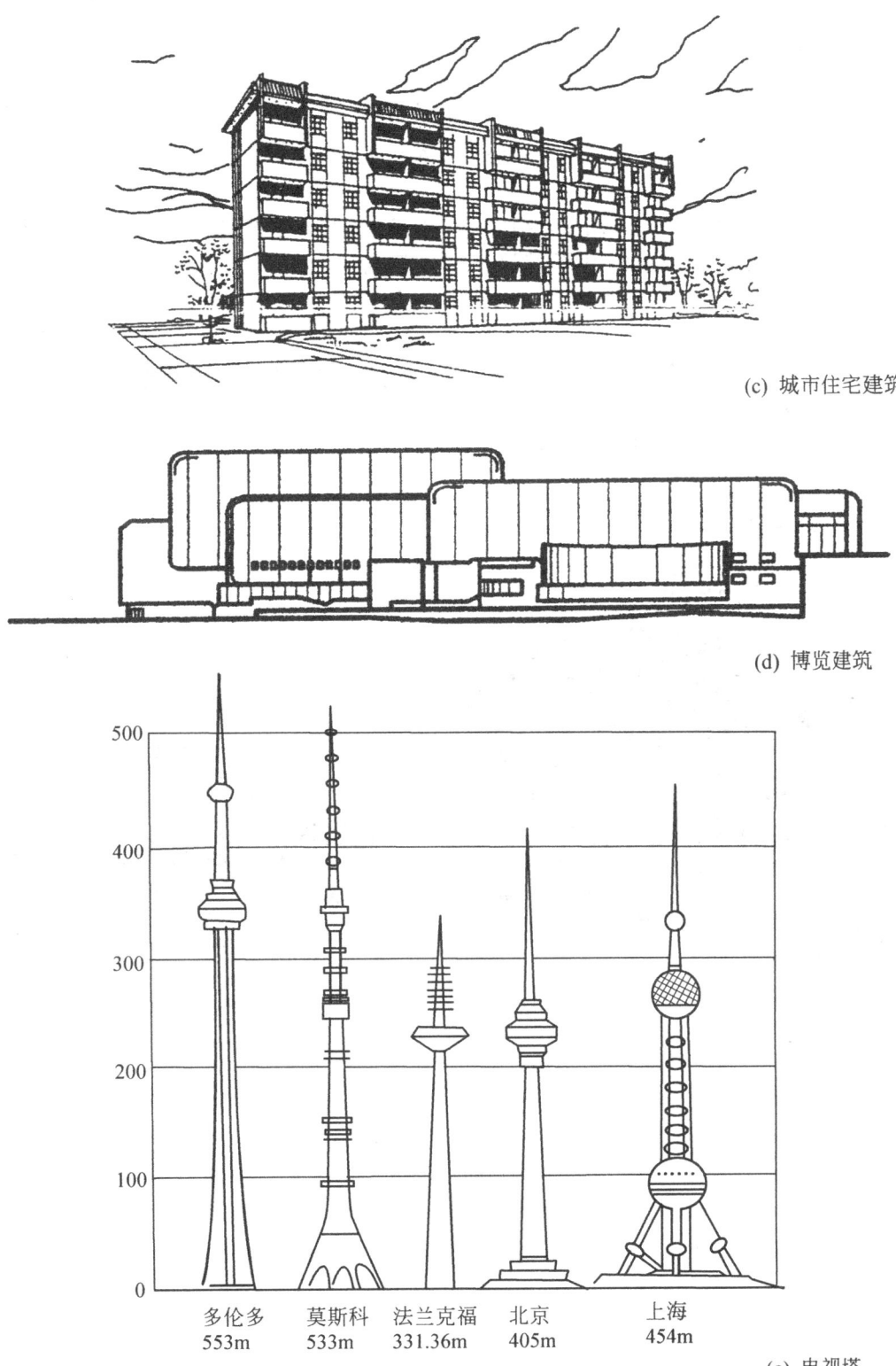

(c) 城市住宅建筑

(d) 博览建筑

(e) 电视塔

多伦多　莫斯科　法兰克福　北京　上海
553m　　533m　　331.36m　405m　454m

图 4-1　不同类型建筑的外形特征

97

4.1.2 物质技术条件

建筑不同于一般的艺术品，它必须运用大量的材料并通过一定的结构施工技术等手段才能建成。因此建筑体型及立面设计必然在很大程度上受到物质技术条件的制约，并反映出结构、材料和施工的特点。

一般中小型民用建筑多采用混合结构，由于受到墙体承重及梁板经济跨度的局限，室内空间小，层数不多，开窗面积受到限制。这类建筑的立面处理可通过外墙面的色彩、材料质感、水平与垂直线条及门窗的合理组织等来表现混合结构建筑简洁、朴素、稳定的外观特征，如图4-2b。

钢筋混凝土框架结构由于墙体仅起围护作用，这就给空间处理赋予了较大的灵活性。它的立面开窗较自由，既可形成大面积独立窗，也可组成带形窗，甚至底层可以全部取消窗间墙而形成完全通透的形式。框架结构建筑具有简洁、明快、轻巧的外观形象，如图4-2a。

(a) 某高校综合楼(框架结构)　　(b) 天津石化总厂幼儿园(混合结构)

图4-2　混合结构、框架结构建筑的外形特征

现代新结构、新材料、新技术的发展，给建筑外形设计提供了更大的灵活性和多样性。特别是各种空间结构的大量运用，更加丰富了建筑物的外观形象，使建筑造型千姿百态，如图4-3。

由于施工技术本身的局限性，各种不同的施工方法对建筑造型都具有一定的影响。如采用各种工业化施工方法的建筑：滑模建筑、升板建筑、盒子建筑等都具有自己不同的外形特征。

4.1.3 城市规划及环境条件

建筑本身就是构成城市空间和环境的重要因素，它不可避免地要受到城市规划、基地环境的某些制约；另外，任何建筑都必定坐落在一定的基地环境之中，要处理得协调统

第 4 章　建筑体型及立面设计

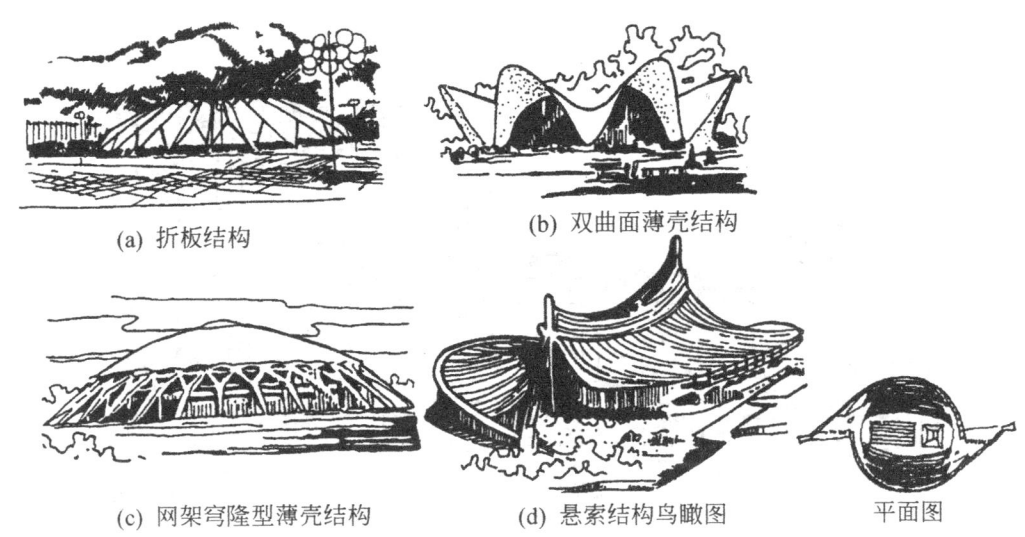

(a) 折板结构　　(b) 双曲面薄壳结构

(c) 网架穹隆型薄壳结构　　(d) 悬索结构鸟瞰图　　平面图

图 4-3　各种空间结构的建筑形象

一，与环境融合一体，就必须和环境保持密切的联系。所以建筑基地的地形、地质、气候、方位、朝向、形状、大小、道路、绿化以及原有建筑群的关系等，都对建筑外部形象有极大影响。

位于自然环境中的建筑要因地制宜，结合地形起伏变化使建筑高低错落、层次分明、并与环境融为一体。如美国著名建筑师赖特设计的流水别墅（图 4-4），建于幽雅的山泉峡谷之中，造型多变，高低悬挑的钢筋混凝土平台纵横错落、互相穿插，凌跃于奔泻而下的瀑布之上，建筑与山石、流水、树林的巧妙结合使建筑融于环境之中。

结合基地朝向，采用建筑端部朝外的布置方式，保证了办公楼有良好的通风和朝向，并打破了街道一侧屏风式的处理手法，建筑物高低错落，丰富了城市面貌。

图 4-4　流水别墅　　　　　　图 4-5　某办公综合建筑

位于城市街道和广场的建筑物，一般由于用地紧张，受城市规划约束较多，建筑造型设计要密切结合城市道路、基地环境、周围原有建筑物的风格及城市规划部门的要求等

99

（图4-5、图4-6）。

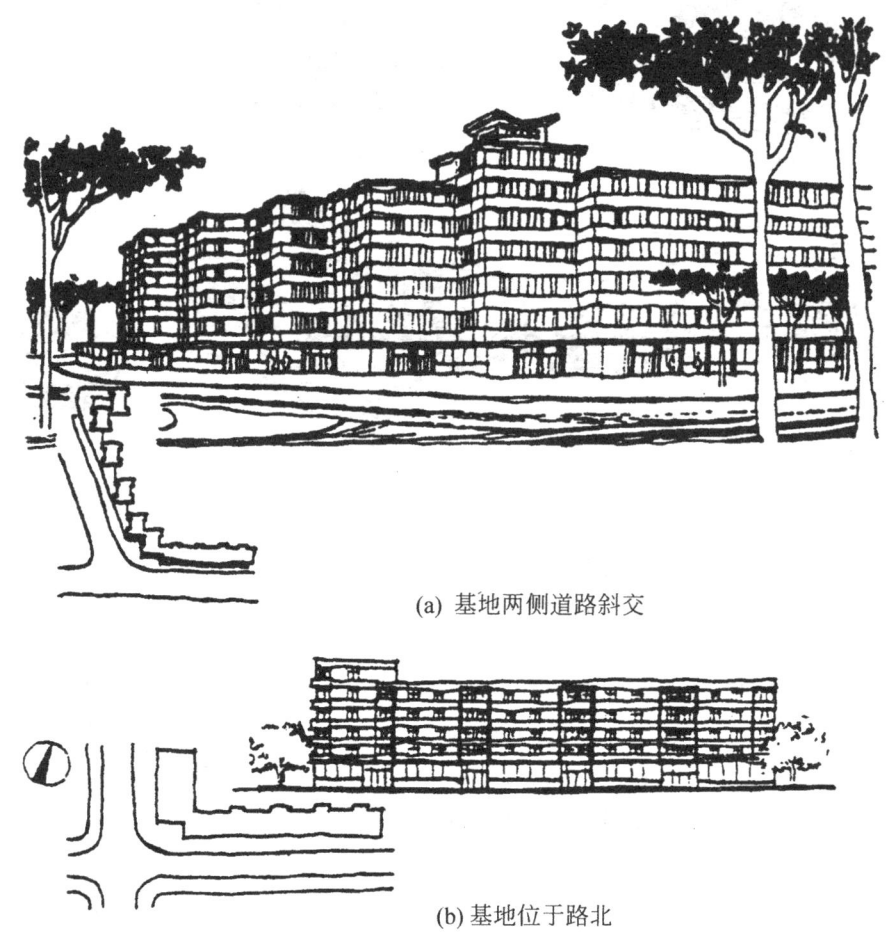

(a) 基地两侧道路斜交

(b) 基地位于路北

图4-6 沿街住宅

4.1.4 社会经济条件

建筑物从总体规划、建筑空间组合、材料选择、结构形式、施工组织直到维修管理等都包含着经济因素。建筑外形设计应本着节约的精神，严格掌握质量标准，尽量节约资金。对于大量性民用建筑、大型公共建筑或国家重点工程等不同项目，应根据它们的规模、重要程度和地区特点等分别在建筑用材、结构类型、内外装修等方面加以区别对待，防止滥用高级材料造成不必要的浪费。同时，也要防止片面节约，盲目追求低标准造成使用功能不合理，破坏建筑形象和增加建筑物的经常维修管理费用。一般来说，对于大量性建筑，标准可以低一些，而国家重点建造的某些大型公共建筑，标准则可高一些。

应当提出：建筑外形的艺术美并不是以投资的多少为决定因素。事实上只要充分发挥设计者的主观能动性，在一定的经济条件下，巧妙地运用物质技术手段和构图法则，努力创新，完全可以设计出适用、安全、经济、美观的建筑物来。

4.2 建筑构图的基本法则

在日常生活中，人们对一幢建筑的外观形象总是会产生美与不美的印象。究竟什么样的建筑才算美？如何才能创造出美的建筑？这是每一个设计工作者非常关心的问题。建筑造型是有其内在规律的，人们要创造出美的建筑，就必须遵循建筑美的法则，如统一、均衡、稳定、对比、韵律、比例、尺度等等。不同时代、不同地区、不同民族，尽管建筑形式千差万别，尽管人们审美观各不相同，但这些建筑美的基本法则都是一致的，是被人们普遍承认的客观规律，因而具有普遍性。

4.2.1 统一与变化

建筑物在客观上普遍存在着统一与变化的因素。一座建筑物中相同使用功能的房间在层高、开间、门窗及其他方面采取统一的做法和处理方式。工业化生产要求在建筑结构设计时尽可能地采取统一的构件和做法，外形上也必然有所反映。这些都是一些统一的因素。而不同使用功能的房间的不同处理方式，组成建筑的不同构件，如门窗、墙柱、屋顶、雨篷、凹凸阳台等，由于其不同的内容而在外形上反映出多样化的形式，这些则是一些变化的因素。在这些客观存在着的统一与变化的因素中，如何处理它们之间的相互关系，就成为建筑构图中的一个非常重要的问题。所谓"多样统一"、"统一中有变化"、"变化中求统一"都是为了取得整齐、简洁、有序而又不至于单调、呆板，体型丰富而又不致杂乱无章的建筑形象。

在建筑处理上，统一的概念并不仅仅局限在一栋建筑物的外形上，而且必须是外部形象和内部空间及使用功能的有机统一。优秀的建筑作品，从总体到个体，从外部到内部，从形式到内容，从体型到立面和细部处理都必须是和谐统一的有机整体。

统一与变化是古今中外优秀建筑师必须遵循的一个共同准则，是建筑构图的一条重要原则，也是艺术领域里各种艺术形式都要遵循的一般原则。它是一切形式美的基本规律，具有广泛的普遍性和概括性。其他如主从、对比、比例、均衡等构图诸要点，实际上是统一与变化在某一方面的体现，或者说是作为达到统一与变化的手段。

4.2.1.1 以简单的几何形状求统一

任何简单的容易被人们辨认的几何形体都具有一种必然的统一性，如圆柱体、圆锥体、长方体、正方体、球体等，这些形体也常常用于建筑上。由于它们的形状简单，容易取得统一。如我国古代的天坛、园林建筑中的亭台也常以简单的几何形体而给人以明确统一的印象。又如图4-7所示的美国联邦储备银行，以简单的几何形体获得高度统一、稳定的效果。

4.2.1.2 主从分明，以陪衬求统一

复杂体量的建筑根据功能的要求常包括有主要部分和从属部分，如果不加以区别对待，则建筑必然显得平淡、松散，缺乏统一性。在外形设计中，恰当地处理好主要与从属、重点与一般的关系，使建筑形成主从分明，以次衬主，就可以加强建筑的表现力，取得完整统一的效果。

(a) 建筑的基本形体

(b) 美国联邦储备银行

图 4-7 以简单的几何形体求统一

（1）运用轴线的处理突出主体

从古至今，对称的手法在建筑中运用较为普遍，如中国革命与历史博物馆（图4-8）利用中央主轴线的高大空廊将两翼对称的陈列室联系起来，通过两翼对空廊的衬托，既突出了主体，又创造了一个完整统一的外观形象。一些纪念性建筑和大型办公楼也常采取这种手法。

图 4-8 中国革命与历史博物馆

第4章 建筑体型及立面设计

（2）以低衬高突出主体

在建筑外形设计中，可以充分利用建筑功能要求上所形成的高低不同，并有意识加以强调某个部分使之形成重点，而其他部分则明显处于从属地位。这种采取体量差别形成以低衬高、以高控制整体的处理手法也是取得完整统一的有效措施。荷兰建筑师杜道克设计的希尔浮森市政厅以高塔形成明显的主从关系。这种以低衬高、以高控制全体的巧妙构图技巧使建筑取得了完整统一的优美形象（图4-9）。除此以外，在近代机场建筑中也常常以较高体量的瞭望塔与低而平的候机大厅体量的对比，取得主从分明、完整统一的体型组合。

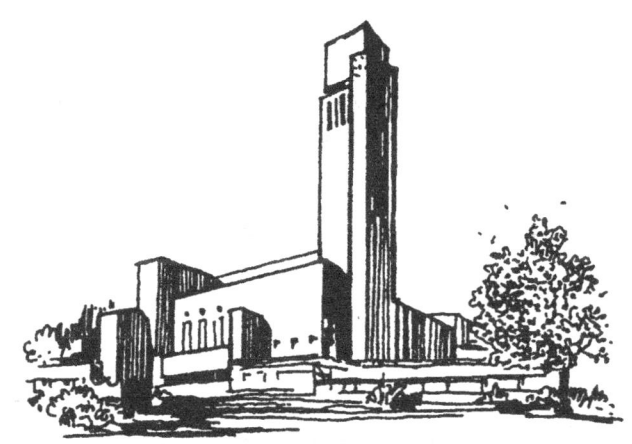

图4-9　荷兰希尔浮森市政厅

（3）利用形象变化突出主体

一般说来弯曲的部分要比直的部分更引人注目，更易于激发人们的兴趣。在建筑造型上运用圆形、折线形或比较复杂的轮廓线都可取得突出主体、控制全局的效果，如加拿大多伦多市政厅（图4-10）。

图4-10　加拿大多伦多市政厅

4.2.2　均衡与稳定

均衡与稳定既是力学概念也是建筑形象概念。如果一个建筑物看起来摇摇欲坠，或动荡不安、紧张吃力，就很难谈得上美观。因此均衡与稳定也是建筑构图中的一个重要原则。均衡主要是研究建筑物各部分前后左右的轻重关系，并使其组合起来给人以安定、平稳的感觉；稳定则指建筑整体上下之间的轻重关系，给人以安全可靠、坚如磐石的效果。均衡与稳定是相互关系的。

在处理建筑物的均衡与稳定时，还应考虑各建筑造型要素之质量轻重感的处理关系。一般来说，墙、柱等实体部分感觉上要重一些，门、窗、敞廊等空虚部分感觉要轻一些，材料粗糙的感觉要重一些，材料光洁的感觉要轻一些，色暗而深的感觉上要重一些，色明而浅的感觉要轻一些，此外经过装饰（如绘画雕刻等）或线条分割后的实体比没有处理的实体在轻重感上也有很大的区别。

在建筑构图中，均衡与力学的杠杆原理是有联系的。如图4-11中的支点表示均衡中心，根据均衡中心的位置不同，又可分为对称的均衡与不对称的均衡。

(a) 绝对对称平衡　　(b) 基本对称平衡　　(c) 不对称平衡　　(d) 不对称平衡

图4-11　均衡的力学原理

对称的建筑是绝对均衡的，以中轴线为中心并加以重点强调，两侧对称容易取得完整统一的效果，给人以端庄、雄伟、严肃的感觉，常用于纪念性建筑或者其他需要表现庄严、隆重的公共建筑。如毛主席纪念堂、人民大会堂等都是通过对称均衡的形式体现出不同建筑的特征，获得明显的完整统一。图4-12为对称均衡的实例。

(a) 对称均衡示意　　　　　　　(b) 天津大学建筑系馆

图4-12　对称均衡

建筑物由于受到功能、结构、材料、地形等各种条件的限制，不可能都采用对称形式。同时随着科学技术的进步以及人们审美观念的发展变化，要求建筑更加灵活、自由，因此，不对称的均衡得以广泛采用。

不对称均衡是将均衡中心（视觉上最突出的主要出入口）偏于建筑的一侧，利用不同体量、材质、色彩、虚实变化等的平衡达到不对称均衡的目的。它与对称均衡相比显得轻巧、活泼。图 4-13 为不对称均衡的实例。日本山梨县中心医院采用大雨篷、入口门厅宽敞明亮的落地窗等突出均衡中心,并以一侧高而窄的垂直体量和另一侧低矮的水平体量相平衡,取得了不对称均衡的效果。

(a) 不对称均衡示意　　　　　　(b) 日本山梨县中心医院

图 4-13　不对称均衡

建筑物要达到稳定的效果往往要求有较宽大的底面,上小下大、上轻下重使整个建筑重心尽量下降而达到稳定的效果。许多建筑在底层布置宽阔的平台式雨篷形成一个形似稳固的基座,或者逐层收分形成上小下大呈三角形或阶梯形状,如图 4-14 所示。但是随着现代新结构、新材料的发展,引起了人们审美观的变化。传统的砖石结构上轻下重、上小下大的稳定观念也在逐渐发生变化。近代建造了不少底层架空的建筑,利用悬臂结构的特性、粗糙材料的质感和浓郁的色彩加强底层的厚重感,同样达到稳定的效果(图 4-15)。

(a) 稳定构图手法举例　　　　　　(b) 北京中国美术馆

图 4-14　体型组合的稳定构图

105

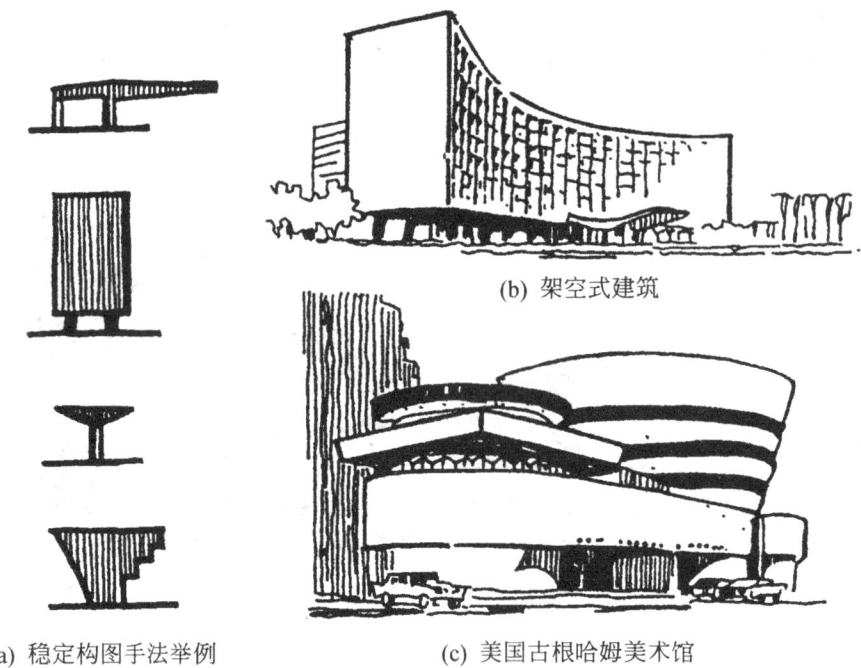

(a) 稳定构图手法举例　　(c) 美国古根哈姆美术馆

图 4-15　体型组合的稳定构图

4.2.3　韵律

韵律是物体各要素重复或渐变出现所形成的一种特性,这种有规律的变化和有秩序的重复所形成的节奏,能产生具有条理性、重复性、连续性为特征的韵律感,给人以美的享受。

建筑物由于使用功能的要求和结构技术的影响,存在着很多重复的因素,如建筑形体、空间、构件乃至门窗、阳台、凹廊、雨篷、色彩等,这就为建筑造型提供了很多有规律的依据。在建筑构图中,有意识地对这些构图因素进行重复或渐变的处理,能使建筑形体以至细部给人以更加强烈而深刻的印象,如没有变化的简单重复,节奏单纯、明确,给人以鲜明的印象,在重复的情况下作有规律的变化,节奏因变化而感觉丰富而有韵味。因此,一定数量的重复是产生节奏和韵律的基本条件,有规律变化是对节奏和韵律的修饰、调整和补充。图 4-16、图 4-17 为韵律在各类建筑中应用的例子。

图 4-16　渐变的韵律

第 4 章 建筑体型及立面设计

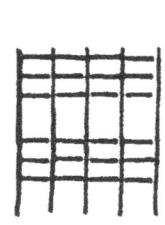

图 4-17 交错的韵律

4.2.4 对比

在两物之间彼此相互衬托作用下，使其形、色更加鲜明，如大者更觉其大、小者更觉其小、深者更觉其深、浅者更觉其浅，给人以强烈的感受及深刻的印象，即称为对比。

建筑造型设计中的对比，具体表现在体量大小、高低、形状、方向、线条曲直横竖、虚实、色彩、质地、光影等方面。在同一因素之间通过对比，相互衬托，就能产生不同的形象效果。对比强烈，则变化大，感觉明显，建筑中很多重点突出的处理手法往往是采取强烈对比的结果；对比小则变化小，易于取得相互呼应、和谐、协调统一的效果。因此，在建筑设计中恰当地运用对比是取得统一与变化的有效手段。如图 4-18 所示。

4.2.5 比例

比例是指长、宽、高三个方向之间的大小关系。无论是整体或局部以及整体与局部之间、局部与局部之间都存在着比例关系，如整幢建筑与单个房间长、宽、高之比，门窗或整个立面的高宽比，立面中的门窗与墙面之比，门窗本身的高宽比等等。良好的比例能给人以和谐、完美的感受，反之，比例失调就无法使人产生美感。

一般来说，抽象的几何形状以及若干几何形状之间的组合，处理得当就可获得良好的比例而易于为人们所接受。如圆形、正方形、正三角形等具有肯定的外形而引起人们的注意；"黄金率"的比例关系（即长宽之比为 1:1.618）要比其他长方形好；大小不同的相似形，它们之间对角线互相垂直或平行，由于具有"比率"相等而使比例关系协调。图 4-19 以相似的比例求得和谐统一。建筑物的各部分一般是由一定的几何形体所构成。因此，在建筑设计中，有意识地注意几何形体的相似关系，对于推敲和谐的比例是有帮助的。

4.2.6 尺度

尺度所研究的是建筑物整体与局部构件给人感觉上的大小与其真实大小之间的关系。

抽象的几何形体显示不了尺度感，但一经尺度处理，人们就可以通过这种处理感觉出它的大小来。在建筑设计过程中，人们常常以人或与人体活动有关的一些不变因素如门、台阶、栏杆等作为比较标准，通过与它们的对比而获得一定的尺度感。如窗台、栏杆高度

(a) 罗马尼亚派拉旅馆

(b) 苏州饭店

图 4-18 以对比与协调取得统一

一般为 900~1000mm，门扇高度为 2000~2400mm，踏步高为 150~175mm 等，通过这些固定的尺度与建筑整体或局部进行比较，就会得出很鲜明的尺度感。图 4-20 表示建筑物的尺度感，其中图 4-20a 表示抽象的几何形状，没有任何尺度感。图 4-20b、图 4-20c、图 4-20d 通过与人的对比就可以得出建筑物的大小和高低。

在设计工作中，尺度的处理通常有 3 种方法：

(1) 自然的尺度。以人体大小来度量建筑物的实际大小，从而给人的印象与建筑物真实大小一致。常用于住宅、办公楼、学校等建筑。

(2) 夸张的尺度。运用夸张的手法给人以超过真实大小的尺度感。常用于纪念性建筑或大型公共建筑，以表现庄严、雄伟的气氛。

(3) 亲切的尺度。以较小的尺度获得小于真实的感觉，从而给人以亲切宜人的尺度感。常用来创造小巧、亲切、舒适的气氛，如庭园建筑。

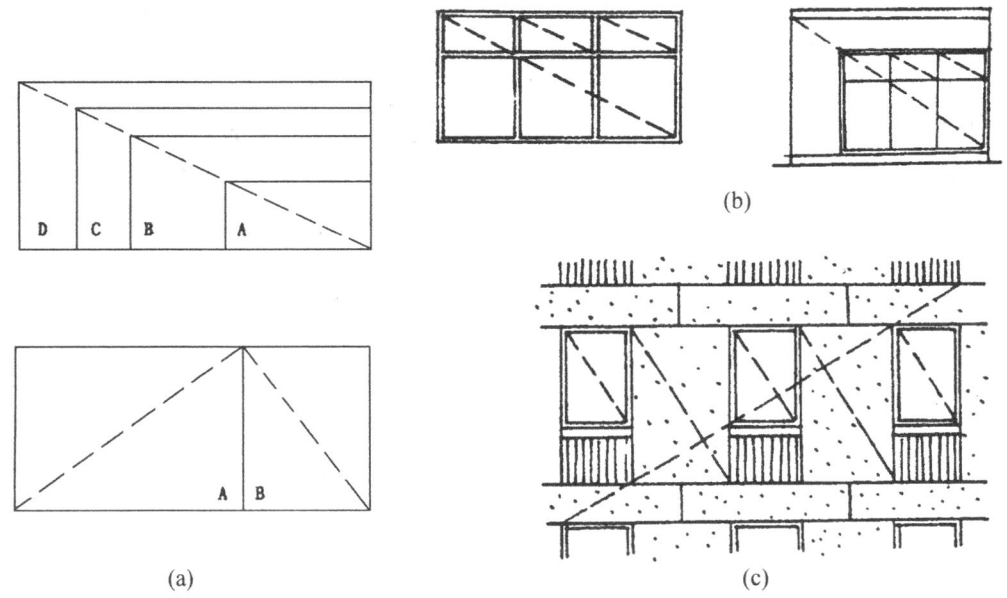

图 4-19 以相似比例求得和谐统一
用对角线相互重合、垂直及平行的方法使窗与窗、窗与墙面之间保持相同的比例关系

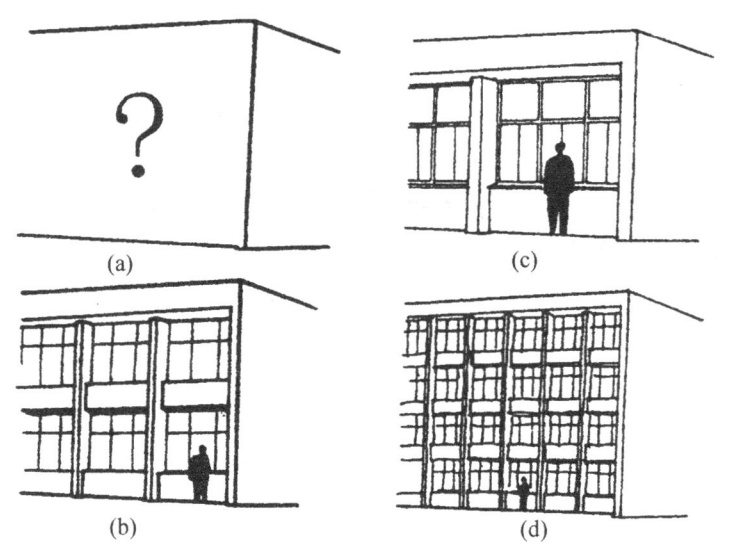

图 4-20 建筑物的尺度感

4.3 建筑体型及立面设计方法

体型是指建筑物的轮廓形状，它反映了建筑物总的体量大小、组合方式以及比例尺度等。而立面是指建筑物的门窗组织、比例与尺度、入口及细部处理、装饰与色彩等。体型和立面是建筑统一体的相互联系不可分割的两个方面。在建筑外形设计中，可以说体型是

建筑的雏形,而立面设计则是建筑物体型的进一步深化。因此只有将两者作为一个有机的整体统一考虑,才能获得完美的建筑形象。

民用建筑类别繁多,体型和立面千变万化。但无论哪一类建筑,尽管在体型和立面的处理上有各自不同的特点和方法,但基本的构图原则是一致的。在设计过程中,应充分考虑建筑功能、材料和结构等的制约因素,运用前面所讲的构图法则,从体型入手,逐步深入到每个立面,进行反复推敲,不断修改,使体型和立面相协调,达到完美统一。

4.3.1 体型的组合

4.3.1.1 单一体型

单一体型是将复杂的内部空间组合到一个完整的体型中去。外观各面基本等高,平面多呈正方形、矩形、圆形、Y形等。这类建筑的特点是明显的主从关系和组合关系,造型统一、简洁、轮廓分明,给人以鲜明而强烈的印象,也可以将复杂的功能关系,多种不同用途的大小房间,合理地、有效地加以简化、概括在简单的平面空间形式之中,便于采用统一的结构布置。美国杜勒斯航空港(图4-21)将候机厅、贵宾接待室、餐厅、商店、宿舍、辅助用户等不同功能的房间组合在一个长方体的空间中,简洁的外形,四周有规律的倾斜列柱衬以大面积的玻璃窗,加上顶部的弧形大挑檐,形成了鲜明、轻盈的外观形象。

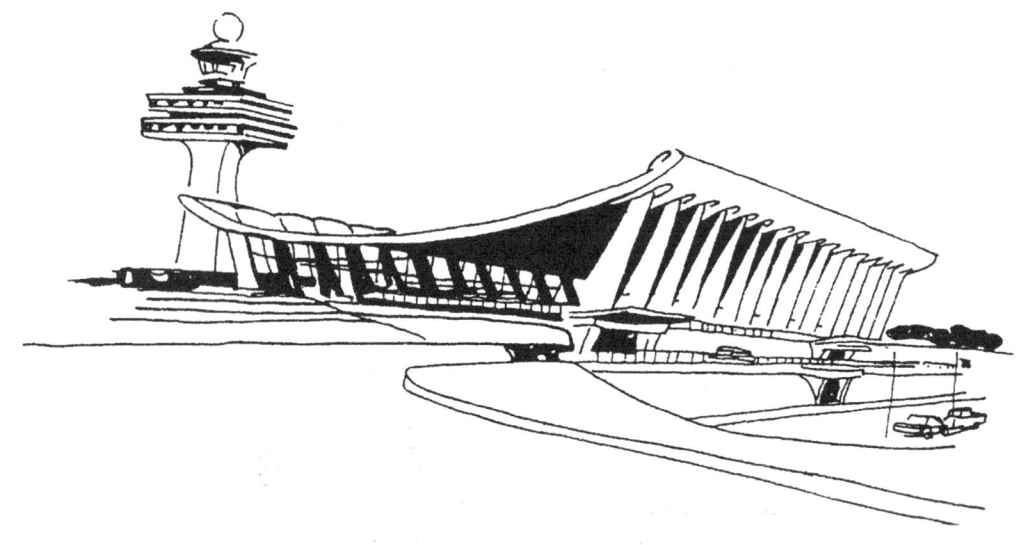

图4-21 美国杜勒斯航空港

4.3.1.2 单元组合体型

单元组合体型是一般民用建筑如住宅、学校、医院等常采用的一种组合方式。它是将几个独立体量的单元按一定方式组合起来。这种组合体型具有以下特点:

(1) 组合灵活。结合基地大小、形状、朝向、道路走向、地形变化,建筑单元可随意增减,高低错落,既可形成简单的一字形体型,也可形成锯齿形、台阶式体型。

(2) 建筑物没有明显的均衡中心及体型的主从关系。这就要求单元本身具有良好的造型。

(3) 由于单元的连续重复,形成了强烈的韵律感。

图 4‑22 为单元式住宅的外形特征。

图 4‑22 单元式住宅

4.3.1.3 复杂体型

复杂体型是由两个以上的体量组合而成的，体型丰富，更适用于功能关系比较复杂的建筑物。由于复杂体型存在着多个体量，因此必然存在着体量与体量之间相互协调与统一的问题。在组合中应着重注意以下几方面的问题：

（1）根据功能要求将建筑物分为主要部分和次要部分，分别形成主体和附体。进行组合时应突出主体，有重点、有中心、主从分明，巧妙结合以形成有组织、有秩序、而不杂乱的完整统一体（图 4‑23）。

（2）运用体量的大小、形状、方向、高低、曲直、色彩等方面的对比，可以突出主体，破除单调感，从而求得丰富、变化的造型效果（图 4‑24）。

应当指出：运用对比手法，同样不能脱离内部功能的合理性，体量的大小和形状是来自不同的内部空间，离开了这点去生搬硬套某种形式都是不可取的，且达不到预期的效果。

（3）体型组合要注意均衡与稳定的问题。因为所有建筑物都是由具有一定重量感的材料建成的，一旦失去均衡就会使建筑物轻重不均，失去稳定感。体型组合的均衡包括对称与非对称两种方式，如图 4‑23 所示。对称的构图是均衡的，容易取得完整的效果。对于非对称方式要特别注意各部分体量大小变化，以求得视觉上的均衡。图 4‑25 为体型组合中稳定构图的实例。

4.3.2 体型的转折与转角处理

在特定的地形或位置条件下，如丁字路口、十字路口或任意角度的转角地带布置建筑物时，如果能够结合地形巧妙地进行转折与转角处理，不仅可以扩大组合的灵活性以适应地形的变化，而且可以使建筑物显得更加完整统一。

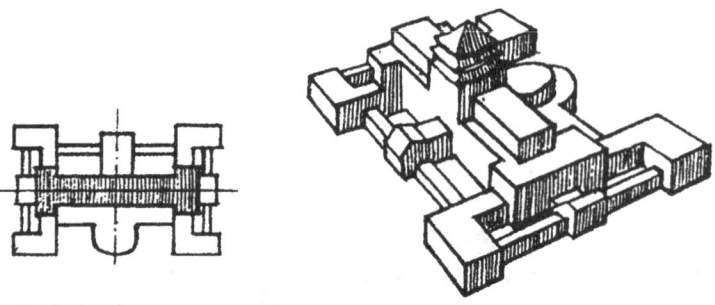

(a) 北京中国美术馆：高大的主体位于中央，各从属部分以不同的形式与主体相连，形成统一整体

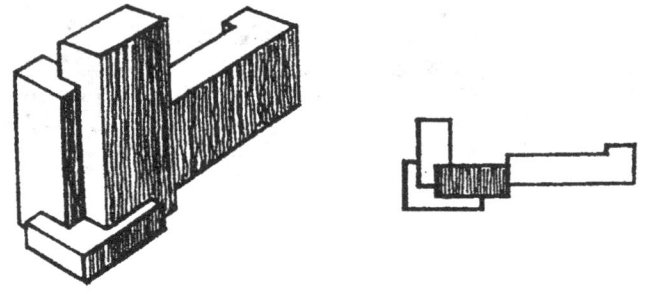

(b) 北京中国民航大楼：主体位于转角处，从属部分依附于主体，形成完整的有机整体

图 4-23　体型组合的主从关系

(a) 几内亚科纳克里旅馆：以多层客房的高大矩形体量和餐厅部分低矮的圆柱体量相对比而获得变化

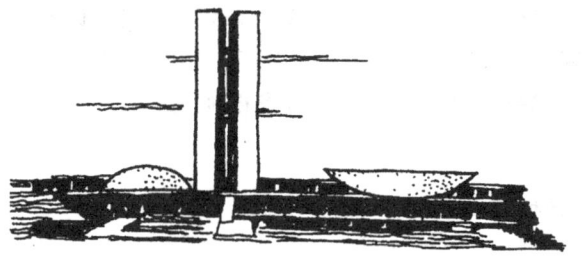

(b) 巴西利亚国会大厦，以办公楼的竖向板式体量和一正一反的碗状议会厅形成强烈的直与曲、高与低的对比，使建筑物生动、活泼

图 4-24　体型组合的对比与变化

第 4 章 建筑体型及立面设计

(a)日本某台阶式住宅：以上小下大、整个重心下降而取得稳定效果

(b)美国达拉斯市政厅：采取上大下小的组合方式，由于技术的进步，人们对悬挑结构已有安全稳定感，因而也能取得稳定的效果

图 4-25 体型组合的稳定构图

转折主要是指建筑物顺道路或地形的变化作曲折变化。因此这种形式的临街部分实际上是长方形平面的简单变形和延伸，具有简洁流畅、自然大方、完整统一的外观形象。

根据功能和造型的需要，转角地带的建筑体型常采用主附体结合、以附体陪衬主体、主从分明的方式。也可采取局部体量升高以形成塔楼的形式，以塔楼控制整个建筑物及周围道路，使交叉口、主要入口更加醒目（图 4-26）。

4.3.3 体量的联系与交接

复杂体型中各体量的大小、高低、形状各不相同，如果连接不当，不仅影响到体型的完整，而且将会直接损害到使用功能和结构的合理性。组合设计中常采取以下几种连接方式：

（1）直接连接。在体型组合中，将不同体量的面直接相连为直接连接。这种方式具有体型分明、简洁、整体性强的优点，常用于功能要求各房间联系紧密的建筑（图 4-27a）。

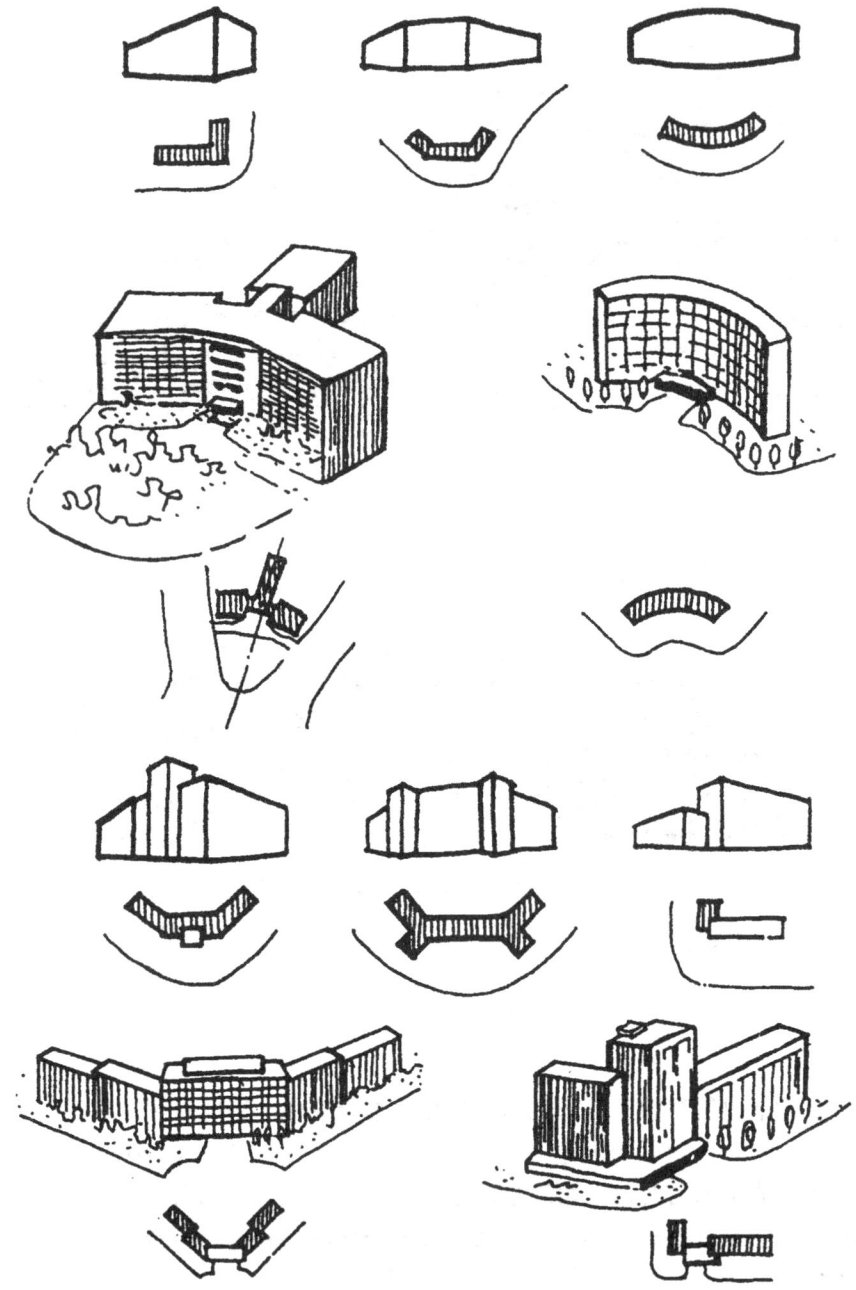

图 4-26 体型的转折与转角

（2）咬接。各体量之间相互穿插，体型较复杂，但组合紧凑，整体性强，较前者易于获得有机整体的效果，是组合设计中较为常用的一种方式（图 4-27b）。

（3）以走廊或连接体相连。这种方式的特点是各体量之间相对独立而又互相联系，走廊的开敞或封闭、单层或多层，常随不同功能、地区特点及创作意图而定，如图 4-27c、图 4-27d 所示。

第4章 建筑体型及立面设计

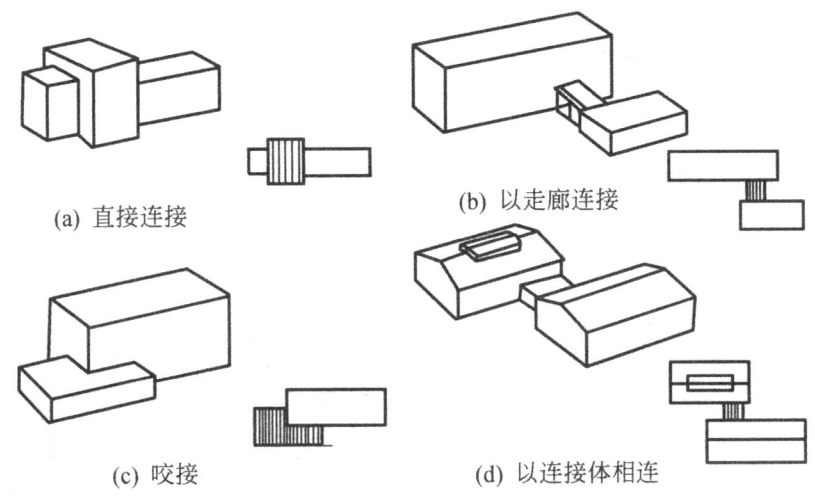

(a) 直接连接　　(b) 以走廊连接

(c) 咬接　　(d) 以连接体相连

图 4‐27　复杂体型各体量之间的连接方式

4.3.4　立面设计

建筑立面是由许多部件组成的，这些部件包括门窗、墙柱、阳台、遮阳板、雨篷、檐口、勒脚、花饰等。立面设计就是恰当地确定这些部件的尺寸大小、比例关系以及材料色彩等。通过形的变换、面的虚实对比、线的方向变化等，求得外形的统一与变化和内部空间与外形的协调统一。

进行立面处理，应注意以下几点：

首先，建筑立面是为满足施工要求而按正投影绘制的，分别为正立面、背立面和侧立面。而一般人看到的是两个面。因此，在推敲建筑立面时不能孤立地处理每个面，必须注意几个面的相互协调和相邻面的衔接以取得统一。

其次，建筑造型是一种空间艺术，研究立面造型不能只局限在立面的尺寸大小和形状，应考虑到建筑空间的透视效果。例如，对高层建筑的檐口处理，其尺度需要夸大。如果仍采用常规尺度，从立面图看虽然合适，但建成后在地面观看，由于透视的原理，就会感到檐口尺度过小。

再次，立面处理是在符合功能和结构要求的基础上，对建筑空间造型的进一步深化。因此，建筑外形应立足于运用建筑物构件的直接效果，入口的重点处理以及少量装饰处理等。对于中小型建筑更应力求简洁、明朗、朴素、大方，避免繁琐装饰。

下面分别叙述立面处理方法。

4.3.4.1　立面的比例尺度

立面的比例尺度的处理是与建筑功能、材料性能和结构类型分不开的，如前面图 4‐1 中的剧院、商店与住宅，由于使用性质、容纳人数、空间大小、层高等不同，形

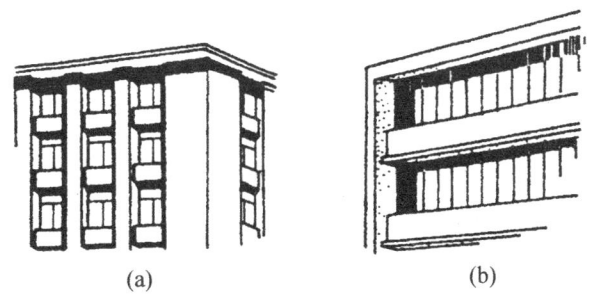

(a)　　(b)

图 4‐28　混合结构、框架结构建筑的比例关系

成全然不同的比例和尺度关系。又如图 4-28 中，砖混结构的建筑由于受结构和材料的限制，开间小，窗间墙又必须有一定的宽度，因而窗户多为狭长形，尺度较小；框架结构的建筑，柱距大，柱子断面尺度小，窗户可以开得宽大而明亮，两者在比例和尺度上显示出很大的差别。

建筑立面常借助于门窗、细部等的尺度处理反映出建筑物的真实大小。如图 4-29 某办公建筑，通过对门窗细部的精细划分，从而获得应有的尺度感。

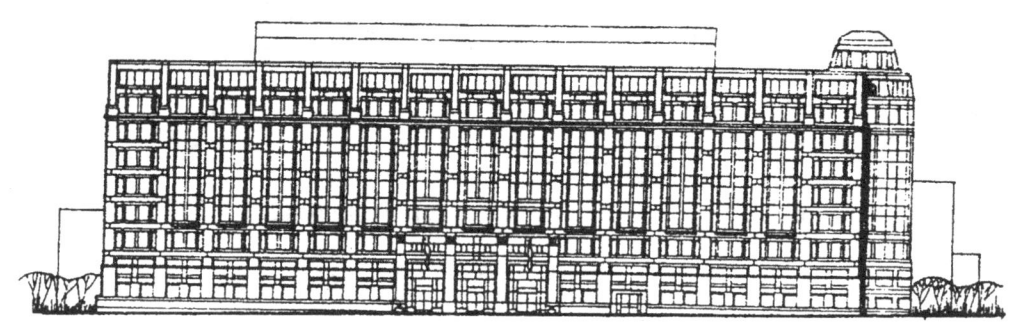

图 4-29 某办公建筑立面

4.3.4.2 立面的虚实与凹凸

建筑立面中"虚"的部分是指窗、空廊、凹廊等，给人以轻巧、通透的感觉；"实"的部分主要是指墙、柱、屋面、栏板等，给人以厚重、封闭的感觉。建筑外观的虚实关系主要是由功能和结构要求决定的，充分利用这两方面的特点巧妙地处理虚实关系，可以获得轻巧生动、坚实有力的外观形象（图 4-32）。

以虚为主，虚多实少的处理手法能获得轻巧、开朗的效果。常用于高层建筑、剧院门厅、餐厅、车站、商店等大量人流聚集的建筑，如图 4-30a。

以实为主，实多虚少能产生稳定、庄严、雄伟的效果。常用于纪念性建筑及重要的公共建筑，如图 4-30b。

虚实相当的处理容易给人以单调、呆板的感觉。在功能允许的条件下，可以适当将虚的部分和实的部分集中，使建筑物产生一定的变化，如图 4-30c。

在立面处理中，还常借助于大面积花格来起过渡作用。在大片实墙上设置花格，此时花格起着虚的作用；反之，在大片玻璃窗中处理适当花格，则花格起着实的作用。

由于功能和构造上的需要，建筑外立面常出现一些凹凸部分。凸的部分一般有阳台、雨篷、遮阳板、挑檐、凸柱、突出的楼梯间等。凹的部分有凹廊、门洞等。通过凹凸关系的处理可以加强光影变化，增强建筑物的体积感，丰富立面的效果。住宅建筑常常利用阳台和凹廊来形成虚实、凹凸变化（图 4-31）。

4.3.4.3 立面的线条处理

任何线条本身都具有一种特殊的表现力和多种造型的功能。从方向变化来看，垂直线具有挺拔、高耸、向上的气氛；水平线使人感到舒展与连续、宁静与亲切；斜线具有动态的感觉；曲线给人以柔和流畅、轻快活跃的感觉；网格线有丰富的图案效果，给人以生动、活泼而有秩序的感觉。从粗细、曲折变化来看，粗线条表现厚重、有力；细线条具有精致、柔和的效果；直线表现刚强、坚定；曲线则显得优雅、轻盈。

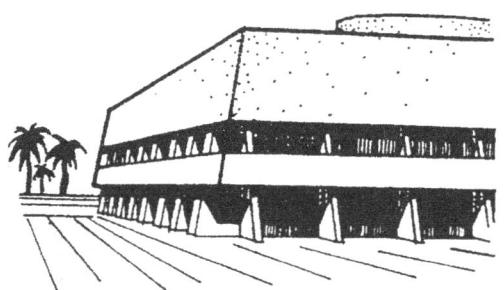

(a) 香港奔达中心：以大面积玻璃窗与少量实墙形成强烈的以虚为主的外观形象

(b) 坦桑尼亚国会大厦：以大面积实墙和狭长的窗形成强烈的以实为主的外观形象

(c) 北京和平宾馆：虚的部分集中在底层和顶层，中部虚实相当，立面既有变化，又和谐统一

图 4-30 立面虚实关系的处理

图 4-31 住宅建筑的虚实、凸凹处理

建筑立面上客观存在着各种各样的线条，如立柱、墙垛、窗台、遮阳板、檐口、通长的栏板、窗间墙、分格线等。任何好的建筑，立面造型中千姿百态的优美形象也正是通过

图 4-32 巧妙地处理虚实关系并与节能措施相结合，取得生动的立面效果

各种线条在位置、粗细、长短、方向、曲直、疏密、繁简、凹凸等方面的变化而形成的。图 4-33 为横线条、竖线条、纵横交错的网格线条在立面上的运用。

4.3.4.4 立面的色彩与质感

色彩和质感是材料所固有的特性。对于一般建筑来说，主要是通过材料色彩的变化使其相互衬托与对比来增强建筑的表现力。

不同的色彩具有不同的表现力，给人以不同的感受。一般说来，以浅色或白色为基调的建筑给人以明快清新的感觉，深色显得稳定，橙黄等暖色调使人感到热烈、兴奋；青、蓝、紫、绿等色使人感到宁静。运用不同色彩的处理，可以表现出不同建筑的性格、地方特点及民族风格。

建筑外形色彩设计包括大面积墙面的基调色的选用和墙面上不同色彩的构图等两方面，设计中应注意以下问题：

（1）色彩处理必须和谐统一且富有变化，在用色上可采取大面积基调色为主，局部运用其他色彩形成对比而突出重点。如红砖清水墙或白色搓砂面的住宅，常在阳台、檐口和窗台处加以重点抹面，以色彩对比使建筑物显得活泼且富有变化。

（2）色彩的运用必须与建筑物性质相一致。由于色彩在人们心理上有不同的反应。因此选择色彩应考虑建筑物的性质，适当体现建筑物的性格。如医院建筑常采用浅色或白色基调，给人以安定感；娱乐性建筑可采用暖色调，并适当运用对比色以增强建筑物华丽、活泼而热烈的气氛；一般民居常采用灰白色的基调以体现朴素、淡雅的气氛。

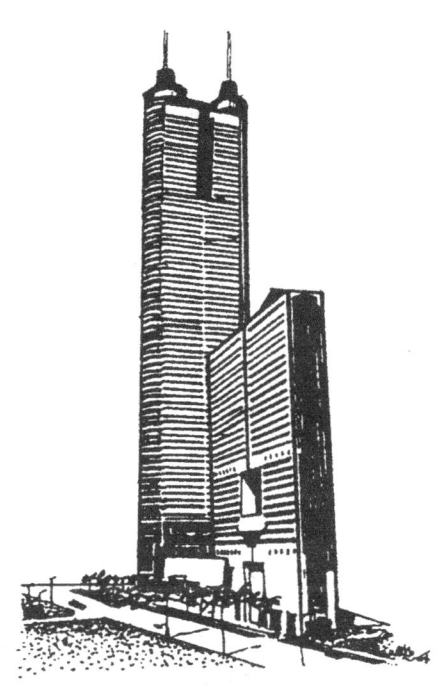

(a) 深圳地王大厦

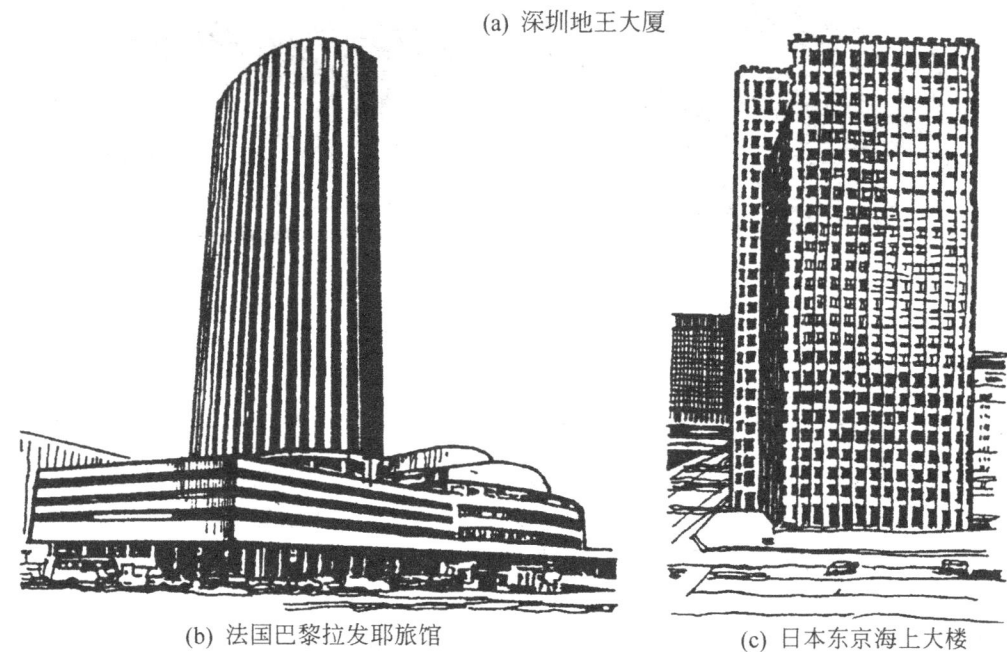

(b) 法国巴黎拉发耶旅馆　　　　(c) 日本东京海上大楼

图 4-33　立面线条处理

(3) 色彩的运用必须注意与环境的密切协调。如位于天安门广场的人民大会堂、毛主席纪念堂、中国革命与历史博物馆等建筑，在用色上均与天安门城楼和故宫内的建筑协调一致，从而使建筑群体取得和谐统一的效果。

(4) 基调色的选择应结合各地的气候特征。寒冷地区宜采用暖色调，炎热地区多偏于采用冷色调。此外还应考虑天空色彩的明暗，如常年阴雨天多、天空透明度低的地区宜选用明朗光亮的色彩。

建筑立面由于材料的质感不同，也会给人以不同的感觉。如天然石材和砖的质地粗糙，具有厚重及坚固感；金属及光滑的表面具有轻巧、细腻的感觉。立面设计中常常利用质感的处理来增强建筑物的表现力。

材料质感的处理包括两个方面：一方面是利用材料本身的特性，如大理石、花岗石的天然纹理，金属、玻璃的光泽等；另一方面是人工创造的某种特殊的质感，如仿石饰面砖、仿树皮纹理的粉刷等。一般来说，使用单一的材料易显得统一，但是处理不好容易出现单调感，运用不同材料质感的对比容易获得生动的效果。图 4‑34a 运用天然石材的粗糙质感与木材的细致纹理和抹灰面进行对比，图 4‑34b 以光滑的大玻璃窗与粗糙的砖墙和抹灰面进行对比，均使建筑显得生动而富有变化。

图 4‑34 立面中材料质感处理

4.3.4.5 立面的重点与细部处理

根据功能和造型需要，在建筑物某些局部位置进行重点和细部处理，可以突出主体，打破单调感。立面的重点处理常常是通过对比手法取得的。建筑物重点处理的部位如下：

(1) 建筑物主要出入口及楼梯间是人流最多的部位，要求明显突出，易于寻找。为了吸引人们的视线，常在这些部位进行重点处理。如上海体育馆（图 4‑35）入口上方布置局部花格及醒目的数字标记，以强烈的虚实对比使入口更加突出。广州友谊剧院采用大理石的门套突出了主要入口。重庆西南医院烧伤医疗中心在入口上方处理大片实墙及竖向凹窗，形成了强烈的虚实、凹凸对比，从而使入口更加突出。图 4‑36 为住宅的入口及楼梯间处理实例。

(2) 根据建筑造型上的特点，重点表现有特征的部分，如体量中转折、转角、立面的突出部分及上部结束部分，如机场瞭望塔、车站钟楼、商店橱窗、房屋檐口等。图 4‑37 为一般民用建筑檐口处理实例。

(3) 为了使建筑统一中有变化，避免单调以达到一定的美观要求，也常在反映该建筑性格的重要部位，如住宅阳台、凹廊、公共建筑中的柱头、檐部等，仔细推敲其形式、比

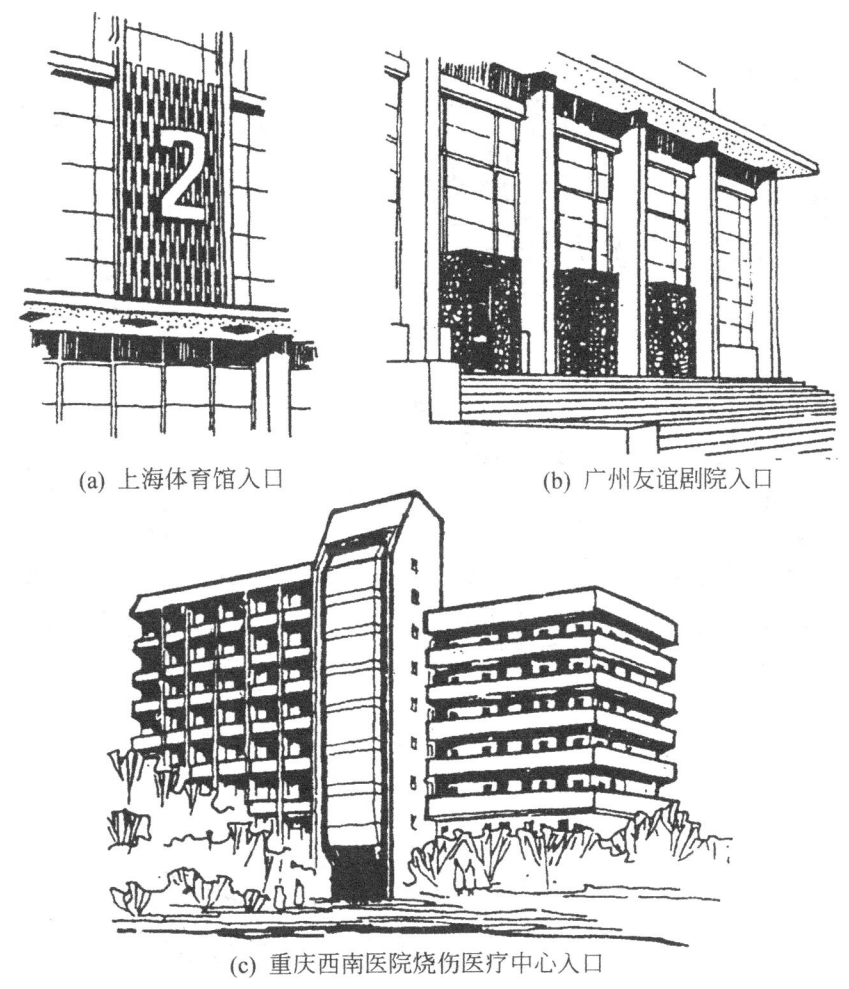

(a) 上海体育馆入口　　(b) 广州友谊剧院入口

(c) 重庆西南医院烧伤医疗中心入口

图 4-35　入口重点处理

例、材料、色彩及细部处理，对丰富建筑立面起着良好作用。

在立面设计中，对于体量较小或人们接近时才能看得清的部分，如墙面勒脚、花格、漏窗、檐口细部、窗套、栏杆、遮阳板、雨篷、花台及其他细部装饰等的处理称为细部处理。细部处理必须从整体出发，接近人体的细部应充分发挥材料色泽、纹理、质感和光泽度的美感作用。对于位置较高的细部，一般应着重于总体轮廓和注意色彩、线条等大效果，而不宜刻画得过于细腻。

图 4-36 住宅建筑入口、楼梯间立面处理

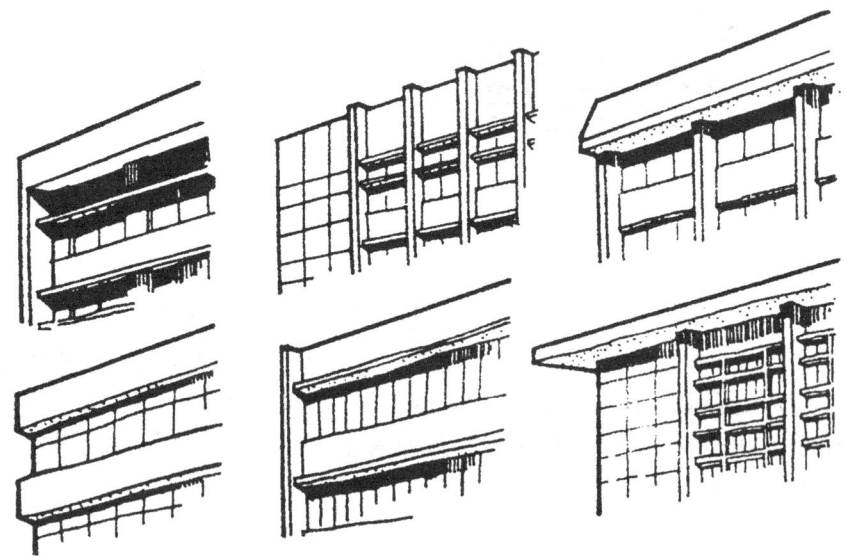

图 4-37 檐口处理实例

第5章 城市规划原理

5.1 城市规划概述

5.1.1 城市规划的任务

城市规划的任务是根据一定时期城市的经济和社会发展目标，确定城市性质、规模和发展方向，合理利用城市资源，包括土地、水、矿产、劳力和资金，协调城市空间功能布局和进行各项城市建设的综合部署。城市规划是推进和实现城市经济和社会发展目标的重要手段，它为城市建设设定目标和蓝图，同时又为管理城市提供法定依据。相应地，规划在编制深度上也存在两个层次：规划设计和图则制定。前者主要体现城市发展的意图，后者则通过编制法定的图则来保证城市发展意图的实现。

城市规划是政府的一项重要职责和重要工作。它是涉及城市增长与变化、社会、经济、环境和生态系统诸方面内容的综合性实践。它是一个认识城市及其发展规律、设定城市未来发展目标并制定相应的发展建设步骤与途径的过程，以社会、经济和生态系统的最小付出为标准来选择或制定综合性实施方案，为人们创造优良、宜人的生存环境。

5.1.2 我国城市规划的编制程序

在我国，城市规划编制组成划分为城市总体规划和详细规划两个阶段，部分大中城市因实际需要在两个阶段之间增加了一个分区规划阶段。即总体规划阶段的城市规划纲要、总体规划，详细规划阶段的控制性详细规划、修建性详细规划。

城市规划纲要论证城市发展的技术经济依据、社会发展条件、城市在区域发展中的战略地位、作用，确定规划期内城市社会发展方向、目标以及城市性质、规模、总体布局等战略性重大原则问题，作为编制城市总体规划的依据。成果以文字为主、辅以必要的城市发展示意性图纸。

城市总体规划是根据城市规划纲要，经综合研究确定城市性质、发展规模和规划布局，研究各阶段的发展程序，统筹安排城乡各项建设用地，合理配置城市各项基础设施，引导城市整体协调合理地发展，规划期限一般为20年。

城市分区规划在总体规划的基础上，对城市土地利用、人口分布和公共服务设施、市政基础设施的配置作出进一步的规划安排，为详细规划和规划管理提供依据。

控制性详细规划是以城市总体规划或分区规划为依据,确定建设用地界线和适用范围、使用强度和空间环境控制,作为规划管理和综合开发、土地有偿使用的依据。

修建性详细规划是用以指导各项建筑和工程设施设计和施工的规划设计。

5.1.3 城市规划的指导思想

我国城市规划的编制已经从单纯物质形态规划转向社会科学基础性研究基础上的综合规划,从对城市终极状态的描绘转为一种循序渐进的规划过程,是强调综合调整、不断修订,以适应各种可能出现的变化的动态性规划。

作为城市规划的指导思想主要有以下几方面:

(1) 促进社会、经济、环境的综合发展;

(2) 城市全面的可持续发展;

(3) 城乡协调的整体发展;

(4) 物质建设与精神文明建设相结合;

(5) 城市开发、发展开拓与更新改造、传统特色保护相结合;

(6) 近期建设与远景发展相结合。

5.1.4 城乡规划法

2007年10月28日第十届全国人民代表大会常务委员会通过《中华人民共和国城乡规划法》(原1990年开始实施的《城市规划法》废止)。这是我国城乡规划建设和管理方面的根本大法,为城乡规划的编制和实施提供了法律保障。

城乡规划法共分七章70条款,各章主要内容为:总则,城乡规划的制定,城乡规划的修改、监督检查以及法律责任和附则。该法所称城乡规划,包括城镇体系规划、城市规划、镇规划、乡规划和村庄规划。其中规定城市人民政府负责组织编制城市规划,并明确编制城市规划应当根据当地经济社会发展的实际,在城市总体规划、镇总体规划中合理确定城市、镇的发展规模、步骤和建设标准。

城乡规划法还明确:制定和实施城乡规划,应当遵循城乡统筹、合理布局、节约土地、集约发展和先规划后建设的原则,改善生态环境,促进资源、能源节约和综合利用,保护耕地等自然资源和历史文化遗产,保持地方特色、民族特色和传统风貌,防止污染和其他公害,并符合区域人口发展、国防建设、防灾减灾和公共卫生、公共安全的需要。

同时明确:编制城市规划一般分总体规划和详细规划两个阶段进行。城市(镇)总体规划内容应当包括:城市、镇的发展布局,功能分区,用地布局,综合交通体系,禁止、限制和适宜建设的地域范围,各类专项规划等。其中,规划区范围、规划区内建设用地规模、基础设施和公共服务设施用地、水源地和水系、基本农田和绿化用地、环境保护、自然与历史文化遗产保护以及防灾减灾等内容,应当作为城市(镇)总体规划的强制性内容。

5.1.5 城市规划学科的发展

随着城市化进程的迅猛发展，世界范围内社会、科学与经济的进步，城市规划学科也正在经历由传统、单一的工程学科向多学科综合地演化，其研究内容涉及城市社会学、城市经济学、社会心理与行为科学、城市地理学、城市生态学等多种学科范畴，城市规划学的理论研究内容和实践方法也因此不断得到充实。另一方面，发展中的现代科学技术，如计算机技术、地理信息系统、遥感遥测技术等都在不同程度上应用到城市规划工作中来，有利于优化和深化设计方案，科学和合理地决策，提高城市规划设计水平。

5.2 城市总体规划

城市总体规划是从城市的各个方面去分析研究，制定具有战略性的、能指导和控制城市发展与建设的蓝图，使城市合理地、综合地协调发展。城市总体规划一经批准便具有法律性质，应该认真执行、严格遵守。

5.2.1 城市总体规划的主要内容

城市总体规划的主要内容如下：

（1）对市辖行政区范围内的城镇体系、交通系统、基础设施、生态环境、风景旅游资源开发进行合理布局和综合安排。

（2）分析确定城市性质、职能和发展目标。

（3）预测城市人口规模。

（4）划定禁建区、限建区、适建区和已建区，并制定空间管制措施。

（5）确定村镇发展与控制的原则和措施；确定需要发展、限制发展和不再保留的村庄，提出村镇建设控制标准。

（6）安排建设用地、农业用地、生态用地和其他用地。

（7）研究中心城区空间增长边界，确定建设用地规模，划定建设用地范围。

（8）确定建设用地的空间布局，提出土地使用强度管制区划和相应的控制指标（建筑密度、建筑高度、容积率、人口容量等）。

（9）确定市级和区级中心的位置和规模，提出主要的公共服务设施的布局。

（10）确定交通发展战略和城市公共交通的总体布局，落实公交优先政策，确定主要对外交通设施和主要道路交通设施布局。

（11）确定绿地系统的发展目标及总体布局，划定各种功能绿地的保护范围（绿线），划定河湖水面的保护范围（蓝线），确定岸线使用原则。

（12）确定历史文化保护及地方传统特色保护的内容和要求，划定历史文化街区、历史建筑保护范围（紫线），确定各级文物保护单位的范围；研究确定特色风貌保护重点区域及保护措施。

(13) 研究住房需求，确定住房政策、建设标准和居住用地布局；重点确定经济适用房、普通商品住房等满足中低收入人群住房需求的居住用地布局及标准。

(14) 确定电信、供水、排水、供电、燃气、供热、环卫发展目标及重大设施总体布局。

(15) 确定生态环境保护与建设目标，提出污染控制与治理措施。

(16) 确定综合防灾与公共安全保障体系，提出防洪、消防、人防、抗震、地质灾害防护等规划原则和建设方针。

(17) 划定旧区范围，确定旧区有机更新的原则和方法，提出改善旧区生产、生活环境的标准和要求。

(18) 提出地下空间开发利用的原则和建设方针。

(19) 确定空间发展时序，提出规划实施步骤、措施和政策建议。

(20) 编制近期建设规划，确定近期建设目标和主要建设项目以及实施部署。

5.2.2 城市总体规划的图纸和文件

城市总体规划一般有：

(1) 城市现状图：包括对土地使用、市政设施、环境污染等现状的分析；

(2) 空间管制图：根据生态环境、土地和水资源、能源、自然和历史文化遗产保护等要求，提出禁建区、限建区和适建区范围；

(3) 城市用地综合评定图：根据城市发展的要求，对可能作为城市建设用地的土地自然条件和开发的区位条件所进行的工程评估及技术经济评价；一般分为三大类，即适宜修建的用地、必须采取工程措施加以改善后才能修建的用地、不宜修建的用地；

(4) 市域城镇体系规划图：分析市域发展条件和制约因素，提出市域范围内城镇系列组合和职能分工以及区域性重大基础设施的布局；

(5) 城市总体规划图：对城市各项用地全面综合安排，使城市各功能部分具有良好的空间组合关系，合理配置城市各项基础工程设施；

(6) 城市各单项工程规划图：包括城市道路系统，给水、排水系统，城市供电、电信、供暖、供煤气、城市绿化系统，城市防灾等；

(7) 城市近期建设规划图。

图纸比例：大中城市为 1:10000～1:25000，小城市为 1:5000～1:10000；

城市规划成果由规划图纸和规划文本构成。规划文本是用法规条文对规划的各项目标和内容提出规定性要求的文件，是一种法律或行政文件。

5.2.3 城市规划用地标准

建设部于1990年颁布了《城市用地分类与规划建设用地标准》（见表5-1）。

表 5-1 城市用地分类与规划建设用地标准

用地标准档次	规划用地标准	适用于现状用地为下列水平的城市（m²/人）	用地增长幅度（m²/人）
一	60.1~75.0	<60.0	0~25.0
		60.1~75.0	<15.0
二	75.1~90.0	60.1~75.0	0~20.0
		75.1~90.0	<15.0
三	90.1~105.0	75.1~90.0	0~15.0
		90.1~105.0	<15.0
四	105.1~120.0	90.1~105.0	0~15.0
		105.1~120.0	<10.0
		>120.0	<0

现有城市以现状人均用地水平为基础，选定具体用地标准；新建城市的用地标准可在第三档选定，用地偏紧地区可在第二档内选定；首都和经济特区城市的用地标准可在第四档内选定，用地偏紧的经济特区城市可在第三档内选定；对地多人少的边远地区和少数民族地区的城市，可根据实际情况确定城市用地标准。

城市单项建设用地可按下列规定确定范围：

居住用地一般控制在每人 18~28m²，特殊情况下不得小于 16m²。

工业用地一般控制在每人 9~22m²，特殊情况下不得大于 26m²。

道路广场用地一般控制在每人 8~15m²，特殊情况下不得小于 7m²。

绿地每人不得小于 9m²。其中公共绿地不得小于 7m²。

编制和修订城市总体规划时，应严格控制人均城市建设总用地的定额指标，同时调整城市建设用地结构不尽合理的部分，使各项主要用地占城市建设用地的比例符合下列规定：

居住用地占城市建设用地	22%~32%
工业用地占城市建设用地	15%~25%
道路广场用地占城市建设用地	9%~14%
绿地占城市建设用地	8%~15%

大城市的工业用地占城市建设用地的比例应取规定的下限。

5.3 城市详细规划概述

5.3.1 城市详细规划任务

详细规划的任务是以总体规划或分区规划为依据,详细规定建设用地的各项控制指标和规划管理要求,或直接对建设项目作出具体的安排和规划设计。

5.3.2 城市详细规划内容

详细规划包含"控制性详细规划"和"修建性详细规划"两大部分。

5.3.2.1 控制性详细规划的主要内容

(1) 确定规划范围内不同性质用地的界线,确定各类用地内适建、不适建或者有条件地允许建设的建筑类型。

(2) 确定各地块建筑高度、建筑密度、容积率、绿地率等控制指标;确定公共设施配套要求、交通出入口方位、停车泊位、建筑后退红线距离等要求。

(3) 提出各地块的建筑体量、体型、色彩等城市设计指导原则;

(4) 根据交通需求分析,确定地块出入口位置、停车泊位、公共交通场站用地范围和站点位置、步行交通以及其他交通设施。规定各级道路的红线、断面、交叉口形式及渠化措施、控制点坐标和标高。

(5) 根据规划建设容量,确定市政工程管线位置、管径和工程设施的用地界线,进行管线综合。确定地下空间开发利用具体要求。

(6) 制定相应的土地使用与建筑管理规定。

控制性详细规划的图纸比例为1:1000～1:2000。

5.3.2.2 修建性详细规划的主要内容

(1) 建设条件分析和综合技术经济论证。

(2) 作出建筑(群)、道路和绿地等的空间和景观规划设计,布置总平面图。

(3) 对住宅、医院、学校和幼托等建筑进行日照分析。

(4) 道路系统规划设计。

(5) 绿地系统规划设计。

(6) 工程管线规划设计和管线综合。

(7) 竖向规划设计。

(8) 估算工程量、拆迁量和总造价,分析投资效益。

修建性详细规划的图纸比例为1:500～1:2000。

5.3.2.3 城市详细规划的审批

城市详细规划由城市人民政府审批。已编制并批准分区规划的城市详细规划,除重要地段(项目)的详细规划由城市人民政府审批外,可由城市人民政府授权城市规划主管部门审批。

5.4 城市控制性详细规划

5.4.1 用地界线与适建范围

5.4.1.1 用地界线

用地界线指某一建设项目的全部用地范围。当其用地一侧或几侧临城市道路时其用地界线一般为道路红线;当其用地一侧或几侧为河流、高压走廊或各类隔离带时其用地界线为规划河岸线或规划各类防护、隔离带的用地界线;而当其用地一侧或几侧为其他建设项目时其用地界线为其与周围建设项目的分界线。

用地界线的作用在于严格控制各建设项目的建设用地范围。用地界线范围内的用地也称"地块"。

5.4.1.2 适建范围

适建范围指地块建设项目所允许的功能。地块建设项目所允许的功能(即地块土地的使用性质)规定了该地块今后建筑物的使用功能和该地块土地的用途,它由国标《城市用地分类与规划建设用地标准》规范所规定的城市用地划分类型(一般按小类)进行规定(见表 5-2)。另外,为适应城市建设发展的多变性,一般均应制定相应的"建设地块适建性规定"(见表 5-5)。

表 5-2 城市用地分类和代号(GBJ 137—900)

类别代号			类别名称	范围
大类	中类	小类		
R			居住用地	居住小区、居住街坊、居住组团和单位生活区等各种类型的成片或零星的用地
	R1		一类居住用地	市政公用设施齐全、布局完整、环境良好、以低层住宅为主的用地
		R11	住宅用地	住宅建筑用地
		R12	公共服务设施用地	居住小区及小区级以下的公共设施和服务设施用地,如托儿所、幼儿园、小学、中学、粮店、菜店、副食店、服务站、储蓄所、邮政所、居委会、派出所等用地
		R13	道路用地	居住小区及小区级以下的小区路、组团路或小街、小巷、小胡同及停车场等用地
		R14	绿地	居住小区及小区级以下的小游园等用地
	R2		二类居住用地	市政公用设施齐全,布局完整,环境良好,以多、中高层住宅为主的用地
		R21	住宅用地	住宅建筑用地
		R22	公共服务设施用地	居住小区及小区级以下的公共设施和服务设施用地,如托儿所、幼儿园、小学、中学、粮店、菜店、副食店、服务站、储蓄所、邮政所、居委会、派出所等用地
		R23	道路用地	居住小区及小区级以下的小区路、组团路或小街、小巷、小胡同及停车场等用地
		R24	绿地	居住小区及小区级以下的小游园等用地

续表 5-2

类别代号			类别名称	范围
大类	中类	小类		
R	R3		三类居住用地	市政公用设施比较齐全、布局不完整、环境一般，或住宅与工业等用地有混合交叉的用地
		R31	住宅用地	住宅建筑用地
		R32	公共服务设施用地	居住小区及小区级以下的公共设施和服务设施用地，如托儿所、幼儿园、小学、中学、粮店、菜店、副食店、服务站、储蓄所、邮政所、居委会、派出所等用地
		R33	道路用地	居住小区及小区级以下的小区路、组团路或小街、小巷、小胡同及停车场等用地
		R34	绿地	居住小区及小区级以下的小游园等用地
	R4		四类居住用地	以简陋住宅为主的用地
		R41	住宅用地	住宅建筑用地
		R42	公共服务设施用地	居住小区及小区级以下的公共设施和服务设施用地，如托儿所、幼儿园、小学、中学、粮店、菜店、副食店、服务站、储蓄所、邮政所、居委会、派出所等用地
		R43	道路用地	居住小区及小区级以下的小区路、组团路或小街、小巷、小胡同及停车场等用地
		R44	绿地	居住小区及小区级以下的小游园等用地
C			公共服务设施用地	居住小区及小区级以上的行政、经济、文化、教育、卫生、体育以及科研设计等机构和设施的用地，不包括居住用地中的公共服务设施用地
	C1		行政办公用地	行政、党派和团体等机构用地
		C11	市属办公用地	市属机关，如人大、政协、人民政府、法院、检察院、各党派和团体，以及企事业管理机构等办公用地
		C12	非市属办公用地	在本市的非市属机关及企事业管理机构等行政办公用地
	C2		商业金融业用地	商业、金融业、服务业、旅馆业和市场等用地
		C21	商业用地	综合百货商店、商场和经营各种食品、服装、纺织品、医药、日用杂货、五金交电、文化体育、工艺美术等专业零售批发商店及其附属的小型工场、车间和仓库等用地
		C22	金融保险业用地	银行及分理处、信用社、信托投资公司、证券交易所和保险公司，以及外国驻本市的金融和保险机构等用地
		C23	贸易咨询用地	各种贸易公司、商社及其咨询机构等用地
		C24	服务业用地	饮食、照相、理发、浴室、洗染、日用修理和交通售票等用地
		C25	旅馆业用地	旅馆、招待所、度假村及其附属设施等用地
		C26	市场用地	独立地段的农贸市场、小商品市场、工业品市场和综合市场等用地

续表 5-2

类别代号			类别名称	范围
大类	中类	小类		
C	C3		文化娱乐用地	新闻出版、文化艺术团体、广播电视、图书展览、游乐等设施用地
		C31	新闻出版用地	各种通讯社、报社和出版社等用地
		C32	文化艺术团体用地	各种文化艺术团体等用地
		C33	广播电视用地	各级广播电台、电视台和转播台、差转台等用地
		C34	图书展览用地	公共图书馆、博物馆、科技馆、展览馆和纪念馆等用地
		C35	影剧院用地	电影院、剧场、音乐厅、杂技场等演出场所,包括各单位对外营业的同类用地
		C36	游乐用地	独立地段的游乐场、舞厅、俱乐部、文化宫、青少年宫、老年活动中心等用地
	C4		体育用地	体育场馆和体育训练基地等用地,不包括学校等单位内的体育用地
		C41	体育场馆用地	室内外体育运动用地,如体育场馆、游泳场馆、各类球场、溜冰场、赛马场、跳伞场、摩托车场、射击场以及水上运动的陆域部分等用地,包括附属的业余体校用地
		C42	体育训练用地	为各类体育运动专设的训练基地用地
	C5		医疗卫生用地	医疗、保健、卫生、防疫、康复和急救设施等用地
		C51	医院用地	综合医院和各类专科医院等用地,如妇幼保健院、儿童医院、精神病院、肿瘤医院等
		C52	卫生防疫用地	卫生防疫站、专科防治所、检验中心、急救中心和血库等用地
		C53	休养、疗养用地	休养所和疗养院等用地,不包括已居住为主的干休所用地,该用地应归入居住用地
	C6		教育科研设计用地	高等院校、中等专业学校、科学研究和勘测设计机构等用地,不包括中学、小学和幼托用地,该用地应归入居住用地
		C61	高等学校用地	大学、学院、专科学校和独立地段的研究生院等用地,包括军事院校用地
		C62	中等专业学校用地	中等专业学校、技工学校、职业学校等用地,不包括附属于普通中学的职业高中用地
		C63	成人与业余学校用地	独立地段的电视大学、夜大学、教育学院、党校、干校、业余学校和培训中心等用地
		C64	特殊学校用地	聋、哑、盲人学校及工读学校等用地
		C65	科研设计用地	科学研究、勘测设计、观察测试、科技信息和科技咨询等机构用地,不包括附设于其他单位内的研究室和设计室等用地

续表 5-2

类别代号			类别名称	范 围
大类	中类	小类		
C	C7		文物古迹用地	具有保护价值的古遗址、古墓葬、古建筑、革命遗址等用地。不包括已作其他用途的文物古迹用地，该用地应分别归入相应的用地类别
	C8		其他公共设施用地	除以上之外的公共设施用地，如宗教活动场所、社会福利院等用地
M			工业用地	工矿企业的生产车间、库房及其附属设施等用地。包括专用的铁路、码头和道路等用地。不包括露天矿用地，该用地应归入水域和其他用地
	M1		一类工业用地	对居住和公共设施等环境基本无干扰和污染的工业用地，如电子工业、缝纫工业、工艺品制造工业等用地
	M2		二类工业用地	对居住和公共设施等环境有一定干扰和污染的工业用地，如食品工业、医药制造工业、纺织工业等用地
	M3		三类工业用地	对居住和公共设施等环境有严重干扰和污染的工业用地，如采掘工业、冶金工业、大中型机械制造工业、化学工业、造纸工业、制革工业、建材工业等用地
W			仓储用地	仓储企业的库房、堆场和包装加工车间及其附属设施等用地
	W1		普通仓库用地	以库房建筑为主的储存一般货物的普通仓库用地
	W2		危险品仓库用地	存放易燃、易爆和剧毒等危险品的专用仓库用地
	W3		堆场用地	露天堆放货物为主的仓库用地
T			对外交通用地	铁路、公路、管道运输、港口和机场等城市对外交通运输及其附属设施等用地
	T1		铁路用地	铁路站场和线路等用地
	T2		公路用地	高速公路和一、二、三级公路线路及长途客运站等用地，不包括村镇公路用地，该用地应归入水域和其他用地
		T21	高速公路用地	高速公路用地
		T22	一、二、三级公路用地	一、二、三级公路用地
		T23	长途客运站用地	长途客运站用地
	T3		管道运输用地	运输煤炭、石油和天然气等地面管道运输用地
	T4		港口用地	海港和河港的陆域部分，包括码头作业区、辅助生产区和客运站等用地
		T41	海港用地	海港港口用地
		T42	河港用地	河港港口用地
	T5		机场用地	民用及军民合用的机场用地，包括飞行区、航站区等用地，不包括净空控制范围用地

续表 5-2

类别代号			类别名称	范围
大类	中类	小类		
S			道路广场用地	市级、区级和居住区级的道路、广场和停车场等用地
	S1		道路用地	主干路、次干路和支路用地、包括其交叉路口用地；不包括居住用地、工业用地等内部的道路用地
		S11	主干路用地	快速干路和主干路用地
		S12	次干路用地	次干路用地
		S13	支路用地	主次干路间的联系道路用地
		S14	其他道路用地	除主次干路和支路外的道路用地，如步行街、自行车专用道等用地
	S2		广场用地	公共活动广场用地，不包括单位内的广场用地
		S21	交通广场用地	交通集散为主的广场用地
		S22	游憩集会广场用地	游憩、纪念和集会等为主的广场用地
	S3		社会停车场库用地	公共使用的停车场和停车库用地，不包括其他各类用地配建的停车库用地
		S31	机动车停车场库用地	机动车停车场库用地
		S32	非机动车停车场库用地	非机动车停车场库用地
U			市政公用设施用地	市级、区级和居住区级的市政公用设施用地，包括其建筑物、构筑物及管理维修设施等用地
	U1		供应设施用地	供水、供电、供燃气和供热等设施用地
		U11	供水用地	独立地段的水厂及其附属构筑物用地，包括泵房和调压站等用地
		U12	供电用地	变电站所、高压塔基等用地。不包括电厂用地，该用地应归入工业用地。高压走廊下规定的控制范围内的用地，应按其地面实际用途归类
		U13	供燃气用地	储气站、调压站、罐装站和地面输气管廊等用地，不包括煤气厂用地，该用地应归入工业用地
		U14	供热用地	大型锅炉房、调压、调温站和地面输热管廊等用地
	U2		交通设施用地	公共交通和货运交通等设施用地
		U21	公共交通用地	公共汽车、出租汽车、有轨电车、无轨电车、轻轨和地下铁道（地面部分）的停车、保养场、车辆段和首末站等用地，以及轮渡（陆上部分）用地
		U22	货运交通用地	货运公司车队的站场等用地
		U23	其他交通设施用地	除以上之外的交通设施用地，如交通指挥中心、交通队、教练场、加油站、汽车维修站等用地
	U3		邮电设施用地	邮政、电信和电话等设施用地

续表 5-2

类别代号			类别名称	范围
大类	中类	小类		
U	U4		环境卫生设施用地	环境卫生设施用地
		U41	雨水、污水处理用地	雨水、污水泵站、排涝站、处理厂,地面专用排水管廊等用地,不包括排水河渠用地,该用地应归入水域和其他用地
		U42	粪便垃圾处理用地	粪便、垃圾的收集、转运、堆放、处理等设施用地
	U5		施工与维修设施用地	房屋建筑、设备安装、市政工程、绿化和地下构筑物等施工及养护维修设施等用地
	U6		殡葬设施用地	殡仪馆、火葬场、骨灰存放和墓地等设施用地
	U7		其他市政公用设施用地	除以上之外市政公用设施用地,如消防、防洪等设施用地
G			绿地	市级、区级和居住区级的公共绿地及生产防护绿地,不包括专用绿地、园地和林地
	G1		公共绿地	向公众开放,有一定游憩设施的绿化用地,包括其范围内的水域
		G11	公园	综合性公园、纪念性公园、儿童公园、动物园、植物园、古典园林、风景名胜公园和居住区小公园等用地
		G12	街头绿地	沿道路、河湖、海岸和城墙等,设有一定游憩设施或起装饰作用的绿化用地
	G2		生产防护绿地	园林生产绿地和防护绿地
		G21	园林生产绿地	提供苗木、草皮和花卉的用地
		G22	防护绿地	用于隔离、卫生和安全的防护林带及绿地
D			特殊用地	特殊性质的用地
	D1		军事用地	直接用于军事目的的军事设施用地,如指挥机关、营区、训练场、试验场、军用机场、港口、码头,军用洞库、仓库,军用通信、侦察、导航、观测台站等用地,不包括部队家属生活区等用地
	D2		外事用地	外国驻华使馆、领事馆及其生活设施等用地
	D3		保安用地	监狱、拘留所、劳改场所和安全保卫部门等用地。不包括公安局和公安分局,该用地应归入公共设施用地
E			水域和其他用地	除以上各大类用地之外的用地
	E1		水域	江、河、湖、海、水库、苇地、滩涂和渠道等水域,不包括公共绿地及单位内的水域
	E2		耕地	种植各种农作物的土地
		E21	菜地	种植蔬菜为主的耕地,包括温室、塑料大棚等用地
		E22	灌溉水田	有水源保证和灌溉设施。在一般年景能正常灌溉,用以种植水稻、莲藕、席草等水生作物的耕地
		E23	其他耕地	除以上之外的耕地

续表 5-2

类别代号			类别名称	范围
大类	中类	小类		
E	E3		园地	果园、桑园、茶园、橡胶园等园地
	E4		林地	生长乔木、竹类、灌木、沿海红树林等林木的土地
	E5		牧草地	生长各种牧草的土地
	E6		村镇建设用地	集镇、村庄等农村居住点生产和生活的各类建设用地
		E61	村镇居住用地	以农村住宅为主的用地,包括住宅、公共服务设施和道路等用地
		E62	村镇企业用地	村镇企业及其附属设施用地
		E63	村镇公路用地	村镇与城市、村镇与村镇之间的公路用地
		E64	村镇其他用地	村镇其他用地
	E7		弃置地	由于各种原因未使用或尚不能使用的土地
	E8		露天矿用地	各种矿藏的露天开采用地

5.4.2 建筑控制界线

建筑控制界线的划定是为了保证开发建设地块周围地块建设的环境和利益不受侵害,保证城市设施(道路、河道、工程管线、市政设施等)的建设和正常运行,同时也为满足城市空间景观规划的整体要求创造了条件。除园林绿地中的景观建筑外,地块中一般都需划定建筑控制线。

建筑控制界限的划定主要由"建筑后退道路红线"和"建筑后退用地边界线"两部分组成。

5.4.2.1 建筑后退道路红线

对城市道路(含公路)包括道路交叉口,一般都有建筑后退道路红线的要求,一方面是由于道路拓宽、绿化带设置、交通设施设置、停车、行人交通和休息设施设置的要求(特别是交通性道路和主要的购物街),另一方面是由于城市设计对城市街道整体的空间景观要求。对一些人流集散量大和位于城市主要道路交叉口的建筑物更应有严格的建筑后退道路红线的规定。

5.4.2.2 建筑后退地块边界线

对每一地块的建筑而言,其四周用地边界线的距离均应有所规定,当地块一侧(或几侧)的用地边界线为道路红线时,建筑后退距离按上述"建筑后退道路红线"规定的要求确定,而对相邻河道、高压走廊、铁路、地下管线以及其他对该地块使用功能有影响和干扰的地块,如变电站、燃气站、煤气调压站、危险品仓库等,对其周边地块建筑的控制线应根据相应规定明确划定。

对居住用地或住宅用地内的居住建筑而言,其正面和背面距离用地界线一般以日照间距的二分之一进行控制,侧面按消防要求控制防火距离,多层住宅一般为 5~8m,高层住宅一般为13m左右。即多层住宅侧面距离用地边界线2.5～4m，高层住宅侧面距离用地边界线为6.5m左右。对公共建筑而言建筑距用地边界线距离的确定应考虑消防、疏散、联系通道、干扰等因素综合确定，对有防震要求的地区还必须考虑防震的要求。另外，进行过城市设计的地块对街面、空地和主体建筑有整体的景观考虑，而会对上述因素确定的建筑控制线有所调整，甚至规定出主体建筑（往往是高层标志性建筑）的位置。

5.4.3 建筑间距与日照间距

建筑间距指两幢建筑物前后左右之间的距离，而日照间距往往特指居住建筑正面和背面两列房间之间的距离。

5.4.3.1 建筑间距

建筑间距的控制要求常用文字或图示的方法来表示，建筑间距控制的目的是为了满足消防、交通和防灾疏散、内外联系通道、日照通风、防止噪音和视线干扰等要求，具体要求应参考有关规定，可能的条件下通过总平面规划方案具体确定。

5.4.3.2 日照间距

日照间距指前后（正面方向）两列居住建筑之间为保证后排房屋在规定的时间获得所需的日照量而必须保持的一定距离。日照量的标准包括日照时间和日照质量。日照标准的拟定涉及因素较多，具体规定参见表5-3、表5-4。

表5-3 住宅建筑日照标准

建筑气候区划	Ⅰ、Ⅱ、Ⅲ、Ⅶ气候区		Ⅳ气候区		Ⅴ、Ⅵ气候区
	大城市	中小城市	大城市	中小城市	
日照标准日	大寒日				冬至日
日照时数（h）	≥2		≥3		≥1
有效日照时间带（h）	8～16				9～15
计算起点	底层窗台面				

表5-4 不同方位间距折减系数

方 位	0°～15°	15°～30°	30°～45°	45°～60°	>60°
折减系数	1.0L	0.9L	0.8L	0.9L	0.95L

注：①表中方位为正南向（0°）偏东、偏西的方位角。
②L为当地正南向住宅的标准日照间距（m）。

5.4.4 容积率、建筑密度与建筑高度

5.4.4.1 容积率

容积率是控制地块建设强度的重要指标，通过容积率的确定，能严格地控制地块的总建筑面积。确定地块的容积率应综合考虑地块的使用性质、建筑密度、建筑高度（建筑层数）和开发效益（包括所处区位和现状条件）等方面的因素。容积率的计算公式为（分子与分母单位必须一致）：

$$容积率 = 地块总建筑面积(m^2)/地块面积(m^2)$$

或：

$$容积率 = 建筑密度 \times 建筑层数$$

5.4.4.2 建筑密度

建筑密度是控制地块空地（包括绿地、道路广场等）数量的重要指标，通过建筑密度指标的合理确定，能保证建设地块所必需的道路、停车场地和绿地的面积，保证地块建成后内部的环境质量以及使用功能的正常运行。建筑密度的确定应考虑地块的使用性质、环境要求、建筑高度（建筑层数）和容积率等方面的因素。建筑密度的计算公式为（分子与分母单位必须一致）：

$$建筑密度 = 地块总建筑基底面积/地块面积（\%）$$

或：

$$建筑密度 = 容积率/建筑层数（\%）$$

5.4.4.3 建筑高度（建筑限高）

对地块建筑高度的控制，与城市空间景观效果有直接的关系，同时也是影响地块容积率指标的重要因素。建筑高度应考虑地块的使用性质、开发效益和城市设计要求等综合确定。

地块的使用性质对上述三项控制指标的影响，主要反映在不同功能的建筑本身的使用特点对环境和各类设施或环境对其的要求方面。上述三项控制指标均以最大值进行控制，以保证建成后地块内部及其周围的环境质量、地块本身及城市景观的整体性、地块本身使用的正常与合理以及对城市各类基础设施的合理使用。

5.4.5 地块交通出入口方位

地块交通出入口方位控制的目的是为了保证城市道路交通设施功能的正常发挥和城市交通系统的正常运行，避免对道路通行（包括各类道路的人行和车行）和周围其他地块交通进出的干扰。地块交通出入口方位一般指机动车的出入口方位，对一些人流集散量大而集中的大型公共建筑除规定机动车出入口方位外，也应对行人和非机动车出入口方位有所规定。

对位于道路交叉口的地块，除规定交通出入口方位外，一般还应规定交通出入口方位距道路交叉口距离。机动车出入口距城市主要道路交叉口红线的距离一般不宜小于50m，可能的条件下应控制在80m以上。

机动车出入口应尽量避免过多、过密地布置在城市的主要交通性道路上，对居住用地而言，机动车出入口间距在主要交通性道路上应在150m以上，同时进出量大的机动车出入口也应避免布置在主要的商业购物街上。

5.4.6 绿地率

各地块的绿地率，是指某地块内所有绿化用地面积占该地块总面积的比例。通过绿地率的控制可明确地块内进行绿化的土地面积，保证地块建成后的绿化环境质量。绿地率指标的确定与地块的使用性质、建设项目对绿化环境的要求以及城市或地区对建设地块的要求等因素有关。绿地率指标以最小值进行控制。

5.4.7 居住人口

对属居住用地或住宅用地的地块而言，有时也对地块内所允许居住的最大人口数量进行控制，目的是为了保证居住环境的质量和对基础设施的合理使用。居住人口一般是以人均住房建筑面积标准或户均人口来确定的。

小结：

上述各方面的控制指标通常称为指令性指标或规定性指标，也就是说在下阶段修建性详细规划或建筑设计阶段必须严格遵循规划设计的要求，一般不允许超出规定的控制范围，这些指标均有明确的数值或位置在规划图纸或规划文字上予以表示和规定。

5.4.8 地块适建性规定

在控制性详细规划中，一个地块往往规定一种使用功能（包括混合使用功能），而由于城市建设的长期性和多变性，地块的具体使用性质往往会因为条件的变化而需要变更，地块适建性规定便是为了使控制性详细规划适应未来变化的需求而作出的相应规定，它使规划具有一定的规定性和灵活性。

地块适建性规定一般通过"建设地块适建性规定表"来实现。对某一地块的建设项目根据规划确定的使用性质（参见 5.4.1）有允许建设项目、有条件可建设项目和不允许建设项目 3 种规定。允许建设项目指与规划地块使用功能不相冲突、相互间能够兼容的项目；有条件可建设项目指与规划地块使用功能有一定冲突、相互间基本能兼容或在某些条件下可兼容的项目，这类建设项目必须在满足规划另行规定的一些条件后方能进行建设；不允许建设项目指与规划地块使用功能有严重冲突、相互间无法兼容的建设项目，亦即规划地块不允许改变成此类使用性质的建设项目（表 5-5）。

表 5-5 地块适建性规定表

序号	用地类别 建设项目	居住用地			公共设施用地		工业用地			仓储用地		市政公用设施用地	绿地	
		第一类	第二类	第三类	商贸办公	教科文卫	第一类	第二类	第三类	普通	危险品		G1	G2
1	低层独立式住宅	√	√	○	×	○	×	×	×	×	×	×	×	×
2	其他低层居住建筑	√	√	○	○	○	×	×	×	×	×	×	×	×
3	多层居住建筑	×	√	√	○	○	×	×	×	×	×	×	×	×
4	高层居住建筑	×	○	√	○	○	×	×	×	×	×	×	×	×
5	单身宿舍	×	○	√	√	√	√	○	×	○	×	○	×	×
6	居住小区教育设施（中小学、幼托机构）	√	√	√	×	√	×	×	×	×	×	×	×	×
7	居住小区商业服务设施	○	√	√	√	√	√	×	×	×	×	×	×	×
8	居住小区文化设施（青少年和老年活动室、文化馆等）	○	√	√	√	√	○	×	×	×	×	×	×	×

续表 5-5

序号	用地类别 建设项目	居住用地			公共设施用地		工业用地			仓储用地		市政公用设施用地	绿地	
		第一类	第二类	第三类	商贸办公	教科文卫	第一类	第二类	第三类	普通	危险品		G1	G2
9	居住小区体育设施	√	√	√	×	√	○	×	×	×	×	×	×	○
10	居住小区医疗卫生设施（卫生站、街道医院、养老院等）	√	√	√	×	√	○	×	×	×	×	×	×	×
11	居住小区市政公用设施（含出租汽车站）	√	√	√	√	√	√	√	○	√	√	√	×	○
12	居住小区行政管理设施（派出所、居委会等）	√	√	√	○	√	√	○	×	×	×	○	×	×
13	居住小区日用品修理、加工场所	×	√	○	○	○	√	○	×	○	×	×	×	×
14	小型农贸市场	×	√	○	×	×	√	○	×	×	×	×	×	○
15	小商品市场	×	√	○	○	○	√	○	×	○	×	×	×	×
16	居住区级以上（含居住区级，下同）行政办公建筑	×	√	√	√	√	√	○	×	×	×	×	×	×
17	居住区级以上商业服务设施	×	√	√	√	×	○	○	×	○	×	×	×	×
18	居住区级以上文化设施（图书馆、博物馆、美术馆、音乐厅、纪念性建筑等）	×	○	○	○	√	×	×	×	×	×	×	×	×
19	居住区级以上娱乐设施（影剧院、游乐场、俱乐部、舞厅、夜总会）	×	×	×	√	×	○	×	×	○	×	×	×	×
20	居住区级以上体育设施	×	○	×	×	√	√	×	×	×	×	×	×	○
21	居住区级以上医疗卫生设施	×	○	○	×	√	○	×	×	×	×	×	×	×
22	特殊病院（精神病院、传染病院）——需单独选址	×	×	×	×	○	×	×	×	×	×	×	×	○
23	办公建筑、商办综合楼	×	○	○	√	○	○	○	×	○	×	×	×	×
24	一级宾馆	×	○	○	√	○	√	×	×	×	×	×	×	×
25	旅游宾馆	×	○	○	√	○	○	×	×	×	×	×	×	×

续表 5-5

序号	用地类别 建设项目	居住用地			公共设施用地		工业用地			仓储用地		市政公用设施用地	绿地	
		第一类	第二类	第三类	商贸办公	教科文卫	第一类	第二类	第三类	普通	危险品		G1	G2
26	商住综合楼	×	×	×	√	○	○	×	×	×	×	×	×	×
27	高等院校、中等专业学校	×	×		√	√	×	×	×	×	×	×	×	×
28	职业学校、技工学校、成人学校和业余学校	×	○	○	√	√	○	×	×	○	×	×	×	×
29	科研设计机构	×	○	○	√	√	○	×	×	×	×	×	×	×
30	对环境基本无干扰、污染的工厂	×	×	×	×	×	√	○	×	√	×	○	×	×
31	对环境有轻度干扰、污染的工厂	×	×	×	×	×	○	√	×	×	×	×	×	×
32	对环境有严重干扰、污染的工厂	×	×	×	×	×	×	×	√	×	×	×	×	×
33	普通储运仓库	×	×	×	×	×	√	○	×	√	×	○	×	×
34	危险品仓库	×	×	×	×	×	×	×	×	×	√	×	×	×
35	农、副、水产品批发市场	×	×	×	×	×	√	○	×	√	×	×	×	×
36	社会停车场、库	×	○	○	√	○	√	√	○	√	×	√	×	○
37	加油站	×	○	○	√	×	√	√	×	√	×	√	×	×
38	汽车修理、专业保养场和机动车训练场	×	×	×	×	×	√	√	×	√	×	√	×	×
39	客、货运公司站场	×	×	×	×	×	√	√	×	√	×	√	×	×
40	施工维修设施及废品场	×	×	×	×	×	×	√	√	√	×	○	×	×
41	污水处理厂、殡仪馆、火葬场	×	×	×	×	×	×	×	√	○	○	√	×	×
42	其他市政公用设施	×	×	×	√	○	√	○	○	√	○	√	×	○

注：①√允许设置；×不允许设置；○允许或不允许设置，由城市规划管理部门根据具体条件和规划要求确定。
②资料来源：上海市城市规划管理技术规定。

5.4.9 道路规划

控制性详细规划阶段的道路规划包括确定各级城市支路和街坊内部主要道路红线、横断面形式、平曲线半径以及坐标、标高 5 部分内容。各级城市主次道路的红线、断面和坐标、标高应在城市总体规划和城市分区规划中确定，但对未确定城市主次道路坐标、标高的城市或地段，也应对规划范围内城市主次道路的坐标和标高进行确定。

5.4.9.1 道路红线与断面形式

道路红线是划定道路用地的界线，红线之间的距离即是道路的宽度。它是道路横断面中各种用地宽度的总和,任何建筑物均不能超越道路红线所在的垂直面。

道路断面一般由机动车道、非机动车道、人行道、绿化带或植树带以及分隔带构成,基本形式一般可有四种,俗称一块板、两块板、三块板和四块板。

一条机动车道的宽度视道路等级和行车速度而不同,一般为3.5m左右,对于快速干道建议采用3.75~4.0m,一般双车道宽7.5~8.0m,三车道宽10.0~11.0m,四车道宽13.0~15.0m,六车道宽19.0~22.0m。单独设置的非机动车道(指与机动车道之间有隔离设施)的宽度一般为5.0m以上。人行道的宽度视道路性质和等级而不同,最小为1.5m,一般交通性道路为2.0m以上,生活性道路为3.0m以上,两侧有大量公共建筑的生活性道路为4.5m以上。绿化带宽度视用地情况而定,可设可不设,一般宽度不小于0.8m。植树带宽度不应小于1.5m。固定分隔带宽(栏杆除外)如不绿化最小为0.5m,如绿化则不应小于1.3m。

综合上述各项用地要求,一般而言三块板道路的红线宽度宜在40m以上,一块板道路的红线宽度一般在40m以下,四块板的道路宽度宜在50m以上,而两块板的道路宽度应在32m以上,且适用于双向交通量比较均匀的情况。

道路红线宽度和横断面形式还应考虑地上地下工程管线布设的要求。道路横断面图通常采用1:100或1:200的比例尺绘制。

5.4.9.2 道路平曲线与坐标、标高

在控制性详细规划中,应对城市各级支路以及街坊内部主要道路进行空间定位,包括道路平曲线半径、坐标和标高的确定。

控制性详细规划中应标明上述道路中心线交叉点、转折点的横坐标与纵坐标、标高,一般还需注明道路平曲线半径和道路的纵坡。

道路标高的确定主要考虑地形、工程建设量、车辆行驶以及道路路面排水等因素。道路的选线、定位应注意结合原地形,特别是在山地丘陵地区,既要尽可能地减少工程建设量,又要满足各种车辆的行驶对道路纵坡和坡长的要求,同时也应考虑景观要求。在地块平坦地区,则需特别注意路面排水问题。一般来说,道路路面的标高应低于两侧建设地块的标高。

(1)道路平曲线

当道路中心线的转折角大于3°~5°时,为保证车辆能以一定的速度便利通行需设置平曲线。道路平曲线的半径应根据道路等级与性质(即道路的设计行车速度)确定(表5-6)。

表5-6 城市道路平曲线半径参考值

平曲线半径及车速	道 路 类 型			
	快速交通干道	主要及一般交通干道	区干道	支路
不设超高的平曲线容许半径(m)	500~1500	250~500	150~250	100~125
平曲线最小半径(m)	150~500	60~150	40~60	15~25
计算行车速度(km/h)	60~80	40~60	30~40	15~25

(2) 缘石半径

为了保证各个方向在交叉口的右转车辆能顺利转弯，交叉口转角处的缘石应作成圆曲线，圆曲线的半径即是缘石半径。

缘石半径的大小与道路等级和通行车辆种类（机械性能）有关。在普通的十字形交叉口，主要交通干道缘石半径为20~25m，交通干道及居住区级道路缘石半径为10~15m，小区级道路及住宅区街坊道路缘石半径为6~9m；对各种车辆而言，小汽车的最小转弯半径为5~8m，载重汽车的最小转弯半径为8~11m，大型公共汽车的最小转弯半径为10~15m。

(3) 道路纵坡

在道路纵坡的变坡点，应设竖曲线，竖曲线半径的确定与道路等级和竖曲线形式有关（表5-7）。

表5-7 城市道路竖曲线最小半径建议值

道路分类	线形	快速交通干道	主要及一般交通干道	区干道	支路
竖曲线最小半径（m）	凸形	10000	2500~4000	500~1500	500
	凹形	2500	800~1000	500~600	500

从满足车辆行驶要求的角度，各种车辆对道路的最大纵坡以及相应的最大坡长有一定的要求（表5-8）。在平原地区的城市道路，其道路纵坡一般不宜大于3%；在山地丘陵地区的城市道路，机动车道道路纵坡不宜大于12%，非机动车道道路纵坡不宜大于4%；当人行道纵坡大于10%时宜设踏步并附设坡道。

表5-8 较大纵坡路段坡长限制（机动车道）

设计纵坡（%）	坡长限制（m）	设计纵坡（%）	坡长限制（m）	设计纵坡（%）	坡长限制（m）
5~6	500~600	>6~7	400	>7~8	300

注：自行车道容许最大纵坡为3%~4%，坡长不得超过60m。

从满足道路路面排水要求的角度，道路的最小坡度一般控制在0.3%~0.5%。

5.4.10 市政工程规划

控制性详细规划阶段的市政工程管线规划需在对地块各类市政设施用量进行测算的基础上，对城市各级支路及街坊内部主要道路下的各类工程管线的走向、空间位置、管径进行确定，并考虑如何与城市各类工程管线衔接，并需确定地块内各类市政工程设施的用地规模和用地界线。

5.5 城市修建性详细规划

5.5.1 建设条件分析

修建性详细规划既可能在控制性详细规划所划定的某一地块内进行，也可能是在若干地块组合成的范围内进行。建设条件分析一般包括规划要求分析、环境条件分析和建设任务分析。

5.5.1.1 规划要求分析

规划要求分析是指对城市总体规划、城市分区规划特别是规划地段的控制性详细规划对规划地段的各项控制指标规定和规划设计要求进行分析研究，因为上述各项规定和要求将直接影响到规划地段的功能配置、建筑布局、空间形态、交通组织等修建性详细规划所需考虑的主要方面和需解决的主要问题。任何对上述规定和要求的修改与调整，都必须有充分的依据并经规划主管部门批准。

5.5.1.2 环境条件分析

环境条件分析包括对规划地段内部环境和规划地段周围环境（有些项目或地段甚至应扩展到对整个城市布局）的分析。

规划地段的内部环境分析有：

（1）现状土地使用状况分析，即对现有各类用地的界线、面积、比例和使用状况的分析。

（2）现状建筑质量分析，即对拆除、保留建筑物进行调查分析并作出分期建设的安排。

（3）现状人口分析，即对现有居住人口数量、户数、居住条件和标准进行分析，并对现有居民如何安置作出安排。

（4）现状道路交通分析，即对现有道路的等级、宽度、质量、走向、出入口位置和交通状况进行分析。

（5）现状工程管线分析，即对现有各类市政工程管线的位置、走向、管径、容量、质量进行分析。

（6）现状地形分析，即对地面坡度、坡向进行分析。

（7）工程地质分析。

规划地段的外部环境分析有对规划地段在城市功能结构中的地位和在城市空间景观构成中的位置分析，对周围地段用地（建筑）功能、道路交通条件、建筑（城市）空间景观、竖向衔接问题以及工程管线条件的分析。

规划要求与环境条件分析的内容可根据建设任务的要求而有所侧重，分析的目的是为了更好、更合理地满足建设任务所提出的要求。

5.5.1.3 建设任务分析

每个建设任务都有不同的具体建设要求，一般而言，均需对建设项目的内容（功能）、总建筑面积及其构成、建设标准以及技术经济指标进行分析，如是住宅建设项目还需对居住人口、户数、户室比、面积标准、配套设施及其标准等进行分析。

5.5.2 总平面规划设计

总平面图的内容一般包括规划建筑物和现状保留建筑物（一般宜用不同图例表示），以及各类规划建筑物的定位坐标和尺寸，建筑物层数，建筑物功能，内外道路的车行道和人行道界线并应标出其宽度，规划车行道中心线的坐标、绿地中的乔木、灌木、花卉与草地，硬质场地的铺装形式，环境小品、灯具、坐椅及废物箱布置等，在地形较复杂的情况下还应标示规划地面等高线及等高线的标高，等高线一般为高差0.5~2.0m一根（视规划图纸比例和地形坡度而定）。在总平面规划设计中一般还应考虑竖向设计的内容，如室内外地坪标高，建筑定位点和道路定位点和变坡点的标高以及道路纵坡、场地坡向等内容。场地的竖向规划设计要求参见5.5.4。总平面图的图纸比例一般为1∶500~1∶1000。

在总平面规划设计阶段，重点要考虑的是建筑物群体外部空间的组合与塑造、使用以及内部路网的布置、出入口的设置和内外交通系统的组织。建筑物的空间组合与造型（即建筑布置）必须满足规划提出的容积率、建筑密度、建筑高度、建筑间距和建筑控制线的要求，外部空间的塑造和使用必须满足建筑密度和绿地率的要求，道路规划布置与交通组织必须满足规划道路红线、交通出入口方位、停车和道路平面和竖向的设计技术要求。

5.5.3 道路系统规划设计

修建性详细规划所涉及的有关道路交通方面的内容一般有道路宽度、道路横断面、道路平曲线、缘石半径（也称转弯半径）、道路竖曲线、道路纵坡和停车场设计。

5.5.3.1 道路宽度与道路横断面

道路宽度一般是指道路红线宽度，道路宽度的确定与道路等级、性质、交通组织及道路横断面组合方式有关，对于总平面规划设计阶段需考虑的街坊或地块的内部道路而言，居住小区内的主要道路一般为7~12m，次要道路（或组团级道）一般为4~6m，宅间小路一般为2.5~3.5m；公共建筑地段的服务性道路一般为7~15m，公共建筑群体的服务性道路一般为5~9m；工业仓库区内的主要道路一般不宜小于16m，厂区内的主要道路一般不宜小于9m。对于道路宽度小于9m的道路一般不分设人行道。具体道路宽度和横断面的确定，应根据通行车辆和交通量的要求，参照一条机动车道、非机动车道、人行道及绿化带、隔离设施和地下工程管线布设要求的宽度综合确定。

5.5.3.2 停车场

机动车停车场的设计，其出入口宜分开设置，出入口最好朝向次要干道开口，若设在主要干道旁时，出入口应尽量远离交叉口，分开设置，出入口通道宽度为4~6m，出入口合用时通道宽度至少有7~10m。停车场内宜采用单向行驶路线，最好与进出口行驶方向一致。

机动车停车场内车辆停放方式按其与通道的关系可分为平行停放式、垂直停放式和斜向停放式。停车场的停车带和通道的宽度视车辆的停放方式而不同，一般而言，车辆垂直停放时小型车的停车带宽度为5.5m，通道宽度为6.0m，大型车的停车带宽度为9.2m，通道宽度为9.7m；车辆平行停放时小型车的停车带宽度为2.8m，通道宽度为4.0m，大型车的停车带宽度为3.5m，通道宽度为4.5m。

为了保证车辆在停车场内不发生滑溜和满足场地的排水要求，停车场内坡度一般在0.2%~0.5%之间。

在进行机动车停车场用地估算时，包括绿化、通道及出入口等项在内，一般按每辆小型车占地20~30m²，每辆大型车占地40~50m²计算。

自行车停车场出入口的宽度一般至少有2.5~3.5m，以保证每个出入口能满足一对相向车辆进出时的要求。一般来说，垂直停放时单排停车的停车带宽度为2.0m，双排停车的停车带宽度为3.2m，一侧停车时通道宽度为1.5m，两侧停车时通道宽度为2.5m；斜向停放时单排停车的停车带宽度为1.0~1.7m，双排停车的停车带宽度为1.8~2.9m，一侧停车时通道宽度为1.2~1.5m，两侧停车时通道宽度为2.0~2.5m。停车带之间的通道宽度应为推车行走时所需宽度的倍数。

在进行自行车停车场用地估算时，一般按每辆车占地（包括通道）1.4~1.8m²计算，对一般公共建筑前的自行车临时停放场地，所需停车面积可按每辆1.0~1.2m²计算。

5.5.4 竖向规划设计

场地的竖向规划设计包括确定道路中心线定位点和变坡点标高，建筑物四角标高，室内外地坪标高，区内地形控制点标高，并拟定区内场地的排水方式和排水方向、标明汇水沟、散水坡的位置及设计标高，确定如挡土墙、斜坡等改造地形的工程设施的位置及设计标高，并进行土方工程测算。

场地内部道路中心线定位点和变坡点的标高应以道路纵坡要求和已确定的外部城市道路的标高为依据从外部道路引入，起点标高根据相接的外部城市道路的设计标高确定。道路纵坡要求参见5.4.9。建筑物室内外高差一般为0.45~0.6m，室外场地的坡度一般为0.2%~0.5%以解决地面排水问题。

在场地的竖向规划设计中应尽量结合原有地形，特别要注意的是场地的地面排水，道路的纵坡要求（包括坡长限制及与平曲线的关系），桥梁和道路交叉口的净空和排水问题以及填方、挖方的平衡问题，同时应注意城市环境和空间景观的要求。

修建性详细规划的竖向规划方法一般有设计等高线法、高程箭头法和纵横断面法。

第2篇 建筑构造

第6章 建筑构造概论

6.1 建筑构造研究的对象与目的

建筑构造是研究建筑物各组成部分的构造原理和构造方法的学科，是建筑设计不可分割的一部分。它具有很强的实践性和综合性，其内容涉及建筑材料、建筑物理、建筑力学、建筑结构、建筑施工以及建筑经济等有关方面的知识。它研究的主要目的是根据建筑物的功能要求，提供符合适用、安全、经济、美观的构造方案，以作为建筑设计中综合解决技术问题及进行施工图设计，绘制大样图等的依据。

解剖一座建筑物，不难发现它是由许多部分所构成的，这些构成部分在建筑工程上被称为构件或配件。

建筑构造原理就是综合多方面的技术知识，根据多种客观因素，以选材、造型、工艺、安装为依据，研究各种构、配件及其细部构造的合理性，并能更有效地满足建筑使用功能的理论。

而构造方法则是在理论指导下，进一步研究如何运用各种材料，有机地组合各种构、配件，并提出解决各构配件之间互相组合的方法。

6.2 建筑物的构造组成及各组成部分的作用

一幢建筑物，一般是由基础、墙或柱、楼板层及地坪、楼梯、屋顶和门窗等六大部分所组成（图6-1）。这些构件处在不同的部位，发挥各自的作用。

基础：基础是位于建筑物最下部的承重构件，它承受着建筑物的全部荷载，并将这些荷载传给地基。因此，基础必须具有足够的强度，并能抵御地下各种有害因素的侵蚀。

墙：墙是建筑物的承重构件和围护构件。作为承重构件，承受着建筑物由屋顶或楼板传来的荷载，并将这些荷载再传给基础；作为围护构件，外墙抵御自然界各种因素对室内的侵袭；内墙起着分隔空间、组成房间、隔声以及保证舒适环境的作用。为此，要求墙体具有足够的强度、稳定性、保温、隔热、隔声、防火等能力以及具有经济性和耐久性。

柱：柱是框架或排架结构的主要承重构件，和承重墙一样，承受着屋顶和楼板层传来的荷载。柱所占空间小，受力比较集中，因此它必须具有足够的强度和刚度。

楼板层：楼板层是楼房建筑中水平方向的承重构件，按房间层高将整幢建筑物沿水平方向分为若干部分。楼板层承重着家具、设备和人体荷载以及本身自重，并将这些荷载传给墙或柱。同时，它还对墙身起着水平支撑的作用。因此，作为楼板层，要求具有足够的强度、刚度和隔声能力。同时对有水侵蚀的房间,则要求楼板层具有防潮、防水的能力。

地坪:地坪是底层房间与土层相接触的构件,它承受底层房间的荷载。作为地坪则要求具有耐磨、防潮、防水和保温的能力。

楼梯:楼梯是建筑的垂直交通设施,供人们上下楼层和紧急疏散之用。故要求楼梯具有足够的通行能力。

屋顶:屋顶是建筑物顶部的围护构件和承重构件。由屋面层和结构层所组成。屋面层抵御自然界风、雨、雪及太阳热辐射与寒冷对顶层房间的侵袭;结构层承受房屋顶部荷载,并将这些荷载传给墙或柱。因此屋顶必须具有足够的强度、刚度及防水、保温、隔热等能力。

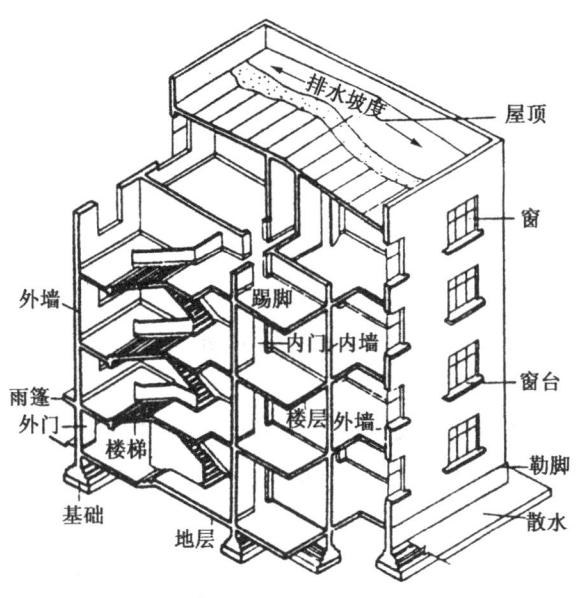

图6-1 民用建筑的组成

门与窗:门、窗属非承重构件。门主要供人们内外交通和分隔房间之用;窗则主要起采光、通风以及分隔、围护的作用。对某些有特殊要求的房间,则要求门窗具有保温、隔热、隔声、防射线等功能。

一座建筑物除上述基本组成构件外,对不同使用功能的建筑,还包含许多特有的构件和配件,如民用建筑中的阳台、雨篷等;工业建筑则有吊车梁、托架、天窗架等构、配件。

6.3 影响建筑构造的因素

一幢建筑物的使用质量和耐久性能,经受着自然界各种因素的考验。为了提高建筑物对外界各种影响的抵御能力以及延长建筑物的使用年限,以便更好地满足各类建筑物的使用功能,在进行建筑构造设计时,必须充分考虑各种因素对它的影响,根据影响程度,提供合理的构造方案。影响建筑构造的因素很多,归纳起来大致可分为以下几方面。

6.3.1 外力作用的影响

作用到建筑物上的外力称荷载。荷载有静荷载(如结构自重)和活荷载之分(如人流、家具、设备、风、雪以及地震荷载等)。荷载的大小是结构设计的主要依据,也是结构选型的重要基础。它决定着构件的尺度和用料。而构件的选材、尺寸、形状等又与构造密切相关。所以在确定建筑构造方案时,必须考虑外力的影响。

在外荷载中,除大家都知道的垂直荷载外,水平荷载也不容忽视。例如风力和地震力,风力往往是高层建筑水平荷载的主要因素,特别是沿海地区影响更大。此外,我国是多地震的国家之一,地震分布也相当广,因此必须引起重视。在构造设计中应根据各地区的实际情况予以设防。

6.3.2 自然气候的影响

我国幅员辽阔，各地区地理环境和自然条件多有差异，从炎热的南方到寒冷的北方，气候特点各不相同。因此，气温变化，太阳的热辐射，自然界的风、霜、雨、雪等构成了影响建筑物的各种因素等。有的构、配件因材料热胀冷缩而开裂；有的出现渗漏水现象，还有的因室内过冷、过热、过潮湿而妨碍工作等。因此在构造设计时，须针对建筑物所受影响的性质和程度，对各有关部位采取相应的防范措施，如防潮、防水、保温、隔热、设变形缝和隔蒸汽层等，以防患于未然。

6.3.3 各种人为因素的影响

人们所从事的生产和生活活动，也往往会造成对建筑物的影响，如机械振动、化学腐蚀、爆炸、火灾、噪声等，都属人为因素的影响。因此在进行建筑构造设计时，必须针对各种有关的影响因素，从构造上采取防振、防腐、防爆、防火、防虫、隔声等相应的措施，以避免建筑物遭受不应有的损失。

6.3.4 物质技术和经济条件的影响

建筑材料和结构工程等物质技术条件是构成建筑的基本要素。材料是建筑物的物质基础，结构工程则是构成建筑物的骨架，这些都与建筑构造密切相关。

随着建筑技术的不断发展和人们生活水平的提高，各种新材料、新技术、新设备都在不断改进和更新，同时人们对建筑的使用要求也随之改变。因此，构造方式的多样化以及多变性成为一种趋势。

6.4 建筑构造设计原则

6.4.1 必须满足建筑使用功能要求

由于建筑物使用性质和所处条件、环境不同，因而对建筑构造设计有不同的要求。如北方地区要求建筑物在冬季能保温，南方地区则要求建筑能通风、隔热；对要求有良好音响环境的建筑则要考虑吸声、隔声等要求。总之，为了满足使用功能需要，在构造设计时，必须综合有关技术知识，进行合理的设计，以便选择、确定最经济合理的构造方案。

6.4.2 必须有利于结构安全

建筑物除根据荷载大小、结构的要求确定构件的必需尺度外，对一些零、部件的设计，如阳台、楼梯的栏杆、顶棚、墙面的装修、门窗与墙体的综合以及抗震加固等都应在构造上采取措施，以确保建筑物在使用上的安全。

6.4.3 适应建筑工业化需要

在建筑构造设计中，应大力改进传统的建筑方法，广泛采用标准设计、标准构配件及其制品，使构配件生产批量化、节点构造定型化，并在此基础上因地制宜地发展适用的工业化建筑体系，以适应建筑工业化发展的需要。与此同时，在开发新材料、新结构、新设备的基础上，注意促进对传统材料、结构、设备和施工方式的更新和改造。

6.4.4 考虑建筑经济、社会和环境的综合效益

各种构造设计，既要注意整体建筑物的经济效益，也要注意它的社会影响和环境质量。在经济效益中，既要注意控制建筑造价、降低材料的能源消耗，又要有利于降低经常运行、维修和管理的费用。还须保证工程质量，绝不可为了节约、单纯追求效益而偷工减料，粗制滥造。

6.4.5 注意美观

一座建筑物的美观除了取决于建筑设计中的体型组合和立面处理外，一些细部构造对整体美观也有很大影响。例如栏杆的形式，室内外的细部装修，各种转角、收头、交接的做法等，都应合理处置，相互协调。

总之，在构造设计中，全面考虑坚固适用、技术先进、经济合理、美观大方，是最基本的原则。

第7章 基础与地下室构造

7.1 概述

7.1.1 基础的作用及其与地基的关系

在建筑工程中,建筑物与土层直接接触的部分称为基础;支承建筑物重量的土层叫地基,而直接承受基础作用的土层叫持力层,其下部的土层称为下卧层。基础是建筑物的组成部分,它承受着建筑物的全部荷载,并将它们传给地基,而地基则不是建筑物的组成部分。

7.1.2 地基的分类

地基有天然地基和人工地基之分。因天然土层具有足够的承载能力,不需经人工改善或加固便可作为建筑物地基者称为天然地基。岩石、碎石、砂石、粘土等,一般均可作为天然地基。若天然地基土层的承载力不能满足荷载要求,则不能在这样的土层上直接建造基础,必须对其进行人工加固以提高它的承载力。人工加固的方法主要有压实法、换土法和打桩法。经过人工加固的地基叫做人工地基。人工地基较天然地基费工费料,造价自然就高一些,只有在天然土层承载力较差、建筑总荷载较大的情况下方可采用。

7.1.3 基础的埋深

7.1.3.1 基础埋深的定义

基础的埋深是从室外地坪算起。室外地坪分自然地坪和设计地坪,自然地坪是指施工地段的现有地坪,而设计地坪是指按设计要求工程竣工后室外场地经垫起或开挖后的地坪。基础埋置深度是指设计室外地坪到基础底面的垂直距离(图7-1)。

7.1.3.2 基础埋深的选择

决定基础埋置深度的因素很多,主要应根据三个方面综合考虑确定,即土层构造情况、地下水位情况和冻土深度情况。

(1) 地基土层构造和影响

建筑物必须建造在坚实可靠的地基土层上。根据地基土层分布不同,基础埋深一般有6种典型情

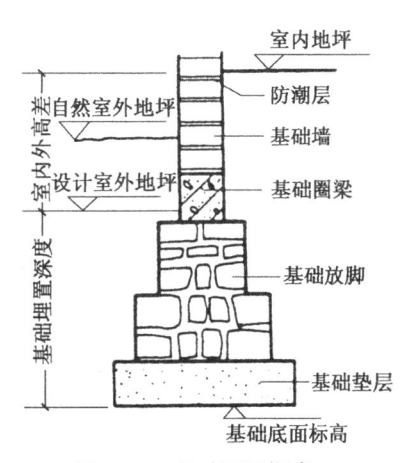

图7-1 基础埋置深度

况（图 7-2）。

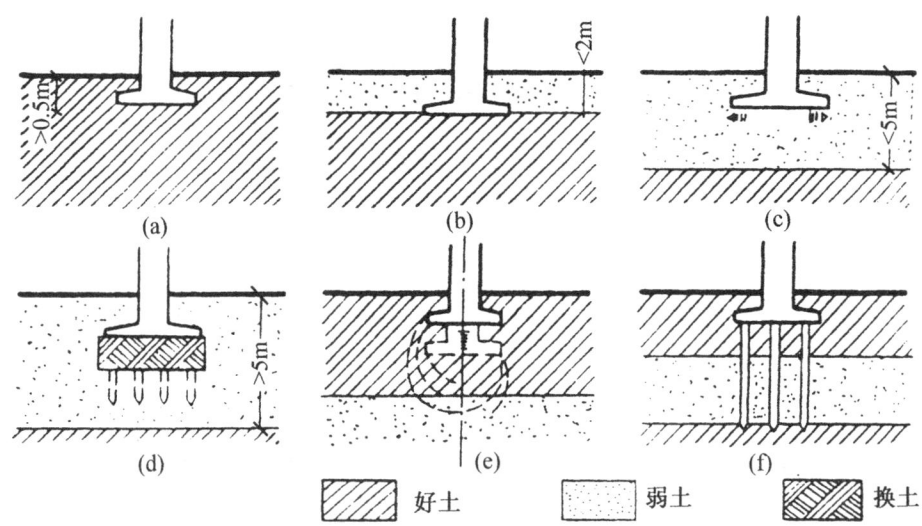

图 7-2 基础埋深与土质关系

①地基土质分布均匀时，基础应尽量浅埋，但也不能低于 500mm。

②地基土层的上层为软土，厚度在 2m 以内，下层为好土时，基础应埋在好土层内，此时土方开挖量不大，既可靠又经济。

③地基土层的上层为软土，且高度在 2～5m 时，荷载小的建筑（低层、轻型）仍可将基础埋在软土内，但应加强上部结构的整体性，并增大基础底面积。若建筑总荷载较大（高层、重型），则应将基础埋在好土上。

④地基土层的上层软土厚度大于 5m 时，对于建筑总荷载较小的建筑，应尽量利用表层的软弱土层为地基，将基础埋在软土内。必要时，应加强上部结构，增大基础底面积或进行人工加固。否则，是采用人工地基还是把基础埋至好土层内，应进行经济比较后确定。

⑤地基土层的上层为好土，下层为软土，此时应力争把基础埋在好土里，适当提高基础底面，以有足够厚度的持力层，并验算下卧层的应力和应变，确保建筑的安全。

⑥地基土层由好土和软土交替组成，低层轻型建筑应尽可能将基础埋在好土内；总荷载大的建筑可采用打端承桩穿过软土层，也可将基础深埋到下层好土中，两方案可经技术经济比较后选定。

(2) 地下水位的影响

地基土含水量的大小对承载力影响很大，所以地下水位高低直接影响地基承载力。如粘性土遇水后，因含水量增加，体积膨胀，使土的承载力下降。而含有侵蚀性物质的地下水，对基础会产生腐蚀。故建筑物的基础应争取埋置在地下水位以上（图 7-3a）。

当地下水位很高时，基础不能埋置在地下水位以上时，应将基础底面埋置在最低（枯水期）地下水位 200mm 以下，不应使基础底面处于地下水位变化的范围之内，从而减少和避免地下水的浮力和其他因素影响（图 7-3b）。

(3) 土的冻结深度的影响

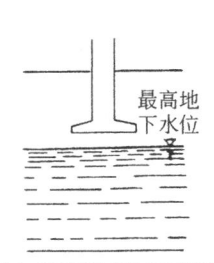
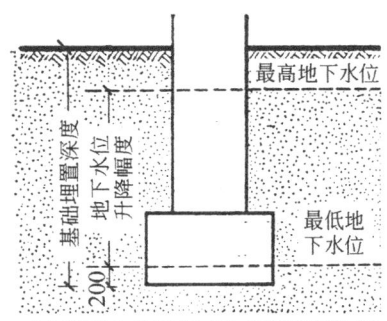

(a) 地下水位较低时的基础埋置位置　　(b) 地下水位较高时的基础埋置位置

图 7-3　地下水位对基础埋深的影响

地面以下冻结土与非冻结土的分界线称为冰冻线。土的冻结深度取决于当地的气候条件。气温越低，低温持续时间越长，冻结深度就越大。冬季，土的冻胀会把基础抬起；春天气温回升，土层解冻，基础就会下沉，使建筑物周期性地处于不稳定状态。由于土中各处冻结和融化并不均匀，故建筑物很容易产生变形、开裂等情况。因此，如地基土有冻胀现象，基础应埋置在冰冻线以下大约200mm 的地方（图 7-4）。

（4）其他因素的影响

基础的埋深除了与上述三种因素有关外，还需考虑周围环境与工程的具体特点，如荷载情况、相

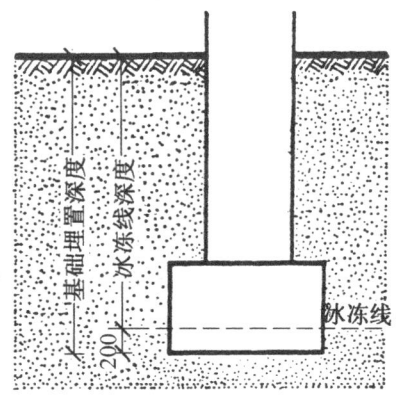

图 7-4　冰冻线与基础埋深

邻基础的深度、拟建建筑物是否有地下室、设备基础、地下管沟等。

7.1.4　基础的类型

基础的类型较多，按所用材料及受力特点分，有刚性基础和非刚性基础；依构造型式分，有条形基础、独立基础、片筏基础和箱形基础等。

7.1.4.1　按基础所用材料及受力特点分类

（1）刚性基础

由刚性材料制作的基础为刚性基础。刚性材料一般是指抗压强度高，抗拉、抗剪强度较低的材料，例如，砖、石、混凝土等均属刚性材料。所以，砖基础、石基础、混凝土基础称为刚性基础。

由于地基承载力的限制，当基础承受墙或柱传来的荷载后，为使其单位面积所传递的力与地基的允许承载力相适应，便以台阶的形式逐渐扩大其传力面积，然后将荷载传给地基，这逐渐扩展的台阶称为大放脚。这时，基础底面便承受了地基的反作用力。根据刚性材料受力的特点，基础在传力时只能在材料的允许范围内控制，这个控制范围的尖角称为

刚性角，用 α 表示（图 7-5a）。在这种情况下，基础底面不产生拉应力，基础也不致被破坏。如果基础底面宽度超过了刚性角的控制范围，即由 B_0 增大到 B_1，这时，由于地基反作用力的原因，使基础底面产生拉应力而破坏（图 7-5b）。所以，刚性基础底面宽度的增大要受到刚性角的限制。不同材料基础的刚性角是不同的，通常砖、石基础的刚性角控制在 26°～33°之间，即

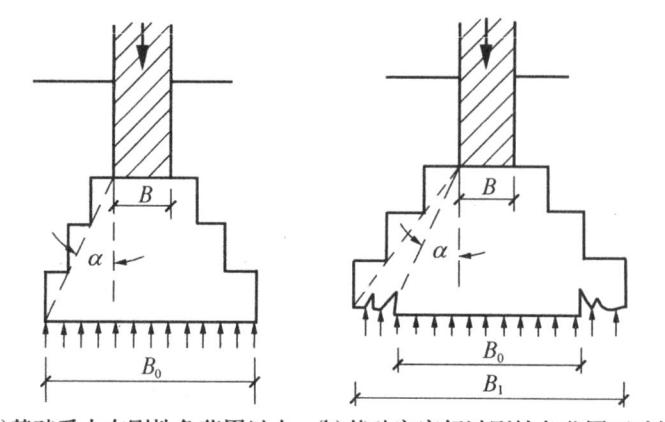

(a)基础受力在刚性角范围以内　(b)基础宽度超过刚性角范围而破坏

图 7-5　刚性基础的受力、传力特点

基础每级台阶的高、宽比在 2:1～1.5:1 之间，混凝土基础则应控制在 45°，高宽比为 1:1 以内。因此也可以说，受刚性角限制的基础称为刚性基础，主要用于建筑物荷载较小、地基承载力较好、压缩性较小的地基上。高宽比允许值详见表 7-1。

表 7-1　刚性基础（无筋扩展基础）台阶宽高比的允许值

基础材料	质量要求		台阶宽高比的容许值		
			$p_k \leqslant 100$	$100 < p_k \leqslant 200$	$200 < p_k \leqslant 300$
混凝土基础	C15 混凝土		1:1.00	1:1.00	1:1.25
砖基础	砖不低于 MU10	砂浆不低于 M15	1:1.50	1:1.50	1:1.50
毛石混凝土基础	C15 混凝土		1:1.00	1:1.25	1:1.50
毛石基础	砂浆不低于 M5		1:1.25	1:1.50	
灰土基础	体积比为 3:7 或 2:8 的灰土其最小干密度：粉土 1.55t/m³　粉质黏土 1.50t/m³　黏土 1.45t/m³		1:1.25	1:1.50	
三合土基础	体积比为 1:2:4～1:3:6（石灰:砂:骨料）每层约虚铺 220mm，夯至 150mm		1:1.50	1:2.00	

注：p_k 为基础底面处的平均压力值(kPa)。

（2）非刚性基础

当建筑物的荷载较大而地基承载力较小时，基础底面 B_0 必须加宽，如果仍采用混凝土材料做基础，势必加大基础的深度，这样既增加了挖土的工作量，又使材料的用量增加，对工期和造价都十分不利（图 7-6a）。如果在混凝土底部配以钢筋，利用钢筋来承

受拉应力（图 7‑6b），使基础底部能够承受较大的弯矩，这时，基础宽度的加大不受刚性角的限制。故称钢筋混凝土基础为非刚性基础或柔性基础。

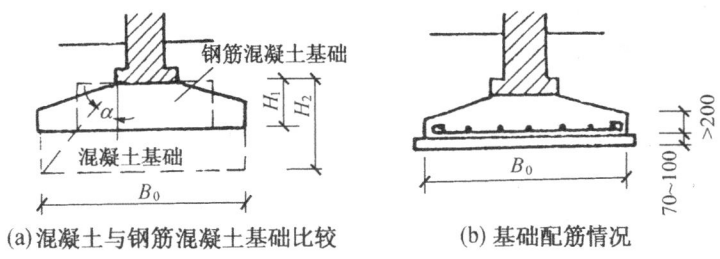

图 7‑6 钢筋混凝土基础

7.1.4.2 按基础的构造形式分类

基础构造的形式随着建筑物上部结构形式、荷载大小及地基土壤性质的变化而不同。在一般情况下，上部结构形式直接影响基础的形式，但当上部荷载增大，且地基承载力有变时，基础形式也随之变化。

（1）墙下条形基础

当建筑物上部结构采用墙承重时，基础沿墙身设置，多做成长条形，这种基础称条形基础或带形基础（图 7‑7），是墙基础的基本形式。

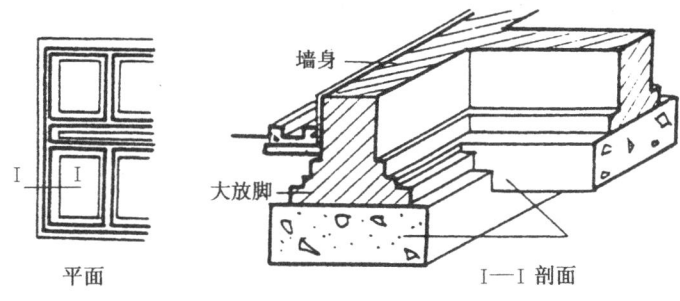

图 7‑7 条形基础

（2）独立基础

当建筑物上部结构采用框架结构或单层排架结构承重时，基础常采用方形或矩形的单独基础，这种基础称独立基础或柱式基础（图 7‑8）。独立基础是柱下基础的基本形式。

（3）柱下条形基础和井格式基础

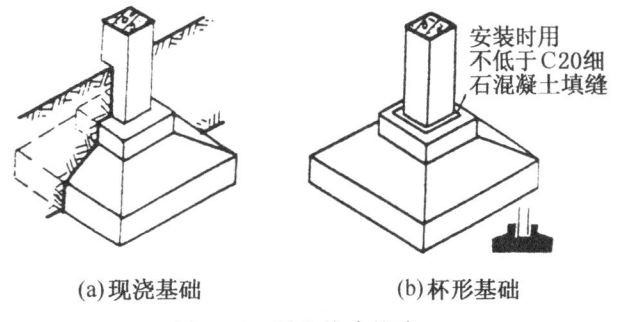

图 7‑8 独立柱式基础

当地基条件较差，为了提高建筑物的整体性，防止柱子之间产生不均匀沉降，常将柱下基础沿纵横两个方向（或单方向）扩展连接起来，做成十字交叉的井格基础或柱下条形基础（图 7‑9）。

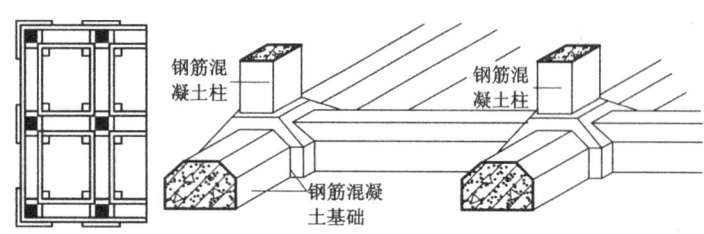

图 7-9 井格式基础

(4) 片筏式基础

由于建筑物上部荷载大,而地基又较弱,这时采用简单的条形基础或井格基础已不能适应地基变形的需要,通常将墙或柱下基础连成一片,使建筑物的荷载承受在一块整板上,称为片筏基础。片筏基础有平板式和梁板式之分(图 7-10)。

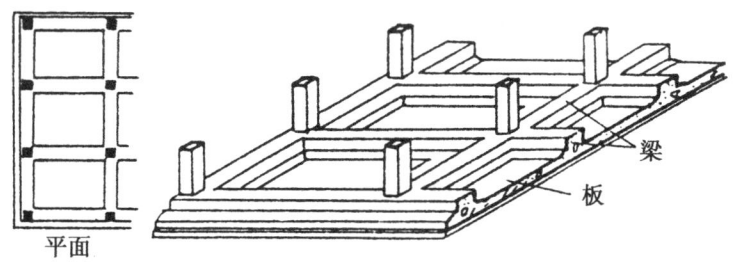

图 7-10 梁板式筏形基础

(5) 箱形基础

当板式基础做到很深时,常将基础改做箱形基础(图 7-11)。箱形基础是由钢筋混凝土底板、顶板和若干纵、横隔墙组成的整体结构,基础的中空部分可作地下室。它的主要特点是刚度大,能调整其底部的压力,常用于高层建筑中。

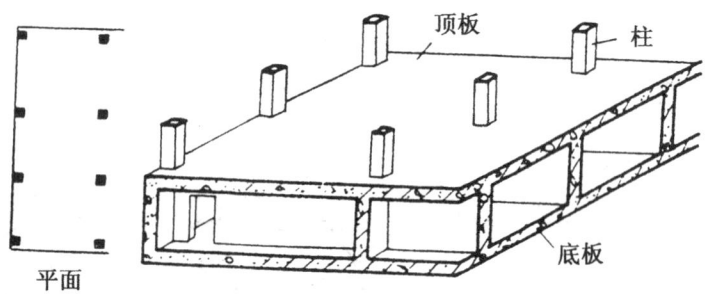

图 7-11 箱形基础

以上是常见基础的几种基本形式,此外还有一些特殊的基础形式,如壳体基础、不埋板式基础等(图 7-12、图 7-13)。

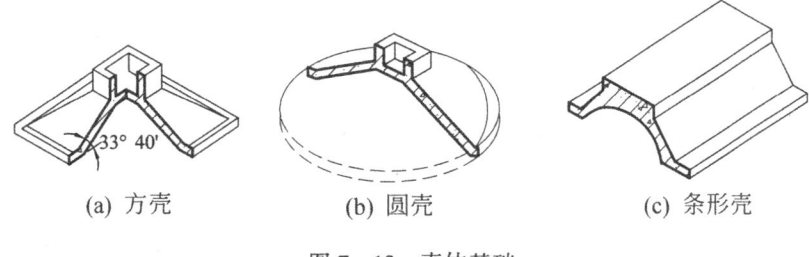

(a) 方壳　　　　　(b) 圆壳　　　　　(c) 条形壳

图 7-12　壳体基础

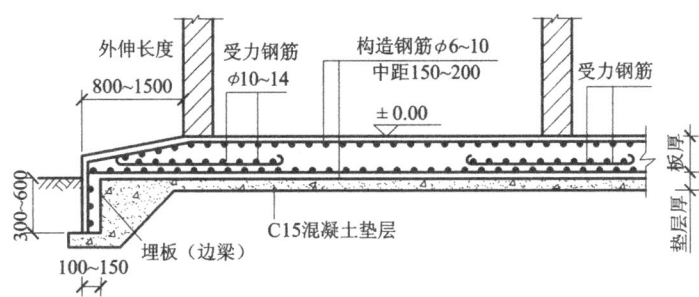

图 7-13　不埋板式基础

7.2　地下室的防潮、防水构造

在建筑物底层以下的房间叫地下室，它是在限定的占地面积中争取到的使用空间。高层建筑的基础很深，利用这个深度建造一层或多层地下室，既可提高建设用地的利用率，又不需要增加太多投资。适用于设备用房、库房以及战备防空等多种用途（图 7-14）。

7.2.1　地下室的类型

按使用功能分，有普通地下室和防空地下室。按顶板标高分，有半地下室和全地下室。全地下室是指房间地平面低于室外地平面高度超过该房间净高 1/2 者；半

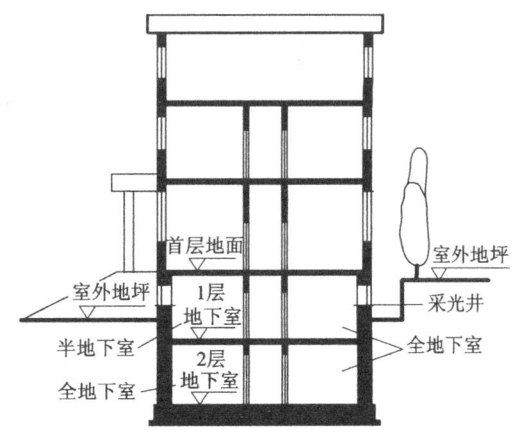

图 7-14　地下室示意图

地下室是指房间地平面低于室外地平面高度超过该房间净高的 1/3 且不超过 1/2 者。按结构材料分，有砖墙地下室和钢筋混凝土墙地下室。

7.2.2　地下室的防潮与防水构造

由于地下室的墙身、底板长期受到地潮或地下水的侵蚀，轻则引起室内墙面灰皮脱落，墙面发霉，影响人体健康，重则进水，不能使用。因此如何保证地下室在使用时不受

潮、不渗漏，是地下室构造设计的主要任务。设计人员必须根据地下水的情况和工程要求，对地下室采取相应的防潮、防水措施。

7.2.2.1 地下室的防潮

当地下水的设计最高水位在地下室地面标高以下300～500mm且基地范围内的土壤及回填土无形成上层滞水的可能时（图7-15a），地下室的底板和墙体仅受到土层中地潮的影响，这时只需做防潮处理。对于砖墙其构造要求是：墙体必须采用水泥砂浆砌筑，灰缝要饱满；在墙外侧设垂直防潮层。其具体做法是在墙体外表面先抹一层20mm厚的水泥砂浆找平层，再涂一道冷底子油和两道热沥青，然后在防潮层外侧回填低渗透土壤，如粘土、灰土等，并逐层夯实。土层宽500mm左右，以防地面雨水或其他地表水的影响。

另外，地下室的所有墙体都必须设两道水平防潮层。一道设在地下室地墙附近，具体位置视地坪构造而定（图7-15a）；另一道设置在室外地面散水以上150～200mm的位置，以防地下潮气沿地下墙身或勒脚侵入室内。凡在外墙穿管、接缝等处，均应嵌入油膏填缝防潮。当地下室使用要求较高时，可在围护结构内侧加防水涂料，以消除或减少潮气渗入。

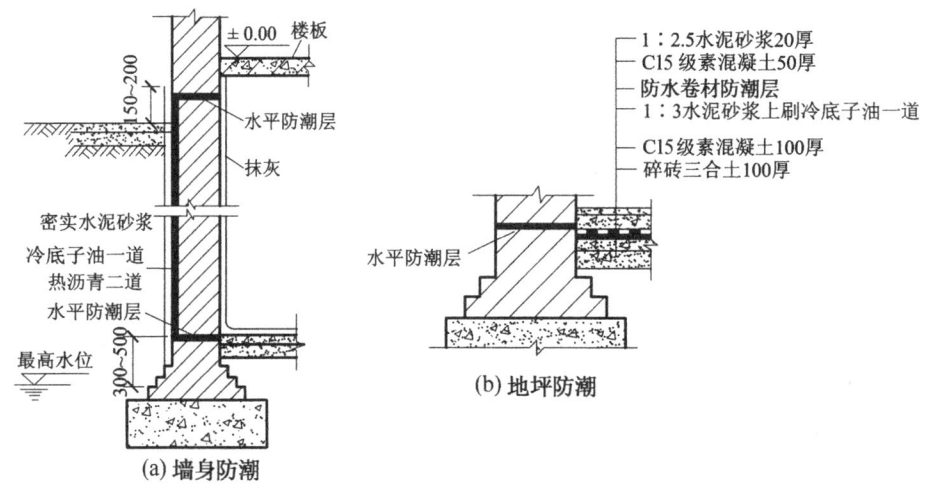

图7-15 地下室防潮处理

至于地下室地面，一般主要借助混凝土材料的憎水性能来防潮，但当地下室的防潮要求较高时，其地层也应做防潮处理。一般设在垫层与地面面层之间，且与墙身水平防潮层在同一水平地面上（图7-15b）。

7.2.2.2 地下室防水

当设计最高地下水位高于地下室地面时，地下室的底板和部分外墙将浸在水中。在水的作用下，地下室的外墙受到地下水的侧压力，底板则受到浮力作用，而且地下水位高出地下室地面愈高，侧压力和浮力就越大，渗水也越严重。因此，地下室外墙与底板应做好防水处理。

（1）地下防水工程的标准和等级

各类地下工程应根据工程的重要性和使用中对防水的要求确定防水等级。地下工程防水等级，按围护结构允许渗漏水量划分为四级，其具体方案的确定见表7-2和表7-3。

表7-2 地下工程防水等级和防水材料选择

防水等级	一级	二级	三级	四级
防水方案	混凝土自防水结构，根据需要可设附加防水层	混凝土自防水结构，根据需要可设附加防水层	混凝土自防水结构，根据需要可采取其他防水措施	混凝土自防水结构或其他措施
选材要求	优先选用补偿收缩防水混凝土、厚质高聚物改性沥青卷材。也可用合成高分子卷材、合成高分子涂料、防水砂浆	优先选用补偿收缩防水混凝土、厚质高聚物改性沥青卷材。也可用合成高分子卷材、合成高分子涂料	宜选用结构自防水、高聚物改性沥青卷材、合成高分子卷材	结构自防水、防水砂浆或高聚物改性沥青卷材

表7-3 各类建筑地下工程防水等级的要求

防水等级	标准	设防要求	工程名称
一级	不允许渗水，围护结构无湿渍	多道设防，其中必有一道结构自防水，并根据需要可设附加防水层或其他防水措施	医院、影剧院、商场、娱乐场、餐厅、旅馆、冷库、粮库、金库、档案库、计算机房、控制室、配电间、通信工程、防水要求较高的生产车间、指挥工程、武器弹药库、指挥人员掩蔽部、地下铁道车站、城市人行地道、铁路旅客通道
二级	不允许漏水，围护结构有少量偶见的湿渍	二道或多道设防，其中必有一道结构自防水，并根据需要可附加防水层	车库、燃料库、空调机房、发电机房、一般生产车间、水泵房、工作人员掩蔽部、城市公路隧道、地铁运行区间隧道
三级	有少量漏水点，不得有线流和漏泥沙，每昼夜漏水量<0.5L/m²	一道或二道设防，其中必有一道结构自防水，并根据需要可采用其他防水措施	电缆隧道、水下隧道、一般公路隧道
四级	有漏水点，不得有线流和漏泥沙，每昼夜漏水量<2L/m²	一道设防，可采用结构自防水或其他防水措施	取水隧道、污水排放隧道、人防疏散干道、涵洞

注：地下工程的防水等级，可按工程或组成单元划分。

（2）外加材料防水

材料防水是在外墙和底板表面敷设防水材料，借材料的高效防水特性阻止水的渗入，常用卷材、涂料和防水砂浆等。

①卷材防水能适应结构的微量变形和抵抗地下水的一般化学侵蚀，比较可靠，是一种传统的防水做法。防水卷材一般用沥青卷材和高分子卷材，并采用与卷材相适应的胶结材料胶合而成的防水层。高分子卷材具有重量轻、使用范围广、抗拉强度高、延伸率大、对

基层伸缩或开裂的适应性强等特点，而且是冷作业，施工操作简捷，但目前价格偏高，且不宜用于地下水含矿物油或有机溶液的地方，一般为单层做法。沥青卷材是一种传统的防水材料，有一定的抗拉强度和延伸性，价格较低，但属于热作业，操作不便，并污染环境，易漆化，一般为多层做法。卷材的层数根据水压即地下水的最大计算水头大小而定（表7-4），最大设计水头是指设计最高地下水位高于地下室底板地面的垂直高度。

表7-4 防水层的卷材层数

最大计算水头（m）	卷材所受经常压力（MPa）	卷 材 层 数
<3	0.01～0.05	3
3～6	0.05～0.1	4
6～12	0.1～0.2	5
>12	0.2～0.5	6

按防水材料的铺贴位置不同，卷材防水分外包防水和内包防水两类（图7-16a、c）。外包防水是将防水材料贴在迎水面，即外墙的外侧和底板的下面，防水效果好，采用较多，但维修困难，缺陷处难于查找。内包防水是将防水材料贴于背水一面，其优点是施工简便，便于维修，便于维护，但防水效果较差，多用于修缮工程。

沥青防水卷材外包防水构造对地下室地坪的防水处理：先在混凝土垫层上将油毡铺满整个地下室，在其上浇筑细石混凝土或水泥砂浆保护层以便浇筑钢筋混凝土底板。地坪防水油毡须留出足够的长度，以便与墙面垂直防水卷材搭接。对墙体的防水处理：先在外墙外面抹20mm厚的1:2.5水泥砂浆找平层，涂刷冷底子油一道，再按一层油毡一层沥青胶顺序粘贴好防水层。油毡须从底板上包上来，沿墙身由下而上连接密封粘贴。在设计水位以上500～1000mm处接头（图7-16b）。然后在防水层外侧砌120mm厚的保护墙，以防回填土时伤及防水层，保护墙与防水层之间缝隙中灌以水泥砂浆。保护墙下干铺油毡一层，并沿其长度方向每隔3～5m设一通高竖向断缝，以保证保护墙能在水的压力下紧压防水层，使防水层均匀受压（图7-16a）。

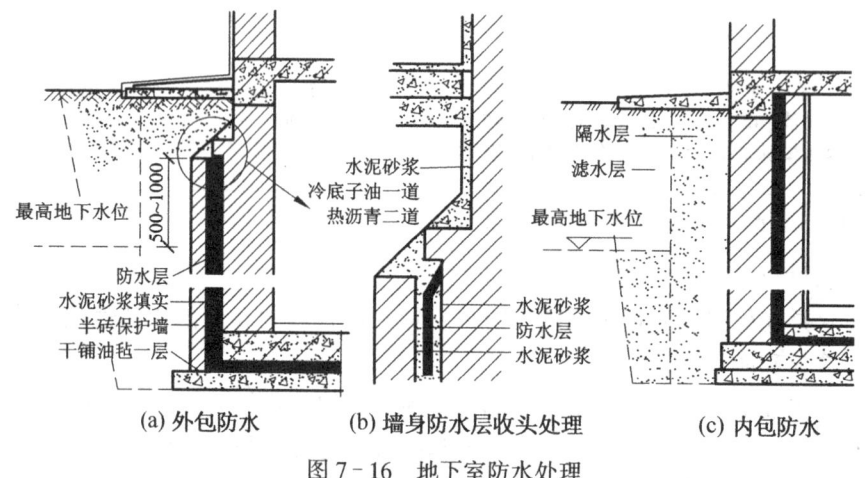

图7-16 地下室防水处理

②涂料防水系指在施工现场以刷涂、刮涂、滚涂等方法将无定型液态冷涂料在常温下涂敷于地下室结构表面的一种防水做法。目前，涂以经乳化或改性的沥青材料为主，也有用高分子合成材料制成的，固化后的涂料薄膜能防止地下无压水及压力不大（水头小于1.5m）的有压水侵入，一般为多层敷设。为增强防水效果，可夹铺1~2层纤维制品（玻璃纤维、玻璃丝网格布）。涂料的防水质量、耐漆化性能均较油毡防水层好，故目前在地下室防水工程中广泛应用。

③水泥砂浆是采用合格材料，通过严格分层次交替操作形成的多防线整体防水层，还应掺入适量的防水剂，以提高砂浆的密实性。但是，由于目前水泥砂浆防水以手工操作为主，质量难以控制，加之砂浆干缩性大，故仅适用于结构刚度大、建筑变形小、面积较小的工程。

(3) 混凝土自防水

由于目前地下室的外墙很少采用砖墙承重，为满足结构和防水的需要，地下室的地坪与墙体材料一般多采用钢筋混凝土。这时以采用防水混凝土材料为佳。防水混凝土的配制和施工与普通混凝土相似，但应采用不同的集料级配，以提高混凝土的密实性；或在混凝土内掺入一定量的外加剂，以提高混凝土自身的防水性能，达到防水的目的。集料级配防水混凝土的抗渗标号可达35MPa；外加剂防水混凝土的抗渗标号可达32MPa，防水混凝土的构造厚度应大于250mm，否则影响抗渗效果。为防止地下水对混凝土的侵蚀，在墙外侧应抹水泥砂浆，然后涂刷沥青（图7-17）。

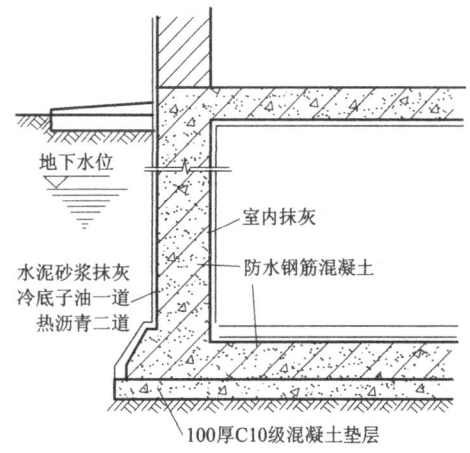

图7-17 防水混凝土防水处理

混凝土自防水的方法应作为地下室防水处理的首选方法加以使用，当单独使用此方法不能满足防水要求时，可采用其他方法辅助之。

第8章 墙体构造

8.1 概述

8.1.1 墙的类型

8.1.1.1 按墙体所处位置不同分类

根据墙体在平面上所处位置的不同,有内墙和外墙之分。外墙又称外围护墙;内墙主要是分隔房间之用。凡沿建筑物短轴方向布置的墙称为横墙,横向外墙称为山墙;沿建筑物长轴方向布置的墙称为纵墙。在一片墙上,窗与窗或窗与门之间的墙称为窗间墙,窗洞下部的墙称为窗下墙又称窗肚墙,外墙突出屋顶的部分称为女儿墙,墙体各部分名称见图8-1。

8.1.1.2 按墙体受力性质来分类

墙体结构按受力情况不同,分为承重墙和非承重墙。凡直接承受上部屋顶、楼板所传来荷载的墙称承重墙;凡不承受外来荷载的墙称非承重墙,其中作为分隔空间不承受外力的墙称隔墙;框架结构中柱子之间的墙称为填充墙,悬挂于结构外部的轻质墙称为幕墙,例如金属或玻璃幕墙等。

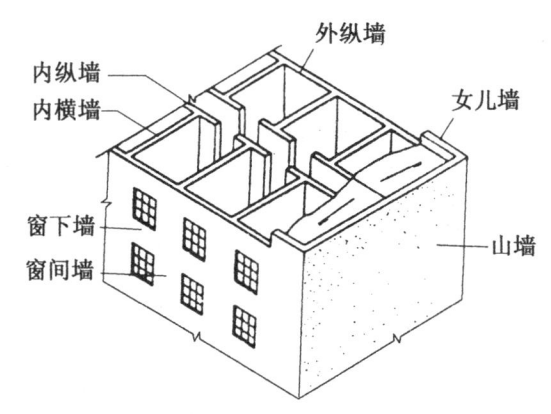

图8-1 墙的位置和名称

8.1.1.3 按墙体材料来分类

墙按所用材料的不同,可分为砖墙、石墙、土墙、混凝土墙以及利用多种工业废料制作的砌块墙等。砖墙是我国传统的墙体材料,应用最广,在产石地区利用石块砌墙具有很好的经济价值。土墙是就地取材、造价低廉的地方性墙体,利用工业废料发展各种墙体材料是墙体改革的重要课题,应予以重视。

8.1.1.4 墙体按构造和施工方法分类

墙体按构造与施工方式不同,有叠砌式墙、版筑墙和装配式板材墙等几种。叠砌式墙包括实砌砖墙、空斗砖墙和各种砌块墙;版筑墙则是直接在墙体部位竖立模板,然后在模板内夯注或浇注材料捣实而成的墙体,如夯土墙、大模板混凝土墙体;装配式板材墙是以工业化方式生产的大型板材构件,在现场进行机械化安装的墙体,它速度快、工期短、质量有保证。

8.1.2 墙体的设计要求

因墙体的作用不同,在选择墙体材料和确定构造方案时,应根据墙体的性质和位置,分别满足结构、热功、隔声、防火、工业化等需求。

(1) 足够的强度和稳定性

墙体承受荷载的能力即强度与其采用的材料、尺寸、构造方式有关。稳定性与墙体的高度、长度和厚度有关。在墙体设计中,必须根据建筑物的层数、层高、房间大小、荷载大小等,经过计算确定墙体的材料、厚度以及合理的结构布置方案。

(2) 满足保温、隔热等热功方面的要求

作为围护结构的外墙,在寒冷地区要具有良好的保温能力,以减少室内热量的损失,同时,还应避免出现凝聚水;在炎热地区,还应有一定的隔热能力,以防室内过热。

(3) 满足隔声要求

为保证室内有一个良好安静的环境,墙体应有一定的隔声能力。设计中要满足规范中对不同类型建筑、不同位置墙体的隔声要求。

(4) 满足防火要求

墙体材料的燃烧性能和耐火极限必须符合防火规范的规定。有些建筑还应按防火规范要求设置防火墙,防止火灾蔓延。

(5) 适应工业化生产的需要

逐步改革以粘土砖为主的墙体材料,是建筑工业化的一项内容,它可为生产工业化、施工机械化创造条件,以及大大降低劳动强度和提高施工的工效。

此外,还应根据实际情况,考虑墙体的防潮、防水、防射线、防腐蚀及经济等各方面的要求。

8.2 墙体构造

砖墙的优点主要是取材容易,制作简单,既能承重又有较好的保温、隔热、抗裂、隔声和防火性能,而且施工中不需要大型吊装设备。但砖墙也同时存在着强度较低、施工速度慢、自重大、取材时破坏良田等缺点,必须进行改革。但从我国的实际情况来看,砖墙在一定范围内和一定时间内仍将被采用。

8.2.1 砖墙的材料

砖墙是用砂浆将一块块砖按一定规律砌筑而成的砌体。其主要材料是砖与砂浆。

8.2.1.1 砖

砖有经过焙烧的实心砖、多孔砖、空心砖以及不经焙烧的粘土砖、炉渣砖和灰砂砖等。普通粘土砖是我国传统的墙体材料,它以粘土为主要原料,经成型、干燥、焙烧而成,根据生产方式的不同有红砖和青砖之分。鉴于我国不少地区面临土地资源严重不足的情况,从发展趋势看,砖生产的重要途径是工业废渣资源化,例如炉渣砖、粉煤灰砖等。砖的强度是以强度等级表示的,即每平方毫米能承受多少牛顿的压力,单位是N/mm^2,其等级分别为:MU30、MU25、MU20、MU15、MU10 五个级别。其中,建筑上砌筑墙体常用 MU10 级别的砖。

8.2.1.2 砂浆

砂浆是墙体的胶结材料。它将砖块胶结成为整体，并将砖块之间的空隙填平、密实，因此上层砖块所承受的荷载能逐层均匀地传至下层砖块，以确保砌体的强度和稳定。

常用的砌筑砂浆有：水泥砂浆、石灰砂浆、混合砂浆 3 种。水泥砂浆属水硬性材料，强度高，多用于承重墙体和防潮要求高的砌体，石灰砂浆属气硬性材料，强度虽低但和易性好，多用于强度要求不高的墙体。混合砂浆因同时有水泥和石灰两种胶结材料，不但强度高，和易性也比较好，故使用较为广泛。

砂浆的强度等级有 M2.5、M5、M7.5、M10、M15 五级，常用的为 M2.5 和 M5 两个等级。

8.2.2 砖墙的砌筑

砖在墙体中的排列方式，称为砖墙的砌筑方式。为保证砌体的承载能力，以及保温、隔声等要求，砌筑用砖与砂浆的品种和标号必须符合设计要求，砖在砌筑前浇水湿润，砂浆要饱满，并遵守上下错缝、内外搭砌的原则。普通粘土砖依其砌成的不同，可组合成多种墙体。

8.2.2.1 实砌砖墙

在砌筑中，每排列一层砖则谓"一皮"，并将垂直于墙面砌筑的砖叫"顶砖"，把砖的长度沿墙面砌筑的砖叫做"顺砖"。实体墙常见的砌式有全顺式（走砌式）、上下皮一顺一顶，每皮顺顶相间（梅花顶）以及两平一侧（18 墙）等（图 8-2a、b、c）。

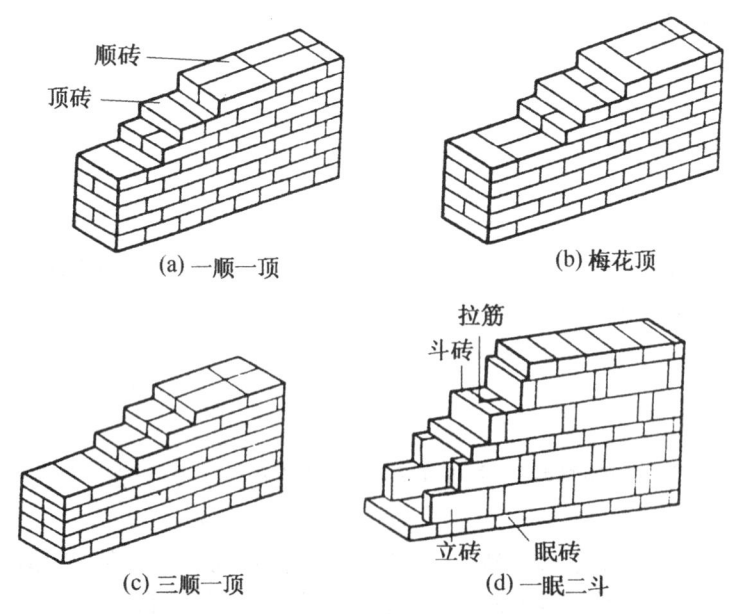

图 8-2 砖墙的砌筑方式

8.2.2.2 空斗墙

空斗墙是用普通粘土砖组成空体墙。墙厚为一砖，砌筑方式常用一眠一斗、一眠二斗或一眠多斗，每隔一块斗砖必须砌 1~2 块立砖。这里所讲的眠砖是指垂直于墙面的平砌砖，斗砖是平行于墙面的侧砌砖，立砖是垂直于墙面的侧砌砖（图 8-2d）。

空斗墙自重轻，造价低，可用作三层以下民用建筑的承重墙，但以下情况不宜采用：
(1) 土质软弱，且有可能引起不均匀沉降时。
(2) 门窗洞口面积超过墙面积的50%以上时。
(3) 建筑物有振动荷载时。
(4) 建筑物处在有抗震要求的地区时。

8.2.2.3 砖墙的尺寸

标准砖的规格为53mm×115mm×240mm（图8-3a）。当灰缝宽为10mm进行组合时，从尺寸上可以看出砖厚、砖宽加灰缝后与砖长的比例为1:2:4的关系（图8-3b、c）。用标准砖砌筑墙体，常见的墙厚度为115、178、240、365、490mm等（图8-4），分别简称为12墙（半砖墙）、18墙（3/4墙）、24墙（一砖墙）、37墙（一砖半墙）、49墙（二砖墙）等等（表8-1），墙体即按这些尺寸砌筑。砌筑时，以115+10=125mm为模数，此模数与我国现行《建筑模数协调统一标准》（GBJ2—86）中的扩大模数3M制不一致，因此，在使用中对于长度小于1.5m的砖墙，须注意标准砖的这一特征，设计时应按砖的尺寸考虑之。

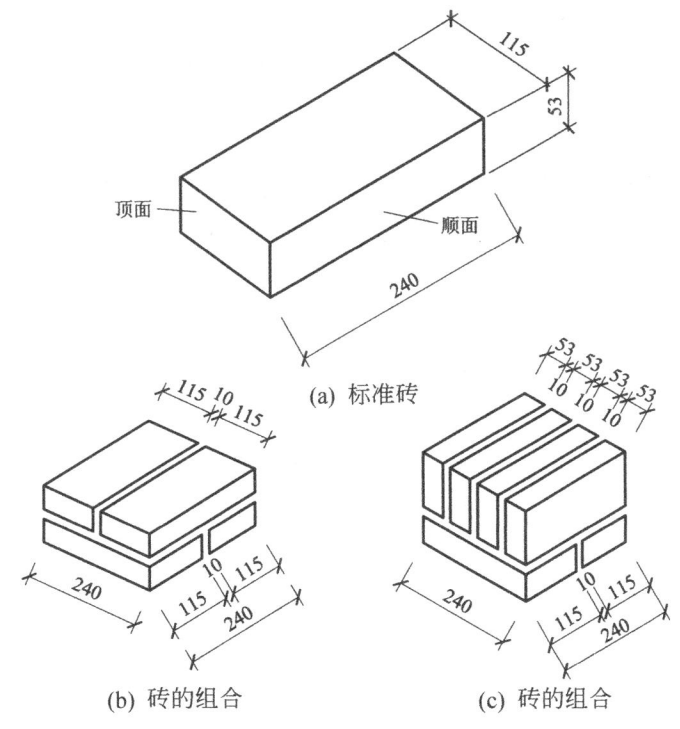

图8-3 标准砖的尺寸关系

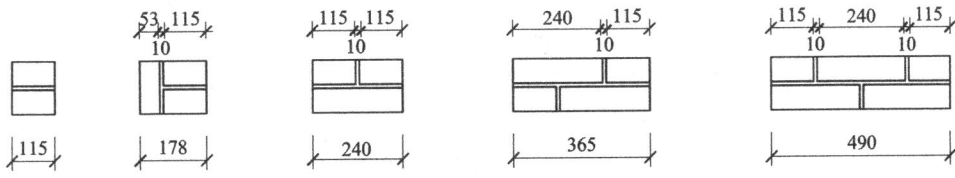

图8-4 墙厚与砖规格的关系

表 8-1 墙厚名称

墙厚名称	习惯称呼	实际尺寸（mm）	墙厚名称	习惯称呼	实际尺寸（mm）
半砖墙	12 墙	115	一砖半墙	37 墙	365
3/4 砖墙	18 墙	178	二砖墙	49 墙	490
一砖墙	24 墙	240	二砖半墙	62 墙	615

8.2.3 墙体的细部构造

8.2.3.1 门窗过梁

过梁是用来支承门窗洞口上部墙体的重量以及楼板等传来荷载的承重构件，并把这些荷载传给两端的窗间墙。一般来讲，由于墙体砖块相互咬接的结果，过梁上墙体的重量并不全部压在过梁上，而是有一部分重量沿搭接砖块斜向传给了门、窗两侧的墙体，所以过梁只承受上部墙体的部分重量，即图 8-5 中的三角形部分。只有当过梁的有效范围内出现集中荷载时，才需另行考虑。过梁的形式很多，常采用的有以下 3 种。

（1）砖砌平拱

砖砌平拱是用竖砖砌筑而成的，它利用灰缝上大下小，使砖向两边倾斜，相互挤压形成拱的作用来承担荷载（图 8-6）。砖砌平拱的高度多为一砖，灰缝上部宽度不大于 15mm，下部宽度不应小于 5mm，两端下部伸入墙内 20～30mm，中部起拱高度为洞口跨度的 1/50。

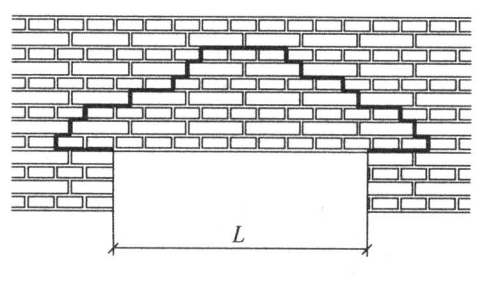

图 8-5 过梁受荷载范围

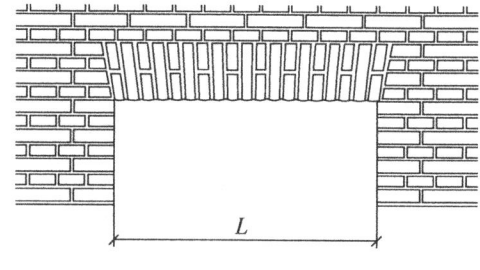

图 8-6 平拱式过梁

砖砌平拱过梁的优点是不同钢筋，水泥用量少，但洞口跨度一般不超过 1.2m（当拱高为 $1\frac{1}{2}$ 砖时可达 1.8m）。当过梁上有集中荷载或建筑受振动荷载时不宜采用。

（2）钢筋砖过梁

钢筋砖过梁是配置钢筋的平砌砖过梁，通常将 $\phi 6$ 钢筋埋在梁底部厚度为 30mm 的水泥砂浆内。钢筋间距不大于 120mm，伸入洞口两侧墙内长度不小于 240mm，并设 90°直弯钩，埋在墙体的竖缝内。在洞口上部不小于 1/4 洞口跨度的高度且不小于 5 皮砖范围内，用不低于 M5 的砂浆砌筑（图 8-7）。

钢筋砖过梁适用于跨度不大于 2m，上部无集中荷载的洞孔上。这种过梁施工方便，整体性好，特别是在清水墙情况下，建筑立面上可求得与砖墙统一的效果。此外，在设计中为加固墙身，可将钢筋砖过梁沿外墙一周连通砌筑，使之成为钢筋砖圈梁。

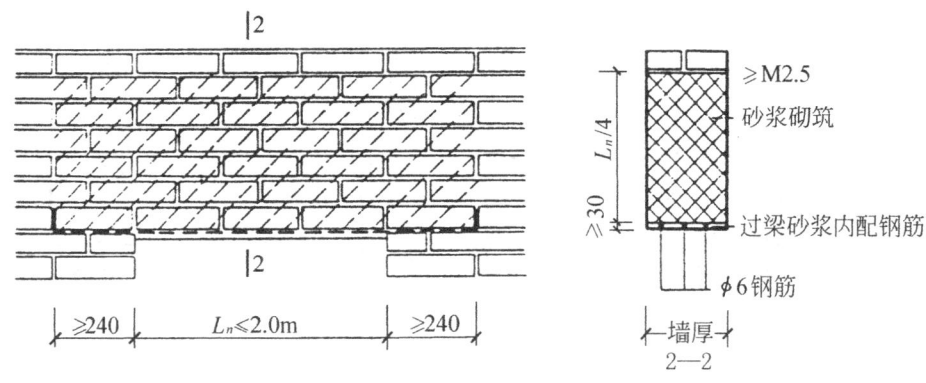

图 8-7 钢筋砖过梁

(3) 钢筋混凝土过梁

当门窗洞口宽度较大或洞孔上出现集中荷载时，多采用钢筋混凝土过梁（图 8-8）。常用断面形式为矩形，梁高及其配筋由计算确定，但为了施工方便，梁高尺寸应与砖的模数相适应，以方便墙体连续砌筑；常用尺寸为 60、120、180、240mm，梁宽一般与墙同厚。梁端支承在墙上的长度每边不少于 240mm，以保证在墙上有足够的承压面积。在寒冷地区为了避免出现冷桥和出现凝聚水，常用 L 形过梁，以减少混凝土的外露面积。

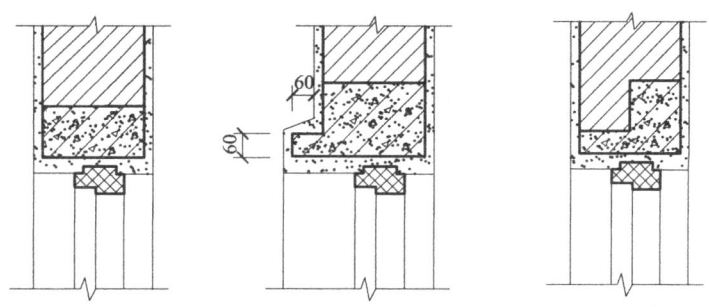

图 8-8 预制钢筋混凝土过梁

在现浇钢筋混凝土过梁的情况下，若过梁与圈梁或现浇楼板位置接近时，则应尽量合并设置，同时浇筑。这样，既节约模板，便于施工，又增加了建筑物的整体性。

8.2.3.2 窗台

窗台是窗洞口下部靠室外一侧设置的泻水构件。其目的是防止雨水积聚在窗下，侵入墙身和向室内渗透。窗台须向外形成一定的坡度（10%左右），以利排水。

窗台有悬挑和不悬挑两种。悬挑的窗台可用砖（平砌、侧砌）或用混凝土板等构成。悬挑窗台下部应抹出滴水，以引导雨水沿着滴水槽口下落。由于悬挑窗台下部容易积污，在风雨作用下很容易污染窗台下的墙面，特别是采用一般抹灰装修的外墙面更为严重，因此，在当今设计中，更多的是以不悬挑窗台取代悬挑窗台，但不悬挑窗台也没能很好解决墙面污染问题。窗台靠室内一侧称窗盘，在装修要求较高的建筑中，窗盘多采用硬木板、水磨石板或天然石板制（图 8-9）。

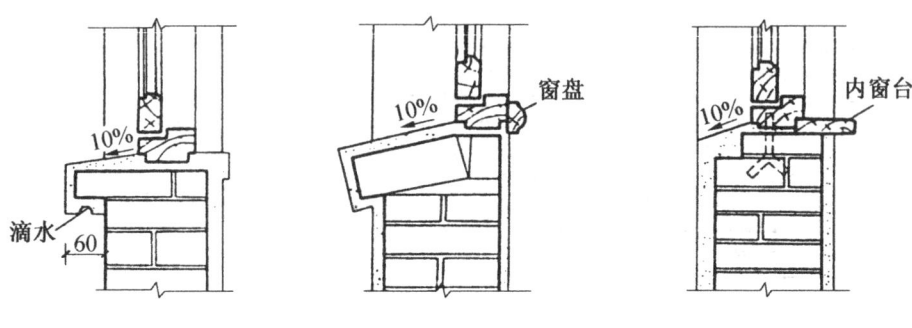

图 8-9 窗台做法

8.2.3.3 墙脚

墙脚一般指基础以上、室内地面以下的这段墙体。墙脚所处的位置,常受到地表水和土壤中水的侵蚀,致使墙身受潮,饰面层发霉脱落,影响室内卫生环境和人体健康。因此,在构造上必须采取必要的保护措施。

(1) 墙身防潮

墙身防潮是指在墙身一定部位铺设防潮层,以防止地表或土壤中的水通过毛细作用对墙身产生的不利影响。

①防潮层的位置 当地面垫层采用混凝土等不透水材料时,防潮层的位置应设在地面垫层范围以内,通常在 -0.060m 标高处设置。同时,至少要高于室外地坪 150mm,以防雨水溅湿墙身。当地面垫层为碎石等透水材料时,防潮层的位置应平齐或高于室内地面 60mm。当地面出现高差时,应在墙身内设置高低两道水平防潮层,并在靠土壤一侧设垂直防潮层(图 8-10)。

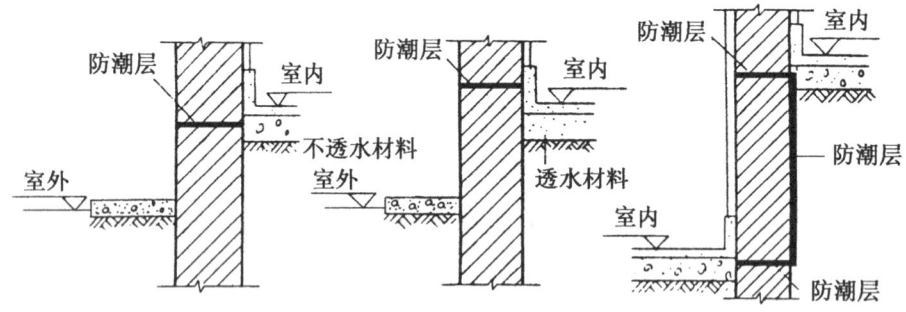

图 8-10 墙身防潮层的位置

②防潮层的做法 墙身防潮层一般有防水卷材防潮层、防水砂浆防潮层和细石钢筋混凝土防潮层等。防水卷材防潮层具有一定的韧性、延伸性和良好的防潮效果。但由于防水卷材的存在,削弱了上下砖砌体的连接,且防水卷材的使用年限一般只有 20 年左右,因此不宜用于有抗震要求的建筑中,长期使用也极为不利。防水砂浆是在水泥砂浆中加入 3%~5% 水泥用量的防水剂而制成的。在需设置防潮层的部位铺设防水砂浆 20mm 厚或用防水砂浆砌筑 2~3 皮砖,它克服了油毡防潮层的缺点,但由于砂浆属刚性材料,易开裂,故不宜用于地基会产生不均匀变形的建筑中。细石混凝土(60mm 厚)内配 2~3 根 $\phi 6$ 或 $\phi 8$ 钢筋组成的防水带具有抗裂性好的特点,且能与砌体结合在一起,故此做法多用于整体刚度

要求较高的建筑中。

如果墙脚采用不透水材料（如混凝土、料石等）组成，或在防潮层位置处有钢筋混凝土圈梁时，可不设防潮层。

(2) 勒脚

勒脚是墙身接近室外地面的部分。其高度一般指室内地坪与室外地面之间的高差部分，也有将底层窗台至室外地面的高度视为勒脚的。它起着保护墙身、防潮及增加美观的作用。具体做法有以下几种：

①采用较坚固的材料（如石块）进行砌筑（图8-11c）。

②对一般建筑可采用具有一定强度和防水性能的水泥砂浆抹面，如水刷石、斩假石等（图8-11a）。

③标准较高的建筑，可在外表面镶贴天然石材或人工石材，如花岗石等（图8-11b）。

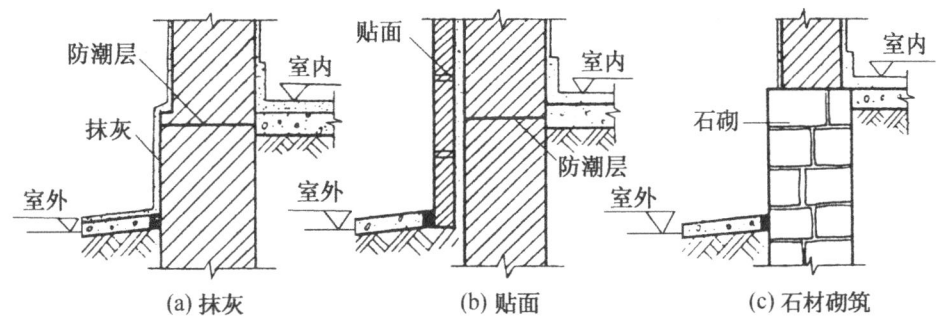

图 8-11　勒脚构造做法

(3) 明沟、散水

为防止屋顶落水或地表水侵入勒脚而危害基础，必须将建筑物周围的积水及时排离。其做法有两种：一是在建筑物四周设排水沟，将水有组织地导向集水井，然后流入排水系统，这种做法称为明沟。当屋面为自由落水时，明沟的中心线应对准屋顶檐口边缘。二是在建筑物外墙四周做坡度为3%～5%的护坡，将积水排离建筑物，护坡宽度一般为600～1000mm，并要比自由落水屋顶挑出檐口宽出200mm左右，这种做法称为散水。

明沟和散水可用混凝土现浇，也可用砖石等材料铺砌而成。散水与外墙的交接处应设缝分开，缝宽为20～30mm，并用有弹性的防水材料（如沥青砂浆）嵌缝，以防渗水（图8-12）。

8.2.3.4　墙身加固

对多层砖混结构的承重墙，由于砖砌体为脆性材料，其承受能力有限，为了提高抗震能力和承担荷载，需对墙身采取加固措施，以提高墙身的强度与稳定性，来满足设计要求。

(1) 增加壁柱和门垛

当建筑物墙上有集中荷载，而墙厚又不足以承担其荷载时，或墙体的长度、高度超过一定限度时，常在墙身适当的位置加设凸出于墙面的壁柱，突出尺寸一般为120mm×370mm、240mm×370mm、240mm×490mm等（图8-13a）。

当墙上开设的门窗洞口处于两墙转角处或丁字墙交接处时，为保证墙体的承载能力及稳定性和便于门框的安装，应设门垛，门垛尺寸不应小于120mm（图8-13b）。

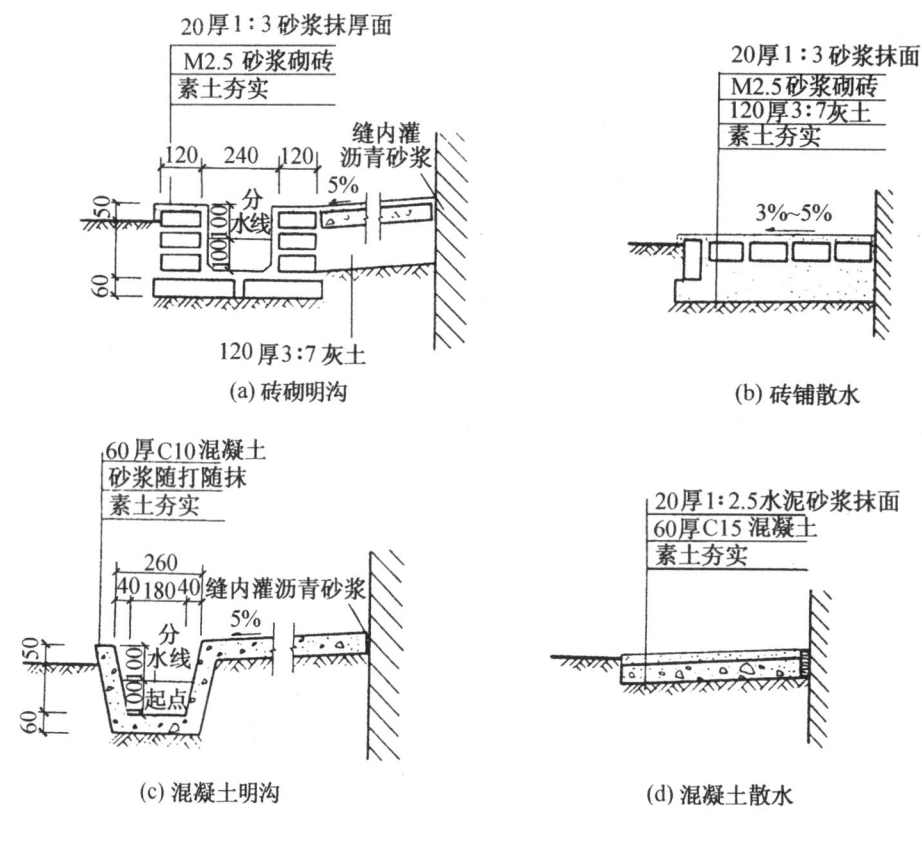

图 8-12 明沟与散水

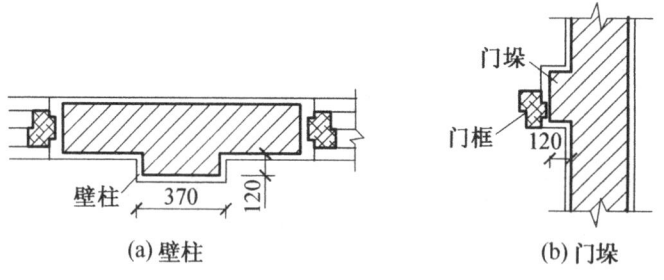

图 8-13 壁柱与门垛

（2）设圈梁

圈梁是沿建筑物外墙四周及部分内墙设置的连续闭合的梁。由于圈梁将楼板箍在一起，可大大提高建筑物的空间刚度和整体性，提高建筑物的抗震能力，同时也可减少因地基不均匀沉降而引起的墙身开裂。圈梁有钢筋混凝土和钢筋砖圈梁两种。

钢筋砖圈梁多用于非抗震区，结合钢筋砖过梁沿外墙形成（目前少用）。钢筋混凝土圈梁其宽度一般同墙厚，对墙厚较大的墙体可做到墙厚的 2/3，高度不小于 120mm。常见尺寸为 180mm、240mm。圈梁的数量与抗震设防等级和墙体的布置有关，一般情况下，檐口和基础处必须设置，其余楼层的设置可根据结构要求采用隔层设置或层层设置。

圈梁当遇到洞口不能封闭时，应在洞口上部或下部设置不小于圈梁截面的附加圈梁，其搭接长度不小于1m，且应大于两梁高差的2倍（图8-14），但对有抗震要求的建筑物，圈梁不宜被洞口截断。

（3）加设构造柱

为提高砖混结构的整体刚度和稳定性，以增加建筑物的抗震能力，除了提高砌体强度和设置圈梁外，必要时还应加设钢筋混凝土构造柱。

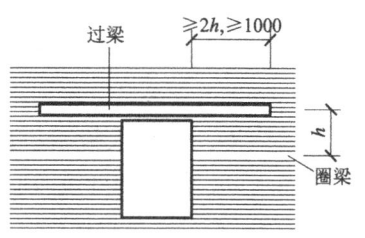

图8-14 附加圈梁

构造柱是从构造角度考虑设置的。结合建筑物的防震等级，一般在建筑物的四角、内外墙交界处以及楼梯间、电梯井的四个角等位置设置构造柱。构造柱应与圈梁紧密连接，使建筑物形成一个空间骨架，从而提高建筑物的整体强度，改善墙体的应变能力，使建筑物做到裂而不倒。构造柱的截面不小于180mm×240mm，主筋不小于4φ10，墙与柱之间沿墙高每500mm设2φ6拉墙钢筋，每边伸入墙内不少于1m（图8-15）。

构造柱在施工时应先砌墙，并留马牙槎（图8-16），随着墙体的上升，逐段浇注钢筋混凝土构造柱，构造柱混凝土强度等级一般为C20。

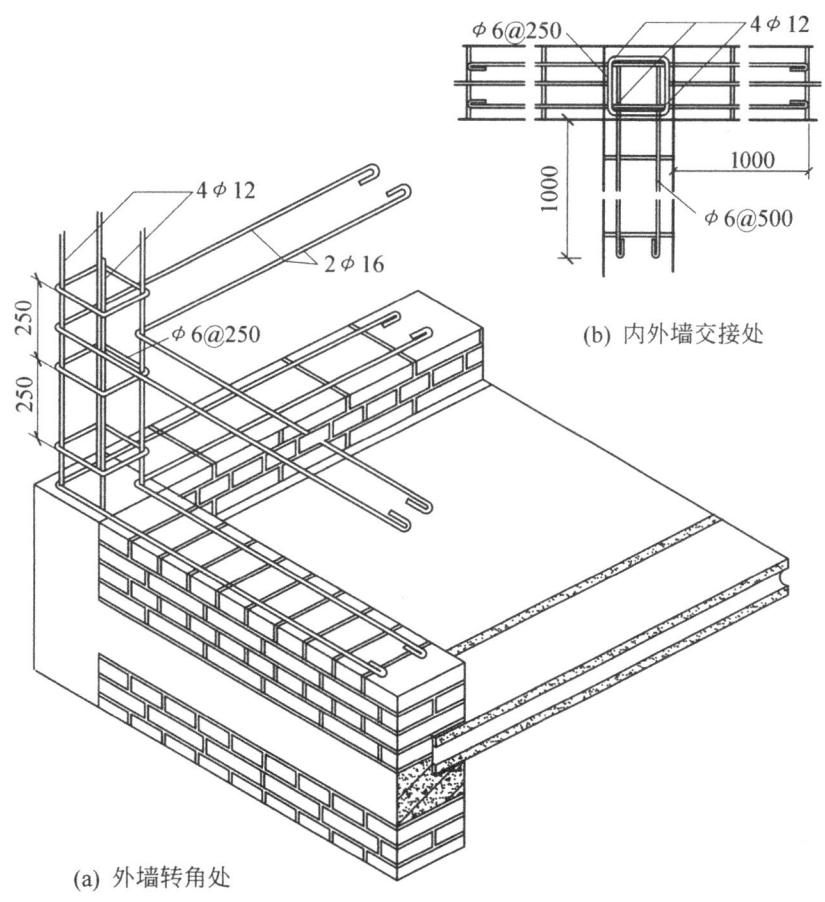

图8-15 砖砌体中的构造柱

8.2.3.5 防火墙

防火墙的作用在于把建筑空间隔成防火区，限制燃烧空间，防止火灾蔓延。根据防火规范规定，防火墙应选用非燃烧体，且耐火极限不低于 4.0h；防火墙上不应开门窗洞口，如必须开设时应采用甲级防火门窗，并能自动关闭。

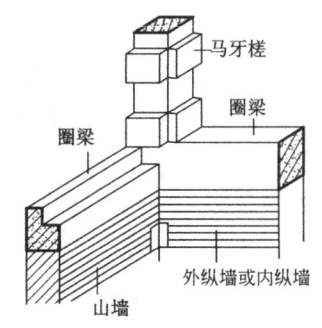

图 8-16 构造柱马牙槎示意图

防火墙应直接设置在基础上或钢筋混凝土框架上。防火墙应截断燃烧体或难燃烧体的屋顶结构，并应高出非燃烧体屋面不小于 400mm，高出燃烧体或难燃烧体屋面不小于 500mm。当建筑物的屋盖为耐火极限不低于 0.5h 的非燃烧体时，防火墙可砌至屋面结构层底面，不必高出屋面。

8.3 砌块墙构造

砌块墙是指利用在预制厂生产的块材所砌筑的墙体，其最大优点是能充分利用工业废料和地方材料，减少对耕地的破坏和节约能源。因此，目前在工程实践中已被广泛使用。

8.3.1 **砌块的材料及其类型**

生产砌块应结合各地区的实际情况，因地制宜，就地取材。目前各地广泛采用的材料有：加气混凝土、粉煤灰、陶粒混凝土等。

我国各地生产的砌块，其规格、类型不统一，但从使用情况看，以中小型砌块和空心砌块居多（图 8-17）。

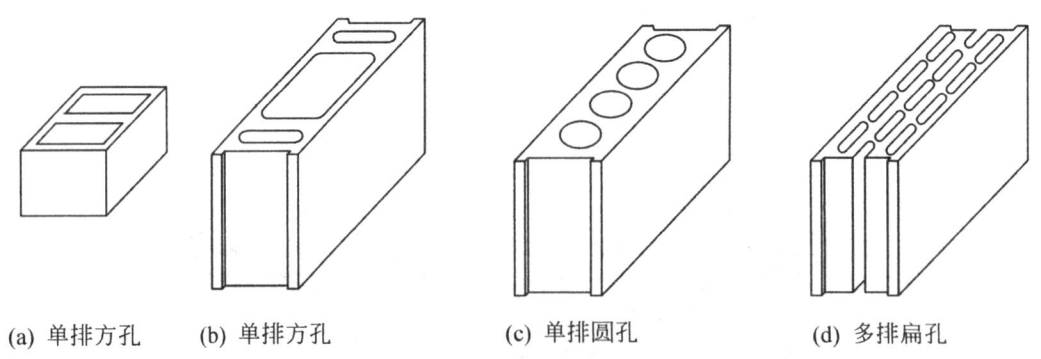

(a) 单排方孔　　(b) 单排方孔　　(c) 单排圆孔　　(d) 多排扁孔

图 8-17 空心砌块的形式

在考虑砌块规格时，首先必须符合建筑统一模数的规定；其次是砌块的型号愈少愈好，其主要砌块排列中，使用次数愈多愈好（占 70% 以上）；另外砌块的尺寸应考虑到生产工艺条件、施工和起重、吊装能力以及砌筑时错缝搭接的可能性。最后，在确定砌块时既要考虑到砌块的强度和稳定性，还要考虑砌块的热工性能。

8.3.2 砌块的组合与墙体构造

8.3.2.1 砌块的组合

这是一项十分重要的工作，应事先做砌块的试排工作，即按建筑物的平面尺寸、层高，对墙体进行合理的分块和搭接，以便正确选定砌块的规格、尺寸。在设计时，必须考虑使砌块整齐、划一、有规律性，不仅要考虑到大面积墙面的错缝、搭接，避免通缝，而且还要考虑内外墙的交接、咬砌，使其排列有致。此外，应尽量多用主要砌块，并使其占砌块总数的70%以上。

8.3.2.2 砌块墙构造

砌块墙和砖墙一样，为增强其墙体的整体性与稳定性，必须从构造上予以加强。

(1) 砌块墙的拼接

由于砌块的体积较砖块大，故墙体接缝更显得重要。在中型砌块的两端一般设有封闭式的灌浆槽，在砌筑、安装时，必须使竖缝填灌密实，水平缝砌筑饱满，使上、下、左、右砌块能更好地连接。一般砌块采用M5级砂浆砌筑，水平灰缝、垂直灰缝一般为15～～20mm。当垂直灰缝大于30mm时，须用C20细石混凝土灌实。在砌筑过程中出现局部不齐或缺少某些特殊规格砌块时，为减少砌块类型，常以普通粘土砖填嵌。

中型砌块砌体的错缝搭接，上、下皮砌块的搭缝长度不得小于150mm。当搭接长度不足时，应在水平灰缝内增设2φ4的钢筋网片(图8-18)。

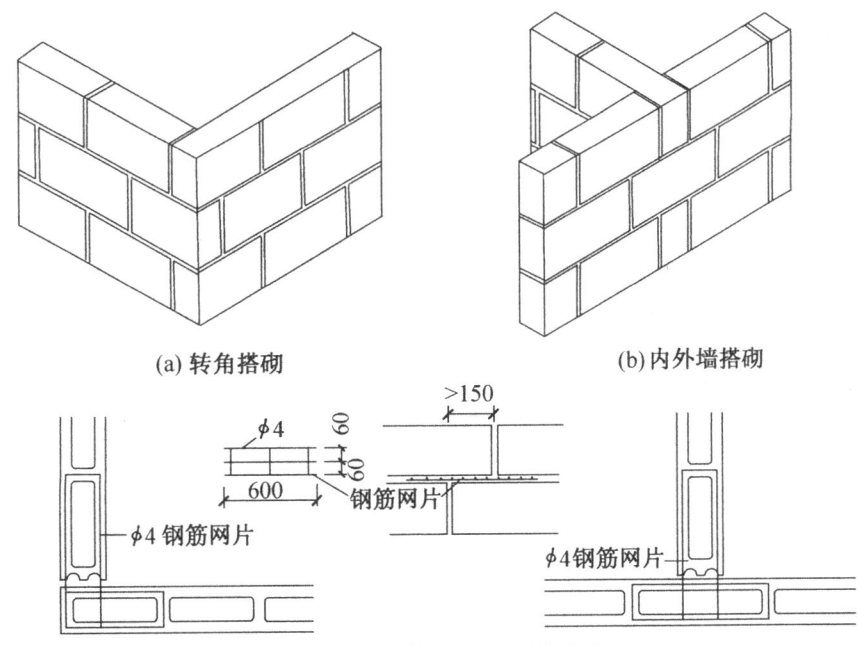

图8-18 砌块墙构造

(2) 过梁与圈梁

过梁是砌块墙的重要构件，它既起连系梁和承受门窗洞孔上部荷载的作用，同时又是一种调节砌块。当层高与砌块高出现差异时,过梁高度的变化可起调节作用,从而使得砌块的通用性更大。

为加强砌块建筑的整体性,多层砌块建筑应设置圈梁。当圈梁与过梁位置接近时,往往将圈梁、过梁一并考虑。圈梁设置要求见表8-2。

表8-2 多层砌块建筑圈梁设置

圈梁位置	设置要求	附　注
外墙及内纵墙	屋顶处应设置,楼板处宜隔层设置	1.如采用预制圈梁,安装时应坐浆,并保证接头牢固可靠
内　横　墙	同上,间距不宜大于10m	2.屋顶处圈梁宜现浇

注:①承重墙厚≤200mm的砌块建筑,宜每层按本表要求设置圈梁一道;
②本表摘自《中型砌块建筑设计与施工规程》(JGJ5—80)。

(3)构造柱

为加强砌块建筑的整体刚度,常在外墙转角和一些内外墙交界处设置构造柱。构造柱多利用空心砌块将其上下孔洞对齐,于孔中配置$\phi 10\sim\phi 12$钢筋,分层插入,并用C20细石混凝土分层填实(图8-19)。构造柱与圈梁、基础须有较好的联结,这对抗震加固也十分有利。

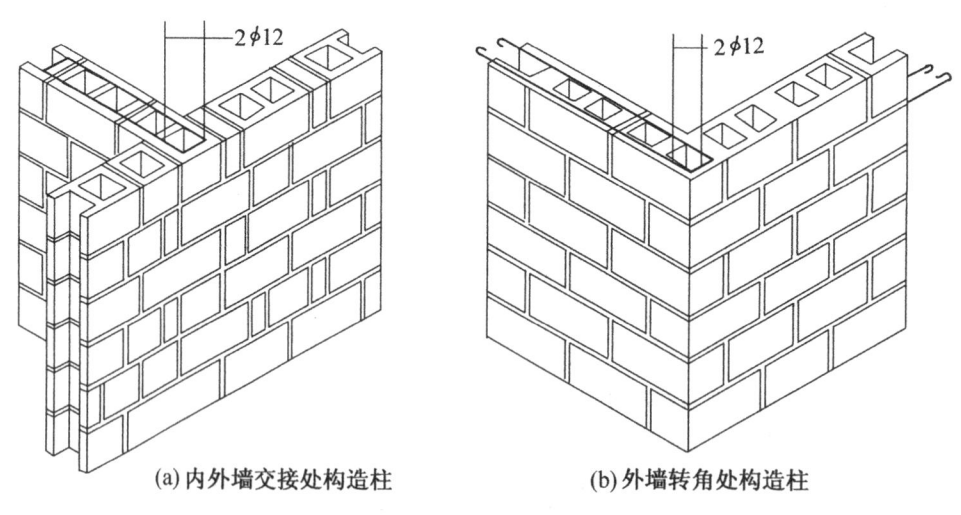

(a)内外墙交接处构造柱　　(b)外墙转角处构造柱

图8-19 砌块墙构造柱

8.4 隔墙构造

隔墙是建筑物的非承重构件,起水平方向分隔空间的作用,隔墙自重要轻,厚度应薄,并便于拆卸。根据所处的条件不同,还应具有隔声、防水、防火等要求。隔墙按其构造形式分为骨架隔墙、块材隔墙和板材隔墙三种主要类型。

8.4.1 骨架隔墙

骨架隔墙又称立筋式隔墙，它由骨架和面层两部分组成。

8.4.1.1 骨架

骨架的种类很多，常用的是木骨架和型钢骨架。近年来，为了节约木材和钢材，各地出现了不少利用地方材料和轻金属制成的骨架，如石膏骨架、轻钢和铝合金骨架等。

木骨架是由上槛、下槛、墙筋、横撑或斜撑组成，上、下槛截面尺寸一般为（40～50）mm×（70～100）mm，墙筋之间沿高度方向每隔1.2m左右设一道横撑或斜撑。墙筋的间距要求由饰面材料规格而定，通常取400～600mm。上槛、下槛、墙筋与横挡可以榫接，也可以钉接。但必须保证饰面平整，同时木材必须干燥，避免翘曲。木骨架应具有自重轻、构造简单、便于拆装等优点，

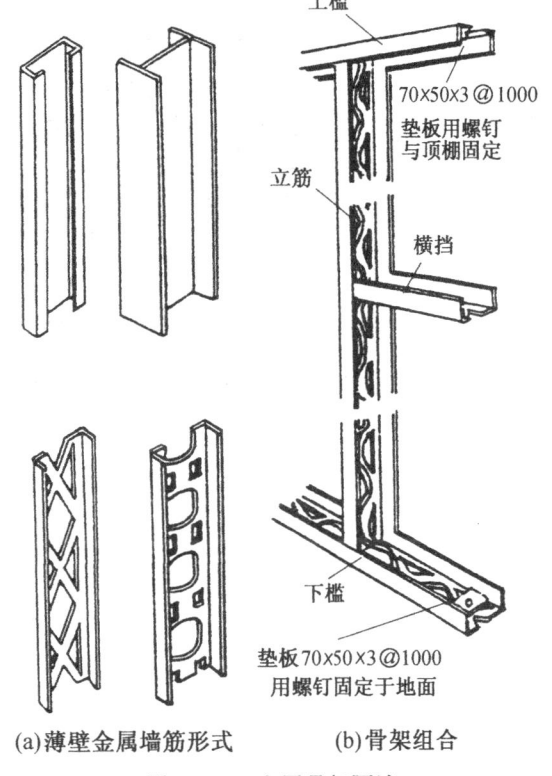

(a) 薄壁金属墙筋形式　　(b) 骨架组合

图 8-20　金属骨架隔墙

但防水、防潮、防火、隔声性能较差，并且耗费大量木材。

轻钢骨架是由各种形式的薄型钢加工制成的，也称轻钢龙骨（图8-20）。它具有强度高、刚度大、重量轻、整体性好、易于加工和大批量生产以及防火、防潮性能好等优点。轻钢骨架和木骨架一样，也是由上槛、下槛、墙筋、横撑或斜撑组成。骨架的安装过程是先用射钉将上、下槛固定在楼板上，然后安装木龙骨或轻钢龙骨。

8.4.1.2 面层

骨架的面层有抹灰面层和人造板面层，抹灰面层常用木骨架，即传统的板条抹灰隔墙。人造板材可用木骨架或轻钢骨架。隔墙的名称就是依据不同的面层材料而定的。

（1）板条抹灰隔墙　它是先在木骨架的两侧钉灰板条，然后抹灰。灰板条的尺寸一般为1200mm×24mm×6mm，板条间留缝7～10mm，以便让底灰挤入板条间缝背面咬住板条。有时为了使抹灰与板条更好地连接，常将板条间距加大，然后钉上钢丝网，再做抹灰面层，形成钢丝网板条抹灰隔墙（图8-21）。由于钢丝网变形小，强度高，与砂浆的粘结力大，因而抹灰层不易开裂和脱落，有利于防潮和防火。

（2）人造板材面层骨架隔墙　它是骨架两侧钉胶合板、纤维板、石膏板或其他轻质薄板构成的隔墙，面板可用镀锌螺丝、自攻螺丝或金属夹子固定在骨架上（图8-22），为提高隔墙的隔声能力，可在面板间填岩棉等轻质有弹性的材料。

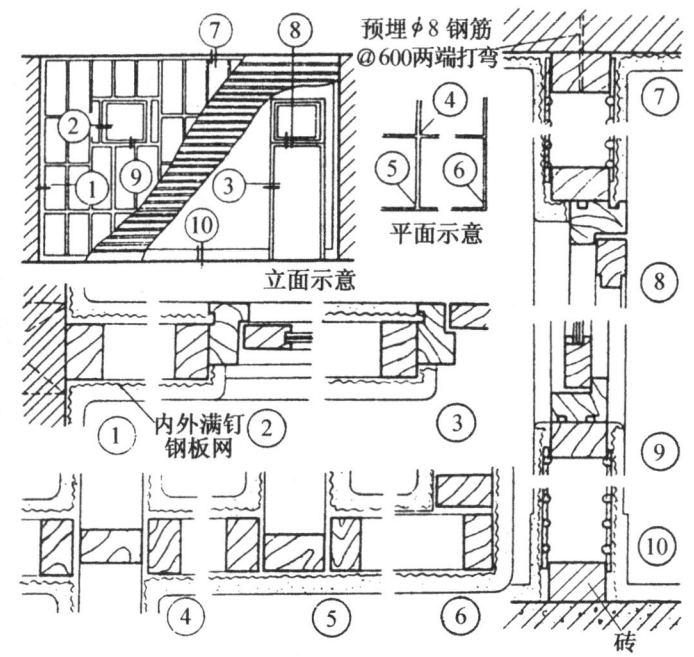

图 8-21 板条抹灰隔墙

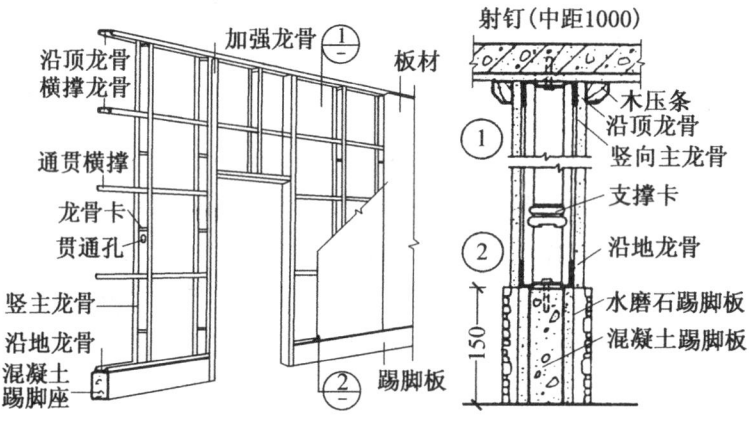

图 8-22 人造板骨架隔墙

8.4.2 块材隔墙

块材隔墙包括砖隔墙和砌块隔墙等。

砖隔墙有半砖隔墙和 1/4 砖隔墙之分，其构造见图 8-23。对半砖墙，当采用 M2.5 级砂浆砌筑时，其高度不宜超过 3.6m，长度不宜超过 5m。在构造上除砌筑时应与承重墙牢固搭接外，还应在墙身每隔 1.2m 高处加 2ϕ6 拉结钢筋予以加固。顶部与楼板相接处用立砖斜砌，然后填塞墙与楼板间的空隙。

对 1/4 砖墙，高度不应超过 3m，宜用 M5 级砂浆砌筑。一般多用于面积不大且无门窗的墙体。

为减轻隔墙自重、节约用砖，常采用加气混凝土砌块、矿渣空心砖、陶粒混凝土砌块等，隔墙的厚度随砌块尺寸而定，一般为 90~120mm。砌块墙重量轻、孔隙率大、隔热性能好,但吸水性强。因此,砌筑时应在墙下砌 3~5 皮砖。砌块较薄,也需采取措施,加强其稳定性,砌块隔墙构造见图 8‑24。

8.4.3 板材隔墙

板材隔墙常采用的预制条板有加气混凝土条板、碳化石灰板、石膏珍珠岩板等,为减轻自重常做成空心板。条板厚度大多为 60~100mm,宽度为 600~1000mm,长度略小于房间净高。安装时,条板下部选用小木楔顶紧,然后用细石混凝土堵严板缝,用胶粘剂粘接,并用胶泥刮缝,平整后再做表面装修(图 8‑25)。由于板材隔墙采用的是轻质大型板材,施工中直接拼装而不依赖骨架,因此它具有自重轻、安装方便、施工速度快、工业化程度高的特点。

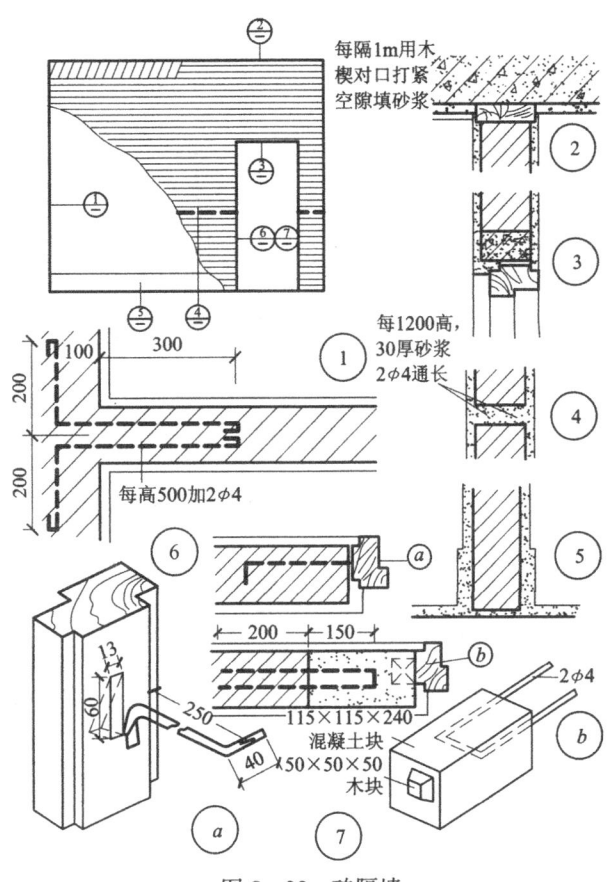

图 8‑23 砖隔墙

图 8‑24 砌块隔墙

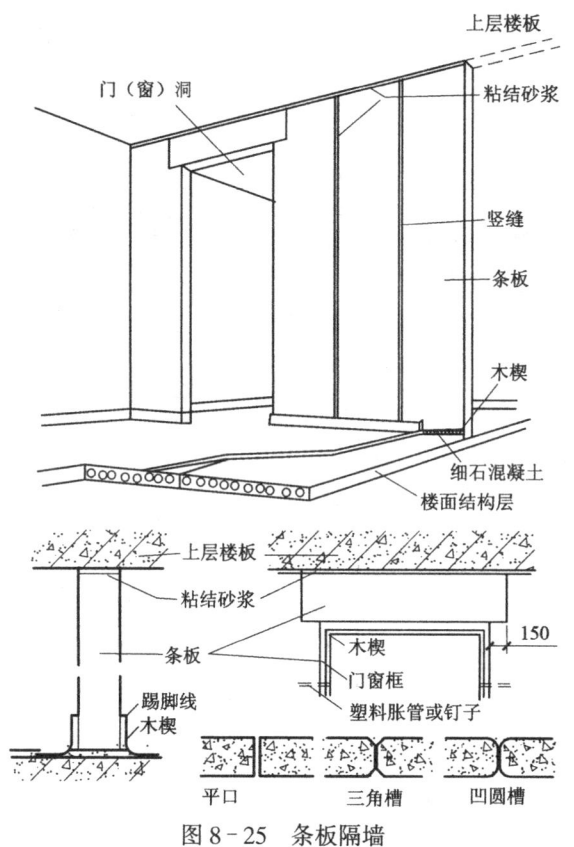

图 8-25 条板隔墙

第 9 章　楼地层构造

9.1　概述

9.1.1　楼板层的作用及其设计要求

楼板层是多层建筑中沿水平方向分隔上下空间的结构构件。它除了承受并传递垂直荷载和水平荷载外，还应具有一定程度的隔声、防火、防水等能力。同时，建筑物中的各种水平设备管线，也将在楼板层内安装。因此，作为楼板层，必须具备如下要求：

(1) 具有足够的强度和刚度，保证安全正常使用。
(2) 为避免楼层上下空间的相互干扰，楼板层应具备一定的隔空气传声和撞击传声的能力。
(3) 楼板应满足规范规定的防火要求，保证生命财产安全。
(4) 对有水侵袭的楼板层，须具有防潮防水能力，避免渗透，影响建筑物正常使用。
(5) 在现代建筑中，将有更多的管道、线路借楼板层来敷设。所以在设计中，须仔细考虑各种设备管线的走向。
(6) 在多层建筑中，楼板结构占相当比重，因此在设计中应尽量为工业化创造条件。

9.1.2　楼板层的组成

为满足楼板层的使用要求，建筑物的楼板层通常由以下几部分构成（图 9-1）。

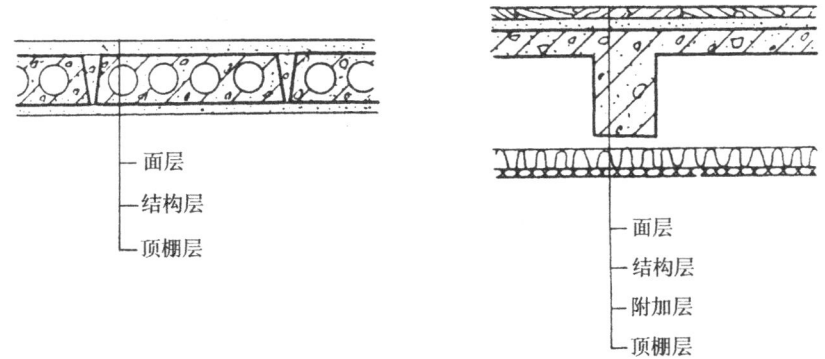

图 9-1　楼板层的组成

9.1.2.1　楼板面层

楼板面层又称面层或地面，是楼板层中与人和家具设备直接接触的部分，它起着保护楼板、分布荷载和各种绝缘、隔声等功能方面的作用。同时也对室内装饰有重要影响。

9.1.2.2 楼板结构层

它是楼板层的承重部分，包括板和梁，主要功能在于承受楼板层的荷载，并将荷载传给墙或柱，同时还对墙身起水平支撑作用，抵抗部分水平荷载，增加建筑物的整体刚度。

9.1.2.3 附加层

附加层又称功能层，主要用以设置满足隔声、防水、隔热、保温、绝缘等作用的部分。

9.1.2.4 楼板顶棚层

它是楼板层下表面的构造层，也是室内空间上部的装修层，又称天花、天棚或平顶，其主要功能是保护楼板、装饰室内，以及保证室内使用条件。

9.1.3 楼板的类型

根据楼板结构层所采用材料的不同，可分为木楼板、砖拱楼板、钢筋混凝土楼板以及压型钢板与钢梁组合的楼板等多种形式（图 9-2）。

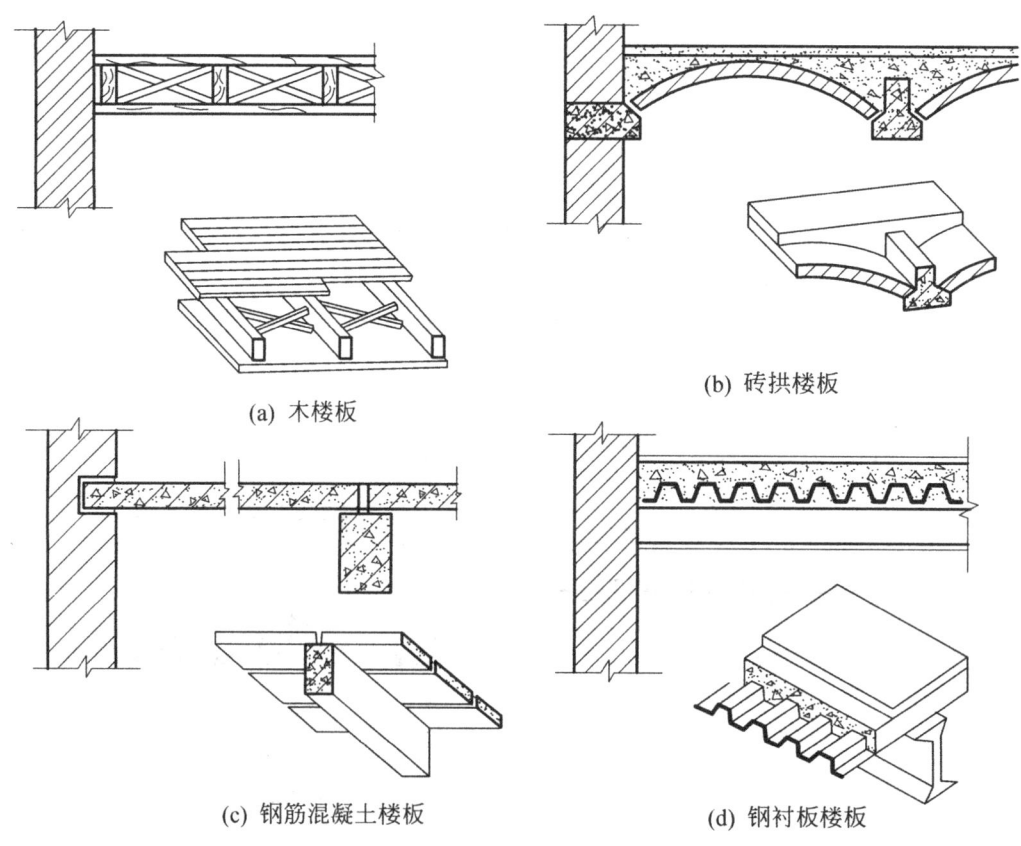

(a) 木楼板　　(b) 砖拱楼板

(c) 钢筋混凝土楼板　　(d) 钢衬板楼板

图 9-2 楼板的类型

木楼板具有自重轻、表面温暖、构造简单等优点，但不耐火、隔声，且耐久性亦较差，为节约木材，现已极少采用。

砖拱楼板可以节约钢材、水泥和木材，曾在缺乏钢材、水泥的地区采用过。由于它自重大、承载能力差，且不宜用于有振动和地震烈度较高地区，加上施工较繁，现也趋于不用。

钢筋混凝土楼板具有强度高、刚度好，既耐久又防火，还具有良好的可塑性，且便于机械化施工等特点，是目前我国工业与民用建筑中楼板的基本型式。近年来，由于压型钢板在建筑上的应用，于是出现了以压型钢板为底模的钢衬板楼板。

9.2 钢筋混凝土楼板层构造

钢筋混凝土被用于建造房屋已有一百多年的历史，由于它强度高、不燃烧、耐久性好，而且可塑性强，所以今天钢筋混凝土在建筑上的运用仍极为广泛。它是当今建筑业中不可缺少的、较经济的建筑材料之一。它的出现，给建筑业带来了巨大的变化。钢筋混凝土楼板按施工方式的不同可分为现浇整体式、预制装配式和装配整体式楼板。

9.2.1 现浇钢筋混凝土楼板

现浇钢筋混凝土楼板是在施工现场按支模、扎筋、浇灌振捣混凝土、养护等施工程序而成型的楼板结构。由于是现场整体浇筑成型，结构整体性能良好，且制作灵活，因而特别适合于整体性要求较高、平面位置不规则、尺寸不符合模数或管道穿越较多的楼面。随着高层建筑的日益增多，以及施工技术的不断革新和工具式钢模板的发展，现浇钢筋混凝土楼板的应用逐渐增多。

现浇钢筋混凝土楼板按其受力和传力情况可分为板式楼板、梁板式楼板、无梁楼板，此外还有压型钢板组合式楼板。

9.2.1.1 板式楼板

将楼板现浇成一块平板，并直接支承在墙上，这种楼板称为板式楼板。板式楼板底面平整，便于支模施工，是最简单的一种形式，适用于平面尺寸较小的房间（多用于混合结构住宅中的厨房和卫生间等）以及公共建筑的走廊。

9.2.1.2 梁板式楼板

当房间的平面尺寸较大时，为使楼板结构的受力与传力较为合理，常在楼板下设梁以增加板的支点，从而减小了板的跨度。这样楼板上的荷载是先由板传给梁，再由梁传给墙或柱。这种楼板结构称为梁板式结构。梁有主梁与次梁之分（图9-3）。

楼板依其受力特点和支承情况，又有单向板与双向板之分。在板的受力和传力过程中，板的长边尺寸 l_2 与短边尺寸 l_1 的比例，对板的受力方式关系极大。当 $l_2/l_1>2$ 时，在荷载作用下，板基本上只在 l_1 方向挠曲，而在 l_2 方向挠曲很小（图9-4a），这表明荷载主要沿 l_1 方向传递，故称单向板。

当 $l_2/l_1 \leqslant 2$ 时，则两个方向都有挠曲（图9-4b），这说明板在两个方向都传递荷载，故称双向板。

(1) 楼板结构的经济尺度

为了更充分地发挥楼板结构的效力，合理选择构件的使用尺度是至关重要的。工程技术人员在试验和实践的基础上，总结出的楼板结构构件常用尺度，是结构构件设计时参考的经济尺度，现分述如下。

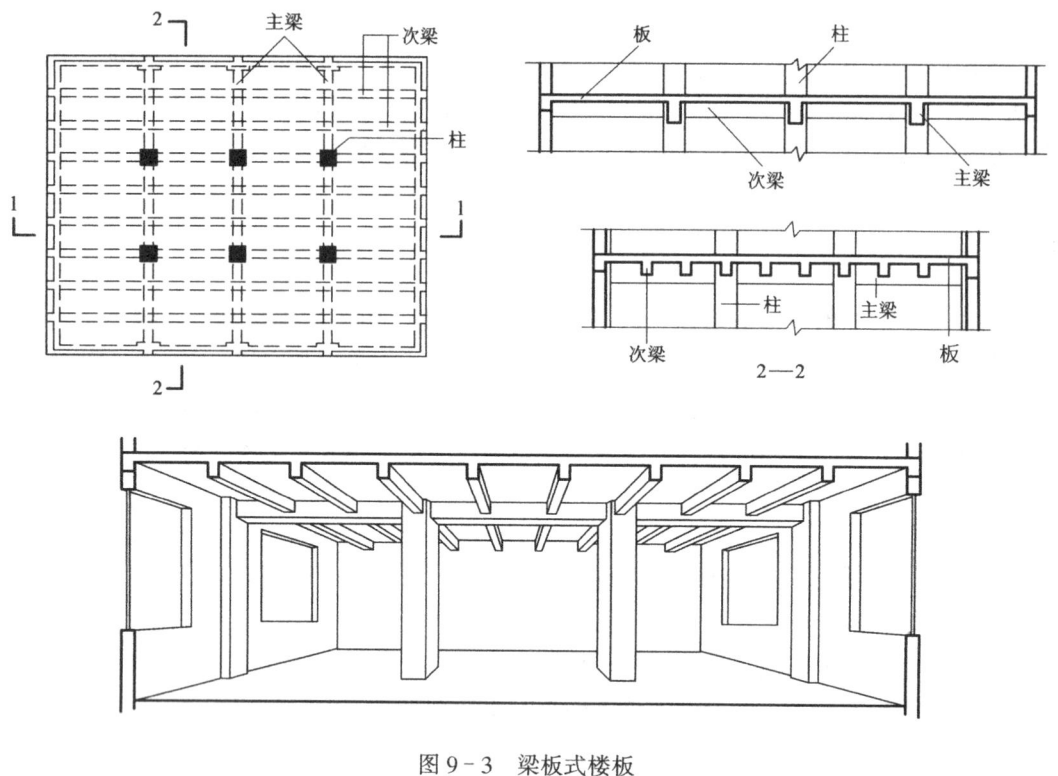

图 9-3 梁板式楼板

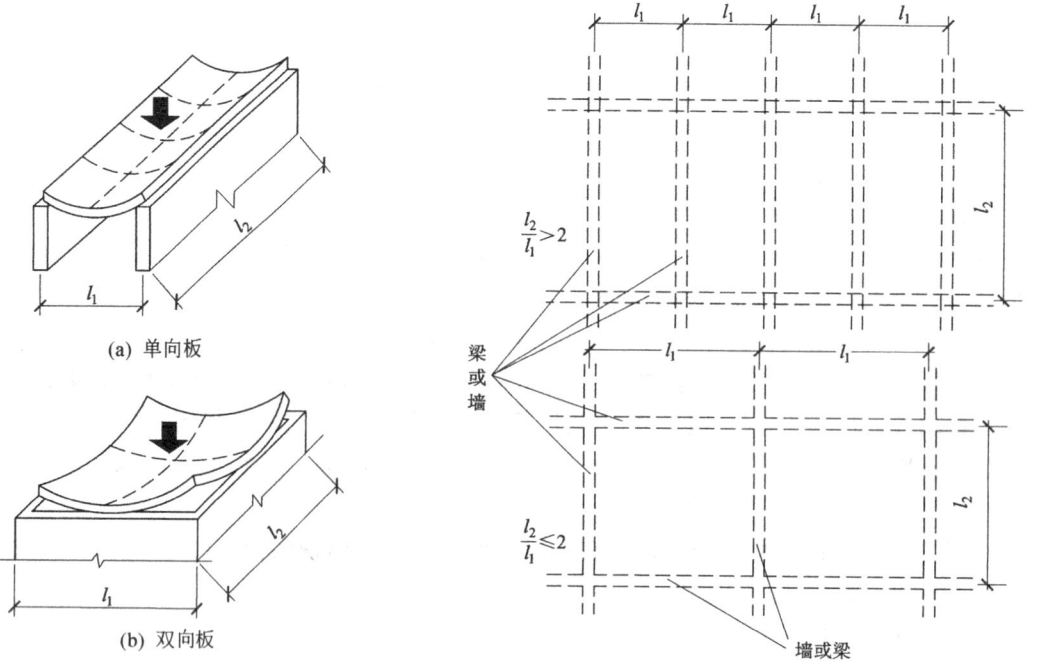

图 9-4 楼板的受力、传力方式

主梁跨度一般为5~9m，主梁高度为跨度的1/14~1/8；次梁跨度即主梁间距，一般为4~6m，次梁高为次梁跨度的1/18~1/12。梁的宽与高之比一般为1/3~1/2，其宽度常采用250mm或300mm。

板的跨度即次梁（或主梁）的间距，一般为1.7~2.5m，双向板不宜超过5m×5m，板的厚度根据施工和使用要求，一般有如下规定：

单向板时：屋面板板厚60~80mm，一般为板跨的$\frac{1}{35}$~$\frac{1}{30}$。

民用建筑楼板板厚70~100mm。

生产性建筑（工业建筑）的楼板板厚80~180mm。

当混凝土强度等级≥C20时，板厚可减少10mm，但不得小于60mm。

双向板时：板厚为80~160mm，一般为板跨的$\frac{1}{40}$~$\frac{1}{35}$。

（2）楼板的结构布置

结构布置是对楼板的承重构件作合理的安排，使其受力合理，并与建筑设计协调。

在结构布置中，首先应考虑构件的经济尺度，以确保构件受力的合理性；当房间的尺度超过构件的经济尺度时，可在室内增设柱子作为主梁的支点，使其尺度在经济跨度范围以内。其次，构件的布置应根据建筑的平面尺寸使其主梁尽量沿支点的短跨方向布置；次梁则与主梁方向垂直。对于一些公共建筑的门厅或大厅中，当房间的形状近似方形，长短边比例$l_2:l_1 \leqslant 2$，且跨度在10m或10m以上时，常沿两个方向等尺寸地布置构件，即不分主梁与次梁，梁的截面也同高，形成井格形梁板结构形式，这种结构又称井式楼板（图9-5）。

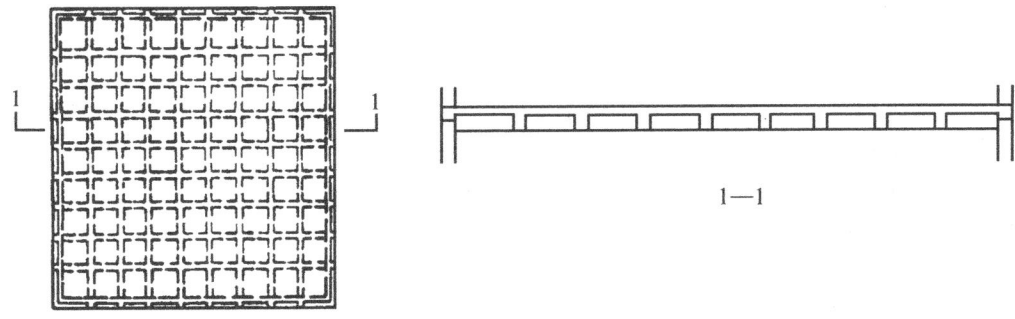

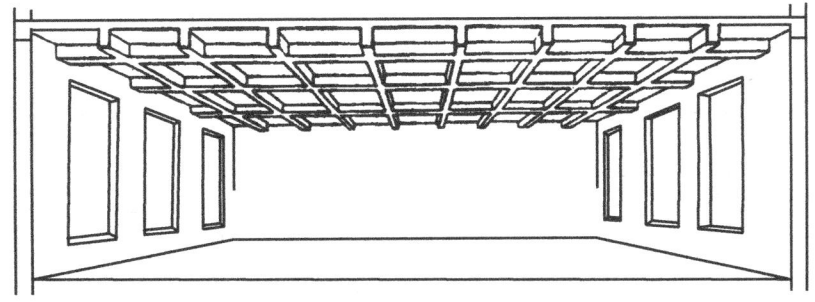

图9-5 井式楼板（梁正交正放）

9.2.1.3 无梁楼板

对于平面尺寸较大的房间或门厅，也可以不设梁，直接将板支承于柱上，这种楼板称为无梁楼板（图9-6）。无梁楼板分无柱帽和有柱帽两种类型。当荷载较大时，为避免楼板太厚，应采用有柱帽无梁楼板，以增加板在柱上的支承面积。无梁楼板的柱网一般布置成方形或矩形，以方形柱网较为经济，跨度一般不超过6m，板厚通常不小于120mm。

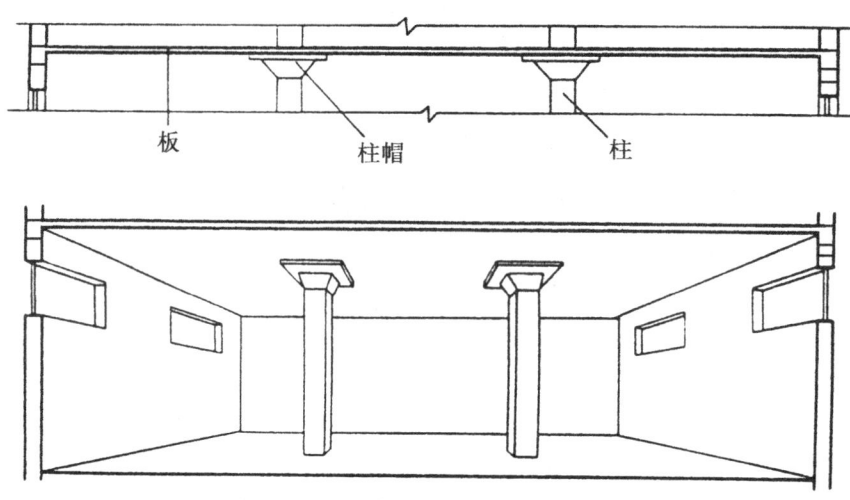

图9-6 无梁楼板（有柱帽）

无梁楼板的底面平整，增加了室内的净空高度，有利于采光和通风，但楼板厚度较大。这种楼板比较适用于荷载较大、管线较多的商店和仓库等。

9.2.1.4 压型钢板混凝土组合楼板

压型钢板混凝土组合楼板是在型钢梁上铺设压型钢板，以压型钢板作衬板来现浇混凝土，使压型钢板和混凝土浇注在一起共同作用。压型钢板用来承受楼板下部的拉应力（负弯矩处另加铺钢筋），同时也是浇注混凝土的永久性模板，此外，还可以利用压型钢板的空隙敷设管线（图9-7）。

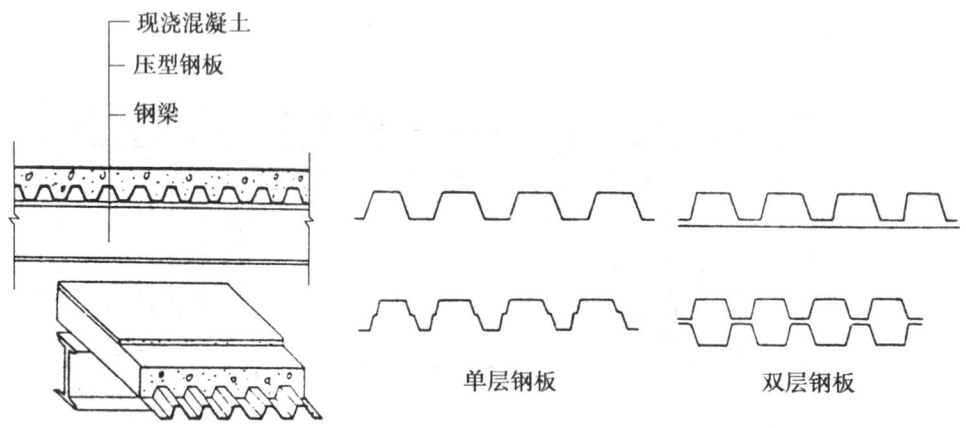

图9-7 压型钢板混凝土组合楼板

9.2.2 预制装配式钢筋混凝土楼板

预制钢筋混凝土楼板是将楼板在预制厂或施工现场预制，然后装配而成。此做法可节省模板，改善劳动条件，提高效率，缩短工期，促进工业化水平。但预制楼板的整体性不好，灵活性也不如现浇板，更不宜在楼板上穿洞。

9.2.2.1 预制钢筋混凝土楼板的类型

（1）实心平板

实心平板的上下表面平整，制作简单。但板的跨度受到限制，隔声效果较差，一般多用于跨度较小的房间或走廊等处。

实心平板的两端支承在墙或梁上，其跨度一般不超过 2.5m，板宽多在 500～1000mm 范围之内，板厚可取其跨度的 1/30，常用 50～80mm（图 9-8）。

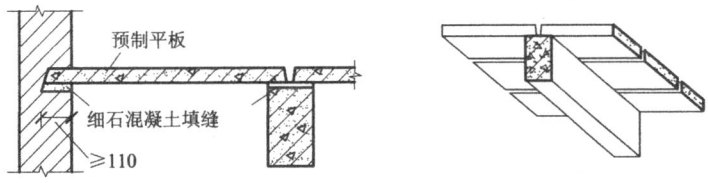

图 9-8 实心平板

（2）槽形板

槽形板是由板和肋两部分组成，它是一种梁板结合的构件。肋设于板的两侧以承受板的荷载，为方便搁置和提高板的刚度，在板的两端常设端肋封闭，当板的跨度达到 6m 时，还应在板的中部增加横肋，以加强板的刚度（图 9-9b）。

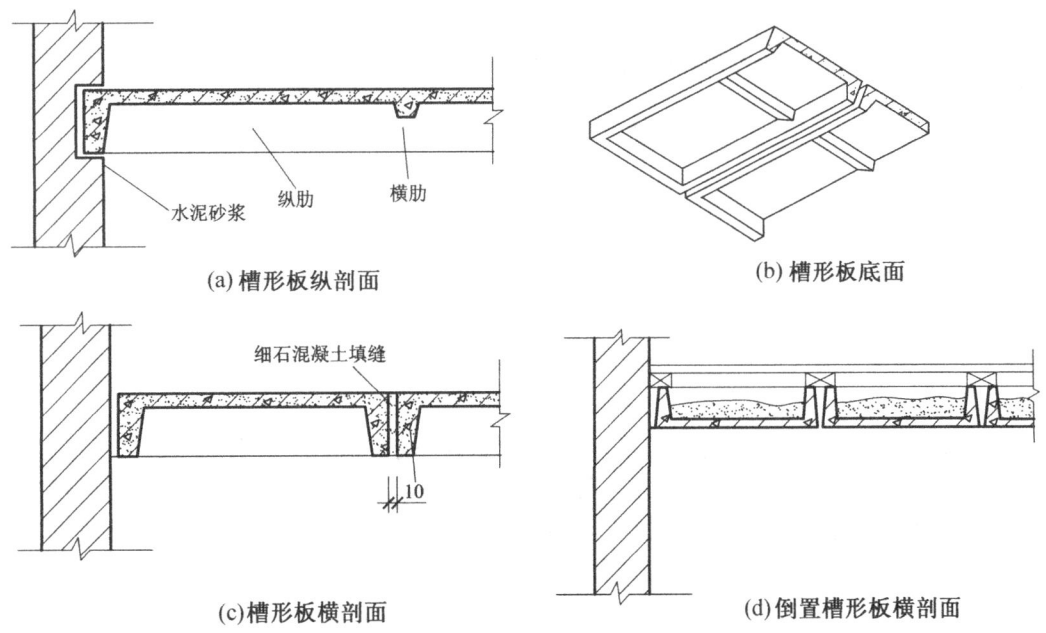

(a) 槽形板纵剖面　　　　　　　　(b) 槽形板底面

(c) 槽形板横剖面　　　　　　　　(d) 倒置槽形板横剖面

图 9-9 预制钢筋混凝土槽形板

槽形板有预应力和非预应力两种。由于其两侧有肋，故槽形板的板厚较小，而跨度可以较大。一般槽形板的板厚为30～35mm，板宽为600～1200mm，肋高为150～300mm，板跨为3～7.2m。槽形板的自重较轻，用料省，亦便于在楼板上临时开洞，但隔声性能较差。槽形板经常被制成大型屋面板，用在单层大跨度的工业厂房建筑中。

槽形板的搁置方式有两种：一种是正置，即肋向下搁置。这种做法受力合理，但底板不平整，也不利于采光，可直接用于观瞻要求不高的房间，也可采用吊顶棚来解决美观和隔声等问题（图9-9a、c）。另一种是倒置，即肋向上搁置，这种方式可使板底平整，需另做面板。为提高板的隔声能力，可在槽内填充隔声材料（图9-9d）。

（3）空心板

空心板是将平板沿纵向抽孔而成。孔的断面形式有圆形、方形、长方形和椭圆形等。由于圆形孔制作时抽心脱膜方便且刚度好，所以其应用最普遍。空心板也有预应力和非预应力之分，预应力空心板更为多用。

空心板的厚度尺寸视板的跨度而定，一般多为110～240mm，宽度为500～1200mm，跨度为2.4～7.2m，其中较为经济的跨度为2.4～4.2m。

空心板上下表面平整，隔声效果较实心板和槽形板好，是预制板中应用最广泛的一种类型。但空心板不宜任意开洞，故不能用于管道穿越较多的房间（图9-10）。

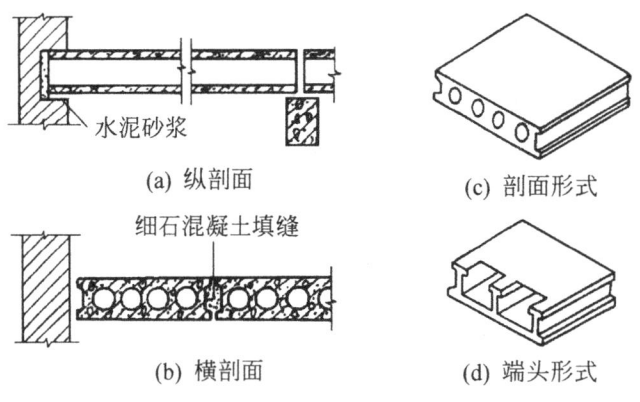

图9-10 预制空心板

9.2.2.2 钢筋混凝土预制板的细部构造

（1）板的搁置构造

板的搁置方式有两种：一种是板直接搁置在墙上，形成板式结构；另一种是将板搁置在梁上，梁支承在墙或柱子上，形成梁板式结构。板的布置方式视结构布置方案而定。

①板在墙上的搁置

板在墙上必须具有足够的搁置长度，一般不宜小于80mm。为使板与墙有可靠的连接，在板安装前，应先在墙上铺设水泥砂浆，俗称坐浆，厚度不小于10mm。板安装后，板端缝内需用细石混凝土或水泥砂浆灌缝；若为空心板，则应在板的两端用砖块或混凝土堵孔，以防板端在搁置处被压坏，同时，也能避免板缝灌浆时细石混凝土流入孔内（图9-11）。

空心板靠墙一侧的纵向长边不应搁置在墙上，否则会形成三边支承的板，这样板的受力状态与板的设计不符,易导致板的开裂。板的纵向长边应靠墙布置,并用细石混凝土将板边与墙之间的缝隙灌实(图9-11)。

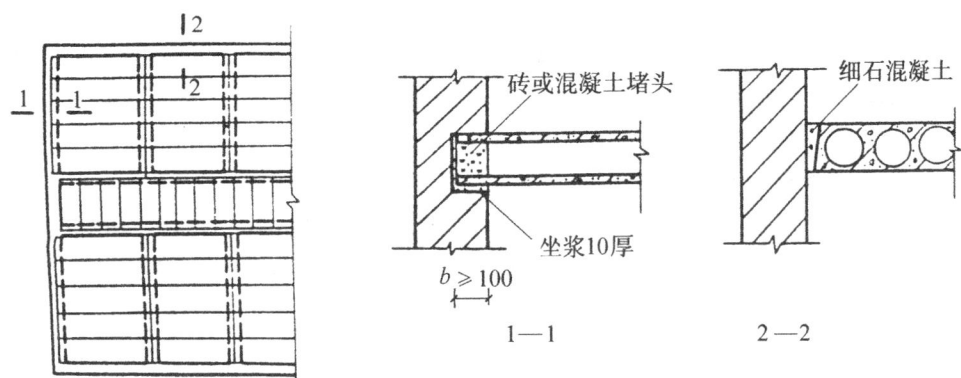

图9-11 板在墙上的搁置

为增加建筑物的整体刚度,可用钢筋将板与墙、板与板之间进行拉结。拉结钢筋的配置视建筑物对整体刚度的要求及抗震情况而定,图9-12中的锚固钢筋配置可供参考。

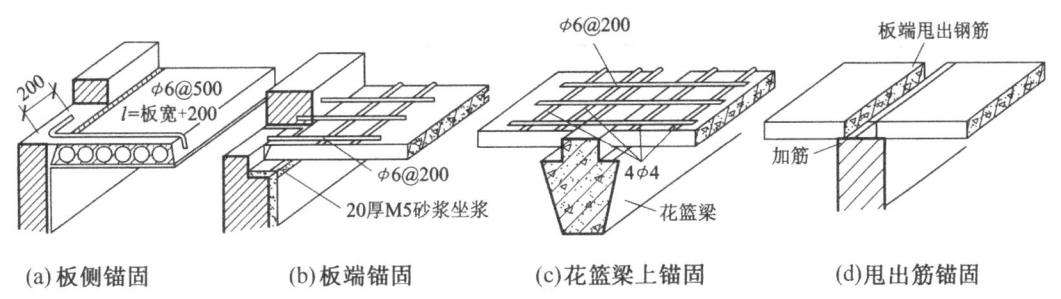

图9-12 锚固筋的配置

②板在梁上的搁置

板在梁上的搁置方式有两种:一是搁置在梁的顶面,如矩形梁(图9-13a);二是搁置在梁出挑的翼缘上,如花篮梁(图9-13b)。后一种搁置方式板的上表面与梁的顶面平

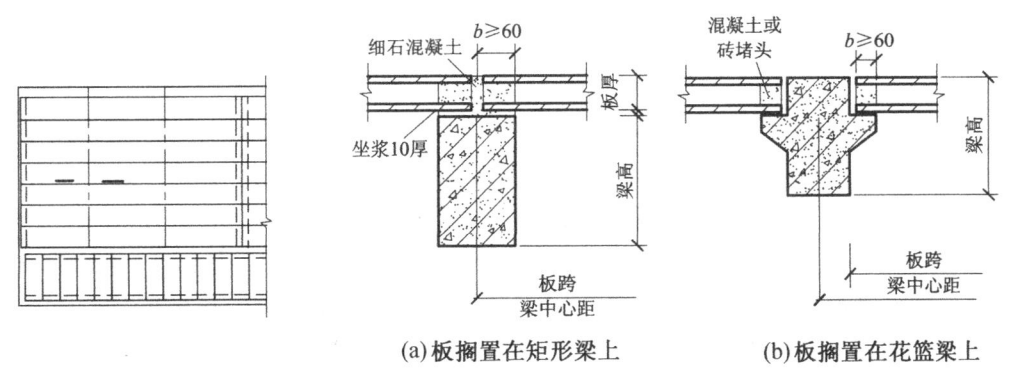

图9-13 板在梁上的搁置

189

齐，若梁高不变，楼板结构所占的高度就比前一种搁置方式小一个板厚，这样室内的净空高度增加了一个板厚。此时应特别注意板的跨度尺寸已不是梁的中心距，而应是减去梁顶面宽度之后的尺寸（图 9‑13a、b）。

板搁置在梁上的构造要求与做法同搁置在墙上时基本相同，只是板的搁置长度略小于板在墙上的尺寸，其搁置长度一般不小于 60mm。

(2) 板缝的处理

①板的侧缝处理

为加强楼板的整体性，改善各独立铺板的工作，板的侧缝内应用细石混凝土灌实（图 9‑14）。整体性要求较高时，可在板缝内配筋，或用短钢筋与预制板的吊钩焊接在一起（图 9‑15）。

板的侧缝有 V 形缝、U 形缝、凹槽缝三种形式（图 9‑14）。其中 V 形缝和 U 形缝便于灌缝，多在楼板较薄时采用；凹槽缝连接牢固，楼板整体性好，相邻的板之间共同工作效果较好。

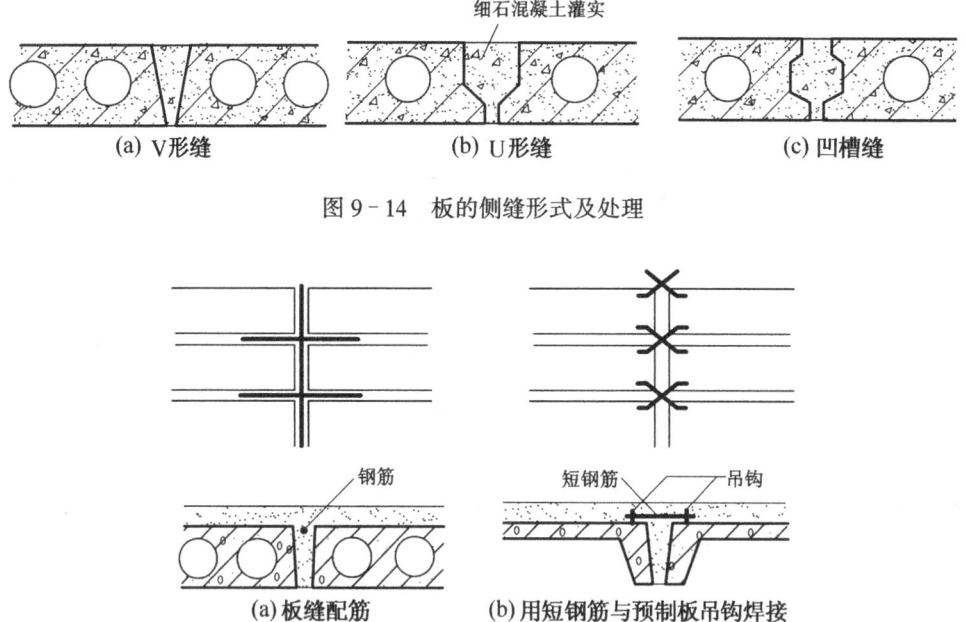

图 9‑14 板的侧缝形式及处理

图 9‑15 整体性要求较高时的板缝处理

②剩余板缝处理

为便于施工，在进行板的布置时，一般要求板的规格、类型愈少愈好，通常一个房间的预制板宽度尺寸的规格不超过两种。因此，在房间的楼板布置时，板宽方向的尺寸（板的宽度之和）与房间的平面尺寸之间可能会产生差额，即出现不足以排开一块板的缝隙。这时，应根据剩余缝隙大小不同，分别采取相应的措施补缝。当缝差在 60mm 以内时，调整板缝宽度；当缝差在 60～120mm 时，可沿墙边挑梁解决（图 9‑16a）；当缝差超过 120mm 且在 200mm 以内，或因竖向管道沿墙边通过时，则用局部现浇板带的办法解决（图 9‑16b、c）；当缝差超过 200mm，则需重新选择板的规格。

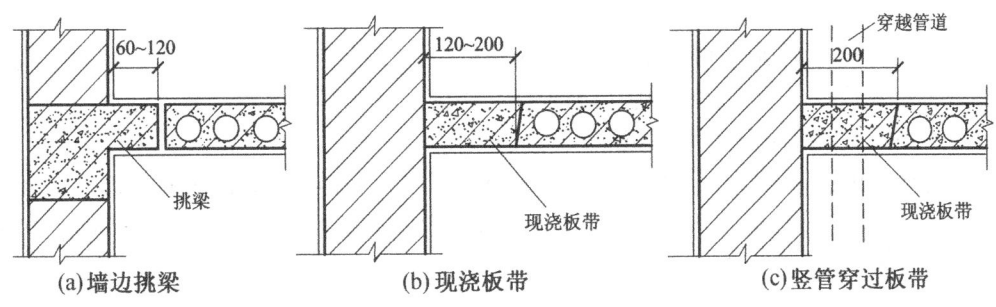

图 9-16 板缝差的处理

(3) 预制板上设立隔墙

当房间设置隔墙,而且隔墙的重量由楼板承受时,必须从结构上予以考虑。首先应考虑采用轻质隔墙,其次是隔墙的位置应进行调整,尽量避免使隔墙的重量完全由一块板负担。当隔墙与板跨平行时,通常将隔墙设置在板的接缝处、槽形板的肋上或于墙下设梁来支承隔墙(图 9-17b、c、d)。当隔墙与板跨垂直时,应尽量将墙布置在楼板的支承端(图 9-17a),否则,应通过结构计算选择预制板的型号,并在板面内加配构造钢筋(图 9-17e)。

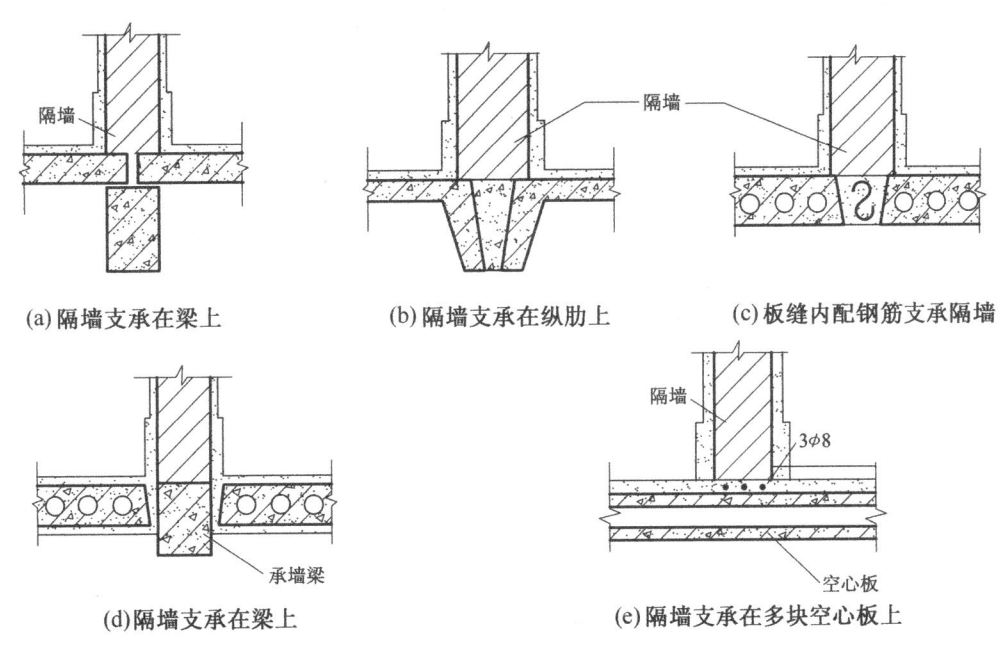

图 9-17 隔墙在楼板上的搁置

9.2.3 装配整体式钢筋混凝土楼板

装配整体式钢筋混凝土楼板是将楼板中的部分构件预制安装后,再通过现浇的部分连接成整体。这种楼板的整体性较好,又可节省模板,施工速度也较快,在香港地区住宅建筑中被广泛采用。

9.2.3.1 叠合楼板

叠合楼板是由预制板和现浇钢筋混凝土层叠合而成的装配整体式楼板。预制板既是楼板结构的组成部分，又是现浇钢筋混凝土叠合层的永久性模板，现浇叠合层内应设置负弯矩钢筋，并可在其中敷设水平设备管线。

叠合楼板的预制部分，可以采用预应力和非预应力实心薄板，板的跨度一般为4～6m，预应力薄板的跨度最大可达9m，板的宽度一般为1.1～1.8m，板厚通常不小于50mm。叠合楼板的总厚度视板的跨度而定，以大于或等于预制板的2倍为宜，通常为150～250mm（图9-18b）。为使预制薄板与现浇叠合层结合牢固，薄板的板面应做适当处理，如在板面刻槽，或设置三角形结合钢筋等（图9-18a）。

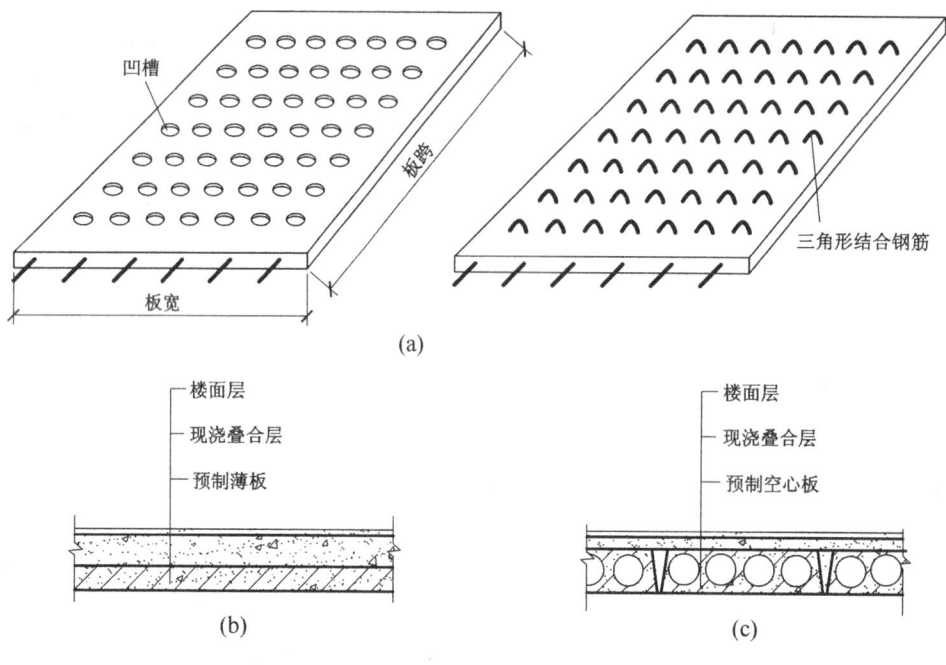

图 9-18 叠合楼板

叠合楼板的预制板，也可采用钢筋混凝土空心板，此时现浇叠合层的厚度较薄，一般为30～50mm（图9-17c）。

9.2.3.2 密肋填充块楼板

密肋填充块楼板的密肋小梁有现浇和预制两种。现浇密肋填充块楼板以陶土空心砖、矿渣混凝土空心块等作为肋间填充块，然后现浇密肋和面板。填充块与肋和面板相接触的部位带有凹槽，用来与现浇肋或板咬接，使楼板的整体性更好。肋的间距视填充块的尺寸而定，一般为300～600mm，面板厚度一般为40～50mm（图9-19a）。预制小梁填充块楼板是在预制小梁之间填充陶土空心砖、矿渣混凝土空心块、煤渣空心砖等填充块，上面现浇混凝土面层而成（图9-19b）。

密肋填充块楼板底面平整，隔声效果好，能充分利用不同材料的性能，节约模板，且整体性好。近年来，由于考虑到密肋填充块尺寸较小，施工麻烦，故装配整体式楼板多采用叠合楼板的形式。

第9章 楼地层构造

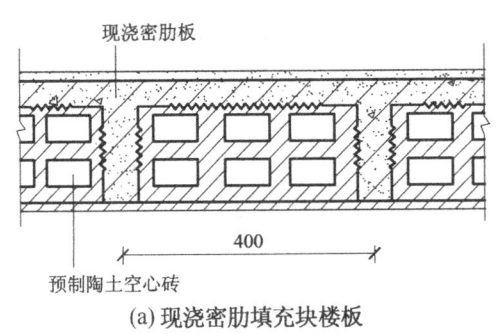
(a) 现浇密肋填充块楼板

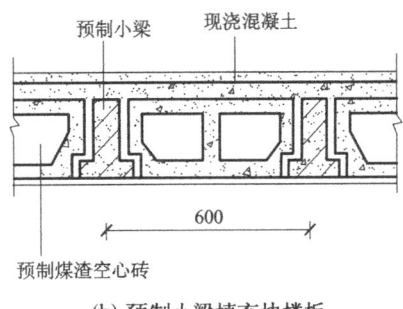
(b) 预制小梁填充块楼板

图 9-19 密肋填充块楼板

9.3 地坪构造

地坪是指建筑物底层与土壤相接触的水平结构部分，它承受着地坪上的荷载并均匀地传给地基。

地坪主要由面层、垫层和基层三个基本构造层组成，当它们不能满足使用或构造要求时，可考虑增设结合层、隔离层、找平层、防水层、隔声层等附加层（图 9-20）。

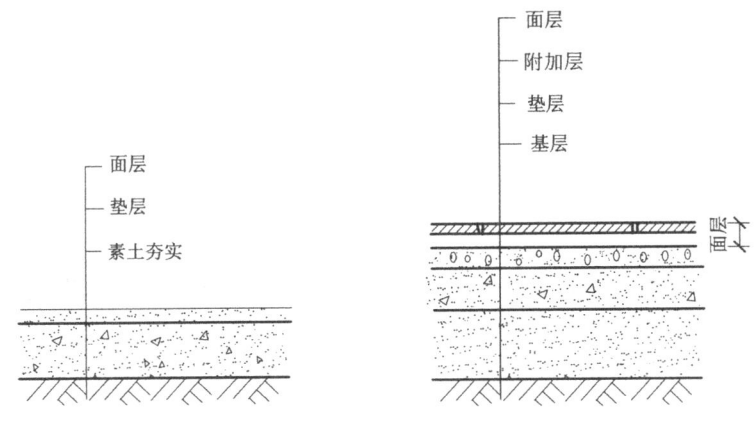

图 9-20 地层的组成

9.3.1 面层

面层是地坪上表面的铺筑层，也是室内空间下部的装修层。面层又称地面，它起着保证室内使用条件和装饰地面的作用。地面的详细构造做法请翻阅本书第 10 章 10.3 节楼地面装饰构造部分。

9.3.2 垫层

垫层是位于面层之下用来承受并传递荷载的部分，通常采用 C15 混凝土作垫层，其厚度一般为 60~100mm。混凝土垫层属刚性垫层。在北方少雨地区也可用灰土、三合土等非刚性垫层，地面垫层的最小厚度应符合表 9-1 的规定。

表9-1 垫层最小厚度

垫层名称	材料强度等级或配合比	厚度(mm)
混凝土	≥C15	60
四合土	1:1:6:12（水泥:石灰膏:砂:碎砖）	80
三合土	1:3:6（熟化石灰:砂:碎砖）	100
灰 土	3:7或2:8（熟化石灰:粘性土）	100
砂、炉渣、碎（卵）石		60
矿 渣		80

注：①一般民用建筑中的混凝土垫层最小厚度可采用50mm；
②表中熟化石灰可用粉煤灰、电石渣等代替，砂可用炉渣代替，碎砖可用碎石、矿渣、炉渣等代替。

9.3.3 基层

基层位于垫层之下，用以承受垫层传下来的荷载。通常是将土层压实来作基层（素土夯实），基层也称地基。当建筑物标准较高或地面荷载较大以及室内有特殊使用要求时，应在素土夯实的基础上，再加铺灰土、三合土、碎石、矿渣等材料，以加强地基处理，其厚度不宜小于60mm。

9.4 楼板层的防水、隔声构造

9.4.1 楼板层防水

对有水侵蚀的房间，如厕所、盥洗室、淋浴室等，由于小便槽、盥洗台等各种设备、水管较多，用水频繁，室内积水的机会也多，容易发生渗漏水现象。因此，设计时需对这些房间的楼板层、墙身采取有效的防潮、防水措施。如果忽视这样的问题或者处理不当，就很容易发生管道、设备、楼板和墙身渗漏水，影响正常使用，并有碍建筑物的美观，严重的将破坏建筑结构，降低使用寿命。通常从两方面着手解决问题。

9.4.1.1 楼面排水

为便于排水，楼面需有一定坡度，并设置地漏，引导水流入地漏。排水坡一般为1%～1.5%。为防止室内积水外溢，对有水房间的楼面或地面标高应比其他房间或走廊低20～30mm；若有水房间楼地面标高与走廊或其他房间楼、地面标高相平时，亦可在门口做高出20～30mm的门槛，如图9-21所示。

9.4.1.2 楼板、墙身的防水处理

楼板防水要考虑多种情况及多方面的因素。通常需解决以下问题：

（1）楼板防水　对有水侵袭的楼板应以现浇为佳。对防水质量要求较高的地方，可在楼板与面层之间设置一道防水层，以防止水的渗透。常见的防水材料有防水卷材、防水砂浆或防水涂料。设置防水层后再做面层，如图9-22所示。有水房间地面常采用水泥地

面、水磨石地面、马赛克地面、地砖地面或缸砖地面等。为防止水沿房间四周侵入墙身，应将防水层沿房间四周墙边向上深入踢脚线内 100～150mm，并做钢筋混凝土翻梁，其高度不小于 120mm，如图 9‐22c 所示。当遇到开门处，其防水层应铺出门外至少 250mm，如图 9‐22a、b 所示。

（2）穿楼板立管的防水处理　一般采用两种办法：一是在管道穿过的周围用 C20 级干硬性细石混凝土捣固密实，再以两布二油橡胶酸性沥青防水涂料作密封处理，如图 9‐23a 所示；二是对某些暖气管、热水管穿过楼板层时，为防止由于温度变化出现胀缩变形，致使管壁周围漏水，故常在楼板

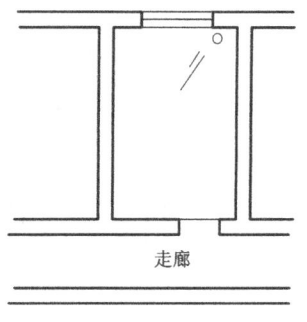

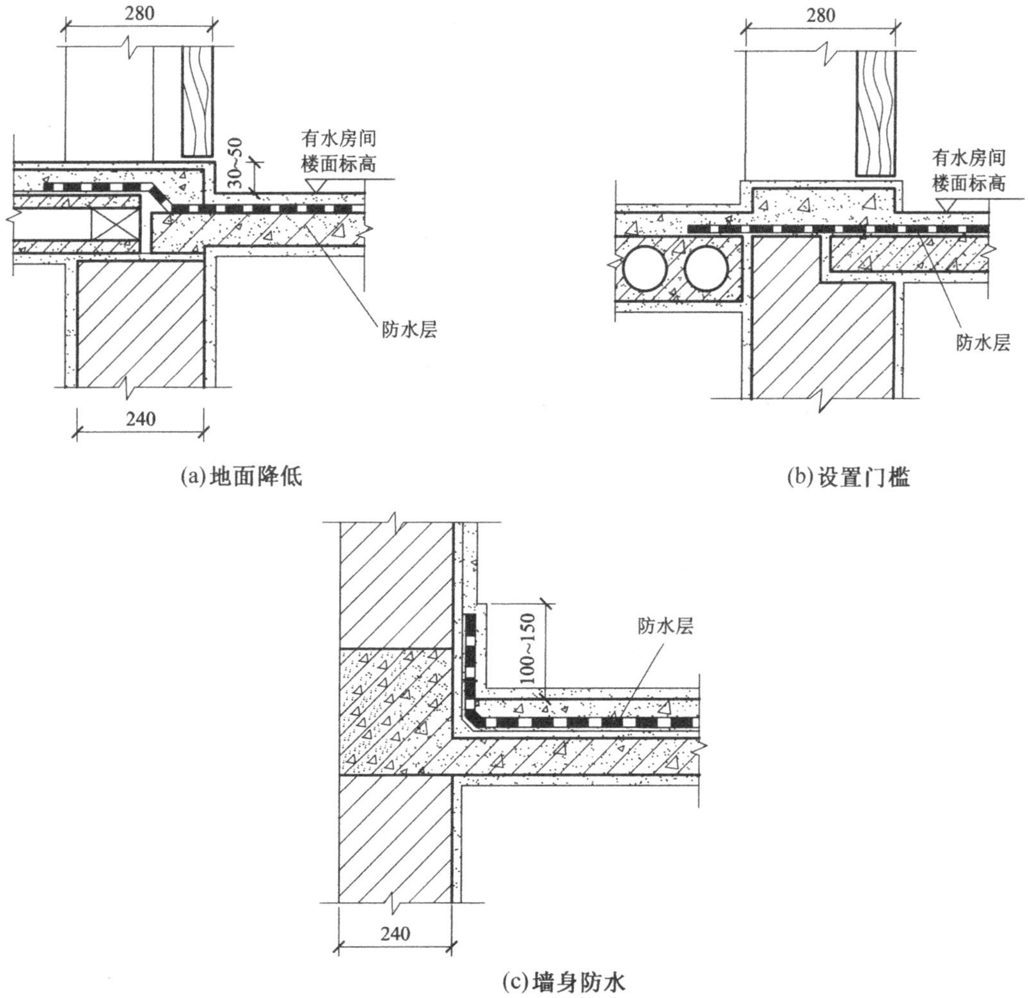

图 9‐21　楼面排水

(a) 地面降低　　　　(b) 设置门槛

(c) 墙身防水

图 9‐22　有水房间楼板层的防水处理

走管的位置埋设一个比热水管直径稍大的套管，以保证热水管能自由伸缩而不致影响混凝土开裂。套管比楼面高出 30mm 左右，如图 9‐23b 所示。

（3）对淋水墙面的处理　淋水墙面常包括浴室、盥洗室和小便槽等处有水侵蚀墙体的

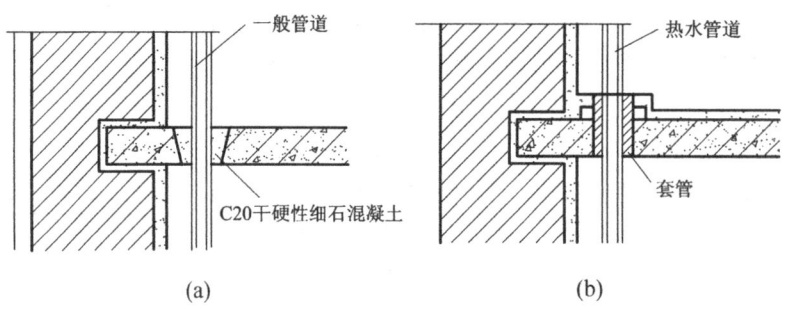

图 9-23 管道穿过楼板时的处理

情况。对于这些部位如果防水处理不当，亦会造成严重后果。最常见的问题是男小便槽的渗漏水，它不仅影响室内，严重的还影响到室外或其他房间。对小便槽的处理首先是迅速排水，其次是小便槽本身须用混凝土材料制作，内配构造钢筋（φ6@200～300mm 双向钢筋网），槽壁厚 40mm 以上。为提高防水质量，可在槽底加设防水层一道，并将其延伸到墙身，如图 9-24 所示。然后在槽表面作水磨石面层或贴瓷砖。水磨石面层由于经常受人尿侵蚀或水冲刷，使用时间长，表面受到腐蚀，致使面层呈粗糙状，变成水刷石，容易积脏。一般贴瓷砖或涂刷防水防腐蚀涂料效果较好。但贴瓷砖其拼缝要严，且需用酚醛树脂胶泥勾缝，否则，水、尿仍能侵蚀墙体，致使瓷砖剥落。

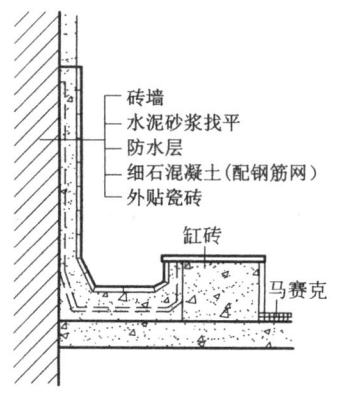

图 9-24 小便槽的防水处理

9.4.2 楼板层的隔声

噪声通常是指由各种不同强度、不同频率的声音混杂在一起的嘈杂声，强烈的噪声对人们的健康和工作有很大的影响。噪声一般以空气传声和撞击传声两种方式进行传递。

在建筑构件中，楼上人的脚步声，拖动家具、撞击物体所产生的噪声，对楼下房间的干扰特别严重。因此，楼板层的隔声构造主要是针对撞击传声而设计的。若要降低撞击传声的声级，首先应对振源进行控制，然后是改善楼板层隔绝撞击声的性能，通常可以从以下三方面考虑。

9.4.2.1 对楼面进行处理

在楼面上铺设富有弹性的材料，如地毯、橡胶地毡、塑料地毡、软木板等，以降低楼板本身的振动，使撞击声声能减弱。采用这种措施，效果是比较理想的（图 9-25）。

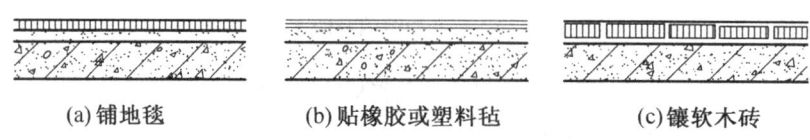

(a) 铺地毯　　　(b) 贴橡胶或塑料毡　　　(c) 镶软木砖

图 9-25 对楼面进行隔声处理

9.4.2.2 利用弹性垫层进行处理

利用弹性垫层进行处理即在楼板结构层与面层之间增设一道弹性垫层，以降低结构的振动。弹性垫层可以是具有弹性的片状、条状或块状的材料（如木丝板、甘蔗板、软木片、矿棉毡等），使楼面与楼板完全被隔开，使楼面形成浮筑层。所以这种楼板层又称浮筑楼板。但必须注意，要保证楼面与结构层（包括面层与墙面交接处）都要完全脱离，防止产生"声桥"。如图 9-26 所示。

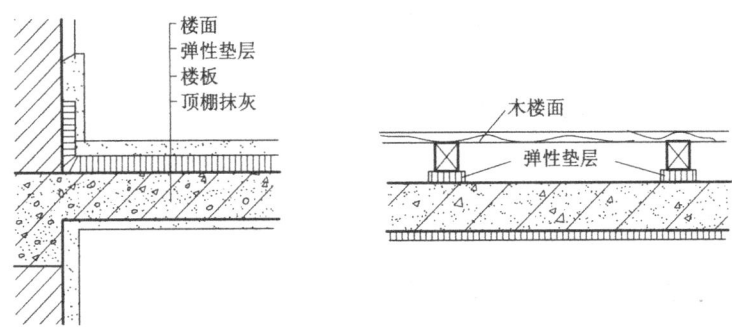

图 9-26 浮筑楼板

9.4.2.3 作楼板吊顶处理

作楼板吊顶处理即在楼板下作吊顶。它主要是解决楼板层所产生的空气传声问题。当楼板被撞击后会产生撞击声，于是利用隔绝空气声的措施来降低其撞击声。吊顶的隔声能力取决于它单位面积的质量以及其整体性，即质量越大，整体性越强，其隔声效果越好。此外，还取决于吊筋与楼板之间刚性连接的程度。如采用弹性连接，则隔声能力可大大提高。如图 9-27 所示。

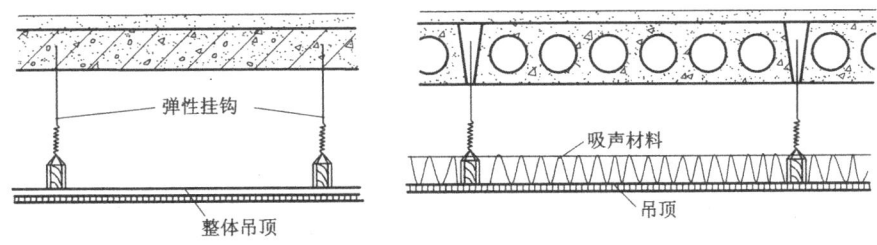

图 9-27 利用吊顶棚隔声

9.5 阳台与雨篷构造

9.5.1 阳台

阳台是与楼房各房间相连并设有栏杆的室外小平台，是居住建筑中用以联系室内外空间和改善居住条件的重要组成部分。阳台主要由阳台板和栏杆扶手组成。阳台板是承重结构，栏杆扶手是围护、安全的构件。阳台按其与外墙的相对位置分为挑阳台、凹阳台、半凹半挑阳台、转角阳台（图 9-28）。

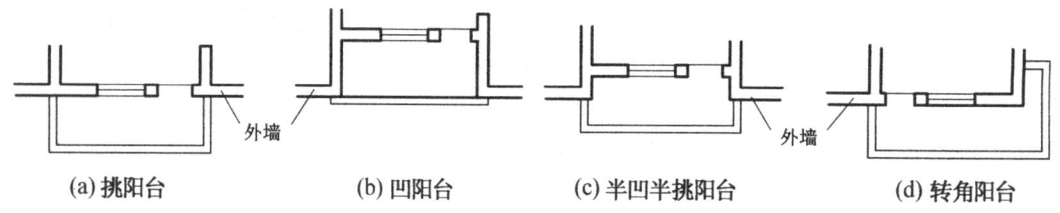

图 9-28 阳台的类型

9.5.1.1 阳台结构布置

阳台承重结构的支承方式有墙承式、悬挑式等。

(1) 墙承式

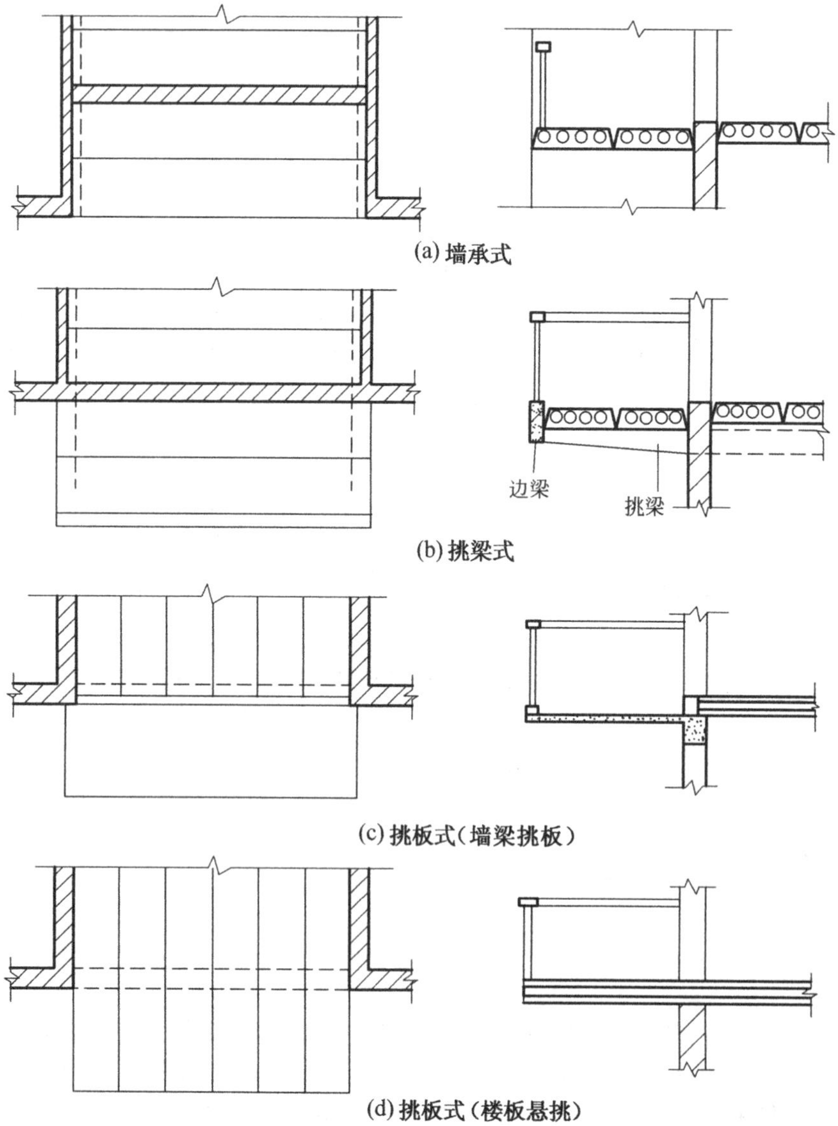

图 9-29 阳台结构布置

墙承式是将阳台板直接搁置在墙上,其板型和跨度通常与房间楼板一致。这种支承方式结构简单,施工方便,多用于凹阳台(图9-29a)。

(2)悬挑式

悬挑式是将阳台板悬挑出外墙。为使结构合理、安全,阳台悬挑长度不宜过大,而考虑阳台的使用要求,悬挑长度又不宜过小,一般悬挑长度为1.0~1.8m,以1.5m左右最常见。悬挑式适用于挑阳台或半凹半挑阳台。按悬挑方式不同有挑梁式和挑板式两种。

①挑梁式 是从横墙上伸出挑梁,阳台板搁置在挑梁上。挑梁压入墙内的长度一般为悬挑长度的1.5倍左右,为防止挑梁端部外露而影响美观,可增设边梁。阳台板的类型和跨度通常与房间楼板一致。挑梁式的阳台悬挑长度可适当大些,而阳台宽度应与横墙间距(即房间开间)一致。挑梁式阳台应用较广泛(图9-29b)。

②挑板式 是将阳台板悬挑,一般有两种做法:一种是将阳台板和墙梁现浇在一起,利用梁上部的墙体或楼板来平衡阳台板,以防止阳台倾覆。这种做法阳台底部平整,外形轻巧,阳台宽度不受房间开间限制,但梁受力复杂,阳台悬挑长度受限,一般不宜超过1.2m(图9-29c)。另一种是将房间楼板直接向外悬挑形成阳台板。这种做法构造简单,阳台底部平整,外形轻巧,但板受力复杂,构件类型增多,由于阳台地面与室内地面标高相同,不利于排水(图9-29d)。

9.5.1.2 阳台细部构造

(1)阳台栏杆与扶手

栏杆扶手作为阳台的围护构件,应具有足够的强度和适当的高度,做到坚固安全。临空高度在24m以下时栏杆扶手的高度不应低于1.05m;临空高度在24m及24m以上(包括中高层住宅)时,栏杆高度不应低于1.1m。另外,栏杆扶手还兼起装饰作用,应考虑美观。

栏杆形式有三种,即空花栏杆、实心栏板以及由空花栏杆和实心栏板组合而成的组合式栏杆(图9-30)。

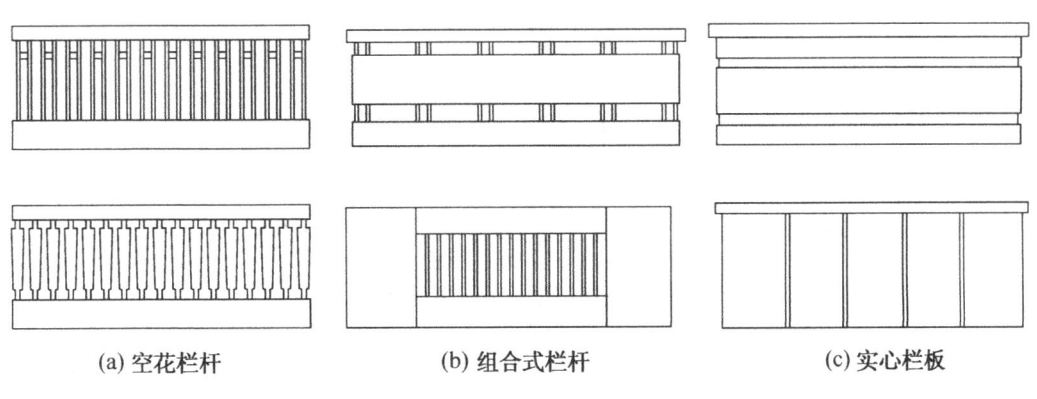

图9-30 阳台栏杆形式

空花栏杆按材料有金属栏杆和预制混凝土栏杆两种。金属栏杆一般采用圆钢、方钢、扁钢或钢管等。栏杆与阳台板（或边梁）应有可靠的连接，通常在阳台板顶面预埋通长扁钢与金属栏杆焊接（图9-31a），也可采用预留孔洞插接等方法。组合式栏杆中的金属栏

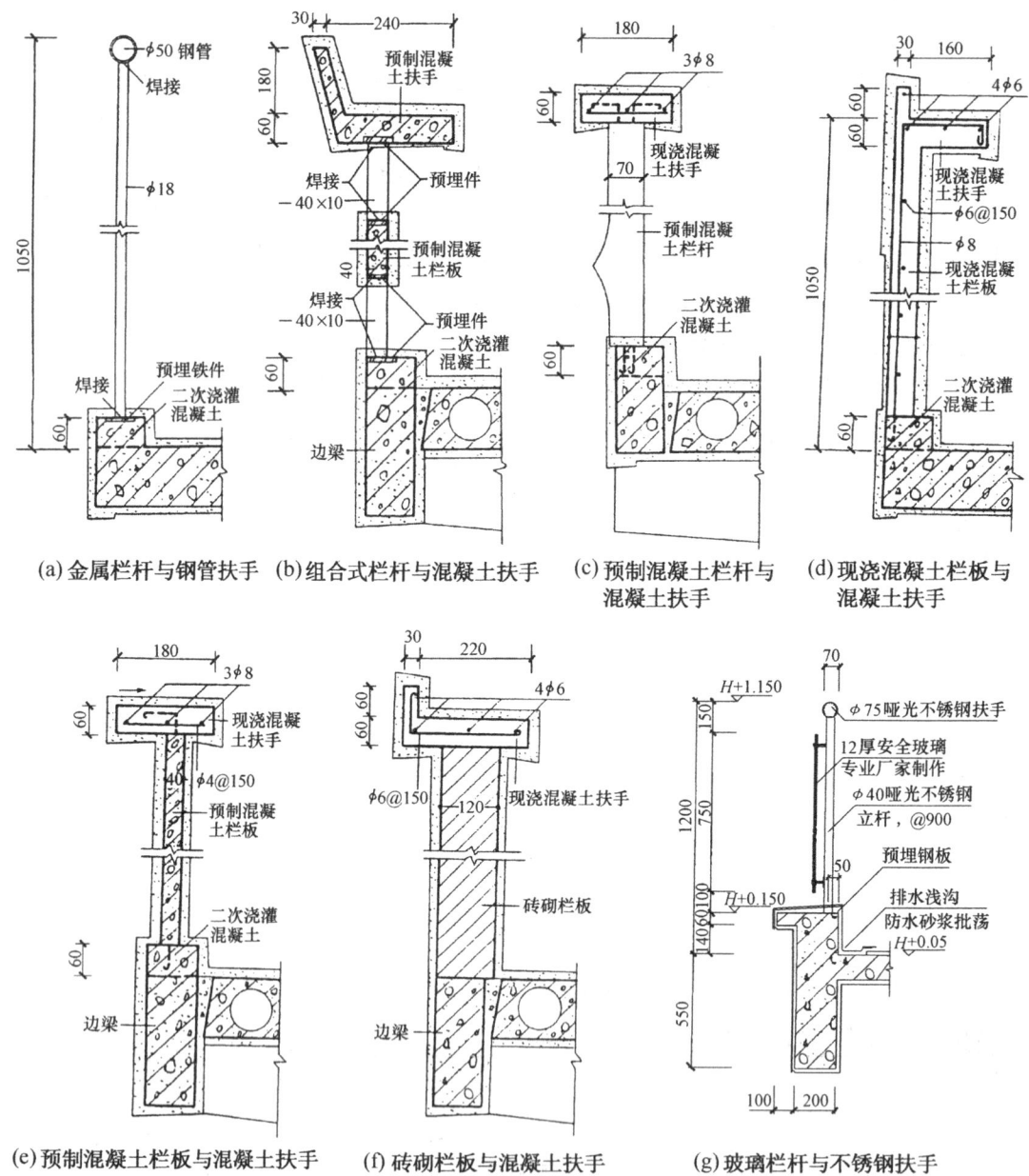

图9-31 阳台栏杆与扶手构造

杆有时需与混凝土栏板连接，其连接方法一般为预埋铁件焊接（图9-31b）。预制混凝土栏杆与阳台板的连接，通常是将预制混凝土栏杆端部的预留钢筋与阳台板顶面的后浇混凝土挡水边坎现浇在一起（图9-31c），也可采用预埋铁件焊接或预留孔洞插接等方法。

栏板按材料来分有混凝土栏板、砖砌栏板钢化玻璃等。混凝土栏板有现浇和预制两种。现浇混凝土栏板通常与阳台板（或边梁）整浇在一起（图9-31d），预制混凝土栏板

可预留钢筋与阳台板的后浇混凝土挡水边坎浇注在一起（图9‑31e），或预埋铁件焊接。砖砌栏板的厚度一般为120mm，为加强其整体性，应在栏板顶部设现浇钢筋混凝土扶手，或在栏板中配置通长钢筋加固（图9‑31f）。近年来在一些住宅中采用了钢化玻璃栏杆，丰富了阳台的立面效果（图9‑31g）。

栏板和组合式栏杆顶部的扶手多为现浇或预制钢筋混凝土扶手。栏板或栏杆与钢筋混凝土扶手的连接方法和它与阳台板的连接方法基本相同，如图9‑31所示。空花栏杆顶部的扶手除采用钢筋混凝土扶手外，对金属栏杆还可采用木扶手或钢管扶手。

（2）阳台排水处理

为避免落入阳台的雨水泛入室内，阳台地面应低于室内地面30~50mm，并应沿排水方向做排水坡，阳台板的外缘设挡水边坎，在阳台的一端或两端埋设泄水管直接将雨水排出。泄水管可采用镀锌钢管或塑料管，管口外伸至少80mm。对高层建筑应将雨水导入雨水管排出（图9‑32）。

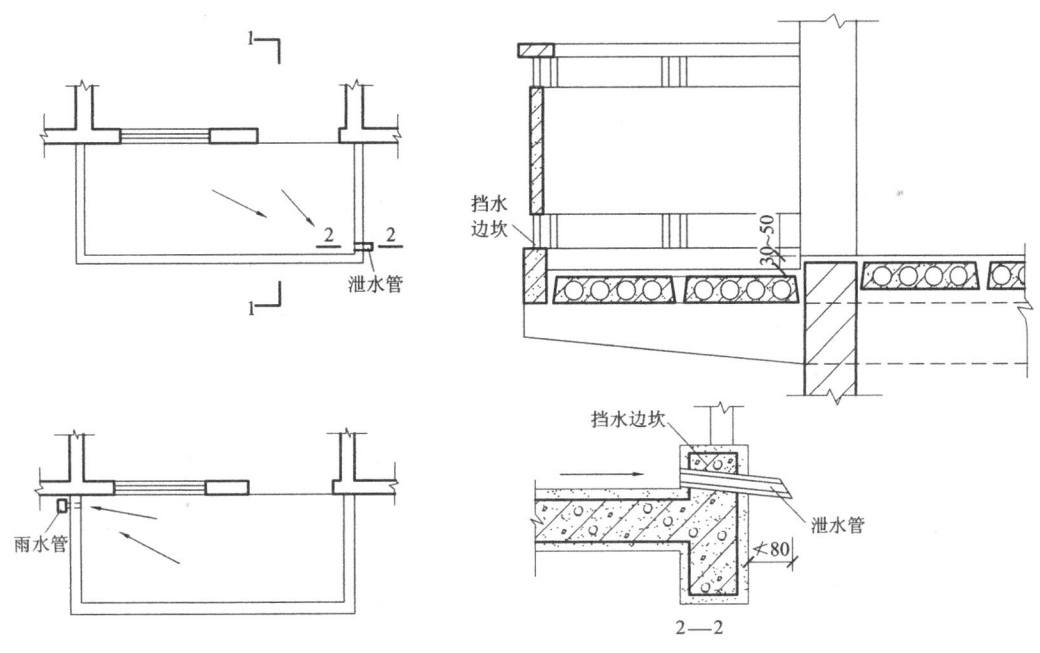

图9‑32 阳台排水处理

9.5.2 雨篷

雨篷是设置在建筑物外墙出入口的上方用以挡雨并有一定装饰作用的水平构件。雨篷的支承方式多为悬挑式，其悬挑长度一般为0.9~1.5m。按结构形式不同，雨篷有板式和梁板式两种。板式雨篷多做成变截面形式，一般板根部厚度不小于70mm，板端部厚度不小于50mm。梁板式雨篷为使其底面平整，常采用翻梁形式。当雨篷外伸尺寸较大时，其支承方式可采用立柱式，即在入口两侧设柱支承雨篷，形成门廊，立柱式雨篷的结构形式多为梁板式。

雨篷顶面应做好防水和排水处理。通常采用防水砂浆抹面，厚度一般为20mm，并应上翻至墙面形成泛水，其高度不小于250mm，同时，还应沿排水方向做出排水坡。为了集中排水和立面需要，可沿雨篷外缘做上翻的挡水边坎，并在一端或两端设泄水管将雨水集中排出（图9-33）。

除了钢筋混凝土雨篷外，目前在一些建筑物入口处会采用钢结构，如钢化玻璃制成的雨篷，这样的雨篷会有更多的造型，更有现代感（图9-34、图9-35）。

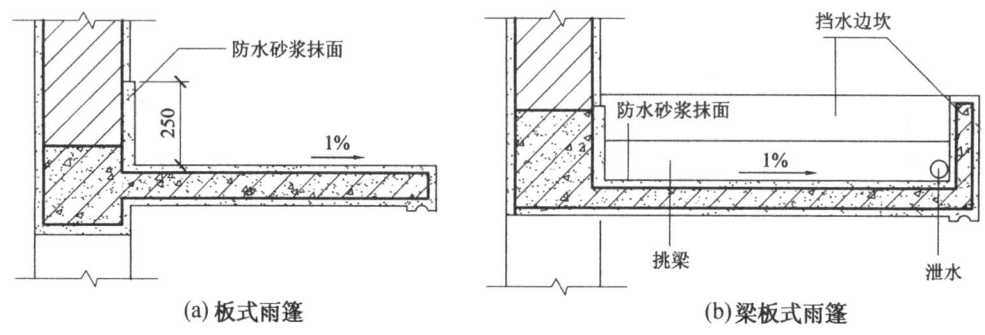

图9-33 雨篷构造

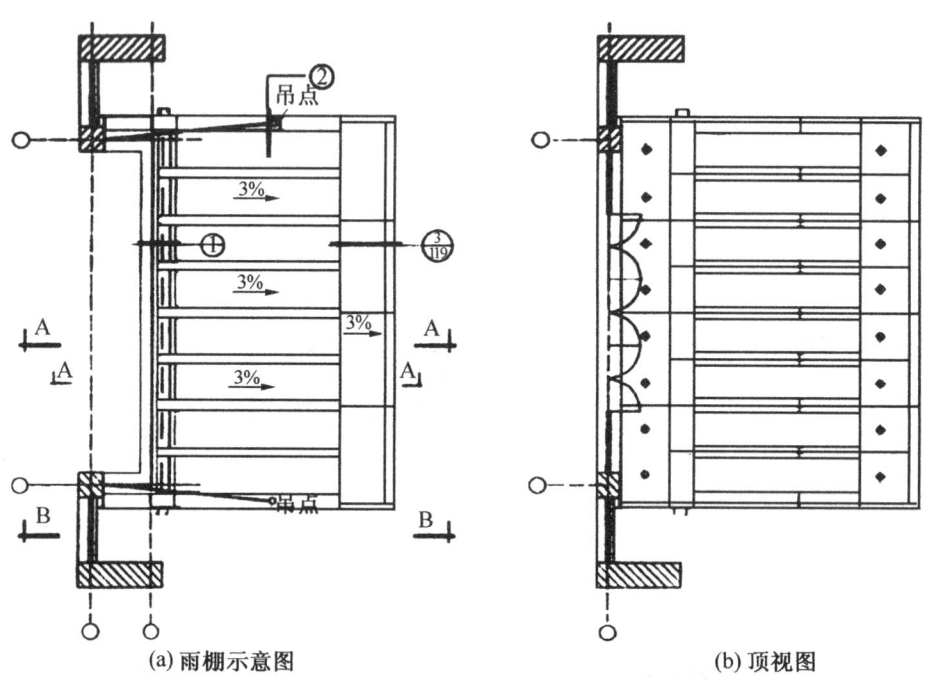

图9-34 钢结构雨篷示意一

第9章 楼地层构造

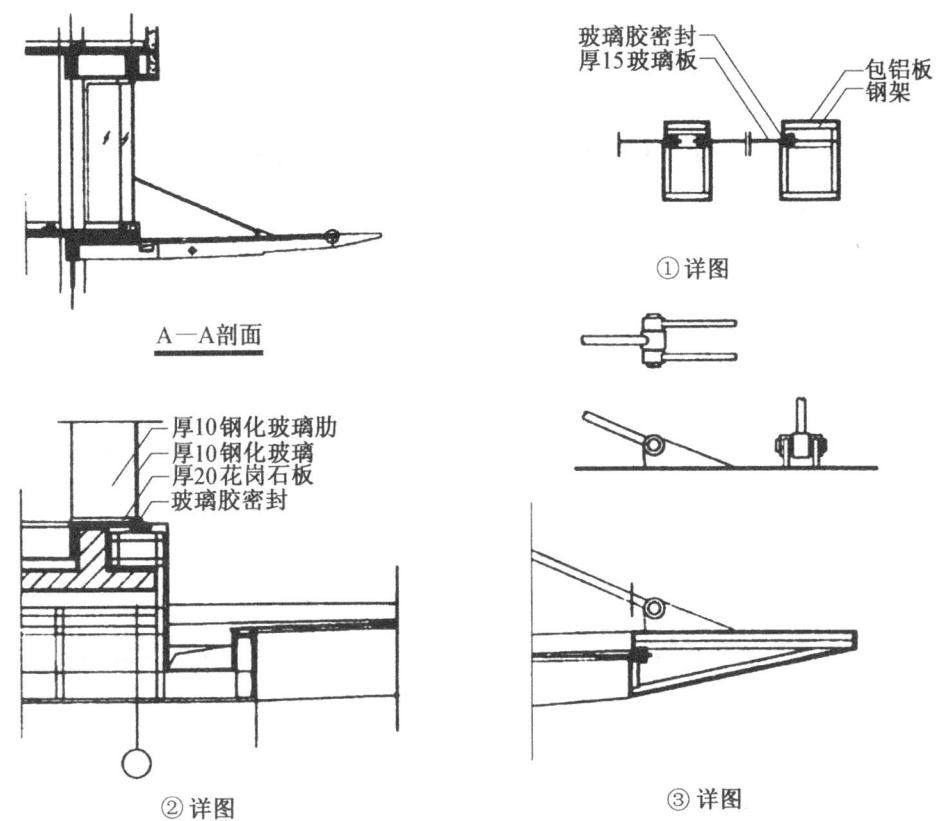

图 9-35 钢结构雨篷示意二

第10章 建筑装饰构造

10.1 概述

建筑装饰构造是指建筑物除主体以外，使用建筑装饰材料对建筑物内外与人接触的部分，以及看得见的部分进行装潢和修饰的构造做法。

10.1.1 装饰构造的重要性

建筑主体工程构成了建筑物的骨架，装饰后的建筑物则能够完善建筑设计的构想，甚至弥补某些不足，使建筑物最终以丰富、完美的面貌呈现在人们面前。建筑装饰构造是使装饰方案落到实处的具体方法，是构思转化为实物的技术手段。

10.1.2 建筑装饰构造的相关因素

10.1.2.1 建筑物的使用功能

人类活动的多样化，会导致建筑空间产生不同的使用要求，从而带来了建筑装饰的多样化。例如公共建筑中的餐厅、舞厅、展览厅、商场等，居住建筑中的居室、卫生间、厨房……它们的使用要求不同，自然在选择装饰材料，进行构造设计等方面也会有较大的差异。装饰构造应该适应这种现状，运用合理的技术手段尽量满足建筑物的使用功能要求。

10.1.2.2 保护建筑物主体结构

建筑物的主体如果直接暴露在空气中就会受到多种有害物质的侵蚀，例如砖石易风化，钢材易生锈，木材易腐朽、虫蛀等。另外主体结构也会受到机械外力的作用而损坏，例如外墙的勒脚，柱子的阳角等。因此应对建筑物进行装饰处理，提高它们抵抗各种干扰的能力。当建筑物装饰层受到破坏时，可以不更换主体构件而重做装饰，使建筑物焕然一新。

10.1.2.3 美化建筑空间

建筑空间通过装饰，可以形成某种气氛或体现出某种意境，例如住宅的温馨，政府办公楼的端庄，银行金融机构的稳固等。建筑装饰设计是表达这种要求的最好方法，而装饰构造则能够帮助设计师将他的意图转化为实物。

10.1.3 装饰构造的类别

装饰构造的分类方法很多，这里着重介绍按装饰的位置不同是如何进行分类的。

10.1.3.1 墙面装饰

墙面装饰也称饰面装修，分为室内和室外两部分，是建筑装饰设计的重要环节。它对改善建筑物的功能质量、美化环境等都有重要作用，如果处理得好，就会为人们创造一个优美和舒适的工作、学习与休息的环境。

墙面装饰的功能归纳起来主要有三个方面：

（1）保护功能。防止墙体结构免遭风、雨的直接袭击，提高墙体防潮、抗风化和机械碰撞的能力，从而增强了墙体的坚固性和耐久性。

（2）改善墙体的热功性能。对室内可增加光线的反射，提高室内照度；改善室内外的卫生条件；对墙面进行特殊处理后，能满足室内音质要求。

（3）美观方面。墙面装饰构造通过采用不同质感、色彩、纹理、凹凸的材料进行合理的组合，能够恰到好处地表现出建筑物优美、和谐、统一而又丰富的空间环境。

10.1.3.2 楼地面装饰

楼地面的构造前面已有论述，以下着重讲解属于装饰范畴的面层构造，楼面和地坪的面层，在构造上做法基本相同，对室内装修而言，两者可统称地面。它是人们日常生活、工作、学习必须接触的部分，也是建筑中直接承受荷载，经常受到摩擦、清扫和冲洗的部分，因此它有以下几点要求：

（1）具有足够的坚固性、耐磨、平整、光洁、不起尘。

（2）北方建筑的地面最好有一定的保温性能，冬季接触时不感觉寒冷。

（3）面层宜有一定的弹性，行走没有不适感。一些体育、文艺方面的建筑，弹性地面能帮助使用者更好地发挥水平，减少受伤。

（4）对有特殊用途要求的地面则应有防水、防腐、防静电等功能。

10.1.3.3 顶棚（天花）装饰

顶棚的高低、造型、色彩、照明和细部处理，对人们的空间感受具有相当重要的影响。顶棚本身往往具有保温、隔热、隔声、吸音等作用，此外人们还经常利用顶棚来处理人工照明、空气调节、音响、防火等技术问题。

10.2 墙体饰面装修构造

按材料和施工方式的不同，常见的墙体饰面可分为抹灰类、贴面类、涂料类、裱糊类和铺钉类等，见表 10-1。

表 10-1 饰面装修分类

类 别	室 外 装 修	室 内 装 修
抹灰类	水泥砂浆、混合砂浆、聚合物水泥砂浆、拉毛、水刷石、干粘石、斩假石、假面砖、喷涂、滚涂等	纸筋灰、麻刀灰粉面、石膏粉面、膨胀珍珠岩灰浆、混合砂浆、拉毛、拉条等
贴面类	外墙面砖、马赛克、水磨石板、天然石板等	釉面砖、人造石板、天然石板等
涂料类	石灰浆、水泥浆、溶剂型涂料、乳液涂料、彩色胶砂涂料、彩色弹涂等	大白浆、石灰浆、油漆、乳胶漆、水溶性涂料、弹涂等
裱糊类		塑料墙纸、金属面墙纸、木纹壁纸、花纹玻璃、纤维布、纺织面墙纸及锦缎等
铺钉类	各种金属饰面板、石棉水泥板、玻璃	各种木夹板、木纤维板、石膏板及各种装饰面板等

饰面装修一般由基层和面层组成,基层即支托饰面层的结构构件或骨架,其表面应平整,并应有一定的强度和刚度。饰面层附着于基层表面起美观和保护作用,它应与基层牢固结合,且表面需平整均匀。通常将饰面层最外表面的材料,作为饰面装修构造类型的命名。

10.2.1 抹灰类

抹灰类墙面是指用石灰砂浆、水泥砂浆、水泥石灰混合砂浆、聚合物水泥砂浆、膨胀珍珠岩水泥砂浆以及麻刀灰、纸筋灰、石膏灰等作为饰面层的装修做法。它主要的优点在于材料的来源广泛、施工操作简便和造价低廉。但也存在着耐久性差、易开裂、湿作业量大、劳动强度高、工效低等缺点。一般抹灰按质量要求分为普通抹灰、中级抹灰和高级抹灰三级。

为保证抹灰层与基层连接牢固,表面平整均匀,避免裂缝和脱落,在抹灰前应将基层表面的灰尘、污垢、油渍等清除干净,并洒水湿润。同时还要求抹灰层不能太厚,并分层完成。普通标准的抹灰一般由底层和面层组成,装修标准较高的房间,当采用中级或高级抹灰时,还要在面层与底层之间加一层或多层中间层,如图10-1所示。墙面抹灰层的平均总厚度,施工规范中规定不得大于以下规定:

外墙:普通墙面——20mm,勒脚及突出墙面部分——25mm。
内墙:普通抹灰——18mm,中级抹灰——20mm,高级抹灰——25mm。
石墙:墙面抹灰——35mm。

底层抹灰,简称底灰,它的作用是使面层与基层粘牢和初步找平,厚度一般为5~15mm。底灰的选用与基层材料有关,对粘土砖墙、混凝土墙的底灰一般用水泥砂浆、水泥石灰混合砂浆或聚合物水泥砂浆。轻质混凝土砌块墙的底灰多用混合砂浆或聚合物水泥砂浆。板条墙的底灰常用麻刀石灰砂浆或纸筋石灰砂浆。另外,对湿度较大的房间或有防水、防潮要求的墙体,底灰宜选用水泥砂浆。

中层抹灰的作用在于进一步找平,减少由于底层砂浆开裂导致的面层裂缝,同时也是底层和面层的粘结层,其厚度一般为5~10mm。中层抹灰的材料可以与底灰相同,也可根据装饰要求选用其他材料。

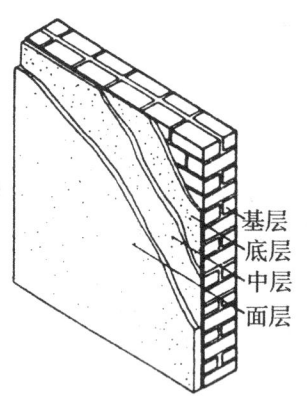

图10-1 墙面抹灰分层构造

面层抹灰,也称罩面,主要起装饰作用,要求表面平整、色彩均匀、无裂纹等。根据面层采用的材料不同,除一般装修外,还有水刷石、干粘石、水磨石、斩假石、拉毛灰、彩色抹灰等做法,见表10-2。

第10章 建筑装饰构造

表10-2 常用抹灰做法说明

抹灰名称	做 法 说 明	适 用 范 围
纸筋灰墙面（一）	(1) 喷内墙涂料 (2) 2厚纸筋灰罩面 (3) 8厚1:3石灰砂浆 (4) 13厚1:3石灰砂浆打底	砖基层的内墙
纸筋灰墙面（二）	(1) 喷内墙涂料 (2) 2厚纸筋灰罩面 (3) 8厚1:3石灰砂浆 (4) 6厚TG砂浆打底扫毛，配比：水泥:砂:TG胶:水=1:6:0.2:适量 (5) 涂刷TG胶浆一道，配比：TG胶:水:水泥=1:4:1.5	加气混凝土基层的内墙
混合砂浆墙面	(1) 喷内墙涂料 (2) 5厚1:0.3:3水泥石灰混合砂浆面层 (3) 15厚1:1:6水泥石灰混合砂浆打底找平	内墙
水泥砂浆墙面（一）	(1) 6厚1:2.5水泥砂浆罩面 (2) 9厚1:3水泥砂浆刮平扫毛 (3) 10厚1:3水泥砂浆打底扫毛或划出纹道	砖基层的外墙或有防水要求的内墙
水泥砂浆墙面（二）	(1) 6厚1:2.5水泥砂浆罩面 (2) 6厚1:1:6水泥石灰砂浆刮平扫毛 (3) 6厚2:1:8水泥石灰砂浆打底扫毛 (4) 喷一道107胶水溶液 配比：107胶:水=1:4	加气混凝土基层的外墙
水刷石墙面（一）	(1) 8厚1:1.5水泥石子（小八厘）或10厚1:1.25水泥石子（中八厘）罩面 (2) 刷素水泥浆一道（内掺水重3%~5%107胶） (3) 12厚1:3水泥砂浆打底扫毛	砖基层外墙
水刷石墙面（二）	(1) 8厚1:1.5水泥石子（小八厘） (2) 刷素水泥浆一道（内掺3%~5%107胶） (3) 6厚1:1:6水泥石灰砂浆刮平扫毛 (4) 6厚2:1:8水泥石灰砂浆打底扫毛	加气混凝土基层的外墙
斩假石墙面（剁斧石）	(1) 斧剁斩毛两遍成活 (2) 10厚1:1.25水泥石子（米粒石内掺30%石屑）罩面赶平压实 (3) 刷素水泥浆一道（内掺水重3%~5%的107胶） (4) 12厚1:3水泥砂浆打底扫毛或划出纹道	外墙
水磨石墙面	(1) 10厚1:1.25水泥石子罩面 (2) 刷素水泥浆一道（内掺水重3%~5%的107胶） (3) 12厚1:3水泥砂浆打底扫毛	墙裙、踢脚等处

在室内抹灰中，对人群活动频繁、易受碰撞的墙面，或有防水、防潮要求的墙身，常做墙裙对墙身进行保护。墙裙高度一般为1.5m，有时也做到1.8m以上。常见的做法有水泥砂浆抹灰、水磨石、贴瓷砖、油漆、铺钉胶合板等。同时，对室内墙面、柱面及门窗洞口的阳角，宜用1:2水泥砂浆做护角，高度不小于2m，每侧宽度不应小于50mm，如图10-2所示。

此外，在室外抹灰中，由于抹灰面积大，为防止面层裂纹和便于操作，或立面处理的需要，常对抹灰面层做线脚分隔处理。面层施工前，先做不同形式的木引条，待面层抹完后取出木引条，即形成线脚，如图10-3所示。

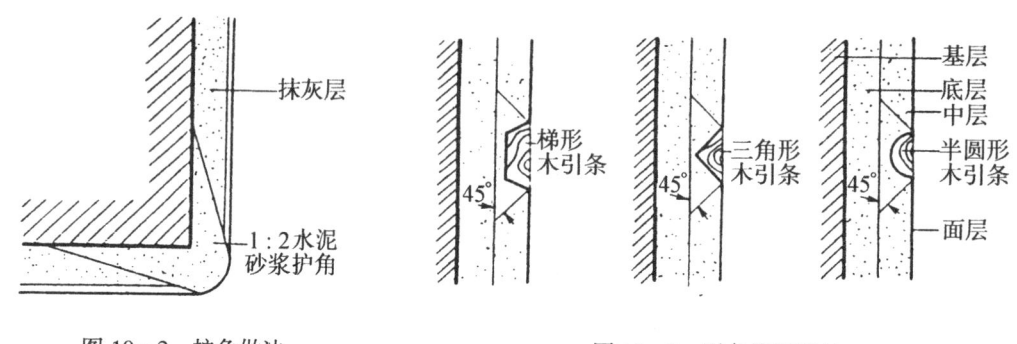

图10-2 护角做法　　　　　　　图10-3 引条线脚做法

10.2.2 贴面类

贴面类是指利用各种天然石材或人造板、块，通过绑、挂或直接粘贴于基层表面的饰面做法。这类装修具有耐久性好、施工方便、装饰性强、质量高、易于清洗等优点。常用的贴面材料有陶瓷面砖、马赛克，以及水磨石、水刷石、剁斧石等水泥预制板和天然的花岗岩、大理石板等。其中，质地细腻、耐候性差的材料常用于室内装修，如瓷砖、大理石板等；而质感粗放、耐候性较好的材料，如陶瓷面砖、马赛克、花岗岩板等，多用作室外装修。

10.2.2.1 陶瓷面砖、马赛克类装修

对陶瓷面砖、马赛克等尺寸小、重量轻的贴面材料，可用砂浆直接粘贴在基层上。用在外墙面时，其构造多采用10~15mm厚1:3水泥砂浆打底找平，用8~10mm厚1:1水泥细砂浆粘贴各种装饰材料。粘贴面砖时，常留13mm左右的缝隙，以增加材料的透气性，并用1:1水泥细砂浆勾缝。在内墙面时，多用10~15mm厚1:3水泥砂浆或1:1:6水泥石灰混合砂浆打底找平，用8~10mm厚1:0.3:3水泥石灰砂浆粘贴各种贴面材料，图10-4为釉面砖的粘贴情况及细部。

10.2.2.2 天然或人造石板类装修

这类贴面材料的平面尺寸一般为500mm×500mm，600mm×600mm，600mm×800mm等，厚度一般为20mm。由于每块板重量较大，不能用砂浆直接粘贴，而多采用绑或挂的做法，即拴挂法。

天然石板墙面的构造做法，应先在墙身或柱内预埋中距500mm左右、双向的$\phi 8$ "Ω"形钢筋，在其上绑扎$\phi 6$~$\phi 10$的钢筋，再用16号镀锌铁丝或铜丝穿过事先在石板上钻好的孔眼，将石板绑扎在钢筋网上。固定石板用的横向钢筋间距应与石板的高度一致，

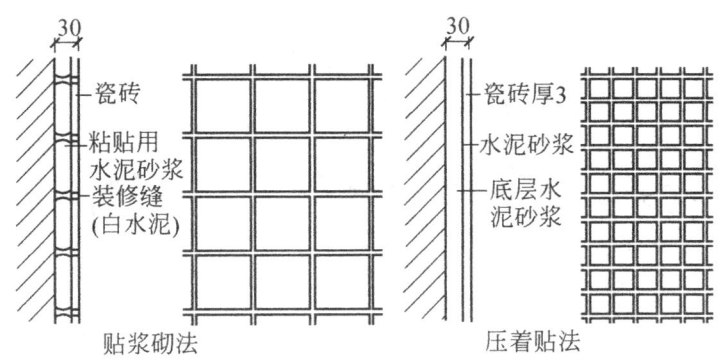

图 10-4 釉面砖的粘结情况及细部

当石板就位、校正、绑扎牢固后，在石板与墙或柱面的缝隙中，用 1:2.5 水泥砂浆分层灌缝，每次灌入高度不应超过 200mm。石板与墙柱间的缝宽一般为 30mm。天然石板的安装见图 10-5。

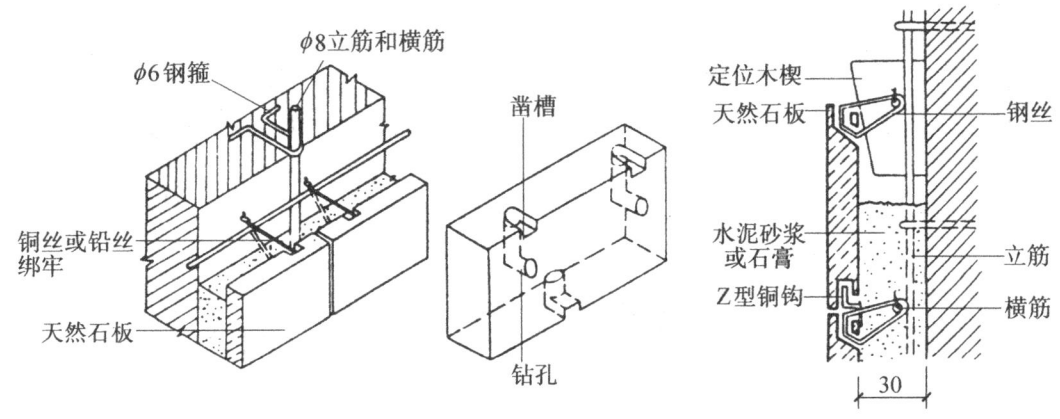

图 10-5 天然石板墙面装修

人造石板装修的构造做法与天然石板相同，但不必在板上钻孔，而是利用板背面预留的钢筋挂钩，用铜丝或镀锌铁丝将其绑扎在水平钢筋上，就位后再用砂浆填缝，如图 10-6 所示。

近几年，为节省钢材，降低石板类墙面装修的造价，在构造做法上，各地出现了不少合理的构造方式。如用射钉枪按规定部位，将钢钉打入墙身或柱内，然后在钉头上直接绑扎石板。

为防止石材表面被污染，目前在外墙多采用干挂石板的做法（图 10-7）。干挂法的工序比较简单，装配的牢固程度高于绑扎法，但锚固件比较复杂，施工操作一般需专业队伍。

对于规格较小花岗石、大理石片一般可采用粘贴的方法安装。其粘贴材料多用聚酯砂浆、树脂胶粘贴，其施工做法与外墙面砖的做法类似。

10.2.3 涂料类

涂料类是指利用各种涂料涂敷于基层表面，形成完整牢固的膜层，获得保护墙面和美

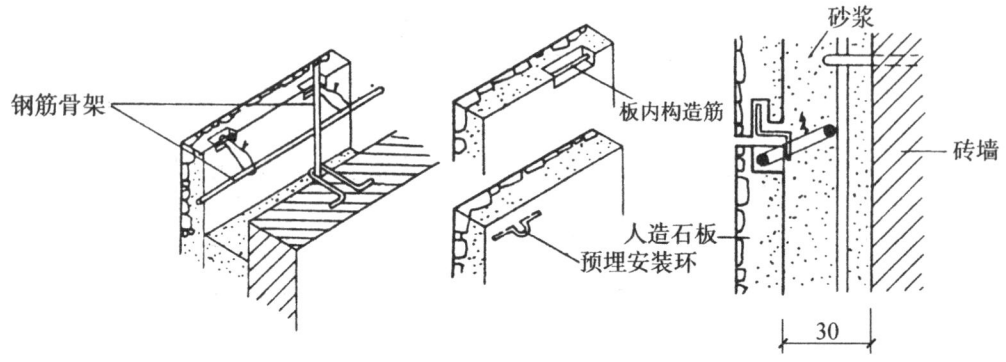

图 10-6 人造石板墙面装修

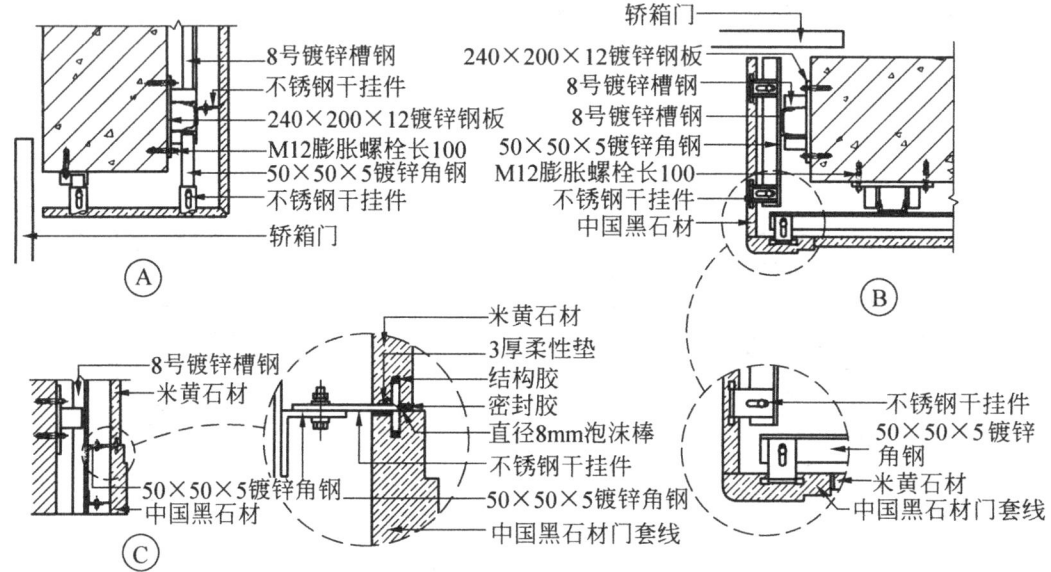

图 10-7 干挂大理石

观效果的一种饰面做法，是饰面装修中最简便的一种形式。与传统的墙面装修相比，尽管大多数涂料的使用年限较短，但由于它具有造价低、装饰性好、工期短、工效高、自重轻，以及施工操作、维修、更新都比较方便等特点，是一种最有发展前途的装饰材料。

建筑中涂料的品种很多，选用时应根据建筑物的使用功能、墙体周围环境、墙身不同部位，以及施工和经济条件等，选择附着力强、耐久、无毒、耐污染、装饰效果好的涂料。例如，用于外墙面的涂料，应具有良好的耐久、耐冻、耐污染性能。内墙涂料除应满足装饰要求外，还要有一定的强度和耐擦洗性能。炎热多雨地区选用的涂料，应有较好的耐水性、耐高温性和防霉性。寒冷地区则对涂料的抗冻融性要求较高。

涂料按其成膜物的不同可分无机涂料和有机涂料两大类。无机涂料包括石灰浆、大白浆、水泥浆及各种无机高分子涂料等，如 JH80-1 型、JHN84-1 和 F832 型等。有机涂料依其分散介质的不同，分溶剂型涂料、水溶性涂料和乳胶涂料等，如 812 建筑涂料、106 内墙涂料及 PA-1 型乳胶涂料等。设计中，应充分了解涂料的性能特点，合理、正确地选用。

10.2.4 裱糊类

裱糊类是将各种装饰性墙纸、墙布等卷材裱糊在墙面上的一种饰面做法。在我国，利用各种花纸裱糊、装饰墙面，已有悠久的历史。由于普通花纸怕潮、怕火、不耐久，且脏了不能清洗，所以在现代建筑中已不再应用。但也随之出现了种类繁多的新型复合墙纸、墙布等裱糊用装饰材料。这些材料不仅具有很好的装饰性和耐久性，而且不怕水、不怕火、耐擦洗、易清洁。

凡是用纸或布作衬底，加上不同的面层材料，生产出的各种复合型的裱糊用装饰材料，习惯上都称为墙纸或壁纸。依面层材料的不同，有塑料面墙纸（PVC墙纸）、纺织物面墙纸、金属面墙纸及天然木纹面墙纸等。墙布是指可以直接用作墙面装饰材料的各种纤维织物的总称，包括印花玻璃纤维墙面装饰布和锦缎等材料。

墙纸或墙布的裱贴，是在抹灰的基层上进行，它要求基层表面平整、阴阳角顺直。裱糊前应将基层表面的污垢、尘土清除干净，并用1:1的107胶水溶液作为底胶涂刷基层。粘贴墙纸一般用107胶，并在107胶中掺入羧甲基纤维素配制成的胶粘剂。加纤维素的作用，一是使胶有保水性，二是便于涂刷。粘贴玻璃纤维布一般都用其配套产品，也可采用801墙布胶粘剂。对于有对花要求的墙纸或墙布，在粘贴时，其剪裁长度应比墙身高度多出100~150mm，以适应对花的要求。图10-8为裱糊类做法的施工顺序。

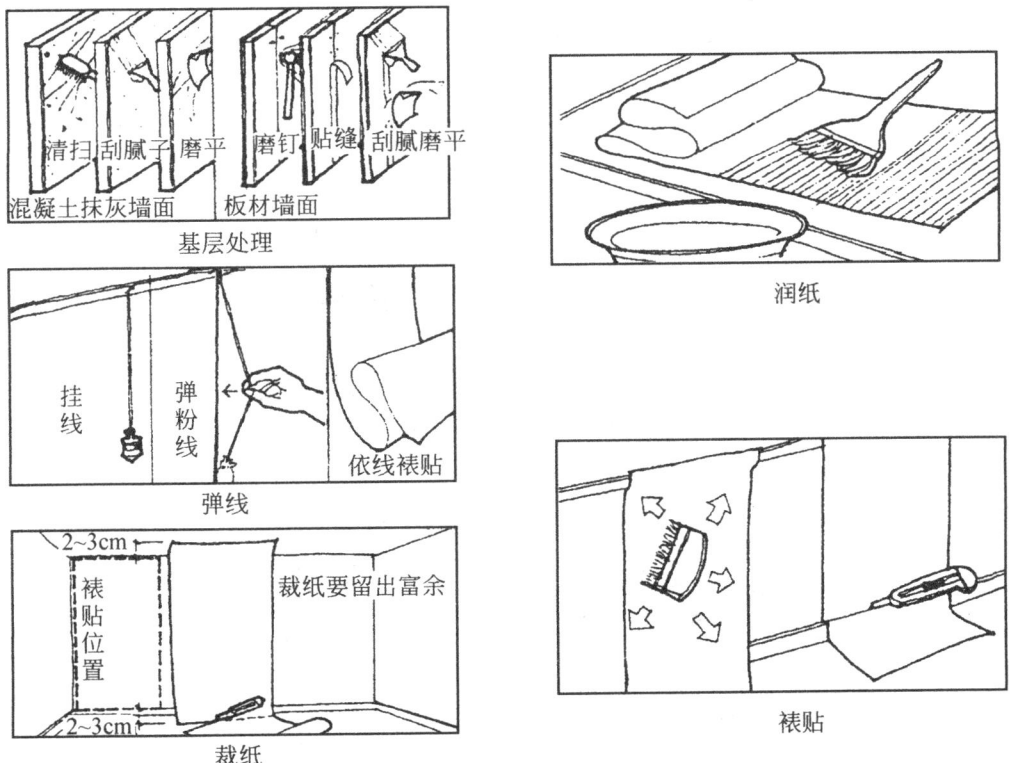

图10-8 裱糊施工顺序

10.2.5 铺钉类

铺钉类是指利用天然板条或各种人造薄板借助于钉、胶粘等固定方式对墙面进行的饰面做法。选用不同材质的面板和恰当的构造方式，可以使这类墙面具有质感细腻，美观大方，或给人以亲切感等不同的装饰效果。同时，还可以改善室内声学等环境效果，满足不同的功能要求。

铺钉类装修构造做法与骨架隔墙的做法类似，是由骨架和面板两部分组成，施工时先在墙面上立骨架（墙筋），然后在骨架上铺钉装饰面板。

骨架有木骨架和金属骨架，木骨架截面一般为50mm×50mm，金属骨架多为槽形冷轧

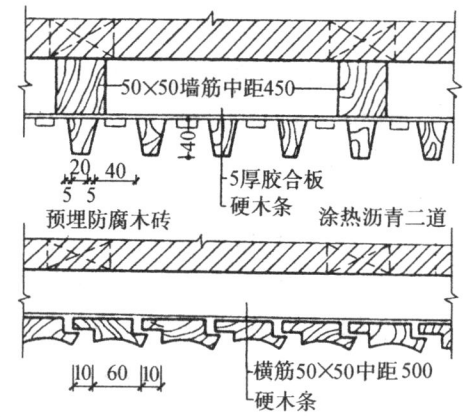

图 10-9 硬木条墙面装修构造

薄钢板。木骨架一般借助于墙中的预埋防腐木砖固定在墙上，木砖尺寸为60mm×60mm×60mm，中距500mm，骨架间距还应与墙板尺寸相配合。金属骨架多用膨胀螺栓固定在墙上。为防止骨架和面板受潮，在固定骨架前，宜先在墙面上抹10mm厚混合砂浆，然后刷二遍防潮防腐剂（热沥青），或铺一毡两油防潮层。

常见的装饰面板有硬木条（板）、竹条、胶合板、纤维板、石膏板、钙塑板及各种吸声墙板等。面板在木骨架上用圆钉或木螺丝固定，在金属骨架上一般用自攻螺丝固定面板。

图10-9～图10-12为几种常见的铺钉类墙面的装饰构造。

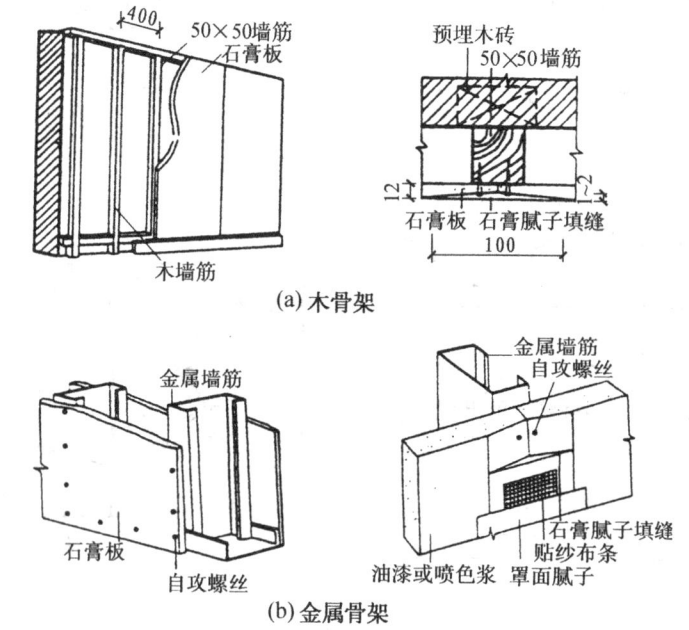

图 10-10 石膏板墙面装修构造

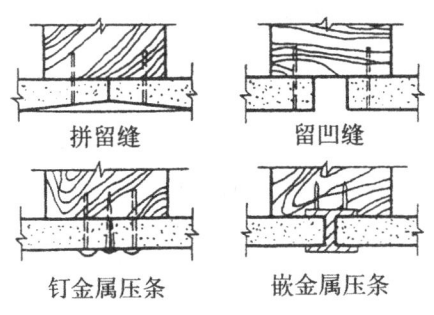

图 10-11 石膏板接缝形式

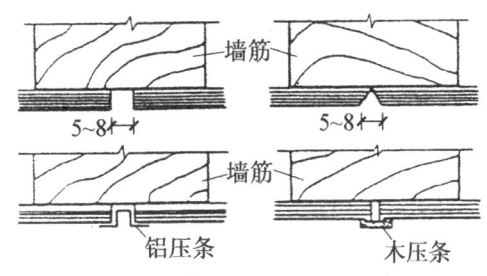

图 10-12 胶合板墙面装修接缝处理

10.3 楼地面装饰构造

地面的材料和做法应根据房间的使用要求和装修要求并结合经济条件加以选用。地面按材料形式和施工方式可分为四大类，即整体浇注地面、板块地面、卷材地面和涂料地面。

10.3.1 整体浇注地面

整体浇注地面是指用现场浇注的方法做成整片的地面。按地面材料不同有水泥砂浆地面、水磨石地面等。

10.3.1.1 水泥砂浆地面

水泥砂浆地面通常是用水泥砂浆抹压而成。一般采用 1:2.5 的水泥砂浆一次抹成，即单层做法，但厚度不宜过大，一般 15～20mm。为了保证质量，减少由于水泥砂浆干缩而产生裂缝的可能性，可将水泥砂浆分两次抹成，即双层做法，一般先用 15～20mm 厚 1:3 水泥砂浆打底找平，再用 5～10mm 厚 1:2.5 或 1:2 水泥砂浆抹面（图 10-13）。

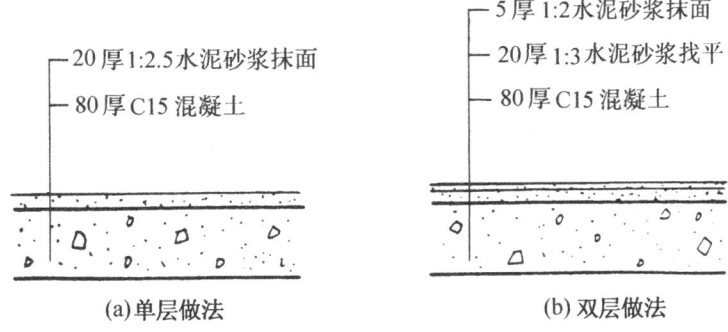

图 10-13 水泥砂浆地面

水泥砂浆地面构造简单，施工方便，造价底，且耐水，是目前应用最广泛的一种低档地面做法。但地面易起灰，无弹性，热传导性高，且装饰效果较差。为改善其装饰效果，可在水泥砂浆中掺入少量矿物颜料，如氧化铁红等，但由于普通水泥呈暗灰色，掺入颜料的水泥砂浆地面的装饰效果也不太理想。为了提高水泥砂浆地面的耐磨性和光洁度，可用干硬性的水泥砂浆作面层，用磨光机打磨，或用水泥和石屑（不掺砂）作面层等。

10.3.1.2 水磨石地面

水磨石地面是将用水泥作胶结材料、大理石或白云石等中等硬度石料的石屑作骨料而形成的水泥石屑浆浇抹硬结后，经磨光打蜡而成。水磨石地面的常见做法是先用15～20mm厚1:3水泥砂浆找平，再用10～15mm厚1:1.5或1:2的水泥石屑浆抹面，待水泥凝结到一定硬度后，用磨光机打磨，再由草酸清洗，打蜡保护。为便于施工和维修，并防止因温度变化而导致面层变形开裂，应用分格条将面层按设计的图案进行分格，这样做也可以增加美观。分格形状有正方形、长方形、多边形等，尺寸常为400～1000mm。分格条按材料不同有玻璃条、塑料条、铜条或铝条等，施工时视装修要求而定。分格条通常在找平层上用1:1水泥砂浆嵌固（图10-14）。

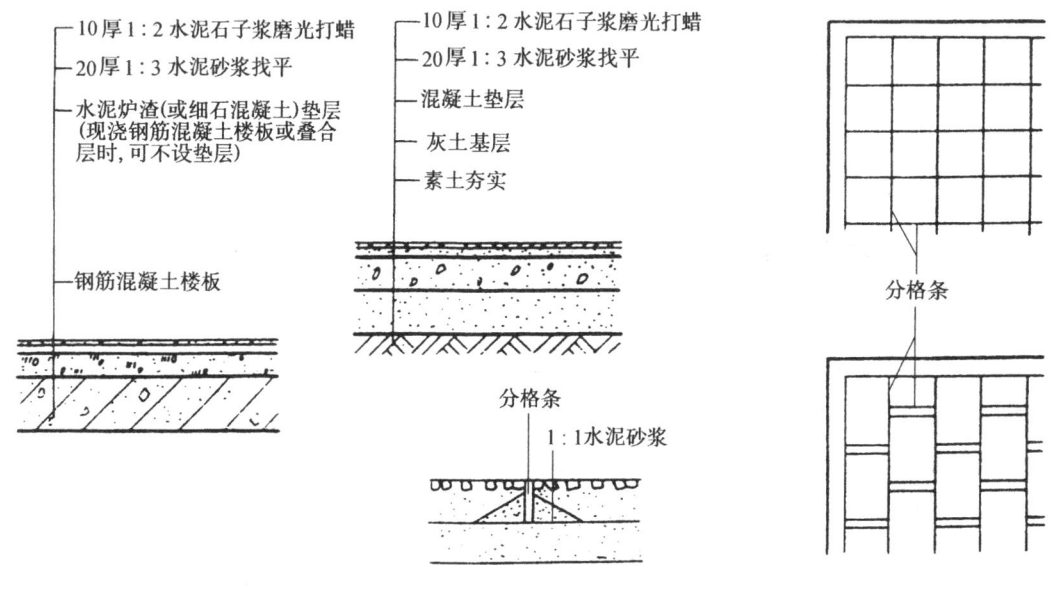

图10-14 水磨石地面

水磨石地面坚硬、耐磨、光洁、不透水，而且由于施工时磨去了表面的水泥浆膜，使其避免了起灰，有利于保持清洁，它的装饰效果也优于水泥砂浆地面；但造价高于水泥砂浆地面，施工较复杂，无弹性，吸热性强，常用于人流量较大的交通空间和房间，如公共建筑的门厅、走廊、楼梯以及营业厅、候车厅等。对装修要求较高的建筑，可用彩色水泥或白水泥加入各种颜料代替普通水泥，与彩色大理石石屑做成各种色彩和图案的地面，即美术水磨石地面，它比普通的水磨石地面具有更好的装饰性，但造价更高。

10.3.2 板块地面

板块地面是指利用板材或块材铺贴而成的地面。按地面材料不同有陶瓷板块地面、石板地面、塑料板块地面和木地面等。

10.3.2.1 陶瓷板块地面

用作地面的陶瓷板块有陶瓷锦砖和缸砖、陶瓷彩釉砖、瓷质无釉砖等各种陶瓷地砖。

陶瓷锦砖（又称马赛克）是以优质瓷土烧制而成的小块瓷砖，它有各种颜色、多种几何形状，并可拼成各种图案。陶瓷锦砖色彩丰富、鲜艳、尺寸小、面层薄、自重轻、不易踩碎。陶瓷锦砖地面的常见做法是先在混凝土垫层或钢筋混凝土楼板上用15～20mm厚1:3水泥砂浆找平，再将拼贴在牛皮纸上的陶瓷锦砖用5～8mm厚1:1水泥砂浆粘贴，在表面的牛皮纸清洗后，用素水泥浆扫缝（图10-15b）。

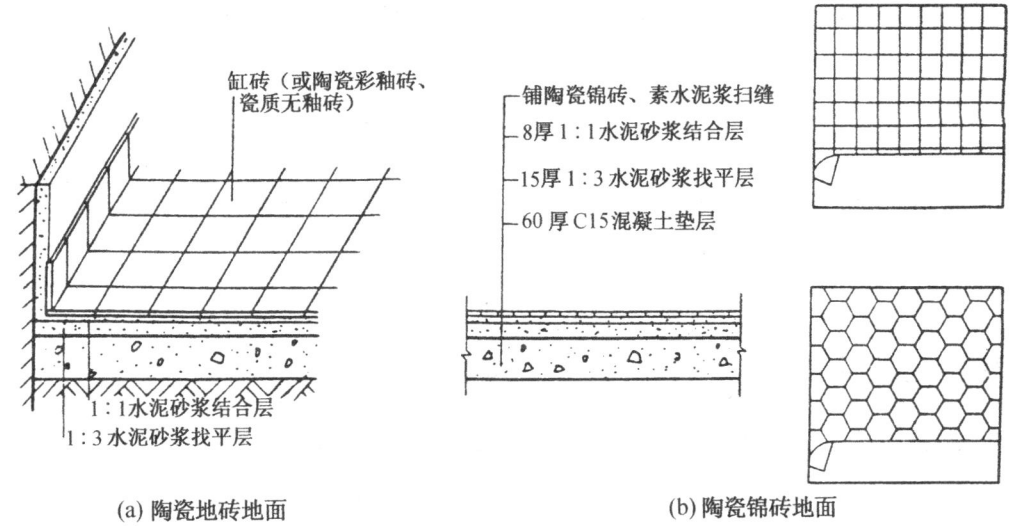

(a) 陶瓷地砖地面　　　　　　　　　　　　(b) 陶瓷锦砖地面

图10-15　陶瓷板块地面

缸砖是用陶土烧制而成，可加入不同的颜料烧制成各种颜色，以红棕色缸砖最常见。缸砖可根据需要做成方形、长方形、六角形和八角形等，并可组合拼成各种图案，其中方形缸砖应用较多，其尺寸一般为100mm×100mm、150mm×150mm，厚度为10～15mm。缸砖通常是在15～20mm厚1:3水泥砂浆找平层上用5～10mm厚1:1水泥砂浆粘贴，并用素水泥浆扫缝（图10-15a）。

陶瓷彩釉砖和瓷质无釉砖是较理想的新型地面装修材料，其规格尺寸一般较大，如600mm×600mm、800mm×800mm等。瓷质无釉砖又称仿花岗石砖，它具有天然花岗石的质感。陶瓷彩釉砖和瓷质无釉砖可用于门厅、餐厅、营业厅等，其构造做法与缸砖相同，见图10-15a。

陶瓷板块地面的特点是坚硬耐磨、色泽稳定，易于保持清洁，而且具有较好的耐水和耐酸碱腐蚀的性能，但造价偏高，一般适用于用水的房间以及有腐蚀的房间，如厕所、盥洗室、浴室和实验室等。这种地面由于没有弹性、不消声、吸热性大，故不宜用于人们长时间停留并要求安静的房间。陶瓷板块地面的面层属于刚性面层，只能铺贴在整体性和刚性较好的基层上，如混凝土垫层或钢筋混凝土楼板结构层。

10.3.2.2　石板地面

石板地面包括天然石地面和人造石地面。

天然石有大理石和花岗石等。天然大理石色泽艳丽，具有各种斑驳纹理，可取得较好的装饰效果。大理石板的规格尺寸一般为300mm×300mm～600mm×600mm，厚度为20～30mm。大理石地面的常见做法是先用20～30mm厚1:3或1:4干硬性水泥砂浆找平，再用

5~10mm厚1:1水泥砂浆作结合层铺贴大理石板,板缝宽不大于1mm,洒干水泥粉浇水扫缝,最后过草酸找蜡。另外,还可利用大理石碎块拼贴,形成碎大理石地面,它可以充分利用边脚料,既能降低造价,又可取得较好的装饰效果。用作室内地面的花岗石板是表面打磨光滑的磨光花岗石板,它的耐磨程度高于大理石板,但价格昂贵。花岗石地面有灰白、红、青、黑等颜色,其构造做法同大理石地面。天然石地面具有较好的耐磨、耐久性能和装饰性,属于高档做法,一般用于装修标准较高的公共建筑的门厅、大厅等(图10-16)。

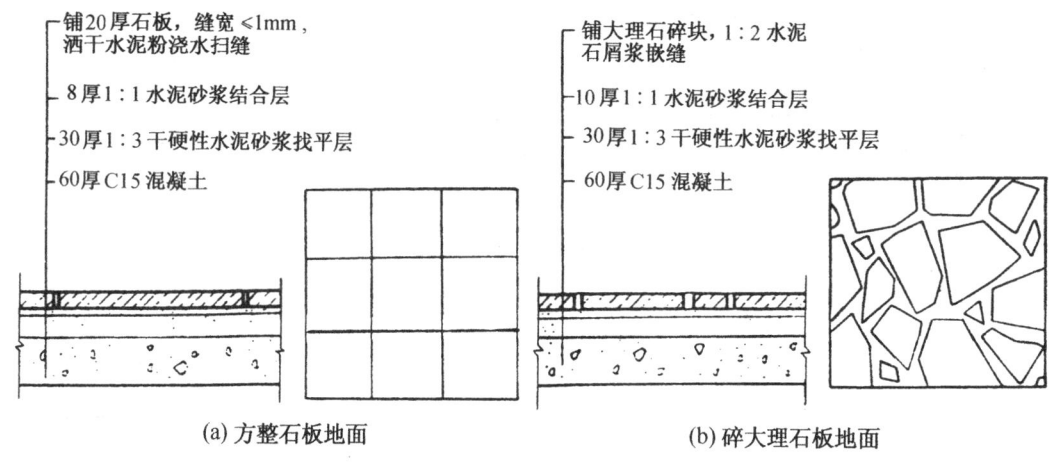

图 10-16 石板地面

人造石板有预制水磨石板、人造大理石板等,其规格尺寸及地面的构造做法与天然石板基本相同,而价格低于天然石板。

10.3.2.3 塑料板块地面

随着石油化工业的发展,塑料地面的应用日益广泛。塑料地面材料的种类很多,目前聚氯乙烯塑料地面材料应用最广泛。它是以聚氯乙烯树脂为主要胶结材料,添加增塑剂、填充料、稳定剂、润滑剂和颜料等经塑化热压而成。可加工成块材,也可加工成卷材,其材质有软质和半硬质两种,目前在我国应用较多的是半硬质聚氯乙烯块材,其规格尺寸一般为100mm×100mm~500mm×500mm,厚度为1.5~2.0mm。塑料板块地面的构造做法是先用15~20mm厚1:2水泥砂浆找平,干燥后再用胶粘剂粘贴塑料板(图10-17)。

塑料板块地面具有一定的弹性和吸声能力,热传导性低,使脚感舒适温暖,并有利于隔声,它的色彩丰富,可获得较好的装饰效果,而且耐磨性、耐湿性和耐燃性较好,施工方便,易于保持清洁。但其耐高温性和耐刻划性较差,易老化,日久失光变色。这种地面适用于人们长时间逗留且要求安静的房间,或清洁要求较高的房间。

10.3.2.4 木地面

木地面按构造方式有空铺式和实铺式两种。

空铺式木地面是将支承木地板的搁栅架空搁置,使地板下有足够的空间便于通风,以保持干燥,防止木板受潮变形或腐烂。木搁栅可搁置于墙上,当房间尺寸较大时,也可搁置于地垄墙或砖墩上。空铺木地面应组织好架空层的通风,通常应在外墙勒脚处开设通风洞,有地垄墙时,地垄墙上也应留洞,使地板下的潮气通过空气对流排至室外。空铺式木地面的构造见图10-18。

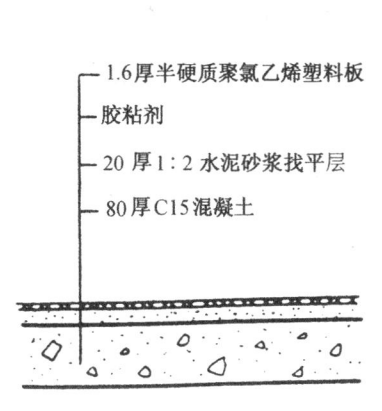
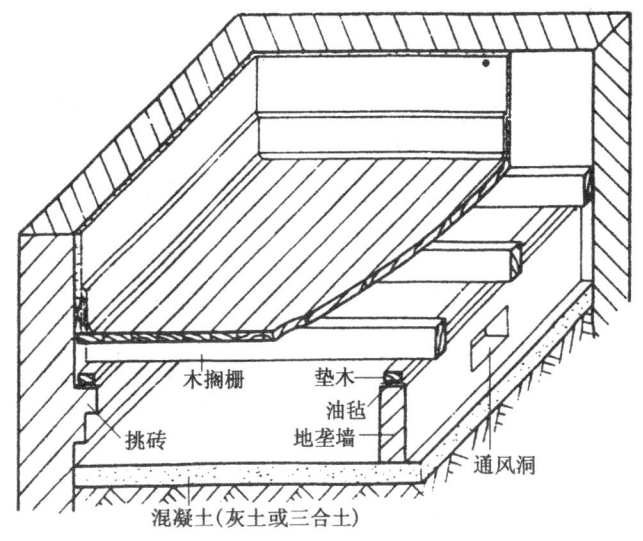

图 10-17 塑料板块地面　　图 10-18 空铺式木地面

空铺式木地面构造复杂，耗费木材较多，因而采用较少。

实铺式木地面有铺钉式和粘贴式两种做法。

铺钉式实铺木地面是将木搁栅搁置在混凝土垫层或钢筋混凝土楼板上的水泥砂浆或细石混凝土找平层上，在搁栅上铺钉木地板。房屋底层实铺木地面时，为防止木地板受潮腐烂，应在混凝土垫层上做防潮处理，通常在水泥砂浆找平层和冷底子油结合层上做一毡二油防潮层或涂刷热沥青防潮层。另外，在踢脚板处设通风口，使地板下的空气流通，以保持干燥。

木搁栅的断面尺寸一般为 50mm×50mm 或 50mm×70mm，间距为 400～500mm。木搁栅应固定在混凝土垫层或钢筋混凝土楼板上，固定方法有多种，如在结构层或垫层内预埋钢筋，用镀锌铁丝将木搁栅与钢筋绑牢，或预埋 U 形铁件嵌固木搁栅等。搁栅间的空挡可用来安装各种管线。

木地板有普通木地板、硬木条形地板和硬木拼花地板等。铺钉式木地面可用单层木板铺钉，也可用双层木板铺钉。单层木地板通常采用普通木地板或梗木条形地板（图 10-19b）。双层木地板的底板称为毛板，可采用普通木板，与搁栅呈 30°或 45°方向铺钉，面板则采用硬木拼花板或硬木条形板，底板和面板之间应衬一层油纸或涂酚醛树脂，以减小摩擦。双层木地板具有更好的弹性，但消耗木材较多（图 10-19a）。

粘贴式实铺木地面是将木地板用沥青胶或环氧树脂等粘结材料直接粘贴在找平层上，若为底层地面，则应在找平层上做防潮层，或直接用沥青砂浆找平。粘贴式实铺木地面由于省略了搁栅，比铺钉式节约木材，造价低，施工简便，应用较多（图 10-19c）。

木地面具有良好的弹性、吸声能力和低吸热性，易于保持清洁，但耐火性差，保养不善时易腐朽，且造价较高，一般用于装修标准较高的住宅、宾馆或有特殊要求的建筑中（如体育馆、剧院等）。

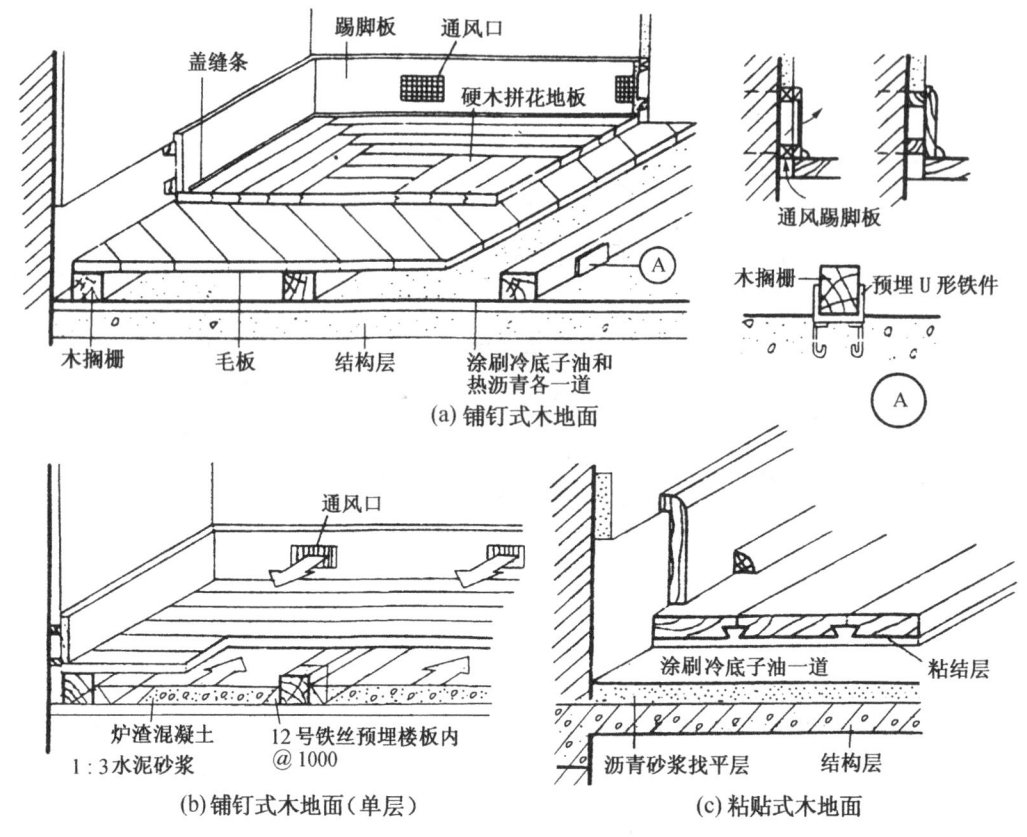

图 10-19 实铺式木地面

10.3.3 卷材地面

卷材地面是用成卷的铺材铺贴而成。常见的地面卷材有软质聚氯乙烯塑料地毡、油地毡、橡胶地毡和地毯等。

软质聚氯乙烯塑料地毡的规格一般为：宽 700～2000mm，长 10～20mm，厚 1～8mm，可用胶粘剂粘贴在水泥砂浆找平层上，也可干铺。塑料地毡的拼接缝隙通常切割成 V 形，用三角形塑料焊条焊接（图 10-20）。

油地毡是以植物油、树脂等为胶结材，加上填料、催化剂和颜料与沥青油纸或麻布织物复合而成的红棕色卷材，它具有一定的弹性和良好的耐磨性。油地毡一般可不用胶粘剂，直接干铺在找平层上即可。

橡胶地毡是以天然橡胶或合成橡胶为主要原料，掺入填充料、防老剂、硫化剂等制成的卷材。它具有良好的弹性、耐磨性和电绝缘性，有利于隔绝撞击声。橡胶地毡可以干铺，也可用胶粘剂粘贴在水泥砂浆找平层上。

地毯类型较多，按地毯面层材料不同有化纤地毯、羊毛地毯和棉织地毯等，其中用化纤或短羊毛作面层，麻布、塑料作背衬的化纤或短羊毛地毯应用较多。地毯可以满铺，也可局部铺设，其铺设方法有固定和不固定两种。不固定式是将地毯直接摊铺在地面上，固定式通常是将地毯用胶粘剂粘贴在地面上，或用倒钩钉将地毯四周固定。为增加地面的弹

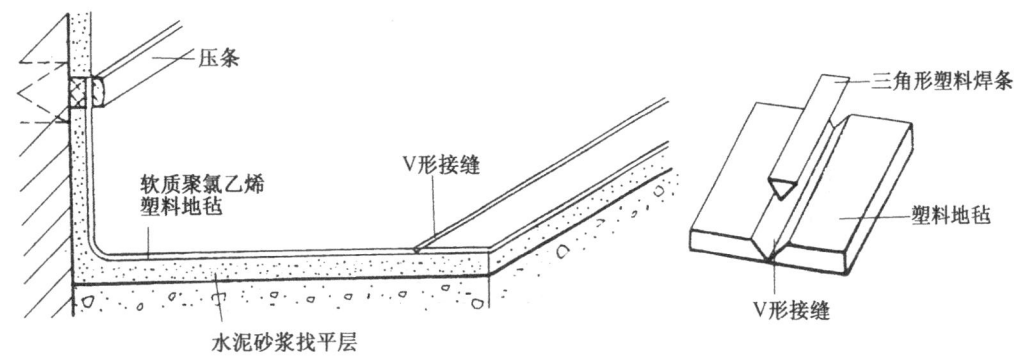

图 10-20 塑料卷材地面

性和消声能力，地毯下可铺设一层泡沫橡胶衬垫。地毯具有良好的弹性以及吸声、隔声和保温性能，脚感舒适，美观大方，施工简便，是理想的地面装修材料，但价格较高。

10.3.4 涂料地面

涂料地面是利用涂料涂刷或涂刮而成。它是水泥砂浆地面的一种表面处理形式，用以改善水泥砂浆地面在使用和装饰方面的不足。地面涂料品种较多，有溶剂型、水溶性和水乳型等地面涂料。

普通地面涂料是指涂层较薄的地面涂料，如苯乙烯-丙烯酸酯共聚乳液地面涂料、聚乙烯醇缩丁醛溶剂型地面涂料等。这种涂料地面通常以涂刷的方式施工，故施工简便，且造价较低，但由于涂层较薄，在人流多的部位磨损较快。

厚质地面涂料是指涂层较厚的地面涂料，常用的厚质地面涂料有两类。一类是单纯以树脂为胶凝材料的厚质地面涂料，如环氧树脂厚质地面涂料、聚氨酯厚质地面涂料等。这类涂料地面由于涂层较厚，故耐磨、耐腐蚀、抗渗、弹韧等性能较好，且装饰效果较好，但造价较高。它可采用涂刮、涂刷等方式施工。另一类是以水溶性树脂或乳液与普通水泥或白水泥复合组成胶结材料，再加入颜料等制成的厚质地面涂料，称为聚合物水泥地面涂料，如聚乙烯醇缩甲醛胶水泥地面涂料、苯乙烯-丙烯酸酯共聚乳液水泥地面涂料等。这类涂料地面通常由主涂层和罩面层组成，采用涂刮、涂刷等方式施工，可根据需要做成各种几何图案或仿木纹、仿水磨石、仿大理石等花纹图案的地面。聚合物水泥涂料地面的涂层与水泥砂浆基层粘结牢固，具有较好的耐水性、耐磨性和耐久性，而且装饰效果较好，造价较低，故应用较普通。

为保护墙面，防止外界碰撞损坏墙面，或擦洗地面时弄脏墙面，通常在墙面靠近地面处设踢脚线（又称踢脚板）。踢脚线的材料一般与地面相同，故可看作是地面的一部分，即地面在墙面上的延伸部分。踢脚线通常凸出墙面，也可与墙面平齐或凹进墙面，其高度一般为 120～150mm。踢脚线构造见图 10-21。

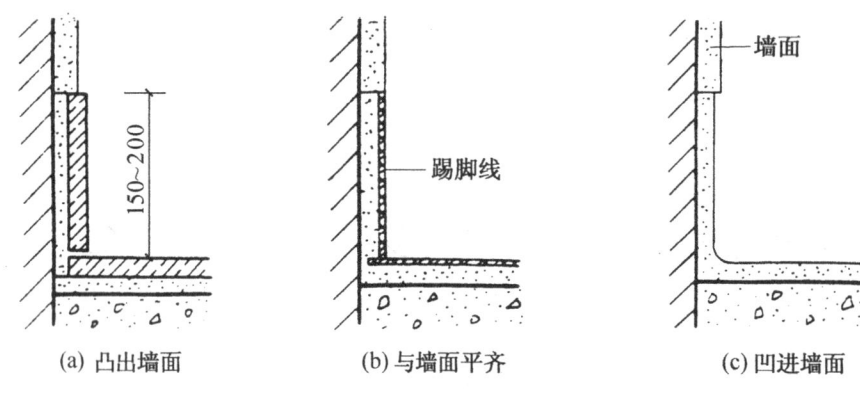

(a) 凸出墙面　　　　(b) 与墙面平齐　　　　(c) 凹进墙面

图 10-21　踢脚线构造

10.4　顶棚装饰构造

一般顶棚多为水平式，但根据房间用途的不同，顶棚可做成弧形、凹凸形、高低形、折线形等。依构造方式的不同，顶棚有直接式顶棚和悬吊式顶棚之分。

10.4.1　直接式顶棚

直接式顶棚系指直接在钢筋混凝土楼板下喷、刷、粘贴装修材料的一种构造方式。多用于大量性工业与民用建筑中，直接式顶棚装修常见的有以下几种处理：

（1）直接喷、刷涂料　当楼板底面平整时，可用腻子嵌平板缝，直接在楼板底面喷或刷大白浆涂料或 106 装饰涂料，以增加顶棚的光反射作用。

（2）抹灰装修　当楼板底面不够平整，或室内装修要求较高，可在板底进行抹灰装修。抹灰分水泥砂浆抹灰和纸筋灰抹灰两种。

水泥砂浆抹灰系将板底清洗干净，打毛或刷素水泥浆一道后，抹 5mm 厚 1:3 水泥砂浆打底，用 5mm 厚 1:2.5 水泥砂浆粉面，再喷刷涂料，如图 10-22a 所示。

纸筋灰抹灰系先以 6mm 厚混合砂浆打底，再以 3mm 厚纸筋灰粉面，然后喷、刷涂料。

（3）贴面式装修　对某些装修要求较高，或有保温、隔热、吸声要求的建筑物，如商店门面、公共建筑的大厅等等，可于楼板底面直接粘贴适用于顶棚装饰的墙纸、装饰吸声板以及泡沫塑胶板等。这些装修材料借助于粘贴剂粘贴，如图 10-22b 所示。

(a) 抹灰装修　　　　(b) 粘贴装修

图 10-22　直接式顶棚

10.4.2 吊式顶棚

吊式顶棚又称吊天花，简称吊顶。在现代建筑中，为提高建筑物的使用功能，除照明、给排水管道、煤气管需安装在楼板层中外，空调管、灭火喷淋、感知器、广播设备等管线及其装置，均需安装在顶棚上。为处理好这些设施，往往必须借助于吊顶棚来解决。

吊顶依所采用材料、装修标准以及防火要求的不同有木质骨架和金属骨架之分，如图10-23所示。

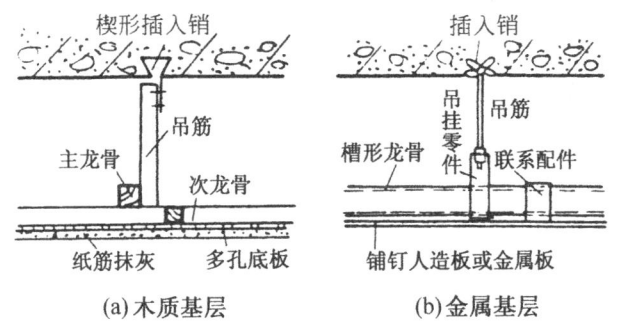

图 10-23 吊顶棚

10.4.2.1 木龙骨吊顶

木龙骨吊顶主要是借预埋于楼板内的金属吊件或锚栓将吊筋（又称吊头）固定在楼板下部，吊筋间距一般为900～1000mm，吊筋下固定主龙骨又称吊档，其截面均为45mm×45mm或50mm×50mm。主龙骨下钉次龙骨（又称平顶筋或吊顶搁栅）。次龙骨截面为40mm×40mm，间距为400、450、600mm。间距的选用视下面装饰铺材的规格而定。当采用木板条抹灰时，其间距400mm，以利钉灰板条；当采用胶合板装修时，其间距用400mm；当采用各种装饰吸声板、石膏板、钙塑板等板材时，为适应板材规格，其间距采用500mm；当采用纤维板面层时，间距采用600mm。龙骨间距的确定最终应考虑当地装饰板材的规格，以上尺寸仅供参考，其具体构造如图10-24所示。

木龙骨吊顶因其基层材料具可燃性，加之安装方式多系铁钉固定，使顶棚表面很难做到水平，因此在一些重要的工程或防火要求较高的建筑中，已极少采用。

10.4.2.2 金属龙骨吊顶

根据防火规范要求，顶棚宜采用不燃材料或难燃材料构造。加之近年来各种金属吊顶定型骨架材料大量问世，因此在一般大型公共建筑中，金属龙骨吊顶已被广泛采用。

金属龙骨吊顶主要由金属龙骨基层与装饰面板所构成。金属龙骨由吊筋、主龙骨、次龙骨和横撑龙骨组成。吊筋一般采用φ4钢筋或8号铅丝或φ6螺栓，中距900～1200mm，固定在楼板下。吊筋头与楼板的固定方式可分为吊钩式、钉入式和预埋件式，如图10-25所示。然后在吊筋的下端悬吊主龙骨。当主龙骨系[形截面时，吊筋借吊挂配件悬吊主龙骨，如图10-26所示。如果主龙骨为⊥形截面时，则吊筋可钩在主龙骨上（图10-27）。然后再于主龙骨下悬吊吊顶次龙骨。为铺、钉装饰面板，还应在龙骨之间增设横撑，横撑间距视面板规格而定。横撑截面可为⊐形，亦可为⊥形。最后在吊顶次龙骨和横撑上铺、钉装饰面板，如图10-26所示。

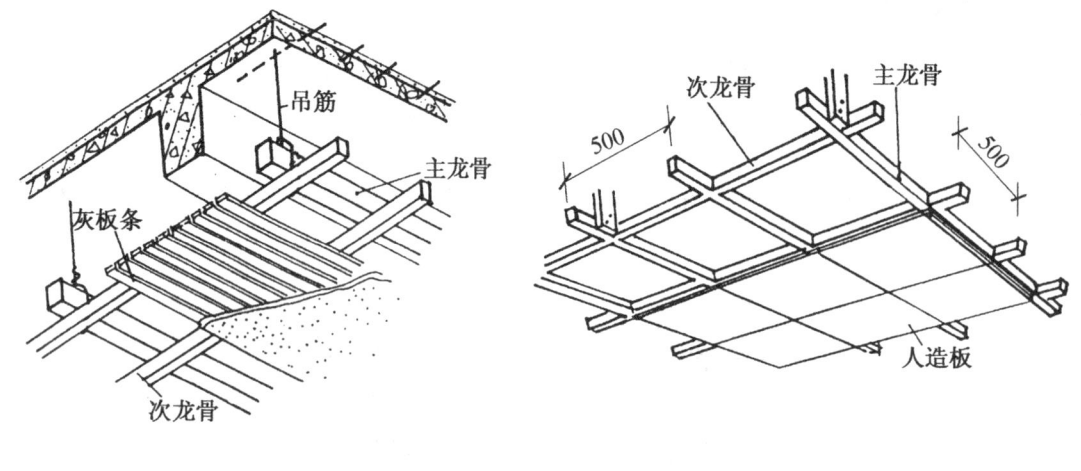

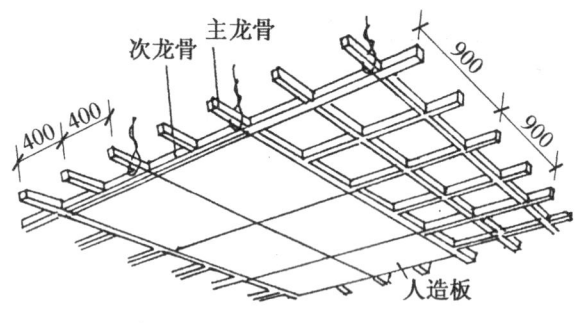

图 10-24 木质吊顶

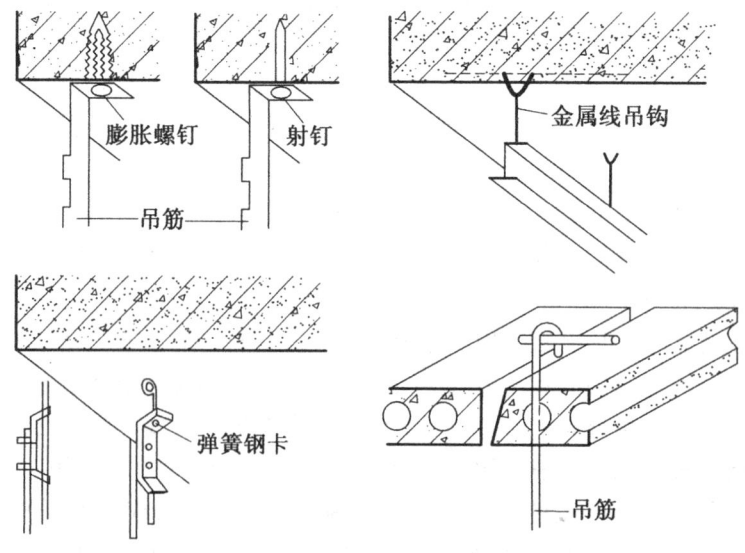

图 10-25 吊筋与楼板的固结方式

装饰面板有各种人造板和金属板之分。人造板包括纸面石膏板、矿棉吸声板、各种穿孔板和纤维水泥板等。装饰面板可借沉头自攻螺钉固定在龙骨和横撑上，亦可放置在⊥形龙骨的翼缘上，如图 10-27 所示。

金属面板包括铝板、铝合金型板、铝塑板、彩色涂层薄钢板和不锈钢薄板等。面板形式有条形、方形、长方形、折棱形不等，见图10-28。条板宽60~300mm，块板规格为500、600mm见方，表面呈古铜色、青铜色、金黄色、银白色以及各种烤漆颜色。金属面板靠螺钉、自攻螺钉或膨胀铆钉或专用卡具固定于吊顶的金属龙骨上。

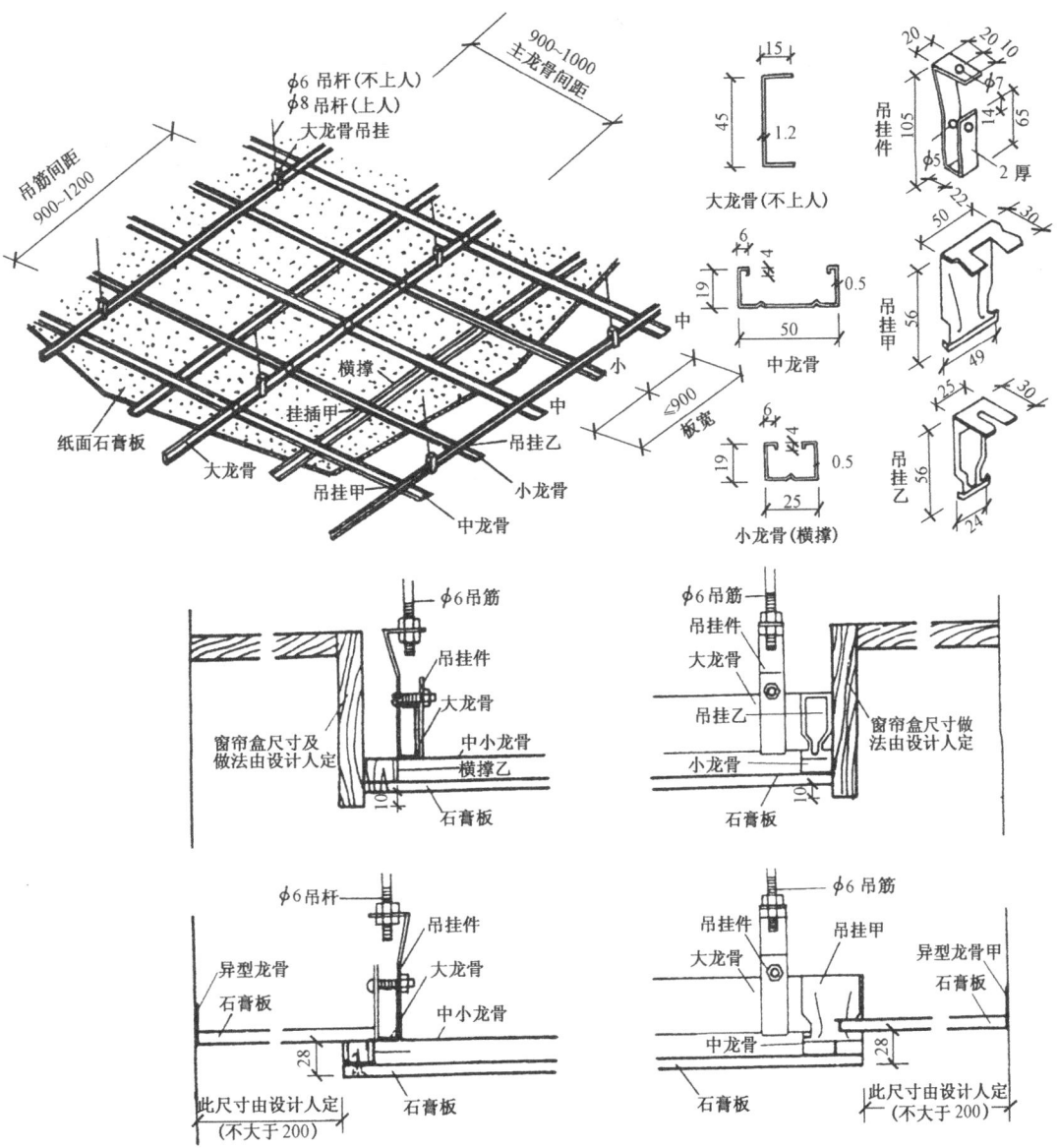

图 10-26 金属吊顶构造

223

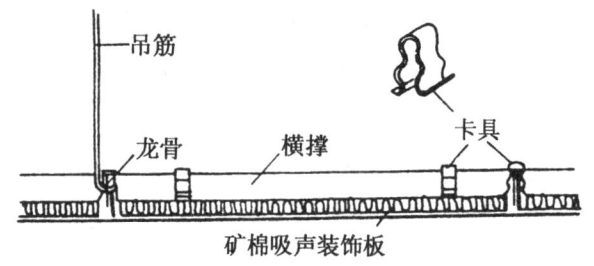

图 10-27　⊥形龙骨吊顶

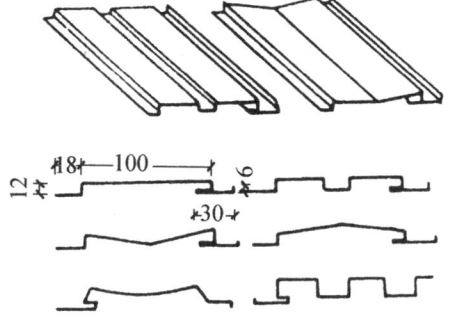

图 10-28　条形金属面板截面形式

第11章 楼梯构造

11.1 概述

建筑物各个不同楼层之间的联系，需要有上、下交通设施，此项设施有楼梯、电梯、自动扶梯、爬梯以及坡道等。电梯用于层数较多或有特种需要的建筑物中，而且即使设有电梯或自动扶梯的建筑物，也必须同时设置楼梯，以便紧急时使用。楼梯设计要求：坚固、耐久、安全、防火；做到上下通行方便，能搬运必要的家具物品，有足够的通行宽度和疏散能力；另外，楼梯尚应有一定的美观要求。

在建筑物入口处，因室内外地面的高差而设置的踏步段，称为台阶。为方便车辆、轮椅通行，也可增设坡道。

楼梯主要由楼梯梯段、楼梯平台及栏杆扶手三部分组成（图11-1）。

(1) 楼梯梯段

设有踏步供建筑物楼层之间上下行走的通道段落称为梯段。踏步又分为踏面（供行走时踏脚的水平部分）和踢面（形成踏步高差的垂直部分）。楼梯的坡度大小就是由踏步尺寸决定的。

(2) 楼梯平台

楼梯平台是指连接两梯段之间水平部分。平台用来帮助楼梯转折、连通某个楼层或供使用者在攀登了一定的距离后稍事休息。平台的标高有时与某个楼层相一致，有时介于两个楼层之间。与楼层标高相一致的平台称之为正平台（楼层平台），介于两个楼层之间的平台称之为半平台（中间平台或休息平台）。

(3) 栏杆扶手

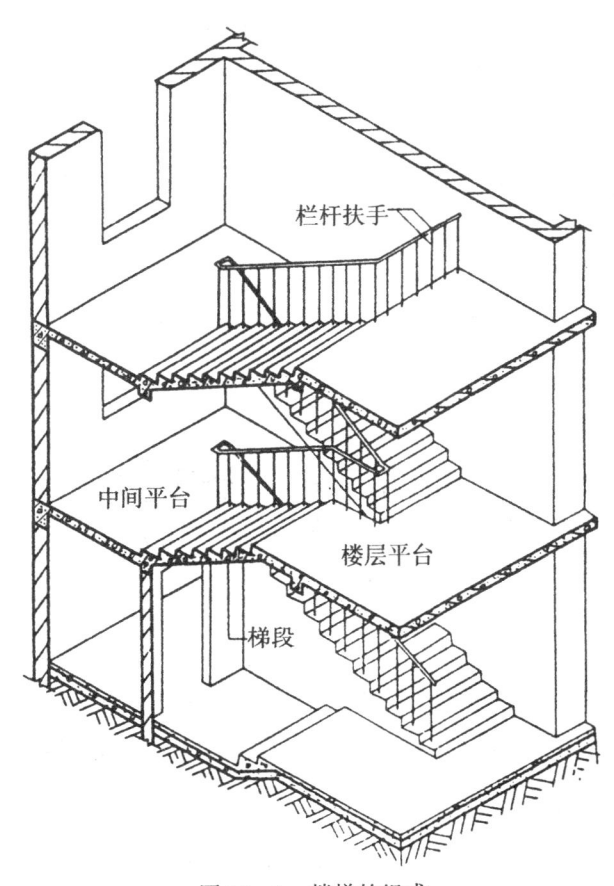

图 11-1 楼梯的组成

栏杆是布置在楼梯梯段和平台边缘处有一定安全保障度的围护构件。扶手一般附设于栏杆顶部，供作依扶用。扶手也可附设于墙上，称为靠墙扶手。

11.2 钢筋混凝土楼梯构造

构成楼梯的材料可以是木材、钢材、钢筋混凝土或多种材料混合使用。由于钢筋混凝土楼梯具有较好的结构刚度和强度，较理想的耐久、耐火性能，并且在施工、造型和造价等方面也有较多优势，故应用最为普遍。

钢筋混凝土楼梯按施工方法不同，主要有现浇整体式和预制装配式两类。

11.2.1 现浇钢筋混凝土楼梯

现浇钢筋混凝土楼梯的整体性能好、刚度大，有利于抗震，但模板耗费大，施工周期长，受季节温度影响大。一般适用于抗震要求高、楼梯形式和尺寸变化多的建筑物。

现浇钢筋混凝土楼梯按梯段的结构形式不同，可分为板式楼梯和梁式楼梯两种。

11.2.1.1 板式楼梯

板式楼梯的梯段是一块斜放的板，它通常由梯段板、平台梁和平台板组成。梯段板承受着梯段的全部荷载，然后通过平台梁将荷载传给墙体或柱子（图 11-2a）。必要时，也可取消梯段板一端或两端的平台梁，使平台板与梯段板连为一体，形成折线形的板直接支承于墙或梁上（图 11-2b）。

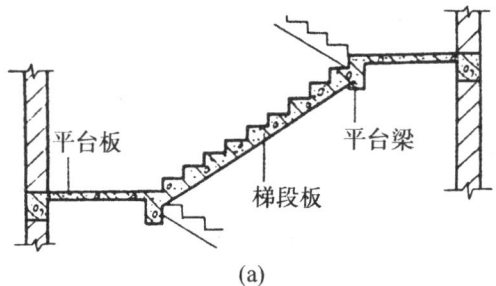

(a)

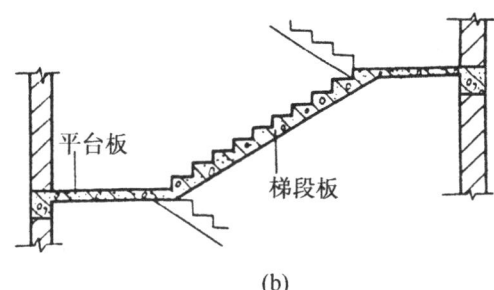

(b)

图 11-2 现浇钢筋混凝土板式楼梯

近年来在一些公共建筑的庭园中，出现了一种悬臂板式楼梯，其特点是梯段和平台均无支承，完全靠上下楼梯段与平台组成的空间板式结构与上下层楼板结构共同来受力，其特点是造型新颖、空间感好（图 11-3）。

板式楼梯的梯段底面平整，外形简洁，便于支模施工。当梯段跨度不大

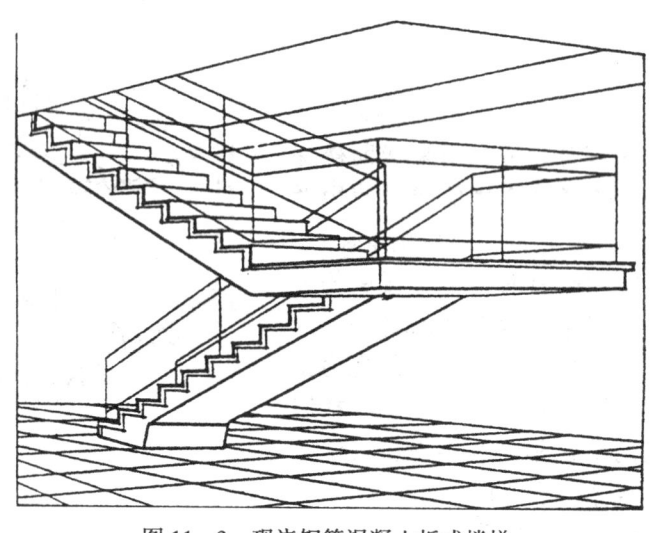

图 11-3 现浇钢筋混凝土板式楼梯

时（一般不超过3m），常采用之。当梯段跨度较大时，梯段板厚度增加，自重较大，钢材和混凝土用量较多，经济性较差，这时常采用梁式楼梯替代之。

11.2.1.2 梁式楼梯

梁式楼梯段是由踏步板和梯段斜梁（简称梯梁）组成。梯段的荷载由踏步板传递给梯梁，然后，梯梁再传给平台梁，最后，平台梁将荷载传给墙体式柱子。

梯梁通常设两根，分别布置在踏步板的两端。梯梁与踏步板在竖向的相对位置有两种：

(1) 梯梁在踏步板之下，踏步外露，称为明步（图11-4a）。

(2) 梯梁在踏步板之上，形成反梁，踏步包在里面，称为暗步（图11-4b）。

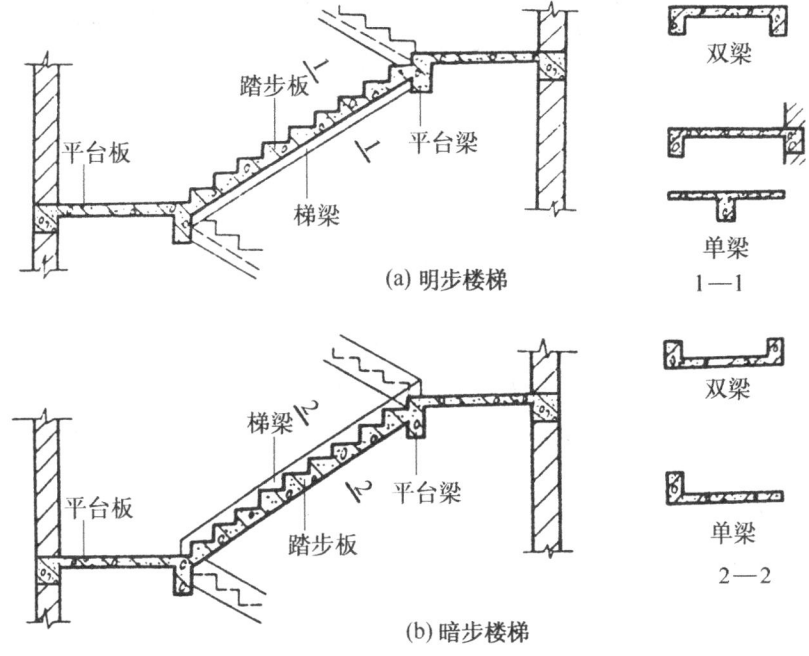

图 11-4 现浇钢筋混凝土梁式楼梯

梯梁也可以只设一根，通常有两种形式：一种是踏步板的一端设梯梁，另一端搁置在墙上，省去一根梯梁，可减少用料和模板，但施工不便；另一种是用单梁悬挑踏步板，即梯梁布置在踏步板中部或一端，踏步板悬挑，这种形式的楼梯结构受力较复杂，但外形独特、轻巧，一般适用于通行量小、梯段尺度与荷载都不大的楼梯。

当荷载或梯段跨度较大时，梁式楼梯比板式楼梯的钢材和混凝土用量少、自重轻，因此，采用梁式楼梯比较经济。但同时也要注意到：梁式楼梯在支模、扎筋等施工操作方面较板式楼梯复杂。

11.2.2 预制装配式钢筋混凝土楼梯

装配式钢筋混凝土楼梯由于其生产、运输、吊装和建筑体系的不同，存在着许多不同的构造形式。根据构件尺度的差别，大致可将装配式楼梯分为：小型构件装配式、中型构件装配式和大型构件装配式。

11.2.2.1 小型构件装配式楼梯

小型构件装配式楼梯是将梯段、平台分割成若干部分，分别预制成小构件装配而成。由于构件尺寸小、重量轻，制作、运输和安装简便，造价较低，但构件数量多、施工速度慢，因此，它主要适用于施工吊装能力较差的情况。一般预制构件和它们的支承构件是分开制作的。预制构件是指踏步构件和平台板。

（1）预制踏步构件

钢筋混凝土预制踏步的断面形式有三角形、L形和一字形三种（图11-5）。

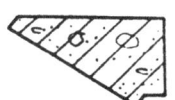   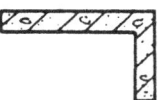 

(a) 实心三角形踏步　(b) 空心三角形踏步　(c) 正置L形踏步　(d) 倒置L形踏步　(e) 一字形踏步

图 11-5　预制踏步的形式

三角形踏步始见于20世纪50年代，其拼装后底面平整。实心三角形踏步自重较大，为减轻自重，可将踏步内抽孔，形成空心三角形踏步。

L形踏步自重轻、用料省，但拼装后底面形成折板，容易积灰。L形踏步的搁置方式有两种：一种是正置，即踢板朝上搁置；另一种是倒置，即踢板朝下搁置。

一字形踏步板只有踏板没有踢板，制作简单，存放方便，外形轻巧。必要时，可用砖补砌踢板。

（2）踏步构件的支承方式

预制踏步的支承方式主要有梁承式、墙承式和悬挑式三种。

①梁承式楼梯

预制踏步支承在梯梁上，形成梁式梯段，梯梁支承在平台梁上。任何一种形式的预制踏步构件都可以采用这种支承方式。

梯梁的断面形式，视踏步构件的形式而定。三角形踏步一般采用矩形梯梁，楼梯为暗步时，可采用L形梯梁。L形和一字形踏步应采用锯齿形梯梁。预制踏步在安装时，踏步之间以及踏步与梯梁之间应用水泥砂浆坐浆。L形和一字形踏步预留孔洞应与锯齿形梯梁上预埋的插铁套接，孔内用水泥砂浆填实。

平台梁一般为L形断面，将梯梁搁置在L形平台梁的翼缘上或在矩形断面平台梁的两端局部做成L形断面，形成缺口，将梯梁插入缺口内。这样，不会由于梯梁的搁置，导致平台梁底面标高降低而影响平台净高。梯梁与平台梁的连接，一般采用预埋铁件焊接，或预留孔洞和插铁套接。

预制踏步梁承式楼梯构造详见图11-6a、b、c。

②墙承式楼梯

预制踏步的两端支承在墙上，这样荷载将直接传递给两侧的墙体。墙承式楼梯不需要设梯梁和平台梁，踏步多采用L形或一字形踏步板。

墙承式楼梯构造简单、受力合理、节约材料。它主要适用于直跑楼梯，若为双跑楼

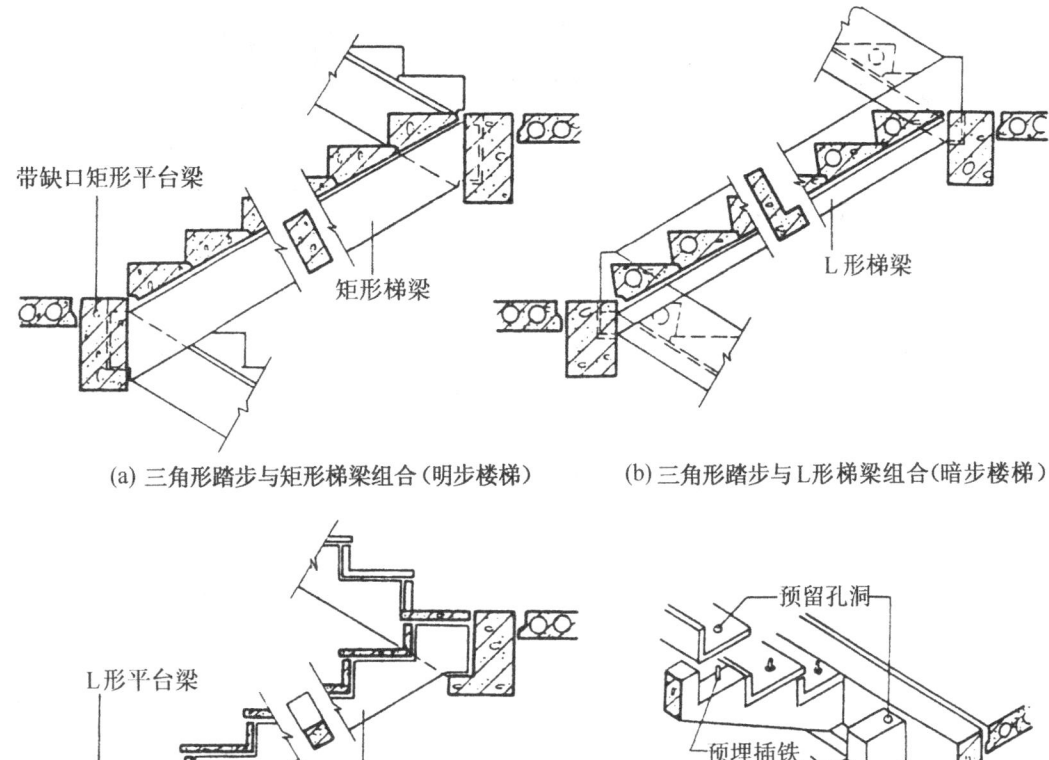

(a) 三角形踏步与矩形梯梁组合（明步楼梯）　　(b) 三角形踏步与L形梯梁组合（暗步楼梯）

(c) L形（或一字形）踏步与锯齿形梯梁组合

图 11-6　预制踏步梁承式楼梯构造

梯，则需要在楼梯间中部砌墙，用以支承踏步。这样又易造成楼梯间空间狭窄，视线受阻，给人流通行和家具设备搬运带来不便，为改善这种状况，可在墙上适当位置开设观察孔（图 11-7）。

③悬挑式楼梯

踏步板的一端固定在墙上，另一端悬挑，利用悬挑的踏步板承受梯段全部荷载，并直接传递给墙体。预制踏步板挑出部分多为L形断面，压在墙体内的部分为矩形断面。从结构安全性方面考虑，梯间两侧的墙体厚度一般不应小于240mm，踏步悬挑长度即楼梯宽度一般不超过 1500mm。

悬挑式楼梯不设梯梁和平台梁，因此构造简单、施工方便。安装预制踏步板时，须在踏步板临空一侧设临时支撑，以防倾覆。通常用于非地震区，楼梯宽度不大的建筑（图 11-8）。

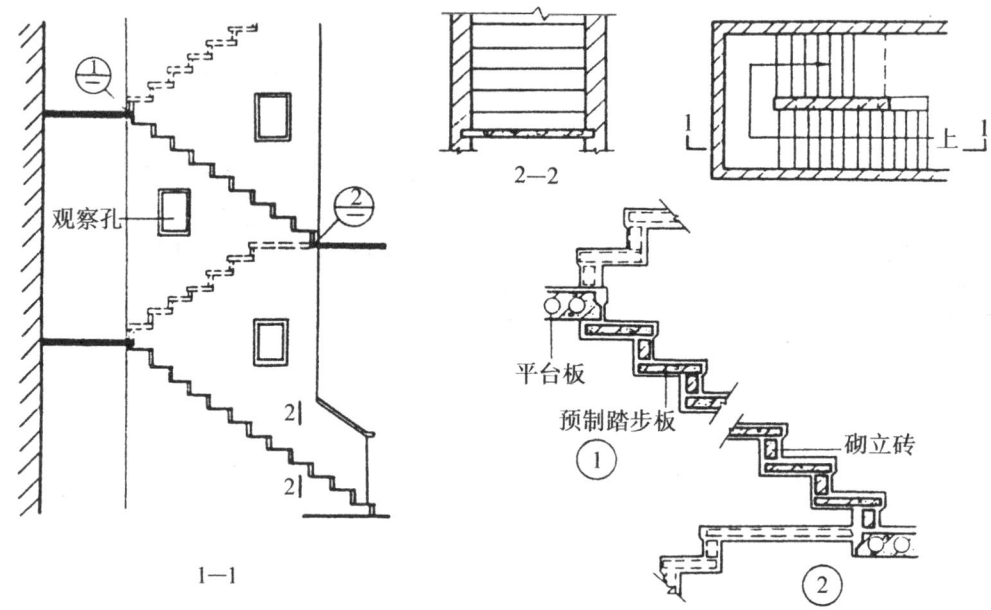

图 11-7 预制踏步墙承式楼梯构造

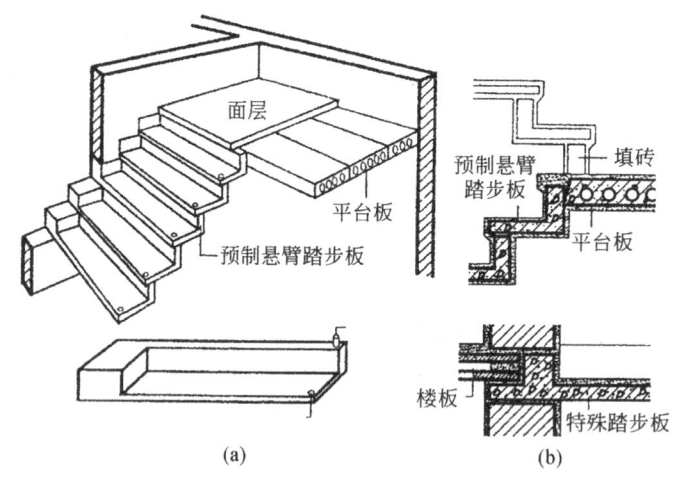

图 11-8 预制装配墙悬臂式钢筋混凝土楼梯

(3) 平台板

平台板宜采用预制钢筋混凝土空心板或槽形板，两端直接支承在楼梯间的横墙上（图 11-9a）。对于梁承式楼梯，平台板也可采用小型预制平板，支承在平台梁和楼梯间的纵墙上（图 11-9b）。

11.2.2.2 中型构件装配式

中型构件装配式楼梯只有两类构件，即平台板（包括平台梁）和楼梯段。与小型构件相比，构件的种类减少，这样便可以简化施工，加快建设速度，但要求有一定的吊装能力。

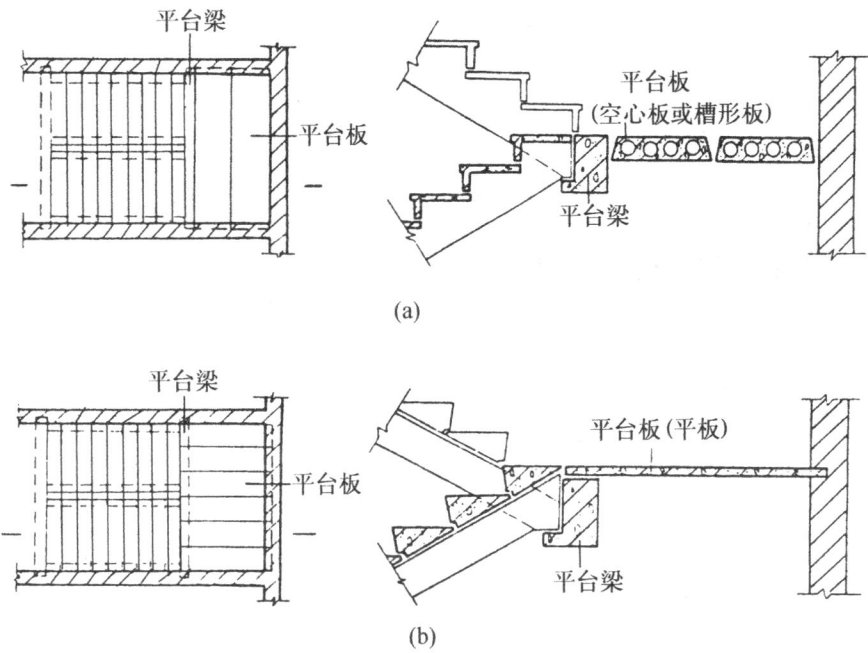

图 11-9 平台板的布置

(1) 预制梯段

整个楼梯段是一个构件,按其结构形式不同,有板式梯段和梁板式梯段两种。

①板式梯段

梯段为预制整体梯段板,两端搁置在平台梁出挑的翼缘上,将梯段荷载直接传递给平台梁。

板式梯段按构造方式不同,有实心和空心两种类型。实心梯段板自重较大(图 11-10a),在吊装能力不足时,可沿宽度方向分块预制,安装时拼成整体。为减轻自重,可将板内抽孔,形成空心梯段板(图 11-10b)。空心梯段板有横向抽孔和纵向抽孔两种,其中,横向抽孔制作方便,应用广泛,当梯段板厚度较大时,可以纵向抽孔。

②梁式梯段

梁式梯段是由踏步板和梯梁共同组成的一个构件,它一般采用暗步,即梯段梁上翻包住踏步,形成槽板式梯段。将踏步

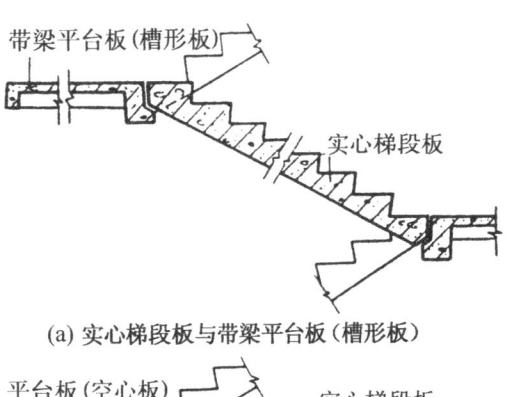

(a) 实心梯段板与带梁平台板(槽形板)

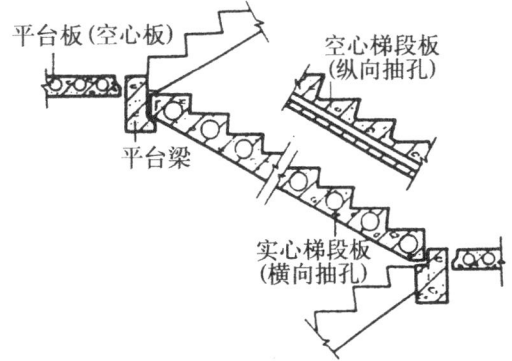

(b) 空心梯段板与平台梁、平台板(空心板)

图 11-10 预制板式梯段与平台

根部的踏面与踢面相交处做成斜面,使其平行于踏步底板,这样,在梯板厚度不变的情况下,可将整个梯段底面上升,从而减少混凝土用量,减轻梯段自重。梯段有空心、实心和折板三种形式,空心梁式梯段只能横向抽孔。折板式梯段是用料最省、自重最轻的一种形式,但楼梯底面不平整,且制作工艺较复杂(图 11‐11)。

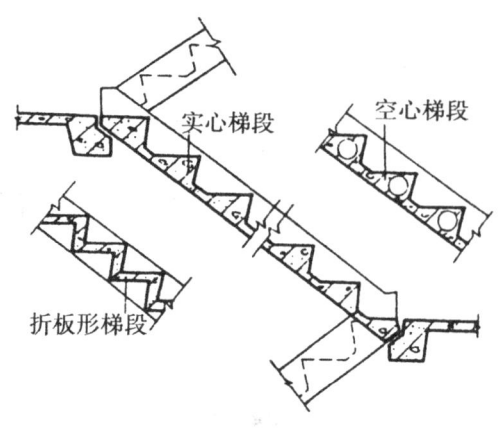

图 11‐11 预制梁式梯段

(2)平台板

中型装配式楼梯通常将平台梁组合在一起预制成一个构件,形成带梁的平台板。这种平台板一般采用槽形板,与梯段连接处的板肋做成 L 形梁,以便连接(图 11‐10a)。

当生产、吊装能力不足时,可将平台板和平台梁分开预制,平台梁采用 L 形断面,平台板可用普通的预制钢筋混凝土楼板,两端支承在楼梯间横墙上(图 11‐10b)。

(3)梯段的搁置

梯段两端搁置在 L 形的平台梁上,平台梁出挑的翼缘顶面有平面和斜面两种,其中斜顶面翼缘简化了梯段搁置构造,便于制作、安装,使用多于平顶面翼缘(图 11‐12a、b)。

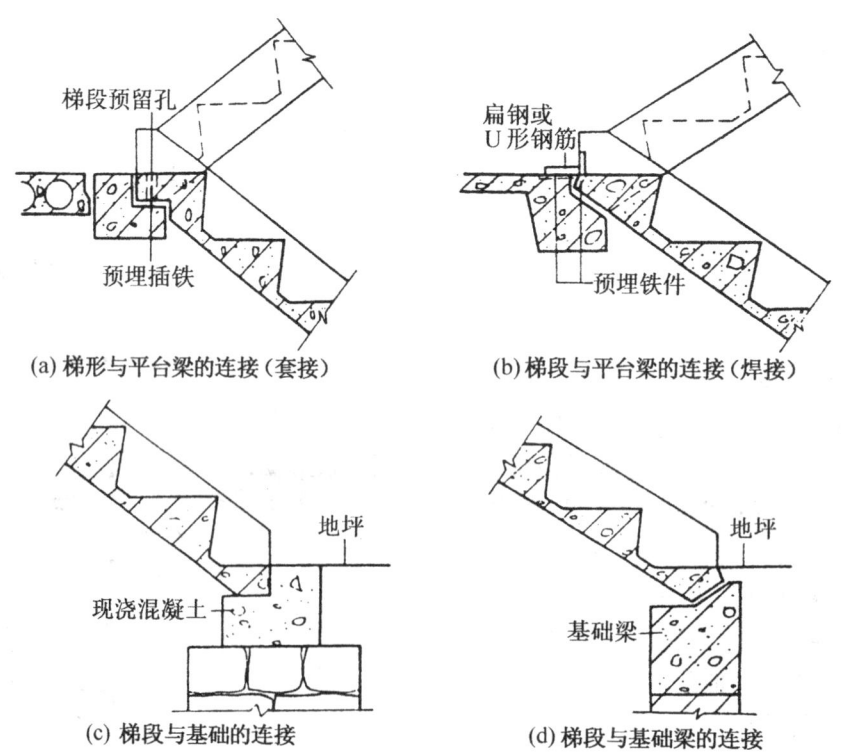

图 11‐12 梯段的搁置与连接构造

梯段搁置处，除有可靠的支承面外，还应将梯段与平台连接在一起，以加强整体性。梯段安装前应先在平台梁上坐浆（铺设水泥砂浆），使构件间的接触面贴紧，受力均匀。安装后，用预埋铁件焊接的方式，或将梯段预留孔套接在平台梁的预埋插铁上，孔内用水泥砂浆填实的方式，将梯段和平台梁连接在一起（图 11-12a、b）。

底层第一跑楼梯段的下端应设基础或基础梁以支承梯段，基础常用材料有：毛石、砖、混凝土、钢筋混凝土（图 11-12c、d）。

11.2.2.3 大型构件装配式楼梯

大型构件装配式楼梯，是把整个梯段和平台板预制成一个构件。按结构形式不同，有板式楼梯和梁式楼梯两种（图 11-13a、b）。

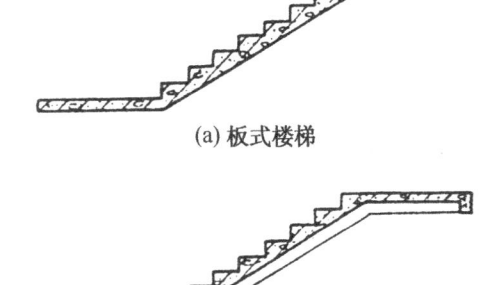

图 11-13 大型构件装配式楼梯形式

这种楼梯的构件数量少，装配化程度高，施工速度快，但需要大型运输、起重设备，主要用于大型装配式建筑中。

11.3 楼梯的细部构造

11.3.1 踏步面层及防滑构造

楼梯踏步面层应便于行走、耐磨、防滑并保持清洁。踏步面层的材料，视装修要求而定，一般与门厅或走道的楼地面材料一致，常用的有水泥砂浆、水磨石、大理石和防滑砖等（图 11-14）。

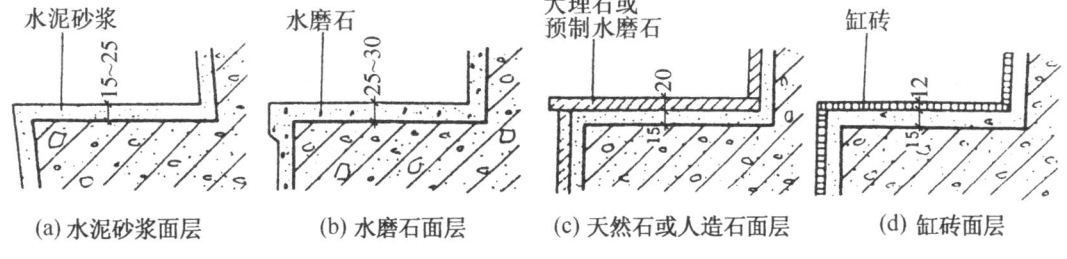

图 11-14 踏步面层构造

为防止行人使用楼梯时滑倒，踏步表面应有防滑措施，特别是人流量大或踏步表面光滑的楼梯，必须对踏步表面进行处理。防滑处理的方法通常是在接近踏口处设置防滑条，防滑条的材料主要有：金刚砂、马赛克、橡皮条和金属材料等。也可用带槽的金属材料包住踏口，这样既防滑又起保护作用，近年来防滑处理多采用已有防滑措施的预制陶瓷砖，此做法非常方便，在踏步两端近栏杆（或墙）处一般不设防滑条（图11-15）。

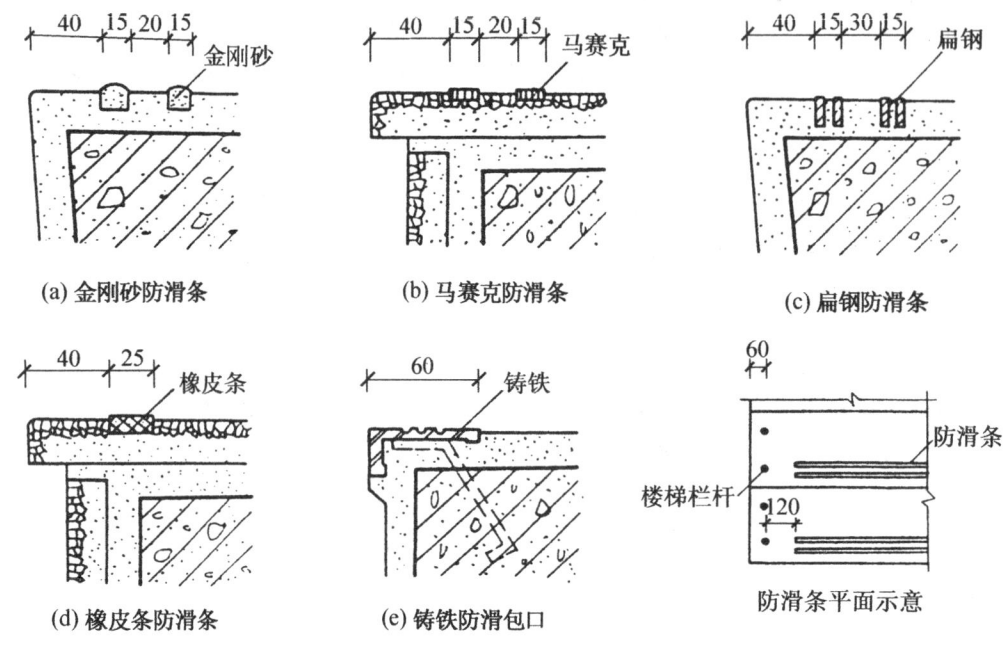

图 11-15 踏步防滑构造

11.3.2 栏杆和扶手构造

11.3.2.1 栏杆构造

楼梯栏杆有空花栏杆、栏板式和组合式栏杆三种。

（1）空花栏杆

空花栏杆一般采用圆钢、方钢、扁钢和钢管等金属材料做成。常用断面尺寸为圆钢 $\phi16 \sim \phi25$mm，方钢 15mm×15mm～25mm×25mm，扁钢（30～50）mm×（3～6）mm，钢管 $\phi20 \sim \phi50$mm。

在儿童活动的场所，如幼儿园、住宅等建筑，为防止儿童穿过栏杆空隙发生危险事故，栏杆垂直杆件间的净距不应大于 110mm，且不应采用易于攀登的花饰。

空花栏杆的形式见图 11-16。

栏杆与梯段应有可靠的连接，具体方法有以下几种：

①预埋铁件焊接

将栏杆的立杆与梯段中预埋的钢板或套管焊接在一起（图 11-17a）。

②预留孔洞插接

将端部做成开脚或倒刺的栏杆插入梯段预留的孔洞内，用水泥砂浆或细石混凝土填实（图 11-17b）。

③螺栓连接

用螺栓将栏杆固定在梯段上，固定方式有若干种，如用板底螺帽栓紧贯穿踏板的栏杆等（图 11-17c）。

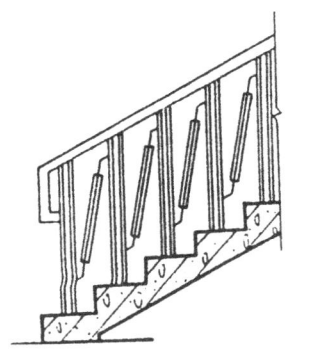  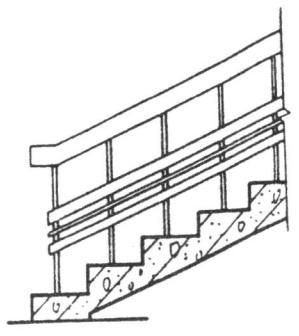

图 11-16 空花栏杆形式示例

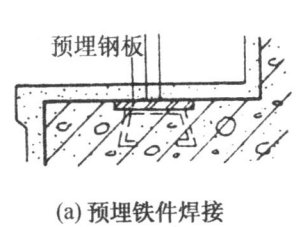 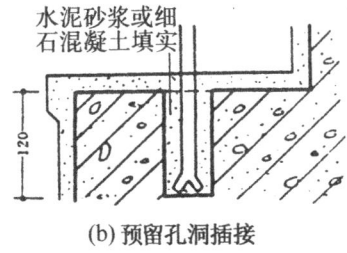 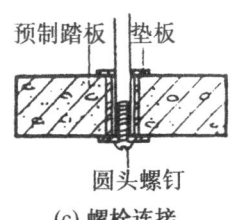

(a) 预埋铁件焊接　　(b) 预留孔洞插接　　(c) 螺栓连接

图 11-17 栏杆与梯段的连接

（2）栏板

栏板通常采用现浇或预制的钢筋混凝土板，钢丝网水泥板或砖砌栏板，也可采用具有较好装饰性的有机玻璃、钢化玻璃等作栏板。

钢丝网水泥栏板是在钢筋骨架的侧面先铺钢丝网，后抹水泥砂浆而成（图 11-18a）。

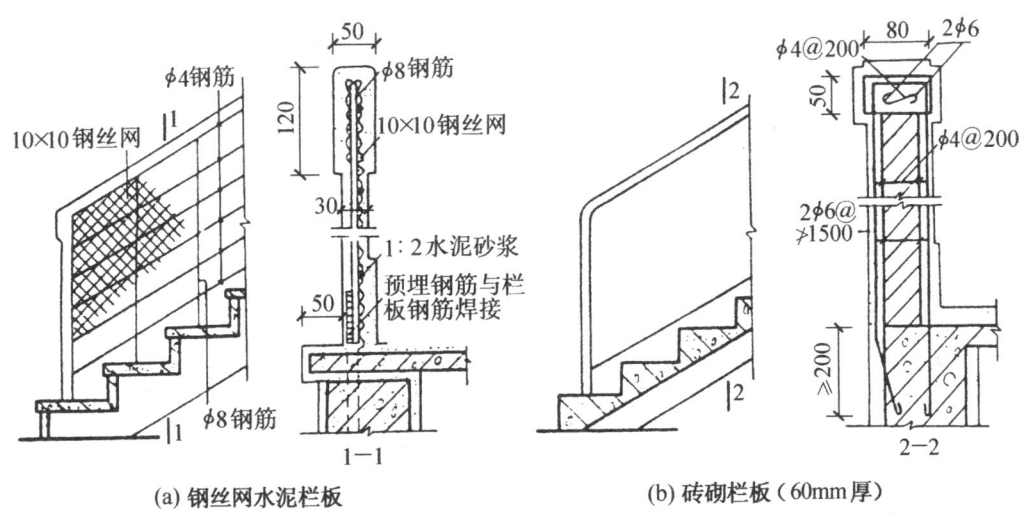

(a) 钢丝网水泥栏板　　(b) 砖砌栏板（60mm 厚）

图 11-18 栏板式栏杆

砖砌栏板是用砖侧砌成1/4砖厚，为增加其整体性和稳定性，通常在栏板中加设钢筋网，并且用现浇的钢筋混凝土扶手连成整体（图11-18b）。

(3) 组合式栏杆

组合式栏杆是将空花栏杆与栏板组合而成的一种栏杆形式。其中空花栏杆多用金属材料制作，栏板可用钢筋混凝土板、砖砌栏板、有机玻璃、钢化玻璃等材料制成（图11-19）。

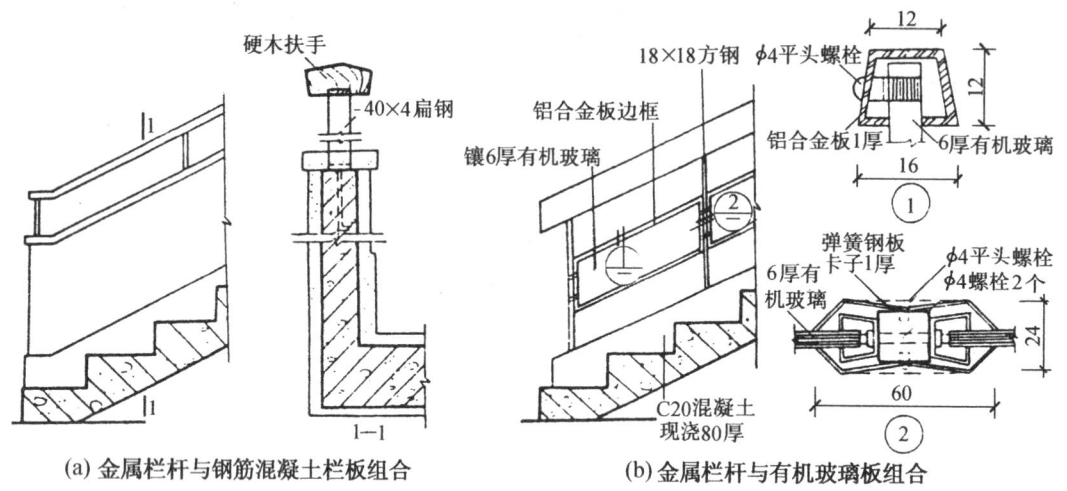

图 11-19 组合式栏杆

11.3.2.2 扶手构造

扶手位于栏杆顶部。空花栏杆顶部的扶手一般采用硬木、塑料和金属材料制作，其中硬木和金属扶手应用较为普遍。扶手的断面形式和尺寸应方便手握抓牢，扶手顶面宽一般为40~90mm（图11-20a、b、c）。栏板顶部的扶手可用水泥砂浆或水磨石抹面而成，也可用大理石、水磨石板、木材贴面而成（图11-20d、e、f）。

扶手与栏杆应有可靠的连接，其方法视扶手和栏杆的材料而定。硬木扶手与金属栏杆的连接，通常是在金属栏杆的顶端先焊接一根通长扁钢，然后用木螺丝将扁钢与扶手连接在一起。塑料扶手与金属栏杆的连接方法和硬木扶手类似。金属扶手与金属栏杆多用焊接。扶手与栏杆的连接构造如图11-20所示。

楼梯顶层的楼层平台临空一侧，应设置水平栏杆扶手，扶手端部与墙应固定在一起。其方法为：在墙上预留孔洞，将扶手和栏杆与插入洞内的扁钢相连接，用水泥砂浆或细石混凝土填实。也可将角钢用木螺丝固定于墙内预埋的防腐木砖上。若为钢筋混凝土墙或柱，则可采用预埋铁件焊接（图11-21）。

靠墙扶手是通过连接件固定于墙上。连接件通常直接埋入墙上的预留孔内，也可预埋螺栓连接。连接件与扶手的连接构造同栏杆与扶手的连接（图11-22）。

11.3.2.3 栏杆扶手的转弯处理

在平行楼梯的平台转弯处，当上下行楼梯段的踏口相平齐时，为保持上下行梯段的扶手高度一致，常用的处理方法是将平台处的栏杆设置到平台边缘以内半个踏步宽的位置上（图11-23a）。在这一位置上下行梯段的扶手顶面标高刚好相同。这种处理方法，扶手连

第 11 章 楼梯构造

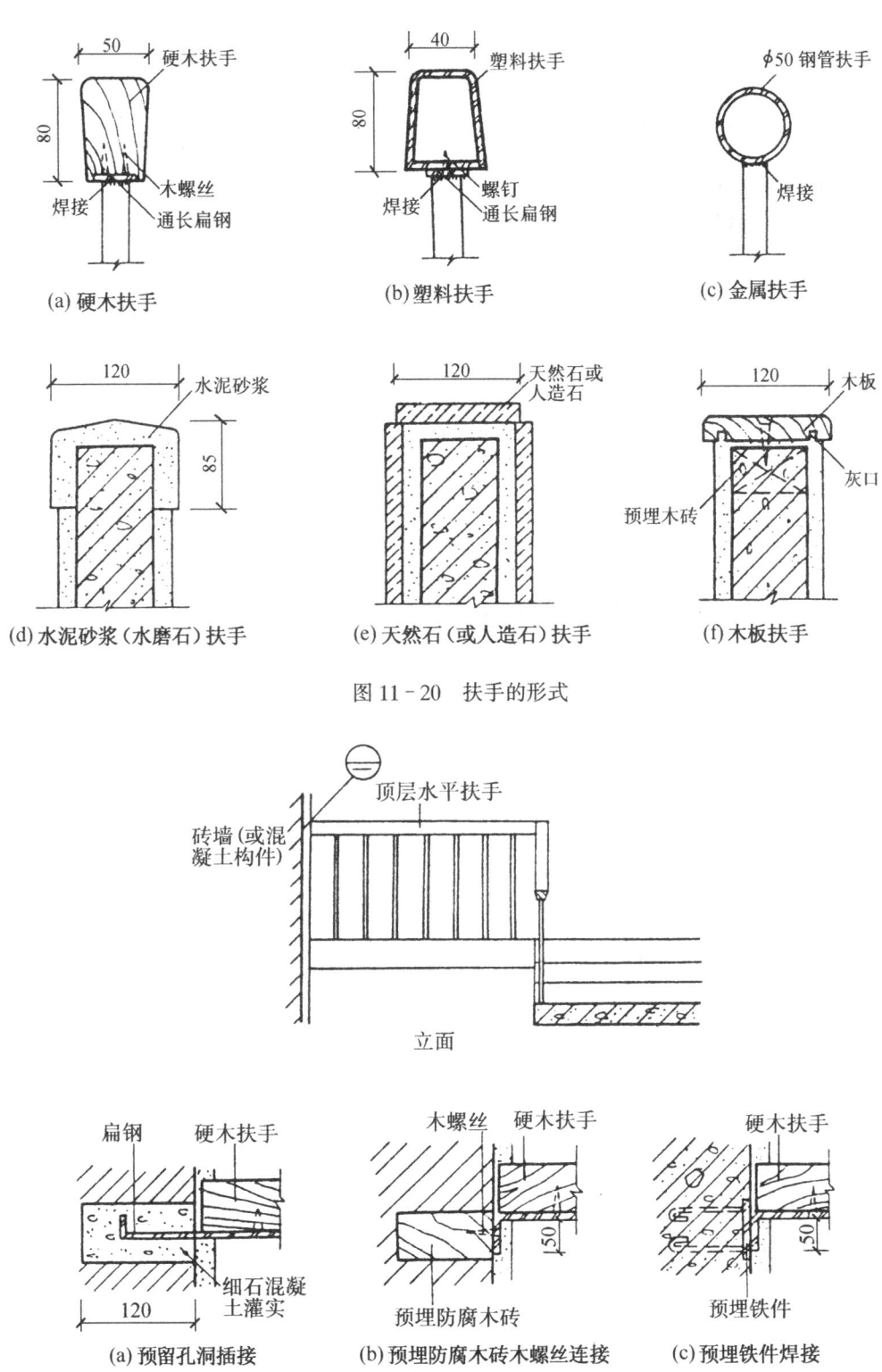

图 11-20 扶手的形式

图 11-21 扶手端部与墙（柱）的连接

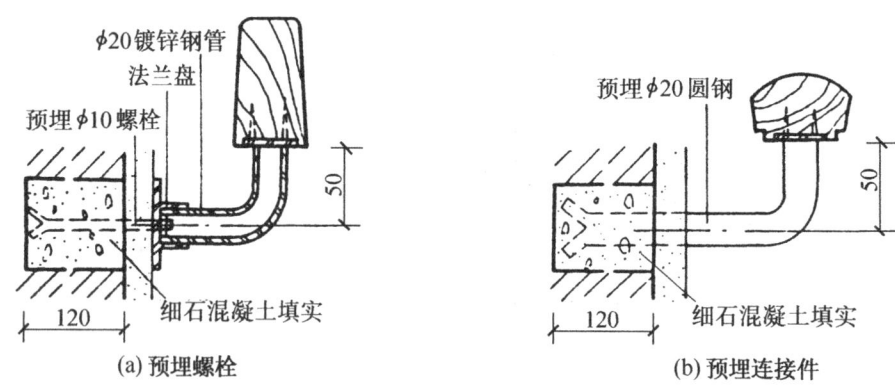

图 11-22 靠墙扶手

接简单,省工省料。但由于栏杆伸入平台半个踏步宽,使平台的通行宽度减小,若平台宽度较小,会给人流通行和家具设备搬运带来不便。

若不改变平台的通行宽度,则应将平台处的栏杆紧靠平台边缘设置。此时,在这一位置上下行梯段的扶手顶面标高不同,形成高差。处理高差的方法有几种,如采用鹤颈扶手(图 11-23b)。这种方法,弯头制作费工费料,使用不便,所以有时干脆将上下行扶手断开处理。还有一种方法是将上下行梯段踏步错开一步(图 11-23c),这样扶手的连接比较简单、方便,但却增加了楼梯的长度。

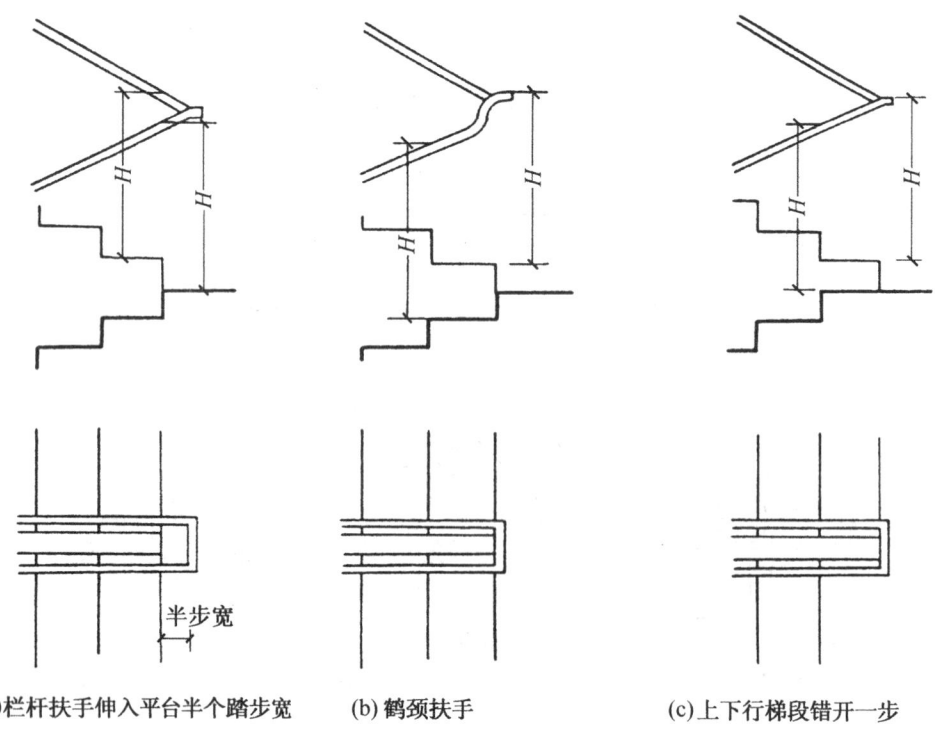

图 11-23 栏杆扶手转弯处理

11.4 楼梯设计

楼梯设计必须符合一系列的有关规范的规定，例如与建筑物性质、等级、防火有关的规范，等等。在进行设计前必须熟悉规范的要求。

11.4.1 楼梯的主要尺寸

11.4.1.1 楼梯坡度和踏步尺寸

楼梯的坡度是指梯段中各级踏步前缘的假定连线与水平面形成的夹角。楼梯的坡度大小应适中，坡度过大，行走易疲劳；坡度过小，楼梯占用的面积增加，不经济。楼梯的坡度范围在23°～45°之间，最适宜的坡度为30°左右。坡度较小时（小于10°）可将楼梯改坡道。坡度大于45°为爬梯。楼梯、爬梯、坡道等的坡度范围见图11-24。

楼梯坡度应根据使用要求和行走舒适性等方面来确定。公共建筑的楼梯，一般人流较多，坡度应较平缓，常在26°34′左右。住宅中的公用楼梯通常人流较少，坡度可稍陡些，多在33°42′左右。楼梯坡度一般不宜超过38°，供少量人流通行的内部交通楼梯，坡度可适当加大。

用角度表示楼梯的坡度虽然准确、形象，但不宜在实际工程中操作，因此我们经常用踏步的尺寸来表述楼梯的坡度。

踏步是由踏面（b）和踢面（h）组成（图11-25a），踏面（踏步宽度）与成人男子的平均脚长相适应，一般不宜小于250mm，

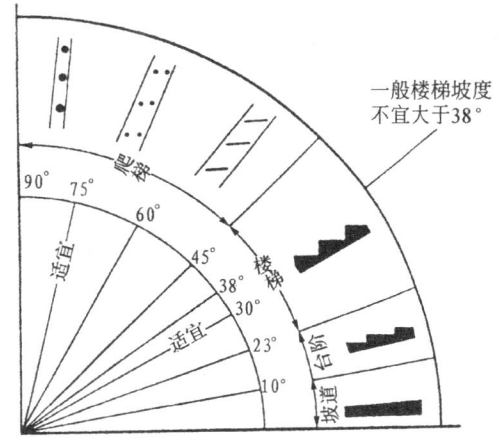

图11-24 楼梯、爬梯及坡道的坡度范围

常用260～320mm。为了适应人们上下楼时脚的活动情况，踏面宜适当宽一些。在不改变梯段长度的情况下，为加宽踏面，可将踏步的前缘挑出，形成突缘，突缘挑出长度一般为20～30mm，也可将踢面做成倾斜（图11-25b、c）。踏步高度一般宜在140～175mm之间，各级踏步高度均应相同。在通常情况下可根据经验公式来取值，常用公式为：

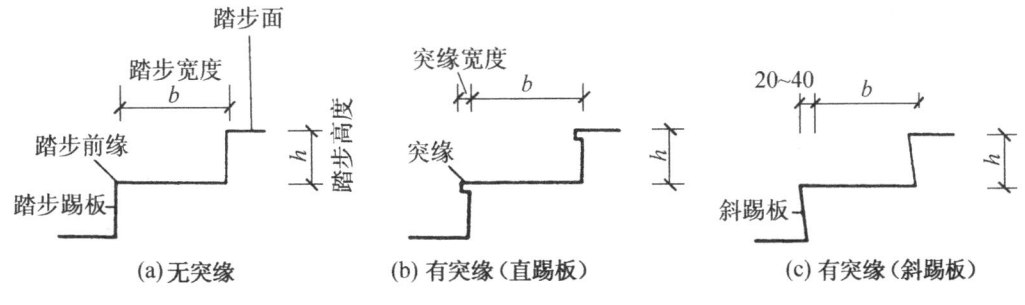

图11-25 踏步形式和尺寸

$$b + 2h = 600\text{mm}$$

式中　b——踏步宽度（踏面）；

　　　h——踏步高度（踢面）；

　　　600mm——成年女子的平均步距。

b 与 h 也可以从表 11-1 中找到较为适合的数据。

表 11-1　常用适宜踏步尺寸

建筑名称	住宅	学校、办公楼	剧院、会堂	医院（病人用）	幼儿园
踏步高 h（mm）	150～175	140～160	120～150	150	120～150
踏步宽 b（mm）	260～300	280～340	300～350	300	260～300

对于诸如弧形楼梯这样的踏步两端宽度不一，特别是内径较小的楼梯来说，为了行走的安全，往往需要将梯段的宽度加大。即当梯段的宽度≤1100mm 时，以梯段的中线为衡量标准，当梯段的宽度＞1100mm 时，以距其内侧 500～550mm 处为衡量标准来作为踏面的有效宽度。

11.4.1.2　梯段和平台的尺寸

梯段的宽度取决于同时通过的人流股数及是否有家具、设备经常通过。有关的规范一般限定其下限，对具体情况需作具体分析，其中舒适程度以及楼梯在整个空间中尺度、比例合适与否都是经常考虑的因素。表 11-2 提供了梯段宽度的设计依据。

为方便施工，在钢筋混凝土现浇楼梯的两梯段之间应有一定的距离，这个宽度叫梯井，其尺寸一般为 60～200mm。

梯段的长度取决于该段的踏步数及其踏面宽。平面上用线来反映高差，因此如果某梯段有 n 步台阶的话，该梯段的长度为 $b \times (n-1)$。在一般情况下，特别是公共建筑的楼梯，一个梯段不应少于 3 步（易被忽视），也不应多于 18 步（行走疲劳）。

平台的深度应不小于梯段的宽度，并不得小于 1200mm。另外，在下列情况下应适当加大平台深度，以防碰撞。

（1）梯段较窄而楼梯的通行人流较多时。

（2）楼梯平台通向多个出入口或有门向平台方向开启时。

（3）有突出的结构构件影响到平台的实际深度时（图 11-26）。

表 11-2　楼梯梯段宽度　　mm

计算依据：每股人流宽度为 550+（0～150）

类　别	梯段度	备　注
单人通过	＞900	满足单人携物通过
双人通过	1100～1400	
三人通过	1650～2100	

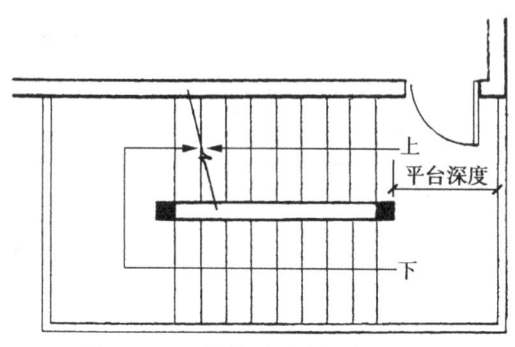

图 11-26　结构对平台深度的影响

11.4.1.3 楼梯栏杆扶手的尺寸

楼梯栏杆扶手的高度是指从踏步前缘至扶手上表面的垂直距离。一般室内楼梯栏杆扶手的高度不宜小于 900mm（通常取 900mm）。室外楼梯栏杆扶手高度（特别是消防楼梯）应不小于 1100mm。在幼儿建筑中，需要在 600mm 左右高度再增设一道扶手，以适应儿童的身高（图 11-27）。另外，与楼梯有关的水平护身栏杆应不低于 1050mm。当楼梯段的宽度大于 1650mm 时，应增设靠墙扶手。楼梯段宽度超过 2200mm 时，还应增设中间扶手。

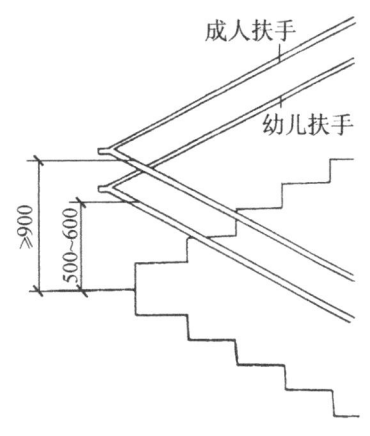

图 11-27 栏杆扶手高度

11.4.1.4 楼梯下部净高的控制

楼梯下部净高的控制不但关系到行走安全，而且在很多情况下涉及楼梯下面空间的利用以及通行的可能性，它是楼梯设计中的重点也是难点。楼梯下的净高包括梯段部位和平台部位，其中梯段部位净高不应小于 2200mm，若楼梯平台下做通道时，平台中部位下净高应不小于 2000mm（图 11-28a、b）。为使平台下净高满足要求，可以采用以下几种处理方法。

（1）降低平台下地坪标高

充分利用室内外高差，将部分室外台阶移至室内，为防止雨水流入室内，应使室内最低点的标高高出室外地面标高不小于 0.1m。

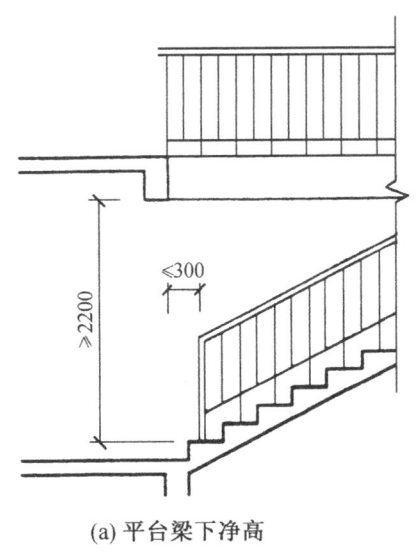
(a) 平台梁下净高

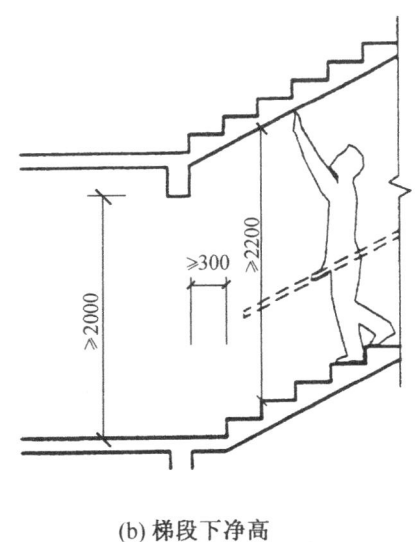
(b) 梯段下净高

图 11-28 楼梯下面净空高度控制

（2）采用不等级数

增加底层楼梯第一个梯段的踏步数量，使底层楼梯的两个梯段形成长短跑，以此抬高底层休息平台的标高。当楼梯间进深不够布置加长后的梯段时，可以将休息平台外挑（图 11-29）。

在实际工程中，经常将以上两种方法结合起来统筹考虑，解决楼梯下部通道的高度问题。

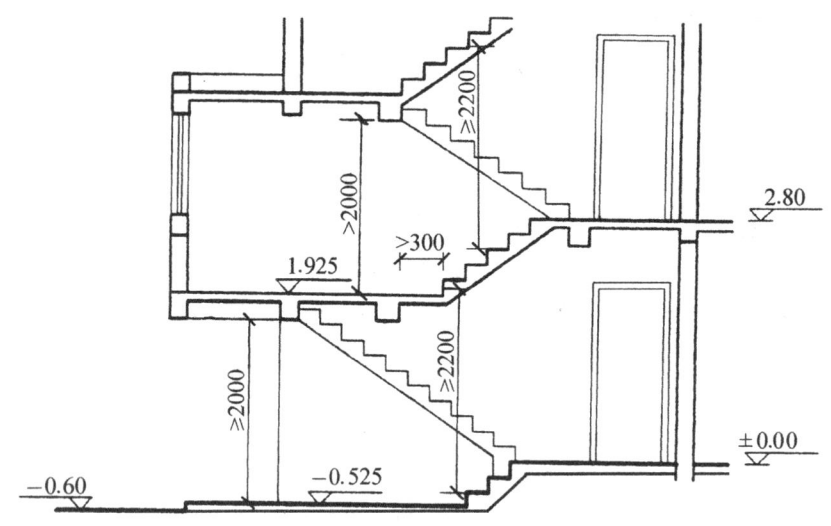

图 11-29 采用不等级数的梯段

(3) 底层采用直跑楼梯

当底层层高较低（不大于 3000mm）时可将底层楼梯由双跑改为直跑，二层以上恢复双跑。这样做可将平台下的高度问题较好地解决，但应注意其可行性（图 11-30）。

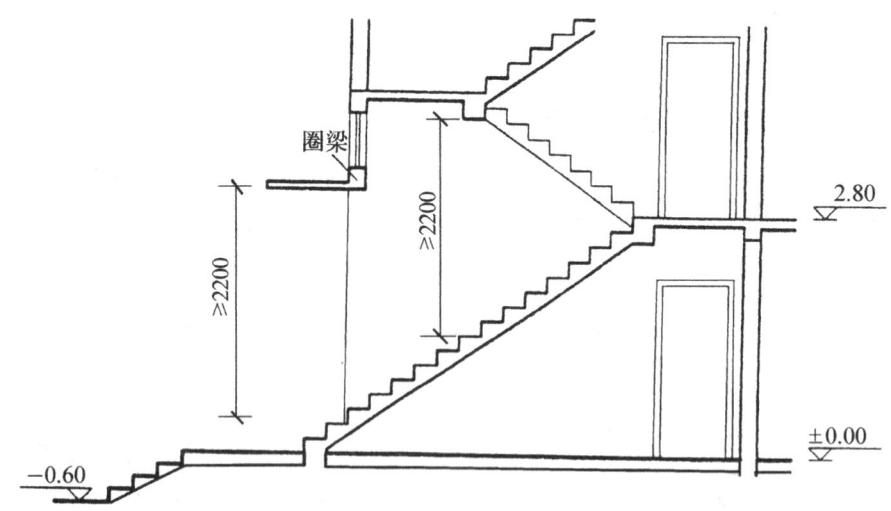

图 11-30 采用直跑楼梯

(4) 实例讨论

某建筑物为层高 2.8m，室内外高差 0.6m 的住宅，采用双跑平行楼梯，楼梯休息平台下做通道。若底层至二层楼梯两梯段为等跑，则休息平台面的标高为 1.400m，假定平台梁（包括平台板）的高度为 300mm，则底层休息平台下平台梁底标高为 1.100m，这个高度显然不能满足要求。这时，可先采用第一种方法，将平台下的地面标高降至 −0.450m，这时平台下净高为 1100 + 450 = 1550mm，这个高度仍达不到要求。那么，再采用第二种方法，假定踏步踢面高为 175mm，踏面宽度为 250mm，则第一个梯段应增加的踏步数量为 (2000 - 1550) ÷ 175 ≈ 3 级。此时，平台净高为 1550 + 175 × 3 = 2075mm > 2000mm，满足要求（图 11 - 31）。

11.4.2 楼梯的表达方式

楼梯主要是依靠楼梯平面和与其对应的剖面来表达的。

11.4.2.1 楼梯平面的表达

楼梯平面因其所处楼层的不同而有不同的表达。但有两点特别重要，首先应当明确所谓平面图其实质上是水平的剖面图，剖切的位置在楼层以

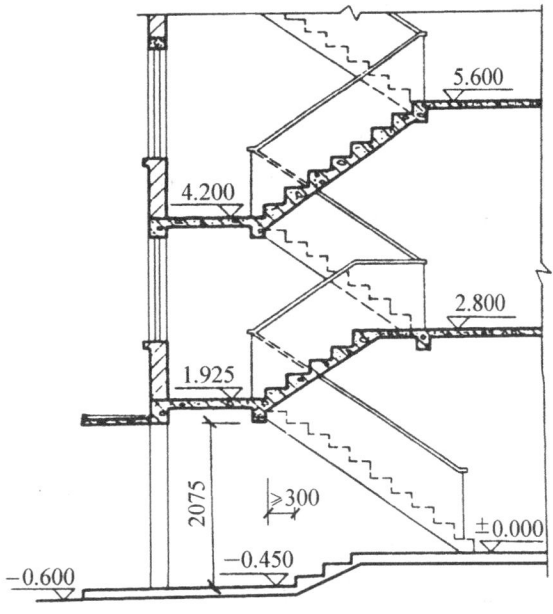

图 11 - 31　楼梯净高设计

上 1m 左右，因此平面图中会出现折断线。其次无论是底层、中间层、顶层楼梯平面图，都必须用箭头标明上下行的方向，而且必须从正平台（楼层）开始标注。这里以双跑楼梯为例来说明其平面的表示方法。

根据上述原则，可以得出如下结论，在底层楼梯平面中，只能看到部分楼梯段，折断线将梯段在 1m 左右切断。底层楼梯平面中一般只有上行梯段。顶层平面（不上屋顶的楼梯）由于其剖切位置在栏杆之上，因此图中没有折断线，所以会出现两段完整的梯段和平台。中间层平面既要画出被切断的上行梯段，还应画出该层下行的梯段，其中有部分下行梯段被上行梯段遮住（投影重合），以 45°折断线为分界，双跑楼梯的平面表达见图 11 - 32。

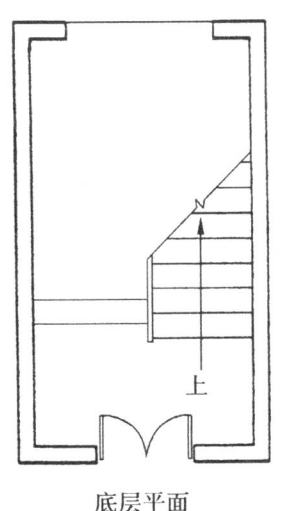
底层平面

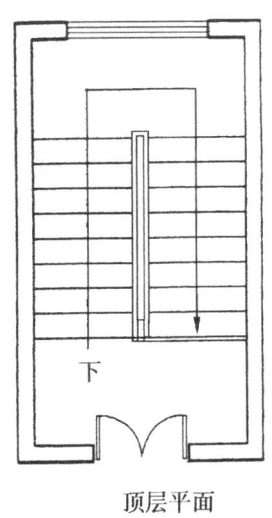
中间层平面　　　顶层平面

图 11 - 32　楼梯平面表示法

11.4.2.2 楼梯剖面表达

楼梯剖面能完整、清晰地表达出房屋的层数、梯段数、步级数以及楼梯类型及其结构形式。剖面图中应标注楼梯垂直方向的各种尺寸，例如：楼梯平台下净空高度，栏杆扶手高度等。剖面图中还必须符合结构、构造的要求，比如平台梁的位置、圈梁的设置及门窗洞口的合理选择等。最后还应考虑剖面与平面相互对应及投影规律等。楼梯剖面表达参见图 11‐29、图 11‐30。

11.5 台阶与坡道

室外台阶与坡道都是在建筑物入口处连接室内外不同标高地面的构件。其中台阶更为多用，当有车辆通行或室内外高差较小时采用坡道。

11.5.1 室外台阶

室外台阶一般包括踏步和平台两部分。台阶的坡度应比楼梯小，通常踏步高度为100~150mm，踏步宽度为300~400mm。平台设置在出入口与踏步之间，起缓冲过渡作用。平台深度一般不小于1000mm，为防止雨水积聚或溢水室内，平台面宜比室内地面低20~60mm，并向外找坡1%~4%，以利排水。

室外台阶应坚固耐磨，具有较好的耐久性、抗冻性和抗水性。台阶按材料不同有混凝土台阶、石台阶、钢筋混凝土台阶等。混凝土台阶应用最普遍，它由面层、混凝土结构层和垫层组成。面层可用水泥砂浆或水磨石，也可采用马赛克、天然石材或人造石材等块材面层，垫层可采用灰土（北方干燥地区）、碎石等（图 11‐33a）。台阶也可用毛石或条石，其中条石台阶不需另做面层（图 11‐33b）。当地基较差或踏步数较多时可采用钢筋混凝土台阶，钢筋混凝土台阶构造同楼梯（图 11‐33c）。

为防止台阶与建筑物因沉降差别而出现裂缝，台阶应与建筑物主体之间设置沉降缝，并应在施工时间上滞后主体建筑。在严寒地区，若台阶下面的地基为冻胀土，为保证台阶稳定，减轻冻土影响，可采用换土法，换上保水性差的砂、石类土，或采用钢筋混凝土架空台阶。

11.5.2 坡道

坡道的坡度与使用要求、面层材料及构造做法有关。坡道的坡度一般为1:6~1:12，面层光滑的坡道坡度不宜大于1:10，粗糙或设有防滑条的坡道，坡度稍大，但也不应大于1:6，锯齿形坡道的坡度可加大到1:4。对于残疾人通行的坡道，其坡度不大于1:12，同时还规定与之相匹配的每段坡道的最大高度为750mm，最大水平长度为9000mm。

与台阶一样，坡道也应采用耐久、耐磨和抗冻性好的材料，其构造与台阶类似，多采用混凝土材料（图 11‐34a）。坡道对防滑要求较高或坡度较大时可设置防滑条或做成锯齿形（图 11‐34b）。

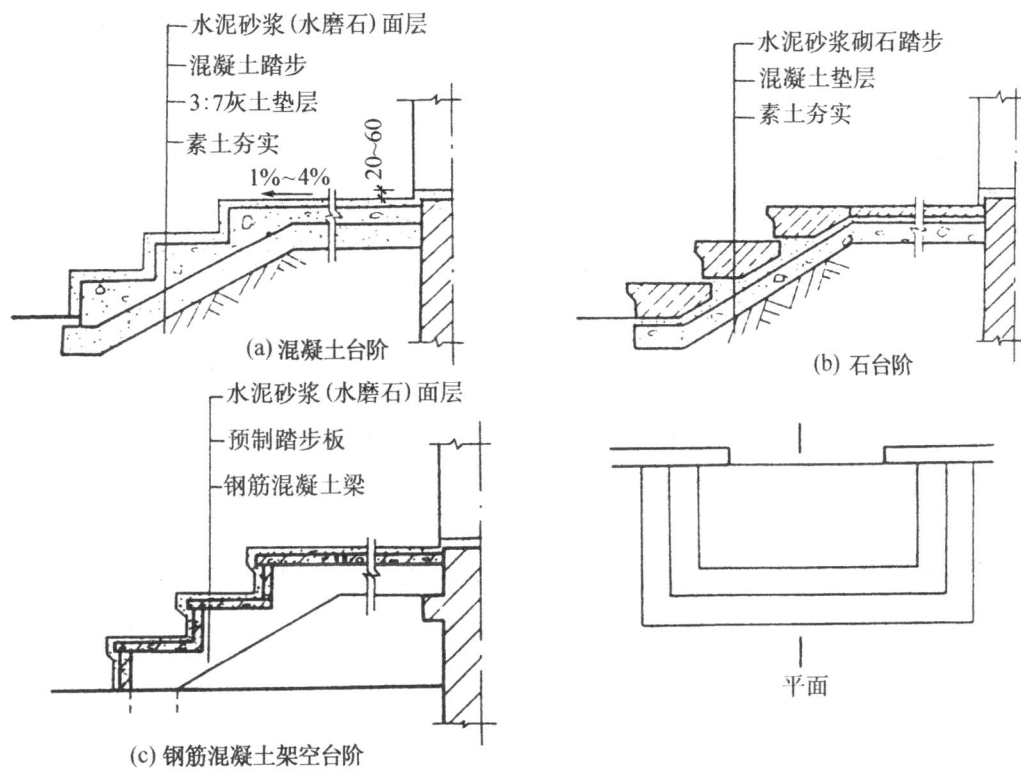

图 11‑33 台阶类型及构造

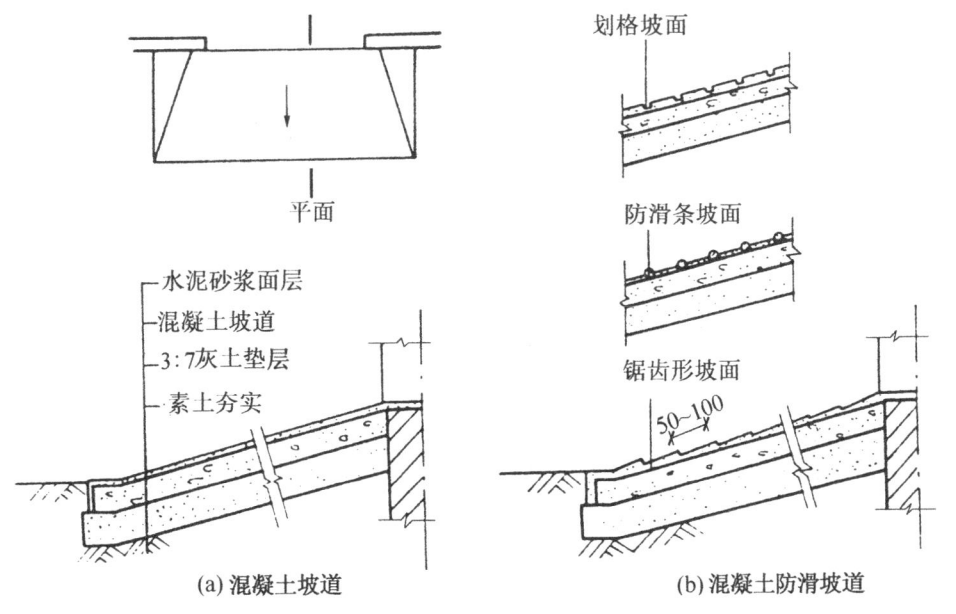

图 11‑34 坡道构造

11.6 电梯与自动扶梯

11.6.1 电梯

在多层、高层、某些工厂、医院,为了上下运行方便、快速和实际需要,常设有电梯。电梯有载人、载货两大类,除普通乘客电梯外,尚有医院专用电梯、消防电梯、观光电梯等。不同厂家提供的设备尺寸、运行速度及对土建的要求都不同,在设计时应按厂家提供的产品尺寸进行设计,图 11-35 为不同类别电梯的平面示意图。

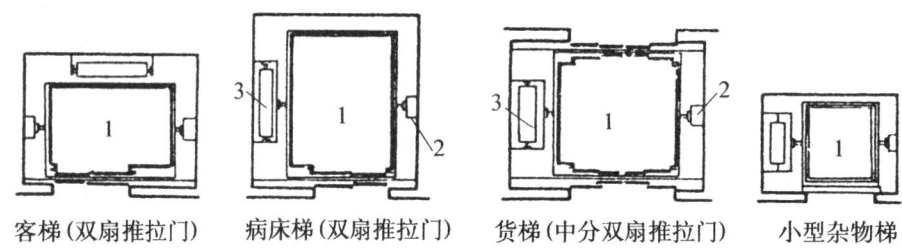

图 11-35 电梯分类与井道平面
1—电梯箱;2—导轨及撑架;3—平衡重

本章将就电梯的井道、门套以及机房的设计和构造问题分述如下。

11.6.1.1 电梯井道

电梯井道是电梯运行的通道,其内除电梯及出入口外尚安装有导轨,平衡重及缓冲器等(图 11-36)。

(1) 井道的防火

井道是高层建筑穿通各层的垂直通道,火灾事故中火焰及烟气容易从中蔓延。因此井道围护构件应根据有关防火规定进行设计,较多采用钢筋混凝土墙。

高层建筑的电梯井道内,超过两部电梯时应用墙隔开。

(2) 井道的隔声

为了减轻机器运行时对建筑物产生振动和噪声,应采取适当的隔振及隔声措施。一般情况下,只在机房机座下设置弹性垫层来达到隔振和隔声的目的(图 11-37a)。电梯运行速度超过 1.5m/s 者,除弹性垫层外,还应在机房与井道间设隔声层,高度为 1.5~1.8m(图 11-37)。

电梯井道外侧应避免作为居室,否则应注意设置隔声措施。最好楼板与井道壁脱开,另作隔声墙;简易者也有只在井道外加砌加气混凝土块衬墙。

(3) 井道的通风

井道除设排烟通风口外,还要考虑电梯运行中井道内空气流动问题。一般运行速度在 2m/s 以上的乘客电梯,在井道的顶部和底坑应有不小于 300mm×600mm 的通风孔,上部可以和排烟孔(井道面积的 3.5%)结合。层数较高的建筑,中间也可酌情增加通风孔。

(4) 井道的检修

井道内为了安装、检修和缓冲的需要,井道的上下均需留有必要的空间(图 11-36

第11章 楼梯构造

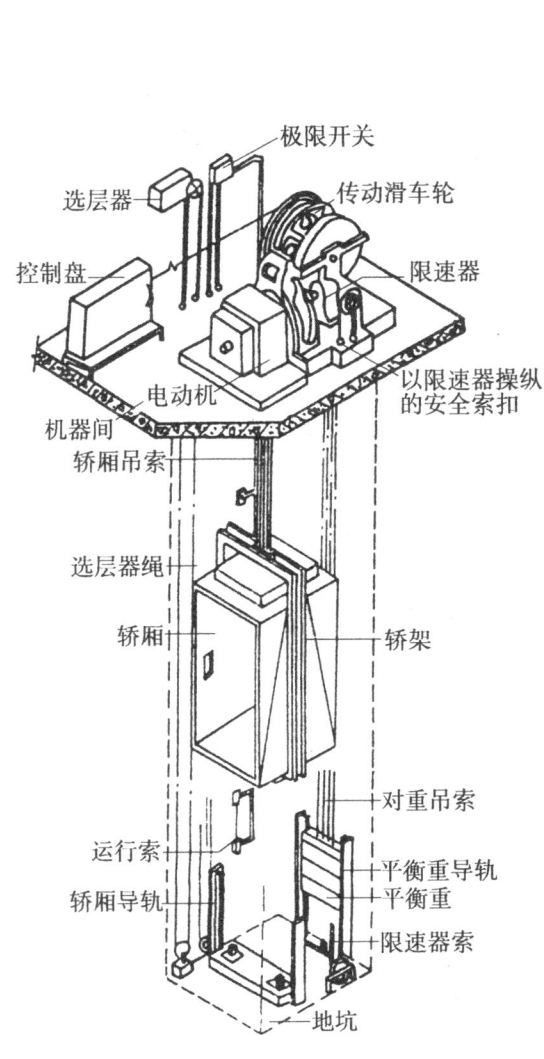

图11-36 电梯井道内部透视示意

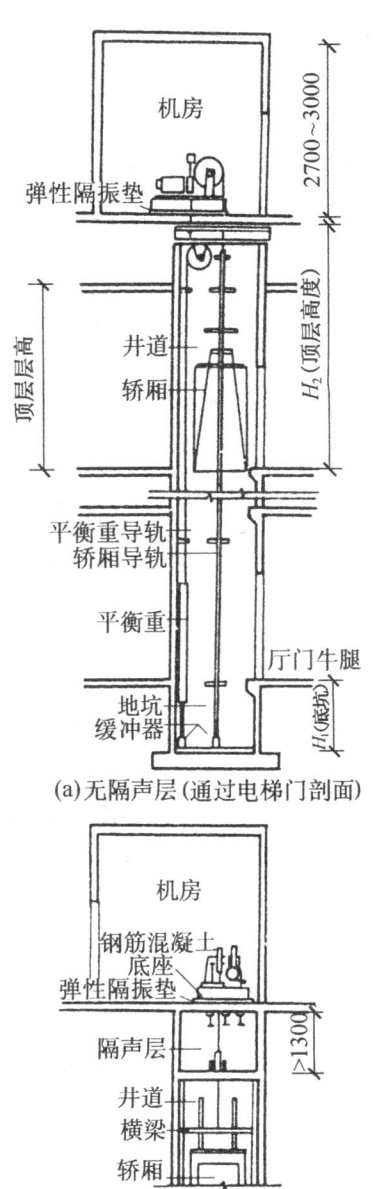

(a) 无隔声层(通过电梯门剖面)

(b) 有隔声层(平行电梯门剖面)

图11-37 电梯机房隔振、隔声处理

和图11-37),其尺寸与运行速度有关,见表11-3。

井道底坑壁及底均需考虑防水处理。消防电梯的井道底坑还应有排水设施。为便于检修,需考虑坑壁设置爬梯和检修灯槽,坑底位于地下室时,宜从侧面开一检修用小门,坑内预埋件按电梯厂要求确定。

11.6.1.2 电梯门套

电梯厅电梯间门门套装修构造的做法应与电梯厅的装修统一考虑。可用水泥砂浆抹灰、水磨石或木板装修;高级的还可采用大理石或金属装修(图11-38)。

电梯门一般为双扇推拉门,宽800~1500mm,有中央分开推向两边的和双扇推向同一边的两种。推拉门的滑槽通常安置在门套下楼板边梁如牛腿状挑出部分,构造如图

11－39所示。

表11－3 电梯井道底坑深度及顶层高度表

速度(m/s)	底坑深度H_1顶层高度H_2	乘客电梯载重量（kg）					住宅电梯载重量（kg）			病床电梯载重量（kg）			载货电梯载重量（kg）					
		630	800	1000	1250	1600	400	630	1000	1600	2000	2500	630	1000	1600	2000	*3000	*5000
0.63	H_1(mm)	1500	1500	1700	1900	1900	1400			1600	1600	1800	1500	1500	1700	1700	1400	1400
	H_2(mm)	3800	3800	4200	4400	4400	3700			4400	4400	4600	4100	4100	4300	4300	4500	4500
1.00	H_1	1500	1500	1700	1900	1900	1500			1700	1700	1900	1500	1500	1700	1700	1400	1400
	H_2	3800	3800	4200	4400	4400	3800			4400	4400	4600	4100	4100	4300	4300	4500	4500
1.60	H_1	1700	1700	1700	1900	1900	1700			1900	1900	2100	* 其H_1、H_2尺寸系根据前部颁标准JB1435—74《电梯及其井道、机房的型式基本参数与尺寸》列出，供设计参考 ** 属非标准电梯					
	H_2	4000	4000	4200	4400	4400	4000			4400	4400	4600						
2.50	H_1	*	*	2800	2800	2800	2800			2800	2800	2800	3000					
	H_2	*	*	5000	5200	5400	5400			5000	5000	5400	5400	5600				

注：摘自国家标准GB7025—86，该标准系等效采用国际标准化组织"ISO"制订的国际标准。

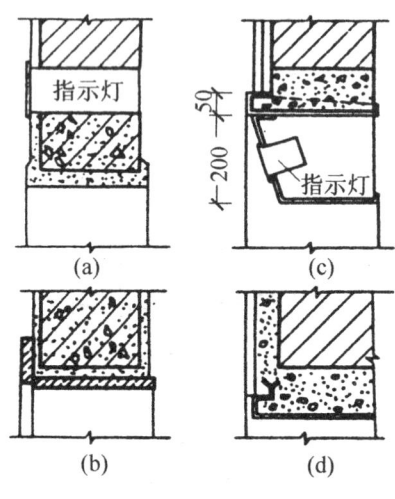

图11-38 电梯厅门门套构造

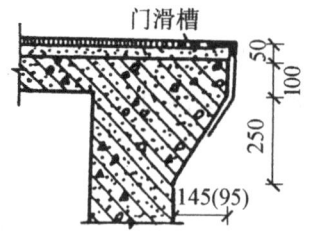

图11－39 厅门牛腿滑槽构造
（括号内数字为中分式推拉门尺寸）

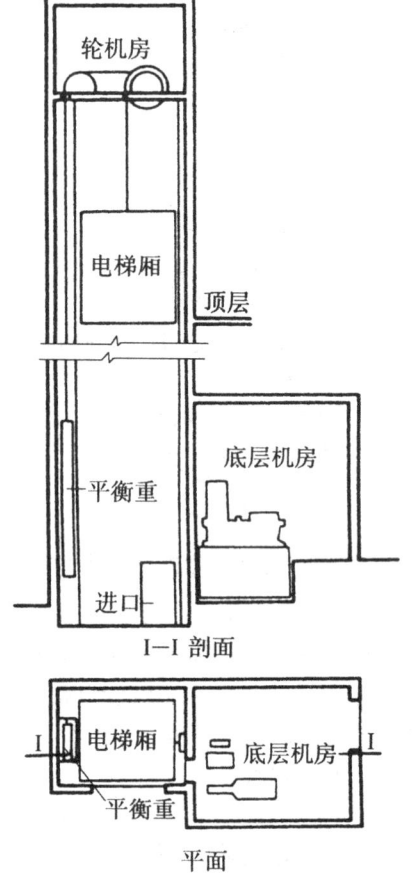

图11－40 底层机房电梯

11.6.1.3 电梯机房

电梯机房一般设置在电梯井道的顶部（图11-36），少数也有设在底层井道旁边者（图11-40）。机房的平面尺寸须根据机械设备尺寸的安排及管理、维修等需要来决定，一般至少有两个面每边扩出600mm以上的宽度（图11-41）。高度多为2.5～3.5m。

机房的围护构件的防火要求应与井道一样。为了便于安装和修理，机房的楼板应按机器设备要求的部位预留孔洞。

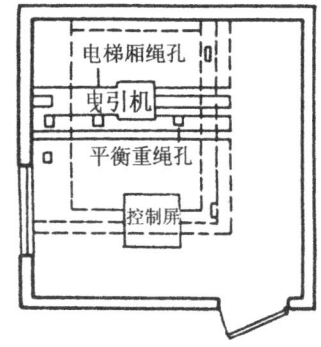

图11-41 机房平面预留孔示例

11.6.2 自动扶梯

自动扶梯适用于车站、码头、空港、商场等人流量大的场所，是建筑物层间连续运输效率最高的载客设备。一般自动扶梯均可正、逆方向运行，停机时可当作临时楼梯行走。平面布置可单台设置或双台并列（图11-42）。双台并列时往往采取一上一下的方式，求得垂直交通的连续性。但必须在二者之间留有足够的结构间距（目前有关规定为不小于380mm），以保证装修的方便及使用者的安全。

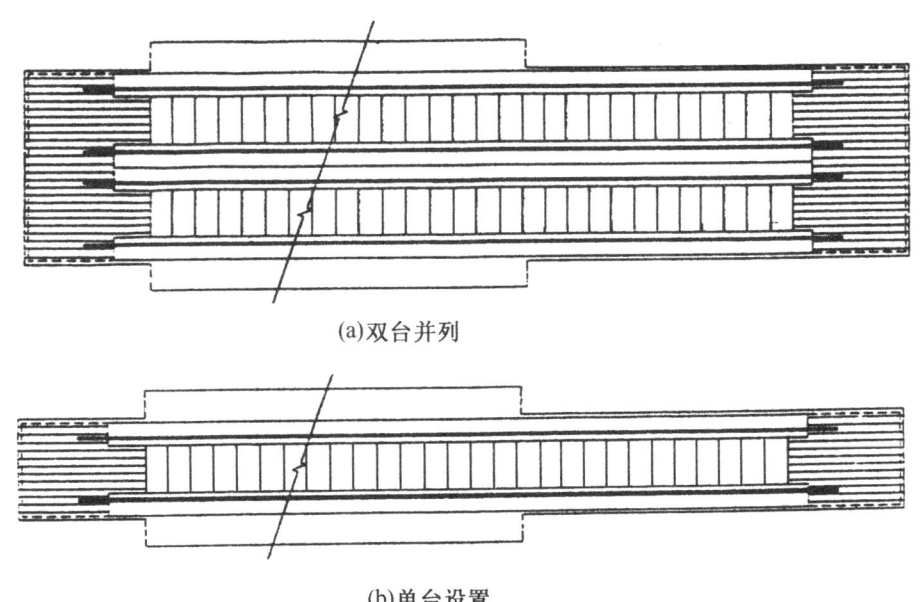

图11-42 自动扶梯平面布置

自动扶梯的机械装置悬在楼板下面，楼层下做装饰外壳处理，底层则做地坑。在其机房上部自动扶梯口处应做活动地板，以利检修（图11-43）。地坑也应作防水处理。

表11-4提供部分生产厂商的自动扶梯规格尺寸，可作参考。

在建筑物中设置自动扶梯时，上下两层面积总和如超过防火分区面积要求时，应按防火要求设防火隔断或复合式防火卷帘封闭自动扶梯井。

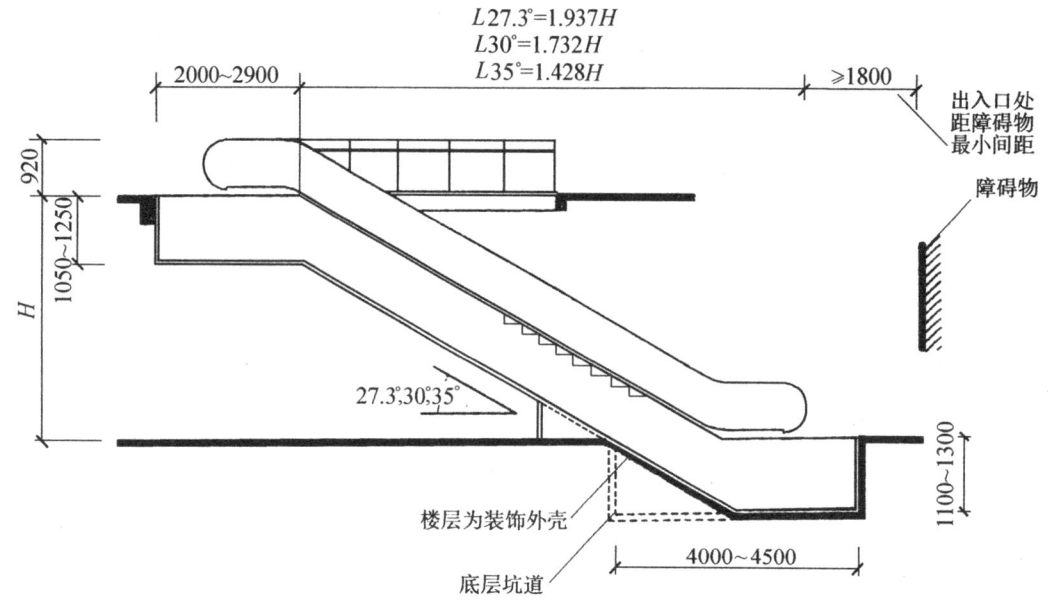

图 11-43 自动扶梯基本尺寸

表 11-4 自动扶梯主要规格尺寸   mm

公司名称	中国迅达电梯公司南方公司		上海三菱电梯有限公司		天津奥的斯电梯有限公司		广州市电梯工业公司	
梯型	600	1000	800	1200	600	1000	800	1200
梯级宽 W	600	1000	610	1010	600	1000	604	1004
倾斜角	27.3°、30°、35°				30°		35°	
运转形式	单速上下可逆转							
运行速度	一般为 0.5m/s 0.65m/s							
扶手形式	全透明、半透明、不透明							
最大提升高度 (H)	600（800）型一般为 3000～11000　（提升高度超过标准产品时， 1000（1200）型一般为 3000～7000　　可增加驱动级数）							
输送能力	5000 人/h　（梯级宽 600、速度 0.5m/s） 8000 人/h　（梯级宽 1000、速度 0.5m/s）							
电源	动力：380V（50Hz）、功率一般为 7.5～15kW 照明：220V（50Hz）							

注：①自动扶梯一般应布置在建筑物入口处经合理安排的交通流线上。
②在乘客经常有手提物品的客流高峰场合，以选用梯级宽 1000mm 为宜。
③各公司自动扶梯尺寸稍有差别，设计时应以自动扶梯产品样本为准。
④条件许可时宜优先采用角度为 30°及 27.3°的自动扶梯。
⑤本表摘自《建筑设计手册》第二版第一册。

11.7 有高差处无障碍设计的构造

解决连通不同高差问题,可以采用楼梯、台阶、坡道等,但这些设施仍会给某些残疾人带来困难,特别是下肢残疾和有视觉障碍的人,他们往往都会借助拐杖、轮椅、导盲棍来帮助行走。无障碍设计能帮助上述两种残疾人较顺利地通过高差设计,本节将主要就无障碍设计中的一些有关楼梯、台阶、坡道等特殊问题作一些介绍。

11.7.1 建筑入口

建筑入口为无障碍入口时,入口室外的地面坡度不应大于1:50。公共建筑与高层居住建筑入口设台阶时,必须设轮椅坡道和扶手。建筑入口轮椅通行平台最小宽度应符合表11-5的规定。在入口平台处应设雨棚,当入口大厅、过厅设两道门时(图11-44),门扇同时开启最小间距应符合表11-6的规定。

表11-5 入口平台宽度

建 筑 类 别	入口平台最小宽度 (m)
1. 大、中型公共建筑	≥2.00
2. 小型公共建筑	≥1.50
3. 中、高层建筑,公寓建筑	≥2.00
4. 多、低层无障碍住宅,公寓建筑	≥1.50
5. 无障碍宿舍建筑	≥1.50

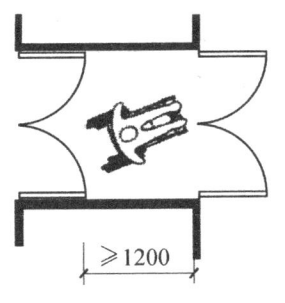
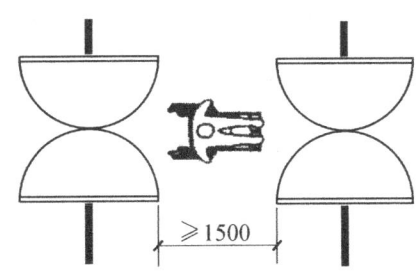

小型公建门厅门扇间距　　　　　大、中型公建门厅门扇间距

图11-44 门扇间距

表11-6 门扇同时开启最小间距

建 筑 类 别	门扇开启后最小间距 (m)
1. 大、中型公共建筑	≥1.50
2. 小型公共建筑	≥1.20
3. 中、高层建筑,公寓建筑	≥1.50
4. 多、低层无障碍住宅建筑	≥1.20

11.7.2 坡道

供轮椅通行的坡道应设计成直线形、直角形或折返形（图 11-45），不宜设计成弧形。坡道两侧应设扶手，坡道与休息平台的扶手应保持连贯，坡道侧面凌空时在扶手栏杆下端宜设高度不小于 50mm 的坡道安全挡台（图 11-46）。为了方便通行，有关规范还对坡道的坡度和宽度作出如下规定。

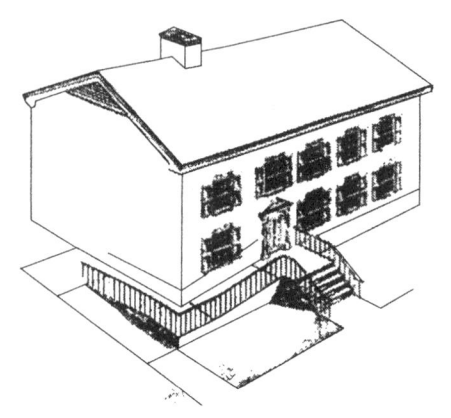
(a) 直角形坡道

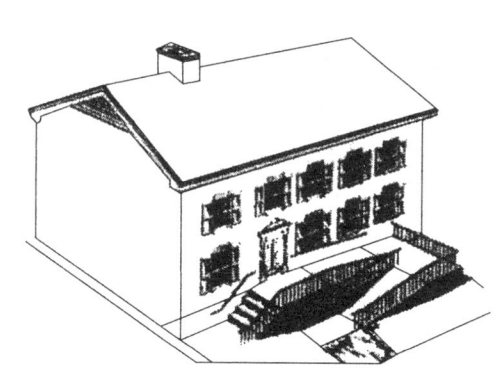
(b) 折返形坡道

图 11-45 坡道

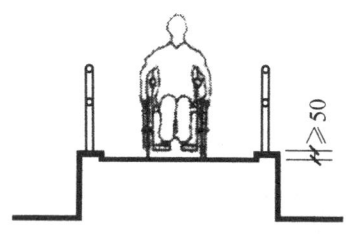

图 11-46 坡道安全挡台

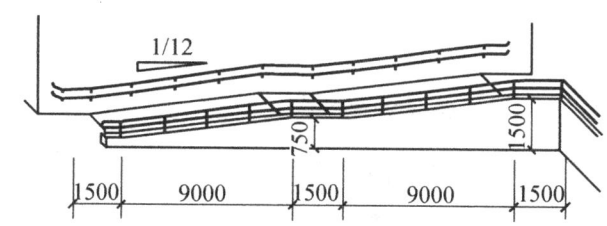

图 11-47 1:12 坡道高度和水平长度

（1）坡道的坡度

我国规范规定，为便于残疾人通行，其坡道的坡度值应不大于 1/12（1:10～1:8 的坡度仅限用于受场地限制改建的建筑物），同时还规定与之相匹配的每段坡度的最大高度为 750mm，最大坡段水平长度为 9000mm（图 11-47）。

（2）坡道的宽度及平台宽度

为便于残疾人使用轮椅顺利通行，室内坡道的最小宽度应不小于 900mm，室外坡道的最小宽度应不小于 1500mm。

11.7.3 楼梯和台阶

（1）楼梯形式及相关尺度

供拄拐者及视力残疾者使用的楼梯，应采用直行形式，如直跑楼梯、对折双跑楼梯或直角折行的楼梯等，不宜采用弧形梯段，也不可以在休息平台上设扇步（图 11-48）。楼梯的坡度应尽量平缓，其坡度值宜在35°以下，踢面高度不宜大于170mm，且踏步应保持等高，楼梯段宽度不宜小于1200mm。

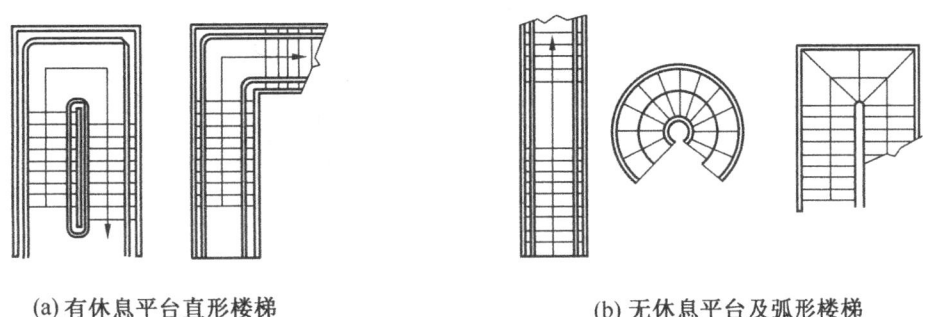

(a) 有休息平台直形楼梯　　　　　　(b) 无休息平台及弧形楼梯

图 11-48　楼梯

(2) 踏步设计注意事项

供拄拐者及视力残疾者使用的楼梯踏步应选用合理的构造形式及饰面材料，踏面应平整而不光滑，不得积水，注意无直角凸缘（图 11-49），防滑条不得高出踏面5mm以上。

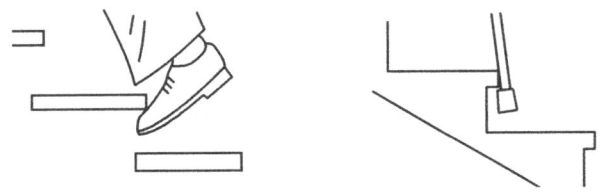

图 11-49　无踢面踏步和凸缘直角形踏步

(3) 楼梯、坡道、台阶的栏杆与扶手

楼梯坡道为适应残疾人的需要，应在两侧都设有扶手，扶手高 0.85m，公共建筑可设上、下两层扶手，下层扶手高 0.65m，扶手起点与终点向外延伸应不小于 0.30m（图 11-50）。扶手末端应向内拐到墙面或向下延伸 0.10m，栏杆应向下或成弧形或延伸到地面固定（图 11-51），扶手内侧与墙面的距离应为 40～50mm。扶手断面形式应便于手抓握（图 11-52）。

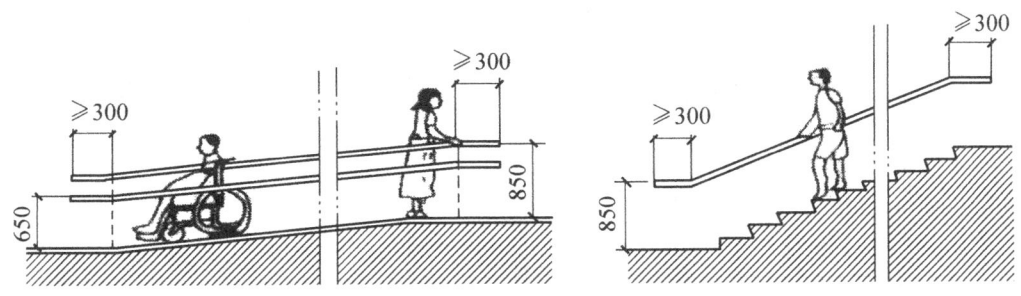

图 11-50　扶手高度

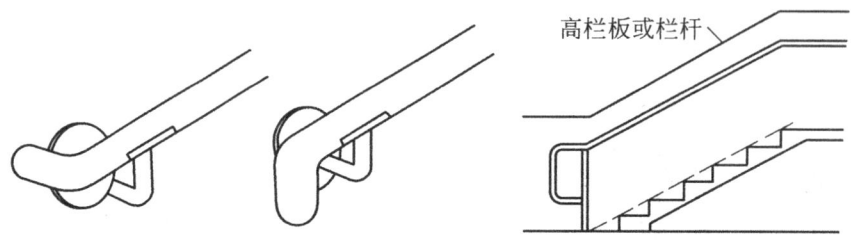

图 11-51 扶手拐到墙面或向下

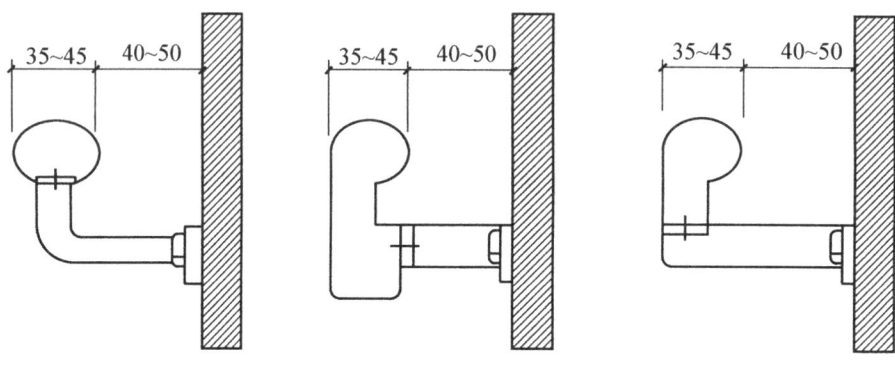

图 11-52 扶手截面及托件

11.7.4 导盲块的设置

导盲块又称地面提示块,一般设置在有障碍物处,如需要转折、存在高差等场所。导盲块利用其表面上的特殊构造形式,向视力残疾者提供触摸信息,提示是否该停步或需要

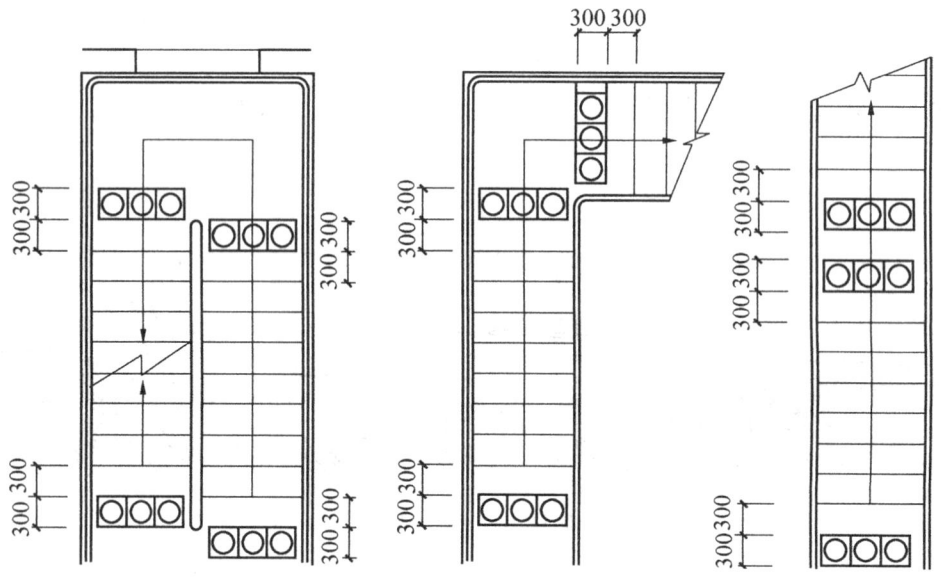

图 11-53 楼梯梯段中的导盲块位置

改变行进方向等。图 11‑53 中已经标明了其在楼梯中的设置位置，此方法在坡道上也同样适用。

图 11‑54 是常用导盲块的两种形式。

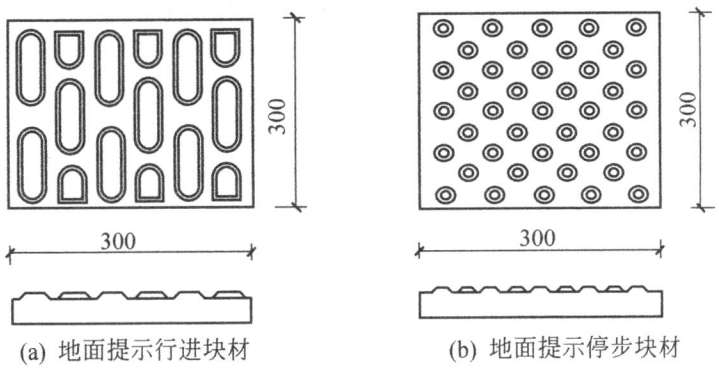

(a) 地面提示行进块材　　　　(b) 地面提示停步块材

图 11‑54　常用导盲块的形式

第 12 章 屋顶构造

12.1 概述

12.1.1 屋顶的功能和设计要求

屋顶是房屋最上层覆盖的外围护结构，其主要功能是用以抵御自然界的风霜雨雪、太阳辐射、气温变化和其他外界的不利因素，以使屋顶覆盖下的空间有一个良好的使用环境。因此，要求屋顶在构造设计上应解决防水、保温、隔热等问题。

在结构上，屋顶又是房屋顶部的承重结构，它承受自身重量和屋顶的各种荷载，也有水平支撑的作用。因此，在结构设计时，应保证屋顶构件的强度、刚度和整体空间的稳定性。

另外，屋顶在艺术造型上的作用也是不可低估的，如何处理好屋顶的形式和细部也是建筑设计的重要内容。

12.1.2 屋顶的组成与形式

屋顶主要由屋面、支撑结构、各种形式的顶棚以及保温、隔热、隔声和防火等功能所需的各种层次和设施所组成（图 12-1）。

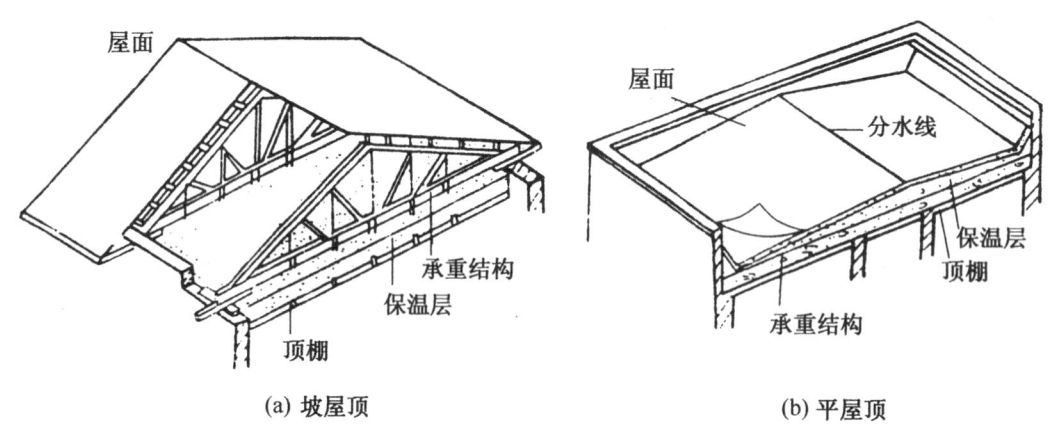

(a) 坡屋顶   (b) 平屋顶

图 12-1 屋顶的组成

屋顶的形式与建筑的使用功能、屋面材料、结构类型以及建筑造型等要求有关。由于这些因素不同，便形成了平屋顶、坡屋顶以及曲面屋顶三种形式（图 12-2）。其中平屋顶屋面坡度平缓，坡度宜小于 5%，其主要优点是节约材料，构造简单，屋顶上面便于利用。坡屋顶屋面坡度一般大于10%，常见的坡度为50%的瓦屋面在我国广大地区有着悠久的历史和传统，它造型丰富多彩，并能就地取材，至今仍被一些地区应用。曲面屋顶多属于空间结构体系，如壳体、网架、悬索等。这类结构能充分发挥材料的力学性能，节约材料，但施工复杂，造价高，常用于大跨度的公共建筑。

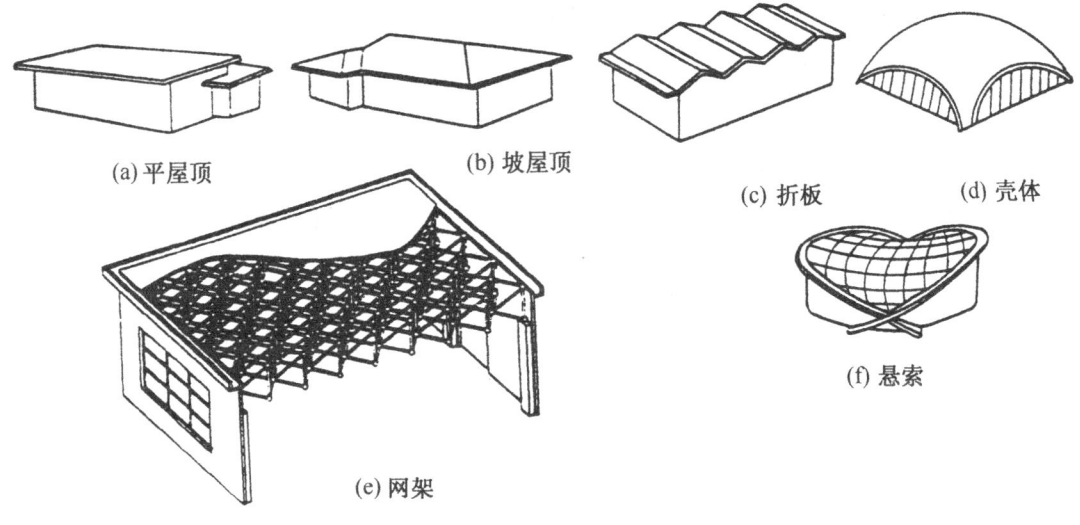

图 12-2　屋顶形式

12.1.3　屋顶坡度

12.1.3.1　屋顶坡度的表示方法

常用的坡度表示有角度法、斜率法和百分比法（图 12-3）。其中坡屋顶常用斜率法，平屋顶多用百分比法，而角度法虽然比较直观，但却难以操作，故在实际工程中较少使用。

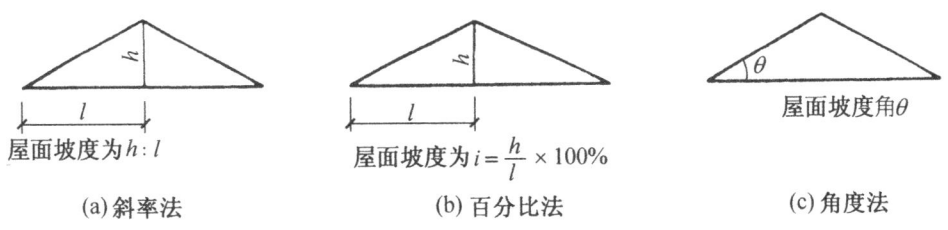

图 12-3　屋面坡度表示方法

12.1.3.2　影响屋顶坡度的因素

屋顶的坡度大小是由多种因素决定的，它与防水材料、构造做法、地理气候、结构形式、建筑造型等方面的影响都有关系。

（1）屋顶防水材料与坡度的关系

一般情况下，屋面覆盖材料面积越小，厚度越大如瓦材，其拼接缝比较多，漏水的可能性增加。这时应加大屋面坡度，使水的流速加快，以减少漏水的机会。反之，若屋面覆盖材料的面积较大如卷材，则屋面排水坡度可减小很多。不同的屋面防水材料应有各自的排水坡度范围（表12-1）。

表12-1 屋面防水材料与坡度值的关系

屋面防水材料	适用坡度($h:l$)	屋面防水材料	适用坡度($h:l$)
小青瓦	≤1:2	金属板瓦	≤1:10
机平瓦	≤1:2.5	防水卷材(二毡三油)	≤1:50
石棉水泥波形瓦	≤1:4	混凝土刚性防水屋面	≤1:30

（2）降雨量大小与坡度的关系

降雨量分为年降雨量和小时最大降雨量，我国气候多样，各地降雨量差异较大。就年降雨量而言，南方地区较大，一般在1000mm以上；北方地区较小，多在700mm以下。小时降雨量各地也不一样，有的地区高达100mm以上，有的仅有5mm，大多数地区为20～90mm。降雨量大的地区，屋顶的坡度应陡些，使水流加快，防止屋面积水过深；反之，屋面坡度宜小些。

12.1.4 屋面的防水等级

根据建筑物的性质、重要程度、使用功能、防水层耐用年限、防水层选用材料和设防要求，将屋面防水分为四个等级，详见表12-2。此表是确定防水方案的重要依据。

表12-2 屋面防水等级和设防要求

项目	屋面防水等级			
	Ⅰ	Ⅱ	Ⅲ	Ⅳ
建筑物类别	特别重要的民用建筑和对防水有特殊要求的工业建筑	重要的工业与民用建筑、高层建筑	一般的工业与民用建筑	非永久性的建筑
防水层耐用年限	25年	15年	10年	5年
防水层选用材料	宜选用合成高分子防水卷材、高聚物改性沥青防水卷材、合成高分子防水涂料、细石防水混凝土等材料	宜选用高聚物改性沥青防水卷材、合成高分子防水卷材、合成高分子防水涂料、高聚物改性沥青防水涂料、细石防水混凝土、平瓦等材料	应选用三毡四油沥青防水卷材、高聚物改性沥青防水卷材、高聚物改性沥青防水涂料、合成高分子防水涂料、沥青基防水涂料、刚性防水层、平瓦、油毡瓦等材料	可选用二毡三油沥青防水卷材、高聚物改性沥青防水涂料、沥青基防水涂料、波形瓦等材料

续表 12-2

项目	屋面防水等级			
	Ⅰ	Ⅱ	Ⅲ	Ⅳ
设防要求	三道或三道以上防水设防，其中应有一道合成高分子防水卷材，且只能有一道厚度不小于2mm的合成高分子防水涂膜	二道防水设防，其中应有一道卷材。也可采用压型钢板进行一道设防	一道防水设防，或两种防水材料复合使用	一道防水设防

12.2 平屋顶构造

在平屋顶的诸多功能中，防水功能十分重要，因此在屋顶上应采取合理有效的构造措施，目前采取的措施主要有两种：一是选用适当的防水材料，形成一个封闭的防水覆盖层，即通常所说的"堵"；二是依照防水材料的不同要求，设置合理的排水坡度，使雨水尽快排离屋面，即所谓"导"。由于平屋顶防水覆盖层较严密，坡度自然较小，所以平屋顶防水是以"导"为辅，以"堵"为主，导与堵互相补充。

12.2.1 平屋顶的排水

12.2.1.1 排水坡度大小

屋面排水若要通畅，首先应选择合适的屋面排水坡度。单纯从排水角度考虑，则排水坡度愈大愈好，但从经济、结构、施工以及屋面利用等综合考虑，又必须对坡度值有所限制。平屋顶最常用到的排水坡度为2%～3%。

12.2.1.2 排水坡度的形成

（1）材料找坡

材料找坡亦称垫置坡度或填坡。屋顶结构层保持水平，利用轻质材料如炉渣等将屋面垫出坡度，上面做防水层（图12-4a）。垫置坡度不宜过大，一般为2%，否则会使屋面荷载加大，若屋面有保温需要，则可利用保温材料进行找坡。

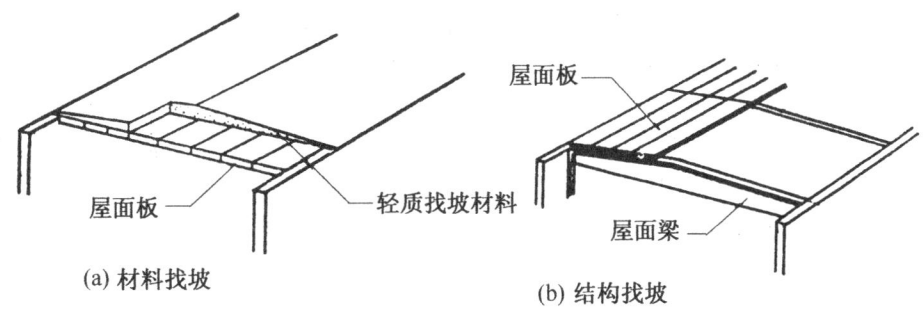

图 12-4 屋顶坡度的做法

(2) 结构找坡

结构找坡亦称搁置坡度或撑坡,屋顶结构层呈倾斜状,一般为3%,直接找出所需要的坡度(图12-4b),然后再铺设防水层。这种做法不需另设找坡层,屋顶荷载减轻,造价低,单坡跨度大于9m时多用之。

12.2.1.3 屋顶排水方式

平屋顶的排水坡度较小,要把屋面的积水很快排出去,就要设计出恰当的屋顶排水系统。

(1) 无组织排水

无组织排水利用挑出的外檐构造方式,屋面的雨水经檐口自由落下至地面。这种做法构造简单、经济,排水顺畅,但落水时在檐口处形成水帘,雨水落地四溅。一般适用于低层及雨水较少的地区,在积灰严重、腐蚀性介质较多的工业厂房中也经常采用。

(2) 有组织排水

有组织排水是将屋面划分成若干排水区,通过一定的排水坡度把屋面的雨水有组织地排到檐口,再经过落水管排到散水、明沟等处,最后排入城市地下排水系统。

有组织排水又分为内排水和外排水两种,图12-5为根据工程实践归纳出的一些排水组织方案。

图12-5中最常用的有挑檐沟排水、女儿墙外排水及内排水等方式。

①挑檐沟排水

屋面雨水汇集到悬挑在墙外的檐沟内,再从落水管排下(图12-5a)。当建筑物出现高低跨时,可先将高跨的雨水排至低跨屋面,然后从低跨檐沟引入落水管排出(图12-5b)。

②女儿墙外排水

将建筑外墙升起封住屋面,高于屋面的这部分墙称为女儿墙。此方案在女儿墙内侧设檐沟,落水口穿过女儿墙,雨水经雨水口到落水管排出(图12-5c)。

③暗管外排水

明管的落水管有损建筑立面,故一些重要建筑物中,落水管常采用暗装的方式(图12-5f)

④内排水

在高层建筑、严寒地区建筑、规模巨大的公共建筑和多跨厂房中,因维修、结冻、排水方便等原因宜采用内排水方案(图12-5g、h)。

12.2.1.4 屋顶排水组织设计

排水组织设计是将屋面的排水分区、排水坡度、天沟、落水管等综合考虑,合理设置,并绘制出屋顶平面排水组织平面图。

(1) 划分排水区

划分排水区的目的是便于均匀布置落水管,一根落水管的最大汇水面积与小时降雨量和落水管的直径有关。表12-3是根据测试统计,并参照日本有关资料得出一根落水管的最大汇水面积为200m²。

(2) 确定排水坡面数和坡度值

进深较小的临街建筑常采用单坡排水,进深较大的建筑物为避免水流线路过长,宜采用双坡。前面已有讲述,平屋面的常用排水坡度为2%~3%,为减轻屋面荷载,结构找

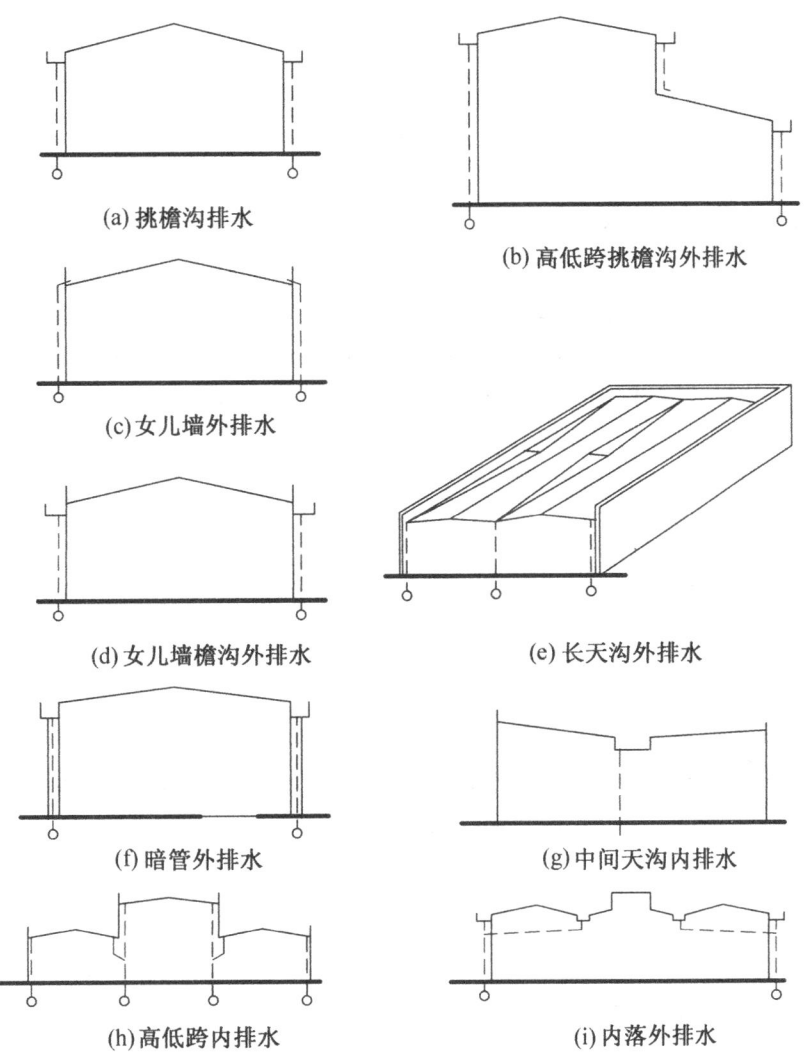

图 12-5 有组织排水方案

表 12-3

小时降雨量（mm）		50		100		200	
管径（mm）		75	100	75	100	75	100
汇水面积（m²）	中国	684	1116	342	558	171	279
	日本	409	855	204	427	102	214

坡宜为 3%；材料找坡宜为 2%。

(3) 天沟的构造

天沟即屋面的排水沟，位于外檐边的又称檐沟。天沟的功能是汇集屋面雨水，使之迅速排离，故天沟应有恰当的尺寸与合适的坡度。天沟的宽度不应小于 200mm，天沟上口距分水线的距离不应小于 120mm（图 12-6a）。天沟纵向坡度应不小于 1%，沟底水落差不超过 200mm。

(4) 落水管的设置

落水管的材料有铸铁、PVC 塑料、陶管、镀锌铁皮等，目前常用铸铁和 PVC 塑料管。落水管的直径不应小于 75mm，一般应大于 100mm（目前多为 100mm）。落水管距墙面不应小于 20mm，其排水口距散水坡的高度不应大于 200mm，落水管应用管箍与墙面固定。接头的承插长度不应小于 40mm。

落水管的数量是由屋面面积和降雨量决定的，根据综合分析可确定一根落水管的最大汇水面积为 200m²。为防止垫置纵坡材料过厚而增加天沟的荷载，落水口距分水线不得超过 20m，即落水管间距不超过 40m，目前落水管的常用间距宜控制在 15~24m 以内。

根据以上分析，就可以完整、准确地绘出屋顶排水组织平面图（图 12-6b）。

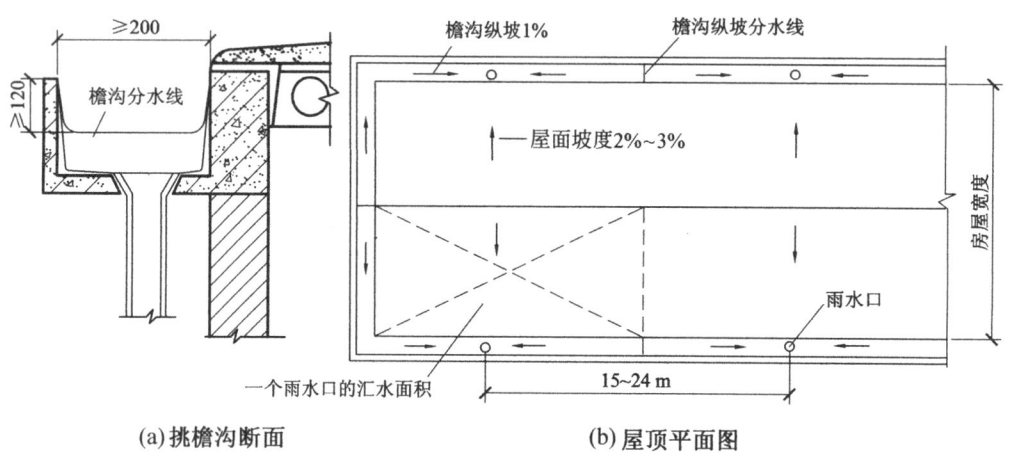

图 12-6 屋顶排水组织

12.2.2 刚性防水屋面构造

刚性防水屋面是以防水砂浆抹面或细石混凝土浇捣而成的屋面防水层。它主要适用于防水等级为Ⅲ级的屋面防水，也可用作Ⅰ、Ⅱ级屋面多道防水设防中的一道防水层。其主要特点为构造简单、施工方便、造价低。但因混凝土抗拉强度低，属脆性材料，故容易开裂，尤其是在气候变化剧烈的地区。另外，刚性屋面不适于设置在有松散材料保温层的屋面以及受较大振动或冲击的建筑屋面。

12.2.2.1 刚性防水层的材料

刚性屋面的水泥砂浆和混凝土在施工时，当水的用量超过水泥水凝过程所需的用水量，多余的水在硬化过程中，逐渐蒸发形成许多空隙和互相连贯的毛细管网；另外，过多的水分在砂石骨料表面，形成一层游离的水，互相之间也会形成毛细通道。这些毛细通道都是使砂浆或混凝土收水干缩时表面开裂和形成屋面的渗水通道。由此可见，普通的水泥砂浆或细石混凝土必须经过处理才能作为屋面的刚性防水层。

(1) 增加防水剂

防水剂系化学原料配制，通常为憎水性物质、无机盐或不溶解的肥皂，如硅酸钠类、氯化物或金属皂类制成的防水粉。掺入砂浆或混凝土后，能与之生成不溶性物质，填塞毛细孔道，形成憎水性壁膜，以提高其密实性。

（2）采用微膨胀

在普通水泥中掺入少量的矾土水泥和二水石粉等所配置的细石混凝土，在结硬时产生微膨胀效应，抵消混凝土的原有收缩性，以提高抗裂性。

（3）提高密实性

控制水灰比，加强浇注时振捣，均可提高砂浆和混凝土的密实性。细石混凝土在初凝前表面用铁滚碾压，使余水压出，初凝后加少量干水泥，待收水后用铁板压平，表面打毛，然后浇水养护，从而提高了面层密实性和避免了表面龟裂。

12.2.2.2.2 预防刚性防水屋面变形开裂的措施

刚性防水屋面最大的问题是防水层在施工完成后出现裂缝而漏水。裂缝的原因很多，有气候变化和太阳辐射引起的屋面热胀冷缩；有屋面板变形挠曲、徐变以及地基沉降、材料干缩对防水层的影响。为适应以上各种情况，防止防水层开裂，可以采取以下几种处理方法。

（1）配筋

细石混凝土屋面防水层厚度不应小于40mm，混凝土强度等级不应小于C20，为提高其抗裂和应变能力，常配置 $\phi 3@150$ 或 $\phi 4@200$ 的双向钢筋。由于裂缝易在面层出现，所以钢筋宜置于混凝土层的中偏上位置，其上部有 10～15mm 厚的保护层即可（图12-7）。

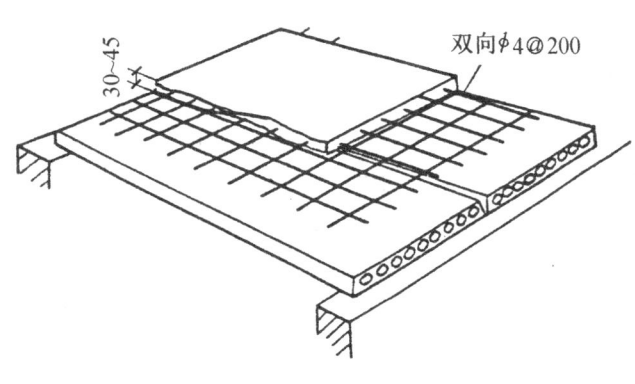

图12-7 细石混凝土配筋防水屋面

（2）设置分仓缝

分仓缝也称分格缝，是防止屋面不规则裂缝以适应屋面变形而设置的人工缝。分仓缝应设置在温差变形的许可范围内（图12-8）和结构构件变形的敏感部位（图12-9）。

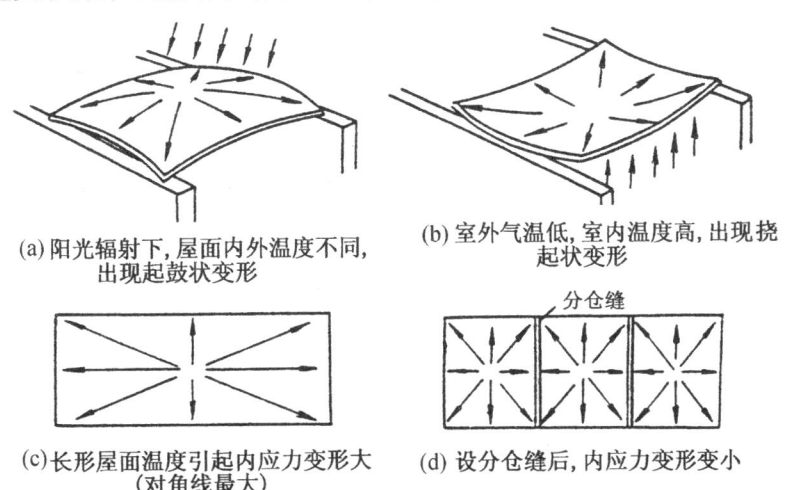

图12-8 刚性屋面室内外温差变形与分仓缝间距大小的应力变形关系

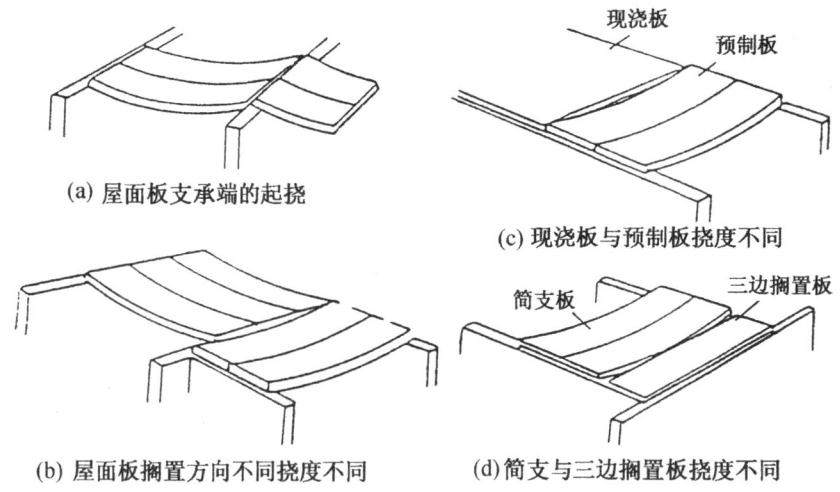

图 12-9 预制屋面板结构变形的敏感部位

一般情况下,分仓缝的服务面积宜控制在 $15\sim25m^2$ 之间,间距不宜大于 6m。刚性防水屋面的结构层宜为整体现浇混凝土板,在预制屋面板上,分仓缝应设置在板的支座等处较为有利,当建筑物进深在 10m 以下时可在屋脊设纵向缝;进深大于 10m 时最好在坡中某板缝处再设一道纵向分仓缝(图 12-10)。

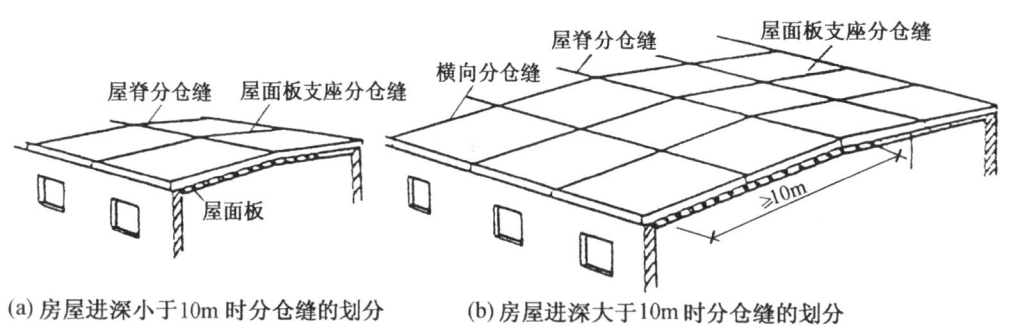

图 12-10 刚性屋面分仓缝的划分

分仓缝的宽度宜为 $20\sim40mm$,为有利于伸缩,缝内不可能用砂浆填实,一般多用油膏嵌缝,厚度为 $20\sim30mm$。为不使油膏下落,缝内应用弹性材料泡沫塑料或沥青麻丝填底(图 12-11a)。

横向支座的分仓缝为了避免积水,常将细石混凝土面层抹成凸出表面 $30\sim40mm$ 高的梯形或弧形分水线(图 12-11b)。

为了施工方便,近来混凝土刚性屋面常采用将大面积细石混凝土防水层一次性连续浇筑,然后用电锯切割分仓缝。这种做法,切割缝宽度只有 $5\sim8mm$,对温差的胀缩尚可适应,但无法进行油膏灌缝,只能用于铺卷材方式进行防水处理(图 12-11c、d、e)。

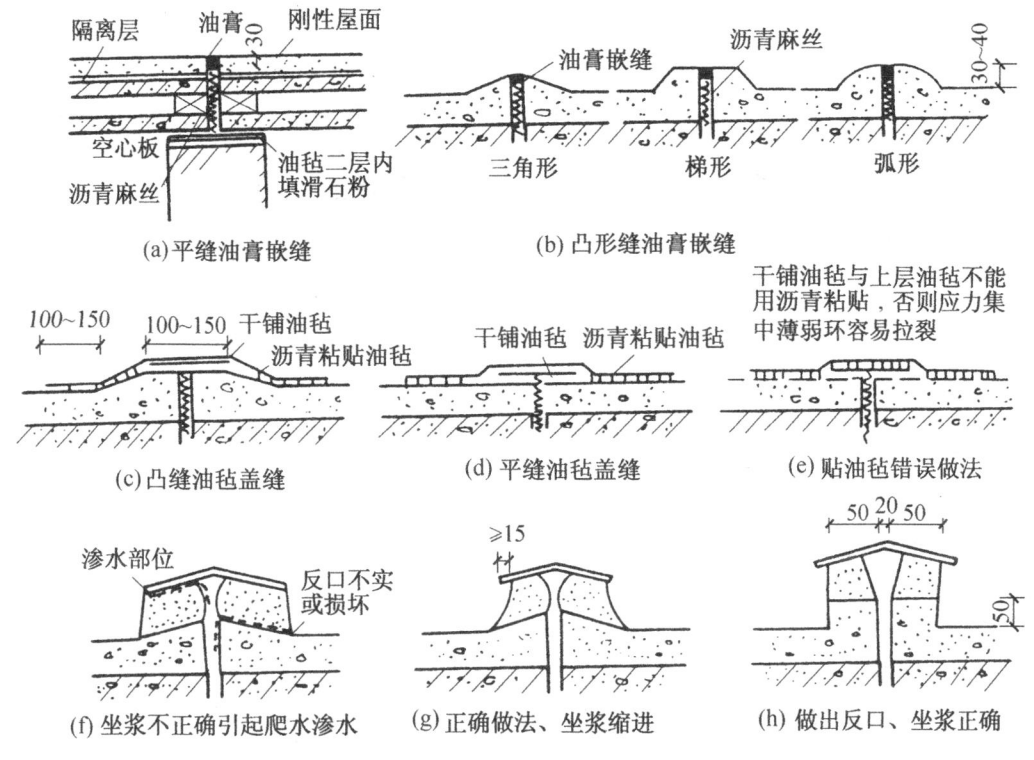

图 12-11 分仓缝节点构造之一

(3) 设置浮筑层

浮筑层即隔离层，是刚性防水层与结构层之间增设的一隔离层，它使防水层与结构层分开以适应各自的变形，减少了相互影响和制约。其具体做法为：首先在结构层上面用水泥砂浆找平（整体现浇楼板一般不用找平），然后用机油、沥青、防水卷材、石灰砂浆等作隔离层（图 12-12a、b）。

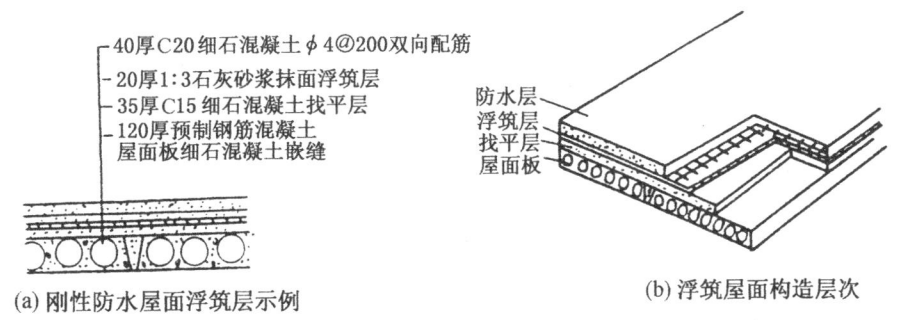

图 12-12 刚性防水屋面设置浮筑层构造

(4) 设置滑动支座

为了适应刚性防水屋面的变形，在装配结构中，屋面板的支承处最好做成滑动支座。其构造做法为：在准备搁置楼板的墙或梁上，先用水泥砂浆找平，找平后干铺两层油毡，中间夹滑石粉，再搁置预制板即可（图 12-13）。

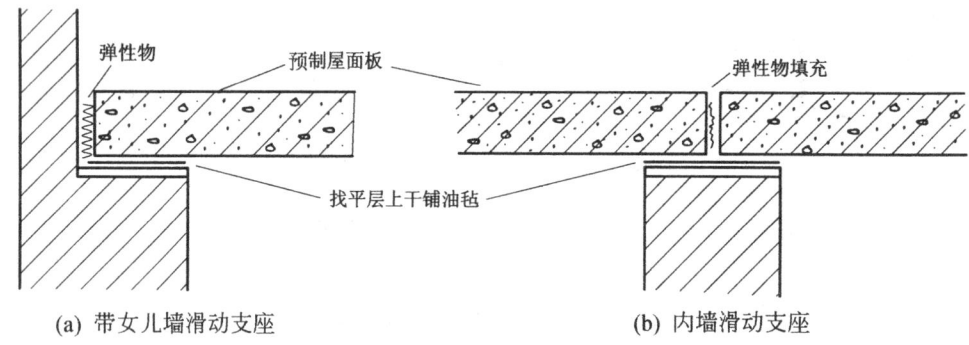

(a) 带女儿墙滑动支座　　　　(b) 内墙滑动支座

图 12-13　刚性屋面设置滑动支座构造

12.2.2.3　刚性防水屋面的构造做法

通过前面的分析，对刚性防水屋面的材料、做法和特点已经有了一定的认识，进而可以总结出刚性防水屋面的构造层次及做法（图 12-14）。

12.2.2.4　刚性防水屋面的细部构造

（1）泛水构造

凡屋面与墙面交接处的防水构造处理叫泛水构造，如女儿墙或烟囱等部位。一般做法为屋面防水层在与垂直墙面的交接处应留宽度为 30mm 的缝隙，以防止防水层的变形而推裂垂直墙体，缝隙应用密封材料嵌缝。泛水处应铺设卷材或涂膜附加层，卷材应一直铺贴到墙上，卷材收头应压入凹槽内固定密封，凹槽距屋面的最低高度不应小于 250mm（图 12-15）。

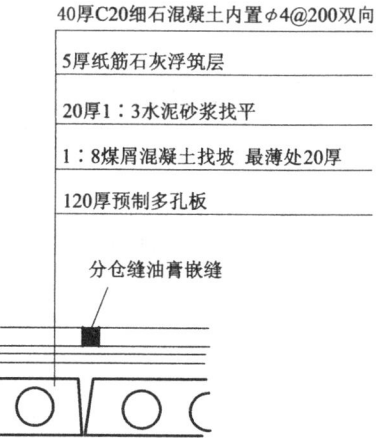

图 12-14　刚性防水屋面构造做法

（2）檐口构造

①自由落水挑檐口

可采用从墙内梁中出挑挑檐板，形成自由落水挑檐（图 12-16a）。

②檐沟挑檐

当挑檐口采用有组织排水时，常将檐部作成排水檐沟，檐沟多为槽形。当无浮筑层时，可将防水层直接做到檐沟内（图 12-16b）；当有浮筑层时，防水层应在与檐沟的交接处留槽，并用密封材料封严（图 12-16c）。

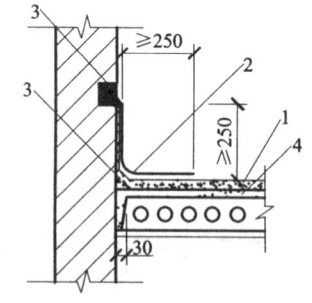

图 12-15　泛水构造
1—刚性防水层；2—防水卷材或涂膜；
3—密封材料；4—隔离层

挑檐雨水落口大多采用直管式，为防止雨水从落水管与沟底接缝处渗漏，应在水落口四周加铺卷材，卷材应铺入管内壁，沟内铺筑的混凝土防水层应盖在附加卷材上，防水层与水落口相交接的位置用石膏嵌封（图 12-17a）。

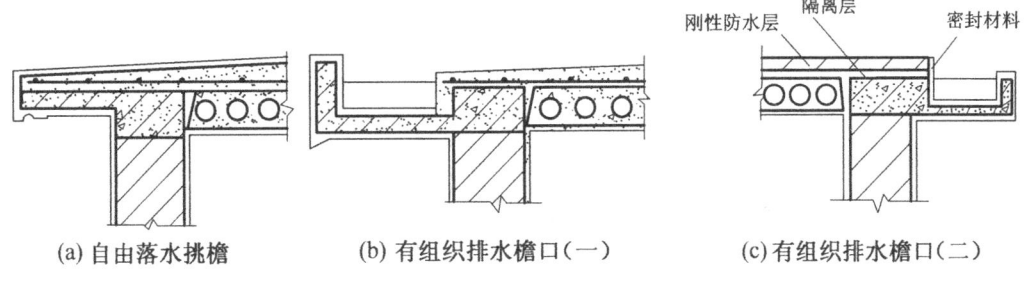

(a) 自由落水挑檐　　(b) 有组织排水檐口（一）　　(c) 有组织排水檐口（二）

图 12-16　刚性防水屋面檐口构造

③女儿墙檐口

女儿墙檐口构造可参照泛水做法。女儿墙的外排水，一般采用侧向排水的水落口（弯管式），在防水层与落水管的接缝处应嵌油膏，最好上面再贴一段卷材，并铺入管内不少于 50mm（图 12-17b）。

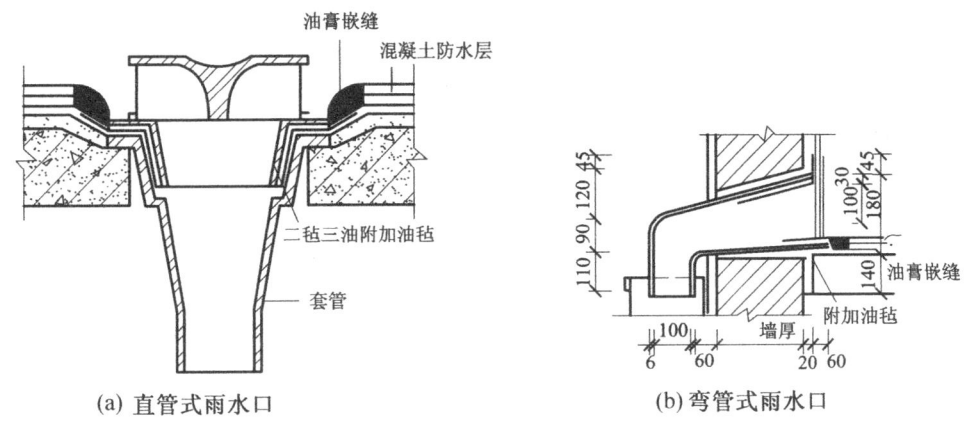

(a) 直管式雨水口　　(b) 弯管式雨水口

图 12-17　刚性防水屋面雨水口构造

12.2.3　柔性防水屋面构造

柔性防水亦称卷材防水，是指将防水卷材或片材用胶结粘贴在屋面上，形成一个大面积的封闭防水覆盖层。这种防水层具有一定的延伸性，所以它对变形的适应能力强于刚性防水屋面。卷材防水适用于防水等级为Ⅰ～Ⅳ的屋面防水。

过去，我国许多地区一直沿用沥青油毡作为屋面防水的主要材料。这种材料的特点是造价低，防水性能较好，但需热施工，污染环境，使用寿命较短。为了改变这种落后情况，现已出现一些新的卷材防水材料，主要包括：高聚物改性沥青卷材，目前国内主要有 SBS、APP 改性沥青的防水卷材，这些卷材将高聚物加入沥青中，改善了沥青的高温流淌、低温冷脆的弱点，并采用不同胎体增强材料，成为我国目前防水卷材发展最快的品种。这些卷材大部分是采用胶粘剂冷粘施工和热熔施工。另一种新型卷材防水材料为合成高分子产品，例如：三元乙丙橡胶卷材、氯化聚乙烯橡胶卷材、聚氯乙烯卷材（PVC）、再生橡胶卷材等。合成高分子卷材抗拉强度高，延伸率大，耐老化好，但接缝不好处理，价格偏高。这些新型防水卷材已在一些工程中逐步推广应用。

12.2.3.1 卷材防水屋面做法

卷材防水的构造比刚性防水复杂,需要有许多各种功能层的配合,才能保证屋面的防水效果。

(1) 找平层

防水卷材应铺设在表面平整、干燥的找平层上,找平层位置一般设在结构层或保温层(含保温层屋面)上面,用1:3水泥砂浆进行找平,其厚度为15~20mm。待表面干燥后作为卷材防水层面的基层,基层不得有酥松、起砂、起皮现象。为避免找平层受温度变化的影响而开裂,宜在适当位置留设分格缝,缝宽为20mm,并嵌填密封材料。当找平层采用水泥砂浆时,分格缝的间距不宜大于6m,找平层采用沥青砂浆时,不宜大于4m。找平层的厚度和技术要求详见表12-4。

表12-4 找平层厚度的技术要求

类 别	基层种类	厚度(mm)	技术要求
水泥砂浆找平层	整体混凝土	15~20	1:2.5~1:3(水泥:砂)体积比,水泥标号不低于325号
	整体或板状材料保温层	20~25	
	装配式混凝土板、松散材料保温层	20~30	
细石混凝土找平层	松散材料保温层	30~35	混凝土强度等级C15
沥青砂浆找平层	整体混凝土	15~20	质量比为1:8(沥青:砂)
	装配式混凝土板、整体或板状材料保温层	20~25	

(2) 结合层

结合层就是对找平层表面进行处理,使防水层与基层之间能理想地结合。如今卷材品种繁多,材性各异,应选用与铺贴的卷材相配的基层处理剂,使之粘结良好,不发生腐蚀等侵害。在沥青卷材屋面中常采用冷底子油(沥青加汽油或煤油等溶剂稀释而成)来作结合层。基层处理剂可采用涂刷法或喷涂法进行施工,其中喷涂法效果好且工效高应加以推广。基层处理应均匀一致,一般应喷涂两遍,第二遍应在第一遍干燥后进行。待最后一遍干燥后方可铺贴卷材。

(3) 防水层

虽然油毡防水屋面有许多不足,目前已不允许在Ⅰ、Ⅱ级防水屋面之中使用,但因它的构造处理也较典型,所以这里还是以其为例进行论述,其他卷材防水层的做法可以此为参照。

油毡防水层是由沥青胶结材料和油毡卷材交替粘合而形成的屋面整体防水覆盖层。它的层次顺序是：沥青胶、油毡、沥青胶……由于沥青胶结在卷材的上下表面，因此沥青总是比卷材多一层。其构造做法为：二毡三油（五层做法）、三毡四油（七层做法）等。

卷材防水层的厚度（层数）主要与建筑物的屋面防水等级和防水材料的选择有关（表12-5），有时也应考虑建筑物所在地的气候特点。一般的工业与民用建筑可采用三毡四油做法，形成一整体不透水的屋面防水层（图12-18），在重要部位和严寒地区需做四毡五油。

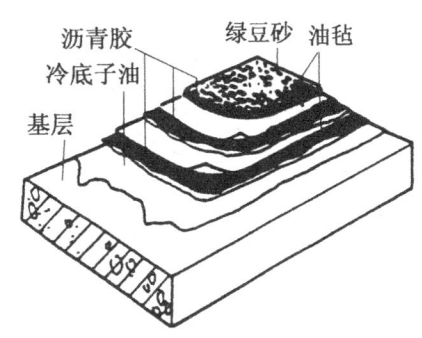

图12-18 油层防水层面构造层次

表12-5 卷材厚度选用表

屋面防水等级	设防道数	合成高分子防水卷材	高聚物改性沥青防水卷材	沥青防水卷材
Ⅰ级	三道以上设防	不应小于1.5mm	不宜小于3mm	—
Ⅱ级	二道以上设防	不应小于1.2mm	不宜小于3mm	—
Ⅲ级	单道设防	不应小于1.2mm	不宜小于4mm	宜用三毡四油
	复合设防	不应小于1.0mm	不应小于2mm	可用二毡三油

当屋面坡度小于3%时，卷材平行于屋脊，由檐口向屋脊一层层地铺设，各类卷材上下层的搭接长度详见表12-6，多层卷材的搭接位置应错开。

表12-6 卷材搭接宽度

搭接方向		短边搭接宽度（mm）		长边搭接宽度（mm）	
铺贴方法 卷材种类		满粘法	空铺法 点粘法 条粘法	满粘法	空铺法 点粘法 条粘法
沥青防水卷材		100	150	70	100
高聚物改性沥青防水卷材		80	100	80	100
合成高分子防水卷材	粘结法	80	100	80	100
	焊接法	50			

为防止沥青胶结材料因厚度过大而发生龟裂，每层沥青胶的厚度，一般要控制在1~1.5mm以内。应尽量使基层保持干燥，同时也应使防水层下形成一个能扩散蒸汽的场所。为此，第一层粘结材料沥青将被涂刷成点状或条状（图12-19），点与条之间的空隙即作为水汽的扩散层。

（4）保护层

油毡防水层的表面呈黑色，最易吸热，夏季表面温度可达60~80℃以上，极易使沥青胶流淌和油毡老化。一般多在表面用沥青胶粘着一层3~6mm粒径的粗砂作为保护层，

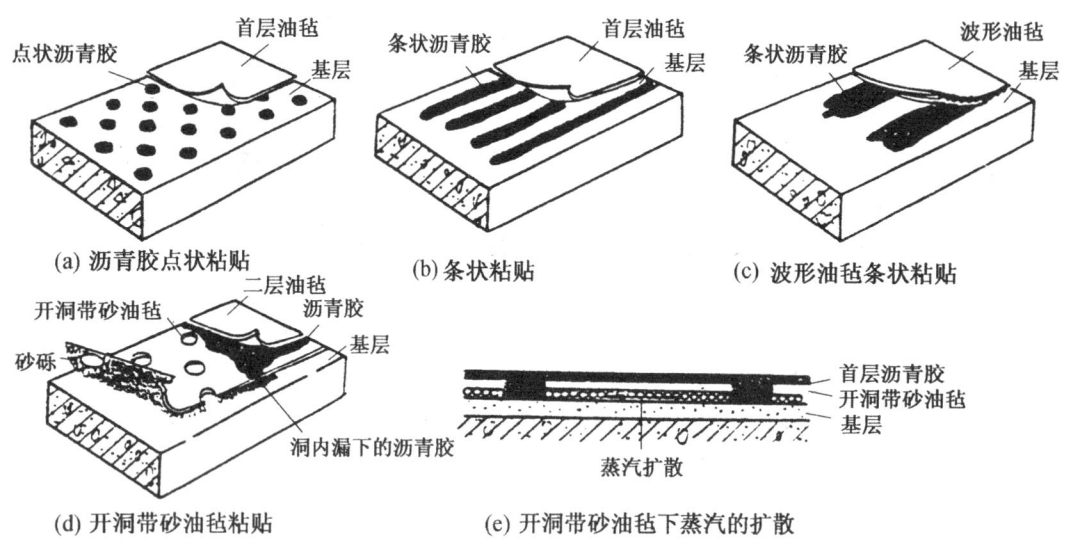

图 12-19 基层油毡的蒸汽扩散层

俗称绿豆砂或豆石。也可以将铝银粉涂料直接涂刷在油毡表面,形成一层银白色的、类似金属的薄膜,此做法可降低屋面温度,有利于排水,且自重轻,综合价格也不高,应逐步推广。

上人屋面可在防水层上浇筑 30～40mm 厚的细石混凝土层,每 2m 左右设一分仓缝(图 12-20a);也可用砂填层或水泥砂浆铺砌预制混凝土块或大阶砖(图 12-20b);还可将预制混凝土板架空铺设,既可保护又能通风降温(图 12-20c)。

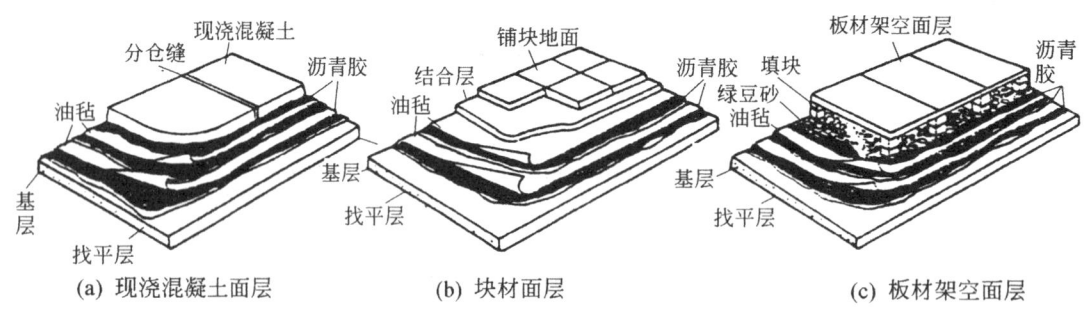

图 12-20 油毡防水上人屋面

12.2.3.2 卷材防水屋面的细部构造

(1) 泛水构造

由于平屋顶的排水坡度较小,排水缓慢,因而屋面允许有一定的囤水量,所以卷材泛水应有一定的高度,防止卷材收头开启、脱落造成渗漏。找平层在泛水处应做成弧形($R = 50～100mm$)或45°斜面,并一直做到墙面。卷材沿墙面的粘贴高度不应小于250mm,为加强泛水处的防水能力,一般需加铺卷材一层。

卷材收头处极易脱口渗水,现行做法为将卷材收头直接压在女儿墙的压顶下(图 12-21),也可以在砖墙上留凹槽,卷材收头应压入凹槽内固定密封,凹槽上部的墙体亦应做防水处理（图 12-22）；当墙体材料为混凝土时，卷材的收头可采用金属压条钉压，并用密封材料封固（图 12-23）。按新规范的要求泛水口上挑出 1/4 砖长眉砖的习惯做法应取消，因为挑出的眉砖抹灰后容易开裂，雨水从裂缝中渗入，抄后路在防水层背后渗入室内，造成试水不漏、下雨漏的现象。另外挑眉砖到屋面距离小，在眉砖下抹灰和收头操作困难，易造成质量问题。

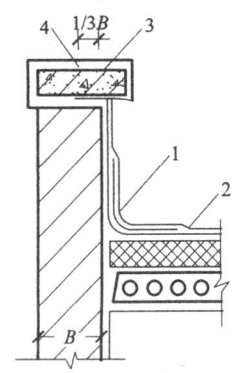
图 12-21 卷材泛水收头
1—附加层；2—防水层；
3—压顶；4—防水处理

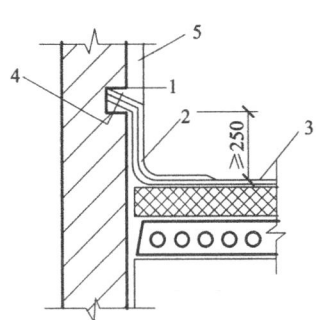
图 12-22 砖墙卷材泛水收头
1—密封材料；2—附加层；3—防水层；
4—水泥钉；5—防水处理

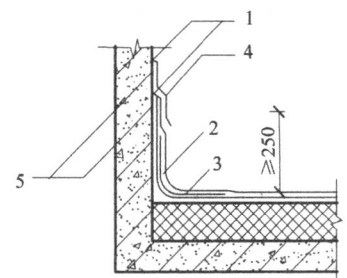
图 12-23 混凝土墙卷材泛水收头
1—密封材料；2—附加层；3—防水层；
4—金属、合成高分子盖板；5—水泥钉

(2) 檐口构造

①挑檐口构造

当屋面采用无组织排水时，挑檐部分应在 800mm 范围内卷材采取满粘法；卷材收头处距挑檐端头宜不小于 100mm，并用水泥钉固定油膏密封（图 12-24）。

有组织排水时，挑檐多做成天沟。天沟内应增铺附加层，当采用沥青防水卷材时应加铺一层油毡；当采用高聚物改性沥青防水卷材或合成高分子防水卷材时宜采用防水涂膜增强层。天沟与屋面交接处的附加层宜空铺，空铺宽度应为 200mm（图 12-25）。天沟卷材收头处应用钢条压住，水泥钉钉牢，最后用油膏密封（图 12-26）。

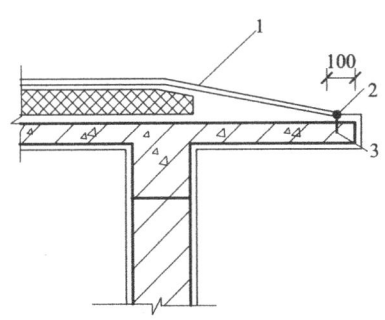
图 12-24 无组织排水檐口
1—防水层；2—密封材料；3—水泥钉

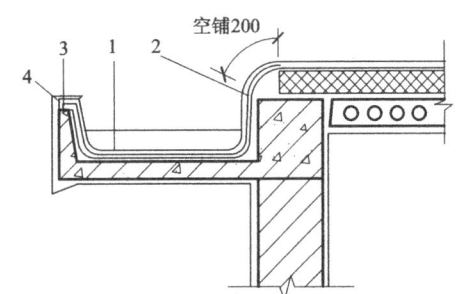
图 12-25 檐沟
1—防水层；2—附加层；
3—水泥钉；4—密封材料

②女儿墙构造

女儿墙的厚度一般同外墙尺寸，为保证其稳定性和抗震，高度一般不超过 500mm，按使用要求如需加高女儿墙，则应设小构造柱与压顶相连接，以保证女儿墙的安全。女儿墙顶部的构造处理宜用压顶的构造做法，压顶应沿外墙四周封闭，因此具有圈梁的作用。压顶有预制和现浇两种，其具体做法详见图 12-27。

③水落口构造

水落口是屋面排水的关键部位，构造上要求通畅、防止渗漏和堵塞。外檐沟和内排水的水落口都是在水平结构上开洞，采用铸铁漏斗形定型件（直管），用水泥砂浆埋嵌牢固。水落口四周加铺卷材一层，并铺至漏斗内，表面涂油膏，嵌入深度不小于50mm，顶部用铁罩（带箅）压盖（图 12-28）。

穿越女儿墙的水落口（弯管），采用侧向排水法，防水卷材

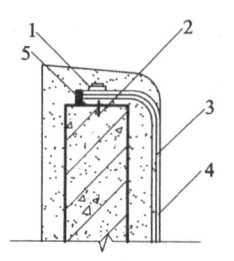

图 12-26 檐沟卷材收头
1—钢压条；2—水泥钉；
3—防水层；4—附加层；
5—密封材料

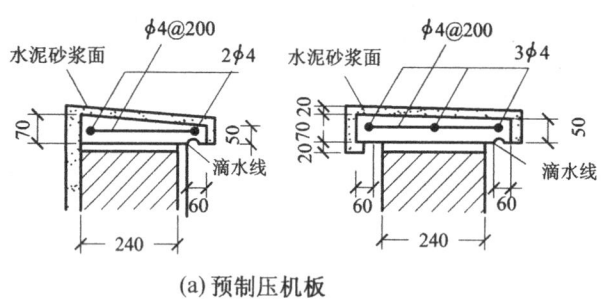

图 12-27 女儿墙压顶

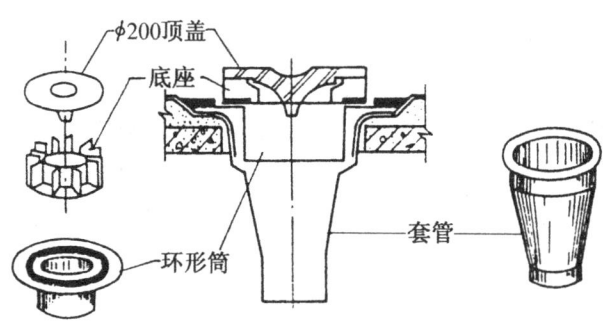

图 12-28 直管式雨水口

应铺入弯管内不少于 50mm，管口用铁箅遮盖以防堵塞（图 12-29）。有垫坡或保温层的屋面，可在雨水口直径 500mm 周围减薄，形成漏斗形，使排水更顺畅，避免积水。冬季采暖房屋可使这部分积雪比别处先融化，可避免被冰雪堵塞。

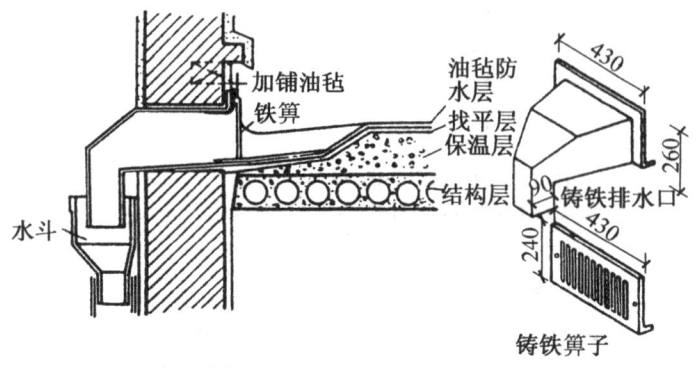

图 12-29 弯管式雨水口

12.2.4 涂膜防水和粉剂防水屋面

12.2.4.1 涂膜防水屋面

涂膜防水是用防水涂料直接涂刷在屋面基层上，形成一层满铺的不透水薄膜层，涂膜主要成分有沥青涂膜、高聚物改性沥青涂膜、高分子防水涂膜。涂膜防水主要适用于防水等级为Ⅲ、Ⅳ级的屋面，也可用作Ⅰ、Ⅱ级屋面多道防水设防中的一道防水层。

涂膜的基层为混凝土或水泥砂浆，表面应干燥平整。在转角、水落口和接缝处，需用胎体增强材料附加层加固。涂刷防水涂料需分层进行，一般手涂三遍可使涂膜厚度达 1.2mm，其节点构造详见图 12-30。涂膜防水屋面应设置保护层。其材料可采用细砂、蛭石、水泥砂浆和混凝土块材等，当采用水泥砂浆或混凝土块材时，应在涂膜与保护层之间设置隔离层，以防保护层的变化影响到防水层。水泥砂浆保护层厚度不宜小于 20mm。

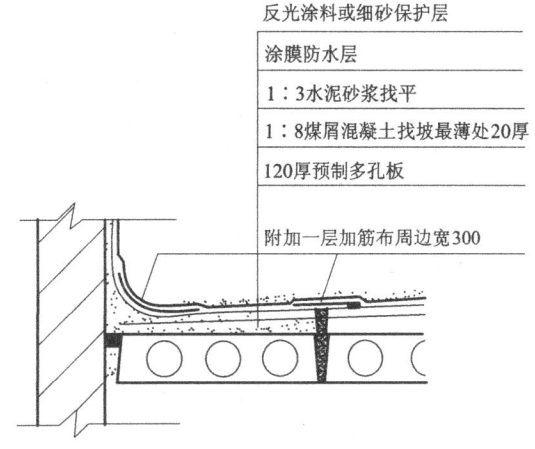

图 12-30　涂保护层涂膜防水屋面节点构造

涂膜防水只能提高屋面的防水能力，但对温度和结构引起的较为严重的变形，仍无能为力。因此，刚性屋面中关于浮筑层和滑动支座对涂膜防水屋面具有必要的辅助作用。

12.2.4.2 粉末防水屋面

粉末防水又称拒水粉防水，系以硬脂酸为主要原料的憎水性粉末防水屋面。一般在平屋顶的基层结构上先抹水泥砂浆或细石混凝土找平，然后铺上 3~5mm 厚的建筑拒水粉，再覆盖保护层即可（图 12-31）。保护层不起防水作用，主要是防止风雨吹散或冲刷拒水粉，保护层可采用 20~30mm 厚的水泥砂浆，30~40mm 厚细石混凝土、预制混凝土板块或大阶砖铺盖。

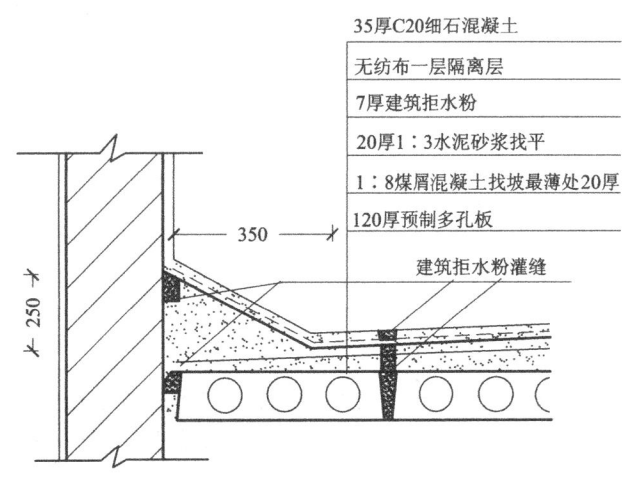

图 12-31　建筑拒水粉防水屋面节点构造

12.2.5 平屋顶的保温与隔热

屋顶像外墙一样也属于建筑的围护结构，不但有遮风避雨的功能，还应有保温与隔热的作用。

12.2.5.1 平屋顶的保温

在寒冷地区或装有空调设备的建筑中，防止室内热量或冷气散失过快，须在围护结构中设置保温层，以满足室内有一个便于人们生活和工作的环境。保温层的材料和构造方案是根据使用要求、气候条件、屋顶的结构形式、防水处理方法、施工条件等综合考虑确定的。

(1) 屋面保温材料

屋面保温材料一般多选用空隙多、表观密度轻、导热系数小的材料。分为散料、现场浇筑的拌和物、板块料等三大类。

①散料保温层 如炉渣、矿渣之类工业废料。如果上面做卷材防水层时，必须在散状材料上先抹水泥砂浆找平层，再铺卷材。而这层找平层制作困难，为了解决这个问题，一般先做一过渡层，即可用石灰、水泥等胶结成轻混凝土面层，再在其上抹找平层。

②现浇式保温层 一般在结构层上用轻骨料（矿渣、陶粒、蛭石、珍珠岩等）与石灰或水泥拌和，浇筑而成。这种保温层可浇筑成不同厚度，可与找坡层结合处理。

③板块保温层 常见的有水泥、沥青，水玻璃等胶结的预制膨胀珍珠岩、膨胀蛭石板、加气混凝土块、泡沫塑料等块材或板材。上面做找平层再铺防水层，屋面排水一般用结构找坡，或用轻混凝土在保温层下先做找坡层。

(2) 屋顶保温层位置

屋顶中按照结构层、防水层和保温层所处的位置不同，可归纳为以下几种情况：

①保温层设在防水层之下，结构层之上。这种形式构造简单，施工方便，目前广泛采用（图 12-33a）。

②保温层与结构层组合复合板材，既是结构构件，又是保温构件。一般有两种做法：一是为槽板内设置保温层，这种做法可减少施工工序，提高工业化施工水平，但成本偏高。其中把保温层设在结构层下面者，由于产生内部凝结水，从而降低保温效果。另一种为保温材料与结构层融为一体，如加气的配筋混凝土屋面板。这种构件既能承重，又能达到保温效果，简化施工，降低成本。但其板的承载力较小，耐久性较差，因此适用于标准较低且不上人的屋顶中（图 12-32d）。

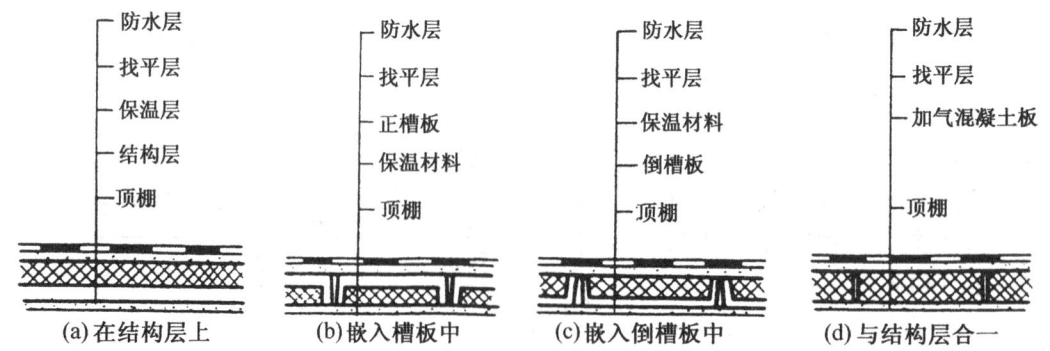

图 12-32 保温层位置

③保温层设置在防水层上面，其构造层次为保温层、防水层、结构层（图 12-33）。将保温层铺在防水层之上，亦称"倒铺法"保温。其优点是防水层被掩盖在保温层之下，而不受阳光及气候变化的影响，热温差较小，同时防水层不易受到来自外界的机械损伤。该屋面保温材料宜采用吸湿性小的憎水材料，如聚苯乙烯泡沫塑料板或聚氨酯泡沫塑料

板，而加气混凝土或泡沫混凝土吸湿性强，不宜选用。在保温层上应设保护层，以防表面破损及延缓保温材料的老化过程。保护层应选择有一定荷载并足以压住保温层的材料，使保温层在下雨时不致漂浮，可选择大粒径的石子或混凝土作保护层，而不能采用绿豆砂作保护层。

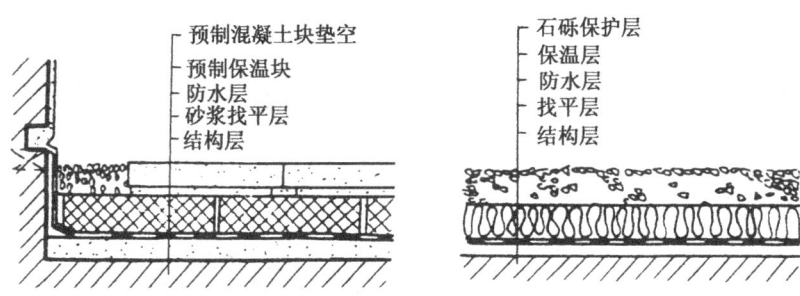

图 12-33 倒铺保温屋面构造

④防水层与保温层之间设空气间层的保温屋面。由于空气间层的设置，室内采暖的热量不能直接影响屋面防水层，故把它称为"冷屋顶保温体系"。这种做法的保温屋顶，无论平屋顶或坡屋顶均可采用。

平屋顶的冷屋面保温做法常用垫块架空预制板，形成空气间层，再在上面做找平层和防水层。其空气间层的主要作用是，带走穿过顶棚和保温层的蒸汽以及保温层散发出来的水蒸气；并防止屋顶深部水的凝结；另外，带走太阳辐射热通过屋面防水层传下来的部分热量。因此，空气间层必须保证通风流畅，否则会降低保温效果（图 12-34）。

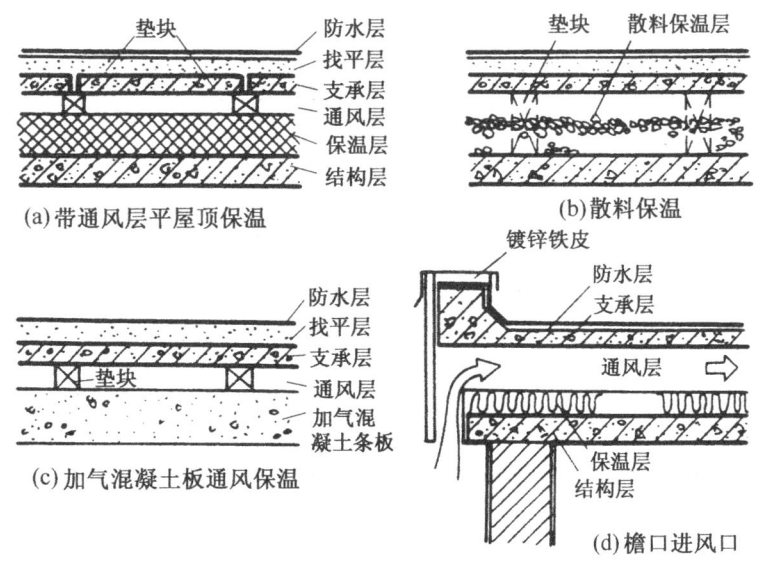

图 12-34 平屋顶冷屋面保温构造

（3）隔蒸汽层的设置

根据规范的要求，在我国纬度 40°以北地区且室内空气湿度大于 75%，或其他地区室内空气湿度常年大于 80% 时，保温层下面应设置隔汽层。

保温层设在结构层上面，保温层上直接作防水层时，在保温层下要设置隔蒸汽层。隔汽层的目的是防止室内水蒸气透过结构层，渗入保温层内，使保温材料受潮，影响保温效果。

隔汽层的做法通常是在结构层上做找平层，再在其上涂热沥青一道或铺一毡二油。

图 12-35 为卷材防水保温平屋顶构造。

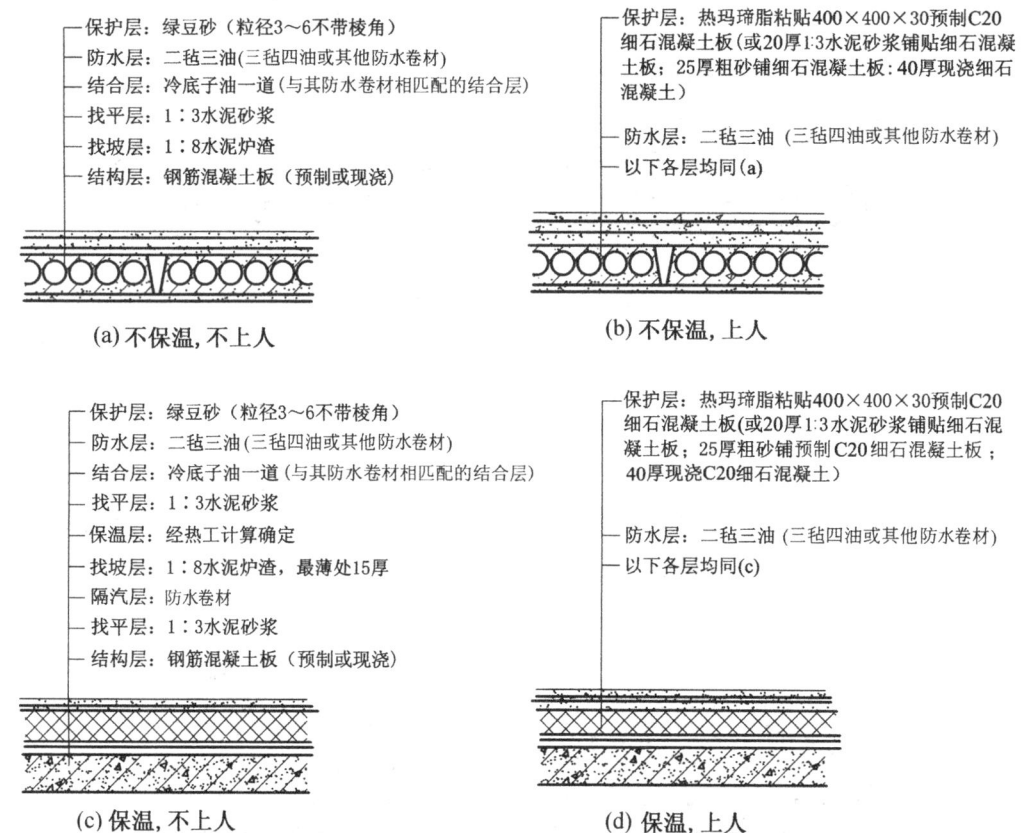

图 12-35 油毡平屋面常见做法

由于保温层下设隔汽层，上面设置防水层，那么保温层的上下两面均被油毡封闭住。而在施工中往往出现保温材料或找平层未干透，其中残存一定的水汽无法散发。为了解决这个问题，除了前面讲过的在防水层第一层油毡铺设时采用花油法之外，还可以采用以下办法：即在保温层上加一层砾石或陶粒作为透气层；或在保温层中间设排气通道（图 12-36）。排气道间距宜为 6m，纵横设置，屋面面积每 36m² 宜设一个排气孔，排气孔应做防水处理。

12.2.5.2 平屋顶隔热

夏季，特别是南方炎热地区，太阳的辐射热使得屋顶的温度升高，影响室内的生活和工作的条件。因此，需要对屋顶进行隔热构造处理，以降低屋顶热量对室内的影响。隔热降温的主要形式如下。

（1）实体材料隔热屋面

利用实体材料的蓄热性能及热稳定性、传导过程中的时间延迟、材料中热量的散发等

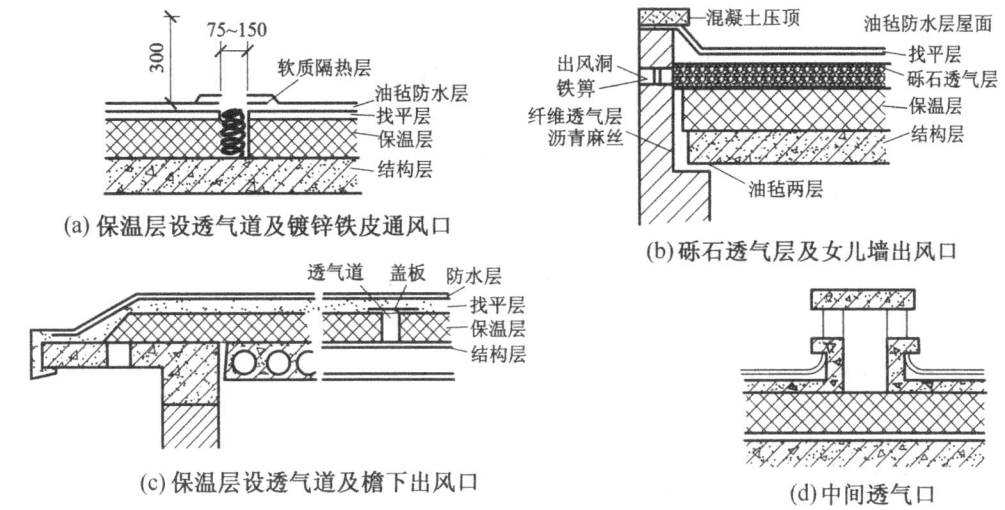

图 12-36 保温层内设置透气层及通风口构造

性能，可以使实体材料的隔热屋顶在太阳辐射下，内表面出现高温的时间延迟，其温度也低于外表面。但晚上室内温度降低时，屋顶内的蓄热又向室内散发，因此晚间使用的房子如住宅等，最好不要用实体材料隔热。常用的实体材料隔热有如下做法。

①大阶砖或陶粒混凝土板实铺屋顶（图 12-37a）

此做法构造简单，并可兼作上人屋面的保护层，但隔热效果不理想。

②植被屋面（图 12-37b）

利用植物的蒸发和光合作用，吸收太阳辐射热，达到隔热降温的作用。这种屋面有利于美化环境，净化空气，但增加了屋顶荷载。

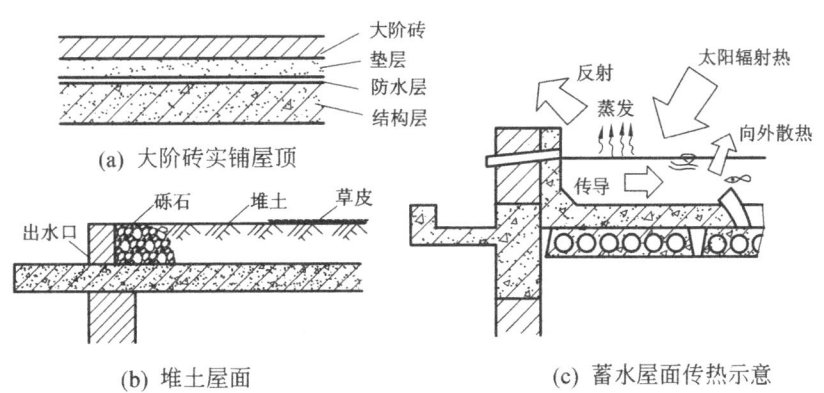

图 12-37 实体材料隔热屋顶

③蓄水屋顶（图 12-37c）

利用水吸收大量辐射热和室外气温热量，同时水还能散发热量、反射阳光，因此它的隔热效果较好。另外水层对屋面有保护作用。如细石混凝土防水层在水的养护下，可以减轻由于温度变化引起的裂缝并延缓混凝土的碳化。但蓄水屋面不便使用作上人屋面的隔热，因此其屋顶的利用受到影响。

(2) 通风层降温屋顶

在屋顶中设置通风的空气间层,其上层表面可遮挡太阳辐射热,利用风压和热压作用把间层中的热空气不断带走,以降低传至室内的温度。有实测表明通风屋顶比实体屋顶的降温效果有显著的提高。通风隔热层有两种设置方式。

①架空通风隔热

它对结构层和防水层有保护作用。一般有平面和曲面形状两种。平面做法为大阶砖或混凝土平板,用垫块支架。若用垫块支在板的四角,架空层内空气流通容易形成紊流,影响风速。但此做法较适用于夏季主导风向不稳定的地区,如果把垫块铺成条状,使气流进出正负压关系明显,气流更为通畅,此做法较适用于夏季主导风向稳定的地区。一般尽可能将进风口布置在正压区,对着夏季白天主导风向。当房屋进深大于10m时,中部需设通风口,以加强效果(图12-38b)。架空层的隔热高度宜为180~300mm,架空板与女儿墙的距离不宜小于250mm(图12-38a),架空屋面坡度不宜大于5%。

曲面形状通风层,可以用水泥砂浆做成槽形、弧形或三角形预制件,盖在平屋顶上作为通风屋顶(图12-38c、d、e)。

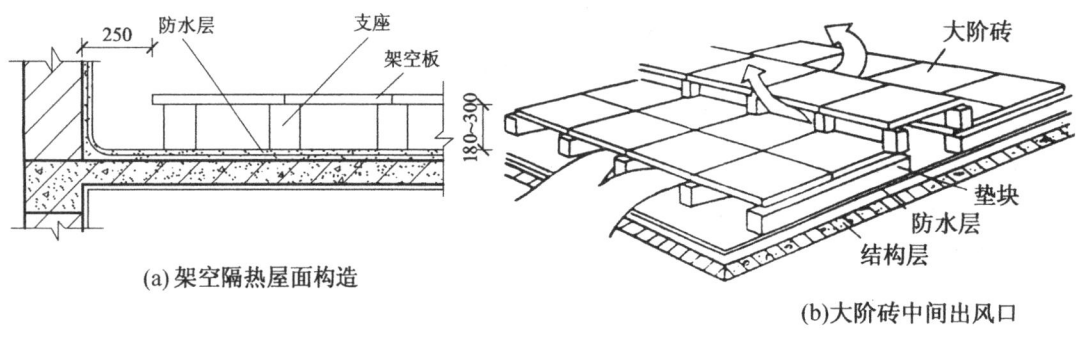

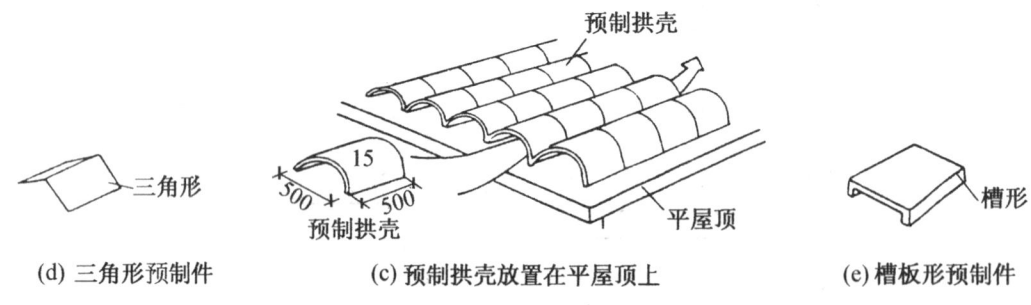

图12-38 通风层在结构层上面的构造

②吊顶通风隔热

利用吊顶的空间作通风隔热层,在檐墙上开设通风口(图12-39)。

(3) 反射降温隔热

屋面受到太阳辐射后,一部分辐射热量为屋面材料所吸收,另一部分被反射出去。反射的辐射热与入射热量之比称为屋面材料的反射率(用百分比表示)。这一比值的大小取决于屋面表面材料的颜色和粗糙程度。图12-40为不同材质或色彩对太阳辐射热反射程度。

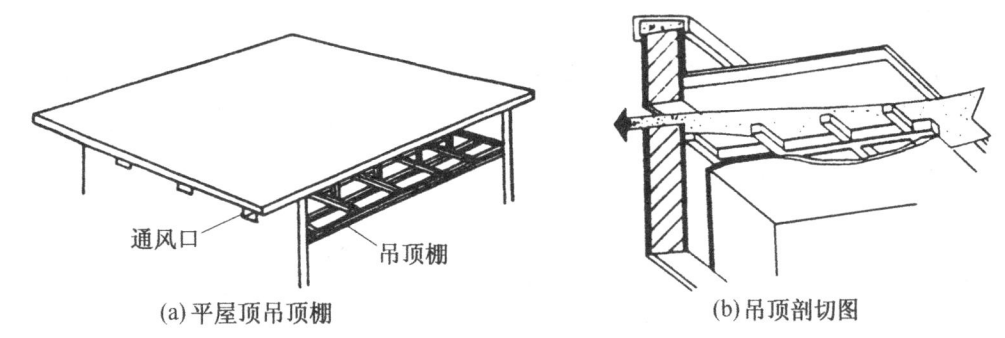

(a) 平屋顶吊顶棚　　　(b) 吊顶剖切图

图 12-39 通风层在结构层下面的降温屋顶

如果屋面在通风层中的基层加一层铝箔,则可利用其第二次反射作用,对隔热效果将有进一步的改善（图 12-41）。

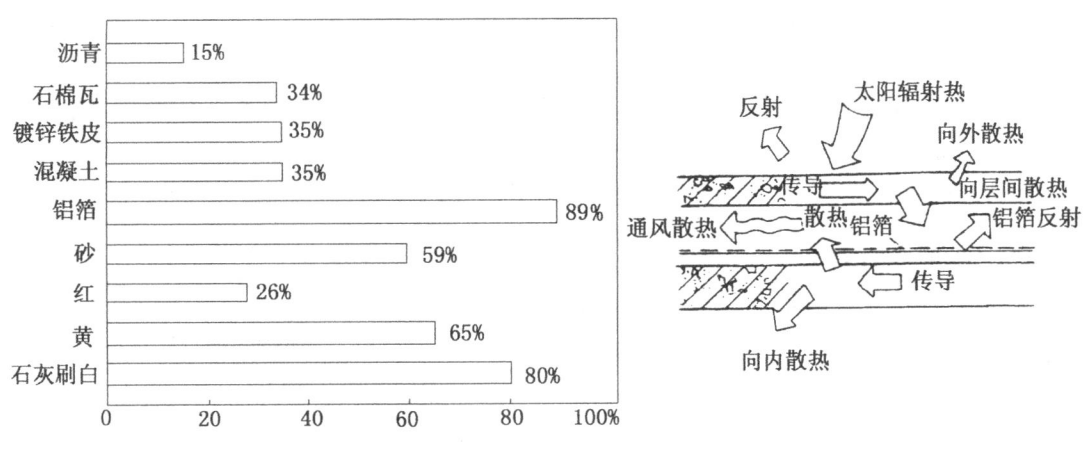

图 12-40 屋面对太阳辐射热反射程度　　　图 12-41 铝箔屋顶反射降温示意图

（4）蒸发散热

在屋脊处装水管,白天温度高时向屋面浇水,形成一层流水层,利用流水层的反射、吸收和蒸发,以及流水的排泄可降低屋面温度。

也可在屋面上系统地安装排列水管和喷嘴,夏日喷出的水在屋面上空形成细小水雾,雾结成水滴落下又在屋面上形成一层水流层。水滴落下时,从周围的空气中吸取热量,又同时进行蒸发,也多少吸收和反射一部分太阳辐射热,水滴落到屋面后,产生与淋水屋顶一样的效果,进一步降低了温度,因此喷雾屋面的隔热效果更好。

12.3 坡屋顶

12.3.1 坡屋顶的特点及形式

坡屋顶多采用瓦材防水,而瓦材块小,接缝多,易渗漏,故坡屋顶的坡度一般大于10%,通常为20%～50%。由于坡度大,排水快,防水功能好,且屋顶构造高度大,因此它不仅消耗材料较多,其所受风荷载、地震作用也相应增加,尤其当建筑体型复杂,其交叉错落处屋顶结构更难处理。

坡屋顶根据坡面组织的不同，主要有单坡顶、双坡顶及四坡顶等（图12-42）。

12.3.1.1 单坡顶

当房屋进深不大时，可选用单坡顶。

12.3.1.2 双坡顶

当房屋进深较大时，可选用双坡顶。由于双坡顶中檐口和山墙处理的不同又可分为：

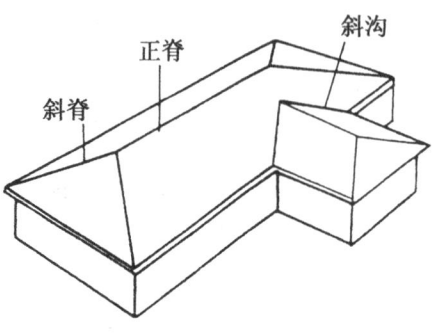

图12-42 坡屋顶的名称

（1）悬山屋顶 即山墙挑檐的双坡屋顶。挑檐可保护墙身，有利于排水，并有一定的遮阳作用，常用于南方多雨地区。

（2）硬山屋顶 即山墙不出檐的双坡屋顶。北方少雨地区采用较广。

（3）出山屋顶 山墙高出屋顶，作为防火墙或装饰之用。防火规范规定，山墙高出屋顶500mm以上，易燃体材料不砌入墙内者，可作为防火墙。

（4）四坡顶 四坡顶亦叫四落水屋顶。古代宫殿庙宇中的四坡顶称为庑殿顶（最高等级）。四面挑檐有利于保护墙身。

四坡顶两面形成两个小山尖，古代称为歇山顶。山尖处可设百叶窗，有利于屋顶通风。

12.3.2 坡屋顶的组成

坡屋顶一般由承重结构和屋面面层两部分所组成，必要时还有保温层、隔热层及顶棚等（图12-43）。

12.3.2.1 承重结构

承重结构主要承受屋面荷载并把它传到墙或柱上，一般有椽子、檩条、屋架或大梁等。

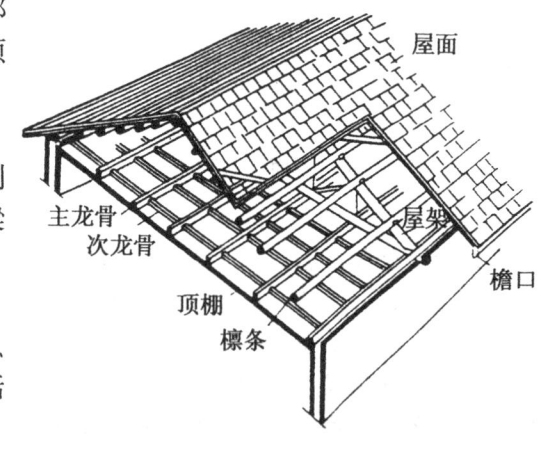

12.3.2.2 屋面

它是屋顶的上覆盖层，直接承受风、雪、雨和太阳辐射等大自然气候的作用。它包括屋面盖料和基层，如挂瓦条、屋面板等。

12.3.2.3 顶棚

顶棚是屋顶下面的遮盖部分，可使室内上部平整，起反射光线和装饰作用。

图12-43 坡屋顶的组成

12.3.2.4 保温或隔热层

保温或隔热层可设在屋面层或顶棚处，视具体情况而定。

12.3.3 坡屋顶的承重结构系统

坡屋顶与平屋顶相比坡度较大，故它的承重结构的顶面是一斜面。承重结构可分为砖墙承重、梁架承重和屋架承重等。

12.3.3.1 砖墙承重（硬山搁檩）

横墙间距较小（不大于4m）且具有分隔和承重功能的房屋，可将横墙顶部做成坡形以支承檩条，即为砖墙承重。这类结构形式亦叫做硬山搁檩（图12-44）。

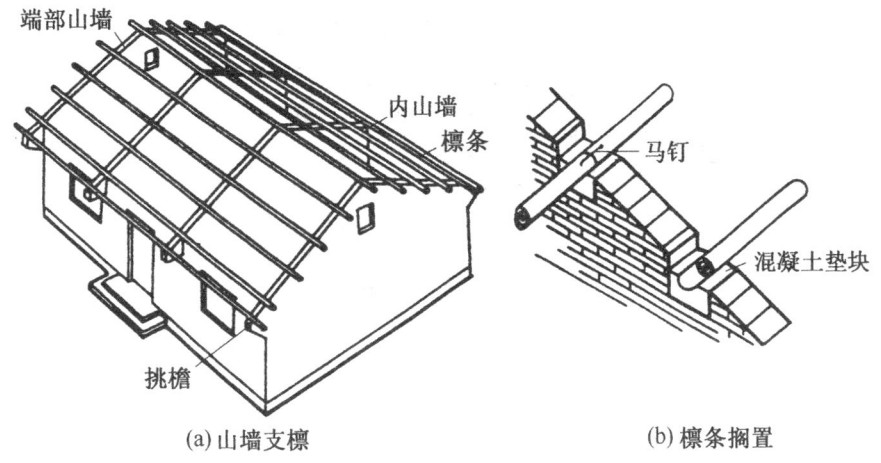

图 12-44　山墙支承檩条

12.3.3.2 梁架承重

这是我国传统的结构形式，它由柱和梁组成排架，檩条置于梁间承受屋面荷载并将各排架联系成为一完整骨架。内外墙体均填充在骨架之间，仅起分隔和围护作用，不承受荷载。梁架交接点为榫齿结合，整体性和抗震性较好。这种结构形式的梁受力不够合理，梁截面需要较大，总体耗木料较多，耐火及耐久性均差，维修费用高，现已很少采用（图12-45）。

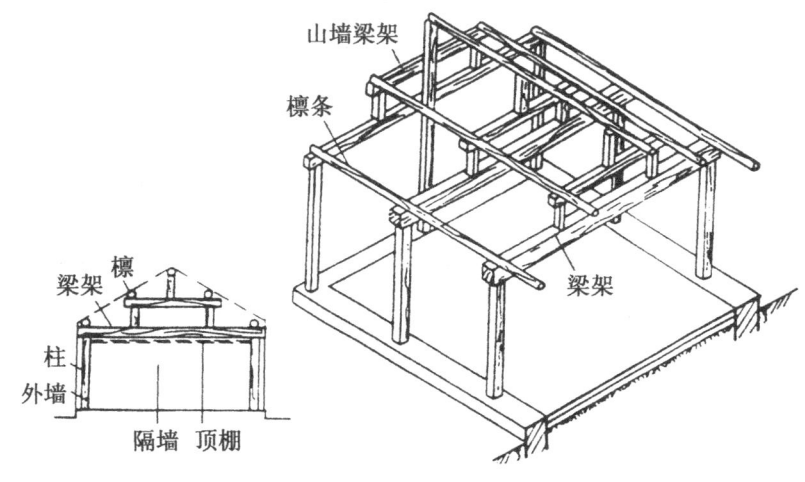

图 12-45　梁架结构

12.3.3.3 屋架承重

用在屋顶承重结构的桁架叫屋架（图12-46）。屋架可根据排水坡度和空间要求，组成三角形、梯形、矩形、多边形屋架。屋架中各杆件受力较合理，因而杆件截面较小，且能获得较大跨度和空间。木制屋架跨度可达18m，钢筋混凝土屋架跨度可达24m，钢屋架跨度可达 26m 以上。如利用内纵墙承重，还可将屋架制成三支点或四支点，以减小跨度，节约用材。

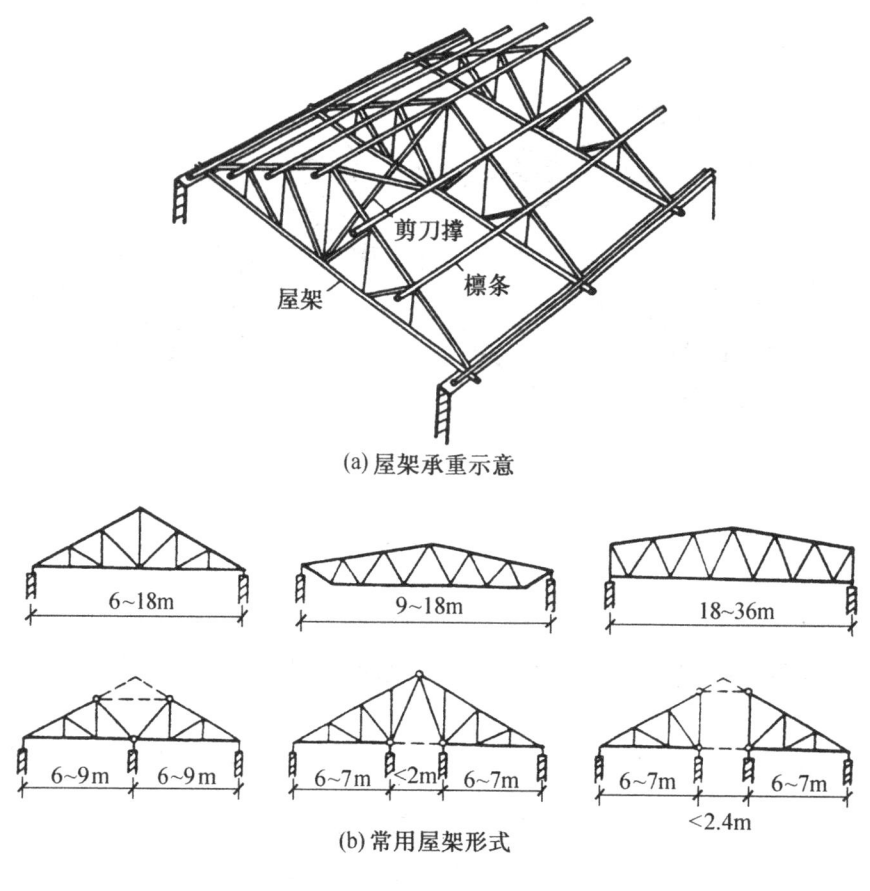

图 12-46 屋架结构

当房屋顶为平台转角，纵横交接，四面坡和歇山屋顶时，可制成异型屋架（图 12-47）。

12.3.3.4 板式承重

此做法与平屋顶相同，是目前坡屋顶民用建筑中最常用的形式，其构造做法与钢筋混凝土平屋顶相同，可现浇，也可装配。

12.3.4 坡屋顶的屋面构造

坡屋顶的屋面防水材料种类较多，我国目前采用的有弧形瓦（或称小青瓦）、平瓦、波形瓦、平板金属皮，构件自防水及草顶、灰土顶等。

本节着重讲述平瓦屋面的构造；有关波形瓦和构件自防水屋面构造将在工业建筑中论述。

12.3.4.1 屋面基层

为铺设屋面材料，应首先在其下面做好基层。基层组成一般有以下构件。

（1）檩条

檩条支承于横墙或屋架上，其断面及间距根据构造需要由结构计算确定。木檩条可用

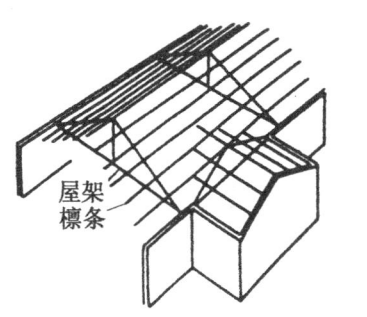
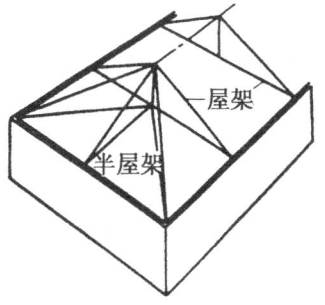

(a) 屋顶直角相交,檩条上搁置檩条　　(b) 屋顶直角相交,斜架搁在屋架上

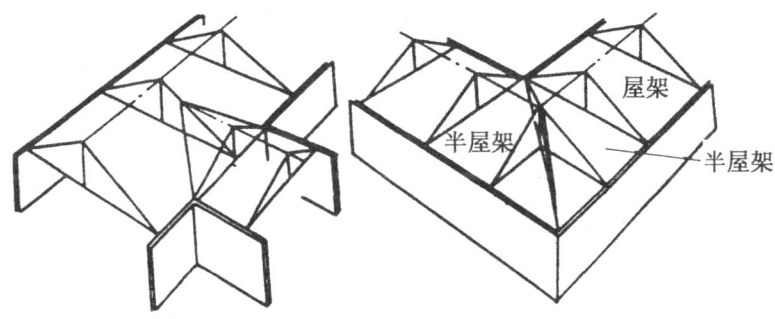

(c) 四坡顶端部,半屋架搁在全屋架上　　(d) 屋顶转角处,半屋架搁在全屋架上

图 12-47　屋架布置示意图

圆木或方木制成,以圆木较为经济,长度不宜超过 4m。用于木屋架时可利用三角木支托;用于硬山搁檩时,支承处应用混凝土垫块或经防腐处理(涂焦油)的木块,以防潮、防腐和分布压力。为了节约木材,也可采用预制钢筋混凝土檩条或轻钢檩条(图 12-48)。采用预制钢筋混凝土檩条时,各地都有产品规格可查。常见的有矩形、L 形和 T 形等截面。为了在檩条上钉屋面板常在顶面设置木条,木条断面呈梯形,尺寸为 40~50mm 对开。檩条的间距与屋架的间距、檩条的断面尺寸以及屋面板的厚度有关,一般为 700~900mm。

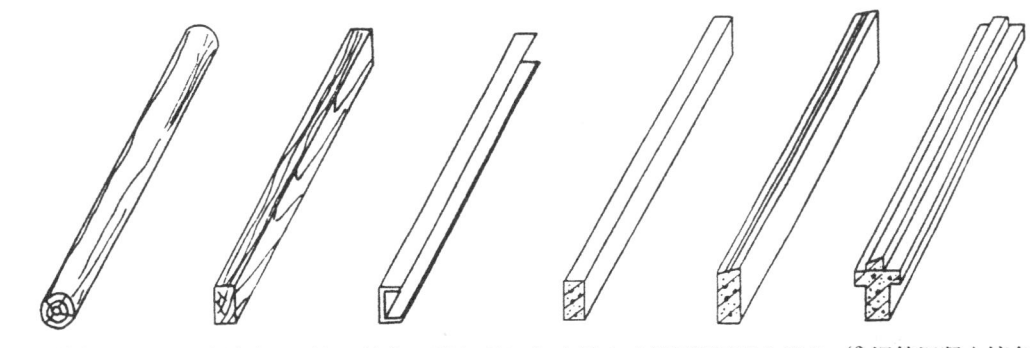

(a) 木檩条　(b) 木檩条　(c) 钢檩条　(d) 钢筋混凝土檩条　(e) 钢筋混凝土檩条　(f) 钢筋混凝土檩条

图 12-48　檩条断面形式

（2）椽条

当檩条间距较大，不宜在上面直接铺设屋面板时，可垂直于檩条方向架立椽条，椽条一般用木制，间距一般为 360~400mm，截面为 50mm×50mm 左右。

（3）屋面板

当檩条小于 1000mm 时，可在檩条上直接铺钉屋面板，檩距大于 1000mm 时，应先在檩条上架椽条，然后在椽条上铺钉屋面板。

12.3.4.2 屋面铺设

平瓦，即粘土瓦又称机平瓦，是根据防水和排水需要用粘土模压制成凹凸楞纹后焙烧而成的瓦片（图 12-49）。一般尺寸为 380~420mm 长，240mm 左右宽，50mm 厚（净厚约为 20mm）。瓦装有挂钩，可以挂在挂瓦条上，防止下滑，中间有突出物穿有小孔，风大的地区可用铅丝扎在挂瓦条上。其他如水泥瓦、硅酸盐瓦，均属此类平瓦，但形状与尺寸稍有变化。

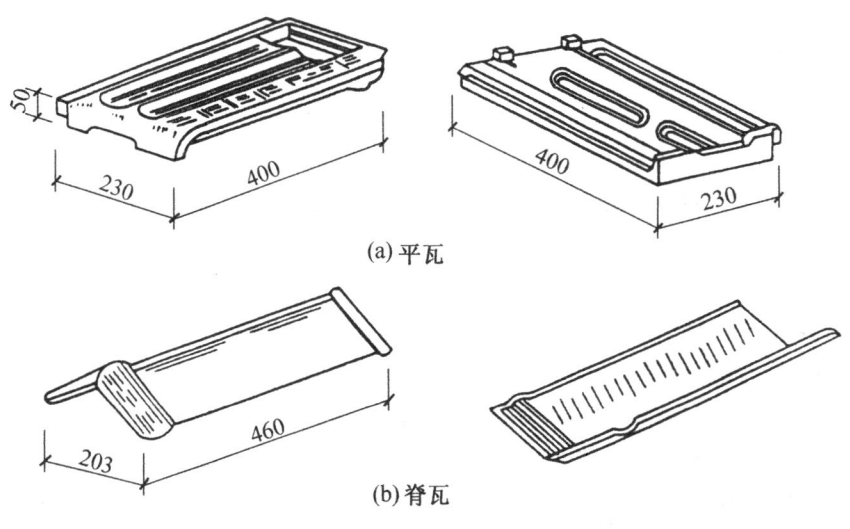

(a) 平瓦

(b) 脊瓦

图 12-49 粘土瓦

平瓦屋面根据使用要求和用材不同，一般有以下几种铺法：

（1）冷滩瓦屋面

平瓦屋面中最简单的做法，称冷滩瓦屋面，即在椽条上钉挂瓦条后直接挂瓦（图 12-50）。挂瓦条尺寸视椽条间距而定，间距 400mm 时，挂瓦条可用 20mm×25mm 立放，再大则要适当加大。冷滩瓦屋面构造简单、经济，但往往雨雪容易飘入，屋顶的保温效果差，故北方应用较少。

（2）屋面板平瓦屋面

一般平瓦的防水主要靠瓦与瓦之间相互拼缝搭接，但在斜风带雨雪时，往往会使雨水或雪花飘入瓦缝，形成渗水现象。为防止这种现象，一般在屋面板上满铺一层油毡，作为第二道防水层。油毡可按平行于屋脊方向铺设，从檐口铺到屋脊，搭接不小于 80mm，并用板条（称压毡条或顺水条）钉牢。板条方向与檐口垂直，上面再钉挂瓦条，这样使挂瓦条与油毡之间留有空隙，以利排水（图 12-51）。一般屋面板厚 15~20mm。在檐口处，为了求得第一皮瓦片与其他瓦片坡度一致，往往要钉双层挂瓦条；有时为了装钉封檐板，第一张瓦下垫以三角木（一般 50mm×75mm 对开），其目的是使油毡上的雨水能顺利地排出屋面。

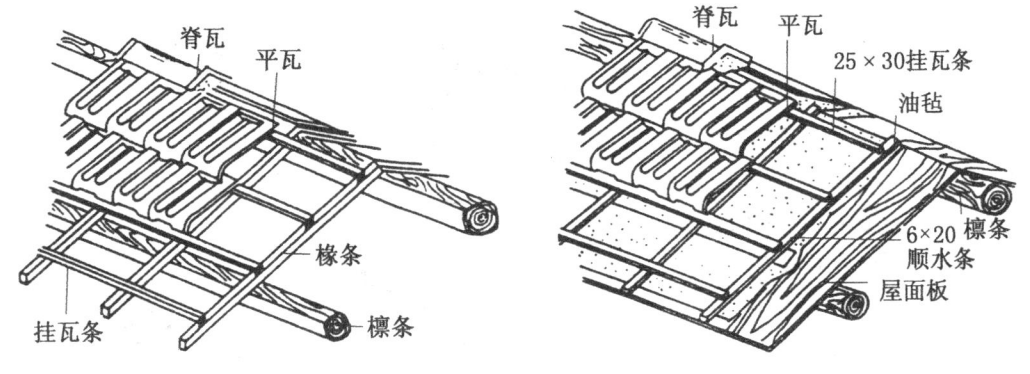

图 12-50　冷滩瓦屋面　　　　　　　图 12-51　屋面板上挂瓦屋面

(3) 纤维板或芦席作基层的平瓦屋面

为了节约屋面板和油毡，在结构层上，可以用硬质纤维板顺水搭接铺钉。其他杆状植物或其组织物，如苇席、苇箔、高粱秆、荆笆等，可用来代替屋面板，上铺油纸或油毡。或用麦秸泥直接贴瓦，不但节约屋面板、挂瓦条等，冬季还可以作保温层。

(4) 挂瓦板平瓦屋面

挂瓦板是把檩条、屋面板，挂瓦条几个功能结合为一体的预制钢筋混凝土构件。基本形式有双 T、单 T 和 F 形三种（图 12-52）。肋距同挂瓦条间距，肋高按跨度计算。挂瓦板与山墙或屋架的固定，可采用坐浆，用预埋于基层的钢筋套接。屋面板直接挂在挂瓦板的肋间，板肋根部预留泄水孔，以便排除由瓦面渗漏下的雨水。板缝一般用 1:3 水泥砂浆嵌填。这种屋顶构造简单，省工省料，造价经济，但易渗水，多用于标准要求不高的建筑中。目前民用建筑中的坡屋顶多用现浇钢筋混凝土屋面板，其上面铺瓦装饰，效果非常不错。

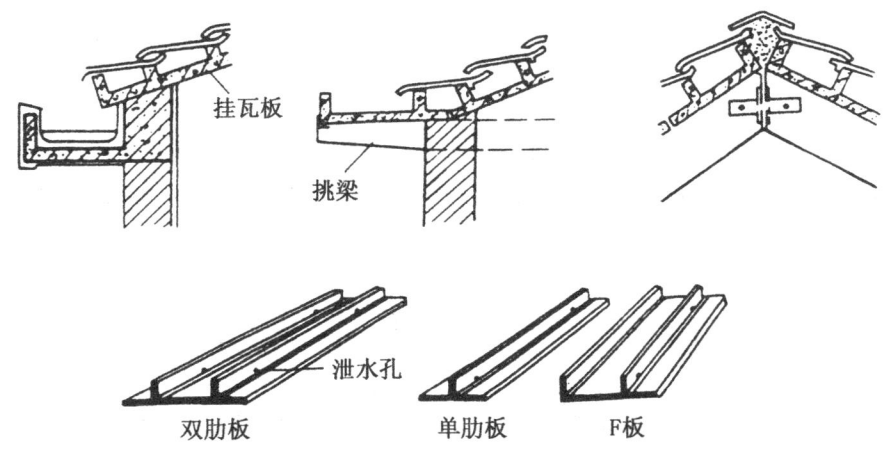

图 12-52　钢筋混凝土挂瓦板屋面

12.3.4.3 平瓦屋面细部构造

平瓦屋面应做好檐口、天沟、屋脊等部位的细部处理。

(1) 檐口构造

①纵墙檐口 纵墙檐口根据构造要求作成挑檐或封檐。纵墙檐口的几种构造做法见图12-53。图12-53a为砖挑檐，即在檐口处将砖逐皮外挑，每皮挑出1/4砖，挑出总长度不大于墙厚的1/2；图12-53b是将椽条直接外挑，适用于较小的出挑长度。当出挑长度较大时，应采取挑檐木的方法，见图12-53c，挑檐木置于屋架下；图12-53d为利用横墙中置挑檐木或屋架下弦设托木与檐檩和封檐板结合的做法；当出挑长度更大时，也可采用图12-53e、f的处理方式，即将已有的檩条或在采用檩条承重的屋顶檐边另加椽条挑出，作为檐口的支托。另外，有些坡屋顶将檐墙砌出屋面形成女儿墙包檐口构造，此时在屋面与女儿墙处必须设天沟，天沟最好

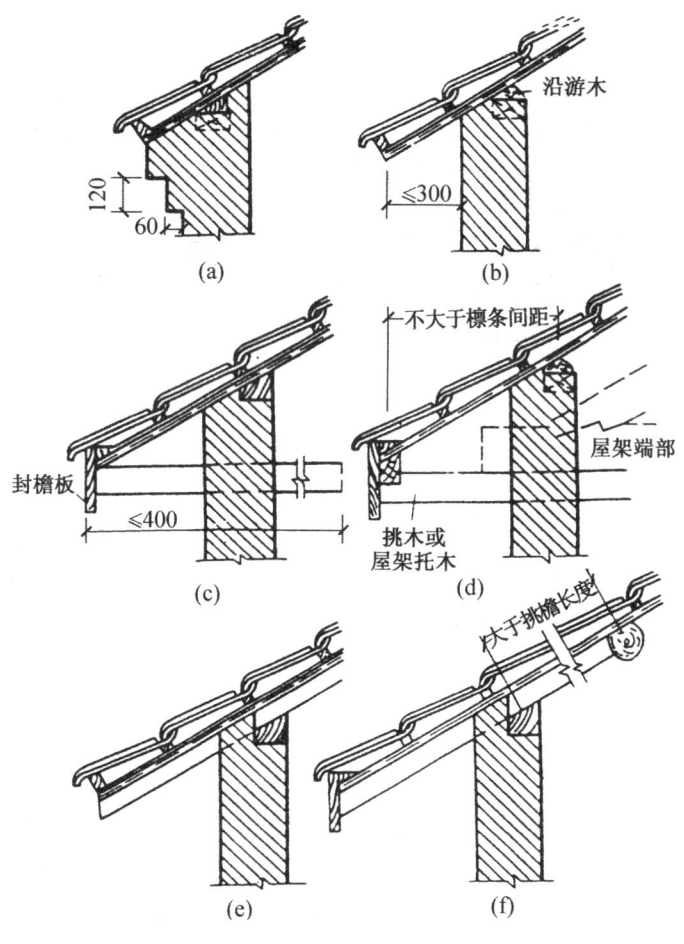

图12-53 平瓦屋顶挑檐

采用预制天沟板，沟内铺油毡防水层，并将油毡一直铺到女儿墙上形成泛水。泛水做法与油毡屋面基本相同。

②山墙檐口 按屋顶形式不同双坡屋顶檐口分为硬山和悬山两种做法。

硬山的做法是山墙与屋面等高或高出屋面形成山墙女儿墙（图12-54）。等高做法是

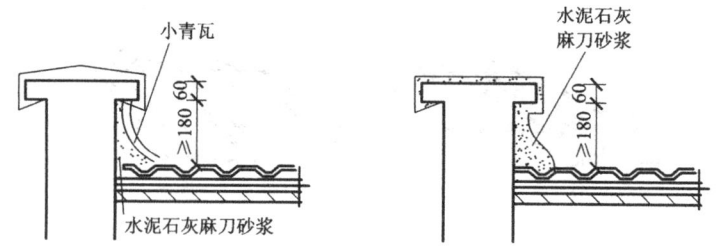

图12-54 硬山檐口

山墙砌至屋面高度,屋面铺瓦盖过山墙,然后用水泥麻刀砂浆嵌填,再用1:3水泥砂浆抹瓦出线。当山墙高出屋面,女儿墙与屋面交接处应做泛水处理,一般用水泥石灰麻刀砂浆抹成泛水,或用镀锌铁皮做泛水。女儿墙顶应做压顶板,以保护泛水。

悬山屋顶的檐口构造,先将檩条外挑形成悬山,檩条端部钉木封檐板,沿山墙挑檐的一行瓦,应用1:2.5的水泥砂浆做出披水线,将瓦封固(图12-55)。

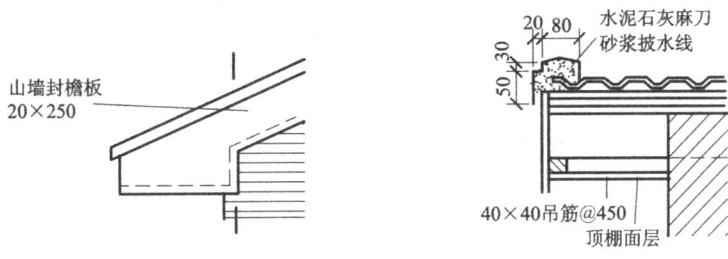

图12-55 悬山檐口

(2) 天沟和斜沟构造

在等高跨和高低跨相交处,常常出现天沟,而两个相互垂直的屋面相交处则形成斜沟(图12-56)。沟内有足够的断面尺寸,上口宽度不宜小于300～500mm,一般用镀锌铁皮铺于木基层上,镀锌铁皮伸入瓦片下面至少150mm。高低跨和包檐天沟若采用镀锌铁皮防水层时,应从天沟内延伸到立墙上形成泛水。

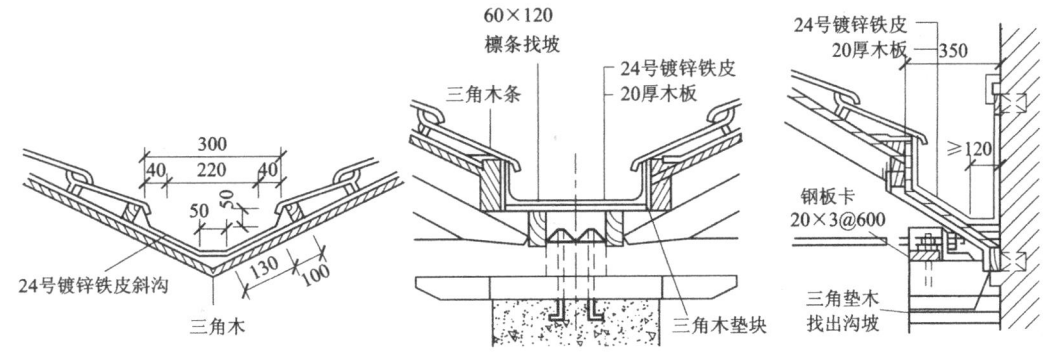

图12-56 天沟、斜沟构造

(3) 烟囱出屋面处的构造

烟囱穿过屋面,其构造问题是防水和防火。因屋面木基层与烟囱接触易引起火灾,故建筑防火规范要求木基层距烟囱内壁应保持一定距离,一般不小于370mm(图12-57)。为了不使屋面雨水从四周渗漏,在交界处应做泛水处理,一般采用水泥石灰麻刀砂浆抹面做泛水。

(4) 檐沟和落水管

坡屋顶与平屋顶的排水组织设计基本相同,只不过坡屋顶的挑檐有组织排水的檐沟,多采用轻质并耐水的材料来做。通常有镀锌铁皮、石棉水泥瓦、缸瓦和玻璃钢等多种。

① 镀锌铁皮檐沟和落水管 这种檐沟有半圆及矩形之分;落水管也有圆形和矩形之分,落水管间距为10～15m,一般用2～3mm厚、20mm宽的扁铁卡子固定在墙上,距墙

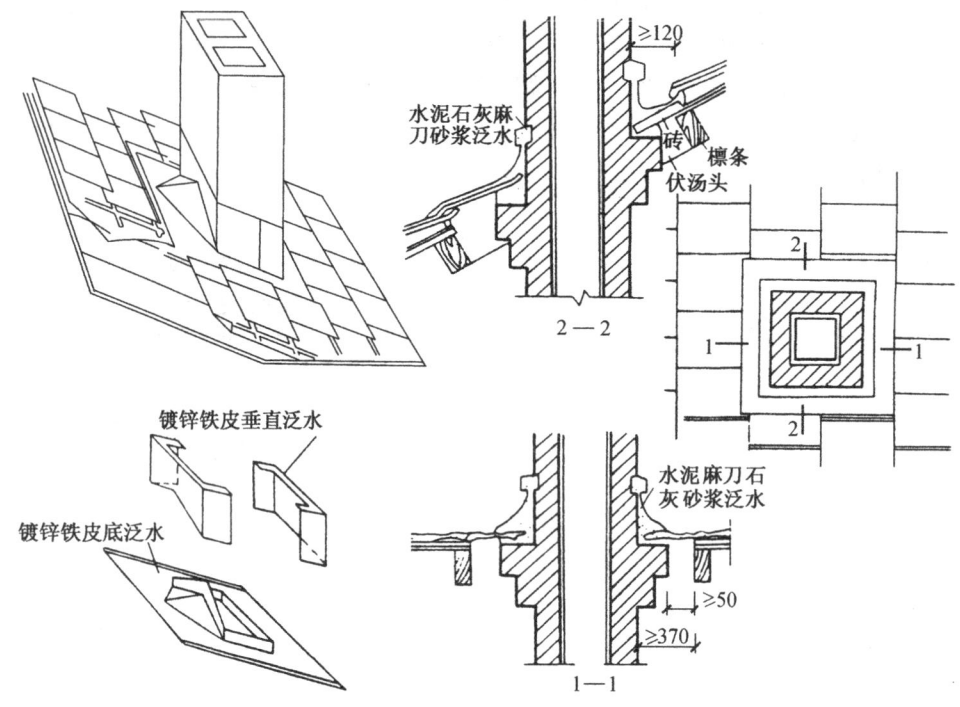

图 12-57 烟囱泛水构造

20mm 左右，卡子的竖向间距一般为 1.2m 左右。雨水管的下部应向外倾斜，底部距散水或明沟 200mm（图 12-58）。

② 其他材料的檐沟和雨水管　一般有石棉水泥、玻璃钢、塑料和缸瓦等，各地厂家出品的规格不尽相同。檐沟有半圆和槽形，雨水管有圆形和矩形。檐沟宽度为 120～175mm；落水管尺寸为 75～125mm。接缝处一般采用套接，也有用砂浆结合者。石棉水泥和一些塑料制品，低温性脆，不宜在严寒地区选用。塑料易老化，缸瓦较重，应注意安全。为防碰坏，轻质落水管接近地面 1～1.3m，最好用水泥砂浆保护。

12.3.5 坡屋顶的顶棚构造

坡屋顶的底面是倾斜的，为满足室内美观和卫生要求，常在屋顶下设置顶棚，顶棚可做成水平的，也可做成山形、梯形或弧形等。顶棚多吊挂在屋顶的承重结构上，即屋架的下弦杆和檩条的侧面或挂瓦板的缝隙中。

当屋架间距较大时，常在屋架下弦用吊筋固定

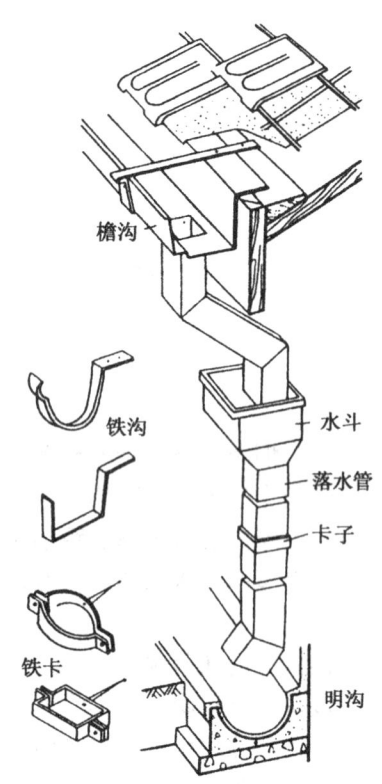

图 12-58 檐沟、水斗、雨水管形式

主搁栅（大龙骨），主搁栅的截面一般为 50mm×70mm 左右，间距视顶棚重量而定，一般为 1200～1500mm 之间。次搁栅（小龙骨）与主搁栅方向垂直，用小吊木钉在主搁栅底面，截面为 40mm×40mm 左右，间距视顶棚面层规格而定，一般在 400mm×500mm 左右。顶棚面层固定在次搁栅底面（图 12-59a）。

当屋架间距较小时，一般在屋架下弦直接吊挂顶棚搁栅，用于固定顶棚面层（图 12-59b）。

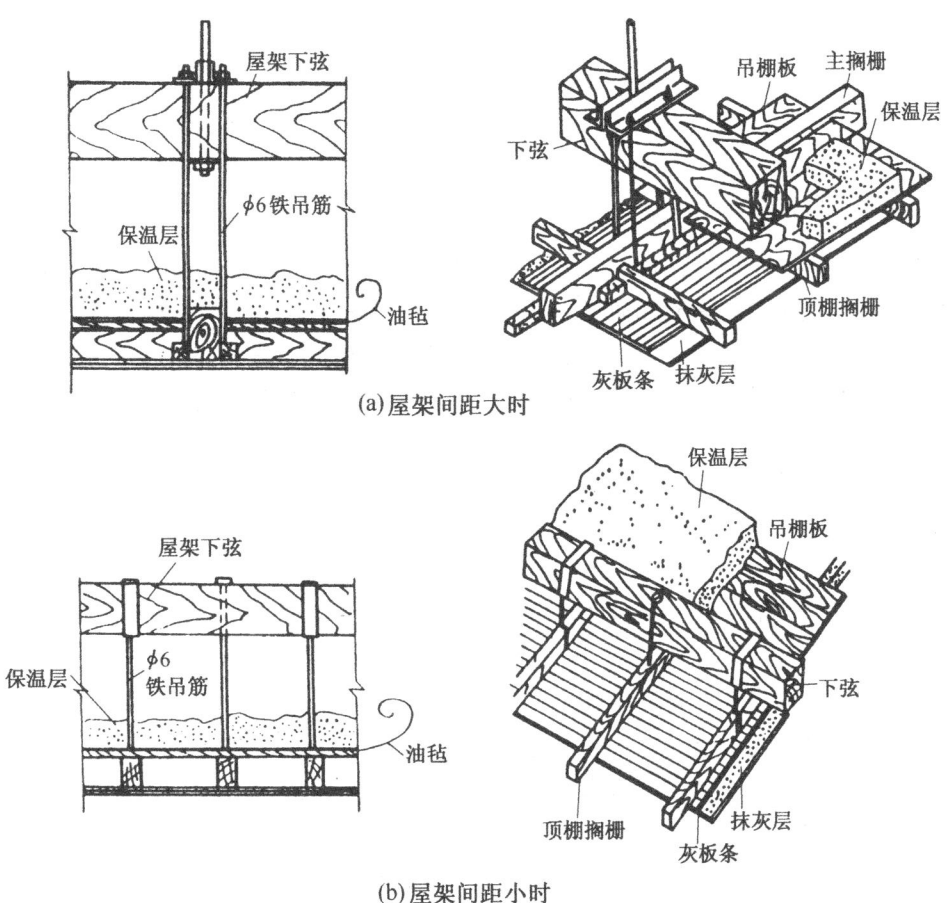

图 12-59 吊顶棚

在坡屋顶的房屋设置顶棚时，根据需要一般在房间的角落预留上人孔，以便安装电气和维修检查。整幢建筑的吊顶应便于人员通行，因此硬山横墙须留人行洞口，同时兼作通风孔。

第13章 门窗构造

13.1 概述

13.1.1 门窗的作用与要求

门和窗都是建筑中的围护构件。门在建筑中的作用主要是交通联系，并兼有采光、通风之用；窗的作用主要是采光和通风。另外，门窗的形状、尺寸、排列组合以及材料，对建筑物的立面效果影响很大。门窗还要有一定的保温、隔声、防雨、防风沙等能力，在构造上，应满足开启灵活、关闭紧密、坚固耐久、便于擦洗、符合模数等方面的要求。

13.1.2 门窗的类型

13.1.2.1 按开启方式分类

（1）门

门按其开启方式的不同，常见的有以下几种（图13-1）：

①平开门 平开门具有构造简单，开启灵活，制作、安装和维修方便等特点。分单扇、双扇和多扇，内开和外开等形式，是一般建筑中使用最广泛的门。

②弹簧门 弹簧门的形式同平开门的区别在于侧边用弹簧铰链或下边用地弹簧代替普通铰链，开启后能自动关闭。单向弹簧门常用于有自关要求的房门，如卫生间的门、纱门等。双向弹簧门多用于人流出入频繁或有自动关闭要求的公共场所，如公共建筑门厅的门等。双向弹簧门门扇上一般要安装玻璃，供出入的人相互观察，以免碰撞。

③推拉门 门扇沿上下设置轨道左右滑行，有单扇和双扇两种。推拉门占用面积小，受力合理，不易变形，但构造复杂。

④折叠门 门扇可拼合、折叠推移到洞口的一侧或两侧，少占房间的使用面积。简单的折叠门，可以只在侧边安装铰链，复杂的还要在门的上边或下边装导轨及转动五金配件。

⑤转门 转门是三扇或四扇用同一竖轴组合成夹角相等、在弧形门套内水平旋转的门，对防止内外空气对流有一定的作用。它可以作为人员进出频繁，且有采暖或空调设备的公共建筑的外门。在转门的两旁还应设平开门或弹簧门，以作为不需要空气调节的季节或大量人流疏散之用。转门构造复杂，造价较高，一般情况下不宜采用。

此外，还有上翻门、升降门、卷帘门等形式，一般适用于门洞口较大，有特殊要求的房间，如车库的门等。

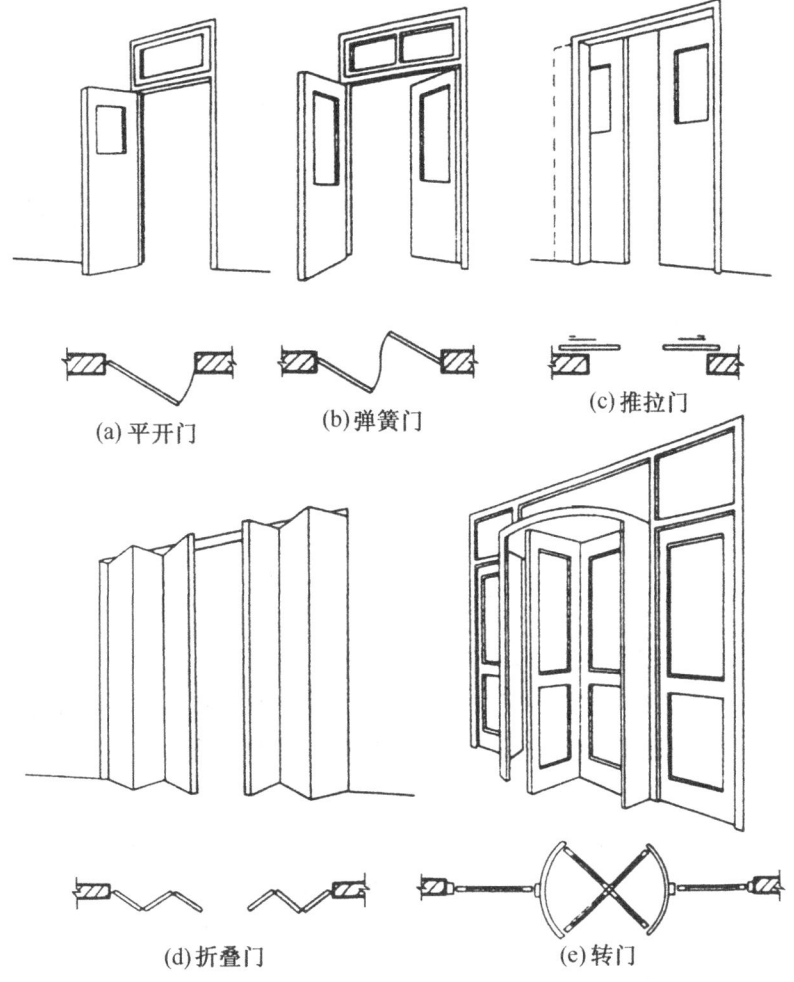

图 13-1 门的开启方式

（2）窗

依据开启方式的不同，常见的窗有以下几种（图 13-2）：

①平开窗　平开窗有内开和外开之分。它构造简单，制作、安装、维修、开启等都比较方便，在一般建筑中应用最广泛。

②悬窗　按旋转轴的位置不同，分为上悬窗、中悬窗和下悬窗三种。上悬窗和中悬窗向外开，防雨效果好，且有利于通风，尤其用于高窗，开启较为方便；下悬窗不能防雨，且开启时占据较多的室内空间，多与上悬窗组成双层窗用于有特殊要求的房间。

③立转窗　立转窗为窗扇可以沿竖轴转动的窗。竖轴可设在窗扇中心，也可以略偏于窗扇一侧，立转窗的通风效果好。

④推拉窗　推拉窗分水平推拉和垂直推拉两种。水平推拉窗需要在窗扇上下设轨槽，垂直推拉窗要有滑轮及平衡措施。推拉窗开启时不占据室内外空间，窗扇和玻璃的尺寸可以较大，但它不能全部开启，通风效果受到影响。推拉窗对铝合金窗和塑料窗比较适用。

⑤固定窗　固定窗为不能开启的窗，仅作采光和通视用，玻璃尺寸可以较大。

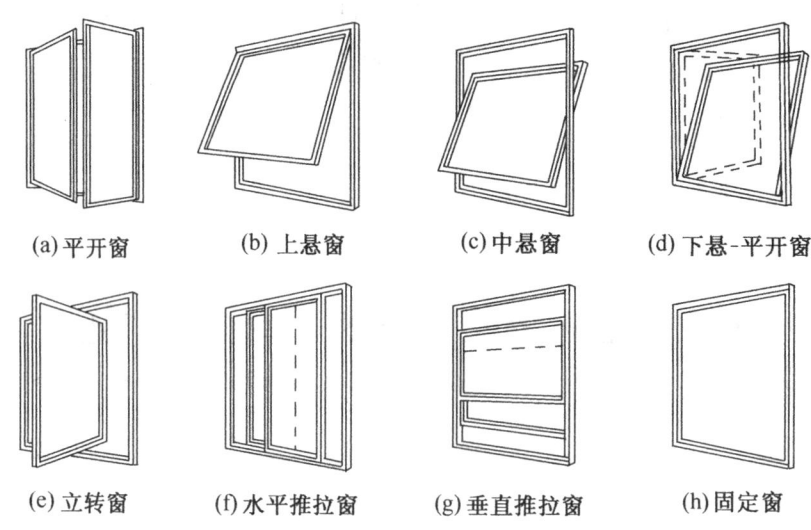

(a)平开窗　　(b)上悬窗　　(c)中悬窗　　(d)下悬-平开窗

(e)立转窗　　(f)水平推拉窗　　(g)垂直推拉窗　　(h)固定窗

图13-2　窗的开启方式

13.1.2.2　按门窗的材料分类

依生产门窗用的材料不同，常见的门窗有木门窗、钢门窗、铝合金门窗及塑料门窗等类型。木门窗加工制作方便，价格较低，应用较广，但木材耗量大，防火能力差。钢门窗强度高，防火好，挡光少，在建筑上应用很广，但钢门窗保温较差，易锈蚀。铝合金门窗美观，有良好的装饰性和密闭性，但成本高，保温差。塑料门窗同时具有木材的保温性和铝材的装饰性，是近年来为节约木材和有色金属发展起来的新品种，国内已有相当数量的生产，但在目前，它的成本较高，其刚度和耐久性还有待于进一步完善。另外，还有一种全玻璃门，主要用于标准较高的公共建筑中的主要入口，它具有简洁、美观、视线无阻挡及构造简单等特点。

13.1.3　门窗的组成

13.1.3.1　门的构造组成

一般门的构造主要由门樘和门扇两部分组成。门樘又称门框，由上槛、中槛和边框等组成，多扇门还有中竖框。门扇由上冒头、中冒头、下冒头和边梃等组成。为了通风采光，可在门的上部设腰窗（俗称上亮子），有固定、平开及上、中、下悬等形式，其构造同窗扇。门框与墙间的缝隙常用木条盖缝，称门头线，俗称贴脸（图13-3）。门上还有五金零件，常见的有铰链、门锁、插销、拉手、停门器、风钩等。

13.1.3.2　窗的构造组成

窗主要由窗樘和窗扇两部分组成。窗樘又称窗框，一般由上框、下框、中横框、中竖框及边框等组成。窗扇由上冒头、中冒头（窗芯）、下冒头及边梃组成。依镶嵌材料的不同，有玻璃窗扇、纱窗扇和百叶窗扇等。平开窗的窗扇宽度一般为400～600mm，高度为800～1500mm，窗扇与窗框用五金零件连接，常用的五金零件有铰链、风钩、插销、拉手及导轨、滑轮等。窗框与墙的连接处，为满足不同的要求，有时加有贴脸、窗台板、窗帘盒等（图 13-4）。

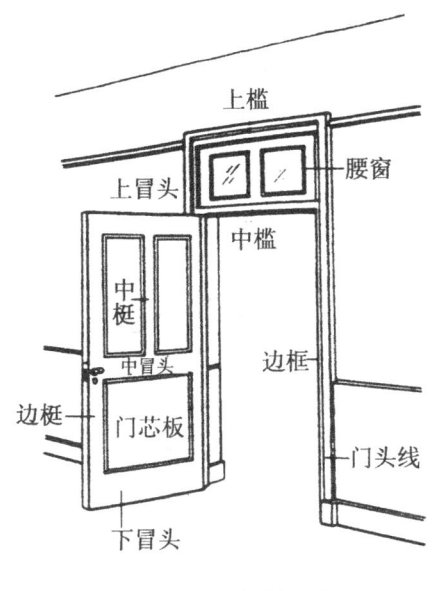

图 13-3 木门的组成

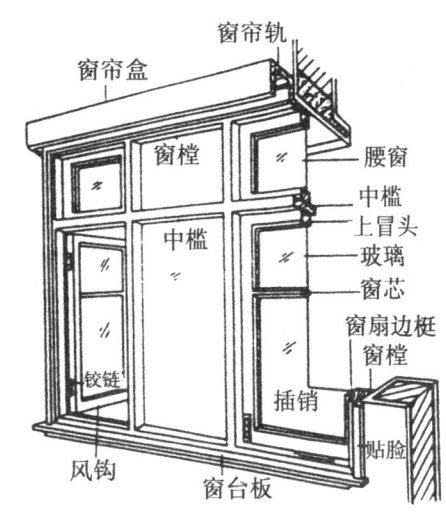

图 13-4 木窗的组成

13.2 木门窗构造

13.2.1 平开木窗构造

13.2.1.1 窗框

（1）窗框的断面形状与尺寸

窗框的断面尺寸主要按材料的强度和接榫的需要确定，一般多为经验尺寸（图 13-5）。图中虚线为毛料尺寸，粗实线为刨光后的设计尺寸（净尺寸），中横框若加披水，其宽度还需增加 20mm 左右。

（2）窗框的安装

窗框的安装方式有立口和塞口两种。施工时先将窗框立好，后砌窗间墙，称为立口。立口的优点是窗框与墙体结合紧密、牢固；缺点是施工中安窗和砌墙相互影响，若施工组织不当，则会影响施工进度。

塞口则是在砌墙时先留出洞口，以后再安装窗框，为便于安装，预留洞口应比窗框外缘尺寸多出 20～30mm。塞口法施工方便，但框与墙间的缝隙较大，为加强窗框与墙的联系，安装时应用长钉将窗框固定于砌墙时预埋的木砖上，为了方便也可用铁脚或膨胀螺栓将窗框直接固定到墙上，每边的固定点不少于 2 个，其间距不应大于 1.2m。

（3）窗框与墙的关系

①窗框在墙洞中的位置　窗框的位置要根据房间的使用要求，墙身的材料及墙体的厚度确定。有窗框内平、窗框居中和窗框外平三种情况（图 13-6）。窗框内平时，对内开的窗扇，可贴在内墙面，少占室内空间。当墙体较厚时，窗框居中布置，外侧可设窗台，

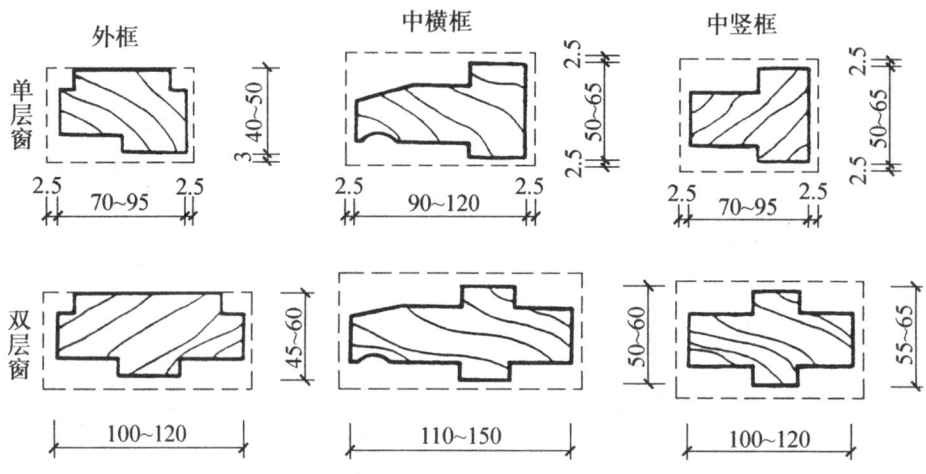

图 13-5 木窗框的断面形状与尺寸

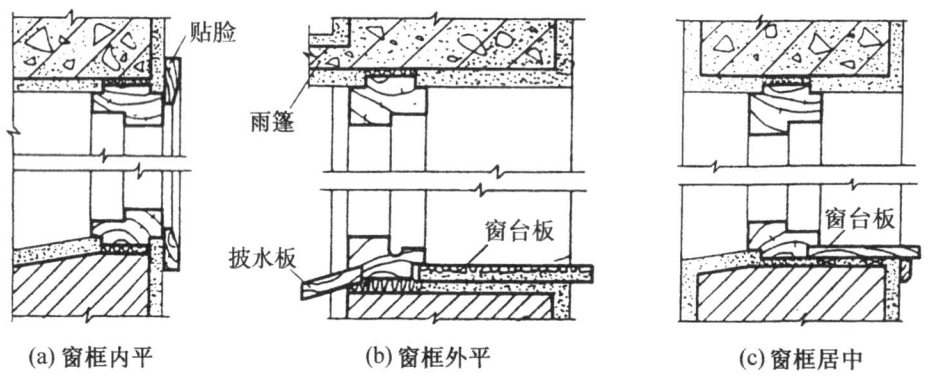

图 13-6 框在墙洞中的位置

内侧可做窗台板。窗框外平多用于板材墙或厚度较薄的外墙。

②窗框的墙缝处理　窗框与墙间的缝隙应填塞密实，以满足防风、挡雨、保温、隔声等要求。一般情况下，洞口边缘可采用平口，用砂浆或油膏嵌缝。为保证嵌缝牢固，常在窗框靠墙一侧内外两角做灰口（图 13-7a）。寒冷地区在洞口两侧外缘做高低口为宜，缝内填弹性密封材料，以增强密闭效果（图 13-7d）。标准较高的常做贴脸或筒子板（图 13-7b、c）。木窗框靠墙一面，易受潮变形，通常当窗框的宽度大于 120mm 时，在窗框外侧开槽，俗称背槽，并做防腐处理，见图 13-7b 中的窗框。

(4) 窗框与窗扇的关系

窗扇与窗框之间既要开启方便，又要关闭紧密。通常在窗框上做裁口（也叫铲口），深度为 10~12mm，也可以钉小木条形成裁口，以节约木料（图 13-8a、b）。为了提高防风挡雨能力，可以在裁口处设回风槽，以减小风压和渗透量（13-8d），或在裁口处装密封条（图 13-8e、f、g、h）。在窗框接触面处窗扇一侧做斜面，可以保证扇、框外表面接口处缝隙最小（图 13-8c）。

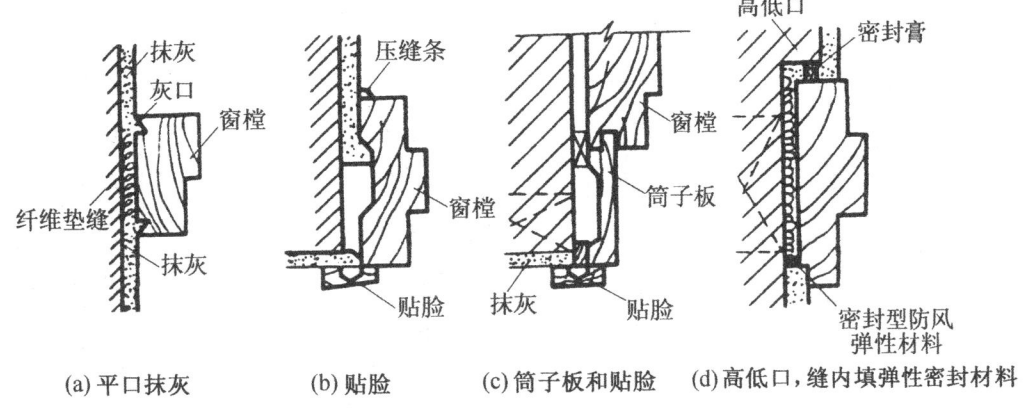

(a) 平口抹灰　　(b) 贴脸　　(c) 筒子板和贴脸　　(d) 高低口, 缝内填弹性密封材料

图 13-7　窗框的墙缝处理

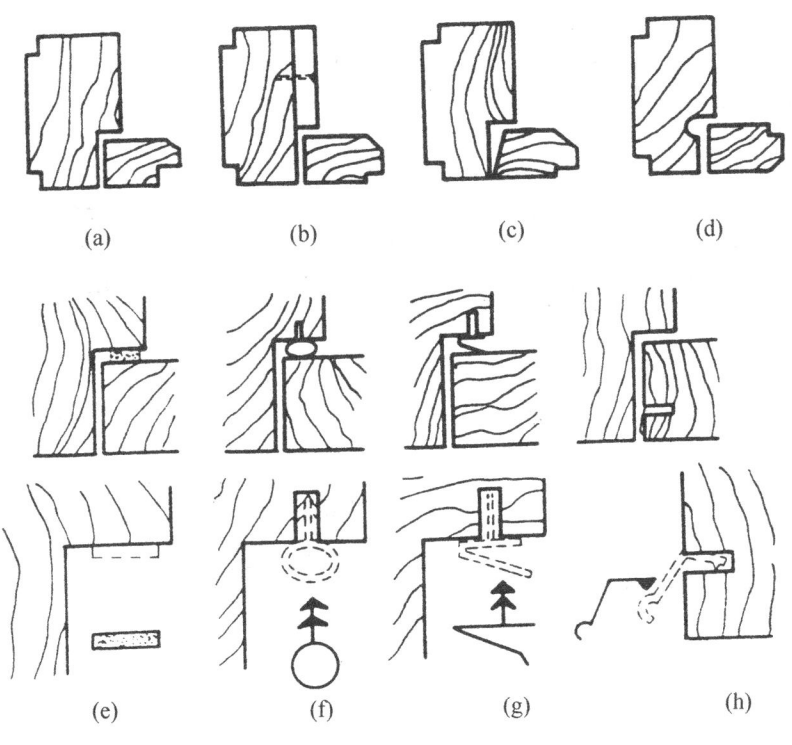

图 13-8　窗框与窗扇间的缝隙处理

外开窗的上口和内开窗的下口，是防雨水的薄弱环节，常做披水和滴水槽，以防雨水渗透（图 13-9）。

13.2.1.2　窗扇

(1) 玻璃窗扇的断面形状和尺寸

窗扇的厚度为 35~42mm，多为 40mm。上、下冒头的高度及边梃的宽度一般为 50~60mm，窗芯宽度一般为 27~40mm。下冒头若加披水板，应比上冒头加宽10~30mm（图 13-10a、b）。为镶嵌玻璃，在窗扇外侧要做裁口，其深度为 8~12mm，但不应超过

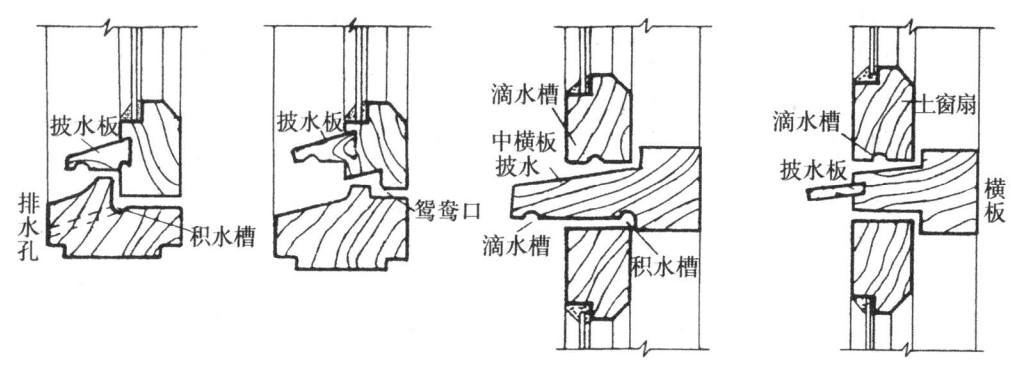

图 13‑9 窗的防水措施

窗扇厚度的1/3。各杆件的内侧常做装饰性线脚，既少挡光又美观(图 13‑10c)。两窗扇之间的接缝处，常做高低缝的盖口，也可以一面或两面加钉盖缝条，以提高防风雨能力和减少冷风渗透(图 13‑10d)。

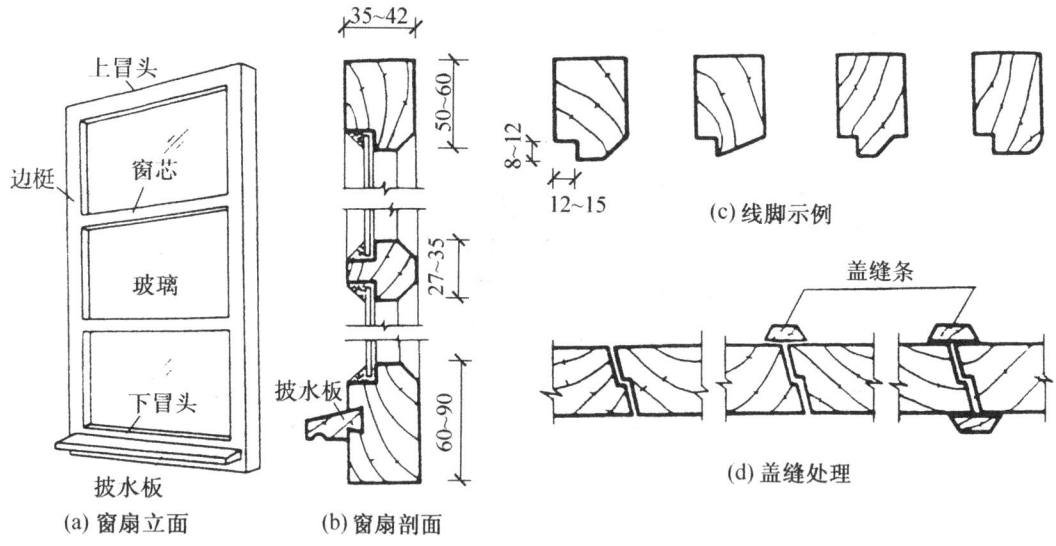

图 13‑10 窗扇的构造处理

（2）玻璃的选用和安装

普通窗大多数采用3mm厚无色透明的平板玻璃，若单块玻璃的面积较大时，可选用5mm或6mm厚的玻璃，同时应加大窗料尺寸，以增加窗扇的刚度。另外，为了满足保温隔声、遮挡视线、使用安全以及防晒等方面的要求，可分别选用双层中空玻璃、磨砂或压花玻璃、夹丝玻璃、钢化玻璃等。

玻璃的安装，一般先用小铁钉固定在窗扇上，然后用油灰（桐油石灰）或玻璃密封膏镶嵌成斜角形，也可以采用小木条镶钉。

13.2.2 平开木门构造

13.2.2.1 门框

(1) 门框的断面形状和尺寸

门框的断面形状与窗框类似,但由于门受到的各种冲撞荷载比窗大,故门框的断面尺寸要适当增加(图13-11)。

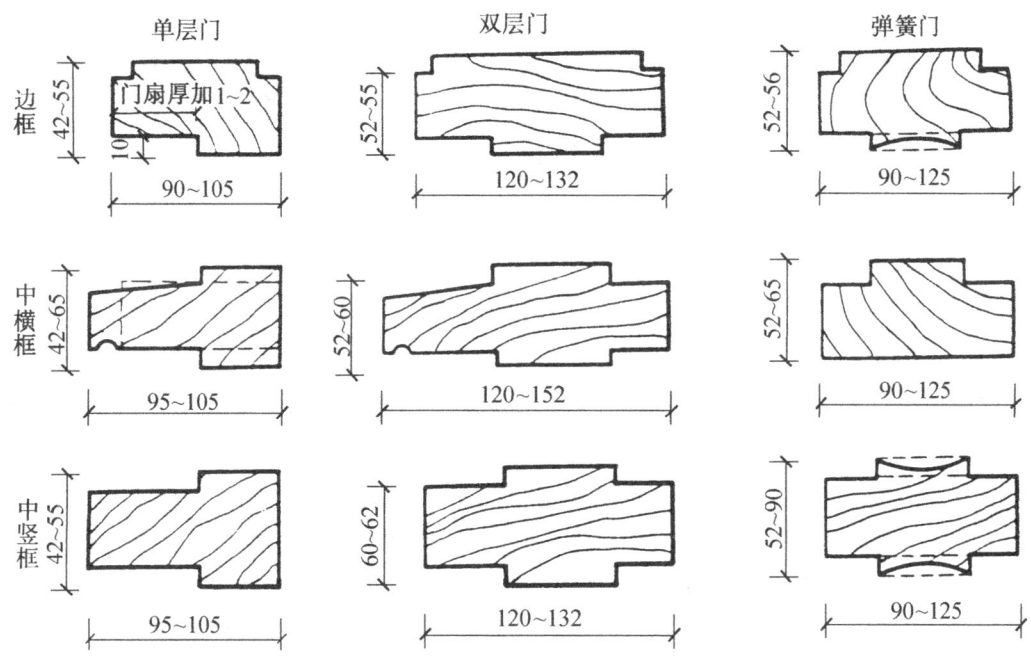

图13-11 平开门门框的断面形状及尺寸

(2) 门框的安装

门框的安装与窗框相同,分立口和塞口两种施工方法。工厂化生产的成品门,其安装多用塞口法施工。

(3) 门框与墙的关系

门框在墙洞中的位置同窗框一样,有门框内平、门框居中和门框外平三种情况,一般情况下多做在开门方向一边,与抹灰面平齐,使门的开启角度较大。但对较大尺寸的门,为牢固地安装,多居中设置(图13-12a、b)。

门框的墙缝处理与窗框相似,但应更牢固,门框靠墙一边也应开防止因受潮而变形的背槽,并做防潮处理,门框外侧的内外角做灰口,缝内填弹性密封材料(图13-12c)。

13.2.2.2 门扇

依门扇的构造不同,民用建筑中常见的门有镶板门、夹板门、弹簧门等形式。

(1) 夹板门

夹板门门扇由骨架和面板组成,骨架通常用(32～35)mm×(33～60)mm的木料做框子,内部用(10～25)mm×(33～60)mm的小木料做成格形纵横肋条,肋距视木料尺寸而定,一般为200～400mm,为节约木材,也可用浸塑蜂窝纸板代替木骨架。为了

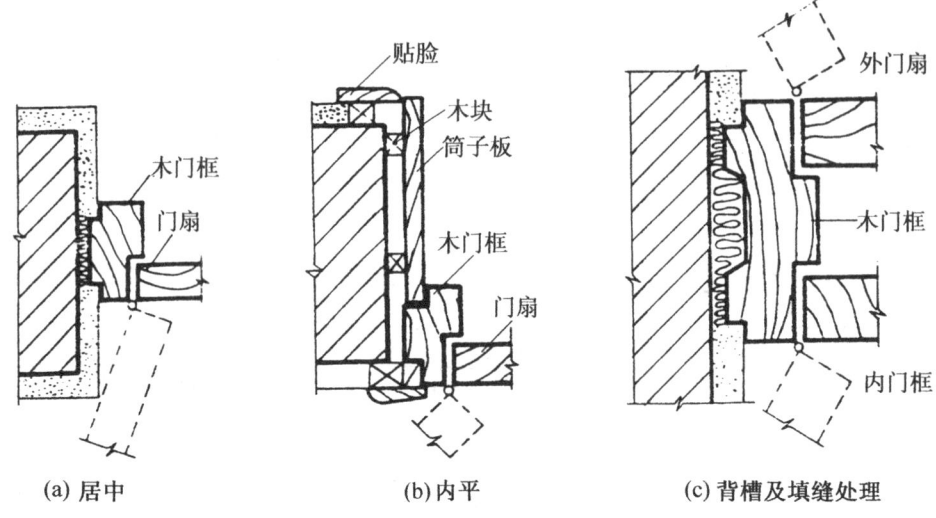

图 13-12 木门框在墙洞中的位置

使夹板内的湿气易于排出，减少面板变形，骨架内的空气应贯通，并在上部设小通气孔，面板可用胶合板、硬质纤维板或塑料板等，用胶结材料双面胶结在骨架上。胶合板有天然木纹，有一定的装饰效果，表面可涂刷聚氨酯漆、蜡克漆或清漆。纤维板的表面一般先涂底色漆，然后刷聚氨酯漆或清漆。塑料面板有各种装饰性图案和色彩，可根据室内设计要求选用。另外，门的四周可用 15～20mm 厚的木条镶边，以取得整齐美观的效果。

根据功能的需要，夹板门上也可以局部加玻璃或百叶，一般在装玻璃或百叶处，做一个木框，用压条镶嵌。

图 13-13 是常见的夹板门构造实例，图 13-13a 为医院建筑中常用的大小扇夹板门，大扇的上部镶一块玻璃；图 13-13b 为单扇夹板门，下部装一百叶，多用于卫生间的门，腰窗为中悬式窗。

夹板门由于骨架和面板共同受力，所以用料少，自重轻，外形简洁美观，常用于建筑物的内门，若用于外门，面板应做防水处理，并提高面板与骨架的胶结质量。

(2) 镶板门

镶板门门扇是由骨架和门芯板组成。骨架一般由上冒头、中冒头、下冒头及边梃组成，有时中间还有一道或几道横冒头或一条竖向中梃。门芯板可采用木板、胶合板、硬质纤维板及塑料板等。有时门芯板可部分或全部采用玻璃，则称为半玻璃（镶板）门或全玻璃（镶板）门。构造上与镶板门基本相同的还有纱门、百叶门等。

木制门芯板一般用 10～15mm 厚的木板拼装成整块、镶入边梃和冒头中，板缝应结合紧密，不能因木材干缩而裂缝。门芯板的拼接方式有四种，分别为平缝胶合、木键拼缝、高低缝和企口缝（图 13-14）。工程中常用的为高低缝和企口缝。

门芯板在边梃和冒头中的镶嵌方式有暗槽、单面槽以及双边压条等三种（图 13-15）。其中，暗槽结合最牢，工程中用得较多，其他两种方法比较省料和简单，多用于玻璃、纱网及百叶的安装。另外为防止门芯板胀缩变形，凡镶入冒头，边梃槽内须留空隙。

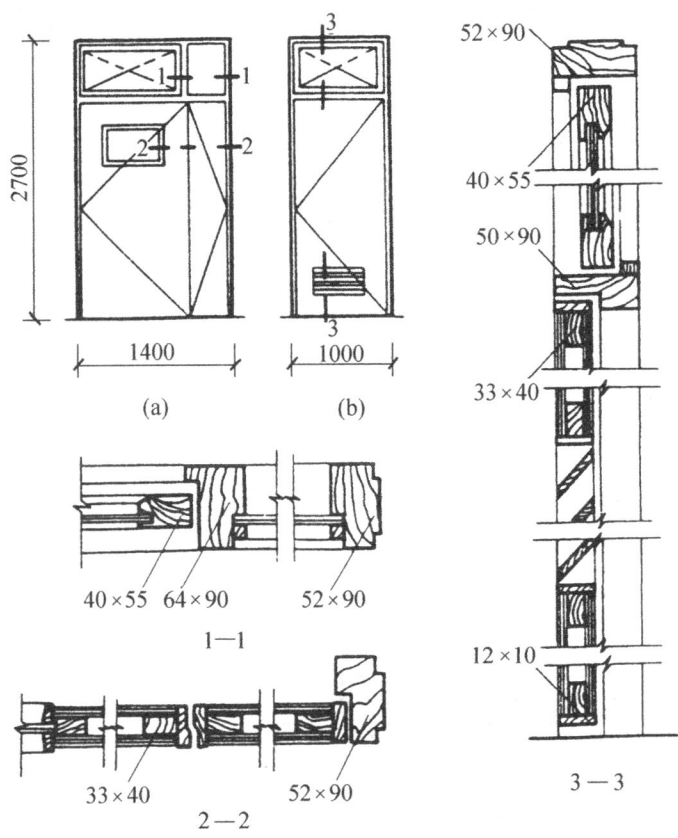

图 13-13 夹板门构造

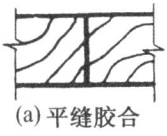 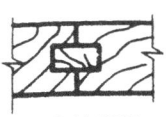 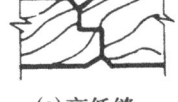 

(a) 平缝胶合　　(b) 木键拼缝　　(c) 高低缝　　(d) 企口缝

图 13-14 门芯板的拼接方式

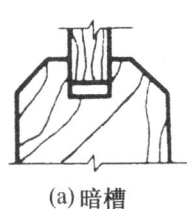 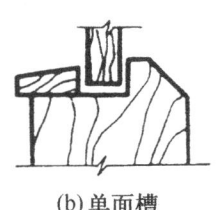 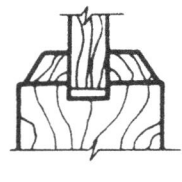

(a) 暗槽　　　　　(b) 单面槽　　　　(c) 双边压条

图 13-15 门芯板的镶嵌方式

  镶板门门扇骨架的厚度一般为 40~45mm，纱门的厚度可薄一些，多为 30~35mm。上冒头、中间冒头和边梃的宽度一般为 75~120mm，下冒头的宽度习惯上同踢脚高度，一般为 200mm 左右，较大的下冒头，对减少门扇变形和保护门芯板不被行人撞坏有较大的作用。中冒头为了便于开槽装锁，其宽度可适当增加，以弥补开槽对中冒头材料的削弱。

图 11-16 是常用的半玻璃镶板门的实例。图 13-16a 为单扇，图 13-16b 为双扇，腰窗为中悬式窗，门芯板的安装采用暗槽结合，玻璃采用单面槽加小木条固定。

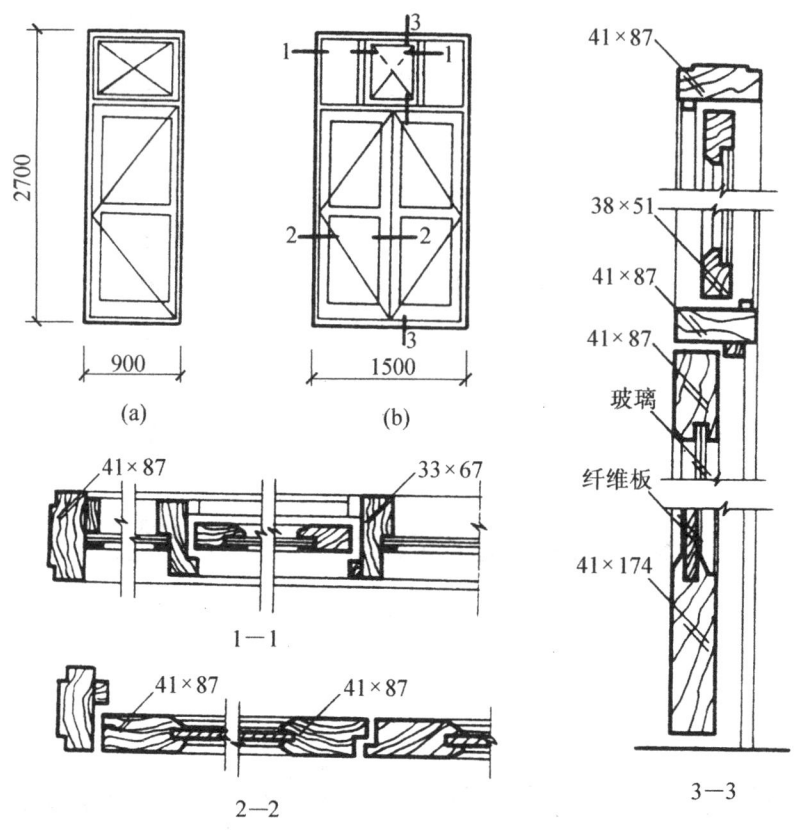

图 13-16 半玻璃镶板门构造

(3) 弹簧门

弹簧门是指利用弹簧铰链，开启后能自动关闭的门。弹簧铰链有单面弹簧、双面弹簧和地弹簧等形式。单面弹簧门多为单扇，与普通平开门基本相同，只是铰链不同。双向弹簧门通常都为双扇门，其门扇在双向可自由开关，门框不需裁口，一般做成与门扇侧边对应的弧形对缝，为避免两门扇相互碰撞，又不使缝过大，通常上下冒头做平缝，两扇门的中缝做圆弧形，其弧面半径为门厚的 1~1.2 倍。地弹簧门的构造与双扇弹簧门基本相同，只是铰链的位置不同，地弹簧装在地板上。

弹簧门的构造见图 13-17。弹簧门的开启一般都比较频繁，对门扇的强度和刚度要求比较高，门扇一般要用硬木，用料尺寸应比普通镶板门大一些，弹簧门门扇的厚度一般为 42~50mm，上冒头、中冒头和边梃的宽度一般为 100~120mm，下冒头的宽度一般为 200~300mm。

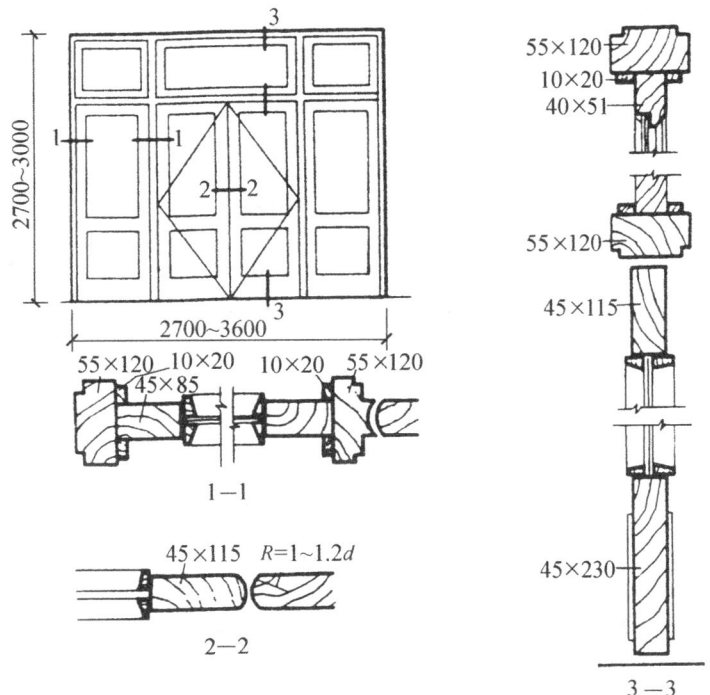

图 13-17 弹簧门构造

13.3 金属门窗

13.3.1 钢门窗

钢制门窗与木门窗相比具有强度、刚度大，耐水、耐火性好，外形美观以及便于工厂化生产等特点。另外，钢窗的透光系数较大，与同样大小洞口的木窗相比，其透光面积高达75%左右，但钢门窗易受酸碱和有害气体的腐蚀。由于钢门窗可以节约木材，并适用于较大面积的门窗洞口，故在建筑中的应用越来越广泛。当前，我国钢门窗的生产已具备标准化、工厂化和商品化的特点，各地均有钢门窗的标准图供选用。非标准的钢门窗也可自行设计，委托工厂进行加工，但费用高，工期长。故设计中应尽量采用标准钢门窗。

13.3.1.1 钢门窗料型

钢门窗的料型有实腹式和空腹式两大类型。

(1) 实腹式钢门窗

实腹式钢门窗料用的热轧型钢有 25mm、32mm、40mm 三种系列，肋厚 2.5~4.5mm，适用于风荷载不超过 $0.7kN/m^2$ 的地区。民用建筑中窗料多用 25mm 和 32mm 两种系列，钢门窗料多用 32mm 和 40mm 两种系列，图 13-18 中列举了部分实腹钢门窗料的料型与规格。

(2) 空腹式钢门窗

空腹式钢门窗料是采用低碳钢经冷轧、焊接而成的异型管状薄壁钢材，壁厚为

1.2~1.5mm。当前在我国分京式和沪式两种类型（图13-19）。

空腹式钢门窗料壁薄，重量轻，节约钢材，但不耐锈蚀，应注意保护和维修。一般在成型后，内外表面需作防锈处理，以提高防锈蚀的能力。

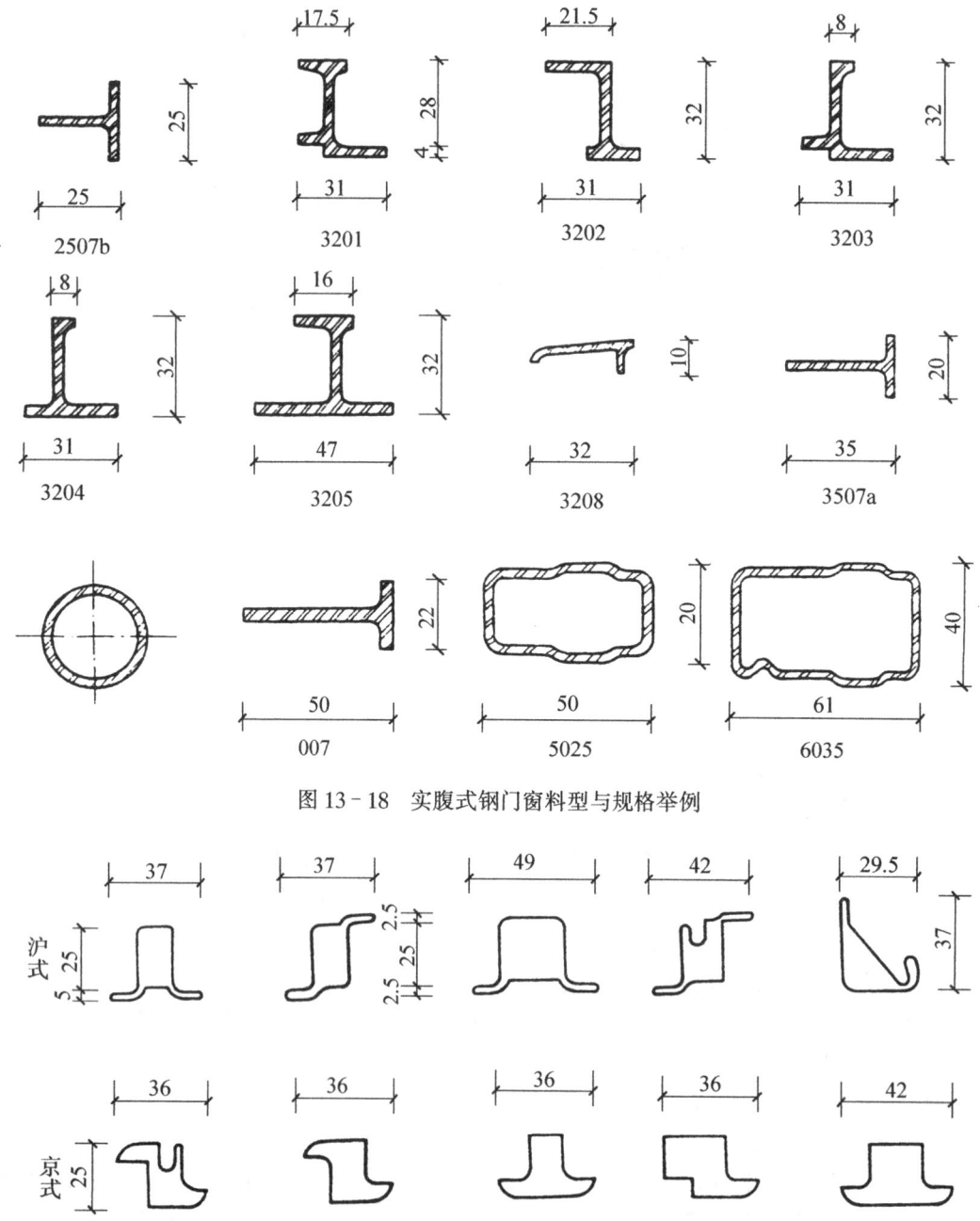

图13-18 实腹式钢门窗料型与规格举例

图13-19 空腹式钢门窗料型与规格举例

13.3.1.2 钢门窗构造

（1）基本形式的钢门窗

为了适应不同尺寸门窗洞口的需要，便于门窗的组合和运输，钢门窗都以标准化的系列门窗规格作为基本单元。其高度和宽度为 $3M$（300mm），常用的钢窗高度和宽度为 600mm、900mm、1200mm、1500mm、1800mm、2100mm。钢门的宽度有 900mm、1200mm、1500mm、1800mm，高度有 2100mm、2400mm、2700mm。大型钢门窗就是以这些基本单元进行组合而成的，表 13-1 中列举了部分实腹式钢门窗的基本单元形式。

表 13-1 实腹式钢门窗基本单元

高 (mm) \ 宽 (mm)	600	900 1200	1500 1800
平开窗 600		☐	
平开窗 900/1200/1500	☐	☐	☐
平开窗 1500/1800/2100	☐	☐	☐
平开窗 600/900/1200		☐	☐

高 (mm) \ 宽 (mm)	900	1200	1500 1800
门 2100/2400	☐	☐	☐

实腹式钢门窗的构造见图 11-20。图 12-20a 为实腹式平开窗立面，左边腰窗固定，右边腰窗为上悬式窗。图 13-20b 为实腹式平开门的立面。图 13-21 为空腹式钢窗的构造实例。

钢门窗的安装方法采用塞口法，门窗框与洞口四周通过预埋铁件用螺钉牢固连接。固定点的间距为 500~700mm。在砖墙上安装时多预留孔洞，将燕尾形铁脚插入洞口，并用砂浆嵌牢。在钢筋混凝土梁或墙柱上则先预埋铁件，将钢门窗的"Z"型铁脚焊接在预埋铁板上（图 13-22）。

钢门窗玻璃的安装方法与木门窗不同，一般先用油灰打底，然后用弹簧夹子或钢皮夹子将玻璃嵌固在钢门窗上，然后再用油灰封闭（图 13-23）。

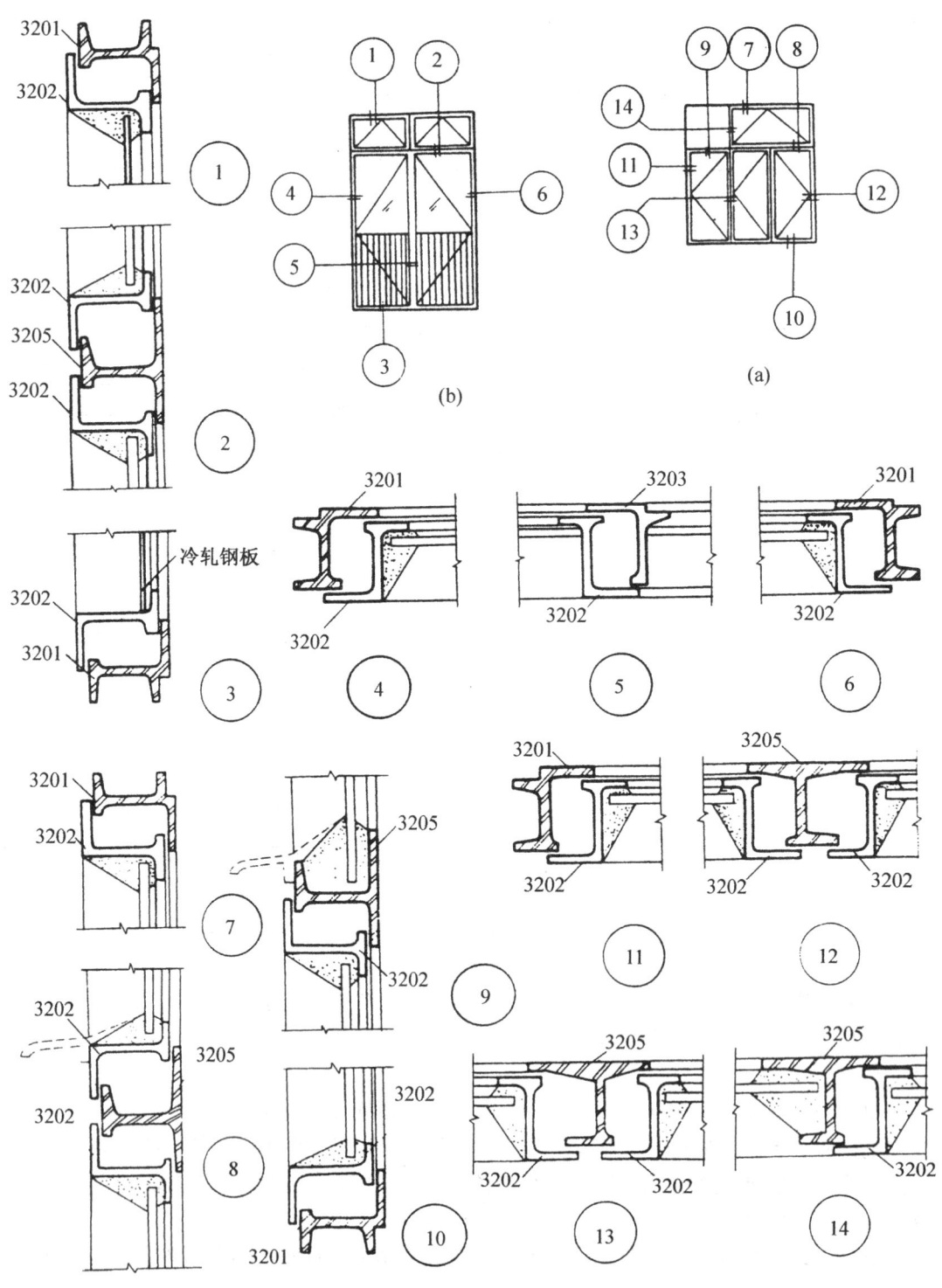

图 13-20 实腹式钢门窗构造实例

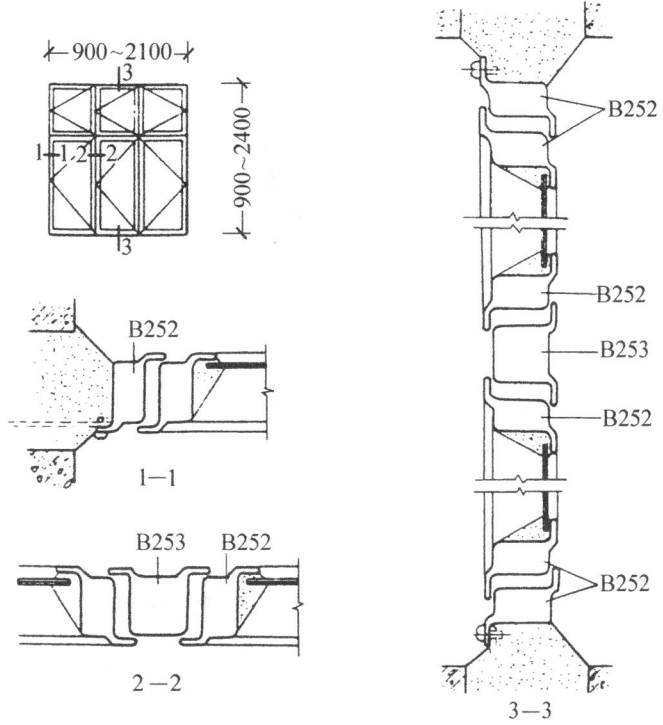

图 13-21 空腹式钢窗构造实例

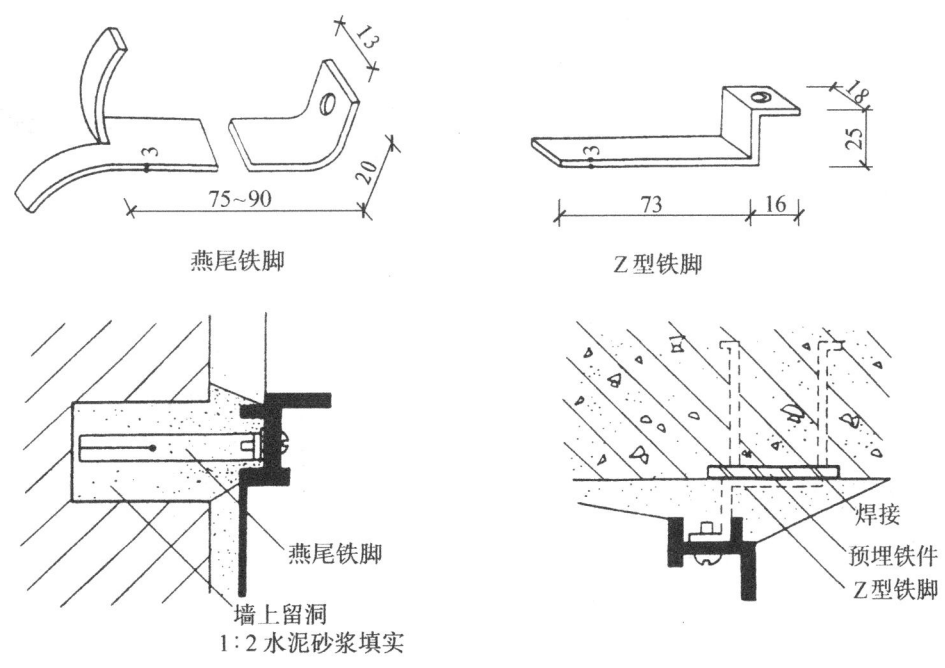

图 13-22 钢门窗框与洞口连接方法

(2) 钢门窗的组合与连接

钢门窗洞口尺寸不大时,可采用基本钢门窗,直接安装在洞口上。较大的门窗洞口则

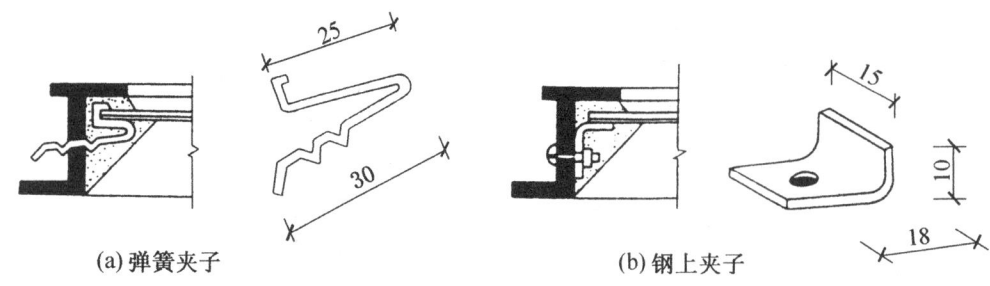

(a) 弹簧夹子　　　　　　　　(b) 钢上夹子

图 13‑23　钢门窗玻璃的安装

需用标准的基本单元和拼料组拼而成，拼料支承着整个门窗，以及保证钢门窗的刚度和稳定性。

基本单元的组合方式有三种，即竖向组合、横向组合和横竖向组合（图 13‑24）。基本钢门窗与拼料间用螺栓牢固连接，并用油灰嵌缝（图 13‑25）。

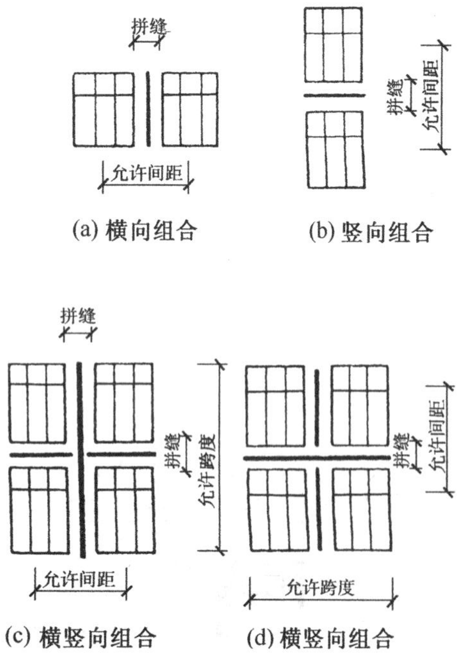

图 13‑24　钢门窗组合方式

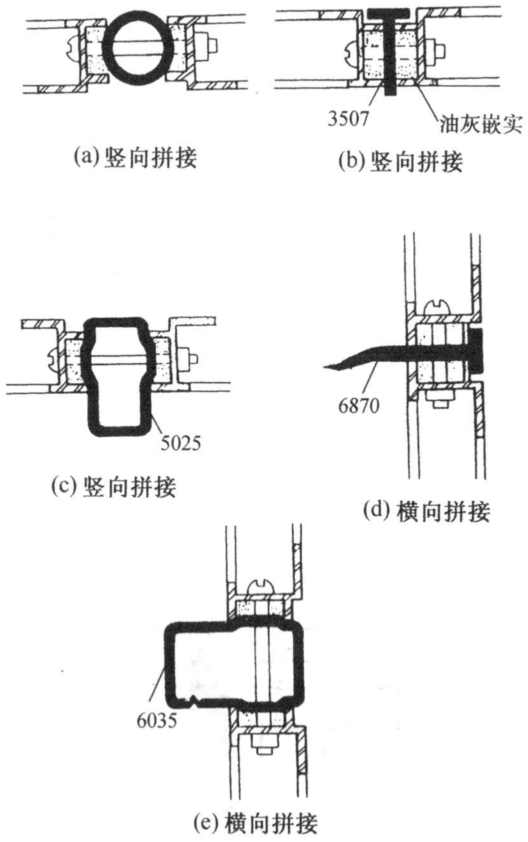

图 13‑25　基本钢门窗与拼料的连接

13.3.2 铝合金门窗

13.3.2.1 铝合金门窗的特点

铝合金门窗具有轻质高强、良好的气密性和水密性等优点。隔音、耐腐性能也较普通钢、木门窗有显著提高。铝合金门窗是由铝合金型材组合而成。经氧化处理后的铝型材呈白色金属光泽，不需要涂漆和经常维护。经表面着色和涂膜处理后，获得多种不同色彩和花纹，具有良好的装饰效果。

13.3.2.2 铝合金窗的构造

铝合金窗的开启方式多为水平推拉式，根据需要也可以采用平开式。下面就以推拉铝合金窗为例，讲述有关构造做法。

（1）铝合金窗框的构造

铝合金窗框应采用塞口的方式安装，其装入洞口应横平竖直，外框与洞口应弹性连接牢固，不得将窗外框直接埋入墙体。这样做一方面是保证建筑物在一般振动、沉降和热胀冷缩等因素引起的互相撞击、挤压时，不致使窗损坏；另一方面使外框不直接与混凝土、水泥浆接触，避免碱对铝型材的腐蚀，对延长使用寿命有利。

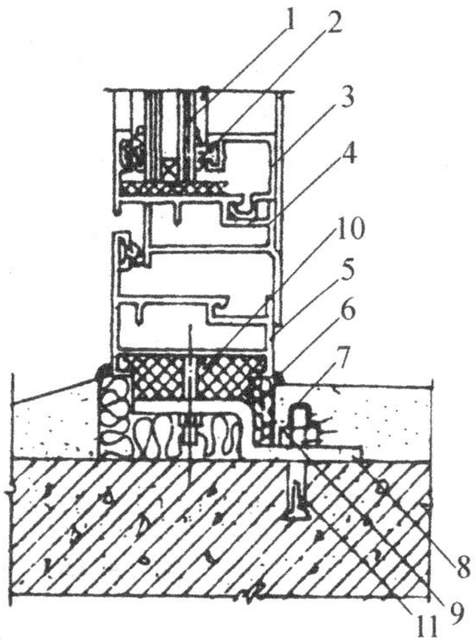

铝合金窗框与墙体的缝隙填塞，应按设计要求处理。一般多采用矿棉条或玻璃棉毡条分层填塞，缝隙外表留 5~8mm 深的槽口，填嵌密封材料。这样做主要是为防止窗框四周形成冷热交换区产生结露，影响建筑物的保温、隔声、防风沙等功能。同时也能避免砖、砂浆中的碱性物质对窗框的腐蚀（图 13-26）。

图 13-26 铝合金门窗安装节点及缝隙处理示意图
1—玻璃；2—橡胶条；3—压条；
4—内扇；5—外框；6—密封膏；
7—砂浆；8—地脚；9—软填料；
10—塑料垫；11—膨胀螺栓

（2）铝合金窗中玻璃的选择及安装

玻璃的厚度和类别主要根据面积大小、热功要求来确定。一般多选用 3~8mm 厚度的平板玻璃、镀膜玻璃、钢化玻璃或中空玻璃等。在玻璃与铝型材接触的位置设垫块，周边用橡皮条密封固定。安装橡胶密封条时应留有伸缩余量，一般比窗的装配边长 20~30mm，并在转角处斜边断开，然后用胶结剂粘贴牢固，以免出现缝隙。

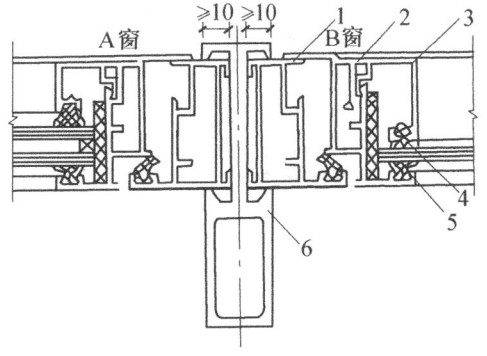

图 13-27 铝合金门窗组合方法示意图
1—外框；2—内扇；3—压条；
4—橡胶条；5—玻璃；6—组合杆件

（3）铝合金窗的组合

铝合金窗的组合主要有横向组合和竖向组合两种。组合时，应采用套插、搭接形成曲面组合，搭接长度宜为 10mm，并用密封膏密封，组合的节点详图见图 13-27。应当引起注意的是要阻止平面同平面组合的做法，因为它不能保证铝合金窗安装的质量。

13.4 塑料门窗

塑料门窗是采用添加多种耐候耐腐添加剂的塑料，经挤压成型的型材组成的门窗。它具有耐水、耐腐蚀、阻燃、抗冲击、不需表面涂装等优点，其保温隔热性能比钢窗和铝合金门窗要好。现代的塑料门窗均采用改性混合体系的塑料制品，具有良好的耐候性能，使用寿命可达 30 年以上。另外多数塑料型材中宜用加强型材来提高门窗的刚度（图 13-28）。加强型材可用金属型材（塑钢门窗），也可用硬质塑料型材，增强型材的长度应比门窗型材长度略短，以不妨碍门窗型材端部的联结。当增强型材与门窗的材质不同时，应使它们之间较为宽松，以适应不同材质温度变形的需要。塑料门窗的安装、组合、玻璃的选配等都与铝合金门窗类似。

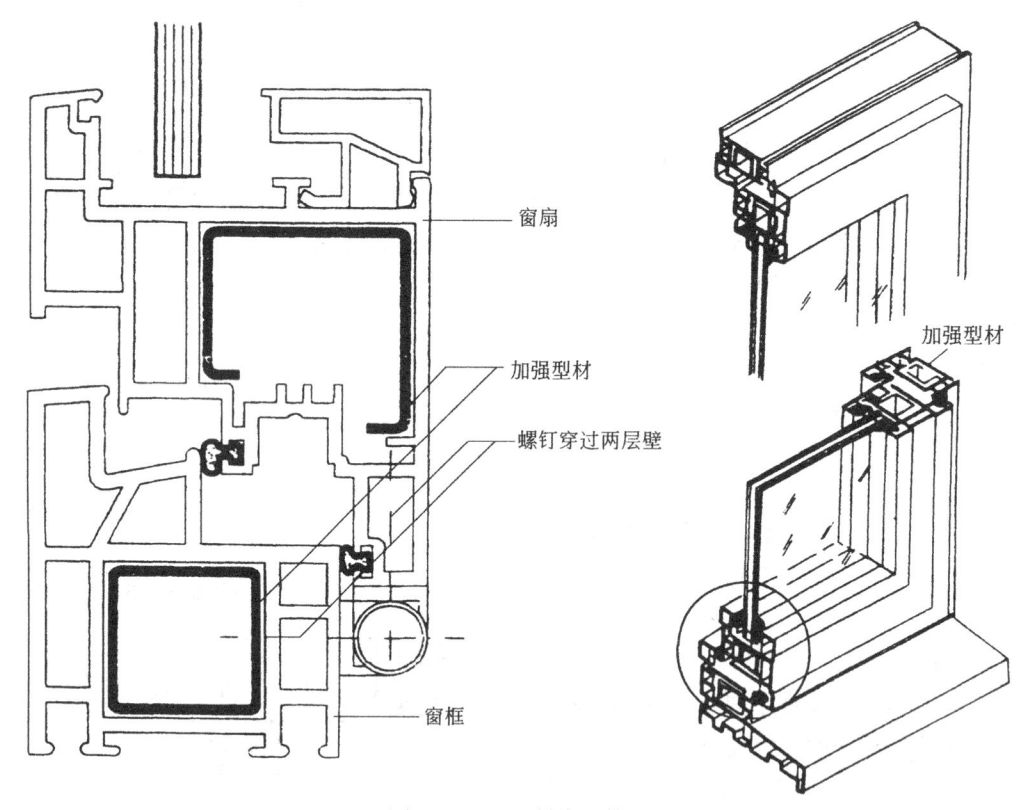

图 13-28 塑料窗的构造

13.5 遮阳

13.5.1 **遮阳的作用**

遮阳是为防止阳光直射入室内，以减少太阳辐射热，避免夏季室内过热，或产生眩光以及保护室内物品不受阳光照射而采取的一种建筑措施。本节内容可结合第 16 章建筑节能设计及构造之中的相关内容共同阅读。

用于遮阳的方法很多，在窗口悬挂窗帘、设置百叶窗，或者利用门窗构件自身的遮光性以及窗扇开启方式的调节变化，利用窗前绿化、雨篷、挑、阳台、外廊及墙面花格等也都可以达到一定的遮阳效果（图13-29）。本节主要介绍根据专门的遮阳设计窗前加设遮阳板进行遮阳的措施。

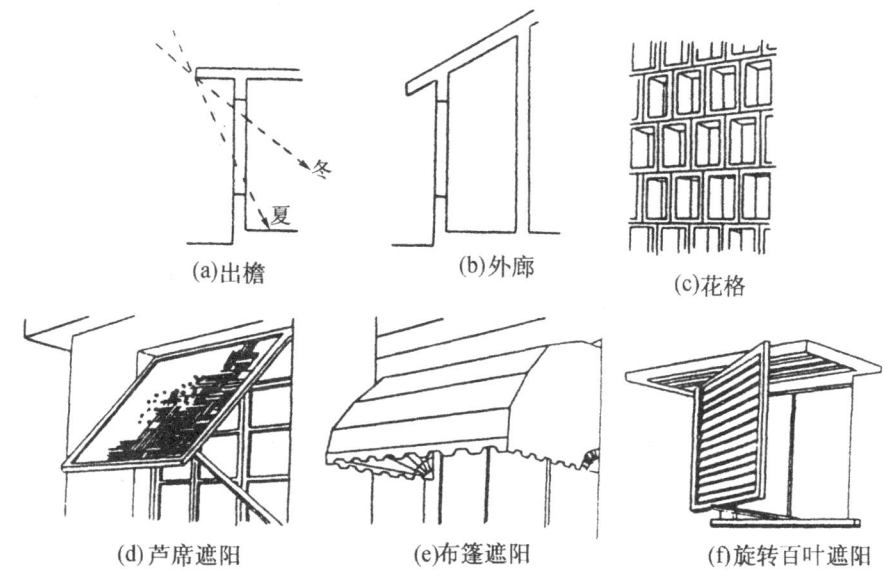

图13-29 简易遮阳

一般房屋建筑，当室内气温在29℃以上；太阳辐射强度大于1005kJ/(m²·h)；阳光照射室内时间超过1h；照射深度超过0.5m时，应采取遮阳措施。标准较高的建筑只要具备前两条即应考虑设置遮阳设施。

在窗前设置遮阳板进行遮阳，对采光、通风都会带来不利影响。因此，设计遮阳设施时应对采光、通风、日照、经济、美观等作通盘考虑，以达到功能、技术和艺术的统一。

13.5.2 窗户遮阳板的基本形式

窗户遮阳板按其形状和效果而言，可分为水平遮阳、垂直遮阳、混合遮阳及挡板遮阳四种基本形式（图13-30）。

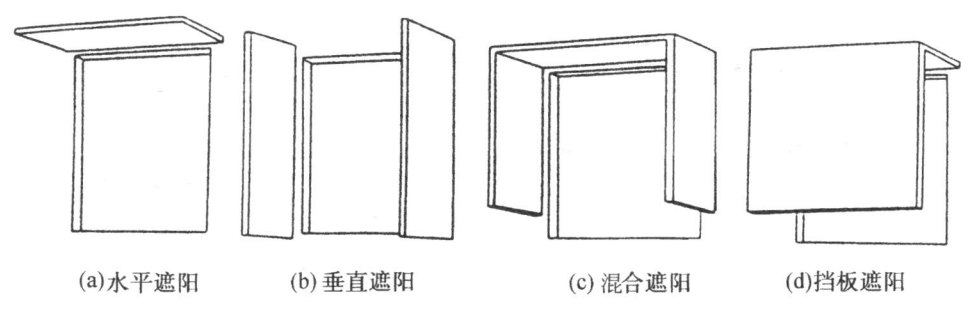

图13-30 遮阳板基本形式

13.5.2.1 水平遮阳

在窗口上方设置一定宽度的水平方向的遮阳板，能够遮挡高度角较大时从窗口上方照射下来的阳光，适用于南向及其附近朝向的窗口或北回归线以南低纬度地区之北向及其附近的窗口。水平遮阳板可做成实心板也可做成栅格板或百叶板，较高大的窗口可在不同高度设置双层或多层水平遮阳板，以减少板的出挑宽度（图13-31a、b）。

13.5.2.2 垂直遮阳

在窗口两侧设置垂直方向的遮阳板，能够遮挡高度角较小的，从窗口两侧斜射过来的阳光。根据光线的来向和具体处理的不同，垂直遮阳板可以垂直于墙面，也可以与墙面形成一定的垂直夹角。主要适用于偏东偏西的南向或北向窗口。

13.5.2.3 混合遮阳

这种是以上两种遮阳板的综合，能够遮挡从窗口左右两侧及前上方射来的阳光，遮阳效果比较均匀。主要适用于南向、东南向及西南向的窗口。

13.5.2.4 挡板遮阳

在窗口前方离开窗口一定距离设置与窗户平行的垂直挡板，可以有效地遮挡高度角较小的正射窗口的阳光。主要适用于东、西向及其附近的窗口。为有利于通风，避免遮挡视线和风，可以做成格栅式或百叶式挡板。

根据以上四种基本形式，可以组合演变成各种各样的形式（图13-31）。这些遮阳板可以做成固定的，也可以做成活动的；后者可以灵活调节，遮阳、通风、采光效果较好，但构造较复杂，需经常维护；固定式则坚固、耐用及较为经济。设计时应根据不同的使用要求、不同的纬度和建筑造型要求予以选用。

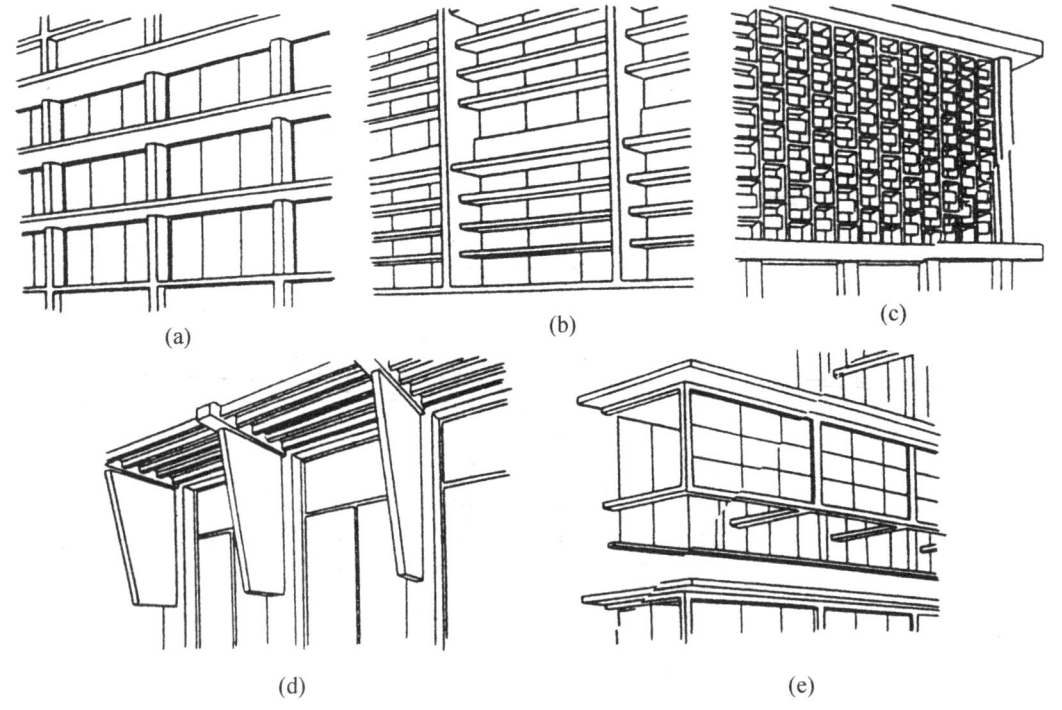

图13-31 连续遮阳的形式

第14章 变形缝构造

14.1 概述

建筑物由于受气温变化、地基不均匀沉降以及地震等因素的影响，使结构内部产生附加应力和变形，如处理不当，将会造成建筑物的破坏，产生裂缝甚至倒塌，影响使用与安全。其解决办法有二：一是加强建筑物的整体性，使之具有足够的强度与刚度来克服这些破坏应力，不产生破裂；二是预先在这些变形敏感部位将结构断开，留出一定的缝隙，以保证各部分建筑物在这些缝隙中有足够的变形宽度而不造成建筑物的破损。这种将建筑物垂直分割开来的预留缝隙称为变形缝。

变形缝有三种，即伸缩缝、沉降缝和防震缝。

变形缝的材料及构造应根据其部位和需要分别采取防水、防火、保温、防虫害等安全防护措施，并使其在产生位移或变形时不受阻、不被破坏（包括面层）。

高层建筑及防火要求较高的建筑物，室内变形缝四周的基层，应采用不燃烧材料，表面装饰层也应采用不燃或难燃材料。在变形缝内不应敷设电缆、可燃气体管道和易燃、可燃液体管道，如必须穿过变形缝时，应在穿过处加设不燃烧材料套管，并应采用不燃烧材料将套管两端空隙紧密填塞。

14.2 伸缩缝

14.2.1 伸缩缝的设置

建筑物因受温度变化的影响而产生热胀冷缩，在结构内部产生温度应力，当建筑物长度超过一定限度、建筑平面变化较多或结构类型变化较大时，建筑物会因热胀冷缩变形较大而产生开裂。为预防这种情况发生，常常沿建筑物长度方向每隔一定距离或结构变化较大处预留缝隙，将建筑物断开。这种因温度变化而设置的缝隙就称为伸缩缝或温度缝。

伸缩缝要求把建筑物的墙体、楼板层、屋顶等地面以上部分全部断开，基础部分因受温度变化影响较小，不需断开。

伸缩缝的最大间距，应根据不同材料的结构而定，详见有关结构规范。砌体房屋伸缩缝的最大间距参见表14-1；钢筋混凝土结构伸缩缝的最大间距参见表14-2有关规定。

另外，也有采用附加应力钢筋，加强建筑物的整体性，来抵抗可能产生的温度应力，使之少设缝或不设缝。但须经过计算确定。

14.2.2 伸缩缝构造

伸缩缝是将基础以上的建筑构件全部分开，并在两个部分之间留出适当的缝隙，以保证伸缩缝两侧的建筑构件能在水平方向自由伸缩。缝宽一般在20~40mm。

表14-1 砌体房屋伸缩缝的最大间距(m)

砌体类别	屋顶或楼板层的类别		间距
各种砌体	整体式或装配整体式钢筋混凝土结构	有保温层或隔热层的屋顶、楼板层	50
		无保温层或隔热层的屋顶	40
	装配式无檩体系钢筋混凝土结构	有保温层或隔热层的屋顶	60
		无保温层或隔热层的屋顶	50
	装配式有檩体系钢筋混凝土结构	有保温层或隔热层的屋顶	75
		无保温层或隔热层的屋顶	60
普通粘土、空心砖砌体	粘土瓦或石棉水泥瓦屋顶 木屋顶或楼板层 砖石屋顶或楼板层		100
石砌体			80
硅酸盐、硅酸盐砌块和混凝土砌块砌体			75

注：①层高大于5m的混合结构单层房屋，其伸缩缝间距可按表中数值乘以1.3采用，但当墙体采用硅酸盐砖、硅酸盐砌块和混凝土砌块砌筑时，不得大于75m。
②温差较大且变化频繁地区和严寒地区不采暖的房屋及构筑物墙体的伸缩缝最大间距，应按表中数值予以适当减小后采用。

表14-2 钢筋混凝土结构伸缩缝最大间距（m）

项次	结构类型		室内或土中	露天
1	排架结构	装配式	100	70
2	框架结构	装配式	75	50
		现浇式	55	35
3	剪力墙结构	装配式	65	40
		现浇式	45	30
4	挡土墙及地下室墙壁等类结构	装配式	40	30
		现浇式	30	20

注：①如有充分依据或可靠措施，表中数值可以增减。
②当屋面板上部无保温或隔热措施时，框架、剪力墙结构的伸缩缝间距，可按表中"露天"栏的数值选用，排架结构可按适当低于"室内"栏的数值选用。
③排架结构的柱顶面（从基础顶面算起）低于8m时，宜适当减小伸缩缝间距。
④外墙装配内墙现浇的剪力墙结构，其伸缩缝最大间距按"现浇式"一栏的数值选用。滑模施工的剪力墙结构，宜适当减小伸缩缝间距。现浇墙体在施工中应采取措施减小混凝土收缩应力。

14.2.2.1 伸缩缝的结构处理

(1) 砖混结构

砖混结构的墙和楼板及屋顶结构布置可采用单墙也可采用双墙承重方案（图14-1a）。变形缝最好设置在平面图形有变化处，以利隐蔽处理。

(2) 框架结构

框架结构的伸缩缝结构一般采用悬臂梁方案（图 14‑1b），也可采用双梁双柱方式（图 14‑1c），但施工较复杂。

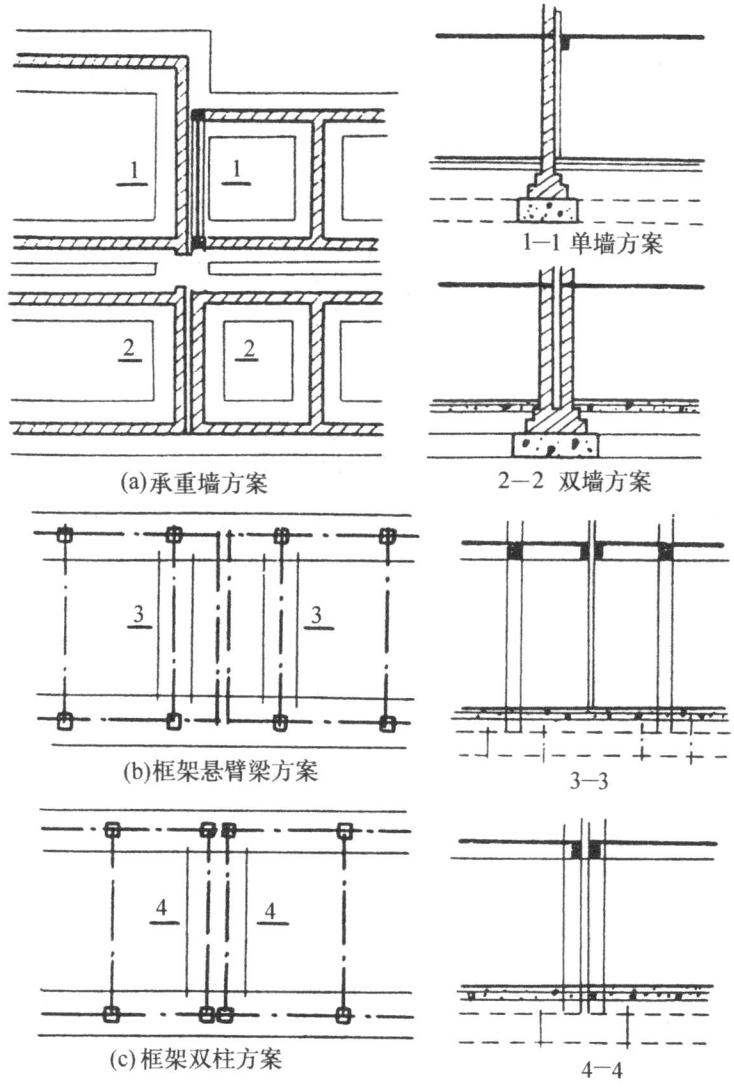

图 14‑1 伸缩缝的设置

14.2.2.2 伸缩缝节点构造

(1) 墙体伸缩缝构造

墙体伸缩缝一般做成平缝、错口缝或凹凸缝等截面形式（图 14‑2），主要视墙体材料、厚度及施工条件而定。

为防止外界自然条件对墙体及室内环境的侵袭，变形缝外墙一侧常用浸沥青的麻丝或木丝板及泡沫塑料条、橡胶条、油膏等有弹性的防水材料塞缝，当缝隙较宽时，缝口可用镀锌铁皮、彩色薄钢板、铝皮等金属调节片作盖缝处理。内墙可用具有一定装饰效果的金属片、塑料片或木盖缝条覆盖。所有填缝及盖缝材料和构造应保证结构在水平方向自由伸

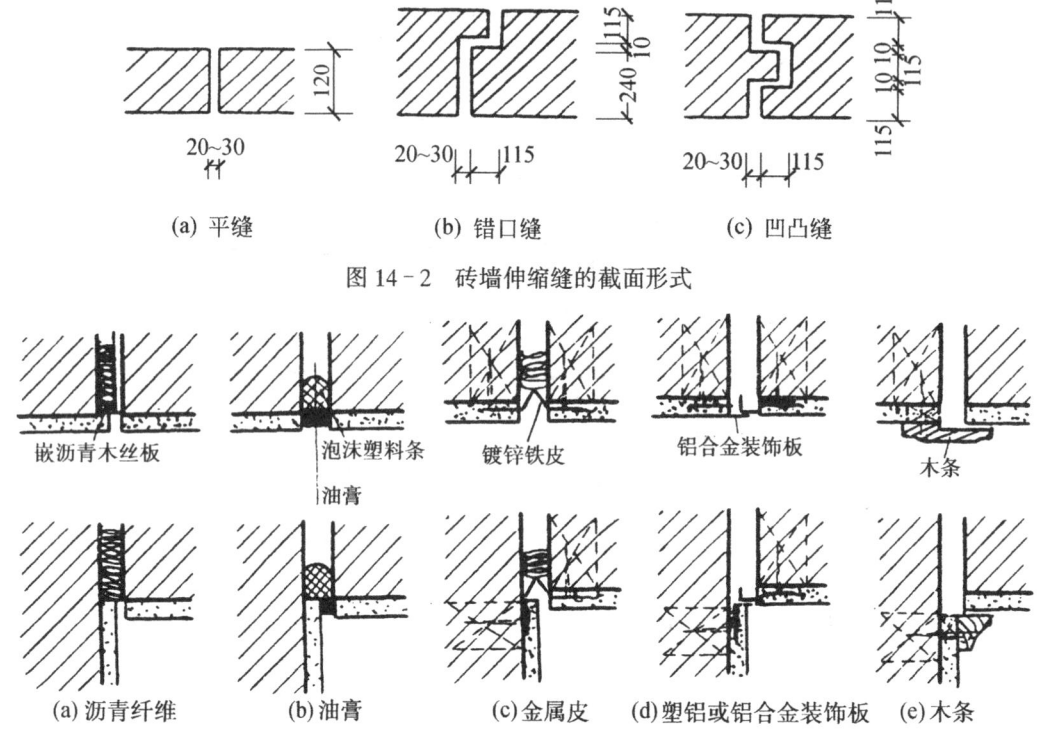

图 14-2 砖墙伸缩缝的截面形式

图 14-3 砖墙伸缩缝构造
(a)、(b)、(c) 外墙伸缩缝构造；(d)、(e) 内墙伸缩缝构造

缩而不产生破裂（图 14-3）。

(2) 楼地板层伸缩缝构造

楼地板层伸缩缝的位置与缝宽大小应与墙体、屋顶变形缝一致，缝内常用可压缩变形的材料（如油膏、沥青麻丝、橡胶、金属或塑料调节片等）做封缝处理，上铺活动盖板或橡、塑地板等地面材料，以满足地面平整、光洁、防滑、防水及防尘等功能。顶棚的盖缝条只能固定于一端，以保证两端构件能自由伸缩变形（图 14-4）。

(3) 屋顶伸缩缝构造

屋顶伸缩缝常见的位置在同一标高屋顶处或墙与屋顶高低错落处。不上人屋面，一般可在伸缩缝处加砌矮墙，并做好屋面防水和泛水处理，其基本要求同屋顶泛水构造，不同之处在于盖缝处应能允许自由伸缩而不造成渗漏。上人屋面则用嵌缝油膏嵌缝并做好泛水处理。常见屋面伸缩缝

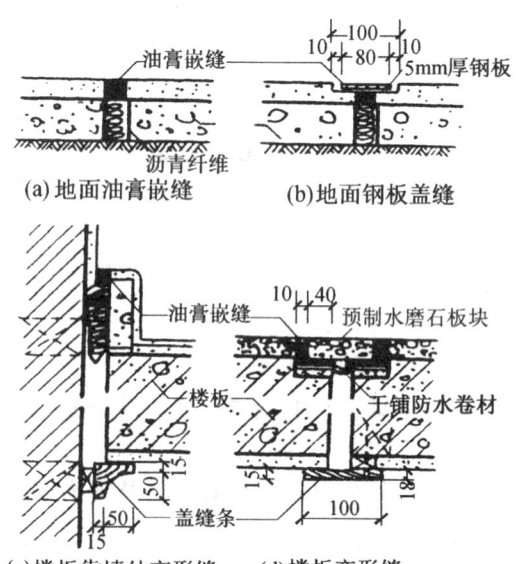

图 14-4 楼地面、顶棚伸缩缝构造

构造如图14-5、图14-6及图14-7所示。值得注意的是，采用镀锌铁皮和防腐木砖的构造方式在屋面中使用，其寿命是有限的，少则十余年，多则四五十年就会锈蚀腐烂。故近年来逐步出现采用涂层、涂塑薄钢板或铝皮甚至用不锈钢皮和射钉、膨胀螺钉等来代替之。构造原则不会变，而构造形式却有进一步发展。

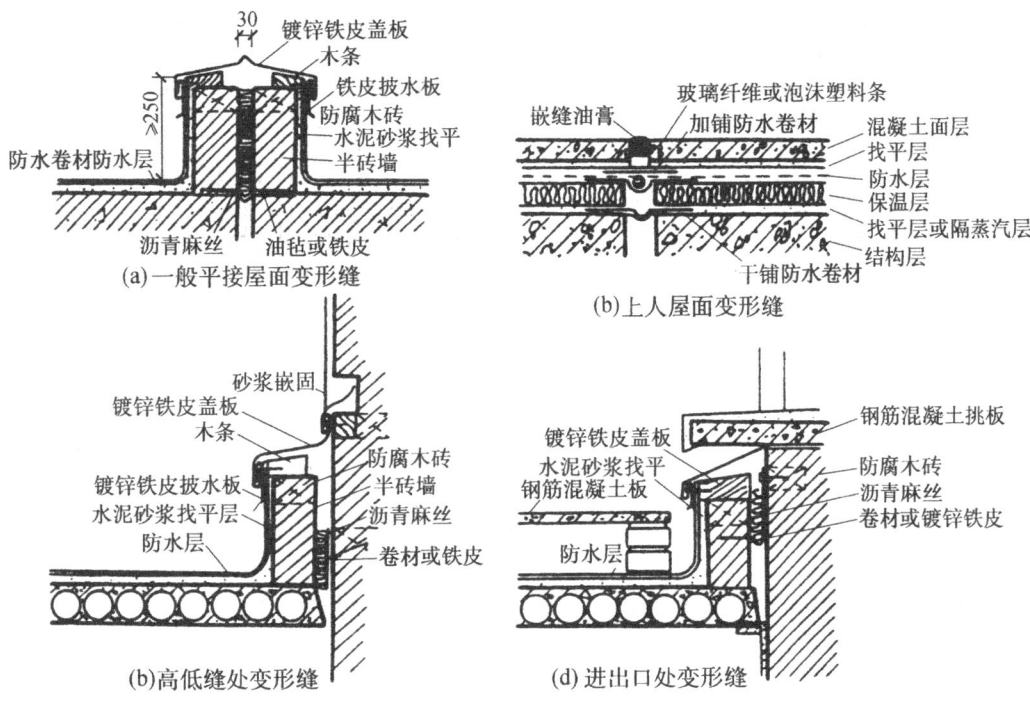

图14-5 卷材防水屋面伸缩缝构造

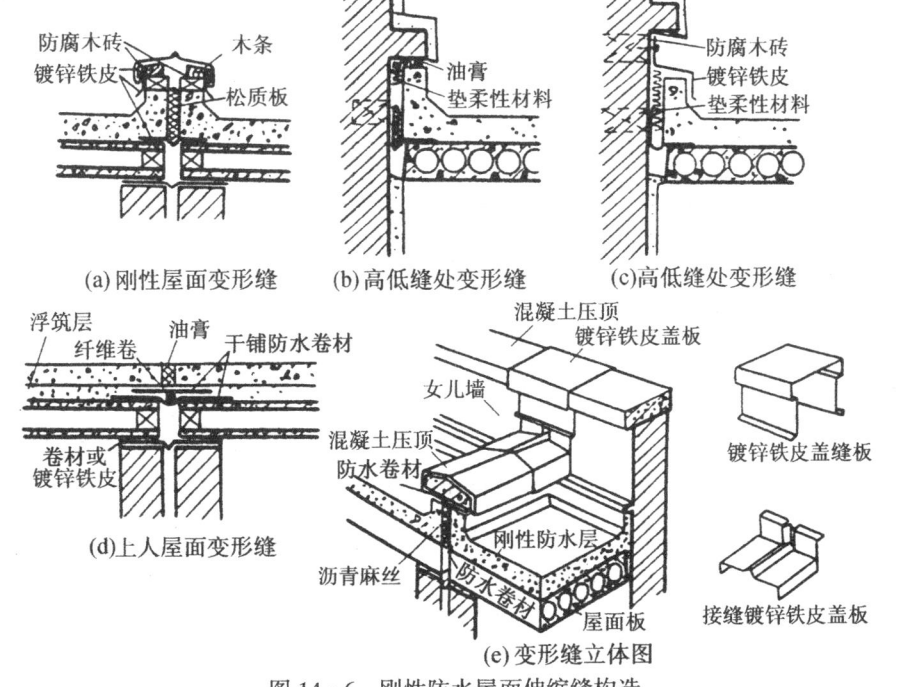

图14-6 刚性防水屋面伸缩缝构造

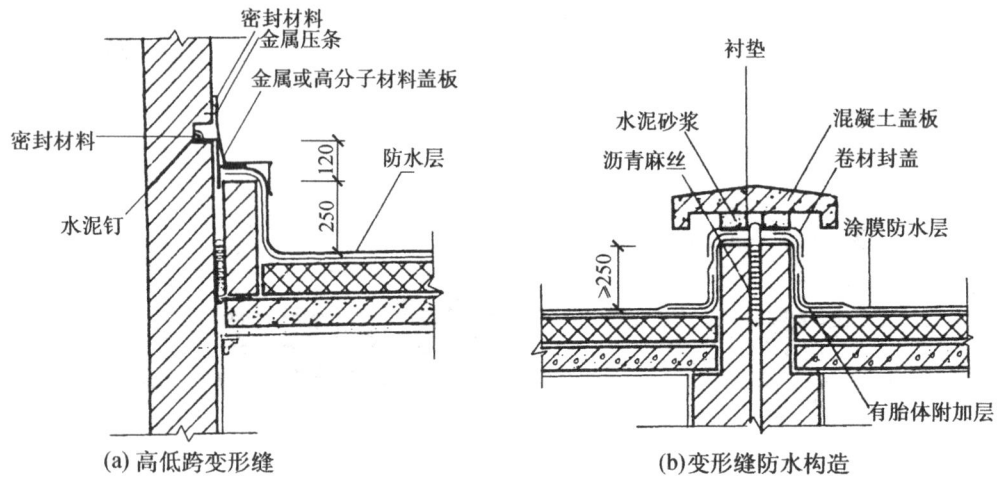

(a) 高低跨变形缝 (b) 变形缝防水构造

图 14-7 涂膜防水屋面伸缩缝构造

14.3 沉降缝

14.3.1 沉降缝的设置

沉降缝是为了预防建筑物各部分由于不均匀沉降引起的破坏而设置的变形缝。凡属下列情况时均应考虑设置沉降缝：

(1) 同一建筑物相邻部分的高度相差较大或荷载大小相差悬殊、结构形式变化较大，易导致地基沉降不均时；

(2) 当建筑物各部分相邻基础的形式、宽度及埋置深度相差较大，造成基础底部压力有很大差异，易形成不均匀沉降时（图 14-8）；

(3) 当建筑物建造在不同地基上，且难于保证均匀沉降时；

(4) 建筑物体型比较复杂，连接部位又比较薄弱时；

(5) 新建建筑物与原有建筑物紧相毗连时。

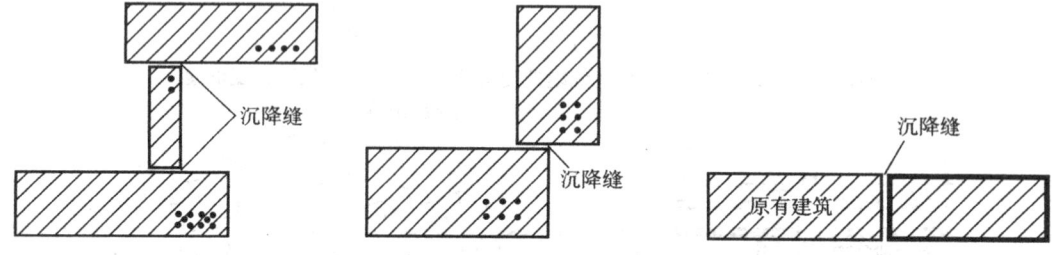

图 14-8 沉降缝的设置部位示意图

沉降缝构造复杂，给建筑、结构设计和施工都带来一定的难度，因此，在工程设计时，应尽可能通过合理的选址、地基处理、建筑体型的优化、结构选型和计算方法的调整以及施工程序上的配合（如高层建筑与裙房之间采用后浇带的办法）来避免或克服不均匀沉降，从而达到不设或尽量少设缝的目的，应根据不同情况区别对待。

14.3.2 沉降缝的构造

沉降缝与伸缩缝最大的区别在于伸缩缝只需保证建筑物在水平方向的自由伸缩变形，而沉降缝主要应满足建筑物各部分在垂直方向的自由沉降变形，故应将建筑物从基础到屋顶全部断开。同时沉降缝也应兼顾伸缩缝的作用，故在构造设计时应满足伸缩和沉降双重要求。

沉降缝的宽度随地基情况和建筑物的高度不同而定，可参见表 14-3。

表 14-3 沉降缝的宽度

地基情况	建筑物高度	沉降缝宽度（mm）
一般地基	$H<5m$	30
	$H=5\sim 10m$	50
	$H=10\sim 15m$	70
软弱地基	2~3 层	50~80
	4~5 层	80~120
	5 层以上	>120
湿陷性黄土地基		≥30~70

墙体沉降缝盖缝条应满足水平伸缩和垂直沉降变形的要求，如图 14-9 所示。

屋顶沉降缝应充分考虑不均匀沉降对屋面防水和泛水带来的影响，泛水金属皮或其他构件应考虑沉降变形与维修余地，如图 14-10 所示。

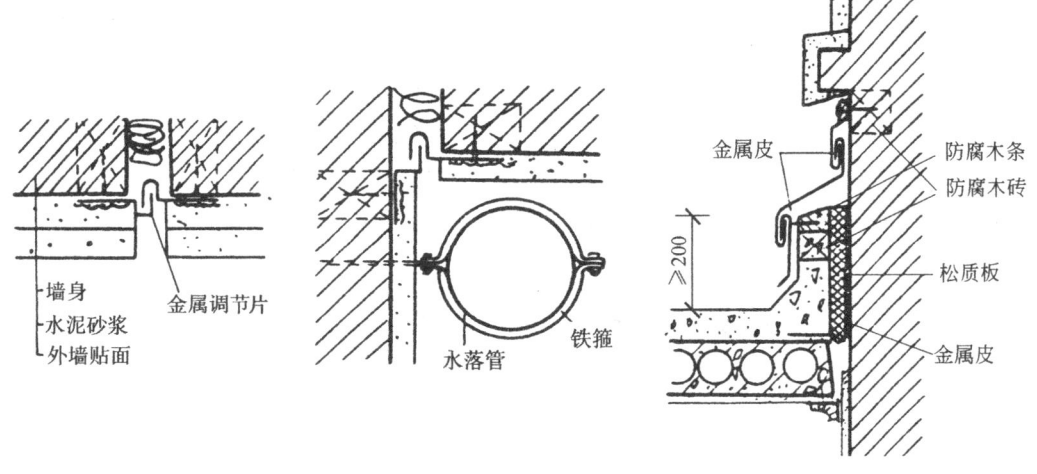

图 14-9 墙体沉降缝构造　　　　图 14-10 屋顶沉降缝构造

楼板层应考虑沉降变形对地面交通和装修带来的影响；顶棚盖缝处理也应充分考虑变形方向，以尽可能减少变形后遗缺陷。

基础沉降缝也应断开并应避免不均匀沉降造成的相互干扰。常见的砖墙条形基础处理方法有双墙偏心基础、挑梁基础和交叉式基础等三种方案（图 14-11）。

双墙偏心基础整体刚度大，但基础偏心受力，并在沉降时产生一定的挤压力。采用双墙交叉式基础方案，地基受力将有所改进。

挑梁基础方案能使沉降缝两侧基础分开较大距离，相互影响较少，当沉降缝两侧基础埋深相差较大或新建筑与原有建筑毗连时，宜采用挑梁方案。

当地下室出现变形缝时，为使变形缝处能保持良好的防水性，必须做好地下室墙身及

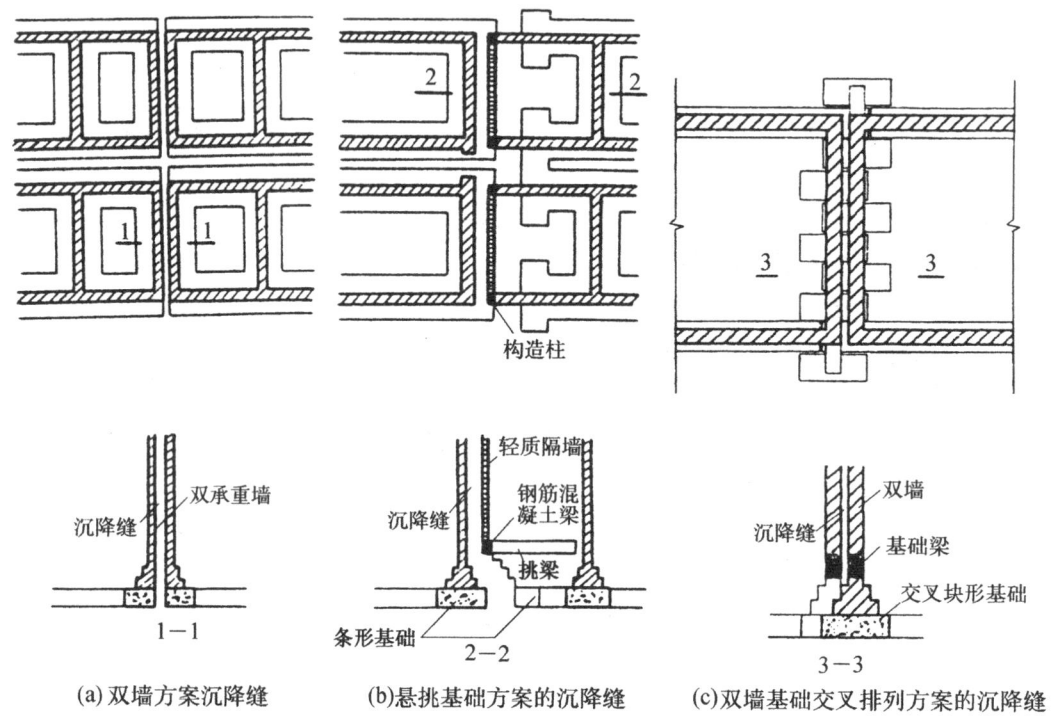

图 14-11 基础沉降缝处理示意

地板层的防水构造，其措施是在结构施工时，在变形缝处预埋止水带。止水带有橡胶止水带、塑料止水带及金属止水带等。其构造做法有内埋式和可卸式两种，无论采用哪种形式，止水带中间空心圆或弯曲部分须对准变形缝，以适应变形需要（图 14-12）。

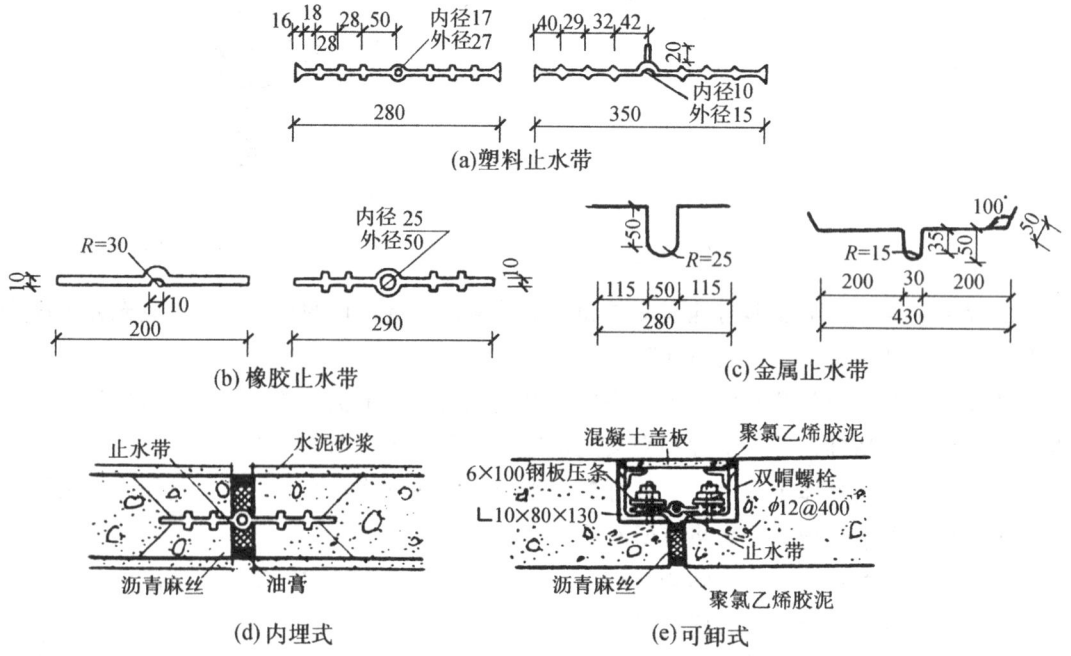

图 14-12 地下室变形缝构造

14.4 防震缝

14.4.1 设防烈度

地震的发生是由于地层深处所积累的弹性波的潜能,突然转变为动能的结果。震级是用来表示地震强度大小的等级,是衡量地震震源释放出来的能量大小的量度。地震烈度是表示地面及建筑物受到破坏的程度,烈度越大,破坏越严重,震中区的烈度最大,称为震中烈度。震中烈度及震级的关系如下:

$$m = 0.58I + 1.5$$

式中,m 为震级,I 为震中烈度。

我国和世界上大多数国家都把烈度分为12度,在1~5度时,一般建筑物不受损失或损失很小。而地震烈度在10度(含10度)以上的情况极少遇到,此时采取一般措施也难以保证安全,因此必须按有关专门规定执行特殊处理。

抗震设计中所依据的烈度称为设防烈度,决定设防烈度必须慎重。在我国,一般情况下设防烈度可采用中国地震动参数区划图的地震基本烈度,对已编制抗震保护区划的城市,可按批准的抗震设防烈度或设计地震动参数进行抗震设防。其中基本烈度是指一个地区今后一定时期内一般场地条件下可能遭遇到的最大地震烈度,抗震设防烈度与基本烈度会有1度的差异,但若基本烈度为6度时,设防烈度不宜低于此值。

抗震保防的目标是:当遭受到低于本地区抗震设防烈度的多遇地震时,一般不受损坏;当遭受相当于本地区抗震设防烈度的地震影响时,可能损坏,但经一般修理或不需修理仍可继续使用;当遭受高于本地区抗震设防烈度预估的罕遇地震影响时,不致倒塌或发生危及生命的严重破坏。

14.4.2 防震缝构造做法

防震缝是为了防止建筑物各部分在地震时相互撞击引起破坏而设置的缝隙。对于层数和结构形式不同的建筑物,其设缝的条件与构造均有差别。

14.4.2.1 多层砌体结构房屋

应重点考虑采用整体刚度较好的横墙承重或纵横墙混合承重的结构体系,在设防烈度为8度和9度地区,有下列情况之一时宜设防震缝:

(1) 建筑立面高差在6m以上;

(2) 建筑物有错层且错层楼板高差较大;

(3) 建筑物相邻部分结构刚度、质量差别较大。

此时防震缝宽度可采用50~70mm,缝两侧均需设置墙体,以加强防震缝两侧房屋的刚度。

14.4.2.2 多层钢筋混凝土结构房屋

应根据建筑物高度和抗震设防烈度来确定。其最小宽度应符合下列要求:

(1) 当高度不超过15m时,可采用70mm。

(2) 当高度超过15m时,按不同设防烈度增加缝宽:

① 6 度地区，建筑每增高 5m，缝宽增加 20mm；
② 7 度地区，建筑每增高 4m，缝宽增加 20mm；
③ 8 度地区，建筑每增高 3m，缝宽增加 20mm；
④ 9 度地区，建筑每增高 2m，缝宽增加 20mm。

14.4.2.3 高层钢筋混凝土结构房屋

对高层建筑，由于建筑物高度大，震害也更加严重。总的来说应尽量避免设缝。当必须设缝时，则须考虑相邻结构在地震作用下的结构变形，平移所引起的最大侧向位移。根据《建筑抗震设计规范》（GB50011—2001），高层建筑防震缝的宽度可按表 14-4 确定。

表 14-4 防震缝的最小宽度

结构类型	设计烈度			
	6 度	7 度	8 度	9 度
框架结构	$\dfrac{H}{240}$	$\dfrac{H}{200}$	$\dfrac{H}{150}$	$\dfrac{H}{100}$
框架剪力墙结构	$\dfrac{H}{270}$	$\dfrac{H}{240}$	$\dfrac{H}{180}$	$\dfrac{H}{120}$
剪力墙结构	$\dfrac{H}{340}$	$\dfrac{H}{280}$	$\dfrac{H}{210}$	$\dfrac{H}{150}$

注：表中 H 为相邻结构单元较低的屋面高度。

防震缝应与伸缩缝、沉降缝统一考虑布置，满足抗震的设计要求。一般情况下，防震缝的基础可不分开，但在平面复杂的建筑中，或建筑相邻部分刚度差别很大时，基础将被分开。另外，按沉降缝要求的防震缝也应将基础分开。

防震缝不应做成企口或错口缝，同时因缝隙较宽，构造上更应注意盖缝的牢固性，适应变形的能力，以及防风、防水、保温等措施（图 14-13、图 14-14）。

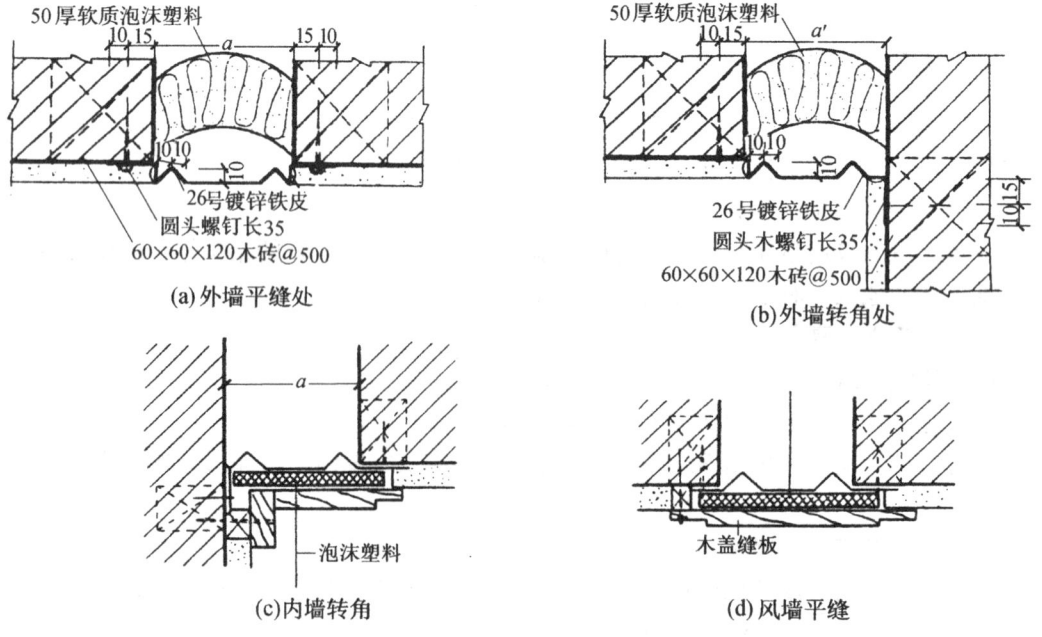

图 14-13 墙体防震缝构造之一

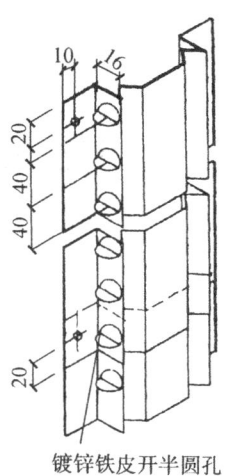

图 14-14 墙体防震缝构造之二

第 15 章 民用建筑工业化

15.1 概述

建筑工业化是指用现代工业的生产方式来建造房屋，即将现代工业生产的成熟经验应用于建筑业，像生产其他工业产品那样，用机械化方法来生产建筑定型产品。这是建筑业生产方式的根本改变。长期以来，人们都是由手工劳动来建造房屋，不仅劳动强度大，耗费大量人力，而且建造速度慢，质量也难以保证。建筑工业化就是以现代化的科学技术手段，把这种分散落后的手工业生产方式转变为集中、先进的现代化工业生产方式，从而加快建设速度，降低劳动强度，提高生产效率和施工质量。

建筑工业化的基本特征是设计标准化、构件生产工厂化、施工机械化、组织管理科学化。设计标准化是建筑工业化的前提。只有设计标准化、定型化的建筑构配件及其房屋等，才能实现工厂化、机械化的大批量生产。构件生产工厂化是建筑工业化的手段。标准、定型的建筑构配件、组合件等建筑产品的工厂化生产，可以改善劳动条件，提高生产效率，保证产品质量，另外，也促进了产品生产的商业化。施工机械化是建筑工业化的核心。施工的各个环节以机械化代替手工操作，可以降低劳动强度，加快施工速度，提高施工质量。管理科学化是实现建筑工业化的保证。从设计、生产到施工的各个过程，都必须有科学化的管理，避免出现混乱，造成不必要的损失。

工业化建筑体系是一个完整的建筑生产过程，即把房屋作为一种工业产品，根据工业化生产原则，包括设计、生产、施工和组织管理等在内的建造房屋全过程配套的一种方式。工业化建筑体系分为专用体系和通用体系两种。专用体系是以某种房屋进行定型，再以这种定型房屋为基础进行房屋的构配件配套的一种建筑体系。专用体系采用标准化设计，房屋的构配件、连接方法等都是定型的，因而规格类型少，有利于大批量生产，且生产效率较高。但专用体系变化很少，各个体系的构配件只能用于某种定型的房屋，不能互换使用，无法满足各类建筑的需要，因此，又产生了通用体系。通用体系是以房屋构配件进行定型，再以定型的构配件为基础进行多样化房屋组合的一种建筑体系。通用体系的房屋定型构配件可以在各类建筑中互换使用，具有较大的灵活性，可以满足多方面的要求，做到建筑多样化。

民用建筑工业化通常是按建筑结构类型和施工工艺的不同来划分体系的。工业化建筑的结构类型主要为剪力墙结构和框架结构。施工工艺的类型主要为预制装配式、工具模板式以及预制与现浇相结合式等。民用建筑工业化体系，主要有以下几种类型：砌块建筑、大板建筑、大模板建筑、滑模建筑、升板建筑、盒子建筑等等。

15.2 大板建筑

大板建筑是由预制的大型墙板、楼板和屋面板等构件装配而成的一种全装配建筑（图15-1）。大型板材通常由工厂预制，然后运到现场进行装配。

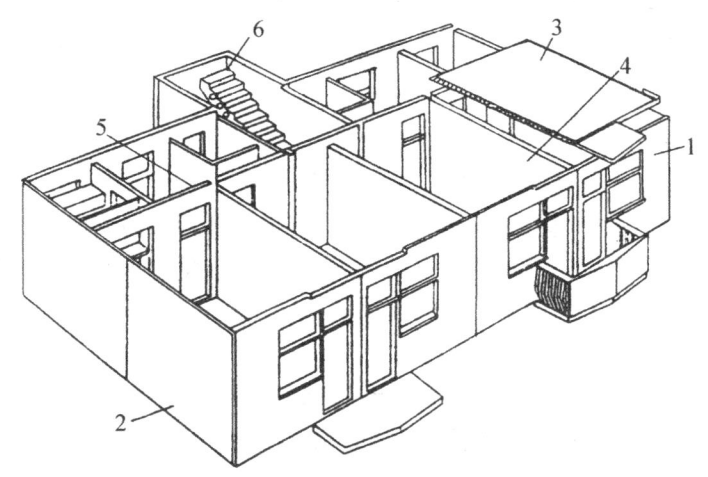

图 15-1 装配式大板建筑示意图
1—外纵墙板；2—外横墙（山墙）板；3—楼板；4—内横墙板；5—内纵墙板；6—楼梯

大板建筑由于采用了大型的预制构件，其施工机械化程度比较高，施工速度快，可以缩短工期，提高劳动生产率，施工受气候条件限制少，可改善劳动条件，板材墙的承载能力比较好，可以减轻结构的重量，提高抗震能力，减小墙体厚度，以扩大建筑使用面积。但由于大板建筑的预制板材的规格类型不宜太多，而且又是剪力墙承重的结构体系，因此，对建筑的造型和布局有较大的制约性；另外，大板建筑的施工需要大型的机械设备，其用钢量较多，房屋的造价比同类砖混结构高。

大板建筑常用于多层和高层住宅、宿舍等小开间的建筑。

15.2.1 大板建筑的结构体系

大板建筑属于墙承重结构系统，也有采用与框架结构相结合形成内骨架结构形式的。

大板建筑按楼板的搁置不同，主要分为横向墙板承重、纵向墙板承重、纵横双向墙板承重等结构体系（见图15-2）。

15.2.1.1 横向墙板承重

楼板搁置在横向墙板上，由横向墙板承受楼板传下来的荷载，纵向外墙板仅起围护作用。这种结构体系的结构刚度大，整体性好，有利于抗震，板的跨度比较经济，但房屋内部的分隔缺少灵活性，适用于房间面积不大的小开间建筑，如住宅、宿舍等。若要扩大开间，改变空间布局，可采用大跨度楼板，形成大开间横向墙板承重体系，内部可设轻质隔墙灵活分隔。横向墙板承重的结构体系采用较多。

15.2.1.2 纵向墙板承重

楼板搁置在纵向墙板上，由纵向墙板承受楼板传下来的荷载，横向内墙板主要起分隔

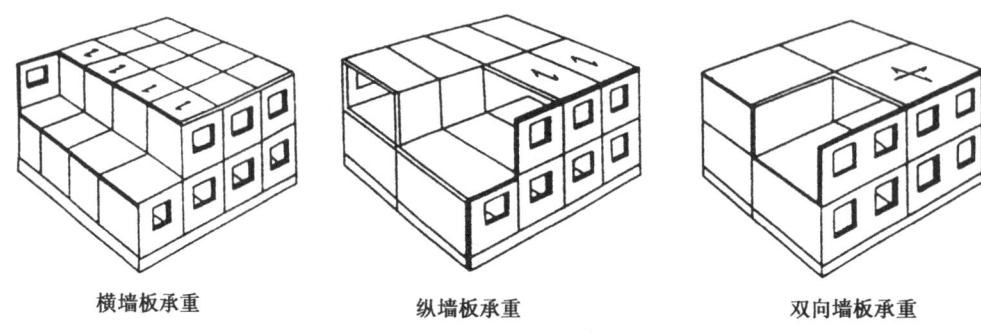

图 15-2 大板建筑的结构体系

作用。纵向墙板承重的结构体系，内部分隔灵活，但房屋的横向刚度较差，应间隔一定距离设横向剪力墙拉结。当采用大跨度楼板时，可将楼板直接支承在两侧纵向多墙板上，使内部分隔更灵活。

15.2.1.3 纵横双向墙板承重

楼板四边搁置在纵横两个方向的墙板上，由纵向和横向墙板共同承受楼板传下来的荷载，楼板一般双向受力，形成双向板。这种结构体系的楼板近于方形，房间的平面尺寸受到限制，房间布置不灵活。

15.2.2 大板建筑的板材类型

大板建筑是由内墙板、外墙板、楼板、屋面板等主要构件，以及楼梯、阳台板、挑檐板和女儿墙板等辅助构件组成。

15.2.2.1 内墙板

内墙板按受力情况分为承重内墙板和非承重内墙板，在大板建筑中，大多数采用的是承重内墙板。承重内墙板承受楼板传下来的垂直荷载，并承受水平力。非承重内墙板不承受楼板传下来的垂直荷载，但承受水平力，并与承重内墙板共同作用，以加强建筑物的空间刚度。因此，承重和非承重内墙板通常采用同一类型的墙板，而且都应具有较高的强度和刚度。同时，内墙板也是分隔内部空间的构件，应满足隔声、防火、防潮等要求。在大板建筑中，有时还需设置只起分隔作用的隔墙板。隔墙板应满足隔声、防火、防潮等要求，尽量做到轻、薄。

内墙板一般一间一块，即高度与层高相适应，通常是层高减去楼板厚度，宽度与房间的开间或进深相适应。一间一块的内墙板构造简单。也可以根据生产、运输和吊装能力，采用一间两块或一间三块。

由于内墙板通常不需要保温或隔热，因此，内墙板多采用单一材料墙板。按其构造和结构形式不同，主要有空心墙板和实心墙板，另外，还有密肋板、框壁板等几种形式。

实心墙板常采用混凝土制作，有普通混凝土墙板，还有粉煤灰矿渣混凝土和陶粒混凝土等轻质混凝土墙板。混凝土实心墙板一般可不必配筋，只在边角、洞口等薄弱处配构造钢筋，墙板的厚度一般为 120～140mm。若为高层大板建筑，则应采用钢筋混凝土墙板，墙板厚度有的加大到 160mm。

空心墙板多采用钢筋混凝土制作，孔洞可做成圆形、椭圆形、去角长方形等。为保证楼板的支承长度，墙板厚一般不小于140mm，一般为140~180mm。

复合材料的内墙板主要有振动砖墙板，还有夹层内墙板等。振动砖墙板是用振动的方法将小块砖预制成大块墙板，常用空心砖或多孔砖，以减轻自重。一般采用半砖墙，两边有10~15mm厚的水泥砂浆，墙板总厚度为140mm，板内配置构造钢筋。

几种常见的内墙板构造如图15-3所示。

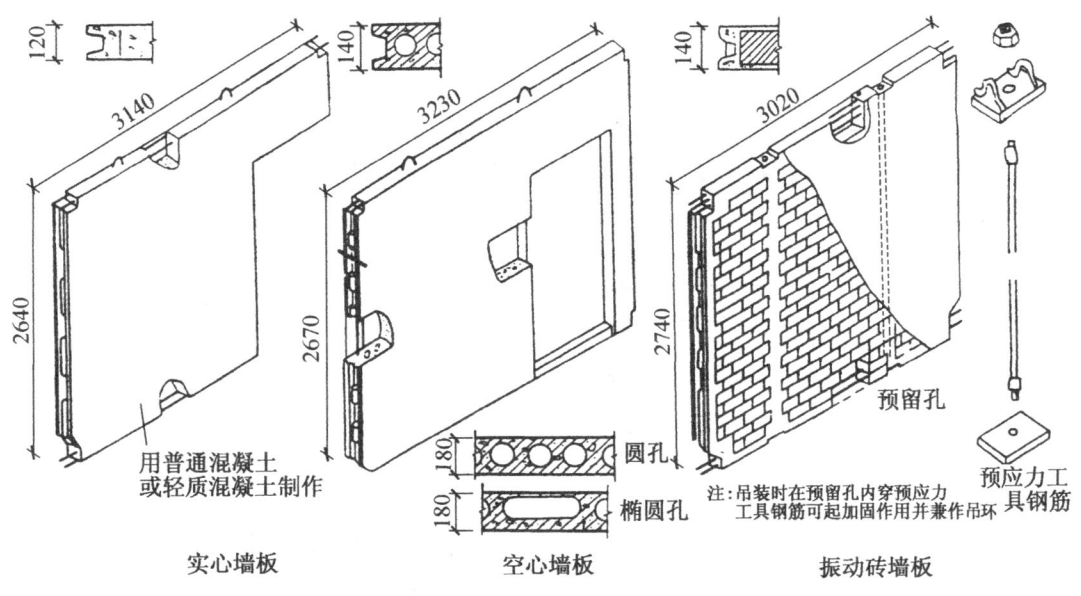

图15-3 各种内墙板

隔墙板一般常用加气混凝土条板、陶粒混凝土板、石膏多孔板等轻质薄板。

15.2.2.2 外墙板

外墙板是大板建筑的外围护构件，应满足保温、隔热、抗风雨、隔声和美观等要求。外墙板按受力情况分，也有承重和非承重两种。按墙板的布置方向不同，有纵向外墙板和山墙板之分。在多层建筑中，非承重外墙板通常多为自承重墙；在高层建筑中，非承重外墙板也有做成悬挂墙板或填充墙板的。承重外墙板应具有足够的强度和刚度。

纵向外墙板较多采用的划分形式是一间一块板，即墙板的宽度同房间的开间一致，高度与层高相同。也可以采用横向加长两个或三个开间的两间或三间一块板和竖向加高两个或三个层高的两层或三层一块板，这种横向或纵向大块墙板减少了吊装次数和接缝数量。山墙板由于开洞面积较小，自重大，若吊装有困难，可采用一层一间几块的形式。外墙板的划分形式如图15-4所示。

外墙板有单一材料外墙板和复合材料外墙板。

单一材料外墙板主要有实心和空心墙板，另外，也有带框或带肋的外墙板（图15-5）。

实心外墙板多为平板及框肋板；空心外墙板的孔洞形状一般与内墙板相同。寒冷地区为了避免冷桥而出现结露现象，常做成两排或三排扁孔形式（图15-5c、d）。外墙板的材料一般选用普通混凝土。为了就地取材，利用当地工业废料，并减轻自重和增加保温能

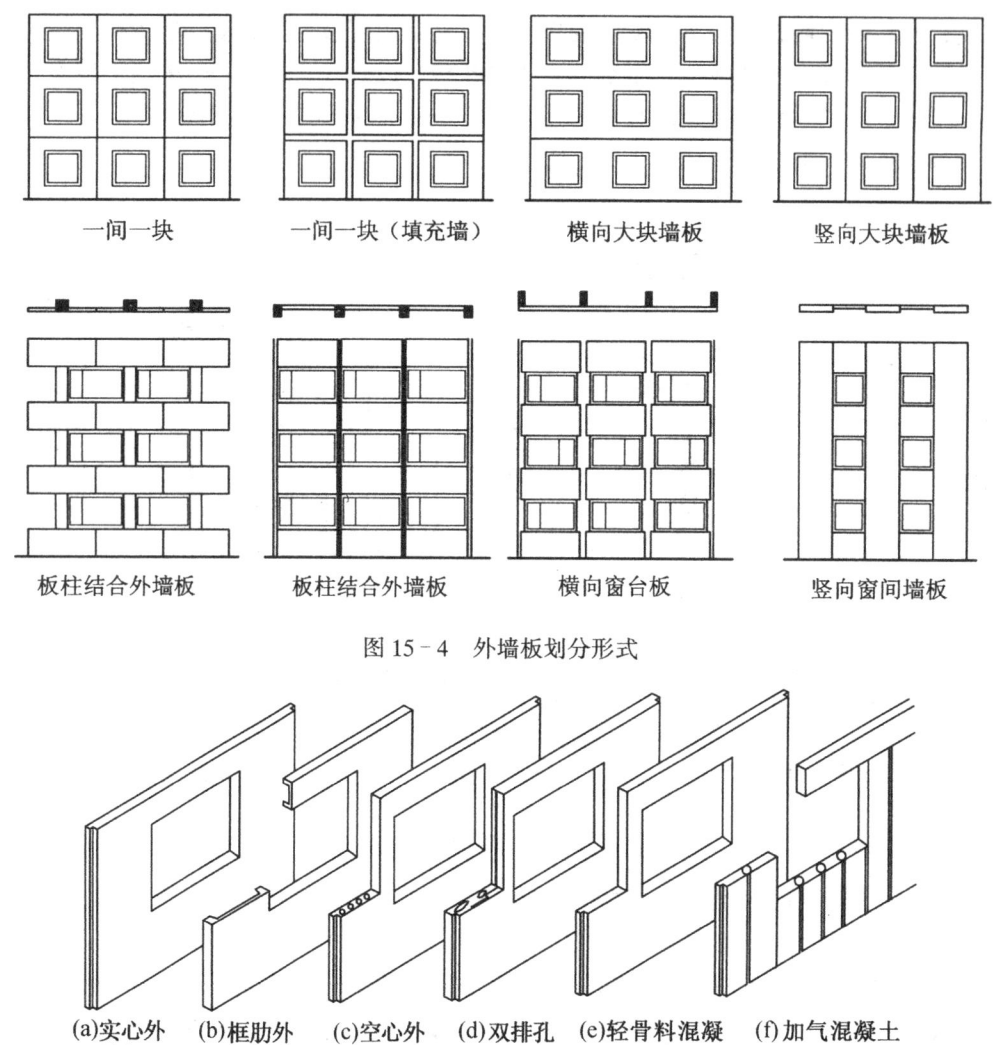

图 15-4 外墙板划分形式

图 15-5 单一材料外墙板

力,此外,尚有各种轻骨料混凝土、加气混凝土等材料。

复合材料外墙板是用两种或两种以上功能不同的材料结合而成的多层墙板,其主要层次有:结构层、保温层、饰面层、防水层等,各层应根据功能要求组合。结构层通常采用钢筋混凝土。承重外墙板结构层应设在墙板内侧,使结构受力合理,墙板外侧设能防水的外饰面层,中间设保温层;非承重外墙板的结构层设在墙板外侧,与防水层结合在一起,墙板内侧做内饰面层,中间为保温层;保温层还可以夹在内外两层钢筋混凝土之间,形成夹层外墙板(图 15-6)。

复合材料外墙板内的保温材料既可以用散状材料,也可以用预制块状材料和现浇材料,常见的有加气混凝土、泡沫混凝土、岩棉板等。

振动砖墙板也是复合材料墙板,两侧是水泥砂浆面层,中间为砖层,通过机械振动成

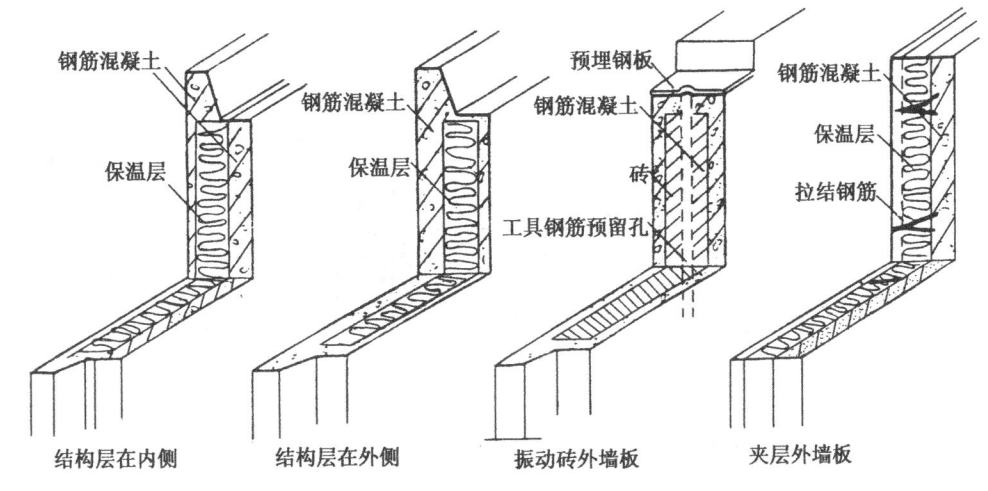

图 15-6 复合材料外墙板

型。既可用作内墙板，也可用作外墙板。

夹层外墙板是在内外两层钢筋混凝土板层之间夹有一层高效保温材料，内外层钢筋混凝土平板常采用特制钢件连接，如拉结钢筋、钢筋网、钢筋桁架等（图 15-7）。

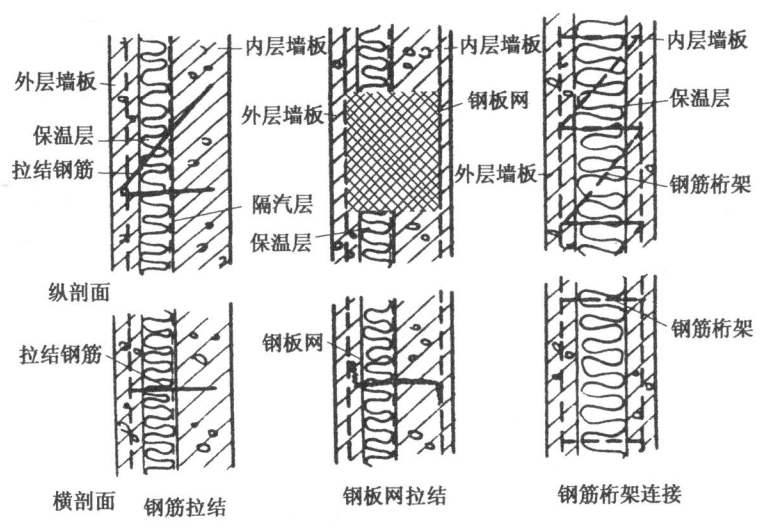

图 15-7 夹层墙板的连接

外墙板的外饰面，既要防止外界自然因素的侵袭，又要有一定的饰面效果，为了减少现场作业，最好在工厂中一次加工完成。外饰面的做法除了抹灰、贴面和涂料等常见做法以外，还可以利用混凝土的可塑性，做出表面有凹凸纹路的模纹饰面或有立体变化的异型外墙板（图 15-8）。

15.2.2.3 楼板和屋面板

楼板起承重和分隔作用，应满足结构和隔声、防火等构造要求。

大板建筑中的大型预制楼板，在生产、运输和吊装能力允许的情况下，尽量采用一间一块式，即板宽、板长分别与房间的开间、进深一致。这种形式的楼板中间没有接缝，板

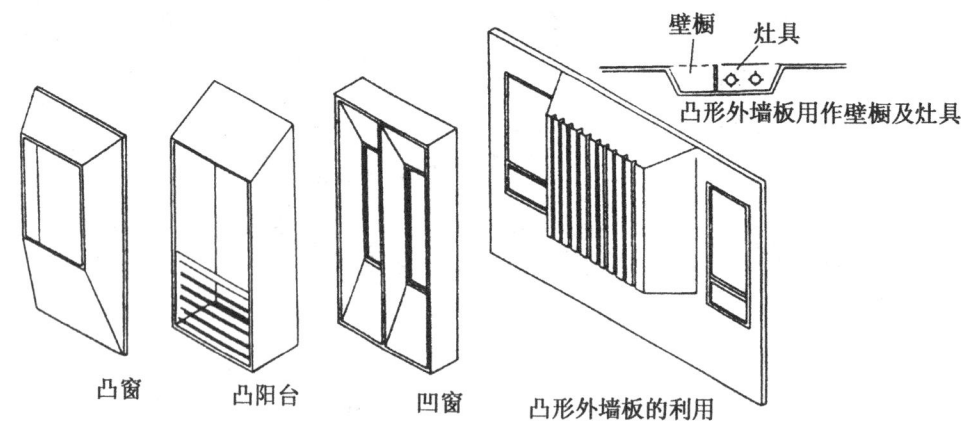

图 15-8 立体板面外墙板形式

面平整，装配化程度高，结构整体性好。若受吊装能力限制或面积较大的房间，也可采用一间两块或三块板。

楼板的材料一般为钢筋混凝土。板的形式有空心板、实心板、肋形板等（图 15-9）。

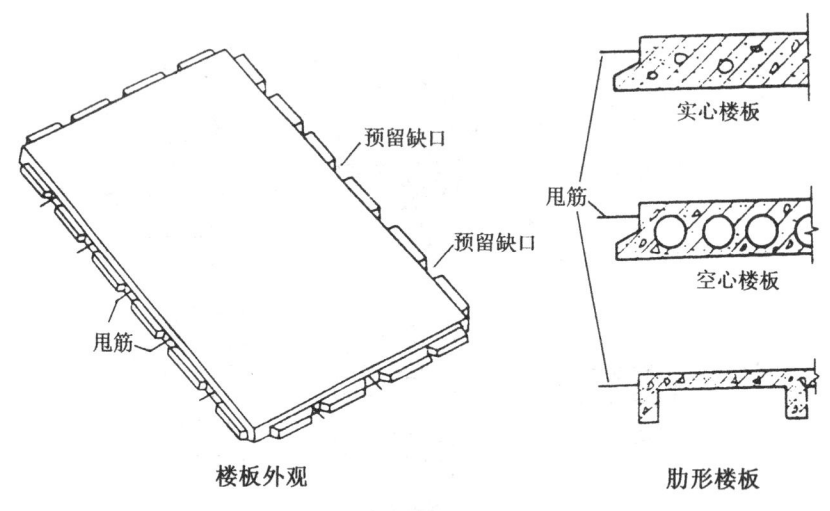

图 15-9 预制楼板形式

实心平板一般为单向受力板，有时也用作双向受力板，通常用于跨度小的地方；空心板用普通的钢筋混凝土板，也是单向受力板；肋形板有单向肋板和双向肋板两种，板肋可以设在下面，也可以设在上面。肋在下面时，结构受力合理，但隔声较差；肋在上面时，可在肋间填散状轻质材料，上面做混凝土面板层或做木地面，这种形式对隔声有利，板底平整，但结构受力不合理，施工复杂。

为了便于板材间的连接，楼板的四边应预留缺口，并甩出连接用的钢筋（图 15-9）。

大板建筑中的屋面板与楼板构造相似。

15.2.2.4 辅助构件

（1）楼梯

大板建筑中的楼梯，通常采用大、中型钢筋混凝土预制构件。一种是将梯段、平台板分开预制，梯段与平台板之间有可靠的连接；另一种是将梯段与平台板连在一起预制成一个构件（图15-10）。

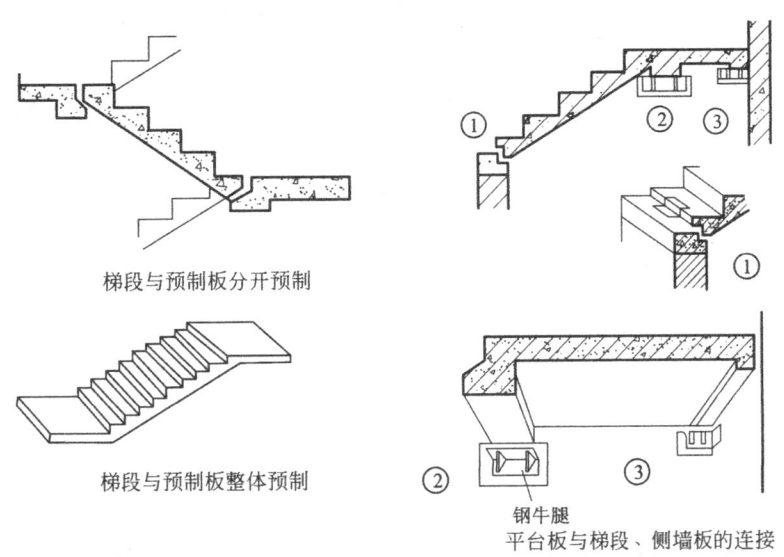

图 15-10 楼梯构造

（2）阳台板

挑阳台板有两种设置形式：一种是利用大型楼板向外出挑形成阳台板，即阳台板与楼板预制成一个构件。这种形式整体性好，构造简单，装配化程度高，但构件尺寸、重量较大，对运输和吊装要求较高，因而目前较少采用。另一种是阳台板单预制，通常悬挑在纵向外墙上，阳台板与楼板应进行整体连接，如图15-11所示。

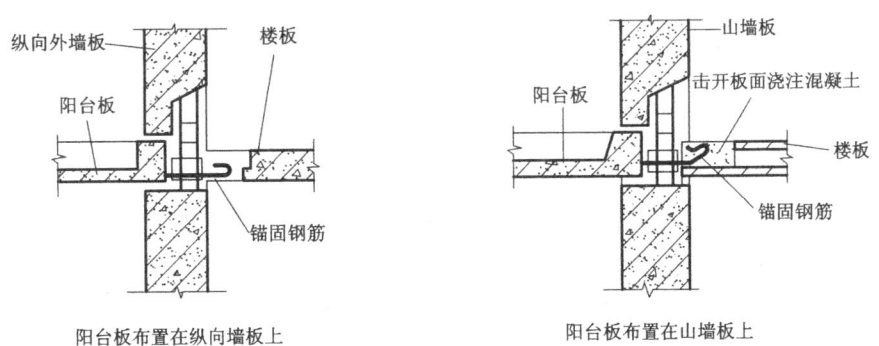

图 15-11 挑阳台

（3）挑檐板女儿墙板

挑檐板通常也为两种形式，如图15-12所示。一种是利用大型屋面板出挑形式，即与屋面板连成一体的挑檐板；另一种是单独预制挑檐板，它可不增加屋面板的规格类型。女儿墙属于非承重构件，女儿墙板与屋面板之间应有可靠连接（图15-12）。女儿墙板的厚度，为便于连接，一般与下部墙板同厚。

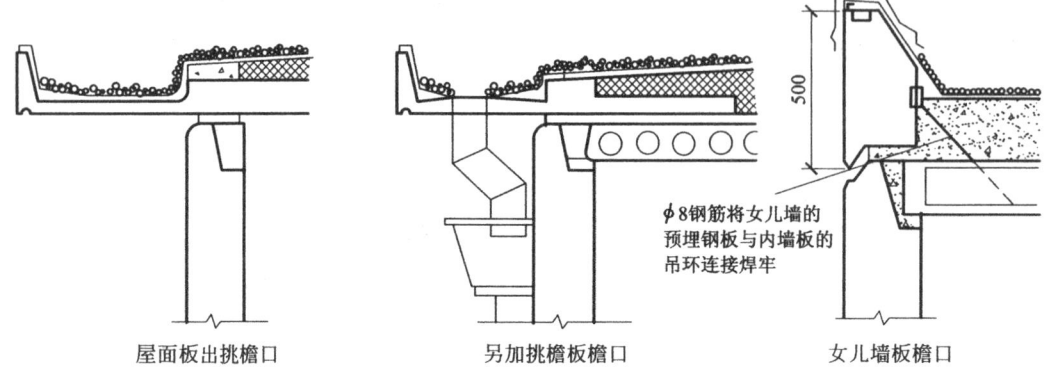

图 15-12　挑檐板和女儿墙板

15.2.3　大板建筑的连接构造

大板建筑的节点连接是设计的关键之一。板材间的连接要满足结构上的要求，采用合理的连接方法，保证板与板之间传力合理，具有足够的强度和刚度，在正常荷载作用下不破坏，同时，还要保证房屋结构的整体性。另外，板间连接还应满足使用功能上的要求，如保温、隔热、抗风、隔声等。

15.2.3.1　板材连接

板材连接包括墙板之间的连接和楼板与墙板间的连接等。

（1）墙板之间的连接

墙板之间的连接主要包括内、外墙板之间的连接和纵横内墙板之间的连接。墙板之间通常既要对上下两端加以连接，又要考虑墙板之间形成的竖向接缝内的连接。

墙板的弯曲产生的应力主要集中在墙板的上下两端，而且安装时也是主要依靠上下两端的连接来定位，因此，墙板上、下两端应有可靠的连接。常见的连接方法主要有两种：一种是墙板上下端伸出连接钢筋搭接或加筋连接，再现浇混凝土连成整体（图 15-13a）；另一种是在墙板上下端预埋铁件，用钢筋或钢板焊接连接（图 15-13b）。

墙板的侧面通常预制成凹槽，使墙板之间的竖向接缝形成凹缝，以消除两板之间出平面变形的可能。为了增加抵抗竖向相对位移的能力，在凹槽中设暗销键。在墙板之间的竖向接缝内通常设竖向插筋，并现浇混凝土灌缝。竖向插筋应伸入楼板顶面以上和楼板底面以下不小于 500mm，使上下墙板形成整体。

在地震区，除上述接缝之外，通常在墙板间竖向接缝的中间部位，也应预留锚环和插筋加以连接（图 15-14）。

（2）楼板与墙板之间的连接

楼板在承重墙板上的支承长度一般不小于 60mm。楼板的四角通常伸出连接钢筋，焊接或加筋连接，并且上下墙板之间的竖向插筋也应相焊，然后浇注混凝土，使各板材之间连成整体。为加强抗震，楼板的四边适当位置，可留出缺口伸出钢筋焊接，或利用下层墙板的吊环与上层墙板伸出的钢筋或钢环焊接，然后浇注混凝土连成整体（图 15-15）。

15.2.3.2　外墙板接缝防水构造

外墙板连接主要有水平缝和垂直缝，水平缝是指上下外墙板之间形成的接缝，垂直缝

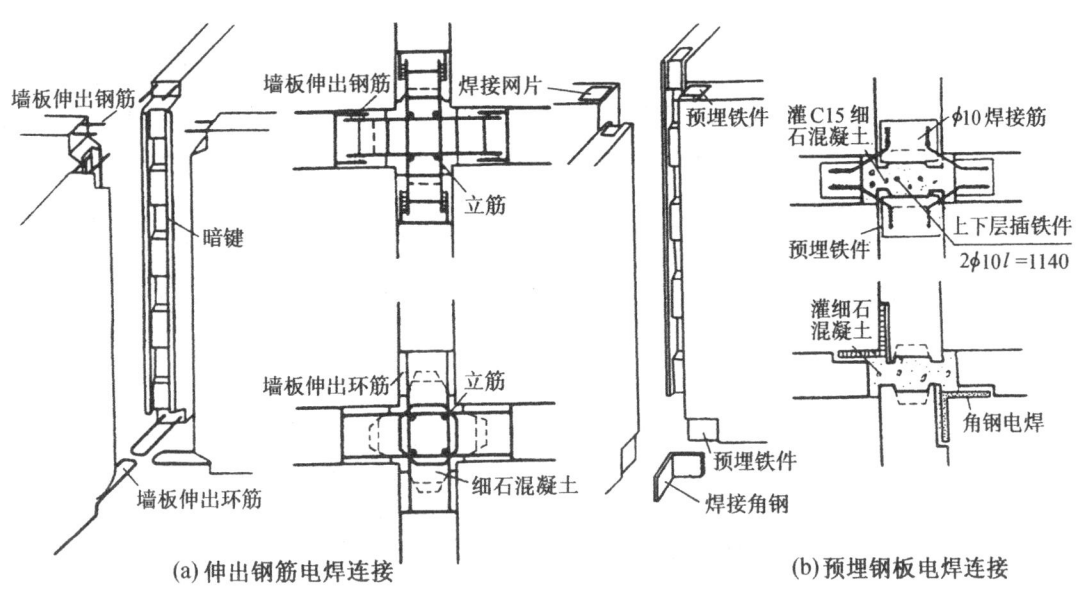

(a) 伸出钢筋电焊连接　　(b) 预埋钢板电焊连接

图 15-13　墙板连接构造

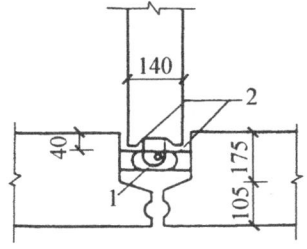

图 15-14　墙板侧边锚环构造
1—插铁；2—锚环

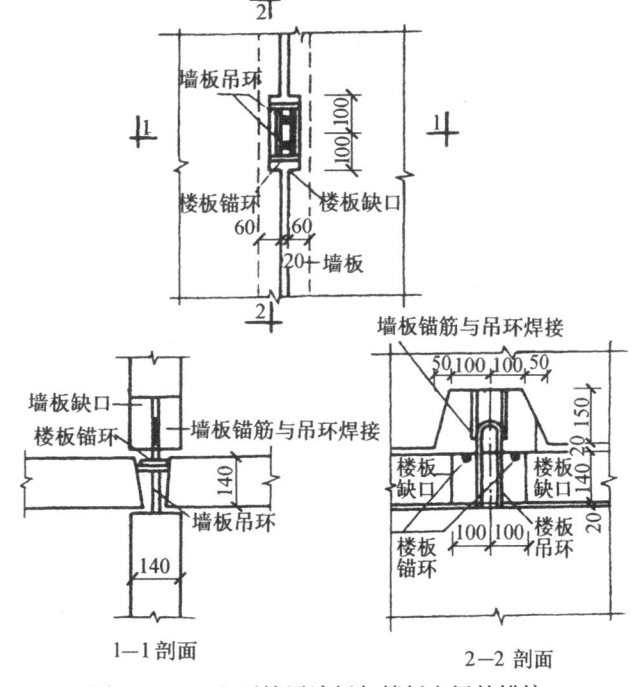

图 15-15　上下楼层墙板与楼板之间的锚接

是指左右外墙之间形成的接缝。

外墙板接缝处，由于温度和湿度变化、地基不均匀下沉以及接缝材料本身性能变化带来的不利因素，使其成为墙板防水的薄弱环节，因此应采取相应的防水构造措施，使外墙板接缝处满足防水的需要。

进行外墙板接缝防水构造设计的要点：尽量使接缝处少接近雨水，避免形成渗流通道，断绝或减轻小的渗透压力，将渗入接缝处的雨水迅速引导外流。

外墙板接缝防水构造做法通常有两种，即材料防水和构造防水，也可以两种方法结合使用。

(1) 材料防水

材料防水是采用有弹性和附着性的嵌缝材料或衬垫材料封闭接缝，以阻止雨水进入缝内。嵌缝材料应具有塑性大、高温不流淌、低温不脆裂、不易老化，并能和混凝土、砂浆等粘结在一起的性能，通常采用防水油膏和胶泥，这种做法的优点是构造简单、施工方便，但对材料质量要求较高，嵌缝材料的耐久性不易保证。为防止嵌缝材料过多地进入缝内，可在板缝内填塞水泥砂浆或沥青麻丝、泡沫橡胶等。为防止嵌缝材料过早老化，可在嵌缝材料外用水泥砂浆勾缝保护。胶泥或防水油膏嵌缝的材料防水构造见图15－16a、b。

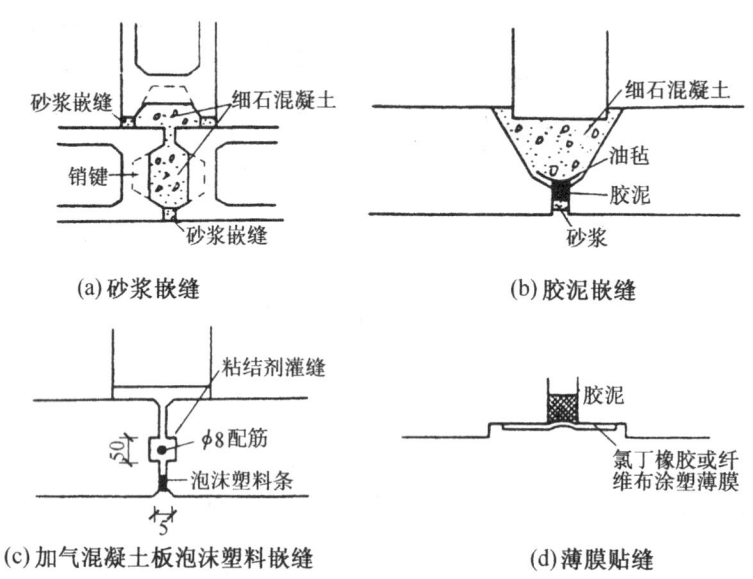

图15－16 材料防水构造

除了采用胶泥和防水油膏嵌缝外，还可以采用弹性型材嵌缝。弹性型材为有弹性和固定形状的嵌缝带或密缝垫等，如氯丁橡胶型材盖缝条、纤维涂塑薄膜等（图15－16c、d）。

(2) 构造防水

构造防水是将外墙板四周边缝做成既能防水或排水又便于连接的形式，用以切断雨水的通路，防止雨水因风压和毛细管作用向室内渗透。

①水平缝　水平缝的构造防水，一般采用高低缝的形式，即墙板的上边作挡水台阶，下边缘向下作凸边，上下墙板安装时咬合成高低缝，使雨水不能渗入缝内，即使渗入，也能沿槽口引流至墙外。这种做法防水效果好，雨水在重力作用下不易越过挡水台阶，施工简单，应用广泛，但在运输和施工中墙板下边凸出部分易被破坏，应注意保护。

水平缝的外缝可做成敞开式，缝内不嵌材料，因此，既可节约材料，又能简化操作工序。但这种形式容易透风，对接缝处保温不利（图15－17a）。

为了改善接缝的保温性能，水平缝的外缝还可做成封闭式，用水泥砂浆或油膏嵌缝，使它与内侧灰缝砂浆间形成空腔，但应间隔一定距离布置一排小孔，使空腔内外空气流通，保持内外压力平衡，并可使渗入空腔内的雨水迅速排出。这种构造防水又称压力平衡空腔防水（图 15-17b）。

②垂直缝 垂直缝的构造防水做法也有敞开式和封闭式两种。垂直缝敞开式构造防水是将墙板的边缘做成凸榫或槽沟，用以防水，但因制作和安装工艺复杂，采用较少。垂直缝的构造防水采用较多的是封闭式空腔防水，有单空腔防水和双空腔防水两种，视防水要求和墙板厚度而定，双空腔的防水效果更

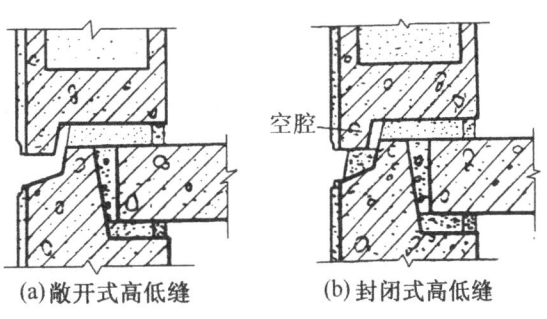

图 15-17 水平缝防水构造

好。垂直缝封闭式构造防水的做法是：在缝中分层设挡风板（或挡风层）和挡雨板，中间形成空腔。挡雨板可用金属片或塑料片，靠它本身弹性所产生的横向推力嵌入垂直缝的凹槽内。挡风板可用油毡条或橡胶条贴缝，里面做保温层，用混凝土灌缝（图 15-18）。空腔也起沟槽作用，将渗入的雨水导至与水平缝交叉的十字缝处所设置的排水导管内或排水挡板外，排出墙外。这种做法适用于较宽的缝或施工误差较大的缝。

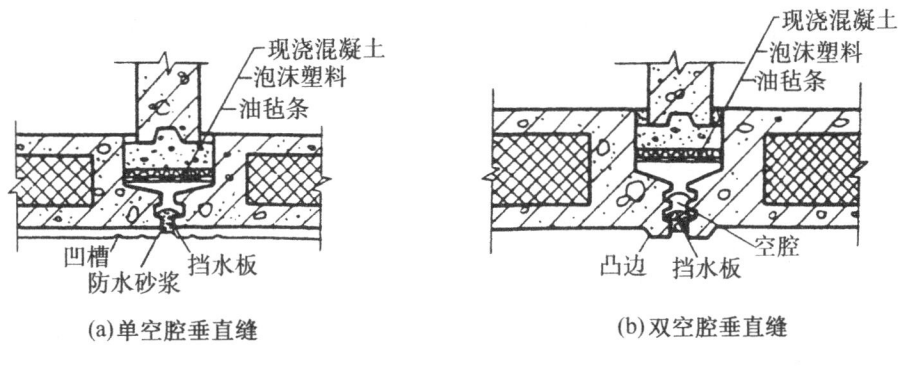

图 15-18 垂直缝构造

15.3 大模板建筑

大模板建筑是建立在现代化工业生产混凝土基础上的一种现浇建筑。它所用的钢制模板可作为工具，重复使用，所以又称工具式大模板建筑。工具式大模板与操作台常结合在一起，由大模板板面、支架和操作台三部分组成（图 15-19）。

15.3.1 大模板建筑的特点

大模板建筑与砖混结构的房屋相比，其优点是：建筑适应性强，结构整体性好，抗震能力强，用工量省，施工速度快，还可以减薄墙体和减少内外饰面的湿作业；缺点是：现场浇注混凝土工作量大，工地施工组织较为复杂，钢材水泥用量多。一般多用于多层或高层建筑。

通常采用的大模板是根据某一类大量性建造的建筑物的通用设计参数来设计制定的，有一定的专用性。一般要求模板的尺寸、类型、规格要少，拆装方便，便于组织施工流水作业，并希望模板在吊装中不着地或减少落地，即从一个流水段拆模后，直接吊到本幢房

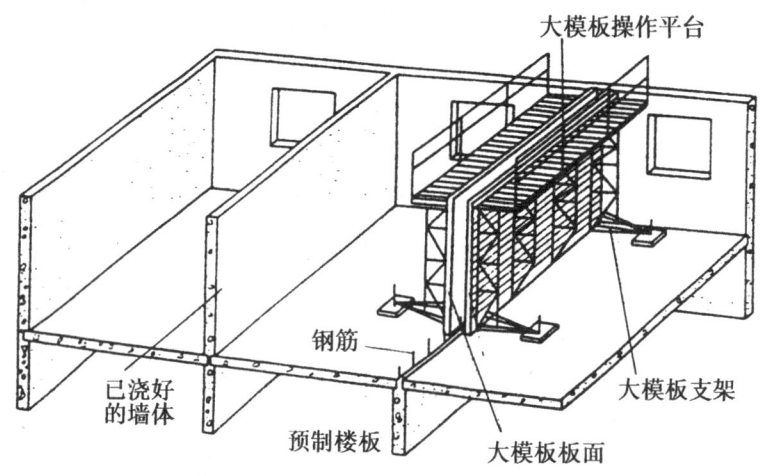

图 15-19 大模板建筑

屋或就近房屋的下一个流水段去支模。

还有一种是通用性拼装式模板,即按一定模数和补充尺寸做出各种尺寸的中小型模板,根据每个建筑不同尺度要求进行组装。它有一定的灵活性,适用于不同的建筑要求,但每次需要重新组装,比较麻烦。

15.3.2 大模板建筑的节点构造

大模板建筑的主要承重构件,如内墙、外墙、楼板(包括屋面板)均可采用大模板现浇,而内隔墙多是在建筑主体形成以后,以预制板形式安装,所以可采用轻型板组装,比较简单。大模板建筑的承重内墙在任何情况下都采用大模板现浇方式,而外墙和楼板只能有一项是大模板,另一项多采用预制方式(包括采用砌筑的外墙)。这是因为大模板要在构件浇筑拆模后撤出,所以必须在外墙或楼板预留空位才能实现。因此,大模板建筑根据楼板和外墙的施工方法不同,大致可分为以下几种情况。

15.3.2.1 现浇内墙与外挂墙板的连接

在"内浇外挂"的大模板建筑中,外墙板是在现浇内墙之前先安装就位,并将预制外墙板的甩出钢筋与内墙钢筋绑扎在一起,在外墙板缝中插入竖向钢筋(图15-20a)。上下墙板的甩出钢筋也相互搭接焊牢(图15-20b)。当浇筑内墙混凝土后,这些接头连接钢筋便将内外墙锚固成整体。

15.3.2.2 现浇内墙与外砌砖墙的连接

在"内浇外砌"的大模板建筑中,砖砌外墙必须与现浇内墙相互拉结才能保证结构的整体性。施工时,

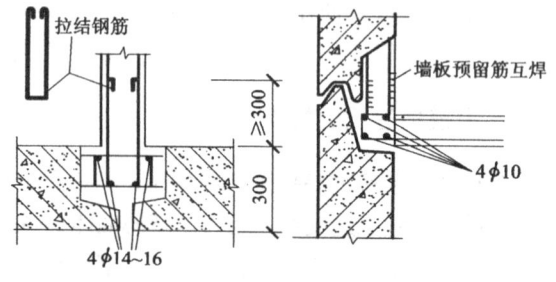

图 15-20 内墙与外挂板连接

先砌砖外墙,在与内墙交接处砖墙砌成凹槽(图15‑21b),并在砖墙中边砌边放入锚拉钢筋(又称甩筋或胡子筋)。立内墙钢筋时将这些拉筋绑扎在一起,待浇筑内墙混凝土后,砖墙的预留凹槽中便形成一根混凝土构造柱,将内外墙牢固地连接在一起。山墙转角处由于受力较复杂,虽然与现浇内墙无连接关系,仍应在转角处砌体内现浇钢筋混凝土构造柱(图15‑21a)。

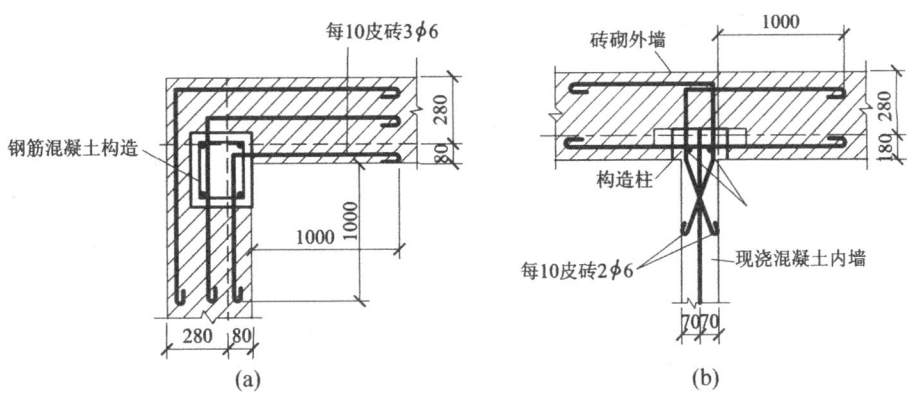

图15‑21 现浇内墙与砖外墙连接

15.3.2.3 现浇内墙与预制楼板的连接

楼板与墙的整体工作有利于加强房屋的刚度,所以楼板与墙体应有可靠的连接,具体构造见图15‑22。安装楼板时,可将钢筋混凝土楼板伸进现浇墙内35~45mm,相邻两楼

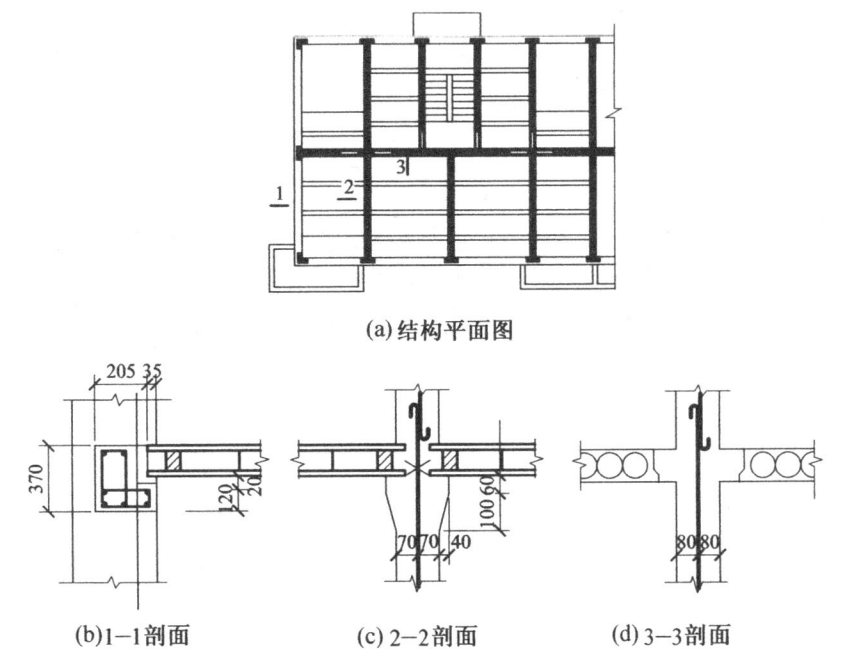

图15‑22 墙与楼板连接

板之间至少有 70～90mm 的空隙作为浇筑混凝土的位置。楼板端头甩出的连接筋与墙体竖向钢筋以及水平附加钢筋相互交搭，浇筑墙体时，在楼板之间形成一条钢筋混凝土现浇带，将楼板与墙体连接成整体。若外墙采用砖砌筑时，应在砖墙内的楼板部位设钢筋混凝土圈梁（图 15－22b）。

15.4 框架板材建筑

15.4.1 框架板材建筑的优缺点和适用范围

框架板材建筑是指由框架和楼板墙板组成的建筑，见图 15－23。它的基本特征是由柱、梁和楼板承重，墙板仅作为围护和分隔空间的构件。这种建筑的主要优点是空间分隔灵活，自重轻，有利于抗震，节省材料。其缺点是钢材和水泥用量大，构件的总数量多，故吊装次数多、接头工作量多、工序多。框架板材建筑适用于要求具有较大空间的多层、高层民用建筑、多层工业建筑、地基较软弱的建筑和地震区建筑。

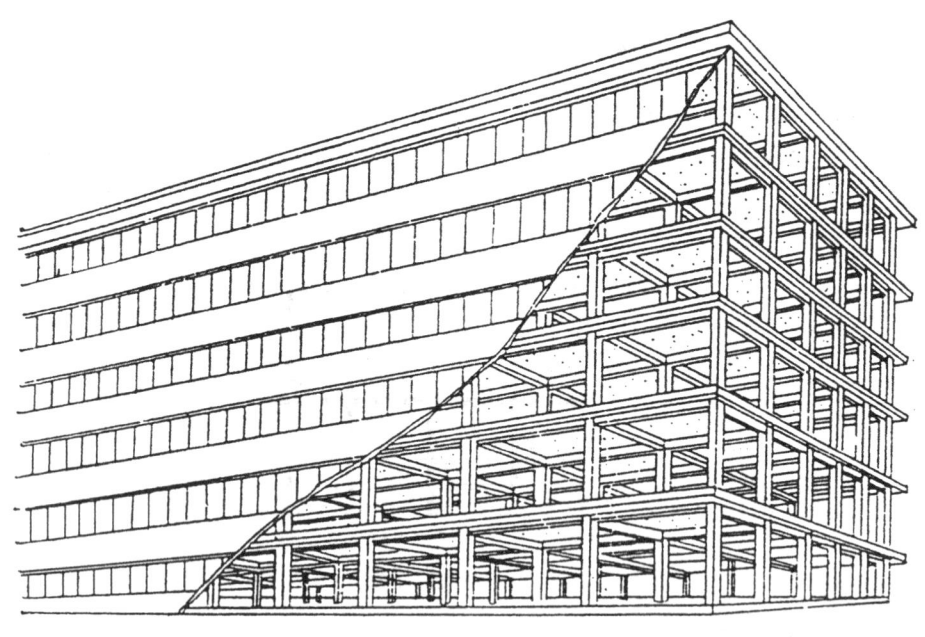

图 15－23 框架板材建筑

15.4.2 框架结构类型

框架按所用材料分为钢框架和钢筋混凝土框架。从材料来源、建筑造价和防火性能等方面考虑，采用钢筋混凝土框架比较适合我国国情，但从减轻结构自重、加快施工速度方面考虑，采用钢框架则较有利。一般认为，20 层以下的建筑可采用钢筋混凝土框架，更高的建筑才采用钢框架。我国目前主要采用钢筋混凝土框架。

钢筋混凝土框架按施工方法不同，分为全现浇、全装配和装配整体式。全现浇框架的现场湿作业多，寒冷地区冬季施工还要采取保温措施，故采用后两种施工方法更有利。

框架按构件的组成情况分为三种类型：第一种是由楼板、柱组成的框架，称为板柱框架（见图15-24a），楼板可以是梁和板合一的肋形楼板，也可以是实心大楼板；第二种是梁、楼板、柱组成的框架，称为梁板柱框架（见图15-24b）。以上二种一般称作柔框架。第三种是在以上两种框架中增设一些剪力墙，简称为框剪结构（见图15-24c）。加设剪力墙后，刚度比原框架增大若干倍，剪力墙主要承担水平荷载（风力和地震力），框架主要承受垂直荷载，故大大简化了框架的节点构造，所以框剪结构在高层建筑中采用较普遍。钢筋混凝土柔框架一般不宜超过10层，框剪结构多用于10～20层的建筑，国外最高的钢筋混凝土框剪墙结构已建成有70层高的住宅和50层以上的办公楼。

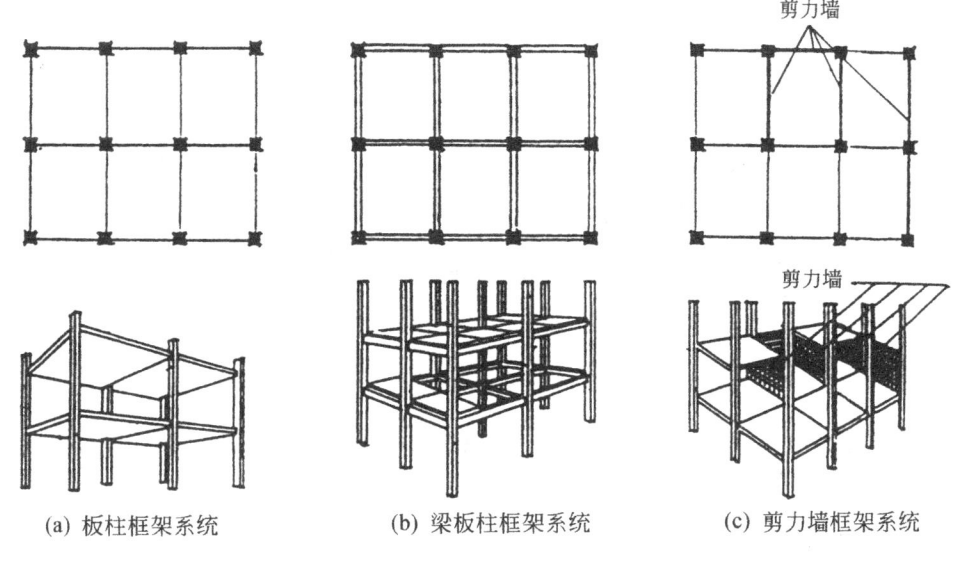

(a) 板柱框架系统　　(b) 梁板柱框架系统　　(c) 剪力墙框架系统

图15-24　框架结构类型

15.4.3　装配式钢筋混凝土框架的构件连接

框架的构件连接主要有梁与柱、梁与板、板与柱的连接。

15.4.3.1　梁与柱的连接

梁与柱通常在柱顶进行连接，最常用的是叠合梁现浇连接，其次是浆锚叠压连接。图15-25a为叠合梁现浇连接构造，叠合方法是把上下柱、纵横梁的钢筋都伸入节点，加配箍筋后浇灌混凝土形成整体。其优点是节点刚度大，故常用。图15-25b为浆锚叠压连接，将纵横梁置于柱顶，上下柱的竖向钢筋插入梁上的预留孔，灌入高强砂浆将柱筋锚固，使梁柱连接成整体。

15.4.3.2　楼板与梁的连接

为了使楼板与梁作整体连接，常采用楼板与叠合梁现浇连接，见图15-26。叠合梁由预制和现浇两部分组成，在预制梁上部留出箍筋，预制楼板安放在梁侧，沿梁纵向放入钢筋后浇筑混凝土将梁和楼板连成整体。这种连接方式的优点是整体性强，并可减少梁占

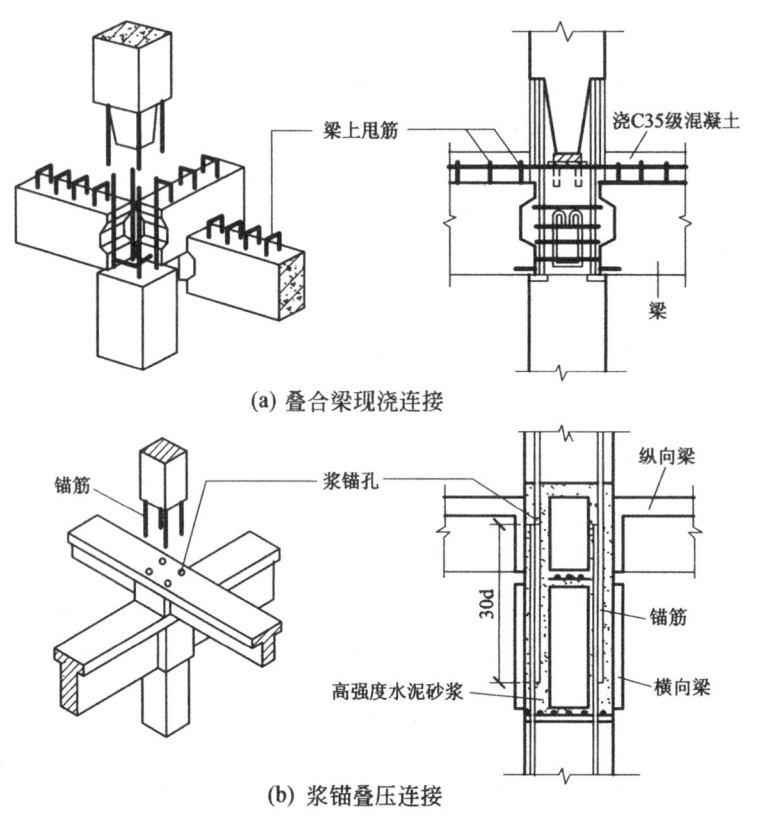

(a) 叠合梁现浇连接

(b) 浆锚叠压连接

图 15-25 梁与柱连接

据室内空间。

15.4.3.3 楼板与柱的连接

在板柱框架中，楼板直接支承在柱上，其连接方法可用现浇连接、浆锚叠压连接和后张预应力连接，见图 15-27。前两种连接方法与梁柱连接是相同的，不再说明。后张预应力连接法是在柱上预留穿筋孔，预制大型楼板安装就位后，从楼板边槽和柱上放松预应力钢丝索，便把楼板与柱连成整体。这种方法构造简单，连接可靠，施工方便快速，在我国各地均有采用。

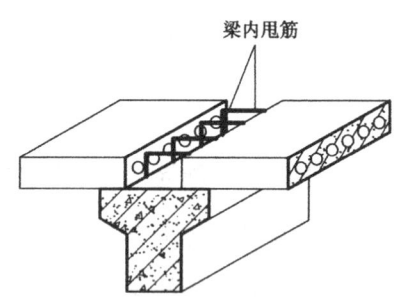

图 15-26 楼板与梁连接

15.4.4 外墙板的类型、布置方式与连接

15.4.4.1 墙板类型

按所使用的材料，外墙板可分为三类，即单一材料墙板、复合材料墙板、玻璃幕墙。单一材料墙板用轻质保温材料制作，如加气混凝土、陶粒混凝土等，见图 15-28。复合板通常由三层组成，即内外壁和夹层。外壁选用耐久性和防水性均较好的材料，如石棉水泥板、钢丝网水泥、轻骨料混凝土等。内壁应选用防火性能好，又便于装修的材料，如石

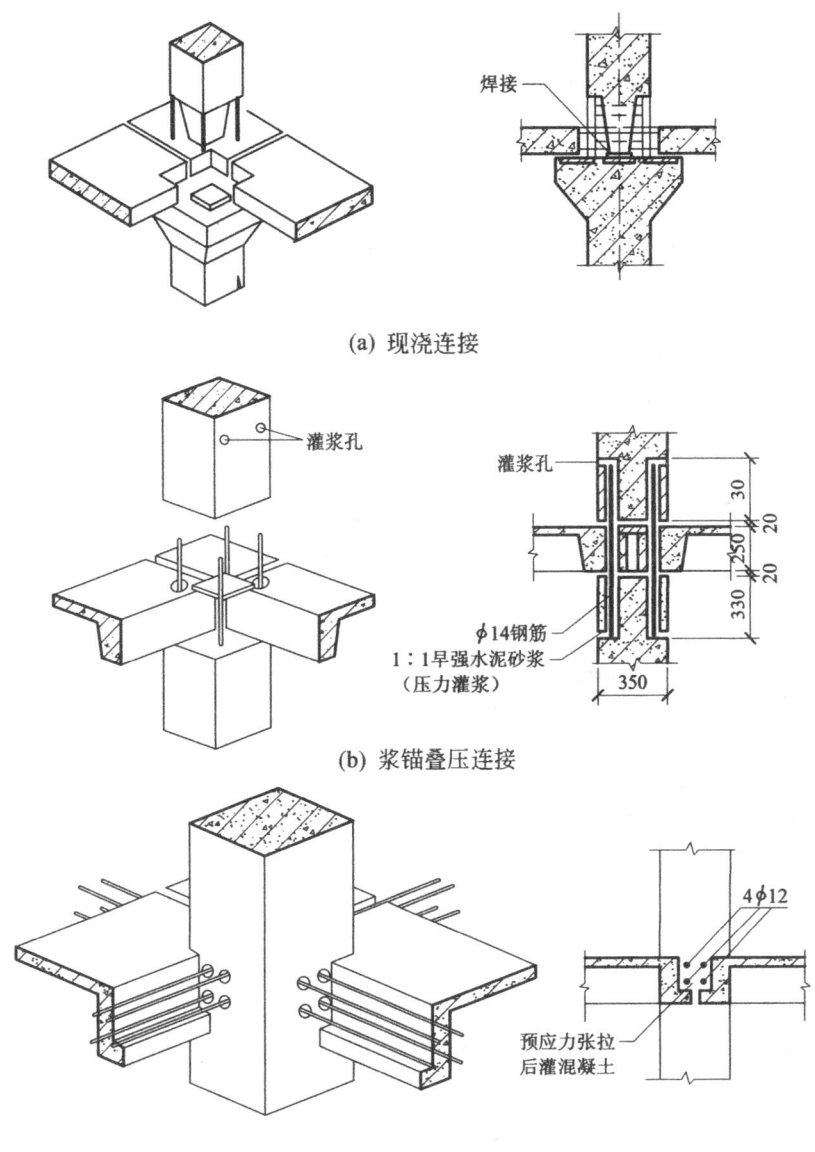

(a) 现浇连接

(b) 浆锚叠压连接

(c) 预应力张拉连接

图 15-27 楼板与柱的连接

膏板、塑料板等。夹层宜选用容重小、保温隔热性能好、价廉的材料，如矿棉、玻璃棉、膨胀珍珠岩、膨胀蛭石、加气混凝土、泡沫混凝土、泡沫塑料等。

15.4.4.2 外墙板的布置方式

外墙板可以布置在框架外侧，或框架之间，或安装在附加墙架上，见图 15-29。外墙板安装在框架外侧时，对房屋的保温有利；外墙板安装在框架之间时，框架暴露在外，在构造上需作保温处理，防止外露的框架柱和楼板成为"冷桥"；轻型墙板通常需安装在附加墙架上，以使外墙具有足够的刚度，保证在风力和地震力的作用下不会变形。

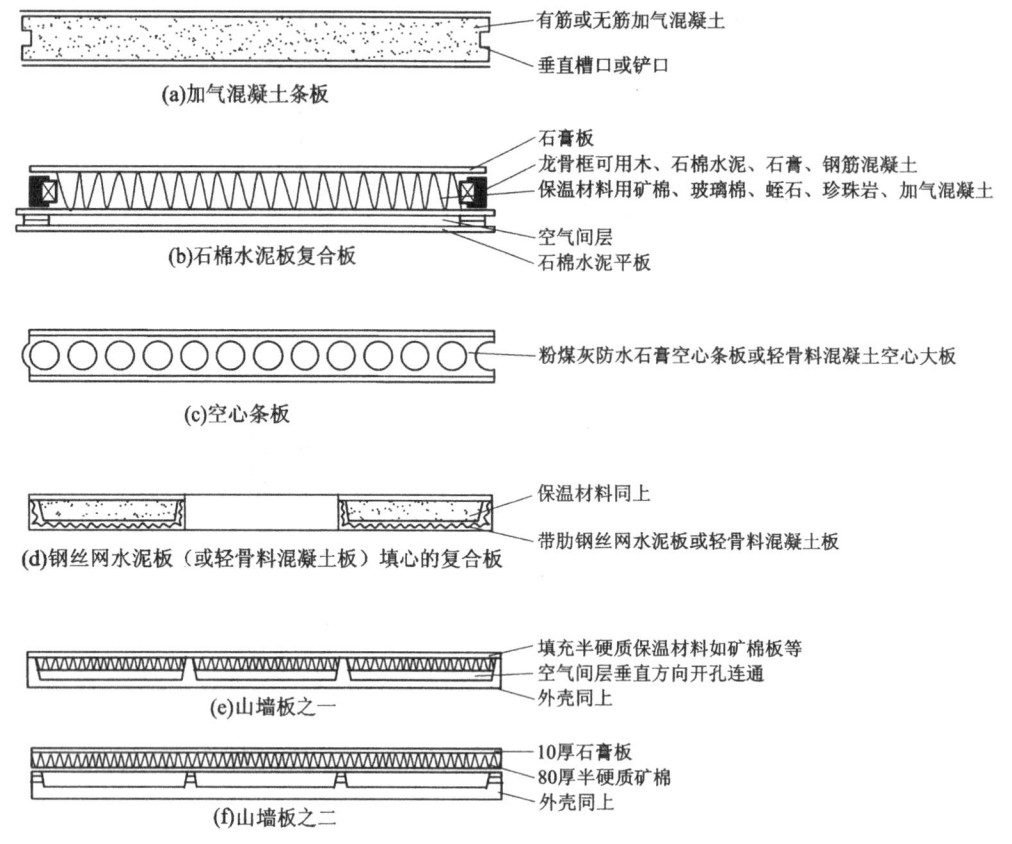

图 15-28 外墙板类型

15.4.4.3 外墙板与框架的连接

外墙板可以采用上挂或下承两种方式支承于框架柱、梁或楼板上。图 15-30 为各种外墙板与框架的连接构造。根据不同的板材类型和板材布置方式，可采取焊接法、螺栓联结法、插筋锚固法等将外墙板固定在框架上。无论采用何种方法，均应注意以下构造要点：

（1）外墙板与框架连接应安全可靠；
（2）不要出现"冷桥"现象，防止产生结露；
（3）构造简单，施工方便。

15.4.4.4 玻璃幕墙

玻璃幕墙自从 1983 年在北京长城饭店首次采用后，各地已相继出现，成为一种非常流行的外墙形式。之所以如此，是因为它具有光洁明亮的外观，可以把周围的景物反射到镜面中，建筑形象与众不同，具有独特的艺术效果。

玻璃幕墙由玻璃和金属框组成幕墙单元，借助于螺栓和连接铁件安装到框架上。玻璃通常采用镜面反射玻璃或吸热玻璃，以提高玻璃幕墙的隔热能力。为了防止玻璃破碎，最好采用钢化玻璃。金属框可用钢、铜、铝等材料，由于铝合金具有质轻、耐腐蚀、可挤压成型等优点，故大多数玻璃幕墙都采用铝合金框，其安装方式参见图 15-29c。

玻璃幕墙虽有其独特的艺术效果，但它的保温隔热性能差，造价高，玻璃易破碎，擦

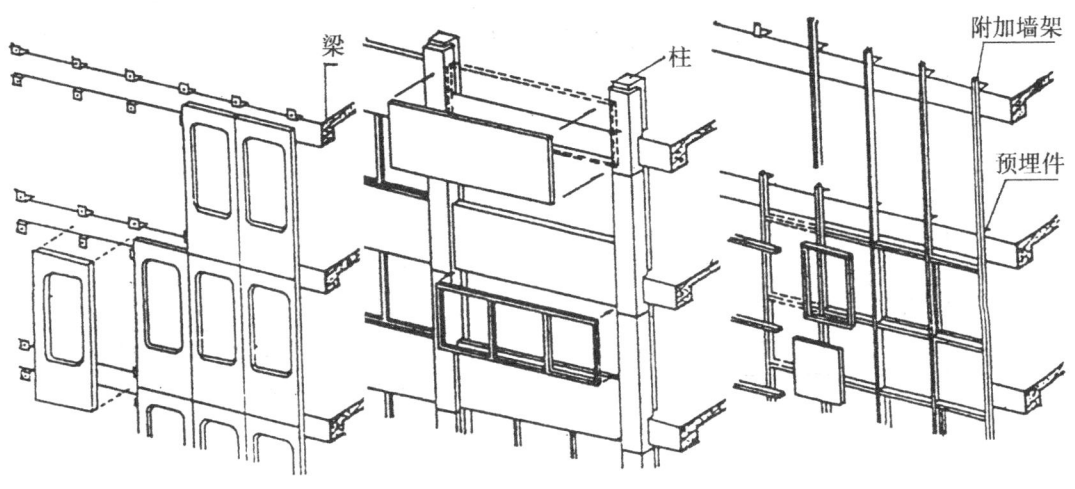

(a) 外墙板安装在框架外侧　　(b) 外墙板安装在框架之间　　(c) 外墙板安装在附加墙架上

图 15-29　外墙板的布置方式

洗玻璃需要配备专门的擦窗机，因此玻璃幕墙的采用受到一定的限制，一般多用于公共建筑。

玻璃幕墙以其构造方式分为有框和无框两类。在有框玻璃幕墙中又有明框与隐框两种，近年来还出现了一种点支承玻璃幕墙。

15.4.4.5　铝板幕墙

铝板幕墙的构造组成和隐框幕墙类似，也需要制作板块，在其外立面上看不见骨架框格。其骨架体系与玻璃幕墙相同，也是由内竖梃和横档组成，通常受力也是以竖梃为主。铝板常与硬塑料加工成为铝塑板，其表面采用喷涂处理，使得其表面具有丰富色彩，并具备优异的抗腐蚀、抗裂、抗褪色等性能。

15.5　其他类型的工业化建筑

15.5.1　滑模建筑

滑模建筑系指用滑升模板现浇混凝土墙的一种建筑。滑模现浇墙的施工原理是利用墙体内钢筋作支承杆，由油压千斤顶带动模板系统沿支承杆不断向上滑行，随升随浇筑混凝土，直至整个墙体完成（图 15-31）。其优点是结构整体性好，施工速度快，机械化程度高，节省模板，少占施工场地；缺点是操作难度较大，墙体的垂直度易出现偏差。这种施工方法适宜于外形简单整齐，上下壁厚相同的建筑物和构筑物，如水塔、烟囱、筒仓等构筑物以及体型简单的多层和高层建筑物。

在高层民用建筑中，采用滑模施工一般有三种做法：一种是内外墙体都用滑模施工；一种是内墙使用滑模施工，外墙用装配方式；还有一种是仅用滑模浇筑电梯间等建筑的筒体核心结构部分，建筑物的其余部分仍用骨架或壁板等方式施工（图 15‑32）。

在滑模建筑中，墙体滑升很快，应采取措施使楼板施工能配合进行。目前，有以下几种方法可供参考，如图 15‑33 所示。

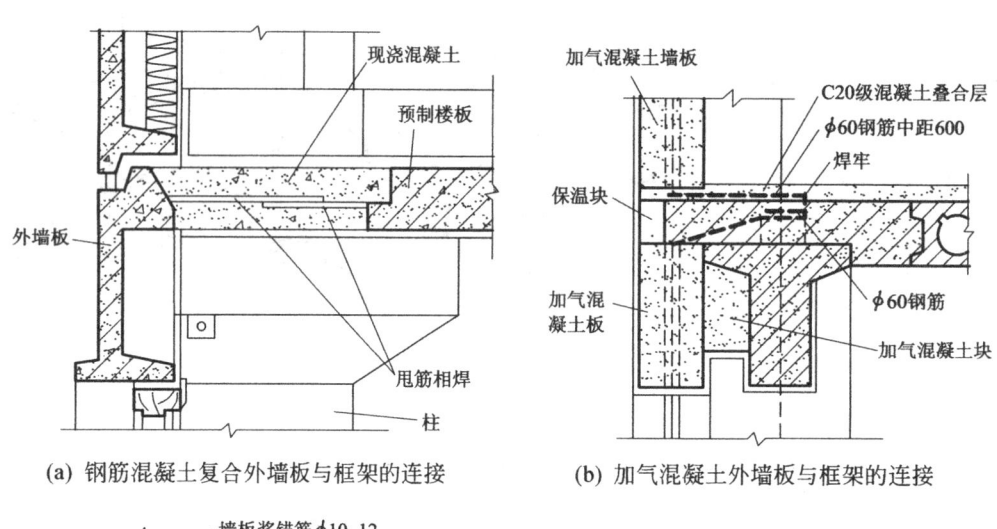

(a) 钢筋混凝土复合外墙板与框架的连接

(b) 加气混凝土外墙板与框架的连接

(c) 钢丝网水泥复合外墙板与框架的连接

(d) 加气混凝土外墙板与框架的连接

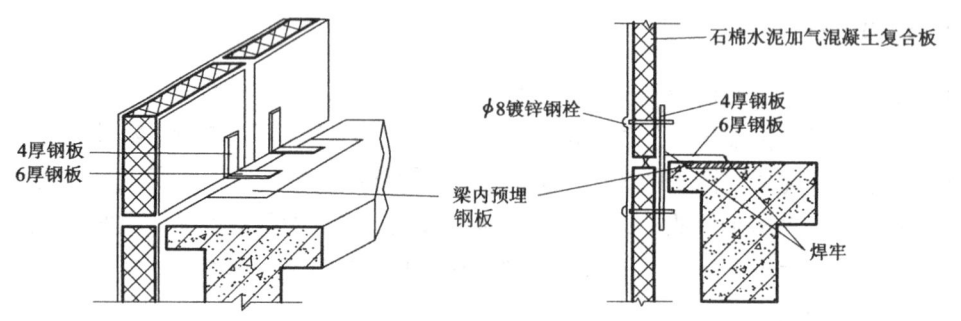

(e) 石棉水泥复合外墙板与框架的连接

图 15‑30 外墙板与框架连接

为了发挥滑模施工的特点,建筑平面应简单规整,开间要适当加大,不能有突出的横线条。为了抵抗模板滑升时的摩擦阻力,墙体的厚度要适当加大一些,外墙面必要时可以利用模板滑出竖线条,也可以作喷涂或其他饰面。

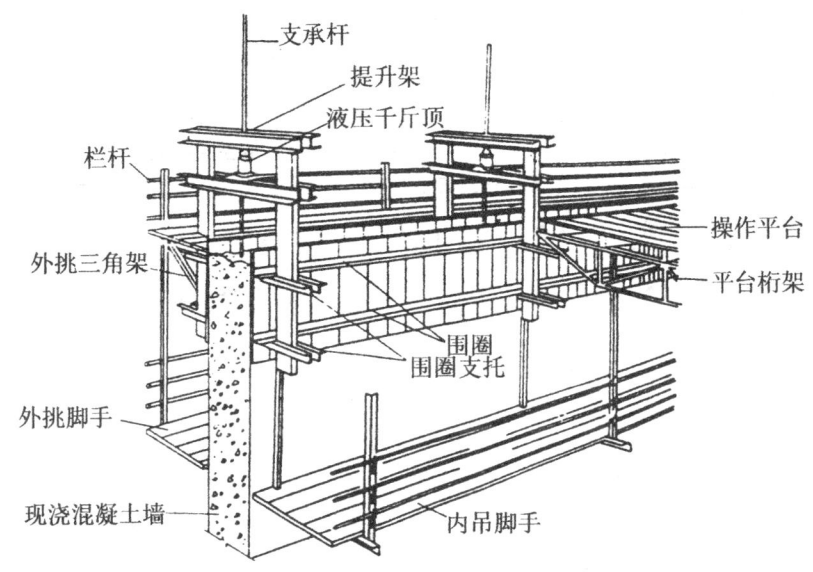

图 15-31 滑模示意

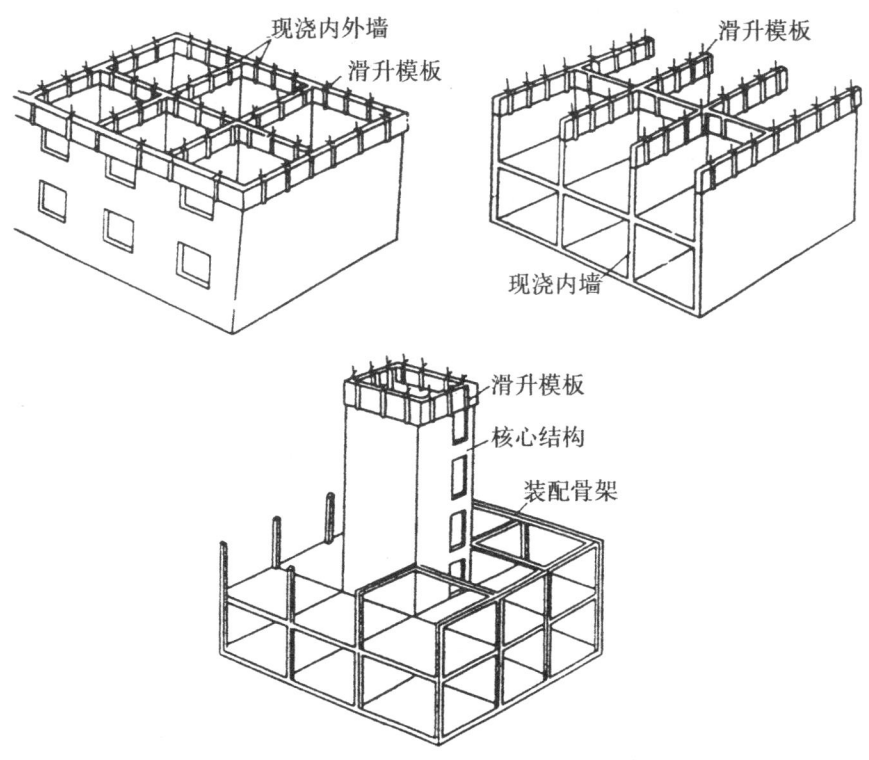

图 15-32 几种常见的滑模做法

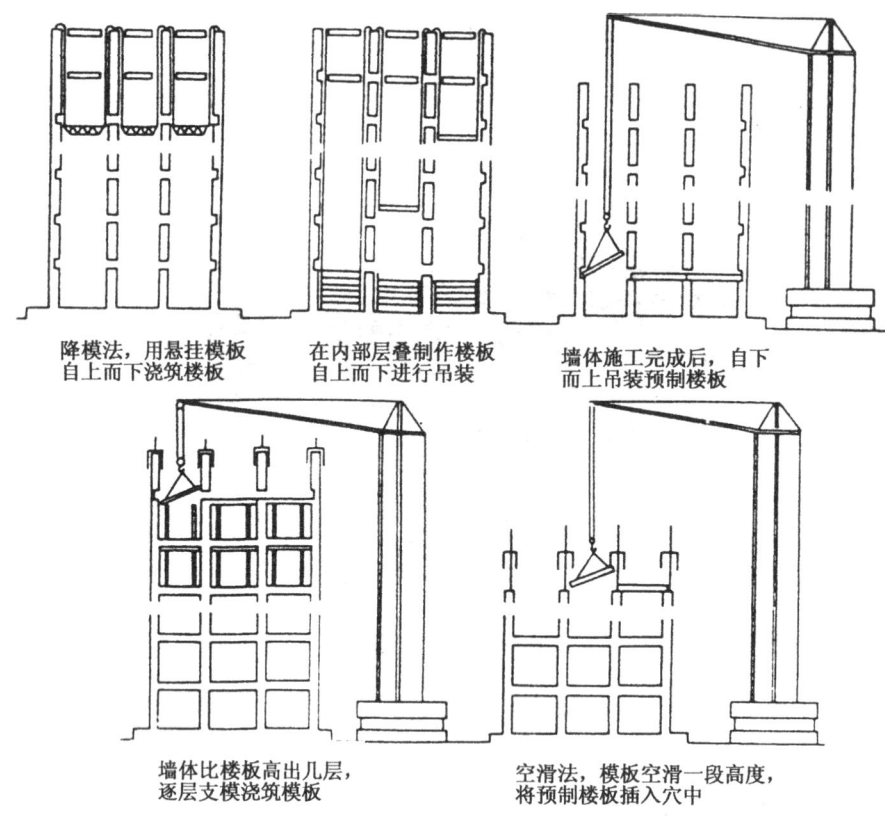

图 15-33 滑模建筑中楼板施工的不同方法

采用滑模施工,结构整体性好,墙体施工速度快、机械化程度较高。存在的问题是垂直度不易保证,墙体厚度需要较大,否则易出现抗裂现象。

15.5.2 升板建筑

升板建筑是指利用房屋自身的柱作导杆,将预制楼板和屋盖提升就位的一种建筑(图15-34)。它具有节约模板、简化工序、提高工效、减少高空作业、施工设备简单、施工受季节影响小等优点。由于它所需的施工场地较小,特别适用于城市狭小工地和山区工程建设。目前,我国多用于隔墙少、楼面荷载大的建筑,如商场、书库和其他仓储建筑。建筑物外墙可用砌块墙、砖墙、预制墙板和滑模现浇墙等。图 15-35 为升板建筑的施工顺序,图15-35a 做基础:平整施工场地开挖基槽,施工基础;图15-35b 立柱子:以立好的柱子作为提升楼板和屋盖的导杆,柱子可分段现浇或预制拼接;图15-35c 打地坪:室内地坪回填土后作为叠浇第一层楼板的底模;图15-35d 叠浇板:各层楼板重叠浇筑,板与板间作隔离层;图15-35e 逐层提升,各层楼板自上而下逐层提升,考虑到柱子的稳定性,板与板的提升间隔不宜过大;图15-35f 逐层就位:楼板提升到设计标高后,从底层开始自下而上逐层就位,并加以永久固定。

升板建筑的楼板通常为钢筋混凝土平板、双向密肋板以及预应力板。平板制作简单,较常用,柱网尺寸常为 6m 左右;双向密肋板的刚度较大,适应于 6m 以上的柱网;预应力混凝土板是由于施加预应力后,改善了板的性能,可适用于 9m 左右的柱网。

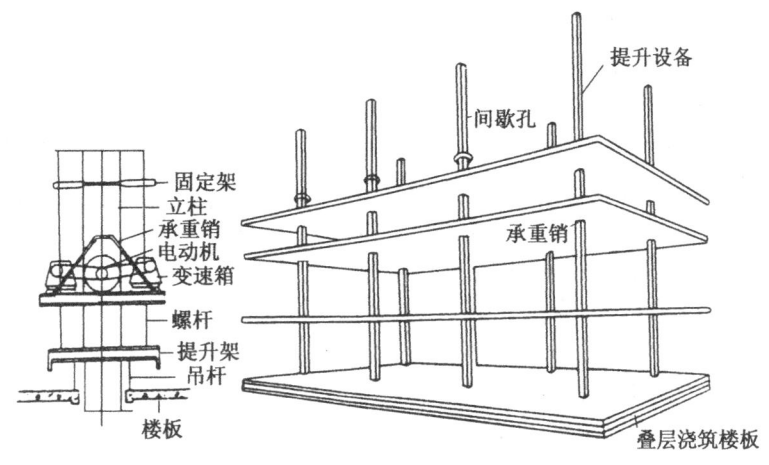

图 15-34 升板建筑

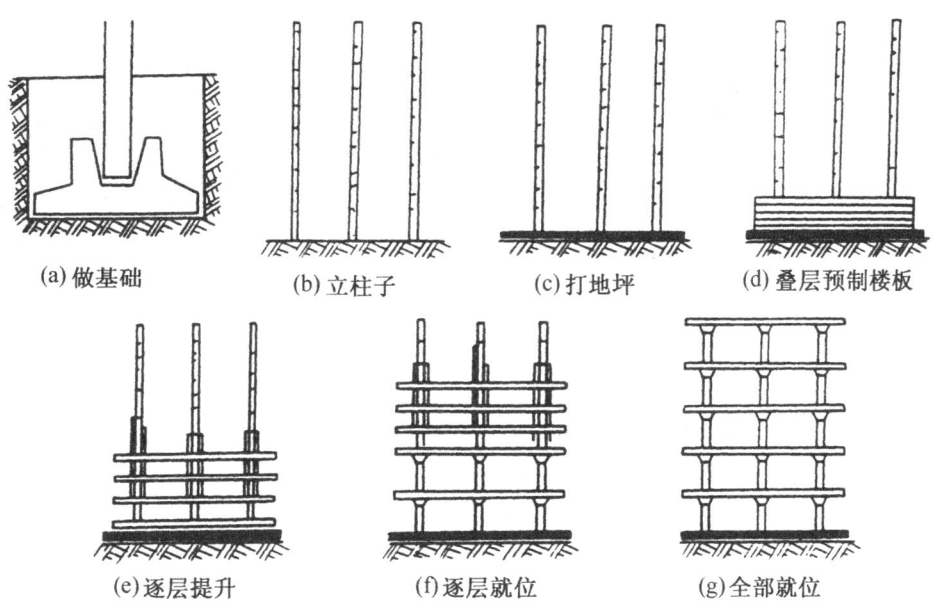

图 15-35 升板建筑施工顺序

15.5.3 盒子建筑

盒子建筑是指在工厂预制成整间的空间盒子结构，运到工地进行组装的建筑（图 15-36）。一般在工厂不但完成盒子的结构部分和围护部分，而且内部的装修也都在工厂做好，有些甚至连家具、地毯、窗帘等都已布置好，只要安装完成，接通管线，即可交付使用。

盒子建筑的优点在于：工厂化程度高，现场工作量少；全部装配化，极少湿作业，机械化程度高，劳动强度低；生产效率高，建设速度快；盒子构件空间刚度好，自重小。但这种建筑由于盒子尺寸大，工序多而杂，对工厂的生产设备、盒子运输设备、现场吊装设备要求高，投资大，技术要求高。

盒子构件的主要制作材料有钢、钢筋混凝土、木、铝、塑料。盒子构件的高度与层高相应，长宽尺寸根据盒子内小空间结合情况而定，如一个、三个房间为一个盒子。又如住宅的厨房或住宅、宾馆的卫生间等也可以做成独立的盒子，这类房间的空间小，设备多，管线集中，一切设备、管线和装修工程均于预制厂中完成。采用卫生间盒子，有利于减少这类房间在现场的工作量。

图 15-36 盒子建筑

钢筋混凝土盒子构件可以是整浇式或拼装式。后者是以板材形式预制再拼合连接成完整的房间盒子（图 15-37）。

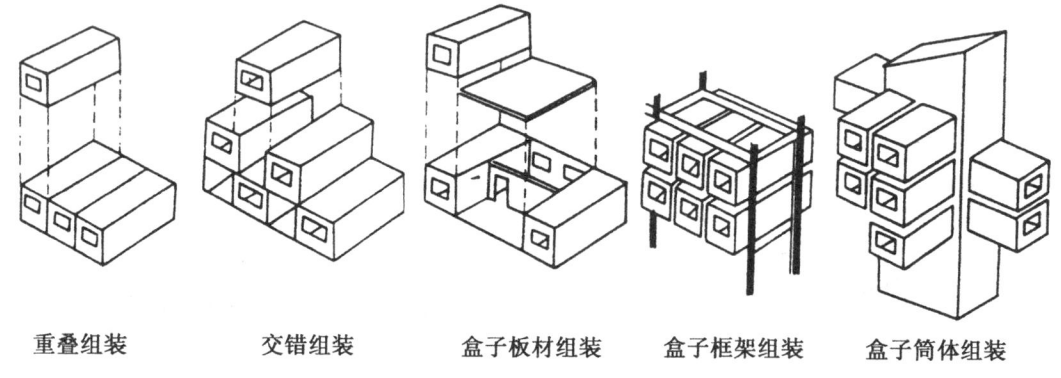

重叠组装　　交错组装　　盒子板材组装　　盒子框架组装　　盒子筒体组装

图 15-37 盒子建筑组装方式

由房间盒子组装成的建筑有多种形式，如重叠组装式——上下盒子重叠组装；交错组装式——上下盒子交错组装；与大型板材联合组装式；与框架结合组装式——盒子支承和悬挂在刚性框架上，框架是房屋的承重构件；与核心筒体相结合——盒子悬挑在建筑物的核心筒体外壁上，成为悬臂式盒子建筑等（图 15-38）。

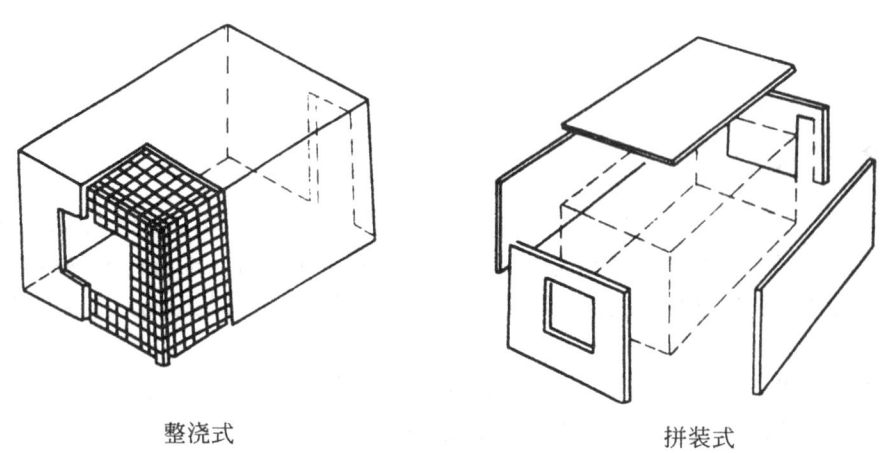

整浇式　　　　　　　　　拼装式

图 15-38 盒子建筑组装方式

第16章 建筑节能设计及构造

早在20世纪70年代，建筑节能概念就被正式提出。建筑节能的核心是：在建筑中合理使用和有效利用能源，不断提高能源利用效率。同时，建筑节能需以不影响人们感觉舒适度为前提，一般控制在冬季室温不低于18℃、夏季室温不高于26℃为宜。

建筑节能是系统工程，也可以说是一个"节能链"，它包含建筑材料和制品的选择与生产、建筑规划与设计、建筑施工技术与管理、建筑设备的设计与选型、建筑使用过程中自然能源的开发与利用，采暖、空调等设备启动后的能耗节省，以及各个环节相互间的联系与协调。建筑使用过程中的能耗，主要包括建筑采暖、空调、热水供应、电气、炊事等方面的能耗，见表16-1。通过建筑围护结构散失的能量和供热、制冷系统的能耗在整个建筑能耗中占大部分。就建筑节能设计而言，主要包括规划设计、建筑设计及设备设计三个方面。建筑节能设计是建立在满足合理的舒适要求前提下，通过技术减少建筑能耗，提高能源的使用效率，满足建筑节能的要求。

表 16-1 我国建筑能耗的构成

建筑能耗项目	采暖空调	热水供应	电气	炊事
占比（%）	65	15	14	6

16.1 概述

16.1.1 我国建筑节能发展现状

1. 建筑节能的重要意义

（1）建筑节能是经济发展的需要。建筑从建材生产、建筑施工直到建筑物的使用无处不在消耗着能源。资料统计表明欧美等发达国家的建筑能耗占全国总能耗的1/3左右，我国也占25%以上，因此在建筑中推广节能技术势在必行。

（2）建筑节能是环境保护的需要。目前应用的能源主要是煤炭、石油、天然气等不可再生能源。这些能源在使用过程中会排放大量的有害物质（二氧化碳、硫、氮氧化物等），是造成大气污染和生态环境破坏的重要原因。因此，提倡建筑节能、减少污染物的排放也是改善生存环境、提高生活质量的一种有效的方法。

（3）建筑节能是提高人民生活水平的需要。随着人民生活水平的不断提高，人们追求更加舒适的建筑生活环境。冬季采暖、夏季空调都需要能源的供应。而在当前能源十分紧张的状况下，节约建筑能耗就显得尤为重要了。

2．我国建筑节能的发展概况

我国的建筑节能工作始于1986年，颁布了第一部节能设计标准《民用建筑节能设计标准》（采暖居住建筑部分）（JGJ26—86）。该标准是在我国20世纪80年代初住宅设计标准的基础上节能30%；1995年将这一节能目标提高到50%；2000年《建筑节能管理办法》颁布；2002年夏热冬冷地区（过渡地区）的建筑节能规划出台；2004年夏热冬暖地区（南方地区）的建筑节能标准颁布。在"十一五"计划中，居住建筑和公共建筑的新节能标准分别要求实现节能65%和50%的目标。随着建筑节能法规和标准的逐步完善，建筑节能将得到进一步普及和推广。

3．我国发展建筑节能的紧迫性

（1）冬寒夏热是中国气候的主要特点。

冬季，西伯利亚和蒙古高原的寒流频繁南侵；夏季，大陆腹地受到强烈的太阳辐射。我国1月各地平均气温与世界上同纬度地区的平均温度相比，大体上东北地区气温偏低14～18℃，黄河中下游地区偏低10～14℃，长江南岸偏低8～10℃，东南沿海偏低5℃左右；而7月各地平均温度却大体要高出1.3～2.5℃。与此同时，我国东南地区常年保持高湿度，整个东部地区夏季温度也很高，即夏季闷热，冬季潮凉，此种不良的气候条件，导致采暖空调能耗很高。

（2）我国建筑用能数量巨大，浪费严重。

我国节能工作与发达国家相比起步较晚，能源浪费又十分严重，与气候条件接近的发达国家相比，我国居住建筑单位面积采暖能耗为他们的3倍左右，而且室内热环境很差。现在这些高耗能建筑冬季采暖与夏季空调的使用正日益普遍，能源浪费更加严重。

（3）我国北方城市冬季采暖期空气污染十分严重。

从全国总体来看，总悬浮颗粒、二氧化碳和氮氧化物等大气污染物指标，北方城市重于南方城市，采暖期重于非采暖期。由此可见，建筑采暖是城市大气的一个主要污染源。只有从源头上减少建筑采暖能耗，才能使北方城市采暖大气污染的情况得到根本改变。

16.1.2 建筑节能设计的原则

1．建筑节能的阶段控制原则

在项目建设的各阶段必须贯彻始终如一的能源意识，密切各阶段、各工种间的协作配合，才能获得最大的综合节能效果。

在建筑规划阶段，要慎重考虑建筑物的朝向、间距、体型、绿化配置、风向等因素对节能的影响。而在初步设计阶段，则需审慎地对建筑本身的体型、体量等做出选择。至于材料、构造做法及采暖、通风、采光、照明、电气等各个环节对节能的影响，主要在技术设计和施工图设计阶段中解决。但在初设阶段，也需给予综合考虑。而在施工过程中，诸如施工质量等问题，也会影响到总的节能效果。

2．基本节能设计策略的确定

我国幅员辽阔，为实现上述要求所能采取的方法在各地区不尽相同。国家标准中将全国划分为五个热工气候分区：严寒地区、寒冷地区、夏热冬冷地区、夏热冬暖地区、温和气候区。为了更好地指导节能设计实践，可以再引入气象地理学中的气候分区方法，即：海洋性气候区、内陆性气候区和山地气候区。将两种分区方法组合，可以得到15种不同的特征气候区。对于每一特征设计气候区，可根据热工学、气象学、地理学找出其地区典型气候特征，并进而确定节能处理的一般原则。以此为基础，可对该区域内的建筑节能设计策略作更进一步的探讨。如确定主朝向控制原则、体型系数限值、表面色彩运用原则及材料运用和构造处理原则等。

对于整个建筑节能体系而言，除上述建筑设计指导原则外，尚需将如何选择建筑设备体系和有效利用自然能源等，纳入基本节能设计策略之中。

16.1.3 建筑热工性能基本知识

16.1.3.1 我国的气候分区

我国《民用建筑热工设计规范》（GB50176—93）从建筑热工设计的角度，对我国各地气候作区域划分，共分为五大区，具体分区及设计要求见表16-2。

表16-2 建筑热工设计分区及设计要求

分区名称	分区指标		设计要求
	主要指标	辅助指标	
严寒地区	最冷月平均温度≤-10℃	日平均温度≤5℃的天数不小于145d	必须充分满足冬季保温要求，一般可不考虑夏季防热
寒冷地区	最冷月平均温度0～-10℃	日平均温度≤5℃的天数90～145d	应满足冬季保温要求，部分地区兼顾夏季防热
夏热冬冷地区	最冷月平均温度0～10℃ 最热月平均温度25～30℃	日平均温度≤5℃的天数0～90d，日平均温度≥25℃的天数40～110d	必须满足夏季防热要求，适当兼顾冬季保温
夏热冬暖地区	最冷月平均温度>10℃ 最热月平均温度25～29℃	日平均温度≥25℃的天数100～200d	必须充分满足夏季防热要求，一般可不考虑冬季保温
温和地区	最冷月平均温度0～13℃ 最热月平均温度18～25℃	日平均温度≤5℃的天数0～90d	部分地区考虑冬季保温，一般可不考虑夏季防热

16.1.3.2 围护结构的传热过程与传热方式

围护结构的传热需经过三个过程，即吸热、传热和放热。围护结构冬季的传热过程如图16-1所示，每一种传热过程都是三种基本传热方式的综合。

(1) 吸热：指外围护结构的内表面从室内空气中吸热的过程。

(2) 传热：指在围护结构内部由高温向低温一侧传递热量的过程。

(3) 放热：指由围护结构的外表面向低温的空间散发热量的过程。

热量在传递过程中，会产生热损失。这说明在传热过程中会遇到各种阻力，使其热量不致突然消失。热量从围护结构一侧空间传至另一侧空间时，会受到三方面的阻力：在内表面吸热阶段遇到的阻力称内表面换热阻，又称感热阻，以 R_i 表示；在围护结构内部所遇到的阻力称材料的热阻，以 R 表示；在外表面散热阶段所遇到的阻力称外表面换热阻，又称散热阻，以 R_e 表示。三者之和就是围护结构的总传热阻，以 R_0 表示，即 $R_0 = R_i + R + R_e$。其中，R_i、R_e 为常数；R 与材料的导热系数成反比，与围护结构的厚度成正比。

在建筑热工中，R_0 是衡量围护结构在稳定传热条件下保温性能的一个重要的热工指标。R_0 越大，则通过围护结构所传出的热量就越少，这说明围护结构的保温性能越好。反之，R_0 越小，则通过围护结构所传出的热量就越多，说明围护结构的保温性能越差。

在建筑节能设计中，提高围护结构的总热阻是提高围护结构的保温与隔热能力的一项重要措施。

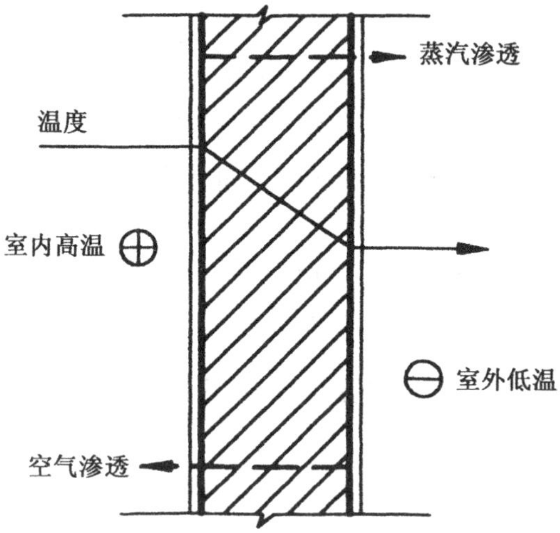

图 16-1 冬季建筑围护结构传热过程

16.1.3.3 建筑中的热平衡

建筑的得热和失热主要包括十个方面，如图 16-2 所示。①～⑤为得热部分，⑥～⑩为失热部分。

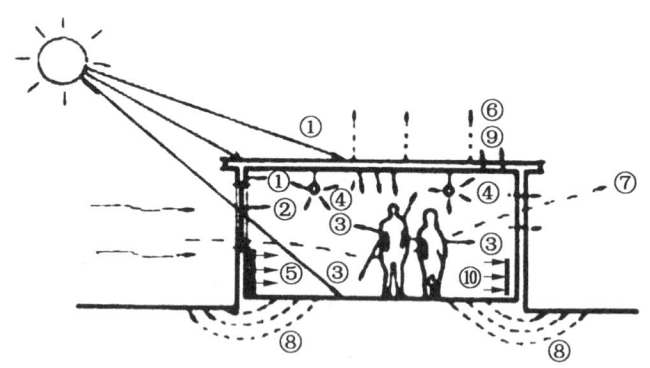

图 16-2 建筑热平衡

①通过墙和屋顶的太阳辐射得热；②通过窗的太阳辐射得热；③居住者的人体散热；④电灯和其他设备散热；⑤采暖设备散热；⑥通过外围护结构的传热和对流辐射向室外散热；⑦空气渗透和通风带走热量；⑧地面传热；⑨室内水分蒸发，水蒸气排出室外所带走的热量；⑩制冷设备吸热

为取得建筑中的热平衡，让室内处于稳定的适宜温度中，在室内达到热舒适环境后应使上图各项得热总和等于失热总和。即：①+②+③+④+⑤=⑥+⑦+⑧+⑨+⑩。

16.1.3.4 围护结构的传热方式

围护结构的节能设计不仅是简单的增加墙厚或提高保温性能，而且要根据建筑的室内外热量传递状况、传热部位以及建筑结构形式结合当地气候特征，采取不同的措施和处理方法。建筑物的传热并非以一种传热方式单独进行，大多是导热、对流、辐射三种方式综合作用的结果。

1. 导热

导热是接触的物体由于有温度差时,质点作热运动而引起的热能传递过程。在固体、液体、气体中都存在导热现象,其各自的导热机理不同。气体:分子作无规则运动时相互碰撞而导热。液体:通过平衡位置间歇移动着的分子振动引起导热。固体:由平衡位置不变的质点振动引起导热。金属:通过自由电子的转移而导热。绝大多数的建筑材料(固体)中的热传递为导热过程。

导热系数 λ 是指温度在其法线方向的变化率(温度梯度)为1℃/m时,在单位时间内通过单位面积的导热量,单位为$[W/(m^2 \cdot K)]$,如图16-3所示。导热系数大,表明材料的导热能力强。其物理意义是在稳定传热状态下当材料厚度为1m、两表面的温差为1℃时,在1小时内通过$1m^2$截面积的热量。各种物质的导热系数均由实验确定。金属的导热系数最大,非金属和液体次之,气体最小。影响导热系数数值的因素有:物质的种类(液体、气体、固体)、结构成分、密度、湿度、压力、温度等。各种材料的 λ 值大致范围是:气体为$0.006 \sim 0.6 W/(m^2 \cdot K)$;液体为$0.07 \sim 0.7 W/(m^2 \cdot K)$;建筑材料和绝热材料为$0.025 \sim 3 W/(m^2 \cdot K)$;金属为$2.2 \sim 420 W/(m^2 \cdot K)$。导热系数小于$0.25$(或$0.30$)$W/(m^2 \cdot K)$的材料叫隔热材料(绝热材料),如石棉制品、聚苯乙烯制品、不流动的空气等。

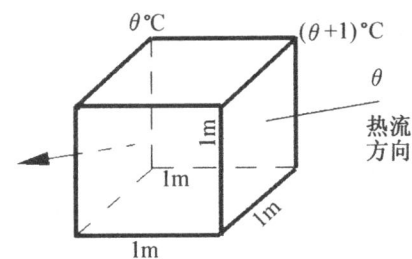

图16-3 导热系数物理量示意图

2. 对流和表面对流换热

(1) 自然对流和受迫对流

自然对流是由于流体冷热部分的密度不同而引起的流动。空气的自然对流是由于空气温度愈高密度愈小,当环境中存在空气温差时,低温密度大的空气与高温密度小的空气之间形成压力差(热压),产生自然对流。受迫对流是由于外力作用(如风吹泵压)而迫使流体产生对流。外力愈大,对流速度愈大。

(2) 对流传热和对流换热

对流传热只发生在流体之间,流体之间发生相对运动传递热能。对流换热包括流体之间的对流传热,也包括流体与固体之间的导热过程。

(3) 表面对流换热

表面对流换热是指在空气温度与物体表面的温度不等时,由于空气沿壁面流动而使表面与空气之间所产生的热交换。表面对流换热量取决因素有温度差、热流方向(从上到下或从下到上，或水平方向）、气流速度、物体表面状况（形状粗糙程度）等。

3. 辐射换热

辐射换热的特点是发射体的热能变为电磁波辐射能，被辐射的物体又将所接受的辐射能转换成热能，温度越高，热辐射愈强烈。

由于室内外的温差，室内热量通过对流、传导、辐射等方式，经过外围护结构向室外散失。温差越大，则散失热量越多。为了保持室内一定的温度条件，就必须为室内不断地提供热源来补充由于传热而产生的热损失。热损失越大，则燃料的消耗也就越多。所以为了节能，必须采取相应的措施使围护结构具有保温功能。

16.2 建筑规划与节能设计

16.2.1 建筑选址

在进行节能建筑设计时，首先要全面了解建筑所在位置的气候条件、地形地貌、地质水文资料、当地建筑材料情况等。设计前应综合不同的资料充分利用建筑所在环境的自然资源条件，并在尽可能少用常规能源的条件下，遵循气候设计方法和建筑技术措施，创造出人们生活和工作所需要的室内环境。

1. 注意地形条件对建筑能耗的影响

选址时建筑不宜布置在山谷、洼地、沟底等凹形地域。这是因为冬季冷气流在凹地里形成对建筑物的"霜洞"效应，位于低洼处的底层或半地下室层面的建筑若保持所需的室内温度，所耗的能量将会增加。图16-4所示为"霜洞"效应示意图。

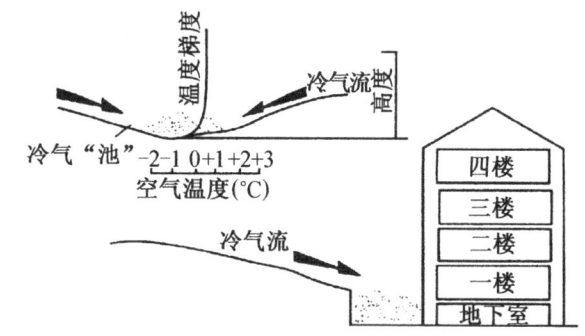

图16-4 低洼地区对建筑物的"霜洞"效应

2. 建筑应尽量向阳、避风建造

人们日常生活、工作中离不开阳光，太阳光对人类有着不可替代的作用。在居住建筑设计中应从以下几个方面争取最佳日照：

（1）居住建筑的基地应选择在向阳、避风的地段上。

冷空气对建筑物围护体系的风压和冷风渗透均对建筑物冬季防寒保温带来不利影响，尤其严寒地区和寒冷地区冬季对建筑物和室外气候威胁很大。居住建筑应选择避风基址建造，应以建筑物围护体系不同部位的风压分析图作为设计依据，进行围护体系的建筑保温与建筑节能以及开设各类门窗洞口和通风口的设计。

（2）注意选择建筑的最佳朝向。

对严寒和寒冷地区，居住建筑朝向应以南北向为主，这样可使每户均有主要房间朝南，对争取日照有利。同时，建筑朝向可在不同地区的最佳建筑朝向范围内作一定的调整，以争取更多的太阳辐射量和节约用电。

(3) 选择满足日照要求、不受周围其他建筑严重遮挡的基地。

(4) 利用住宅建筑楼群合理布局争取日照。

住宅组团中各住宅的形状、布局、走向都会产生不同的风影区。随着纬度的增加，建筑身后的风影区的范围也增大。所以在规划布局时，应注意从各种布局处理中争取最好的日照。

16.2.2 建筑组团布局

影响建筑规划设计组团布局的主要气候现象有：日照、风向、气温、雨雪等。在我国严寒地区及寒冷地区进行规划设计时，可利用建筑的布局，形成优化微气候的良好界面，建立气候防护单元，对节能很有利。设计组织气候防护单元，要充分根据规划地域的自然环境因素、气候特征、建筑物的功能、人员行为活动特点等形成完整的庭院空间。充分利用和争取日照、避免季风的干扰，组织内部气流，利用建筑的外界面，形成对冬季恶劣气候条件的有利防护，改善建筑的日照和风环境，以便节能。

建筑群的布局可以从平面和空间两个方面考虑。一般的建筑组团平面布局有行列式、错列式、周边式、混合式、自由式几种，如图 16-5 所示。它们都有各自的特点。

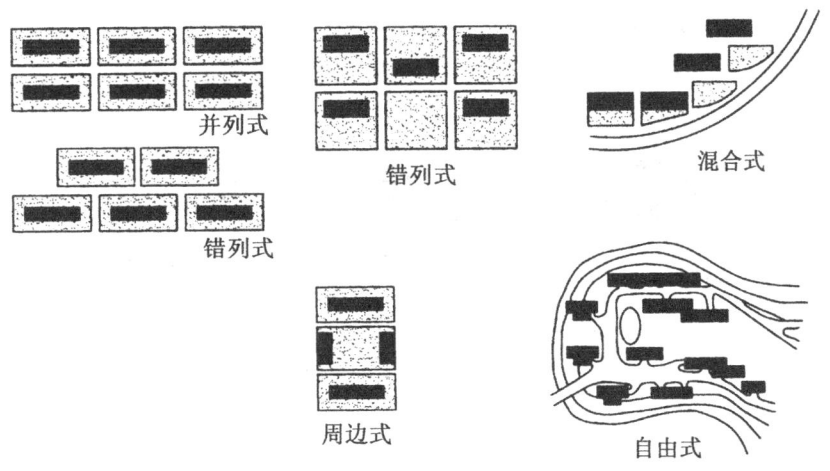

图 16-5 建筑组团形式

行列式：建筑物成排成行地布置，这种方式能够争取最好的建筑朝向，使大多数居住房间得到良好的日照，并有利于通风，是目前我国城乡中广泛采用的一种布局方式。行列式又可分为并列式、错列式和斜列式。其中错列式可以避免"风影效应"，同时利用山墙空间争取日照。

周边式：建筑沿街道周边布置，这种布置方式虽然可以使街坊内空间集中开阔，但有相当多的居住房间得不到良好的日照，对自然通风也不利。所以这种布置仅适于北方寒冷地区。

混合式：是行列式和部分周边式的组合形式。这种方式可较好地组成一些气候防护单元，同时又有行列式的日照通风的优点，在北方寒冷地区是一种较好的建筑群组团方式。

自由式：当地形复杂时，密切结合地形构成自由变化的布置形式。这种布置方式可以充分利用地形特点,便于采用多种平面形式和高低层及长短不同的体型组合。可以避免互相遮挡阳光,对日照及自然通风有利,是最常见的一种组团布置形式。

另外,规划布局中要注意点、条组合布置,将点式住宅布置在好朝向的位置,条状住宅布置在其后,有利于利用空隙争取日照,如图 16-6 所示。建筑布局时,还要尽可能注意使道路走向平行于当地冬季主导风向,这样有利于避免积雪。若将高度相似的建筑排列在街道的两侧,并用宽度是其高度的2~3倍的建筑与其组合形成风漏斗现象,如图 16-7 所示。这种风漏斗可以使风速提高 30% 左右,加速建筑热损失,所以在布局时应尽量避免。

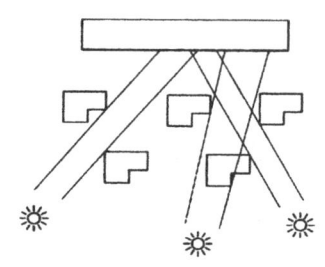

图 16-6 条形与点式建筑结合布置争取日照

在组合建筑群中,当一栋建筑远高于其他建筑时,它在迎风面上会受到沉重的下冲气流的冲击,如图 16-8b 所示。另一种情况出现在若干栋建筑组合时,在迎冬季来风方向减少某一栋,均能产生由于其间的空地带来的下冲气流,如图 16-8c 所示。这些下冲气流与附近水平方向的气流形成高速风及涡流,从而加大风压,造成热损失加大。

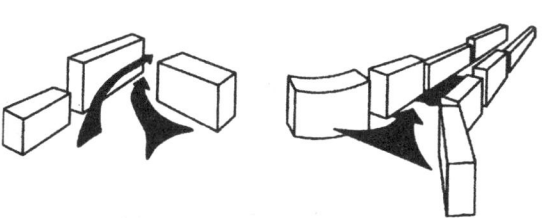

图 16-7 风漏斗改变风向与风速

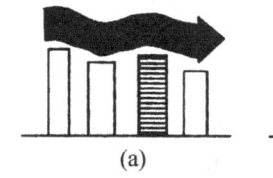 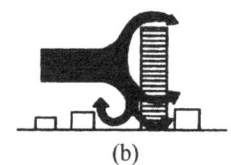 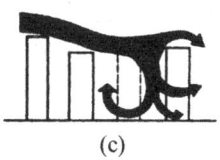

(a)　　　　　　(b)　　　　　　(c)

图 16-8 建筑物组合产生的下冲气流

16.2.3 建筑朝向的选择

朝向选择的基本原则是在冬季应有适量的阳光射入室内,避免冷风吹袭;夏季应尽量避免日晒(尤其是东西的日晒),并有良好的自然通风。从节能和热环境角度考虑,建筑物以南北向或接近南北向为好,避免东西向,若不能都为南北向,主要房间宜设在冬季背风、朝阳的部位,从而减少围护结构的散热量。表 16-3 为我国部分地区建议朝向,朝向选择如图 16-9 所示。另外,也应注意建筑间距、建筑群的

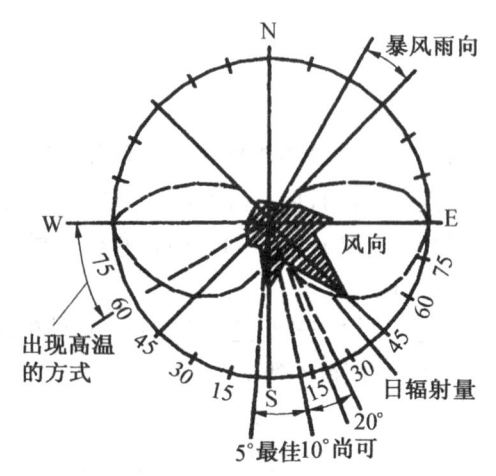

图 16-9 建筑物朝向选择

平面布置与节能的关系，使建筑南墙的太阳辐射面积在整个采暖季节中不因其他建筑的遮挡而减少。

表 16-3 我国部分地区建议朝向表

地 区	最佳朝向	适宜朝向	不宜朝向
北京地区	南偏东 30°以内或南偏西 30°以内	南偏东 45°以内或南偏西 45°以内	北偏西 30°～60°
上海地区	南至南偏东 15°	南偏东 30°或南偏西 15°	北或西北
石家庄地区	南偏东 15°	南至南偏东 30°	西
太原地区	南偏东 15°	南偏东至东	西北
呼和浩特地区	南至南偏东或南至南偏西	东南或西南	北或西北
哈尔滨地区	南偏东 15°～20°	南至南偏东 20°或南至南偏西 15°	西北或北
长春地区	南偏东 30°或南偏西 10°	南偏东 45°或南偏西 45°	北或东北或西北
沈阳地区	南或南偏东 20°	南偏东至东或南偏西至西	东北东至西北西
济南地区	南或南偏东 10°～15°	南偏东 30°	南偏北 5°～10°
南京地区	南偏东 15°	南偏东 25°或南偏西 10°	西或北
合肥地区	南偏东 5°～15°	南偏东 15°或南偏西 5°	西
杭州地区	南偏东 10°～15°	南或南偏东 30°	北或西
福州地区	南或南偏东 5°～10°	南偏东 20°以内	西
郑州地区	南偏东 15°	南偏东 25°	西北
武汉地区	南偏西 15°	南偏东 15°	西或西北
长沙地区	南偏东 9°左右	南	西或西北
广州地区	南偏东	南或偏东	西

16.3 建筑体型与节能设计

16.3.1 建筑平面的节能设计

1. 建筑平面形状

建筑的平面形状在满足建筑物用地地块形状与建筑功能的要求下，在建筑体积 V 相同的条件下，平面设计应注意使围护结构表面积 A 与建筑体积 V 之比尽可能地小，以减少表面的散热量。表 16-4 中列出相同体积下，不同平面形式的能耗大小。

表 16-4 建筑平面形状与能耗关系

平面形状	正方形	长方形	细长方形	L 形	回字形	U 形
A/V	0.16	0.17	0.18	0.195	0.21	0.25
热耗(%)	100	106	114	124	136	163

2. 建筑长度、宽度与节能的关系

以居住建筑物为例，建筑长度、宽度与其能耗的关系如表 16-5、16-6 所示，说明适当地增加建筑物的长度、宽度对节能有利。

表 16-5　建筑长度与热耗的关系（单位%）

室外计算温度（℃）	住宅建筑长度（m）				
	25	50	100	150	200
-20	121	110	100	97.9	96.1
-30	119	109	100	98.3	96.5
-40	117	108	100	98.3	96.7

表 16-6　建筑宽度与热耗的关系（单位%）

室外计算温度（℃）	住宅建筑宽度（m）							
	11	12	13	14	15	16	17	18
-20	100	95.7	92	88.7	86.2	83.6	81.6	80
-30	100	95.2	93.1	90.3	88.3	86.6	84.6	83.1
-40	100	96.7	93.7	91.9	89.0	87.1	84.3	84.2

3. 建筑平面布局与节能的关系

不同房间的使用要求不同，因而，其室内热环境也各异。在冬季采暖地区的设计中，应根据这种对热环境的需求合理分区，即将热环境质量要求相近的房间相对集中布置，对热环境质量要求较高的房间集中设于温度较高区域，从而最大限度地利用日辐射，以使室内具有较高温度。对热

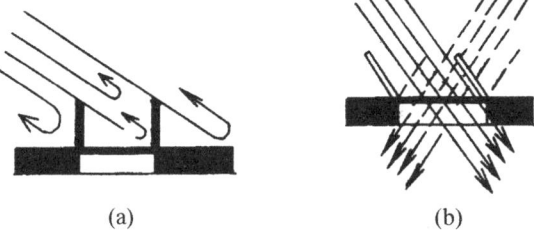

图 16-10　不同门窗位置的通风效果

环境质量要求较低的房间，集中设于平面中温度相对较低的区域，以减少供热能耗。

对于夏季的防热设计要求，可以通过门窗位置布置的不同来实现良好的自然通风效果，如图 16-10 所示。另外，门窗及其他构造平面形式的合理选择，对于自然通风也有良好的改善作用，如图 16-11 所示。

16.3.2　建筑体型的节能设计

1. 建筑体型系数

体型系数是指建筑物与室外大气接触的外表面积（不包括地面）与其所包围的建筑体积的比。体型系数越大，表明单位建筑空间所分担的散热面积越大，能耗就越多，如图 16-12。研究资料表明：体型系数每增加 0.01，耗热量指标增加 2.5%。严寒地区及寒冷地区，居住建筑体型系数宜控制在 0.30 以下。

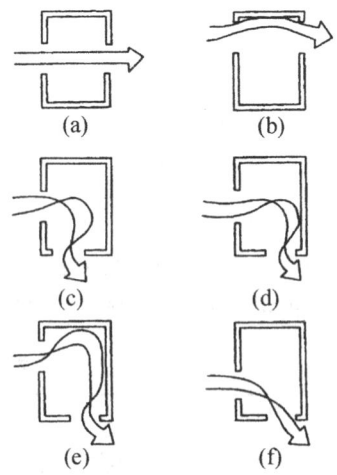

图 16-11　利用窗扇构造导风

建筑物的体型系数常受多种因素影响，且人们的设计常常追求建筑形体的变化，而不满足于仅采用简单的几何形体，所以详细讨论建筑体型系数的控制途径是比较困难的。可以采取以下几种方法控制建筑物的体型系数：

第 16 章 建筑节能设计及构造

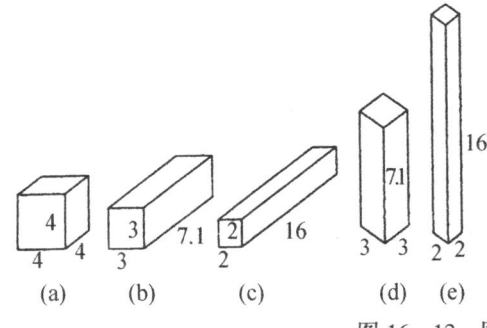

建筑的体型	表面（五个表面）	体积	表面积/体积
(a)	80	64	1.25
(b)	81.9	64	1.28
(c)	104	64	1.63
(d)	94.2	64	1.47
(e)	132	64	2.01

图 16-12 同体积建筑不同体型系数

（1）加大建筑的体量，即加大建筑的基底面积，增加建筑物的长度和进深尺寸。
（2）外形变化尽可能地减至最低限度。
（3）合理提高层数。
（4）对于体型不易控制的点式建筑，可采用裙楼连接多个点式的组合体形式。

2．合理控制建筑的日辐射得热量

在冬季，通过太阳辐射得热可提高建筑物内部空气温度，减少采暖能耗；在夏季，过多的太阳辐射会加重建筑的冷负荷。从图 16-13 可以看出，当建筑物体积相同时，D 是冬季日辐射得热量最少的建筑体型，同时也是夏季得热最多的体型；E、C 两种体型的全年日辐射得热量较为均衡；长、宽、高比例较为适宜的是 B 型，在冬季得热较多而夏季相对得热较少。

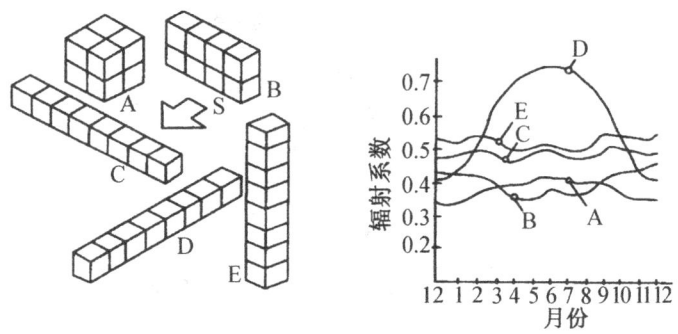

图 16-13 相同体积不同体型建筑日辐射得热量

建筑的长宽比对节能亦有很大影响。当建筑为正南朝向时，一般是长宽比愈大，得热也愈多。但随着朝向的变化，其得热量会逐渐减少。当偏向角达到 67°左右时，各种长宽比体型建筑的得热基本趋于一致。而当偏向角为 90°时，则长宽比越大，得热越少。

16.4 建筑围护结构的建筑节能设计与构造

16.4.1 建筑墙体的节能设计

16.4.1.1 建筑外墙的保温措施

建筑耗热量主要由通过外围护结构的传热耗热量构成，其数值约占总耗热量的73%～77%。在传热耗热量中，外墙占25%左右，因此改善外墙的传热耗热量将明显提高建筑的节能效果。

各类保温技术按保温层在外墙中的位置分类,目前主要有:单一材料外墙保温技术和复合材料保温技术。复合材料保温技术按构造层次不同有三种类型,即外墙内保温、外墙外保温和外墙夹芯保温。

1. 单一材料外墙保温技术

为实现居住建筑65%和公共建筑50%的节能标准,不仅要提高对外围护结构的保温要求,而且还应考虑建筑的抗震性、圈梁等周边热桥部位对外传热的影响。另外,要求外墙的平均传热系数符合节能标准中的规定。因此,在单一材料的墙体中,通常采用加气混凝土、陶粒混凝土墙体等,因为这类材料具有表观密度小、导热系数小,而强度高、耐久性高的特点。但其墙体厚度随着节能标准的提高而需增加,从而增大了建筑物自身的负荷,墙体厚度增加受到一定的限制。其构造如图16-14所示。

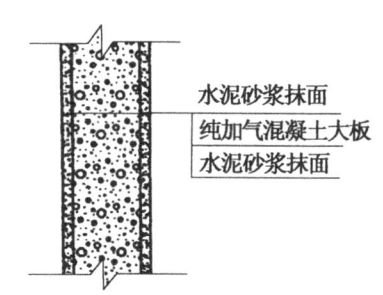

图16-14 混凝土墙体构造示意图

2. 外墙内保温技术

外墙内保温是在墙体结构内侧覆盖一层保温材料,通过粘结剂固定在墙体结构内侧,之后在保温材料外侧作保护层及饰面,如图16-15所示。目前内保温多采用粉刷石膏作为粘接和抹面材料,通过使用聚苯板、挤塑板或聚苯颗粒等保温材料达到保温效果。

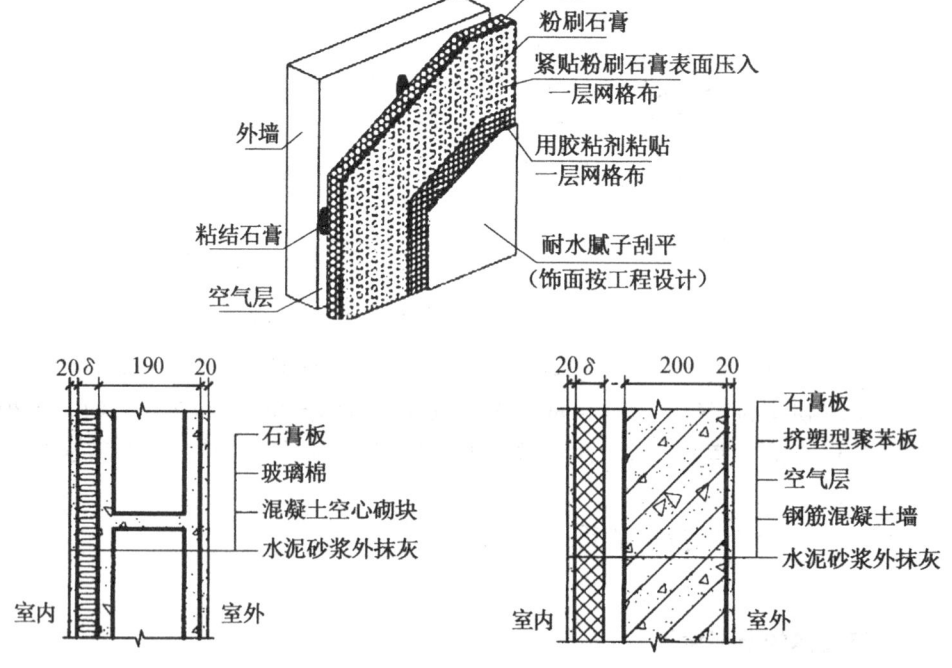

图16-15 外墙内保温构造示意图

选用内保温必须对热桥部位进行保温处理,如框架结构中设置的钢筋混凝土梁和柱、外墙周边的钢筋混凝土圈梁和柱、屋顶檐口、墙体勒脚、楼板与外墙连接部位等,如图

16-16所示，否则热桥部位会出现不同程度的结露、长霉现象，从而影响建筑物的使用质量和耐久性。

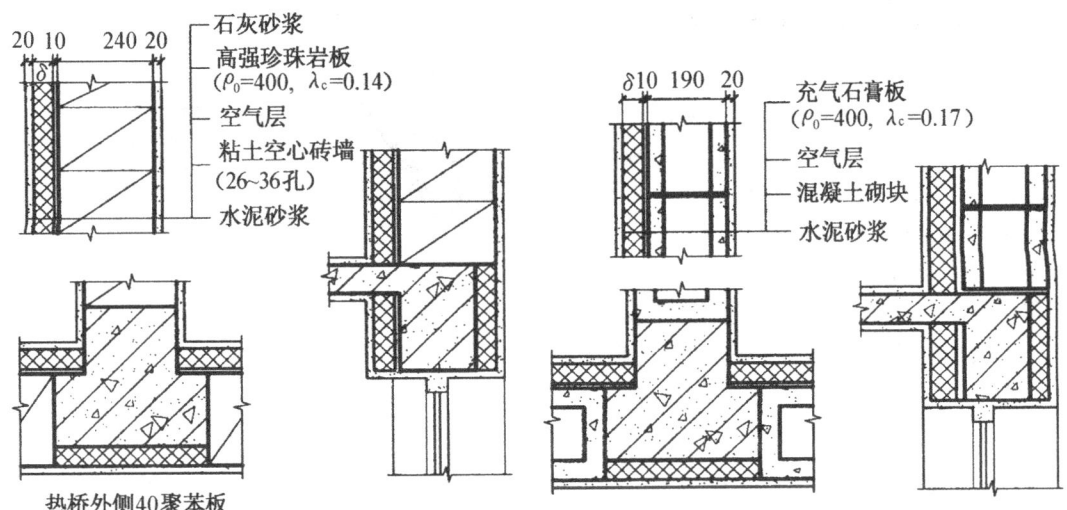

图 16-16 外墙内保温热桥部位的处理

外墙内保温技术有如下优势：将保温材料复合在承重墙内侧技术不复杂，施工简便易行。另外，在满足承重要求及节点处不结露的前提下，墙体可适当减薄。因为保温材料在内部，所以其受室外气候影响小，使用寿命相对较长。

外墙内保温技术主要存在如下缺点：保温隔热效果差，外墙平均传热系数高；热桥保温处理困难，易出现结露现象；占用室内使用面积；不利于室内装修，如重物钉挂困难等。另外，不适于既有建筑的节能改造。

3. 外墙外保温技术

外墙外保温是指在垂直外墙的外表面上建造保温层，再在保温层外做饰面层。随着建筑节能技术的不断完善和发展，外墙外保温技术逐渐成为建筑保温节能形式的主流。

（1）保温层材料的选择

保温层主要采用热阻值高，即导热系数小的高效轻质保温材料。此外，保温材料应具有较低的吸湿率及较好的粘结性能。为了尽量减少所用的粘结剂，并减小其表面的应力，对于保温材料，一方面要用收缩率小的产品，另一方面在控制其尺度变动时产生的应力要小。为此，可采用的保温材料有：膨胀型聚苯乙烯（EPS）板、挤塑型聚苯乙烯（XPS）板、岩棉板、玻璃棉毡以及胶粉聚苯颗粒保温浆料等。根据设计计算，保温层具有一定厚度，以满足节能标准对该地区墙体的保温要求。

（2）外保温墙体的类型

根据施工方法的不同，外保温墙体主要有下列几种类型。

①抹灰型：外墙外保温所采用的抹灰材料有多种，如珍珠岩保温砂浆、聚苯颗粒保温砂浆等，施工简便、造价低。如聚苯颗粒保温砂浆是用聚苯颗粒作为轻骨料，加上胶凝材料，按配合比现场加水进行混合搅拌，抹灰上墙。这是一种在现场抹灰成型的外墙外保温系统。它由界面层、保温层、抗裂防护层、防水抗渗层和饰面层组成。它抗裂性能可靠，耐候性好，构造节点设计合理，如图 16-17 所示。

该系统适用于各地区的基层为钢筋混凝土墙、混凝土空心砌块墙、砌体、烧结砖墙和非烧结砖墙的多层、高层建筑以及各类节能改造工程。

②粘贴型：指在外墙外侧采用聚合物砂浆粘贴自熄型聚苯板、挤塑型聚苯板、膨胀珍珠岩板保温板等。在粘贴聚苯板之前，墙面应平整坚实，并涂刷表面处理剂，以增加粘结强度。保温板沿水平方向粘贴、压紧、粘牢，板与板之间应错缝咬接，缝隙挤紧即可。再将耐碱玻璃纤维网格布满铺在聚苯板表面，网格布的搭接宽度不应小于 50~70mm。网布粘贴应平整无皱折，然后在其表面抹一层聚合物砂浆，或铺贴其他外装修，使网布与砂浆层结合为整体，如图 16-18 所示。

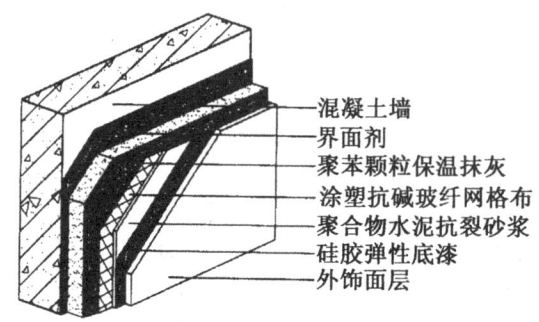

图 16-17 聚苯颗粒保温砂浆分层构造

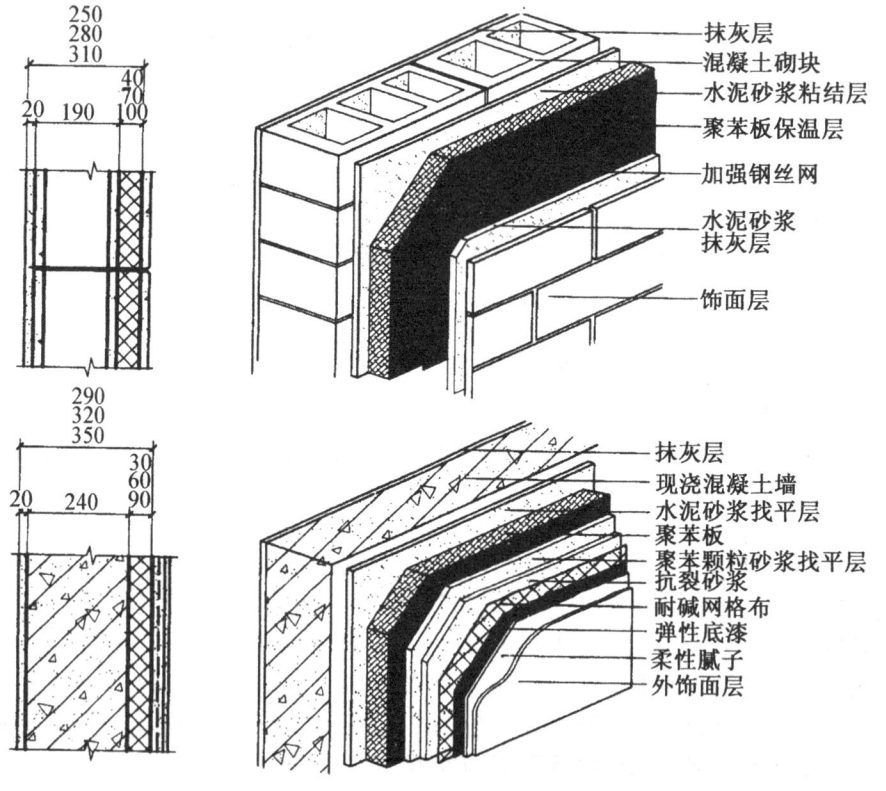

图 16-18 粘贴型外保温

下面以 ZL 胶粉聚苯颗粒贴砌聚苯板外墙外保温体系（北京振利高新技术有限公司产品体系）为实例，介绍粘贴型外保温墙体。

适用范围：适合于不同气候区建筑外墙外保温工程，基层可为混凝土、空心砌块、轻质填充砌体、粘土砖和非粘土砖等材料，基本构造见表 16-7。由于聚苯板透气性不理想，而且平板的板面不利于与胶粉聚苯颗粒的粘结，所以为了满足新的节能要求，在设计中应该将聚苯板处理成双孔单面有燕尾槽的聚苯板。聚苯板的贴砌如图 16-19 所示。

第16章 建筑节能设计及构造

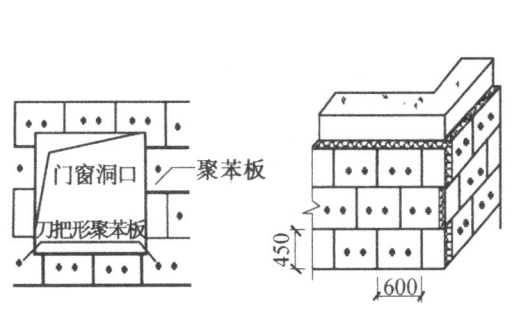

图 16‑19 聚苯板的贴砌构造及实例

表 16‑7 ZL胶粉聚苯颗粒贴砌聚苯板外墙外保温体系基本构造

饰面材料	基层墙体①	体系的基本构造					构造示意图
		粘结层②	保温层③	找平层④	抗裂防护层⑤	饰面层⑥	
涂料	混凝土墙或砌体墙	基层界面砂浆＋胶粉聚苯颗粒粘结找平浆料	经聚苯板界面砂浆处理的双孔聚苯板、表面开有梯形槽（EPS板或XPS板）	胶粉聚苯颗粒粘结找平浆料	抗裂砂浆复合耐碱网格布＋弹性底漆	柔性耐水腻子＋涂料	
面砖					第一遍抗裂砂浆＋热镀锌钢丝网（用尼龙胀栓与基层锚固）＋第二遍抗裂砂浆	面砖粘结砂浆＋面砖＋勾缝料	

注：选自北京振利《ZL胶粉聚苯颗粒技术工法》。

技术特点：采用满粘、留缝贴砌做法，使聚苯板六面被难燃 B1 级的胶粉聚苯颗粒包围，并与墙体无空腔粘结；使系统与墙体粘结力大、抗风压能力强、防火等级高、耐候透气、抗裂性能优异，施工适应范围广，性价比高；可在各种建筑结构以及防火等级要求高的建筑外墙外保温部位使用,是建设部推荐应用的外墙外保温体系。

③现浇型:主要用于现浇混凝土剪力墙体系。即在浇灌外墙混凝土时将聚苯板直接放在外模板内侧,并加适当数量的钢筋锚栓与聚苯板连接,使保温板与墙体两者结合为一体。这种技术对其热工性能、施工技术等形成了一个完整的保温体系,保温板与现浇混凝土结合牢固可靠,可缩短施工工期,聚苯板对现浇混凝土层具有保护作用。但保温层表面的垂直度和平整度较难控制。此外,在保温板外侧还有一层由耐碱玻璃布与聚合物水泥砂浆组成的抗裂保护层,然后再做涂料饰面,其基本构造如图16-20所示。

下面以现浇混凝土燕尾槽聚苯板外墙外保温体系(北京振利高新技术有限公司产品体系)为实例介绍现浇外保温墙体。该体系又称为现浇无网聚苯板外墙外保温体系。

适用范围:适合于不同气候区多层及高层建筑外墙外保温工程。基层为全现浇钢筋混凝土结构墙体。基本构造见表16-8。

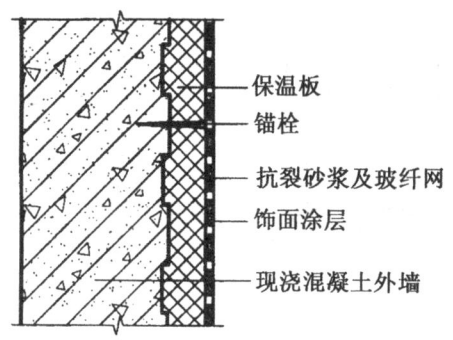

图16-20 现浇混凝土外保温图

表16-8 现浇无网聚苯板外墙外保温体系基本构造

饰面材料	基层墙体①	体系的基本构造				构造示意图
		保温层②	防火透气过渡层(找平层)③	抗裂防护层④	饰面层⑤	
涂料	现浇混凝土墙体	经聚苯板界面砂浆处理的竖向燕尾槽聚苯板(板上安装有塑料卡钉,阴阳角处为预制直角形燕尾槽聚苯板)	胶粉聚苯颗粒保温防火浆料(≥20mm)	抗裂砂浆复合耐碱网格布+弹性底漆	柔性耐水腻子+涂料	
面砖				第一遍抗裂砂浆+热镀锌电焊网(用尼龙胀栓与基层锚固或与钢丝网架双向绑扎)	面砖粘结砂浆+面砖+勾缝料	

注:选自北京振利《ZL胶粉聚苯颗粒技术工法》。

技术特点：聚苯板的竖向燕尾槽设计提高了现浇混凝土与聚苯板的咬合力，增大了聚苯板与混凝土的粘接面积，涂刷界面剂实现了两者的有效粘结。采用工程塑料卡钉可有效地控制浇筑的平整度和防止跑浆，避免了热桥的产生，节省了大量粘结材料。本技术具有施工速度快、保温效果优良、可冬季施工、耐候性强、抗裂性能高、平整度好的特点，施工成套技术成熟。在全现浇混凝土结构体系中，本体系保温性能的技术经济性能较为突出。

④悬挂型：利用拉结钢筋或螺栓将预制保温板悬挂在外墙上面，再用钢丝网片压紧，铅铁丝绑扎，用1:3水泥砂浆进行抹灰。抹灰分3层进行，总厚度为25mm。外表面装饰可用弹性涂料或贴面砖，构造如图16-21所示。这种悬挂型保温墙体做法，结构安全可靠。复合墙体防潮、防水性能好。由于采用机械锚固，可满足多种建筑装饰要求。

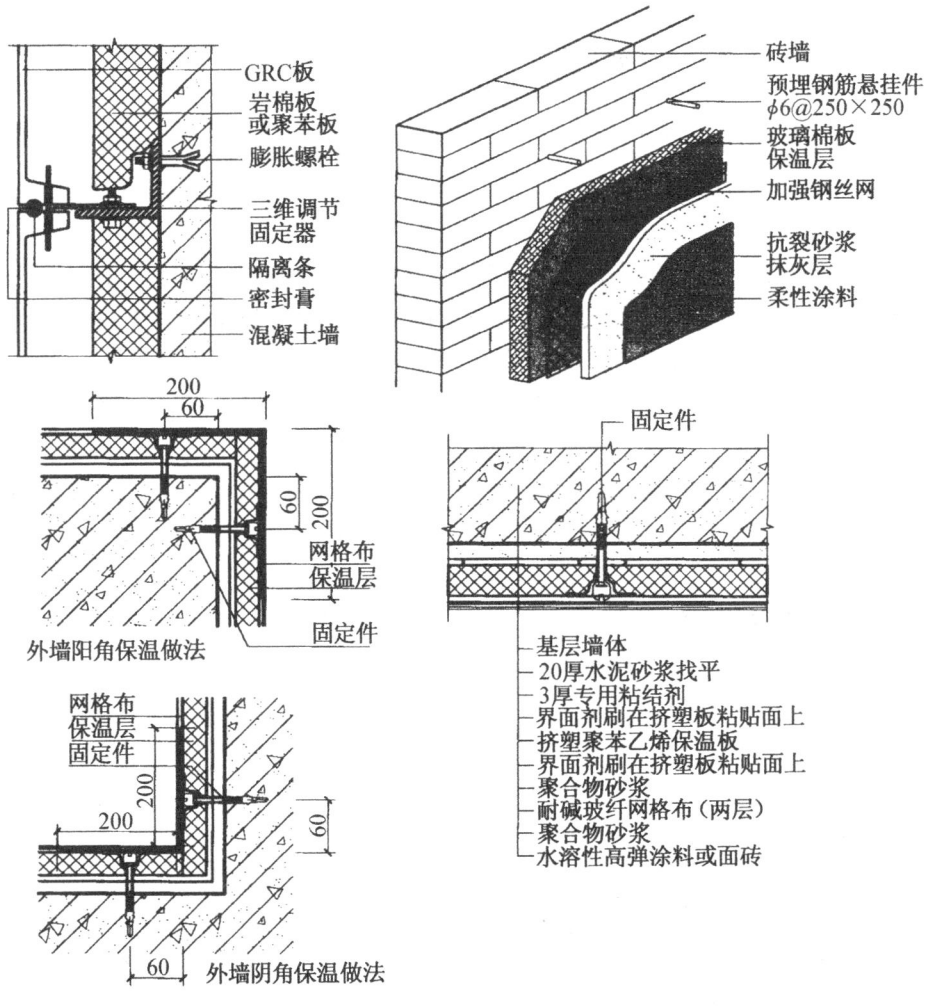

图16-21 悬挂型外保温

(3) 外墙外保温的特点

外墙外保温与外墙内保温相比，具有以下明显优势：

①对主体结构有保护作用，减少热应力的影响，延长建筑物寿命。采用外保温技术，

由于保温层置于建筑物围护结构外侧，缓冲了因温度变化导致结构变形产生的应力，避免了雨、雪、冻、融、干、湿循环造成的结构破坏，减少了空气中有害气体和紫外线对围护结构的侵蚀，因而只要墙体和屋面保温隔热材料选材适当，厚度合理，外保温可以有效地防止和减少墙体和屋面的温度变形和裂缝。

②基本消除了"热桥"的现象，较好地发挥了材料的保温节能功能。对内保温而言，"热桥"是难以避免的，而外保温既可防止"热桥"部位产生结露，又可消除"热桥"造成的热损失。

③减少内墙面裂缝，方便室内装修及在墙面上悬挂、固定物件。在室内装修中，内保温层易遭破坏，外保温则可避免发生这种问题。

④使墙体潮湿情况得到改善，有利于室温稳定。外保温墙体由于蓄热能力较大的结构层在墙体内侧，当室内受到不稳定热作用时，室内的空气温度上升或下降，墙体结构层能够吸收或释放热量，故有利于室温保持稳定。

⑤提高了墙体防水功能和气密性。采用外保温时，由于蒸汽渗透性高的主体结构材料处于保温层内侧，只要保温材料选材适当，在墙体内部一般不会发生冷凝现象，故无需设置隔气层。

⑥外墙外保温适用于对既有建筑进行节能改造。节能改造工程应优先选用对居民干扰小、工期短、对环境污染小、安装工艺便捷的围护结构改造技术；应优先应用可再生能源；尽量减少或避免湿作业施工，并宜采用外保温做法。

外墙外保温的不足：由于是从外墙的外侧保温，保温层易受外界环境的影响，因此其构造必需满足水密性、抗风压以及温、湿度变化的要求，不致产生裂缝，并能抵抗外界可能产生的碰撞，还有，与相邻部位（如门窗洞口、穿墙管道等）之间以及在边角处、面层装饰等方面，也应得到适当的处理。随着技术研究的不断发展，外墙外保温的不足之处也得到了适当的解决。

（4）外墙外保温的细部构造

外墙外保温的所有热桥部位的保温做法是保证节能效果的关键，如墙角、窗口、凸窗、檐口、出挑楼板等部位均应设外保温层，且保温层闭合，厚度满足节能标准要求。外墙阴阳角处保温层防开裂及磕碰的构造措施，按如图16-22所示构造处理。外墙窗口处保温层应在窗框与墙安装的上、下口部位注意保温层闭合以及窗框与墙的缝隙，应采用开

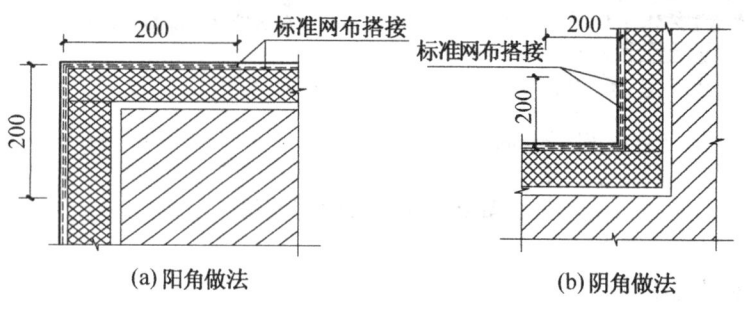

图16-22 外墙外保温转角处构造

裂及碰撞的构造措施，一般采用聚氨酯泡沫填缝剂密缝，如图 16-23 所示。凸窗处保温层应闭合，且阴阳角处注意加强网保护及防水处理，如图 16-24 所示。外墙装饰板或空调挑板处上下保温层应完全闭合，且注意根部防水处理，如图 16-25 所示。外墙外保温挑空楼板处保温层应闭合，且阴阳角处注意加强网保护及防水处理，如图 16-26 所示。

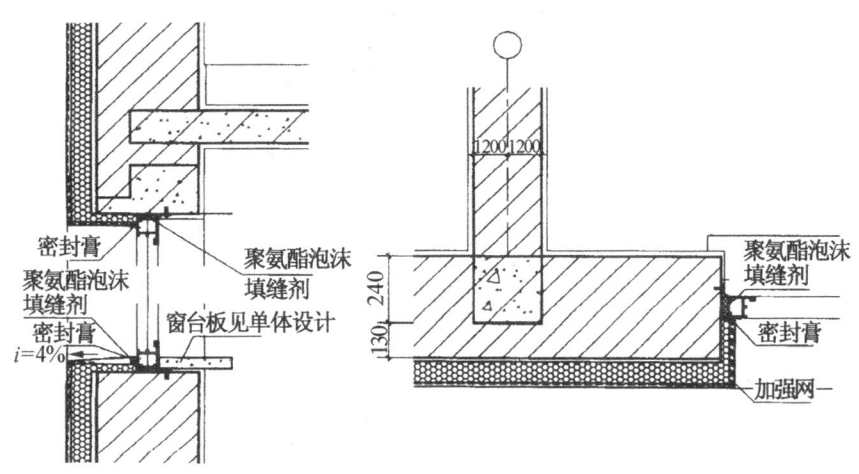

图 16-23 外墙外保温窗口平、剖面构造

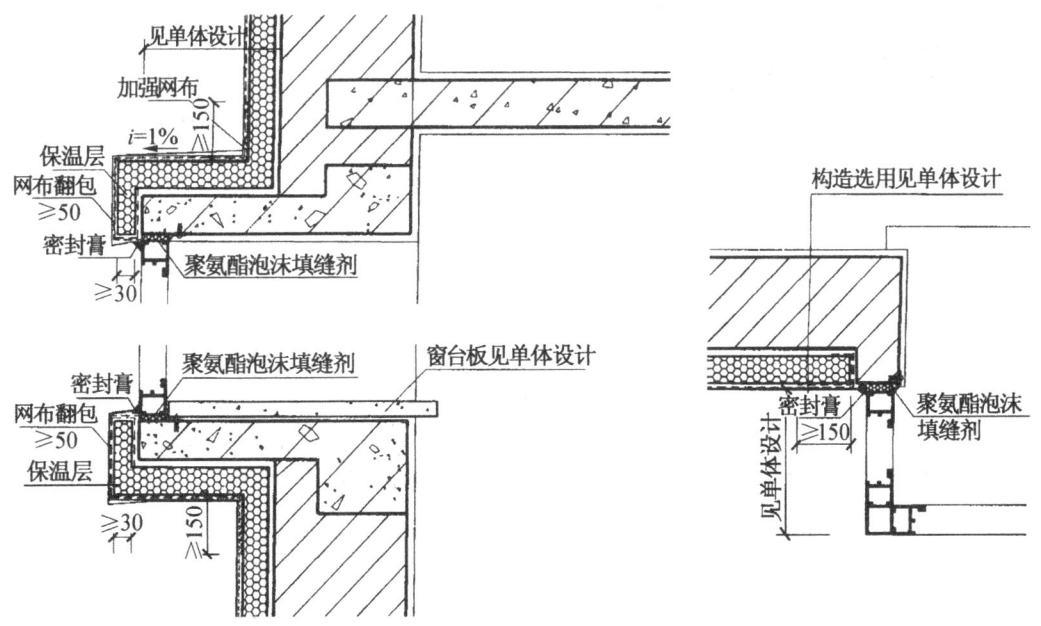

图 16-24 外墙外保温凸窗平、剖面构造

4．外墙夹心保温技术

夹心保温即把保温材料放在墙体中间，靠保温层的内侧起承重作用，保温层外侧常采用砖墙或其他板材结构来处理，形成夹心墙体。此做法对保温材料的保护较为有利。但由

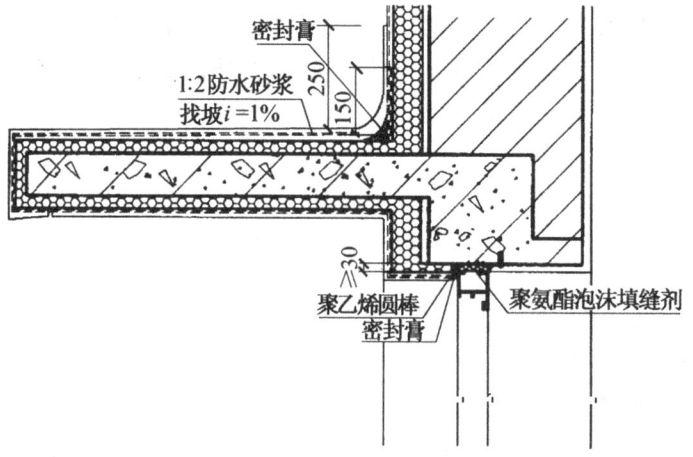

图 16-25 外墙外保温挑板细部构造

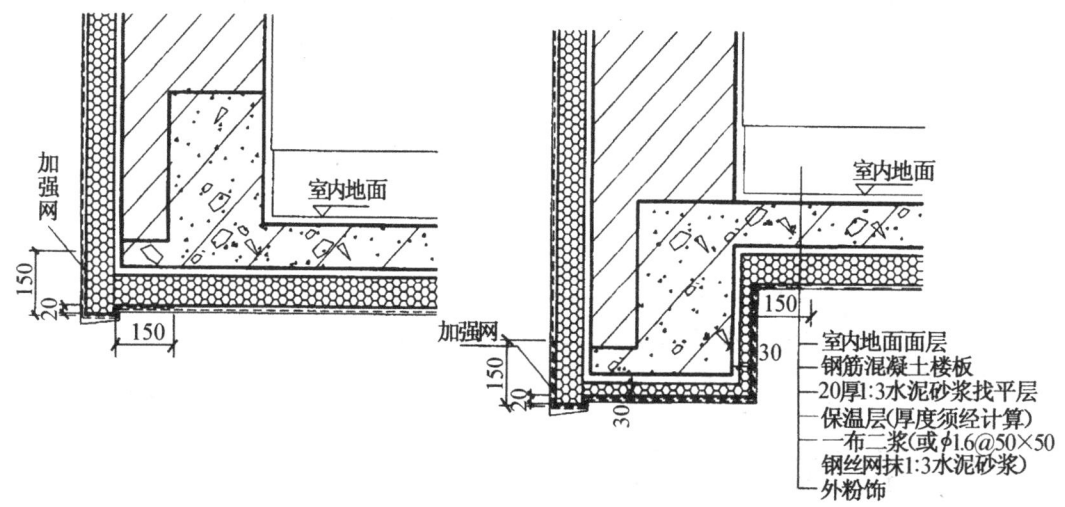

图 16-26 外墙外保温挑空楼板处构造

于保温材料把墙体分为内外两层,因此在内外层墙之间必须采取可靠的拉结措施,一般在内外层墙之间用 $\phi60$ 钢筋作为拉结筋。夹心保温墙体,如图 16-27 所示。夹心保温做法易在出挑部位产生热桥,如图 16-28 凸窗部位上下挑板产生了热桥,应加上下外保温处理。

夹心结构也可采用夹空气间层的做法,即在双层墙体中间留有一定厚度的空气间层,如图 16-29 所示,同样能起保温作用。但这种处理必须注意保证空气间层的密闭性,不允许在夹层两侧的结构层上开口、打洞,因为静止状态的空气层热阻值明显高于实体材料。据实验,空气层厚度为 20mm 时,热阻为 $0.16m^2 \cdot K/W$;30mm 时,热阻为 $0.17m^2 \cdot K/W$。但空气厚度不宜过大,一般以 40~50mm 为宜,当空气层厚度为 50mm 以上时,热阻值提高很少。另外,为了提高空气层的保温能力,可在构件的内表面粘贴反射材料,如铺贴铝箔组合板,可减少内外表面之间的辐射换热,达到保温的目的。

第16章 建筑节能设计及构造

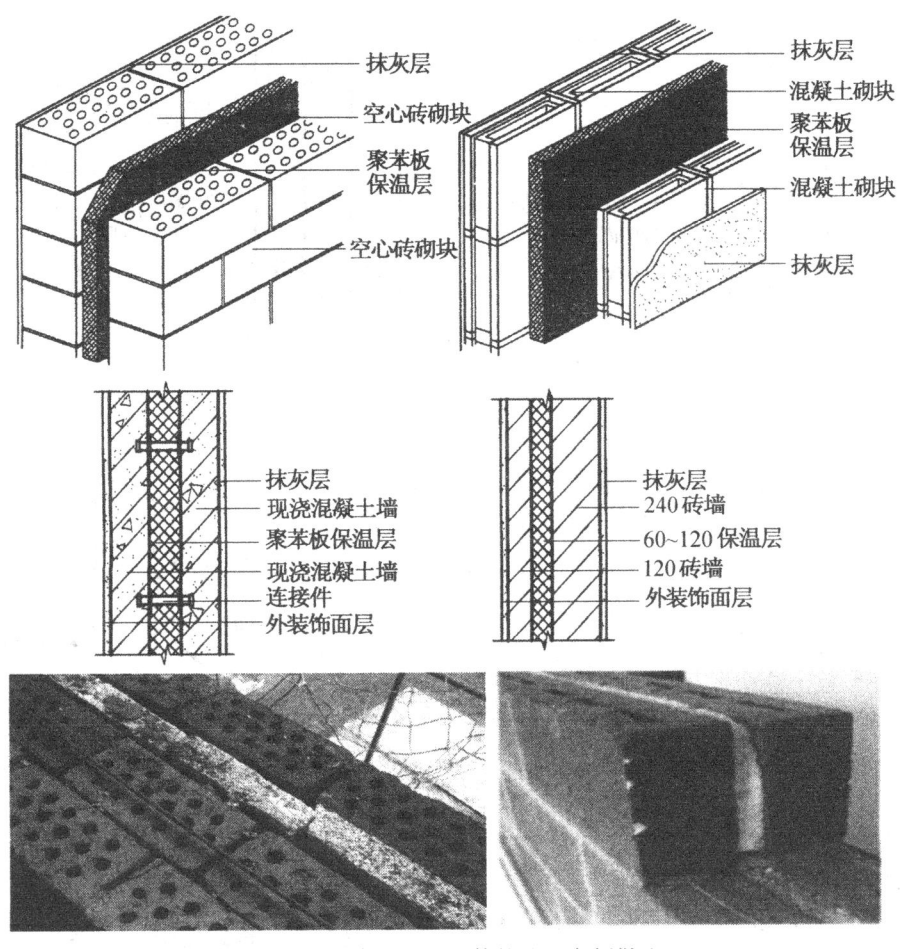

图 16-27 夹心保温墙体构造及实例做法

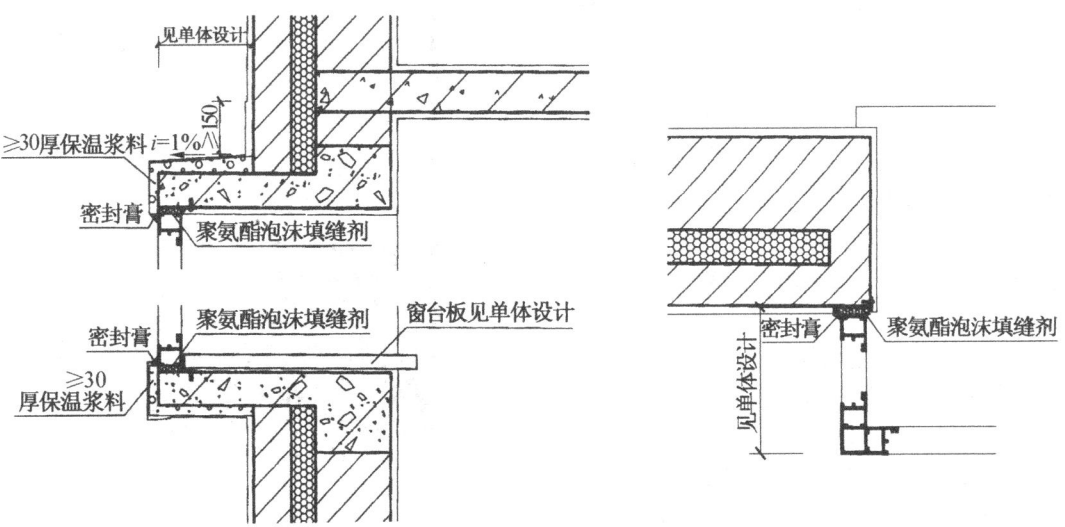

图 16-28 夹心保温墙体凸窗做法

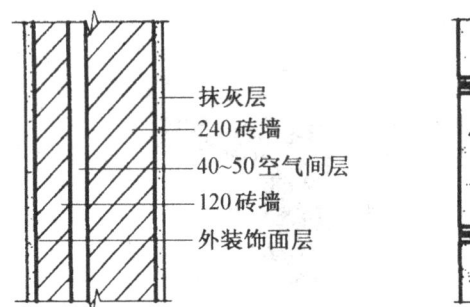 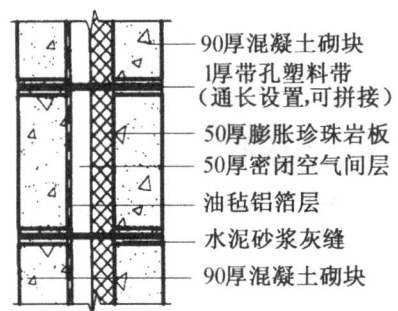

图 16-29 设空气间层夹心保温墙体

16.4.1.2 建筑外墙隔热措施

围护结构的隔热设计应尽量减小室外综合温度的热作用。室外综合温度是指太阳辐射热和室外空气的传热两种热作用及两种热作用后外表面温度升高,辐射功能增强,向外界发射长波辐射热的热作用。为了计算方便,将三者对外围护结构的共同作用综合成一个单一的室外气象参数,这个假想的参数就是"室外综合温度"。

图 16-30 设置通风间层的隔热原理

减小室外综合温度的方法有以下几种:

(1) 涂刷浅色外表面

建筑的外表面采用浅色的粉刷或饰面,以减少围护结构的表面对日辐射的吸收,可降低室外综合温度。

(2) 设置通风间层

由于通风墙的进出风口之间高度差较大,热压通风的效果较好,间层可适当减小,常用 20~100mm。加通风间层后,日辐射照度愈大,其隔热效果越显著。如图 16-30 所示设置通风间层的隔热原理。1981 年建造的纽约州布法罗市胡克大厦(Hooker)就是应用此原理的良好实例。该大厦玻璃间层宽 1.5m,间层中设可调节的遮阳百叶,且各层之间相互连通,加强了夏季的热压通风,取得了显著的节能效果,整栋建筑几乎无需空调系统,如图 16-31 所示。

(3) 绝热节能墙体

①采用三排或多排混凝土或轻骨料混凝土空心砌块墙体,如图 16-32 所示。

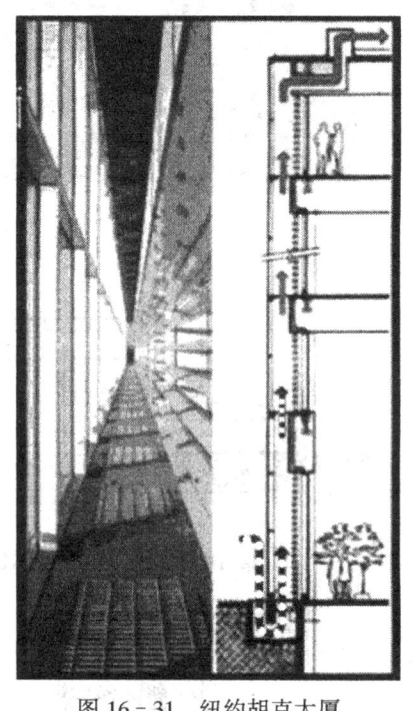

图 16-31 纽约胡克大厦

②复合墙体的内侧宜采用厚度为 10cm 左右的砖或混凝土等重质材料,用作外墙保温的绝热材料,如聚苯乙烯泡沫塑料、岩棉、玻璃棉、膨胀珍珠岩和加气混凝土等。与基层墙体结合而成的复合墙体,在夏季也可起到绝热的作用。

③设置带铝箔的封闭空气间层。当为单面铝箔空气间层时,铝箔宜设在温度较高的一

侧。

(4) 绿化隔热

①场地绿化：此措施虽然对于建筑的外墙的隔热作用有限，但是可以改善建筑周围的环境质量，对于建筑在夏季的防热有间接的作用。

②墙面绿化：墙体利用外表面爬墙植物隔热，如图 16-33 所示。

(5) 喷洒降温墙体

利用水幕墙使水与围护结构融为一

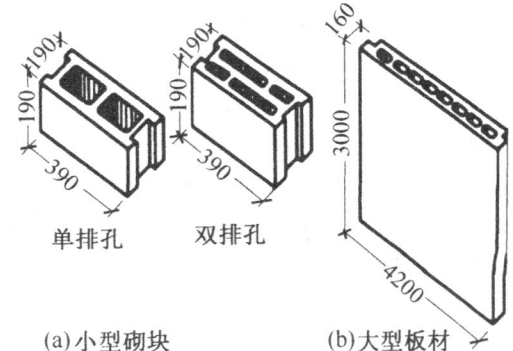

(a) 小型砌块　　(b) 大型板材

图 16-32　空心砌块

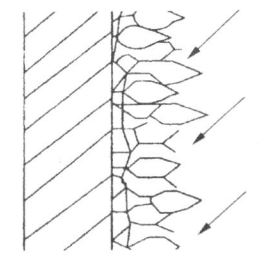

(a) 墙体外表面爬墙植物隔热

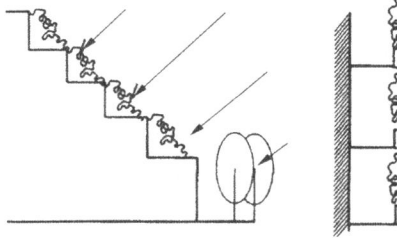

(b) 分段垂直绿化

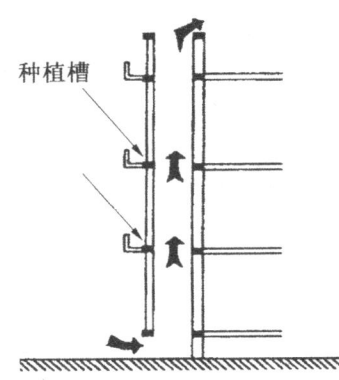

(c) 种植槽与墙体形成垂直风道

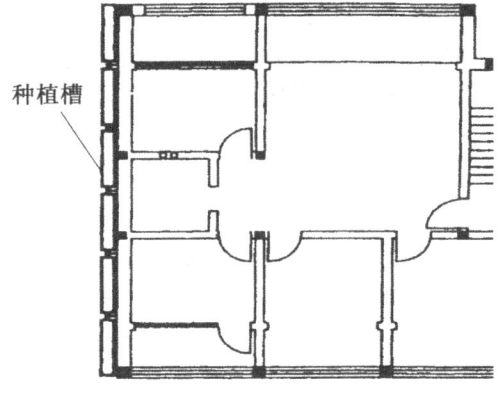

(d) 西墙绿化种植槽平面图

(e) 墙体垂直绿化示例

图 16-33　墙面绿化示意图

体。此种方法适合于南方地区。例如斯蒂卜·贝阿住宅（也称圆筒墙住宅），便是水墙系统的先驱，如图 16-34 所示。在南面玻璃的内侧放有装满水的圆铁桶。在玻璃的外侧有用聚苯乙烯泡沫塑料作夹层的铝板，兼作反射板和隔热板。此外，用室内侧的窗帘控制圆铁桶的散热。

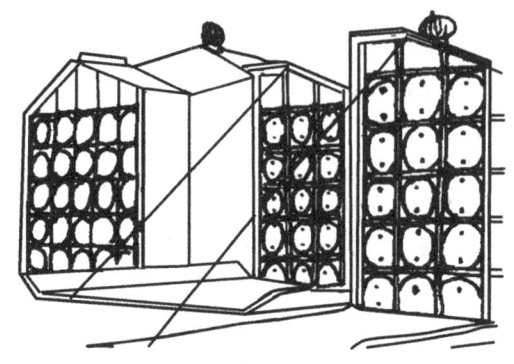

16.4.2 建筑屋面的节能措施

建筑屋面的保温隔热设计，应根据建筑物的使用要求、屋面的结构形式、环境条件、防水处理方法、施工条件等因

图 16-34 斯蒂卜·贝阿住宅（美国新墨西哥州 Corrales. S. 巴埃尔）

素经技术经济比较确定。保温层的选用应以经济、适用为原则，就地取材、推广新型建材，节约资源。保温层厚度按现行节能标准计算确定。保温材料的干湿程度对于导热系数关系很大，限制含水率是保证工程质量的重要环节。所以吸湿性保温材料如加气混凝土和膨胀珍珠岩等制品，不宜用于密闭式保温层。本节内容的学习应结合第 12 章屋顶构造的相关知识。

16.4.2.1 建筑保温屋面

（1）高效保温材料保温屋面

这种屋面保温层选用高效轻质的保温材料，保温层为实铺，保温层通常采用聚苯板、挤塑型聚苯板、膨胀珍珠岩板保温板等。其防水层、找平层与找坡层均与普通屋面大体相同。其保温层应根据不同地区的节能要求通过计算确定材料与厚度，对于易产生热桥部位的节点构造，如女儿墙、挑檐口、老虎窗等处的构造节点，从建筑节能的角度对其保温构造处理予以加强。女儿墙根部应加聚苯乙烯泡沫塑料条做好变形及防水处理，女儿墙内外做保温层；檐口处注意挑檐板上下做保温层；老虎窗注意窗口保温层包裹完整。如图 16-35~图 16-38 所示。

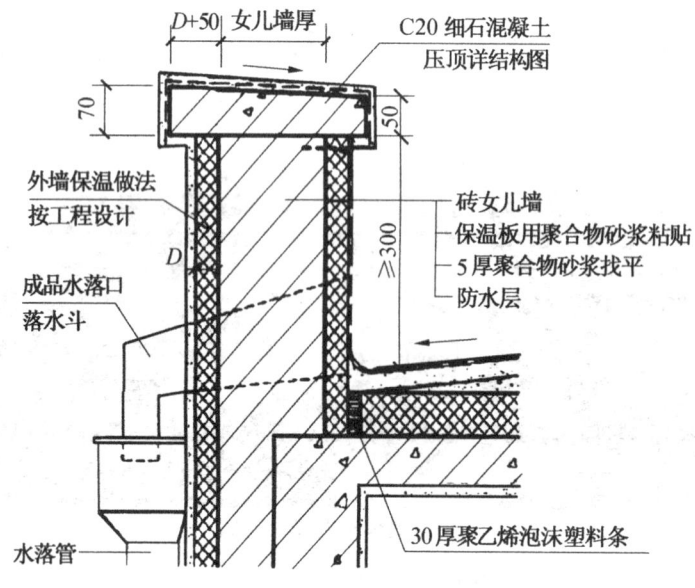

图 16-35 女儿墙细部构造

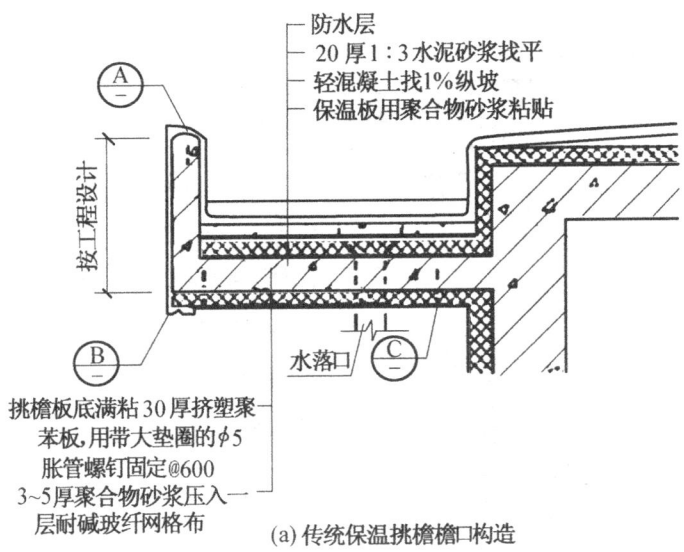

(a) 传统保温挑檐檐口构造

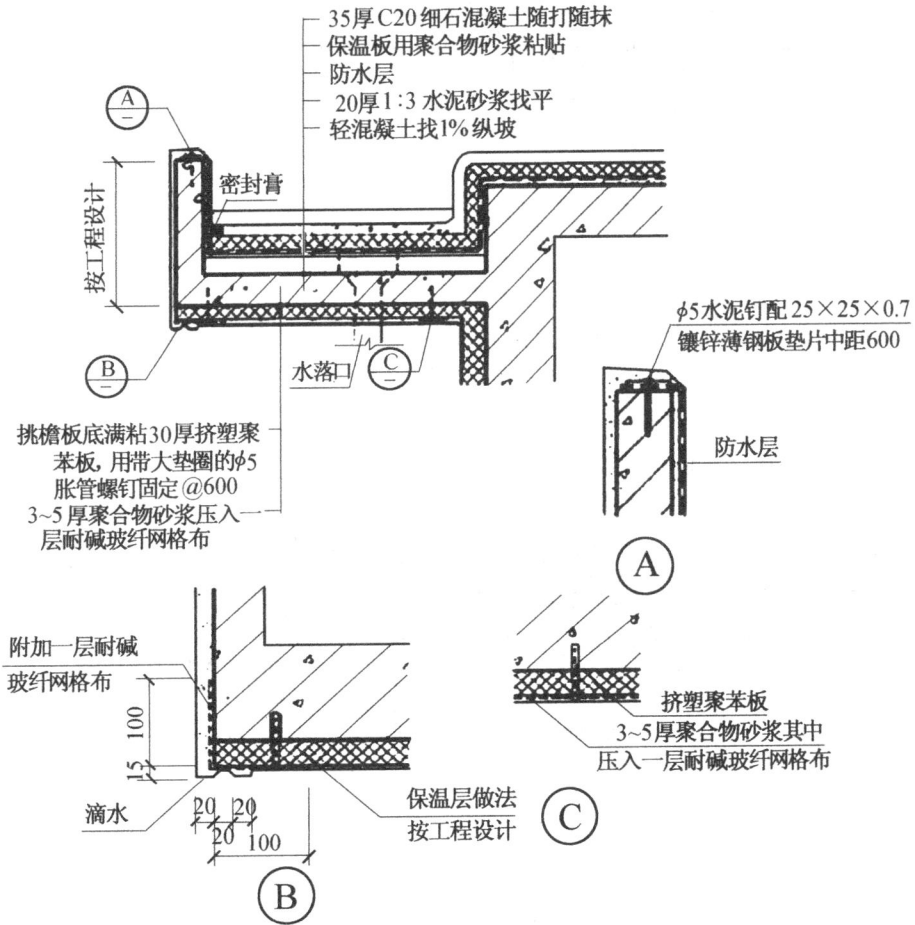

(b) 倒置保温挑檐檐口构造

图 16-36 挑檐排水檐口构造

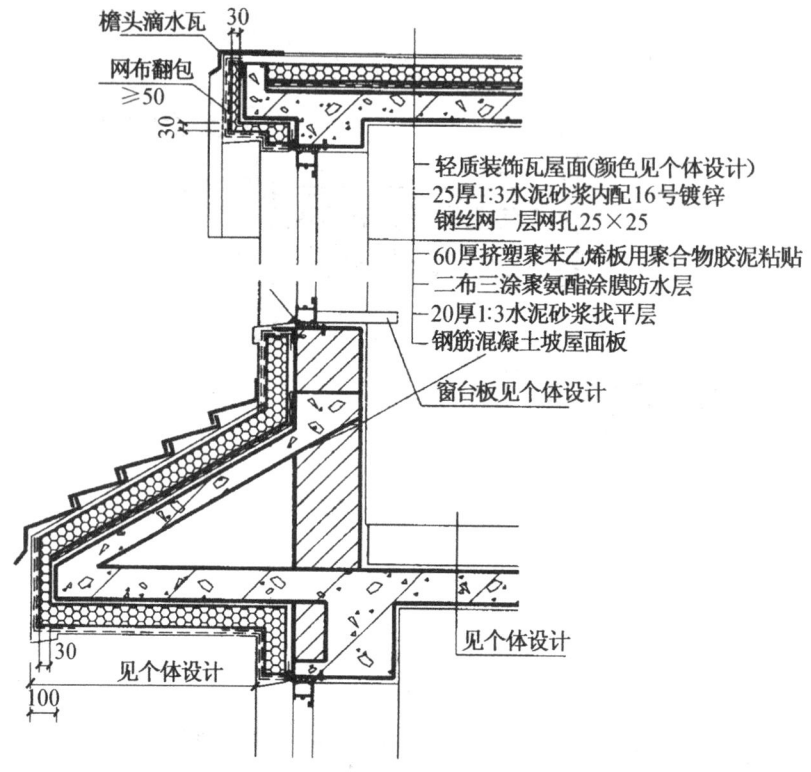

图 16-37 屋顶老虎窗细部构造

(2) 架空型保温屋面

在屋面内增加空气层有利于屋面的保温效果，同时也有利于屋面夏季的隔热效果。架空层的常见做法为，以 2～3 块实心粘土砖砌的砖墩为肋，上铺钢筋混凝土板，架空层内铺轻质保温材料。具体构造如图 16-39 所示。

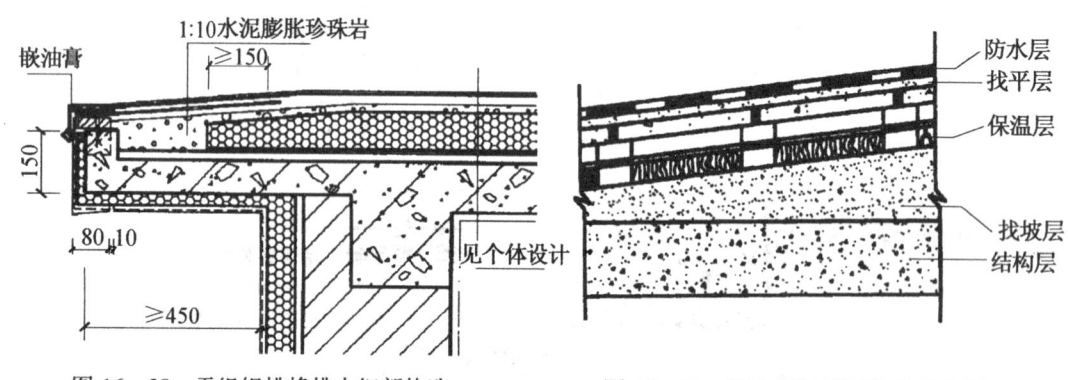

图 16-38 无组织挑檐排水细部构造   图 16-39 架空保温屋面构造示意图

(3) 倒置型（外）保温屋面

倒置型保温屋面是南方常用的屋顶保温做法，是采用轻质高强、吸水率极低的绝热材料（如挤塑型聚苯板）作为保温隔热层，并将其置于防水层的外侧。其优点如下：

①防水层设在保温层的下面，可以防止太阳光直接辐射其表面，延缓了防水层的老化进程，延长其使用年限，防水层表面温度升降幅度大为减小。

②屋顶最外层为卵石层或烧制方砖保护层,这些材料蓄热系数较大,在夏季可充分利用其蓄热能力强的特点,调节屋顶内表面温度,使温度最高峰值向后延迟,错开室外空气温度的峰值,有利于屋顶的隔热效果。卵石或烧制方砖类的材料有一定的吸水性,夏季雨后,这层材料可通过蒸发其吸收的水分来降低屋顶的温度而达到隔热的效果。倒置屋面工程实例及构造做法如图16-40所示。

(a) 倒置屋面做法工程实例

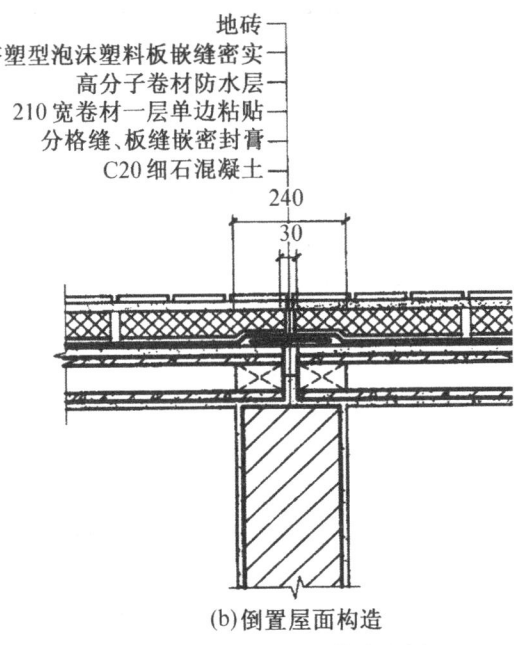

(b) 倒置屋面构造

图 16-40 倒置屋面构造示例

16.4.2.2 建筑隔热屋面

(1) 设置通气间层屋面

气候炎热多雨地区,常采用双层通风屋顶,通风可采用在屋面做架空屋顶,也可采用顶棚架空吊顶的方式。架空屋面的坡度不宜大于5%。由于通风屋顶内空气流动的作用力为风压或热压,为了保证通风效果良好,通风屋顶风道长度不宜大于10m,当屋面的宽度大于10m时,架空屋面应设置通风背脊,如图16-41所示。在坡屋面中通风屋面同样对于隔热起到很好的效果,如图16-42所示。

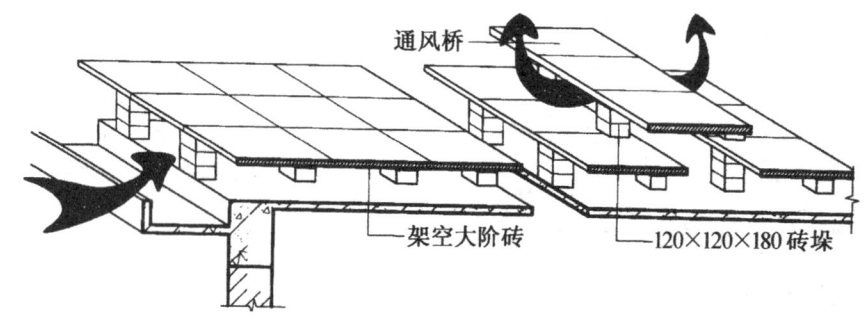

图16-41 屋面通风屋脊

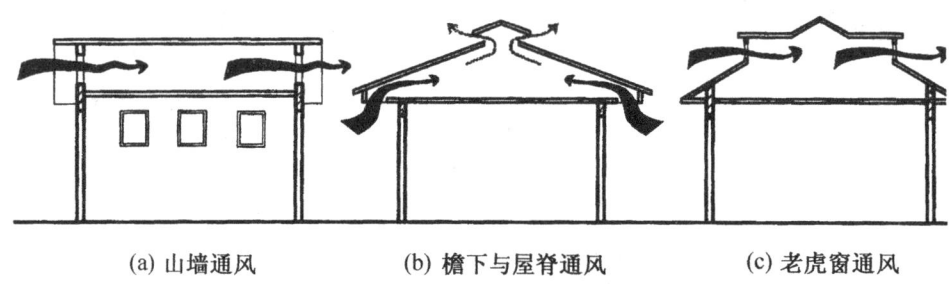

(a) 山墙通风　　　　　(b) 檐下与屋脊通风　　　　　(c) 老虎窗通风

图16-42 坡屋顶通风屋面做法

(2) 屋顶反射降温屋面

利用表面材料的颜色和光滑度对热辐射的反射作用,减少太阳辐射热对屋面的作用,降低屋面的表面温度,达到改善屋面隔热效果的目的。和墙面一样,对屋面作浅色处理,或采用屋面层铺设白色或浅色面砖、涂铝银粉等措施。这样对隔热降温可起到显著作用。

(3) 增大围护结构的热阻和热惰性指标

和墙体一样,采用承重材料与保温材料复合的屋面,用来提高围护结构的热阻,增加热惰性指标,可使实体材料的隔热屋顶在太阳辐射下,室外的综合温度在围护结构中有较多的衰减,从而减低屋顶内表面的平均温度和最高温度。但这种隔热措施结构材料的密度大,蓄热系数高。白天吸收的太阳辐射热到了深夜,室内温度降低时,白天的蓄热便会向室内散发,会提高室内空气温度,故效果不好。因此,这种隔热办法对夜间使用的建筑物应慎重采用。

(4) 蓄水屋面

就是在屋面上贮一层水用来提高屋顶的隔热能力,它利用水吸收大量太阳辐射热后蒸发散热,从而减少屋顶吸收的热能,达到降温隔热的目的。蓄水屋面适用范围:南方地区适宜使用;北方地区应考虑冬季防冻;地震区不宜使用;震动屋面不宜使用。蓄水屋面的坡度不宜大于5%,水深宜为15~20cm,如图16-43所示。

(5) 种植屋面

在我国夏热冬冷地区及夏热冬暖地区可以采用"蓄土种植"屋面,通常称之为种植屋面。种植屋面分为覆土种植和无土种植两种。覆土种植就是在钢筋混凝土屋顶上覆盖种植土100~150mm厚,种植植被隔热。种植屋面不但在降温效果上优于其他隔热屋面,而且

第16章 建筑节能设计及构造

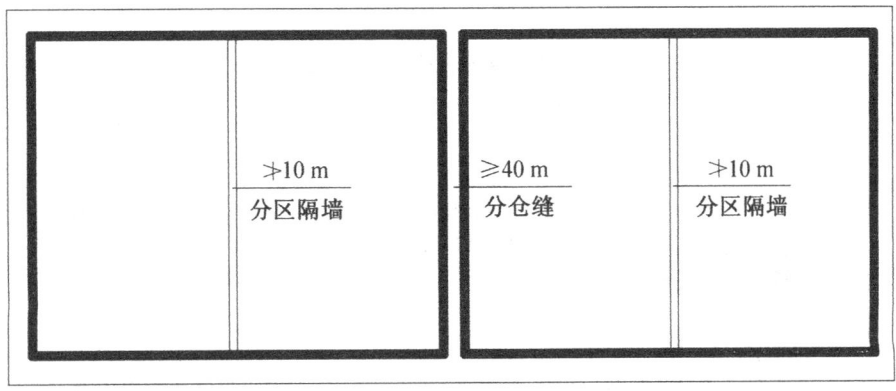

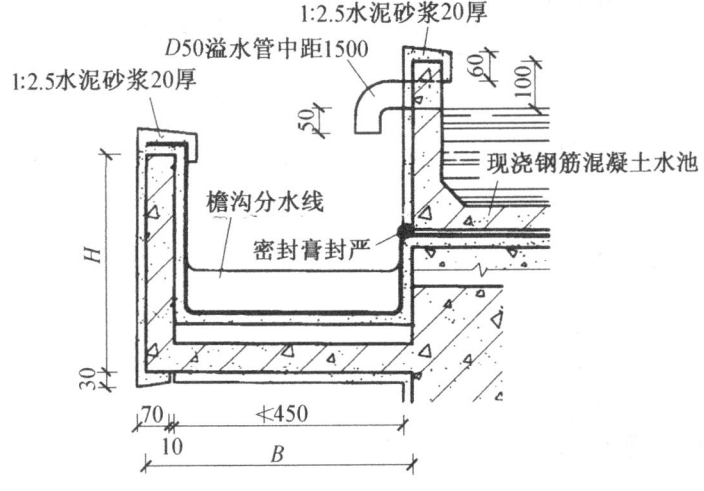

图 16-43 蓄水分区及檐口做法

能缓解建筑占地和绿化用地的矛盾，同时在美化环境、减轻污染方面也具有极其重要的作用。种植屋面的构造可根据不同的种植介质确定。种植介质分有土种植和无土种植（蛭石、珍珠岩、锯末）等两类。无土种植是采用木渣、蛭石或者是木屑代替土壤作为植物的生长基。其特点是自重轻，屋面温差小，有利于防水防漏，对屋面构造没有特殊要求。

种植屋面四周应设置围护墙及泄水管、排水管。当种植屋面为柔性防水层时，上面应设置刚性保护层。为方便维修，设计还应考虑设置人行通道。在种植屋面覆土前，为确保屋面防水质量，要进行蓄水试验，确认无渗漏时才可覆土种植植物。如图 16-44 所示为种植屋面构造做法，图 16-45 为种植屋面形式示意图。

（6）铝箔隔热屋面

目前在现浇坡屋顶的构造设计中，也有在挂瓦条下面铺设防水的低辐射高效材料铝箔毡。材料较一般防水卷材厚，一面是毡料，另一面贴铝箔。平屋顶隔热从效果来看，为降低屋顶内表面的温度，常在屋面板底部设铝箔板。这种铝箔屋面隔热做法既可隔热，又可保温，最适合于夏热冬冷地区，如图 16-46 所示。

16.4.3 建筑门窗的节能措施

建筑门窗和建筑幕墙是建筑围护结构的组成部分，是建筑物热交换、热传导最活跃、

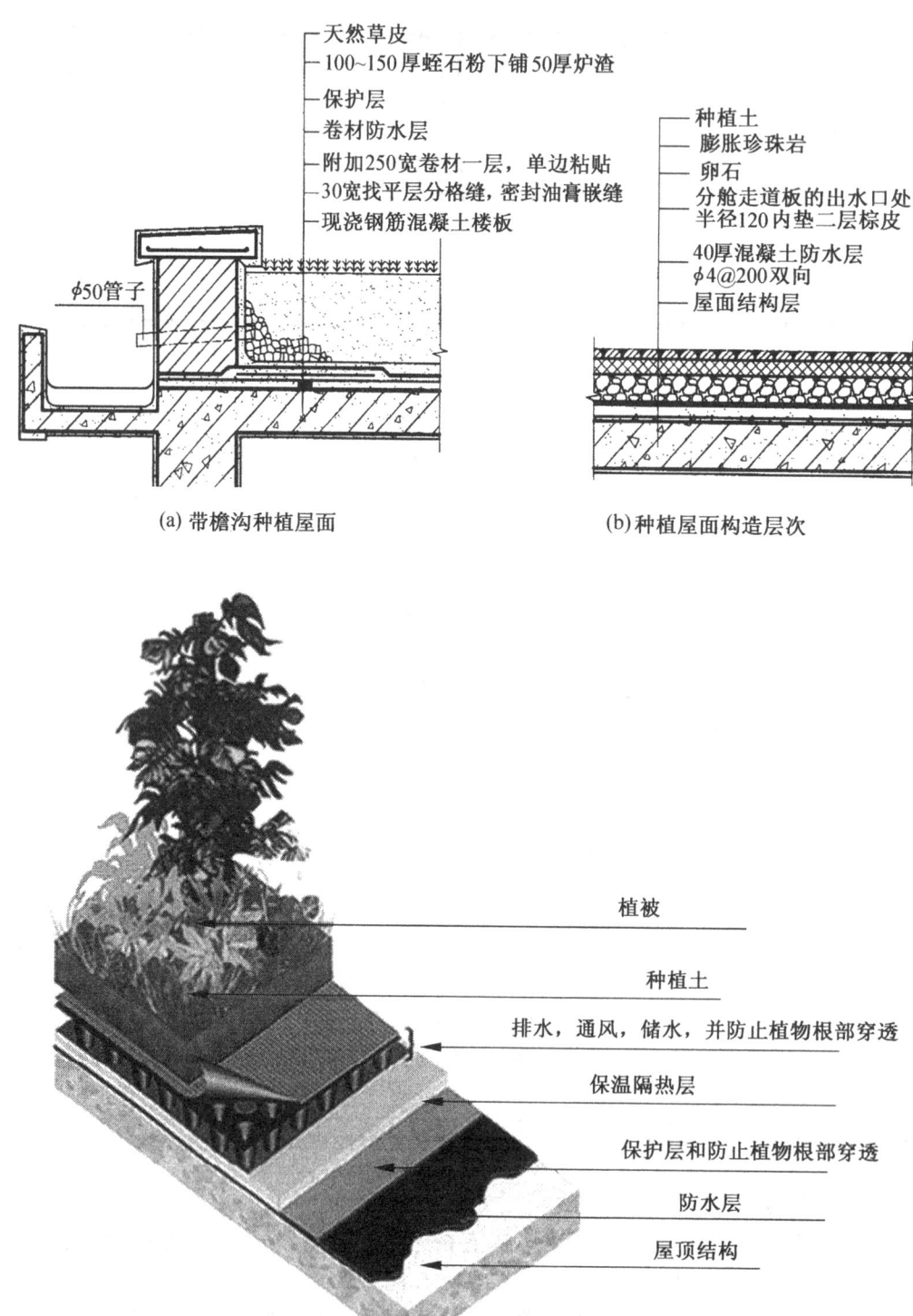

图 16-44 种植屋面做法

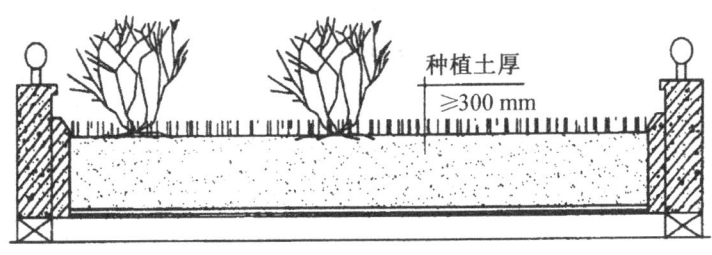

(a) 种植平屋面示意图

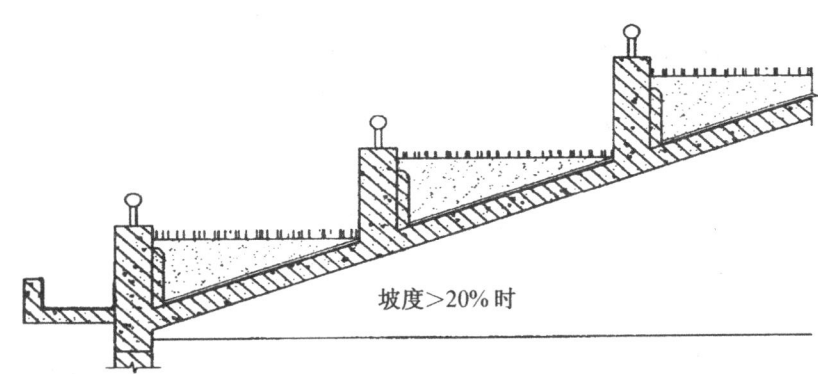

(b) 梯田式屋面示意图

图 16-45 种植屋面示意图

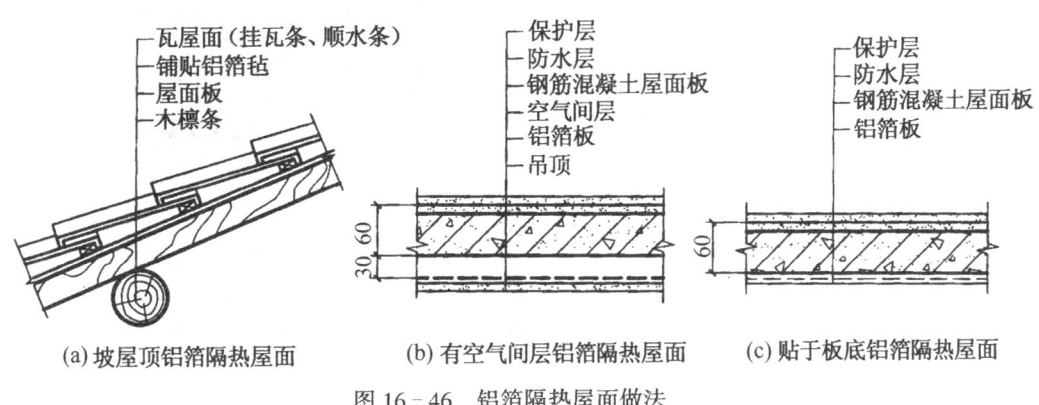

(a) 坡屋顶铝箔隔热屋面　(b) 有空气间层铝箔隔热屋面　(c) 贴于板底铝箔隔热屋面

图 16-46 铝箔隔热屋面做法

最敏感的部位，是墙体失热损失的 5~6 倍。门窗和幕墙的节能占建筑节能的 40% 左右，具有极其重要的地位。节能型建筑门窗是指达到现行节能建筑设计标准的门窗。即凡是门窗的保温隔热性能（传热系数）和空气渗透性能（气密性）两项物理性能指标达到（或高于）所在地区《民用建筑节能设计标准（采暖居部分）》及其各省、市、区实施细则技术要求的建筑门窗统称为节能门窗。节能门窗可以是单体的（单层窗）也可以是双体的（双层窗），甚至在高纬度严寒地区可能采用三层窗。

16.4.3.1 建筑门窗的保温措施

（1）控制窗墙比

节能标准对墙窗面积比的规定见表 16-9。

表 16-9　节能标准对窗墙面积比的规定

朝　向	原标准	新标准
北	0.20	0.25
东、西	0.30	0.30
南	0.35	0.35

（2）减少门窗的传热耗热，改善门窗保温效果

① 提高门窗框的保温性能。途径有三个：一是选择导热系数较小的框料，表 16-10 中给出了几种主要框料的热工指标；二是采用导热系数小的材料截断金属框扇型材的热桥制成断桥式门窗；三是利用框料内的空气腔室或利用空气层截断金属框扇的热桥。图 16-47 为节能窗框构造示意图。

表 16-10　几种主要框料的导热系数（W/(m^2·K)）

铝	松、杉木	PVC	空气
174.45	0.17~0.35	0.13~0.29	0.04

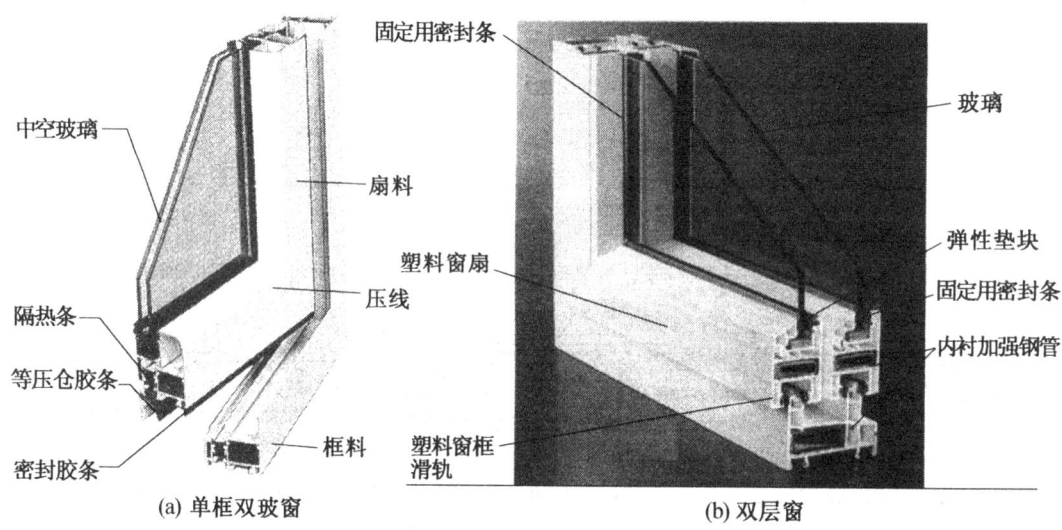

图 16-47　窗框构造示意图

②减少门窗玻璃的传热。可利用双层门窗或多层玻璃，即通过设置空气间层提高门窗玻璃的保温能力；利用能发射红外线的玻璃或利用贴有反射红外线的合成树脂薄膜的玻璃；还可以将两种方法复合使用，即复合玻璃。玻璃在窗户对室外接触中面积最大，因此对节能影响最大，应该选用更加节能的玻璃。

a. 镀膜玻璃（Low-E 玻璃）：Low-E 玻璃是在其表面镀一层低辐射率（一般低于 0.15）的膜。由于 Low-E 玻璃辐射率低，通过玻璃表面的辐射热损失要比普通平板玻璃少很多。此外，Low-E 玻璃还能保持较高的可见光透射率（约 70%），而且与普通玻璃相比较，还可以减少紫外线，更能保护室内环境，减小紫外线对人体的损害，并减小对家具和衣物的褪色影响。因此，在北方地区，应用 Low-E 玻璃可以大大提高窗户的保温性

能，对节能十分有利。

b. 中空玻璃：中空玻璃可以由两片或多片玻璃组合而成，玻璃之间的间隔条密封形成空气间层，通过不同的间隔距离来控制间层的空气，使其通过自身的摩擦阻力来保持静止。由于空气的导热性差，因此，静止的空气间层减少了热量的传递，其保温和隔音效果都得到显著的提高。

c. 玻璃组合：即用双层以上的玻璃组合应用于窗户上。双玻中空玻璃的空气层厚度一般以12mm为宜。为进一步提高双玻中空玻璃的保温性能，可以增加空气层的层数，如三玻中空玻璃，其中间的玻璃层可以用薄的透明聚酯薄膜代替。也可以抽去玻璃间层中的空气而充入惰性气体，以提高其保温性能。

（3）减少冷风渗透

冷风渗透是门窗散热的主要途径。解决的方法主要有：

①提高门窗的气密性，减少框与墙安装缝隙，节能做法应以聚氨酯等保温材料密缝，如图16-48所示。

②选择合适的开扇形式。

③选用具有保温隔热的窗帘、窗盖板等构件。

④在外门的进口处设置门斗。

16.4.3.2 建筑门窗的隔热措施

门窗的隔热措施主要有：在门窗处设置遮阳设施，选用能够有效反射或吸收太阳辐射的门窗玻璃材料两种。下面详细说明门窗的遮阳措施。

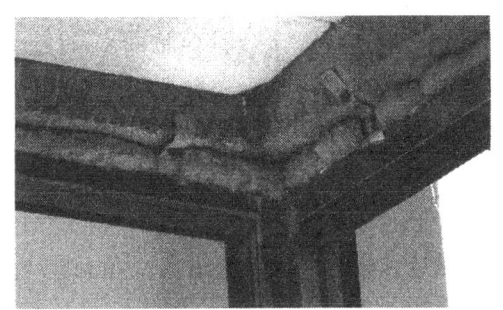

图16-48 窗框周围的密封和保温做法

（1）对门窗口遮阳的基本要求（以下内容的学习可参照第13章13.5节）

夏季防止日照，冬天不影响房间日照；晴天遮挡直射阳光，阴天保证房间有足够的照度；减少遮阳构造的挡风作用，最好能起导风入室的作用；不阻挡从窗口向外眺望的视野。

（2）遮阳的设置

遮阳设施应根据地区气候、技术、经济、使用房间的性质及要求等条件，综合解决遮阳、隔热、通风、采光等功能。

室内遮阳一般有窗帘、弹簧卷帘、活动遮阳百叶板，以及用于门窗起到隔热、保温作用的保温盖板。但这些设于房间内的设施，其主要缺点是遮阳与自然通风会产生一定的矛盾。另外，阳光的辐射热量虽在一定程度上得到了遮挡，但其相当一部分的热量还会滞留在室内，使房间的温度升高。如图16-49所示，考虑相同的遮阳百叶分别作为内、外遮阳时的情况，遮阳百叶的太阳光反射率为50%，透过率为20%。窗户为中空玻璃窗，太阳光反射率为10%，透过率为70%，在相同的条件下，外遮阳的效果更明显。

室外遮阳设施应根据地区气候、技术、经济、适用房间的性质及要求等条件，综合解决遮阳、隔热、通风、采光的功能。

在进行遮阳设计时，首先要根据工作和生活上的需要，确定必须遮阳的季节和时间，然后进行遮阳设计。例如：防止由于阳光射进室内而产生眩光或构成室内温度过高等，遮阳设施应构造简单、经济、耐久、轻巧、美观。室外遮阳设施材料如木制的、金属的、各种硬质塑料的、石棉板的或轻质混凝土制成的各种遮阳板。一般分为：水平遮阳板、垂直遮阳板、综合遮阳板、挡板式遮阳板，如图16-50所示为各类遮阳设施的适宜朝向。

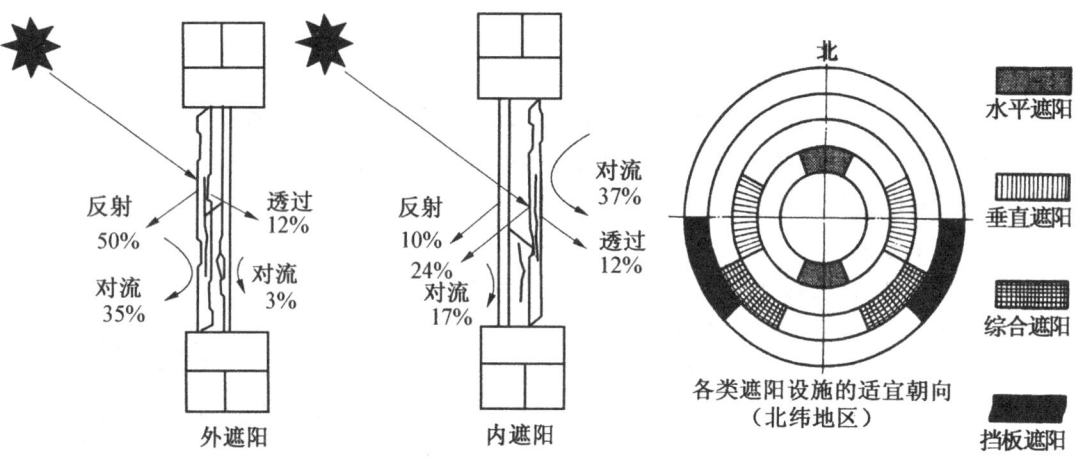

图16-49 内外遮阳太阳辐射得热比较　　图16-50 各类遮阳设施的适宜朝向

①水平遮阳板

利于遮挡高度角较大的阳光，适于南向及北向的房间。有活动式和固定式两种，固定式常用，如图16-51所示。

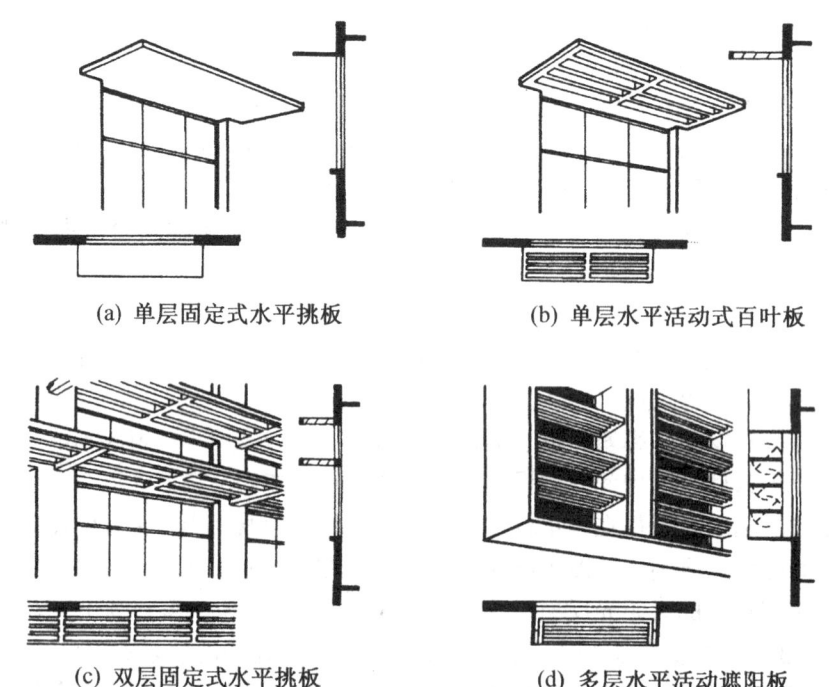

图16-51 水平式遮阳板

固定式水平遮阳板的种类有实心板、栅形板、百叶板。其形式上有单层和双层水平板、离墙或靠墙几种。双层水平遮阳板在遮挡同样高度的阳光时，遮阳板伸出的长度可比单层水平遮阳板短。活动式水平式遮阳板的材料一般为可分为木百叶、金属百叶等。图16-52所示为铝合金固定式水平遮阳系统的构造图。

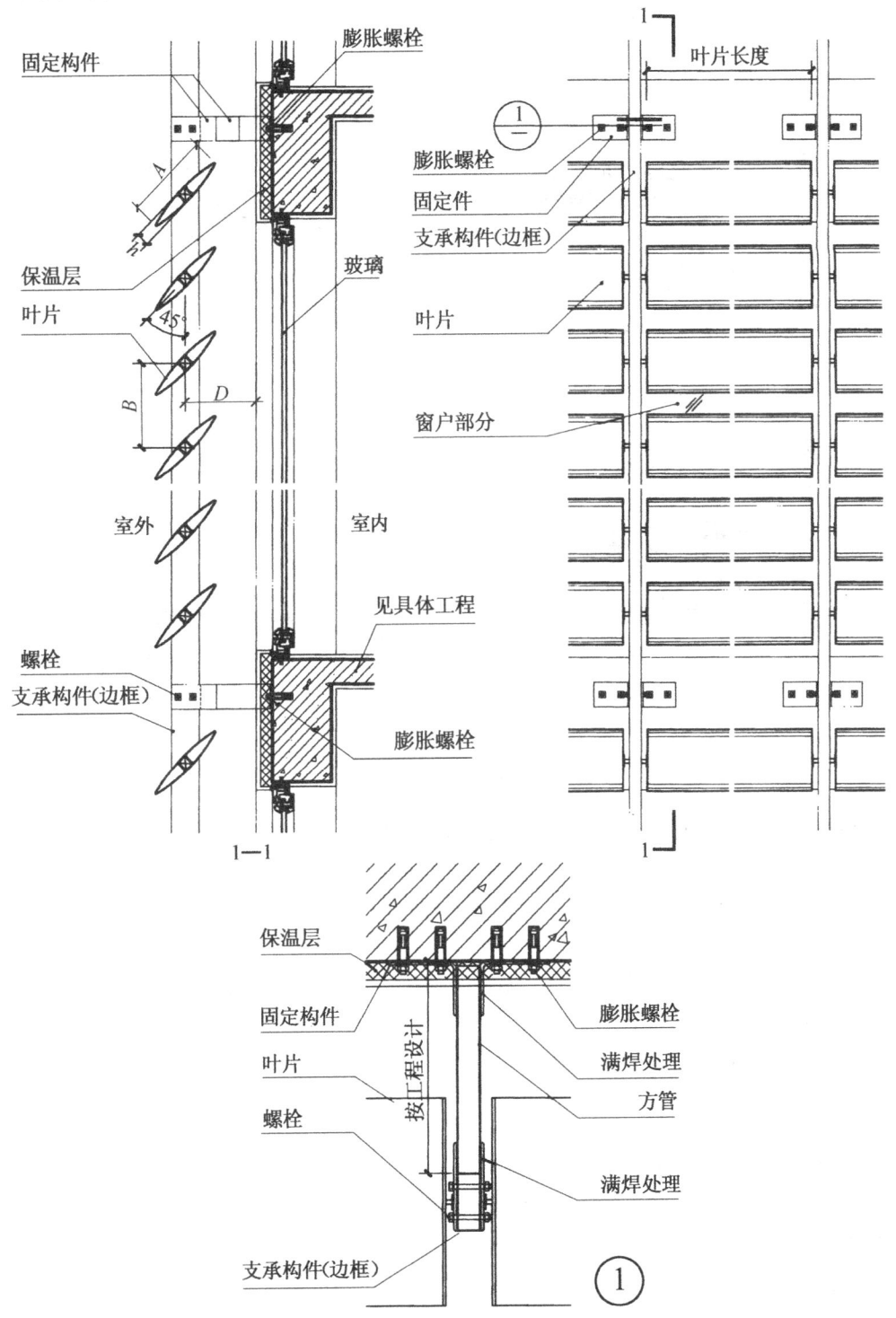

图16-52 铝合金固定式水平遮阳系统的构造

②垂直遮阳板

如图 16-53 所示，在窗口两侧设置垂直方向的遮阳板，能够有效地遮挡太阳高度角较小的、不同方位斜射来的阳光。一般情况下，对窗口上方射下来的阳光，或对窗口正射的阳光，不起遮挡作用。垂直遮阳板可以垂直于墙面，也可与墙面形成一定的夹角。主要适用于东北、西北向附近的窗口，如图 16-54 所示为铝合金固定式垂直遮阳系统的构造做法。

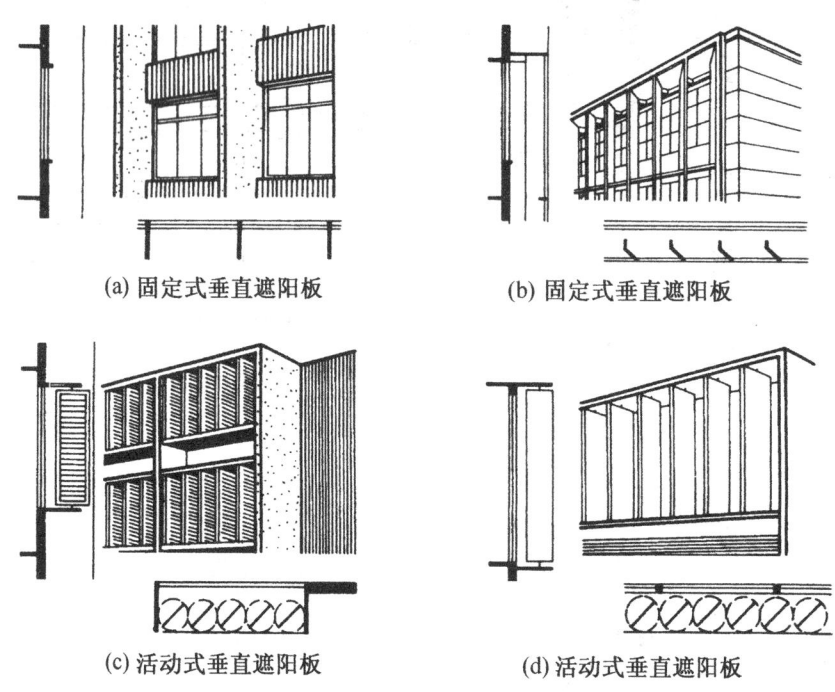

(a) 固定式垂直遮阳板　　(b) 固定式垂直遮阳板

(c) 活动式垂直遮阳板　　(d) 活动式垂直遮阳板

图 16-53　垂直式遮阳板

亚利桑那州凤凰坡中央图书馆将垂直遮阳作为其一种标志和装饰：由钢架支撑起的片片三角帆布最直观地向我们展示了垂直遮阳所具有的艺术感染力，在浩瀚、酷热的西部沙漠之中，那片片白帆仿佛使人们看到蔚蓝的大海，如图 16-55 所示。

③综合遮阳板

综合遮阳板是水平与垂直的组合，不但能遮挡来自窗口上方的阳光，且能遮挡来自窗口侧向的阳光，遮光效果比较均匀，如图 16-56 所示。主要适用于南向、南偏东和南偏西向。在综合使用各种遮阳方式方面，柯布西耶（法国建筑师）设计的昌迪加尔议会大厦及高等法院是当之无愧的典范，如图 16-57 所示。

④挡板式遮阳板

在窗口上方离开一定距离设置与窗户平行方向的垂直挡板，可以有效地遮挡高度角较小的、正射窗口的阳光，如图 16-58 所示。主要适用于接近东、西朝向的窗口。但遮挡了视线和风，可以做成格栅式或百叶式挡板，效果会好些。

16.4.4　建筑地面节能

建筑与室外空气相邻的四周边缘部分的地下土壤温度变化较大。冬季，它受室外空气以及建筑周围低温土壤的影响，将有较多的热量由该部分传递出去，其温度分布与热流的

第16章 建筑节能设计及构造

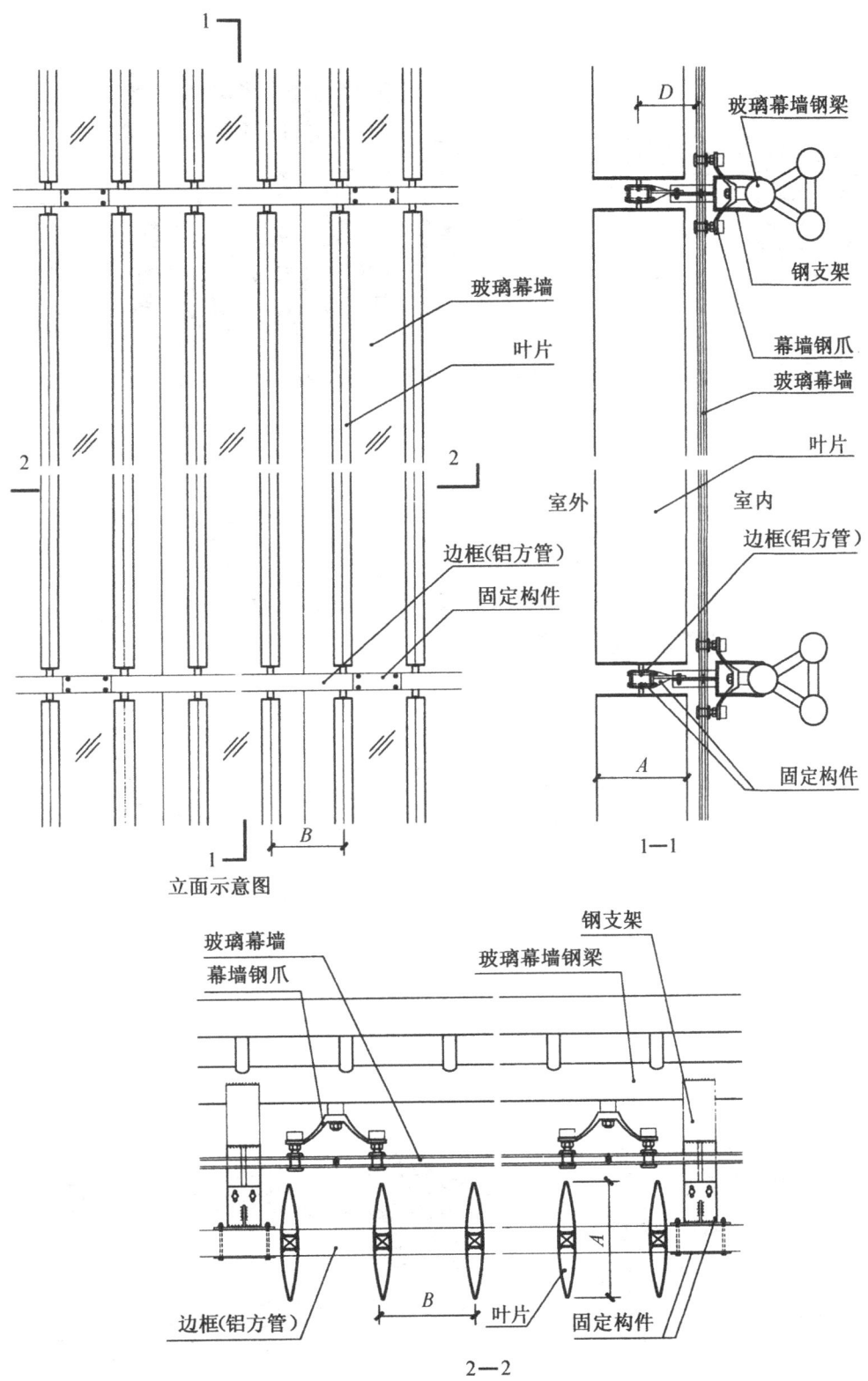

图 16-54 铝合金固定式垂直遮阳系统的构造

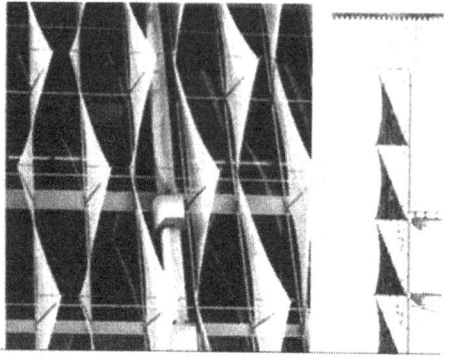

图 16-55 亚利桑那州凤凰坡中央图书馆

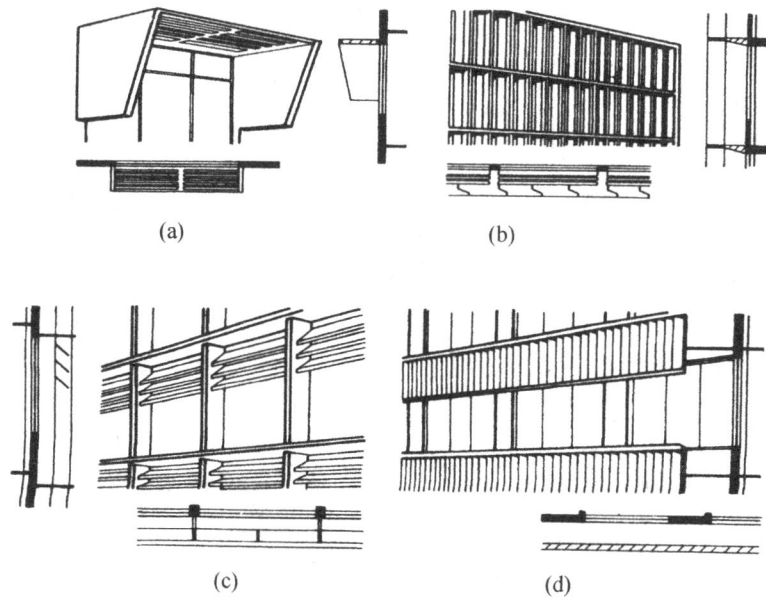

图 16-56 综合式遮阳板

图 16-57 昌迪加尔议会大厦及高等法院

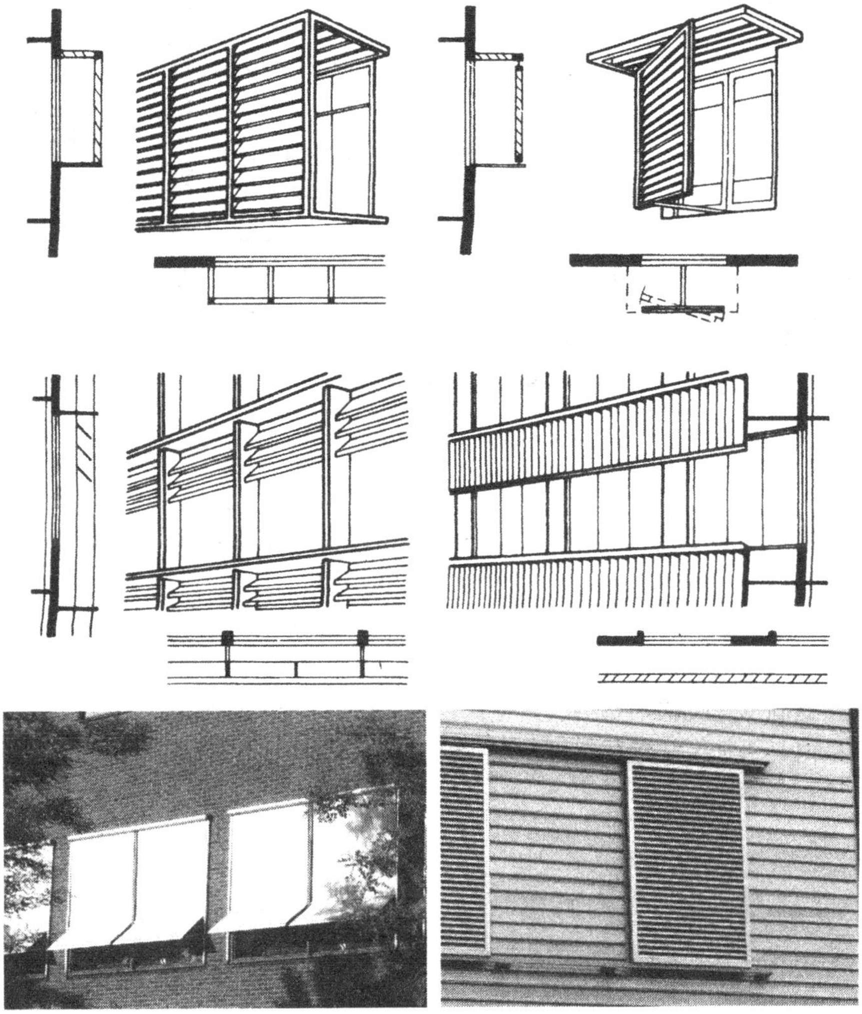

图 16-58 挡板式遮阳板及实例

变化情况如图 16-59 所示。

1. 建筑地面保温

对于接触室外空气的地板（如骑楼、过街楼的地板），以及不采暖地下室上部的地板等，应采取保温措施，使地板的传热系数满足节能规范的要求。对于直接接触土壤的非周边地面，一般不需作保温处理，其传热指数即可满足规范要求。对于直接接触土壤的周边地面（即从外墙内侧算起 2.0m 范围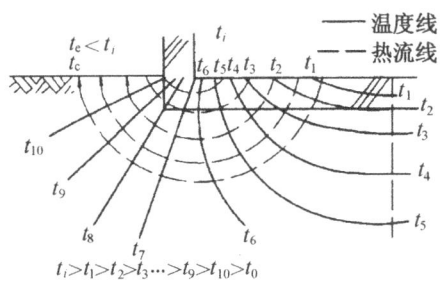

图 16-59 地面周边的温度分布

内的地面），应采取保温措施，使其传热指数满足规范的要求。如图 16-60 是满足节能标准要求的地面保温构造做法。

2. 建筑地面的绝热

对于高温高湿气候的特点，容易引起夏季地面结露。一般土壤的最高、最低温度，与

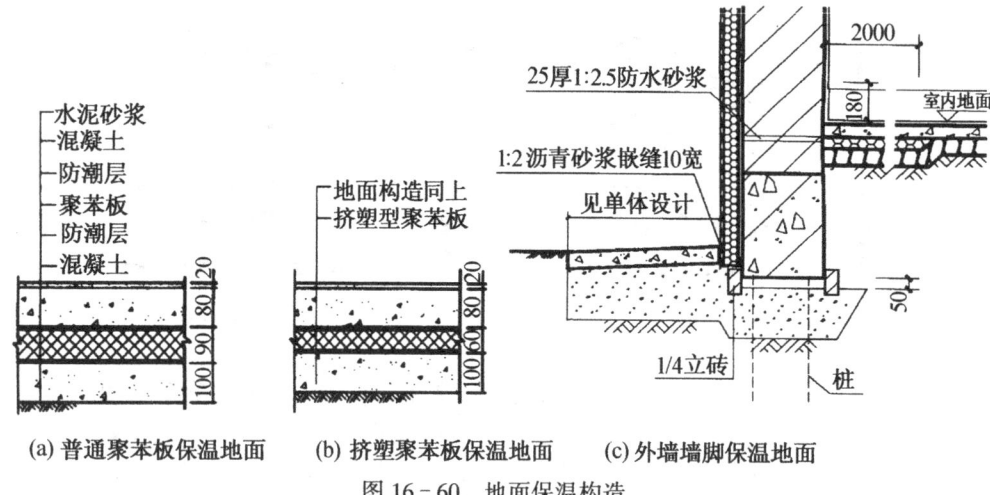

图 16-60 地面保温构造

室外空气的最高与最低温度出现的时间相比,延迟 2~3 个月(延迟时间以土壤深度而异)。所以在夏天,即使是混凝土地面,温度也几乎不上升。当这类低温地面与高温高湿的空气相接触时,地表面就会出现结露。

对于南方湿热的气候,地面应做绝热处理。可采取室内侧地面绝热处理的方法,或在室内侧布置随温度变化快的材料(热容量较小的材料)作装饰面层。另外,为了防止土中湿气侵入室内,可加设防潮层。

第 3 篇　工业建筑设计

第17章 工业建筑设计概论

工业建筑是指用于从事工业生产的各种房屋,一般称厂房。其中内部用于按生产工艺进行产品加工制造的厂房称为生产车间。

17.1 工业建筑的特点和分类

17.1.1 特点

工业厂房建筑和民用建筑都具有建筑的共性,在设计原则、建筑技术和建筑材料等方面有许多共同之处。但由于工业厂房建筑是直接为工业生产服务的,因此在建筑平面空间布局、建筑结构、建筑构造、建筑施工等方面与民用建筑有很大差别。了解其特点,对搞好工业厂房设计和施工是十分重要的。工业厂房建筑特点归纳如下:

(1)厂房首先要满足生产工艺的要求,并为工人创造良好的劳动卫生条件,以利提高产品质量和劳动生产率。工业生产类别繁多,例如有钢铁、有色金属、机械、电力、石油、化工、纺织、食品和电子工业等。各类工业都具有不同的生产工艺和特征,对工业厂房建筑也有不同的要求,因而厂房设计也随之而异。

(2)厂房内一般都有笨重的机器设备、起重运输设备(吊车)等,这就要求厂房建筑有较大的空间。同时,厂房结构要承受较大的静、动荷载以及振动或撞击力等的作用。

(3)有的厂房在生产过程中会散发大量的余热、烟尘、有害气体,有侵蚀性的液体以及生产噪音等,这就要求厂房有良好的通风和采光。

(4)有的厂房为保证生产正常,要求保持一定的温度、湿度或要求具备防尘、防振、防爆、防菌、防放射线等条件。厂房设计时必须采取相应的技术措施。

(5)生产过程往往需要各种工程技术管网,如上下水、热力、压缩空气、煤气、氧气管道和电力供应等。厂房设计时应考虑各种管道的敷设要求和它们的荷载。

(6)生产过程中有大量的原料、加工零件、半成品、成品、废料等需要用吊车、电瓶车、汽车或火车进行运输。厂房设计时应考虑所采用的运输工具的通行问题。

17.1.2 分类

工业生产类型繁多,工业生产规模较大而生产工艺又较完整的工业厂房可归纳为以下几种类型。

1. 按用途分

(1)主要生产厂房:这是指进行产品的备料、加工、装配等主要工艺流程的厂房。以机械制造工厂为例,包括铸造车间、锻造车间、冲压车间、铆焊车间、电镀车间、热处理车间、机械加工车间和机械装配车间等。

（2）辅助生产厂房：是指为主要生产厂房服务的厂房，如机械制造厂的机械修理车间、电机修理车间、工具车间等。

（3）动力用厂房：是为全厂提供能源的厂房，如发电站、变电所、锅炉房、煤气站、乙炔站、氧化站和压缩空气站等。

（4）仓储建筑：是储存原材料、半成品与成品的房屋（一般称仓库）。如机械厂包括金属料库、炉料库、砂料库、木材库、燃料库、油料库、易燃易爆材料库、辅助材料库、半成品库及成品库等。

（5）运输用建筑：是管理、储存及检修交通运输工具用的房屋，包括机车库、汽车库、电瓶车库、起重车库、消防车库和站场用房等。

（6）其他建筑：如水泵房、污水处理建筑等。

中、小型工厂或以协作为主的工厂，则仅有上述各类型房屋中的一部分。此外，也有一幢厂房中包括多种类型用途的车间或部门的情况。

2．按层数分

（1）单层厂房：多用于冶金、重型及中型机械工业等（图17-1）。

（2）多层厂房：多用于食品、电子、精密仪器工业等（图17-2）。

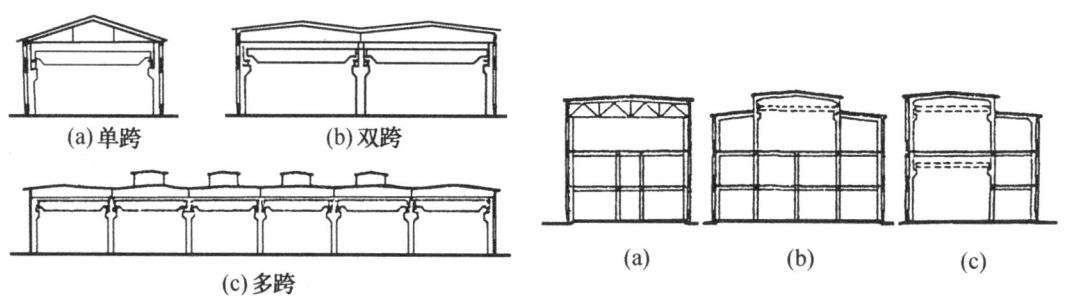

图17-1 单层厂房　　　　　图17-2 多层厂房

（3）层次混合的厂房：如某些化学工业、热电站的主厂房等。图17-3a为热电厂的主厂房，汽轮发电机设在单层跨内，其他为多层。图17-3b为一化工车间，高大的生产设备位于中间的单层跨内，两个边跨则为多层。

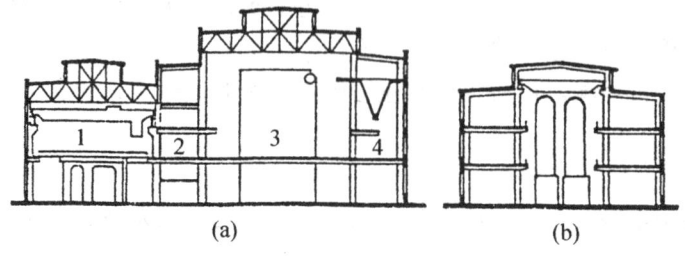

图17-3 层次混合的厂房
1—汽机间；2—除氧间；3—锅炉房；4—煤斗间

3. 按生产状况分

（1）冷加工车间：生产操作是在正常温度、湿度条件下进行的，如机械加工、机械装配、工具、机修等车间。

（2）热加工车间：生产中散发大量余热，有时伴随产生烟雾、灰尘和有害气体，有时在红热状态下加工，如铸造、热锻、冶炼、热轧、锅炉房等，应考虑通风及散热问题。

（3）恒温恒湿车间：为保证产品质量，厂房内要求稳定的温、湿度条件，如精密机械、纺织、酿造等车间。

（4）洁净车间：为保证产品质量，防止大气中灰尘及细菌污染，要求厂房内保持高度洁净，如集成电路车间、精密仪器加工及装配车间、医药工业中的粉针剂车间等。

（5）其他特种状况的车间：如有爆炸可能性、有大量腐蚀性物质、有放射性物质、防微振、高度隔声、防电磁波干扰车间等。

生产状况是确定厂房平、剖、立面以及围护结构形式的主要因素之一，设计时应予考虑。

17.2 工业建筑设计要求

17.2.1 工艺要求

为满足生产工艺的各种要求，并便于设备的安装、操作和维修，必须正确选择厂房的平面、剖面、立面形式及跨度、高度和柱距，确定合理的承重、围护结构与细部构造。

17.2.2 建筑要求

（1）工业建筑的坚固性及耐久性应符合建筑的使用年限。由于厂房静荷载和活荷载比较大，建筑设计应为结构设计的经济合理性创造条件，使结构设计更利于满足坚固和耐久的要求。

（2）由于科技发展日新月异，生产工艺不断更新，生产规模逐渐扩大，因此，建筑设计应使厂房具有较大的通用性和改建扩建的可能性。

（3）应严格遵守《厂房建筑模数协调标准》（GBJ6—86）及《建筑模数协调统一标准》（GBJ2—86）的规定，合理选择厂房建筑参数，如柱距、跨度、柱顶标高等，以便采用标准的、通用的结构构件，使设计标准化、生产工业化、施工机械化，从而提高厂房建筑工业化水平。

17.2.3 经济要求

（1）在不影响建筑要求的前提下，将若干个车间合并成联合厂房，对经济及现代化连续生产极为有利。因为联合厂房占地较少，外墙面积相应减少，缩短了管网线路，使用灵活，能满足工艺更新的要求。

（2）建筑层数是影响建筑经济性的重要因素。因此，应根据工艺要求、技术条件等，准确选定单层或多层厂房。

（3）在满足生产要求的前提下，设法缩小建筑体积，充分利用建筑空间，合理减少结构面积，提高面积使用率。

（4）在不影响厂房的坚固、耐久、生产操作、使用要求和施工速度的前提下，应尽量降低材料的消耗，从而减轻构件的自重和降低建筑造价。

（5）设计方案应便于采用先进的、配套的结构体系及工业化施工方法。但是，必须结合当地的材料供应情况，施工机具的规格和类型，以及施工人员的技能来选择施工方案，达到最经济的目的。

17.2.4 卫生安全要求

（1）应有与厂房所需采光等级相适应的采光条件，以保证厂房内部工作面上的照度；应有与室内生产状况及气候条件相适应的通风措施。

（2）排除生产余热、烟尘废气，提供正常的卫生、工作环境。

（3）对散发出的有害气体、有害辐射、严重噪声等应采取净化、隔离、消声、隔声等措施。

（4）美化室内外环境，注意厂房内部的水平绿化、垂直绿化及色彩处理。

（5）有可靠的报警、防火安全措施。

第 18 章 单层厂房设计

18.1 单层厂房的组成

18.1.1 功能组成

单层厂房的功能组成是由生产性质、生产规模和工艺流程所决定的,它一般由主要生产工部、辅助生产工部及生产配套设施房间等组成。这些部位布置在一幢厂房或几幢厂房内,满足厂房的功能要求。

图 18-1 是一个金工车间,由三个平行跨组成。原材料由①轴线上的三个大门进入车间,厂房内部按直线方式布置机械加工部和装配工部,并设有堆场,产品由⑳轴线上的大门运出。厂房柱距为 6m,跨度分别为 18m,18m,24m,三个跨间内均可通行汽车,局部可进入火车。各跨分别有两台吊车,⑲轴线与Ⓑ轴线交汇处设转臂吊车,室外消防检修梯沿外墙每 200m 设一台(共两台),形成了功能齐全的生产工部和为生产配套的高压配电、油漆调配、水压试验、工具分发等房间。

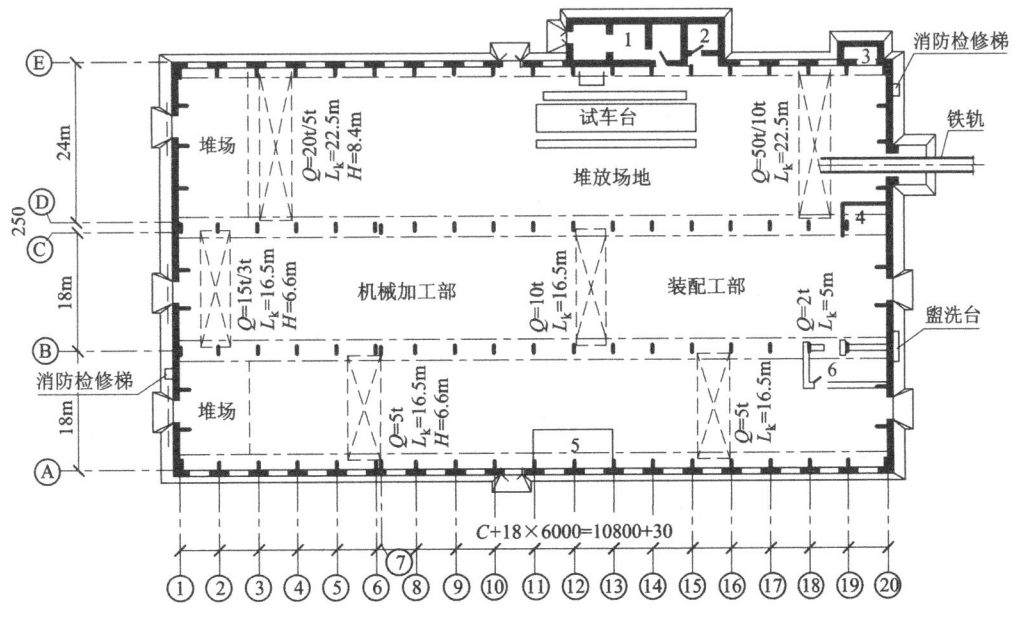

图 18-1 机械加工装配车间平面图

1—高压配电;2—分配间;3—油漆调配;4—水压试验;5—工具分发室;6—中间仓库

18.1.2 构件组成

目前,我国单层工业厂房的结构体系大部分采用装配式钢筋混凝土排架结构和装配式钢筋混凝土刚架结构两种型式。最常用的是排架结构,这种体系由两大部分组成,即承重构件和围护构件,见图18-2。

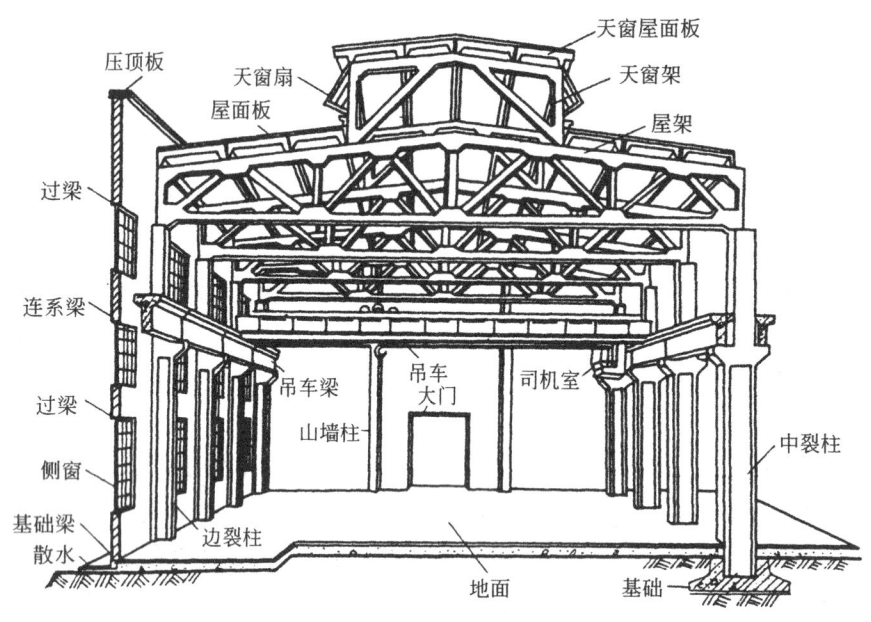

图18-2 单层厂房的组成

18.1.2.1 承重构件

(1) 排架柱:它是厂房结构的主要承重构件,承受屋架、吊车梁、支撑、连系梁和外墙传来的荷载,并把它传给基础。

(2) 基础:它承受柱和基础梁传来的全部荷载,并将荷载传给地基。

(3) 屋架:它是屋盖结构的主要承重构件,承受屋盖上的全部荷载,通过屋架将荷载传给柱。

(4) 屋面板:它铺设在屋架、檩条或天窗架上,直接承受板上的各类荷载(包括屋面板自重,屋面维护材料,雪、积灰及施工检修等荷载),并将荷载传给屋架。

(5) 吊车梁:它设在柱子的牛腿上,承受吊车和起重的重量,运行中所有的荷载(包括吊车自重、起吊物体的重量以及吊车起动或刹车所产生的横向刹车力、纵向刹车力以及冲击荷载),并将其传给框架柱。

(6) 基础梁:承受上部砖墙重量,并把它传给基础。

(7) 连系梁:它是厂房纵向柱列的水平连系构件,用以增加厂房的纵向刚度,承受风荷载和上部墙体的荷载,并将荷载传给纵向柱列。

(8) 支撑系统构件:它分别设在屋架之间和纵向柱列之间,其作用是加强厂房的空间整体刚度和稳定性,它主要传递水平荷载和吊车产生的水平刹车力。

(9) 抗风柱:单层厂房山墙面积较大,所受风荷载也大,故在山墙内侧设置抗风柱。

在山墙面受到风荷载作用时，一部分荷载由抗风柱上端通过屋顶系统传到厂房纵向骨架上，一部分荷载由抗风柱直接传给基础。

图 18-3 所示为各承重构件的荷载传递关系。

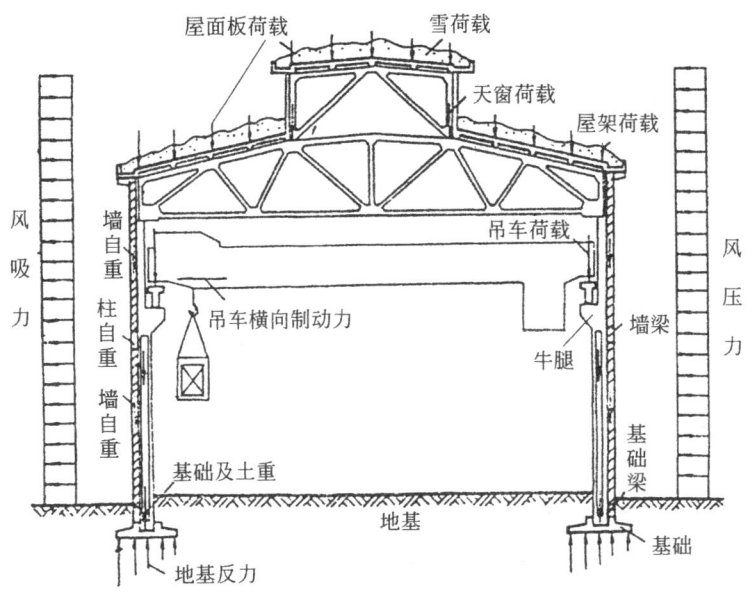

图 18-3 单层厂房结构主要荷载示意

18.1.2.2 围护构件

(1) 屋面：单层厂房的屋顶面积较大，构造处理较复杂，屋面设计应重点解决好防水、排水、保温、隔热等方面的问题。

(2) 外墙：厂房的大部分荷载由排架结构承担，因此，外墙是自承重构件，除承受墙体自重及风荷载外，主要起着防风、防雨、保温、隔热、遮阳、防火等作用。

(3) 门窗：供交通运输及采光、通风用。

(4) 地面：满足生产及运输要求，并为厂房提供良好的室内劳动环境。

对于排架结构来讲，以上所有构件中，屋架、排架柱和基础，是最主要的结构构件。这三种主要承重构件，通过不同的连接方式（屋架与柱为铰接，柱与基础是刚接），形成具有较强刚度和抗震能力的厂房结构体系。所有承重构件都采用钢筋混凝土或预应力钢筋混凝土构件。为做到设计标准化、构件生产工厂化、施工机械化，国家已将厂房的所有结构构件及建筑配件，编制成标准图集，供设计时选用。

在厂房结构类型中，除了以上介绍的排架结构体系外，还有墙承重结构和刚架结构。墙承重结构是用砖墙、砖壁柱来代替钢筋混凝土排架柱，适用于跨度在 15m 以内、吊车起重量不超过 5t 的小型厂房以及辅助性建筑。刚架结构的特点是屋架与柱为刚接，合并成一个整体，而柱与基础为铰接，它适用于跨度不超过 18m、檐高不超过 10m、吊车起重量在 10t 以下的厂房。

18.2 平面的设计

18.2.1 平面形式

(1) 影响厂房平面形式的主要因素：
①厂房生产工艺流程、生产特征、生产规模。
②厂房内部交通及运输。
③厂房在总平面图的位置以及和其他厂房的关系。
④厂房所在的地形、地区气象条件。
⑤厂房结构类型与经济技术条件。

(2) 常用的生产工艺流程流线形式，一般有三种：
①直线式：原材料由厂房一端进入，加工后成品由厂房的另一端运出，见图18-4a、c。
②往复式：原材料由厂房的一端进入，产品由同一端运出，见图18-4b。

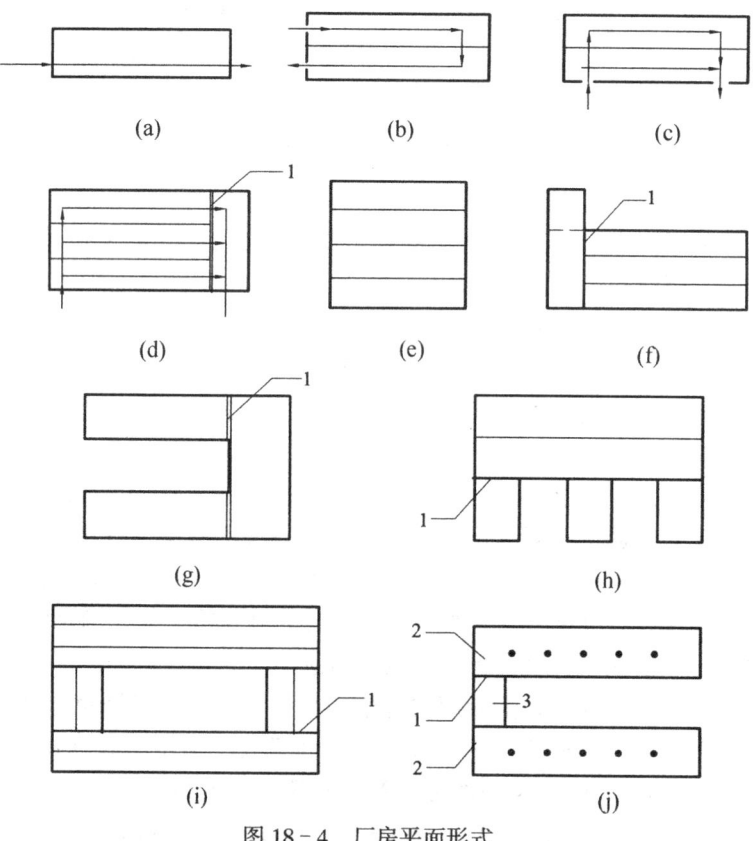

图18-4 厂房平面形式
1—伸缩缝；2—标准单元；3—连接体

直线式和往复式的特点是工段之间联系紧密，运输线路和工程管线距离较短，形状规整、占地少、结构构造简单、造价低，天然采光和自然通风都比较容易解决。但当跨数少时多呈长条状，外墙面积增多。

③垂直式：原材料由厂房纵跨的一端进入，加工后成品从横跨的一端运出（图 18-4d）。垂直式的特点是工艺流程紧凑合理，运输及工程管线线路也比较短，但纵跨与横跨之间的结构构造较复杂，费用高。如横跨长度超过几个纵跨的宽度，则占地也比较多。见图 18-4f、g。

(3) 常用的平面形式，单层厂房常用的平面形式有以下几种：

①矩形平面：单跨矩形平面为最基本的组合单元，它可组合成为多跨、纵横跨等平面形式。纵横跨多用于垂直工艺流线。矩形平面一般适用于冷加工或小型热加工厂房（图 18-4a~d）。

②方形平面：方形平面是在矩形平面基础上加宽成为近似正方形或正方形的厂房。其特点是当厂房面积相同时，比其他形式平面节约围护结构的周长大约 25%（图 18-4e、图 18-5）。

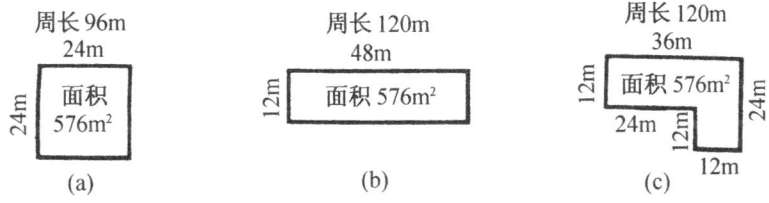

图 18-5 平面形式比较

方形平面由于外墙面积的减小，不仅造价低，在寒冷地区的冬季还可减少外墙的热量损失，在炎热地区的夏季可减少太阳辐射对室内的影响。对于空调厂房则对节约能源大为有利。

方形平面不只是通用性强，也有利于抗震，因此这种平面形式的应用较多。

③L形、Π形和山形平面：纵横跨车间不同的布置形式有 L 形、Π 形和山形平面。这些形式的特点是有良好的通风采光、排气、散热和除尘能力，因此适用于那些中型以上的热加工厂房，如轧钢、铸工、锻造车间等，以便排除产生的热量、烟尘和有害气体。在平面布置时，要将纵跨之间的开口迎向夏季主导风向或与主导风向呈 0°~45°夹角，以改善通风效果和操作条件。

另外，纵跨间空地可做成露天仓库和交通运输通道。这种平面的缺点是纵横跨交接处结构构造复杂、抗震性差、外墙及工程管线较长、造价较高。见图 18-4f~j。

总之，在平面设计中，为满足生产工艺的要求，除要考虑生产工段外，还要布置好厂房的有害工段、辅助工段和厂房通道，基本要求如下：

有害工段主要是产生余热、易燃易爆、有害气体、粉尘和侵蚀性液体的工段。平面设计时要避免它们对其他工段的影响，一般应靠近外墙，或贴建于外墙，或采取一定的隔离措施，或建于下风侧，充分利用门窗进行通风泄压。

辅助工段为整个车间服务，一般面积较小，无大设备，布置时应注意以下几点：

a. 尽量靠近服务对象，方便生产。

b. 合理利用空间，设于生活间底层和厂房多余空间。

c. 注意不影响厂房的通用和应变力。

d. 有利于车间的空调、保温等。

厂房通道用于车间的货物运输和人流通行，其位置、宽度和数量，除按工艺平面图的要求外，还要考虑符合防火、卫生和人流疏散的要求。为保证人们在发生灾害时能迅速疏散，厂房内要分散布置多条纵横相交的通道，主通道要和厂房出入口连通，厂房内最远工作点距疏散门的距离要按防火规范来确定。有时也利用通道分割不同的生产工段。主次通道的设置要做到方便和通畅。

18.2.2 柱网选择

厂房承重柱在平面中排列所形成的网格称为柱网。确定建筑物主要构件位置及标志尺寸的基准线称定位轴线，平行于厂房长度方向的定位轴线称纵向定位轴线，垂直于厂房长度方向的定位轴线称为横向定位轴线。纵向定位轴线间距称为跨度，横向定位轴线间距称为柱距（图 18-6）。

排架柱距用数字 1，2，3…编号，跨度用字母 A，B，C…编号。厂房中的柱、墙及其他构配件都由纵横定位轴线标定其位置。

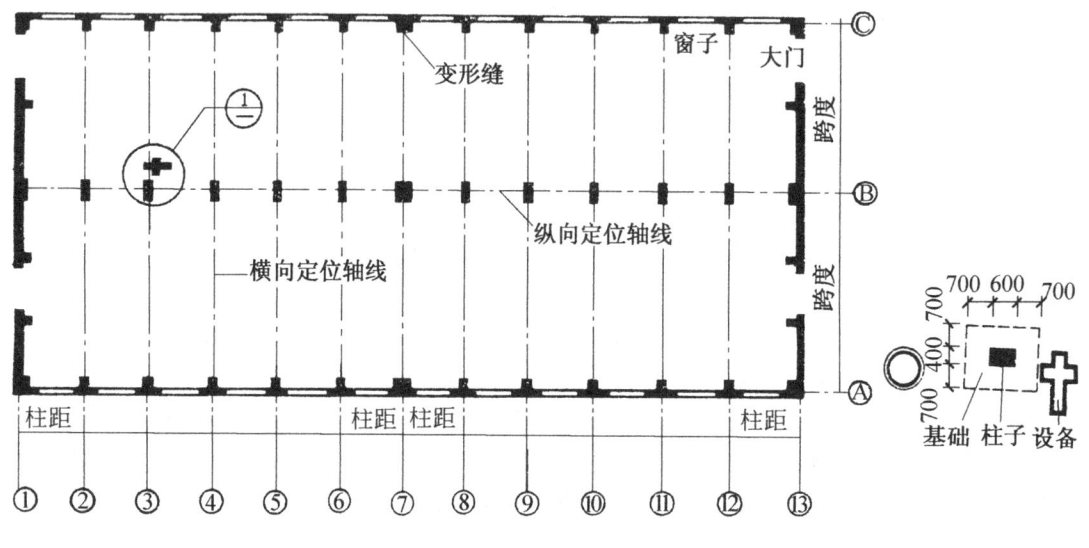

图 18-6 柱网示意

所谓柱网尺寸的确定就是确定柱距和跨度。确定柱网的原则是：

(1) 满足生产工艺

跨度和柱距尺寸要满足生产工艺的要求，如设备的大小和布置方式，材料和加工件的运输，生产操作和维修所要求的空间等，见图 18-7 所示。

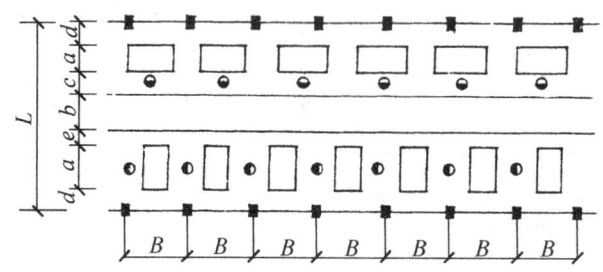

图 18-7 跨度尺寸与工业布置关系

L—跨度；B—柱距；a—设备宽度；b—行车通道宽度；c—操作宽度；d—设备与轴线间距；e—安全距离

(2) 平面和结构经济合理

跨度和柱距的选择要使平面的利用和结构方案达到经济合理。如厂房由于工艺的要求有些跨间要扩大，但又不经济，为了生产工艺的需要，在一跨内满足不了时，常将个别大型设备越跨布置，采用抽柱方案，上部采用托架梁承托屋架（图18-8）。有的柱距满足不了生产工艺需要，可能形成大小柱距不同的现象，使设计和施工都比较复杂，因此应根据实际情况分析比较其经济合理性，调整柱距，达到柱距统一。

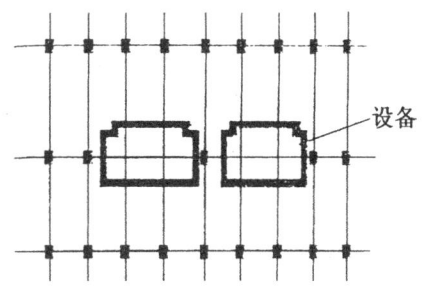

图18-8 越跨布置设备示意图

另外，如一些设备布置可以灵活的厂房，总宽度不变，适当加大厂房的跨度，可节约生产面积，比较经济合理。此外还要考虑技术条件、施工能力，以达到较好的综合效益。

(3) 符合《厂房建筑模数协调标准》

该标准规定厂房的跨度在18m和18m以下时应采用扩大模数$30M$数列，分别为6m、9m、12m、15m、18m。在18m以上时应采用$60M$数列，分别为18m、24m、30m、36m。柱距采用$60M$数列，即6m和12m。根据这些尺寸可按《工业建筑全国通用构件标准图集》选用不同材料的与跨度、柱距相统一的配套构件，如屋架、吊车梁、基础梁、屋面板、墙板等。

(4) 提高厂房的通用性和合理性

其手段主要是扩大柱网。扩大柱网的优点首先是可提高厂房的通用性和灵活性。随着生产的发展，新产品的开发，新的科学技术和装备不断采用，生产工艺不断更新，因此要求厂房具有较大的通用性，扩大柱网在一定程度上可以满足这种要求。同时，工艺布置比较灵活，厂房的通风采光和内部空间环境也有所改善。其次可更有效地利用生产面积。在图18-6中，当柱的断面尺寸为600mm×400mm时，机床与柱的最小距离应为700mm，因此柱与周围最小距离所占的面积达$3.6m^2$。如减少柱子则可排列更多的设备，减少设备基础与柱子基础的冲突则节约厂房面积（图18-9）。增加的造价可从节约的面积中得到补偿，同时大大减少构件数量。这对减少工程量，加快施工速度，提高综合经济效益大为有利。

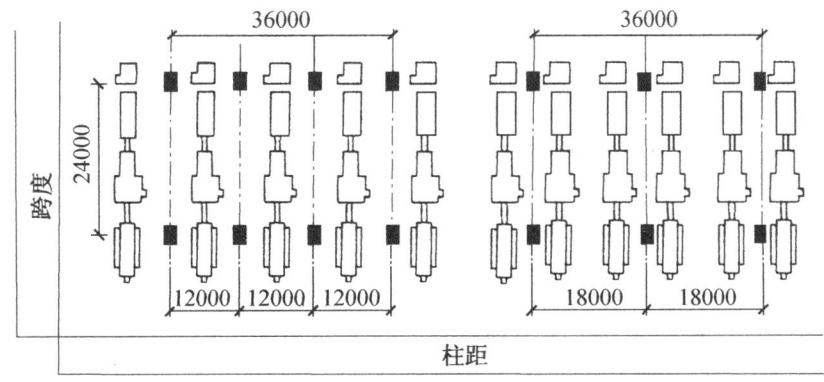

图18-9 不同柱距的设备布置

近年来，全国综合考虑各项效益，国内外扩大柱网的应用日益增加，常用的柱网有12m×12m、15m×12m、18m×12m、24m×12m、18m×18m和24m×24m。常用的承重方案有两种：

①带托架梁方案：边墙柱距为 6m，中列柱的柱距为 12m 或 12m 以上，中列柱间设置托架梁，在梁的中部承托屋架，使屋架的间距仍为 6m，其他配套构件也均为 6m。这种方案对施工技术要求不高，容易实现（图 18-10）。

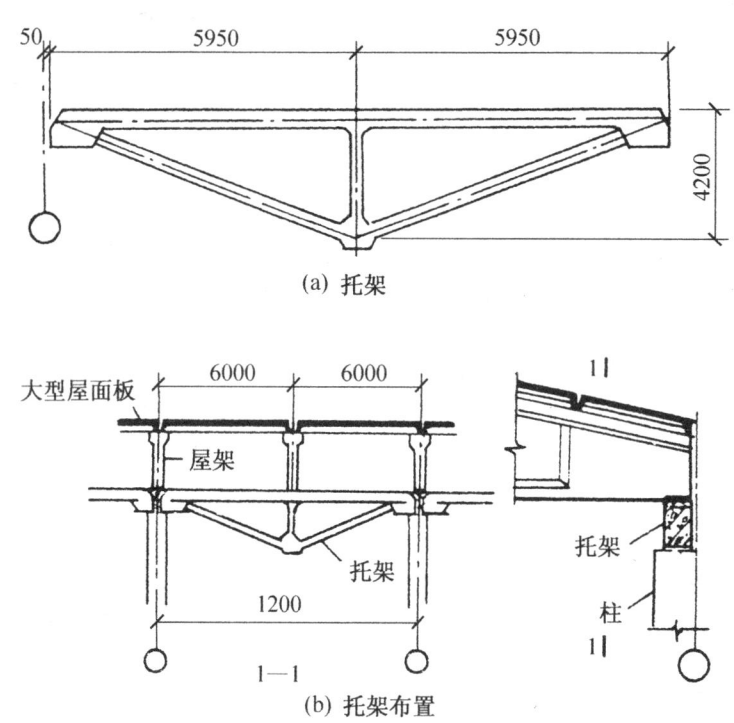

图 18-10 带托架梁承重方案

②不带托架梁方案：边柱和中列柱的柱距均为 12m，配套构件为 12m。这种方案结构形式简单，可减少配套构件的数量（如屋面板和墙板），工业化水平较高。接近正方形的柱网具有更大的通用性和灵活性。比如可以纵横布置生产线和设备。起吊设备的形式多样，也可以支托在专用柱上，在改变工艺布置时便于拆除。方形柱网结构方式除排架结构

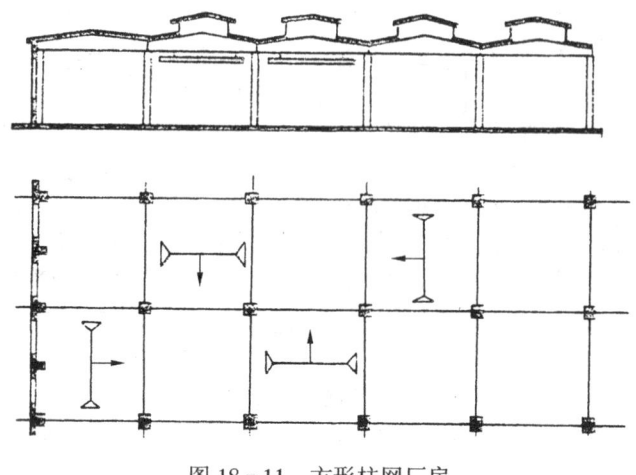

图 18-11 方形柱网厂房

外，也可以采用空间结构，见图 18-11。

18.2.3 平面设计与运输设备的关系

为了运送原材料、半成品、成品及安装、检修、操作和改装设备的便利，厂房内需设置起重运输设备。

18.2.3.1 起重运输设备的类型

(1) 吊车

吊车亦称行车或天车，是我国目前单层厂房内部的主要运输工具，它包括：

①单轨悬挂吊车：如图 18-12a 所示，在屋顶承重结构下部悬挂式钢轨，轨梁布置为直线或可转弯的曲线，在轨梁上设有可移动的滑轮组（或称神仙葫芦），沿轨梁水平移动，利用滑轮组升降起重。起重量一般在 3t 以下，最多不超过 5t。有手动和电动两种类型。

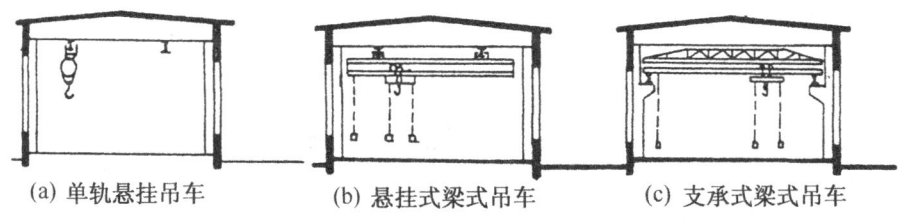

(a) 单轨悬挂吊车　　(b) 悬挂式梁式吊车　　(c) 支承式梁式吊车

图 18-12　轻型吊车（$Q \leqslant 5t$）

②梁式吊车：包括悬挂式与支承式两种类型。悬挂式（图 18-12b）是在屋顶承重结构下悬挂钢轨，钢轨布置为两行直线，在两行轨梁上设有可滑行的单梁。支承式如图 18-12c 所示，是在排架柱上设牛腿，牛腿上设吊车梁，吊车梁上安装钢轨，钢轨上设有可滑行的单梁，在滑行的单梁上装有可滑行的滑轮组，在单梁与滑轮组行走范围内均可起吊重物。梁式吊车起重量一般不超过 5t，有电动和手动两种。

③桥式吊车（图 18-13、图 18-14）：通常是在厂房排架柱上设牛腿，牛腿上搁吊车梁，吊车梁上安装钢轨，钢轨上放置能滑行的双榀钢桥架（或板梁），桥架上支承小车；小车能沿桥架滑移，并有供起重的滑轮组。在桥架与小车行走范围内均可起吊重物。起重量从 5t 至数百吨不等。起重时为电动。吊车上设有驾驶室，常设在桥架一端或根据要求确定其位置。

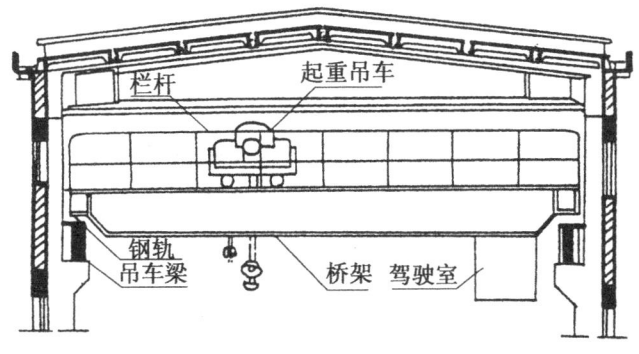

图 18-13　桥式吊车立面

此外，还有移动式悬臂吊车及固定式转臂吊车，如图 18-15a、b 所示，可供辅助起重运输用。

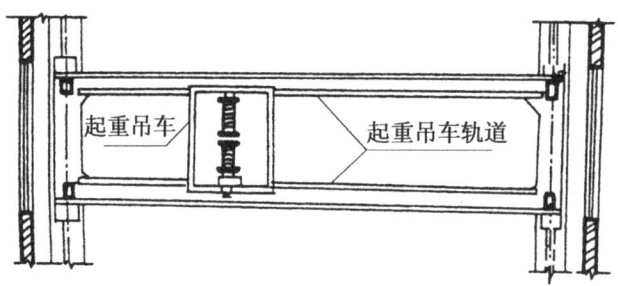

图 18-14 桥式吊车平面

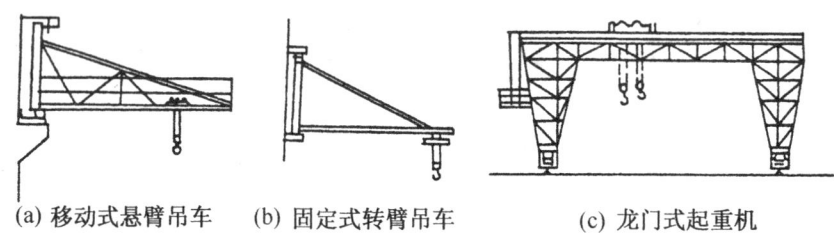

图 18-15 悬臂、转臂式吊车及龙门式起重机

（2）其他运输设备

在厂房中除采用上述吊车外，亦可采用龙门式起重机，如图 18-15c 所示，它直接支承在地面上。因其行驶缓慢，且占厂房地面较多，故不如前述吊车使用广泛。厂房内外还因生产的不同，根据需要采用火车、汽车、电瓶车、手推车、各式地面起重车、悬链、普通输送带、气垫式输送带、磁力式输送带、输送辊道、管道、输送器、进料机、升降机、提升机等运输设备。

18.2.3.2 起重运输设备与厂房平面设计的关系

（1）起重运输设备影响厂房的平面布置和平面尺寸。以图 18-1 的机械加工装配车间为例。该车间的内部主要起重运输设备为桥式吊车，内部辅助运输设备为转臂吊车；对外的运输设备有机车（该车间因系冷加工车间，机车只允许车皮进入）、汽车及电瓶车，则车间平面的布置与尺寸均与吊车、机车车皮、汽车及电瓶车相适应。

（2）如厂房内要求进入火车车皮，则应在平面图上布置铁轨。火车车皮进入处的门，其尺寸必须适合车皮运行及安全要求。

总之，平面设计时，必须考虑起重运输设备的影响及要求。

18.3 厂房剖面设计

厂房的剖面设计是厂房设计的一个组成部分。剖面设计是在平面设计的基础上进行的。平面设计主要从平面形式、柱网选择、平面组合等方面解决生产对厂房提出的各种要求，剖面设计则是从厂房的建筑空间处理上满足生产对厂房提出的各种要求。

厂房剖面设计的具体任务是：确定厂房高度；选择厂房承重结构及围护结构方案；处理车间的采光、通风及屋面排水等问题。

18.3.1 厂房高度的确定

厂房高度指室内地面至柱顶（或倾斜屋盖最低点，或下沉式屋架下弦底面）的距离。在剖面设计中通常将室内地面的相对标高定为±0.000，柱顶标高、吊车轨顶标高等均是相对于室内地面标高而言的。

确定厂房的高度必须根据生产使用要求以及建筑统一化的要求，同时，还应考虑到空间的合理利用。

18.3.1.1 柱顶标高的确定

柱顶（或倾斜屋盖最低点，或下沉式屋架下弦底面）标高的确定分以下几种：

（1）无吊车厂房。在无吊车厂房中，柱顶标高通常是按最大生产设备及其使用、安装、检修时所需的净空高度来确定的。同时，必须考虑采光和通风的要求，一般不低于4m。根据《厂房建筑模数协调标准》（GBJ6—86）的要求，柱顶标高应符合300mm的倍数。

（2）有吊车厂房。在有吊车的厂房中，不同的吊车对厂房高度的影响各不相同。对于采用梁式或桥式吊车的厂房来说（图18-16）：

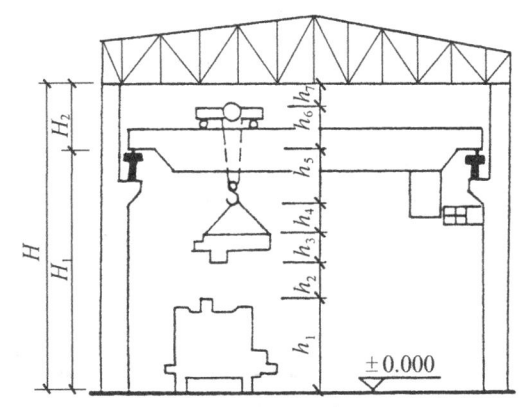

图18-16 确定厂房高度的因素

柱顶标高 $\qquad H = H_1 + H_2$

轨顶标高 $\qquad H_1 = h_1 + h_2 + h_3 + h_4 + h_5$

轨顶至柱顶高度 $\qquad H_2 = h_6 + h_7$

式中 h_1——需跨越的最大设备高度；

h_2——起吊物与跨越物间的安全距离，一般为400～500mm；

h_3——起吊的最大物件高度；

h_4——吊索最小高度，根据起吊物件的大小和起吊方式决定，一般大于1m；

h_5——吊钩至轨顶面的距离，由吊车规格表中查得；

h_6——轨顶至吊车小车顶面的距离，由吊车规格表中查得；

h_7——小车顶面至屋架下弦底面之间的安全距离，应考虑到屋架的挠度、厂房可能不均匀沉降等因素，最小尺寸为220mm，湿陷黄土地区一般不小于300mm。

如果屋架下弦悬挂有管线等其他设施时，还需另加必要的尺寸。

根据《厂房建筑模数协调标准》（GBJ6—86）的规定，柱顶标高 H 应为300mm的倍数。轨顶的标高 H_1 常取600mm的倍数。

在多跨厂房中，由于厂房高低不齐，如图 18-17，在高低错落处需增设墙梁、女儿墙、泛水等，使构件种类增多，剖面形式、结构和构造复杂化，造成施工不便，并增加造价。所以，当生产上要求的厂房高度相差不大时，将低跨抬高与高跨齐平较设高低跨更经济合理，并有利于统一厂房结构，加快施工进度，为工艺灵活变动创造条件。高差在什么范围内才适宜提高低跨呢？《厂房建筑模数协调标准》(GBJ6—86) 中规定：在采暖和不采暖的多跨厂房中，当高差值等于或小于 1.2m 时不宜设高度差。在不采暖的厂房中，当高跨一侧仅有一个低跨，且高差值等于或小于 1.8m 时，也不宜设高度差。如某金工车间为三跨

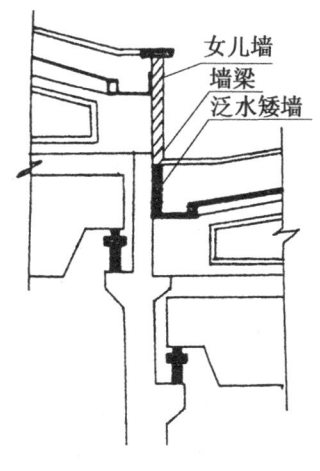

图 18-17 高低跨处构造处理

厂房，原方案设有高差（图 18-18a），后按建筑统一化的规定把低跨抬高与高跨拉平（图 18-18b），虽然提高了柱子高度和增加了一定的外围护结构，但柱子的类型由 4 种减少到 2 种，ⓒ轴线上的柱子断面由复杂变为简单，受力情况更加合理，并省去了一条墙梁、一条矮墙和高低跨处泛水。

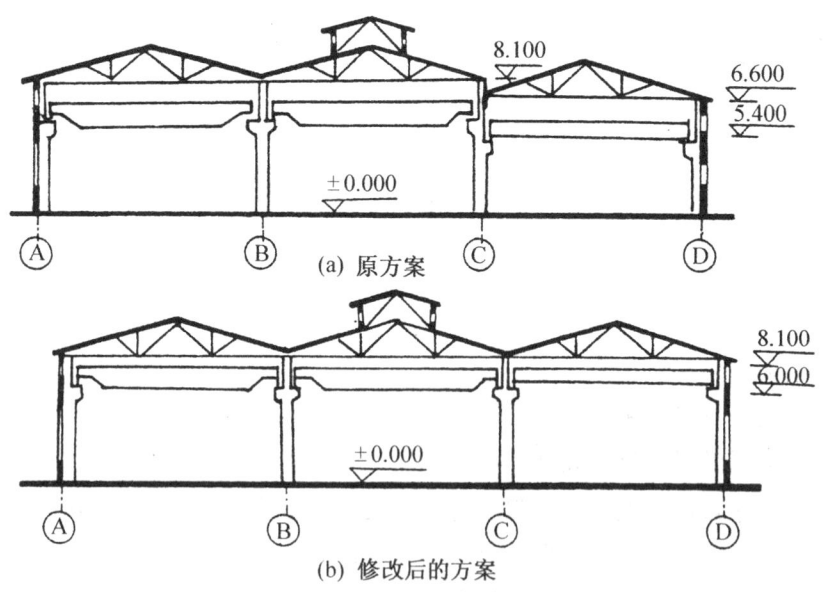

图 18-18 某金工车间剖面方案

18.3.1.2 剖面空间的利用

厂房的高度直接影响厂房的造价，在确定厂房高度时，应在不影响生产使用的前提下，充分发掘空间的潜力，节约建筑空间，降低建筑造价。当厂房内有个别高大设备或需高空间操作的工艺环节时，为了避免提高整个厂房的高度，可采取降低局部地面标高的方法。如某厂房变压器修理工段（图 18-19），修理大型变压器芯子时，需将芯子从变压器

外壳中抽出，经设计与工艺人员共同研究，将变压器直接放在±0.000标高上操作改为在3m深的地坑内抽芯操作。这样，轨顶标高由11.4m降低到8.4m，从而降低了整个厂房的高度，既满足了修理操作的要求，又经济合理。有时，也可利用两榀屋架间的空间来布置个别特殊高大的设备。如某铸铁车间，砂处理工段的混砂设备高11.8m，由正对屋架布置移到两榀屋架间布置（图18-20），使柱顶高度由13.2m降低到10.8m。如果少数需要高空间的设备无法采用前述办法时，还可以局部提高个别设备处厂房的净空高度。此外，若能在确保生产和工人安全的情况下，利用车间内走道空间进行起重运输，则需跨越的设备高度h_1可不计入柱顶高度h之内。这样，使厂房高度降低，剖面空间得到充分利用。

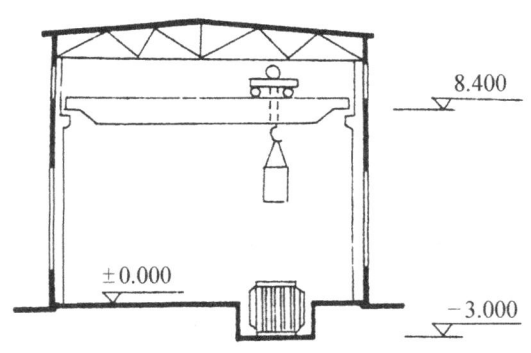

图18-19　某厂变压器修理工段剖面

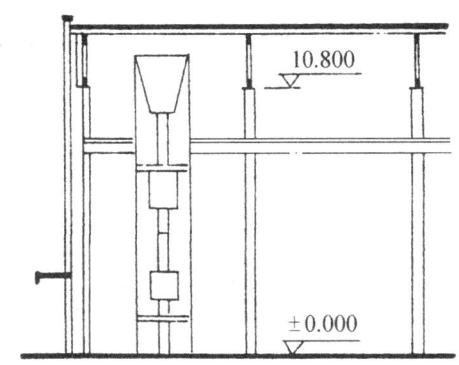

图18-20　利用屋架空间布置设备

18.3.1.3 室内地坪标高的确定

厂房室内地坪的绝对标高是在总平面设计时确定的。室内地坪的相对标高定为±0.000。

一般单层厂房室内外需设置一定的高差，以防雨水侵入室内。同时，为了运输车辆出入方便，室内外相差不宜太大，一般取150～200mm，且常常用坡道连接。

在地形较平坦的地段上建厂房时，一般室内取一个标高。当在山地建厂时，则应结合地形，因地制宜，尽量减少土石方工程量，以利于降低工程造价，加快施工进度。通常，将车间跨度顺着等高线布置。在工艺允许的条件下，可将车间各跨分别布置在不同标高的台阶上，工艺流程则可由高跨处流向低跨处，利用物体自重进行运输。这样，可以大量减少运输费和动力的消耗，如一些选矿厂、化工厂、铸工车间等（图18-21）。当跨度是垂直于等高线布置，而地形坡度又较陡时，在工艺允许的条件下，可使同一跨地坪分段布置在不同标高的台阶上，图18-22a为某厂铸工车间厂房纵剖面图，结合地形将厂房地坪纵向做成两台，高差2m，形成天平地不平的剖面形式，吊车在跨间运行不受影响，铸铁件的浇注在低处进行。图18-22b为某汽车厂木模车间纵剖面图，木模库局部做成两层，木模运至底层木模库，再通过垂直运输运至第二层，由第二层直接运至邻近的铸工车间。有时，还可利用地形较低的部分设置半地下室，作为成品库或辅助生产用房（图18-23）。

当厂房内地坪有两个以上不同高度的地平面时，定主要地坪面的标高为±0.000（图18-22、图18-23）。

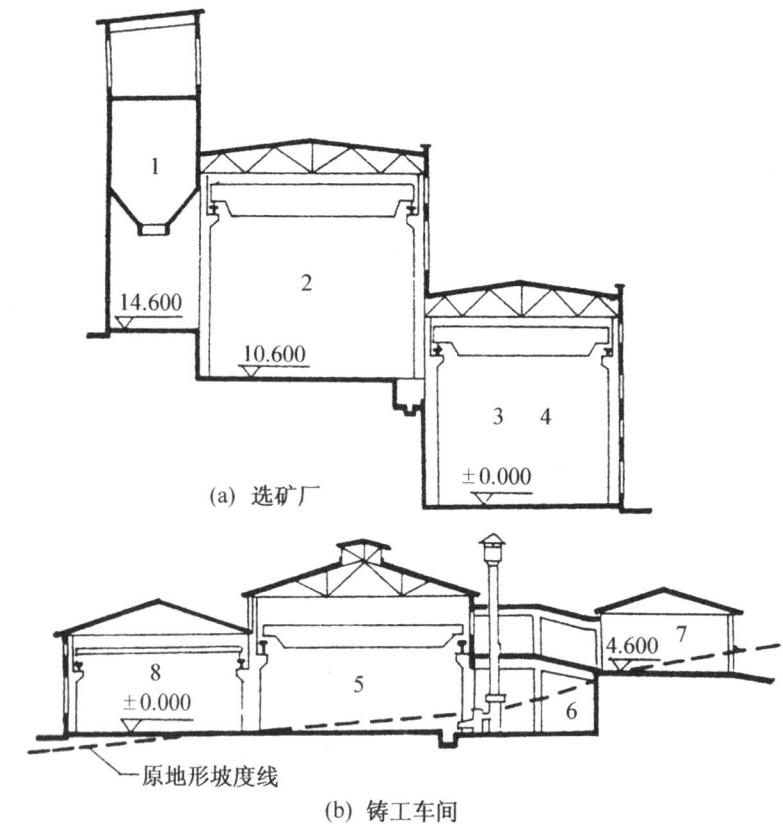

(a) 选矿厂

(b) 铸工车间

图 18-21 车间布置在不同柱高上

1—中间矿仓；2—磨碎；3—脱粒；4—脱水；5—大件造型；6—熔化；7—炉料；8—小件造型

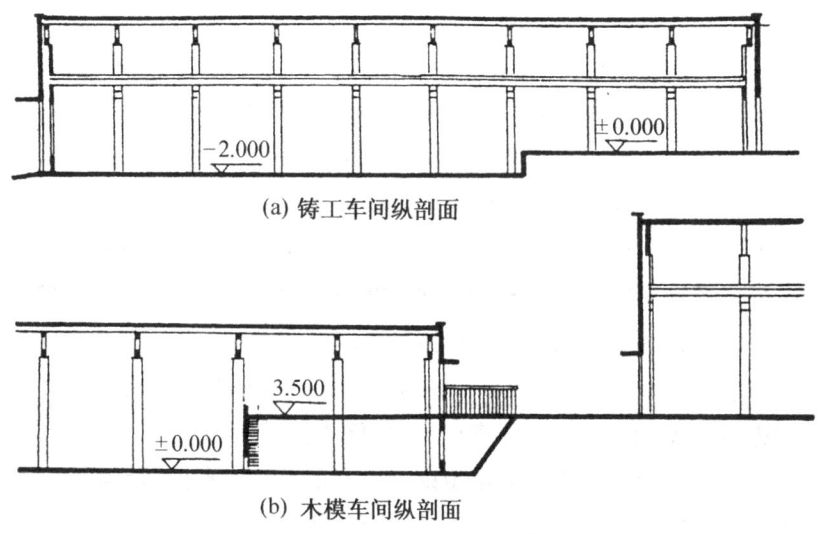

(a) 铸工车间纵剖面

(b) 木模车间纵剖面

图 18-22 厂房垂直于等高线布置

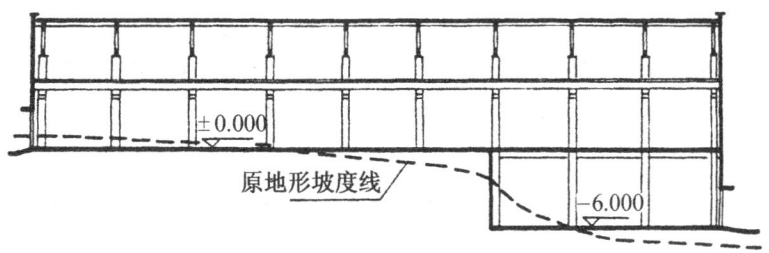

图 18‑23 利用地形较低一端设置半地下室

18.3.2 天然采光

白天,室内利用天然光线进行照明的叫做天然采光。由于天然光线质量好,又不耗费电能,因此,单层厂房大多采用天然采光。当天然采光不能满足要求时,才辅以人工照明。

厂房采光的效果直接关系到生产效率、产品质量以及工人的劳动卫生条件,它是衡量厂房建筑质量标准的一个重要因素。因此,厂房开窗面积不能太小,太小了会使室内光线太暗,影响工人生产操作和交通运输,从而降低产品质量和工人的劳动效率,甚至会出现工伤事故。但盲目加大窗面积也会带来很多害处,过大的窗面积会使夏季太阳的辐射热大量进入车间,冬季又因散热面过大而增加采暖费,同时也提高了建筑造价。因此,必须根据生产性质对采光的不同要求,进行采光设计,确定窗的大小,选择窗的形式,进行窗的布置,使室内获得良好的采光条件。

18.3.2.1 天然采光的基本要求

(1) 满足采光系数最低值的要求

室内工作面上应有一定的光线,光线的强弱是用照度来衡量的。照度表示单位面积上所接受的光通量的多少,其单位用勒[克斯](lx)表示。由于室外天然光线随时都在变化,室内的照度值也随之而变化。因此,室内某点的采光情况不可能用这个变化不定的照度值来表示,而是以室内工作面上某一点的照度与同时间露天场地上照度的百分比表示,这个比值称为室内某点的采光系数 C(图 18‑24)。即:

$$C = E_n / E_w \times 100\%$$

式中 C——室内某点的采光系数,%;

E_n——室内某点的照度,lx;

E_w——同一时间的室外照度,lx。

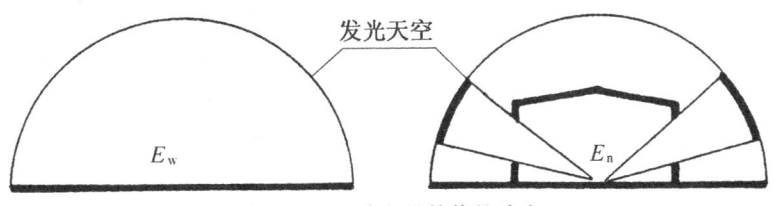

图 18‑24 采光系数值的确定

我国颁发的《工业企业采光设计标准》(GB50033—91)中要求采光设计的光源以全

阴天天空的扩散光作为标准。根据我国光气候特征和视觉试验，以及对实际情况的调查等，将我国工业生产的视觉工作分为5级（表18-1），提出了各级视觉工作要求的室内天然光照度最低值，并规定出各级采光系数最低值。在采光设计中，生产车间工作面上的采光系数最低值不应低于表18-1所规定的数值，以保证车间内良好的视觉条件。

表18-1 作业场所工作面上的采光系数标准值

采光等级	视觉作业分类		侧面采光		顶部采光	
	作业精确度	识别对象的最小尺寸 d (mm)	室内天然光照度(lx)	采光系数 C (%)	室内天然光照度(lx)	采光系数 C (%)
Ⅰ	特别精细	$d \leqslant 0.15$	250	5	350	7
Ⅱ	很精细	$0.15 < d \leqslant 0.3$	150	3	250	5
Ⅲ	精细	$0.3 < d \leqslant 1.0$	100	2	150	3
Ⅳ	一般	$1.0 < d \leqslant 5.0$	50	1	100	2
Ⅴ	粗糙	$d > 5.0$	25	0.5	50	1

注：①表中所列采光系数值适用于我国Ⅲ类光气候区。采光系数值是根据室外临界照度为5000lx制定的。
②亮度对比小的Ⅰ、Ⅱ级视觉作业，其采光等级可提高一级采用。

表18-2为生产车间和工作场所的采光等级举例。

表18-2 生产车间和工作场所的采光等级举例

采光等级	生产车间和工作场所名称
Ⅰ	精密机械和精密机电成品检验车间，精密仪表加工和装配车间，光学仪器精加工和装配车间，手表及照相机装配车间，工艺美术工厂绘画车间，毛纺厂造毛车间
Ⅱ	精密机械加工和装配车间，仪表检修车间，电子仪器装配车间，无线电元件制造车间，印刷厂排字及印刷车间，纺织厂精纺、织造和检验车间，制药厂制剂车间
Ⅲ	机械加工和装配车间，机修车间，电修车间，木工车间，面粉厂制粉车间，造纸厂造纸车间，印刷厂装订车间，冶金工厂冷轧、热轧车间，拉丝车间，发电厂锅炉房
Ⅳ	焊接车间，钣金车间，冲压剪切车间，铸工车间，锻工车间，热处理车间，电镀车间，油漆车间，配电所，变电所，工具库
Ⅴ	压缩机房，风机房，锅炉房，泵房，电石库，乙炔瓶库，氧气瓶库，汽车库，大、中件储存库，造纸厂原料处理车间，化工原料准备车间，配料间，原料间

工作面上采光系数是否符合要求，应选择建筑物的典型剖面工作面上采光最不利点进行检验。工作面一般取距地面1m高的水平面。在横剖面上进行验算，连接各点采光系数值则形成采光曲线，采光曲线反映该剖面的采光情况（图18-25）。

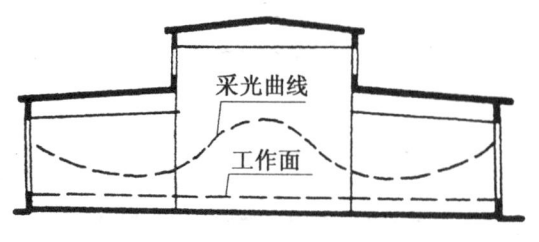

图18-25 采光曲线示意图

(2) 满足采光均匀度的要求

采光均匀度指工作面上采光系数最低值与平均值之比。要求工作面上各部分的照度比较接近，避免出现过于明亮或特别阴暗的地方，不要造成工人反复适应明暗变化而产生视觉疲劳，影响工人操作及降低劳动生产率。因此，在采光标准中作了明确规定：当为顶部采光时，Ⅰ～Ⅳ级采光等级的采光均匀度不宜小于0.7。为保证采光均匀度0.7的规定，相邻两天窗中线间的距离不宜大于工作面至天窗下沿高度的2倍（图18-26）。当为侧窗采光时，由于照度变化大，不可能均匀，所以未作规定。

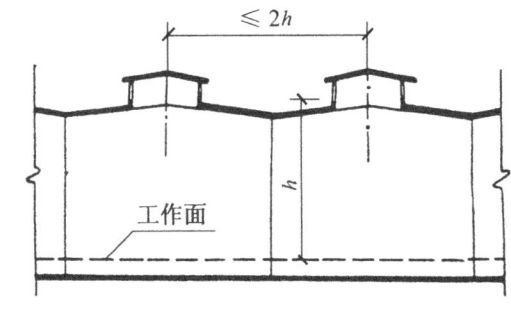

图18-26 相邻两天窗间的距离

(3) 避免在工作区产生眩光

视野内出现比周围环境突出明亮而刺眼的光叫眩光。它使人的眼睛感到不舒适或无法适应，影响视力。因此，应避免在工作区产生眩光。

18.3.2.2 采光方式

根据采光口所在的位置不同，有侧面采光、顶部采光（即天窗采光）以及侧面和顶部相结合的混合采光三种方式（图18-27）。在采光口面积相同的情况下，由于其所在的位置不同，采光的效果也是各不相同的。

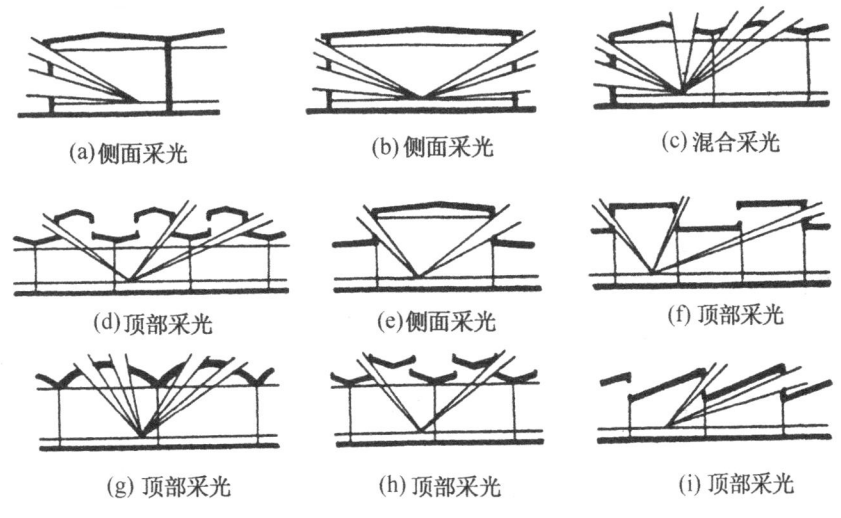

图18-27 单层厂房天然采光方式

(1) 侧面采光（图18-27a、b、e）

将采光窗布置在外墙上的为侧面采光。侧面采光分单侧采光和双侧采光两种。根据侧窗在外墙上位置高低的不同，又分为高侧窗和低侧窗。设置侧窗解决厂房的采光要求较之其他方式经济适用、构造简单、施工方便。在设计中应尽可能采用这种方式。由图18-28可以看出，单向低侧窗光线方向性强、均匀度差、衰减幅度大，工作面上近窗点光线

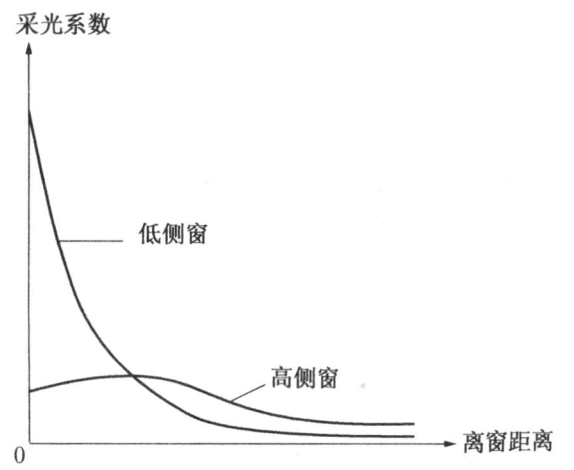

图 18-28 单侧窗位置高低与远近窗点采光系数和采光均匀度的关系

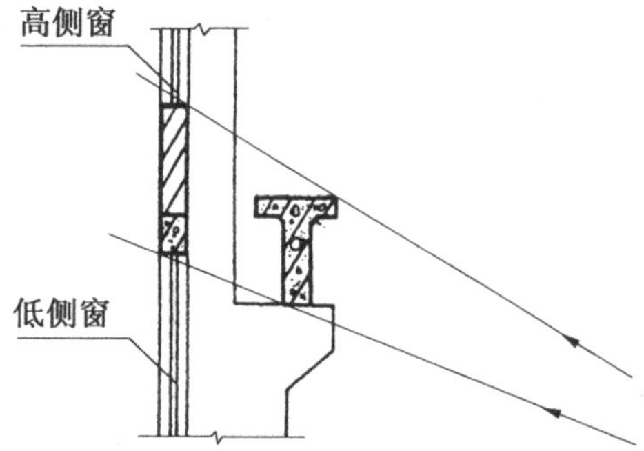

图 18-29 吊车梁遮挡光线与高低侧窗的位置关系

强，随着与窗口距离的增加，采光系数减弱得很快。提高侧窗位置，能使远窗点的采光系数提高、照度增加，近窗点的采光系数降低、照度减少，使厂房采光的均匀度得到提高（图 18-28）。一般中等照度要求的厂房，侧窗采光对水平工作面的有效进深为工作面至窗上缘高度的 2 倍。在可能的情况下，可采用双侧采光（图 18-27b、e）。这样，有利于提高采光的均匀度。当采用侧面采光不能满足厂房的采光要求时，可采用混合采光方式（图 18-27c）或辅以人工照明来满足生产使用的要求。

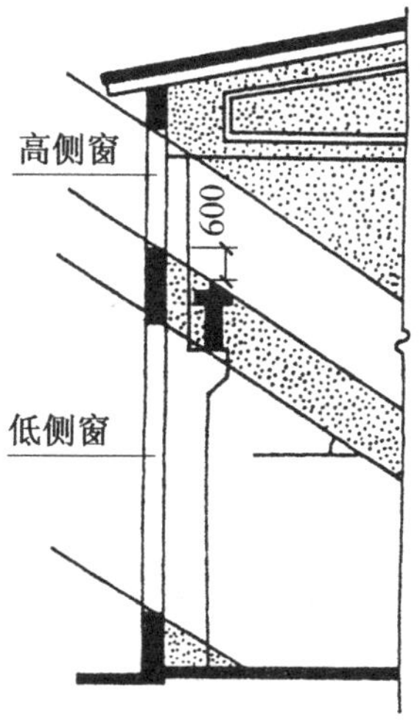

由于侧面采光的方向性强，故布置侧窗时要避免可能产生的遮挡。如在设有吊车梁的厂房中，吊车梁处则没有必要开设侧窗（图 18-29）。因此，厂房侧窗一般是分上、下两段布置，形成高低侧窗。这有利于提高远窗点的照度，同时也有利于提高厂房天然采光的均匀度。侧窗窗台宜高于吊车梁面约 600mm（图 18-30）。低侧窗窗台高度一般为工作面的高度，同时为便于开关，通常取 1000mm 左右，根据使用要求，可提高或降低。在设计多跨厂房时，应尽量利用厂房高低差处开设高侧窗解决厂房的采光问题（图 18-31）。

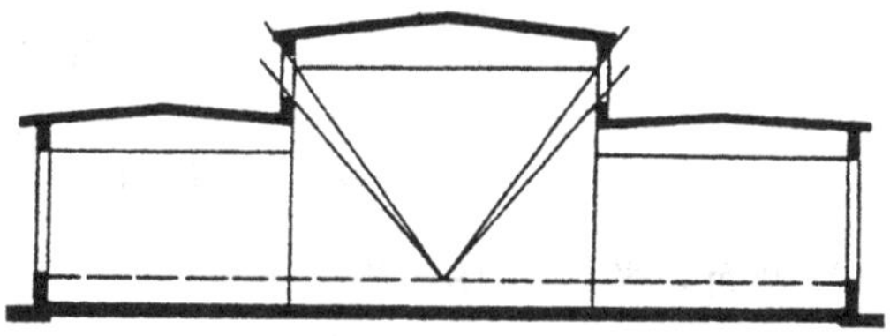

图 18-30 高、低侧窗示意图

图 18-31 利用高低差处设置高侧窗的厂房剖面

靠近侧窗工作面纵向光线均匀性与窗和窗间墙的宽度有关。窗间墙愈宽，光线愈明暗不均，因而窗间墙不宜设得太宽，一般以等于或小于窗宽为宜，必要时可不设窗间墙而将窗做成通长的带形窗。

(2) 顶部采光（图 18-32d、f、g、h、i）

当厂房为连续多跨，中间跨无法通过侧窗进行采光，或侧墙上由于某种原因不开设采光窗时，则在屋顶上开设采光天窗，采用顶部采光的方式解决厂房的天然采光问题。顶部采光容易使室内获得较均匀的光线，采光效率较侧窗高。但构造较复杂，造价也较侧窗高。

(3) 混合采光（图 18-32c）

由于侧窗采光的有效进深是有限的，当厂房深度超过侧窗采光的有效进深，或侧面采光不能满足要求时，则在屋顶上开设天窗加以补充，采用混合采光的方式解决天然采光问题。

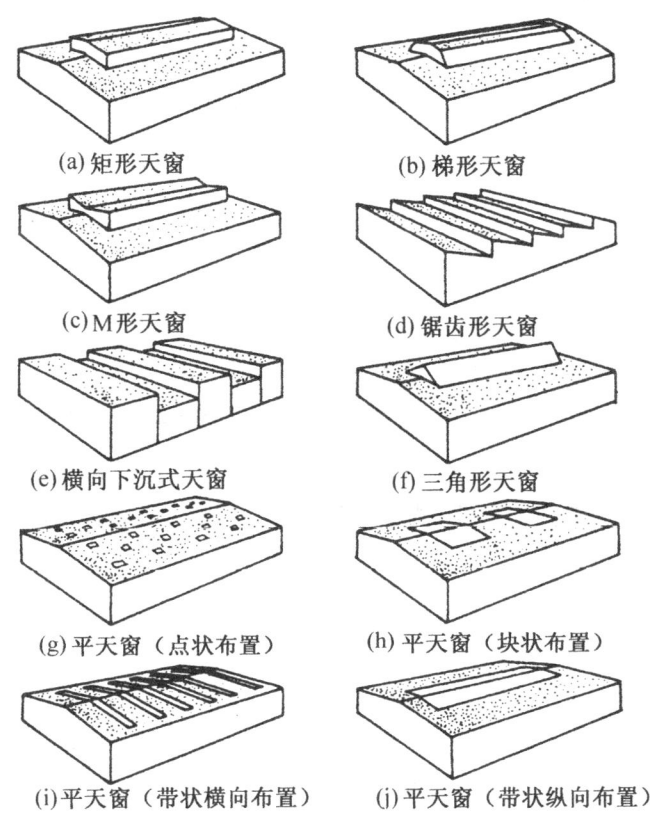

图 18-32 采光天窗形状及布置

18.3.2.3 采光天窗的形式和布置

(1) 采光天窗的形式

采光天窗有多种形式，常见的有矩形、梯形、三角形、M 形、锯齿形以及横向天窗、平天窗等（图 18-32）。

矩形天窗（图 18-33）：是沿跨间纵向升起局部屋面、在高低屋面的垂直面上开设采光窗而形成的，具有中等照度，是我国比较广泛采用的一种采光天窗。当厂房为南北向时，室内光线均匀。由于窗面垂直，积灰少，

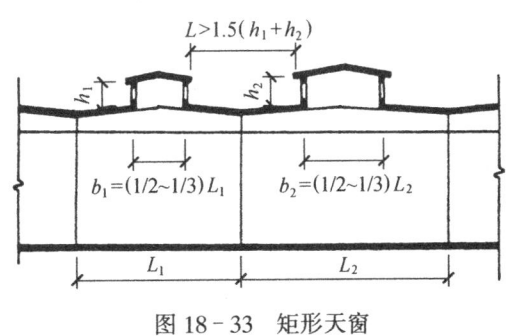

图 18-33 矩形天窗

且易于防水。窗扇可开启，能兼起通风作用。它的缺点是组成构件类型多，结构复杂，自重大，造价高，增加了厂房高度，抗震性能不好。为了获得良好的采光效果，矩形天窗的宽度 b 宜等于厂房跨度 L 的 $1/3 \sim 1/2$，天窗的高宽比 h/b 宜为 0.3 左右，不宜大于 0.45，这是由于天窗过高对提高工作面照度的作用较小。

M 形天窗（图 18-34）：是将矩形天窗的屋盖由两侧向内倾斜而形成的。由于屋盖的倾斜，其内表面可增强光线的反射作用，同时，倾斜的屋盖可以引导气流。所以，M 形天窗较矩形天窗的采光、通风都更有利。但构造较矩形天窗复杂，天窗屋面需设置内排水，或形成纵向长天沟外排水。

锯齿形天窗（图 18-35）：是将厂房屋盖做成锯齿形，窗设于垂直面上（有时也做成稍倾斜面）。这种天窗能利用天棚倾斜面反射光线。因此，采光效率较矩形天窗高。窗扇可开启，能兼起通风作用，窗口一般朝北或接近北向，无直射阳光进入室内，或射进的阳光很少，室内光线稳定。因此，对于要求光线稳定，要调节温湿度的厂房（如纺织厂）多采用这种天窗形式。其他，如印染厂、机械厂等也可采用。

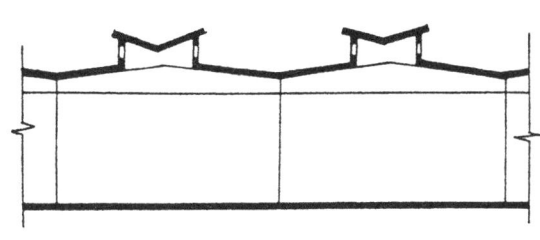

图 18-34　M 形天窗

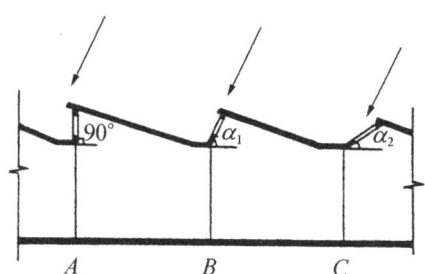

图 18-35　不同窗扇角度的锯齿形天窗

横向下沉式天窗（图 18-36）：是将相邻柱距的整跨屋面板上下交替布置在屋架的上下弦上，利用屋面板位置的高差（即屋架上下弦的高差）做采光口而形成的。横向下沉式天窗布置灵活，可根据使用要求每隔一个柱距或几个柱距布置，其造价较矩形天窗低。当厂房为东西向时，横向下沉式天窗为南北向。因此，横向下沉式天窗多用于朝向为东西向的冷加工车间。同时，它的排气路线短捷，可开设较大面积的通风口，通风量大。所以，它还适用于对采光、通风都有要求的热加工车间。其缺点是窗扇形式受屋架限制，不标准且构造复杂，厂房纵向刚度较差。

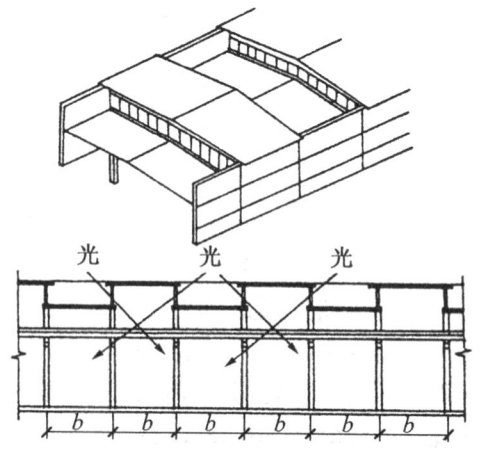

图 18-36　横向下沉式天窗纵剖面及局部轴测投影图
b — 柱距

平天窗（图 18-37）：是在屋盖上直接设置采光口而形成的。它可以成点、成块或成带布置。平天窗的采光效率高，为矩形天窗的 2~2.5 倍，并具有布置灵活、构造简单、施工方便、造价低等优点。缺点是对于太阳光直射车间易产生眩光，采暖地区玻璃易结露、造成水滴下落、玻璃表面易积尘或积雪，玻璃破碎落下伤人以及平天窗一般不起通风作用等，我国在实践中采取了一些措施（详见天窗部分）。由于平天窗有着明显的优势，故在冷加工车间的设计中应用较广泛。

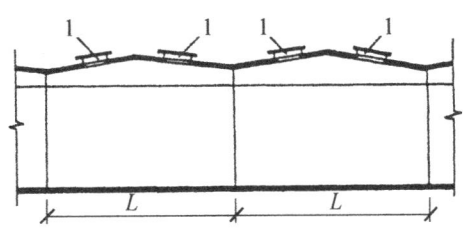

图 18-37 平天窗布置示意图
L—跨度；1—平天窗

(2) 采光天窗的布置

采光天窗的布置须结合天窗形式、屋盖结构和构造、厂房朝向、生产要求等因素综合考虑。概括起来有纵向布置（天窗带平行于屋脊）、横向布置（天窗带垂直于屋脊）、点式或块状布置等几种形式（图 18-32）。

纵向布置主要适用于朝向为南北向的厂房，多采用矩形、M 形、梯形、锯齿形等天窗，也可采用平天窗做成采光带沿厂房屋脊纵向布置。为了屋面检修及消防人员在屋面上活动方便，常在靠山墙及横向变形缝两侧柱间不设天窗。当天窗太长时，可将天窗分段布置，分段处柱间不设天窗。

横向布置主要适用于朝向为东西向的厂房，多采用横向下沉式天窗，平天窗也可做成横向布置。

点式或块状布置一般采用平天窗，根据使用要求，在屋面上灵活地布置采光口，采光均匀性好。

选择采光天窗形式及布置方式应结合屋盖结构形式。如采用屋架（或屋面梁）上铺屋面板的屋盖可采用矩形、梯形、M 形、平天窗等多种形式的天窗，而采用折板、马鞍形壳板的屋盖则可利用屋面板上下布置形成的高差设置横向天窗（图 18-38），采用壳体结构的厂房可利用壳体边缘凸起的弧形部分设置天窗（图 18-39）。

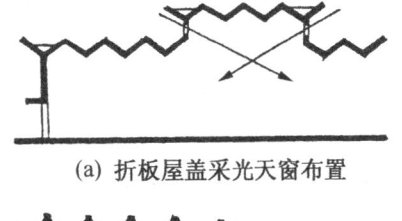

(a) 折板屋盖采光天窗布置

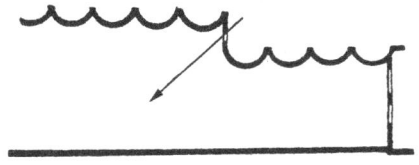

(b) 马鞍形壳板屋盖采光天窗布置

图 18-38 结合屋盖结构形式设置天窗

18.3.2.4 采光面积计算

厂房立面上的窗口一般是根据厂房的采光、通风以及立面处理等因素综合

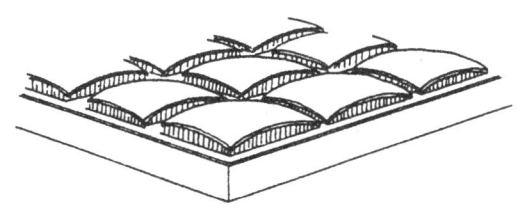

图 18-39 壳体屋盖采光天窗的布置

考虑开设的。对于该厂房采光口面积需要多少，或是否符合采光标准的要求，应通过采光面积计算进行估算或验算。采光面积计算的方法很多，《工业企业采光设计标准》（GB50033—91）中介绍的图表计算方法是我国目前最为简便的方法。在初步设计阶段可采用窗地面积比（即窗洞面积与地板面积的比值是否符合要求）的方法进行估算或验算（表 18-3）。

表 18-3 窗地面积比

采光等级	采光系数最低值（%）	单侧窗	双侧窗	矩形天窗	锯齿形天窗	平天窗
Ⅰ	5	1/2.5	1/2.0	1/3.5	1/3	1/5
Ⅱ	3	1/2.5	1/2.5	1/3.5	1/3.5	1/5
Ⅲ	2	1/3.5	1/3.5	1/4	1/5	1/8
Ⅳ	1	1/6	1/5	1/8	1/10	1/15
Ⅴ	0.5	1/10	1/7	1/15	1/15	1/25

注：当Ⅰ级采光等级的车间采用单侧窗或Ⅱ级采光等级的车间采用矩形天窗时，其采光不足的部分应照明补充。

18.3.3 自然通风

18.3.3.1 自然通风的基本原理

单层厂房自然通风是利用空气的热压和风压作用进行的。

(1) 热压作用

由于厂房内部人体散发的热量、机械加工生产的热量提高了室内空气温度，使空气体积膨胀、密度变小而自然上升；室外空气温度相对较低，密度较大，便由外围护结构下部的门窗洞口进入室内，加速了室内热空气的流动。新鲜空气不断进入室内，污浊空气不断排出，如此循环，达到通风的目的。这种利用室内外冷热空气产生的压力差进行通风的方式，称为热压通风。图 18-40 表示设矩形天窗的单层单跨厂房利用热压通风的示意图。

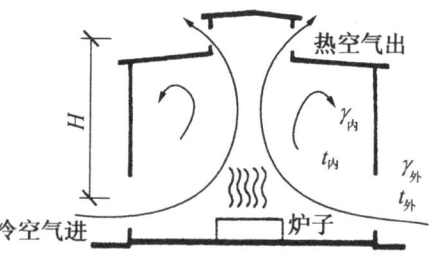

图 18-40 热压通风原理示意图

热压值按下列公式计算：

$$\Delta p = H(\gamma_外 - \gamma_内)$$

式中　Δp——热压，10Pa；

　　　H——进风口中心线至排风口中心线的垂直距离，m；

　　　$\gamma_外$——室外空气密度，kg/m³；

　　　$\gamma_内$——室内空气密度，kg/m³。

该公式的物理意义是：热压值的大小与上下进排风口中心线的垂直距离和室内外空气密度差成正比。所以，在无天窗的厂房中，应尽可能提高高侧窗的位置，降低低侧窗的位置，以增加进排风口的高差。而中部侧窗可采用固定窗或便于开关的中悬窗。

(2) 风压作用

当风吹向建筑物时（图 18-41），建筑物迎风面 AA'（剖面）及 AD（平面）的空气压力增加，超过一个大气压，为正压区，用符号"+"表示；当风越过建筑物迎风面时，根据单位时间流量相等的原理，则风速加大，使建筑物顶面、背面和侧面均形成小于一个大气压的负压区，用符号"-"表示。在建筑物中，正压区的洞口为进风口，负压区的洞口为排风口。这样，就会使室内外空气进行交换。这种由于风而产生的空气压力差称为风压通风。

在剖面设计中，应根据自然通风的热压原理和风压原理，正确布置进风口和排风口的位置。尽管各个风向的频率不等，但是，风可以从任何方向吹来。所以，建筑设计应考虑各个风向都有进风口和排风口，合理组织气流，达到通风换气的目的。应当指出，为了增大厂房内部的通风量，应考虑主导风向的影响，特别是夏季主导风向的影响。

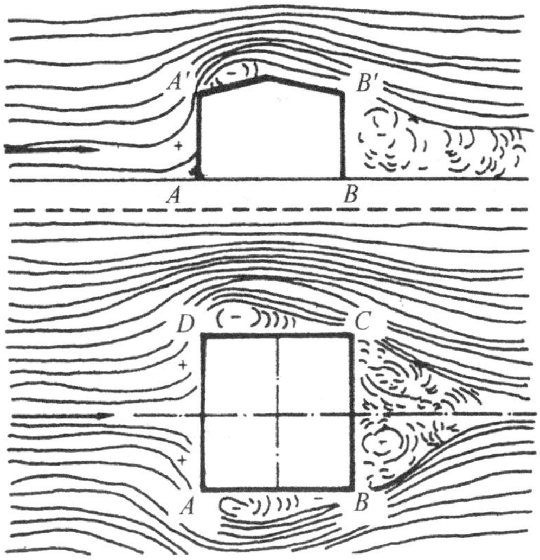

图 18-41 风绕建筑物流动时车间剖面及平面示意图

18.3.3.2 冷加工车间的自然通风

冷加工车间室内无大的热源，室内余热量较小，一般按采光要求设置的窗，其上有适当数量的开启扇和为交通运输设置的门就能满足车间内通风换气的要求，故在剖面设计中，着重在天然采光的设计上，而对于自然通风的处理上应使厂房纵向垂直于夏季主导风向或不小于45°倾角，并限制厂房宽度（当风吹进室内以后，压力会逐渐减小，最多能达到50~60m即消失）。在侧墙上设窗，在纵横贯通的端部或在横向贯通的侧墙上设置大门以及室内少设或不设隔墙，使其有利于"穿堂风"的组织。为避免气流分散，影响穿堂风的流速，冷加工车间不宜设置通风天窗，但为了排除积聚在屋盖下部的热空气，可以设置通风屋脊。

18.3.3.3 热加工车间的自然通风

热加工车间在生产时产生大量余热和有害气体，尤其要组织好自然通风。因为车间内的热源使室内外温差增大，热压值随之增加，从而增强了自然通风。在剖面设计中，应合理布置进、排风口的位置，尽可能增大 H 值，并选择良好的通风天窗形式。

(1) 进、排风口的布置

根据热压原理，热压值的大小与进、排风口的中心线距离 H 成正比。所以，热加工车间进风口布置得越低越好。南方炎热地区进风口低侧窗窗台标高，可以低于 1 m；北方寒冷地区热车间的低侧窗可分为上下两排，夏季将下排窗开启，上排窗关闭（图 18-42a）。冬季上排窗开启，下排窗关闭（图 18-42b），避免冷风吹向人体。为了提高热加工车间的通风能力和便于窗扇启闭，低侧窗宜采用平开窗或立旋窗，尤其以立旋窗为最佳。因为它的开启角度可随风向来调节，能得到最大的通风量，如图 18-43，排风口的位置应尽可能高一些，一般设在柱顶处，如图 18-44a。当设有天窗时，天窗位置一般在屋脊处，如图 18-44b。另外，天窗宜设在散发热量较大的设备上方，如图 18-44c。这样，可缩短通风距离，较快地排除热空气。外墙中间部分的侧窗，一般不按进、排风口设计，以免影响下部进风口的进气量和气流速度，但应按采光窗设计。为了方便开关，中侧窗常采用固定窗或中悬窗，很少采用上悬窗。

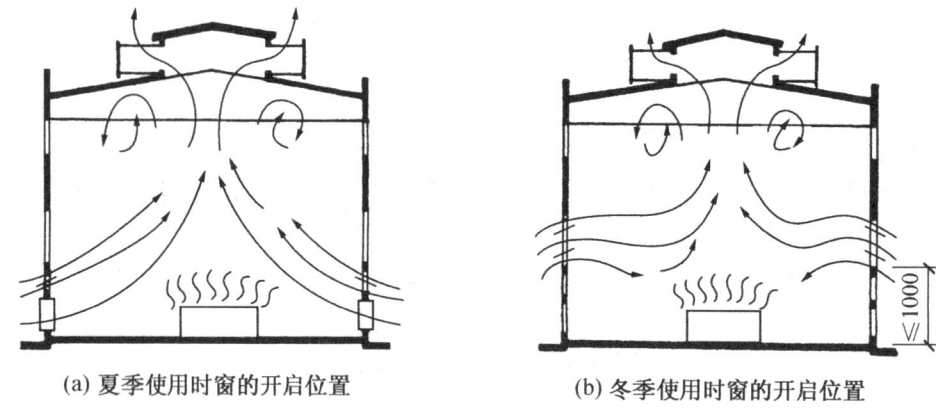

(a) 夏季使用时窗的开启位置　　　　(b) 冬季使用时窗的开启位置

图 18‑42　寒冷地区低侧窗进风口布置

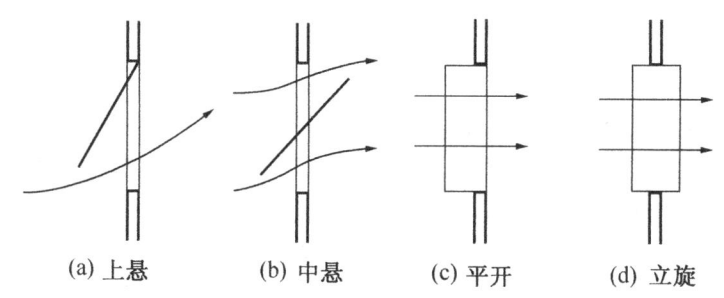

(a) 上悬　　(b) 中悬　　(c) 平开　　(d) 立旋

图 18‑43　单层厂房常用侧窗开启方式

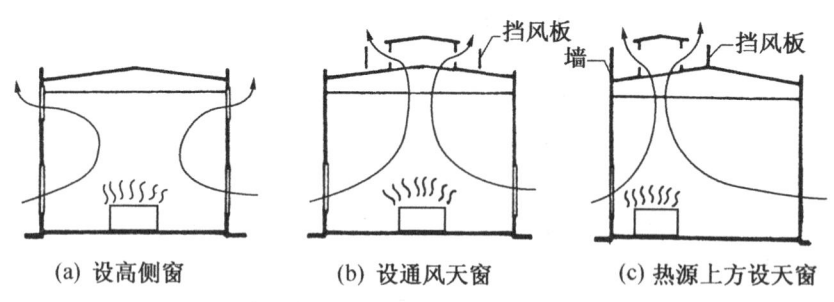

(a) 设高侧窗　　(b) 设通风天窗　　(c) 热源上方设天窗

图 18‑44　排风口布置

(2) 通风天窗的类型

无论是多跨还是单跨热车间，仅靠高低侧窗通风往往不能满足车间的生产要求，一般都在屋顶上设置天窗。以通风为主的天窗称为通风天窗。通风天窗的类型主要有矩形通风天窗和下沉式通风天窗两种。

① 矩形通风天窗

除了风速为零的情况以外，热车间的自然通风是在风压和热压的共同作用下进行的。其空气流动出现三种状态：

当风压小于热压时，不仅背风面排风口可以排气，迎风面排风口也能排气。但迎风面受风压的影响,排风口排气量减少,见图18-45a。

当风压等于热压时,迎风面排风口不能排气,但背风面排风口照样能排气,见图18-45b。

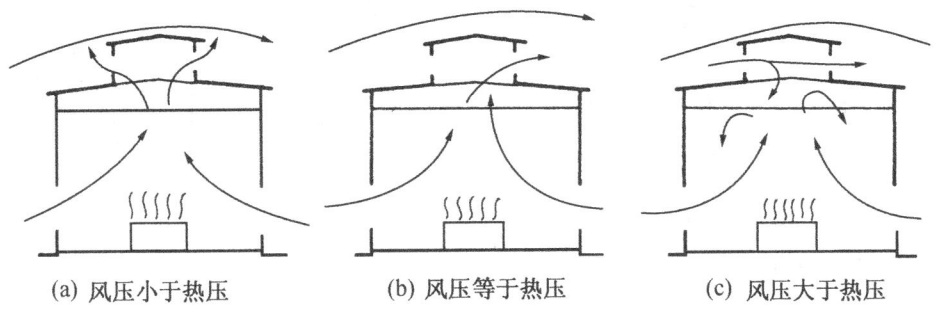

(a) 风压小于热压　　(b) 风压等于热压　　(c) 风压大于热压

图18-45　风压和热压共同作用下的三种气流状况示意图

当风压大于热压时,迎风面的排风口不但不能排气,反而出现倒灌的现象,阻碍室内空气的热压排风,见图18-45c。这时如果关闭迎风面排风口、打开背风面的排风口,则背风面排风口也能排气。但是,风向是随时变化的,要随着风向不断开启或关闭排风口是困难的。因此,应采取措施防止迎风面对室内排气口产生的不良影响。最有效的办法是在迎风面距离排风口一定距离的地方设置挡风板。由于风可以从各个方向吹来,因此,矩形天窗的两侧均应设置挡风板,无论风从何处吹来,均可使排风口始终处于负压区。设有挡风板的矩形天窗称为矩形通风天窗或避风天窗。在无风时,车间内部靠热压通风,有风时,风速越大则负压区绝对值也越大,排风量也增大。挡风板至矩形天窗的距离以等于排风口高度的1.1～1.5倍为宜。

当平行等高跨两矩形天窗排风口的水平距离 L 小于或等于天窗高度 h 的5倍时,可不设挡风板,因为该区域的风压始终为负压,如图18-46所示。

② 下沉式通风天窗

在屋顶结构中,一部分屋面板铺在屋架上弦上,另一部分屋面板铺在屋架下弦上。屋架上弦与下弦之间的空间构成在任何风向下均处于负压区的排风口,这样的天窗称为下沉式通风天窗。

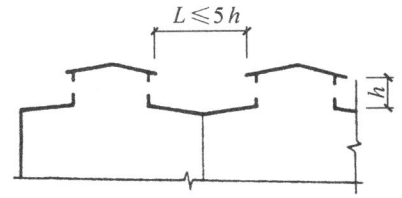

图18-46　平行等高跨两天窗之间不设挡风板的条件

下沉式通风天窗有三种形式:

井式通风天窗:每隔一个或几个柱距将部分屋面板搁置在屋架下弦上,形成一个个的"井"式天窗,处于屋顶中部的称为中井式天窗(图18-47),设在边部的称为边井式天窗。

纵向下沉式通风天窗:将部分屋面板沿厂房纵向搁置在屋架下弦上形成的天窗称为纵向下沉式通风天窗(图18-48)。它可布置在屋脊处或屋脊两侧。

横向下沉式通风天窗:沿厂房横向将一个柱距内的屋面板全部搁置在屋架下弦上所形成的天窗称为横向下沉式通风天窗(图18-36);这种天窗采光均匀,排气路线短,适用于对采光、通风都有要求的热车间。在东西朝向的车间中,采用横向下沉式天窗可减少直

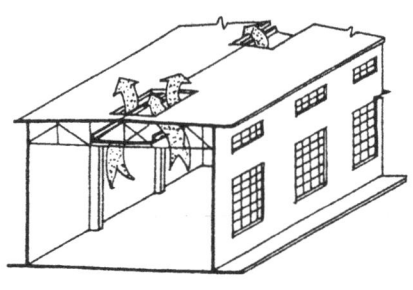
图 18-47 井式通风天窗

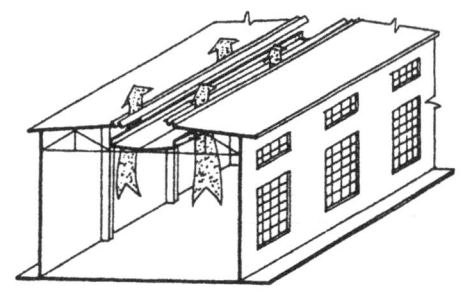
图 18-48 纵向下沉式通风天窗

射阳光对厂房的影响。

以上三种下沉式通风天窗布置的共同特点是：通风流畅，布置灵活。

③开敞式厂房

我国南方及长江流域一带，夏季气候都很炎热。这些地区的热加工车间，除采用通风天窗外，外墙还可以采用开敞式。所谓开敞式是指外墙不设窗扇而用挡雨板代替（图18-49）。

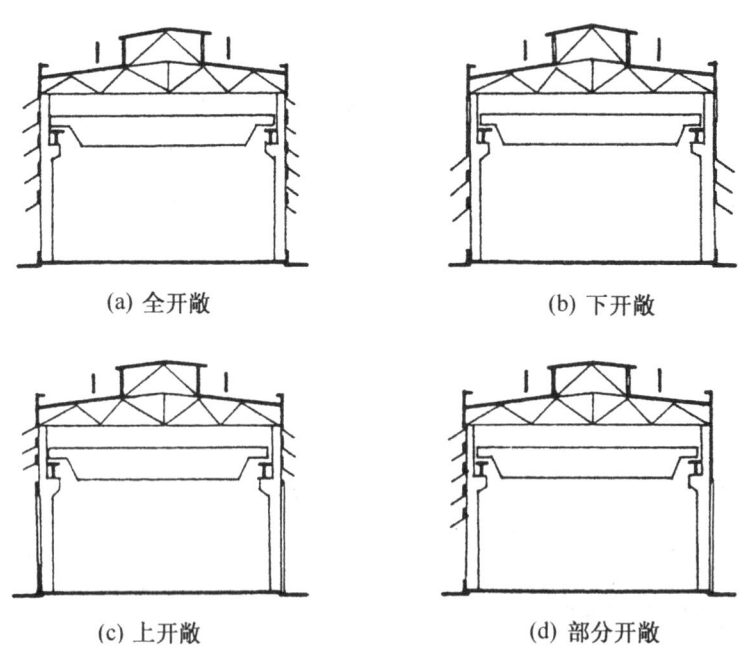

(a) 全开敞　　　　　　　　(b) 下开敞

(c) 上开敞　　　　　　　　(d) 部分开敞

图 18-49 开敞式厂房剖面图

开敞式厂房的优点是：进、排气口的气流阻力系数小，通风量大；室内外空气交换迅速、散热快、通风降温显著；构造简单，造价比较低。它的缺点是：防寒、防雨、防风沙能力差；风速很大时，室内烟尘弥漫，通风不稳定。开敞式厂房适用于防寒、防雨、防风沙要求不高的车间。按照开敞式厂房的开敞部位，可分为四种形式，如图 18-49 所示。

全开敞式厂房开敞面积大，通风、排热、排烟快。

下开敞式厂房排风量大，排烟稳定，可避免风倒灌，但冬季冷空气直接吹至人体。

上开敞式厂房冬季冷风不会直接吹至人体,但风大时,会出现倒灌现象。

部分开敞式厂房,有一定的通风和排烟效果。

在设计开敞式厂房时,应根据厂房的生产特点、设备布置、当地风速、夏季主导风向、设计挡雨角等因素来确定采用哪种形式。挡雨板的出挑长度和垂直间距,应根据设计挡雨角度值来确定。挡雨板的尺寸根据所采用的建筑材料及构造方案来确定。图18-50中设计挡雨角 β 是根据生产要求、雨滴大小及风速来确定的。防溅板高度一般为200mm。

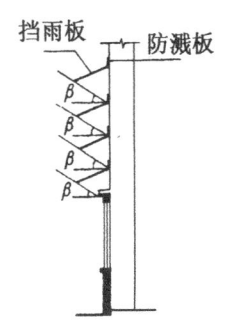

图18-50 挡雨板间距与设计飘雨角 β 的关系

18.4 单层厂房定位轴线

单层厂房定位轴线是确定厂房主要承重构件位置及其标志尺寸的基准线,同时也是厂房施工放线和设备定位的依据。为了使厂房建筑主要构配件的几何尺寸达到标准化和系列化,减少构件类型,增加构件的互换性和通用性,厂房设计应执行《厂房建筑模数协调标准》(GBJ6—86)的有关规定。

定位轴线的划分是在柱网布置的基础上进行的。通常把垂直于厂房长度方向(即平行于屋架)的定位轴线称为横向定位轴线,厂房横向定位轴线之间的距离是柱距。平行于厂房长度(即垂直于屋架)的定位轴线称为纵向定位轴线,厂房纵向定位轴线之间的距离是跨度。轴线的标注以建筑平面图为准,从左至右按1,2…顺序进行编号;由下而上按A,B…顺序进行编号。编号时不用I、O、Z三个字母,以免与阿拉伯数字1、0、2相混淆(图18-51)。

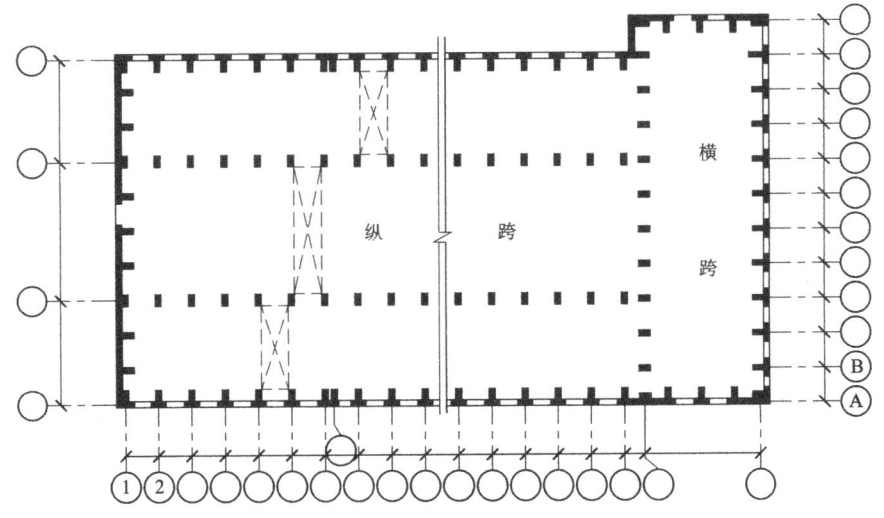

图18-51 单层厂房平面柱网布置及定位轴线划分

18.4.1 横向定位轴线

单层厂房的横向定位轴线主要用来标注厂房纵向构件,如屋面板、吊车梁长度的标志尺寸以及其与屋架(或屋面梁)之间的相互关系(图18-52)。

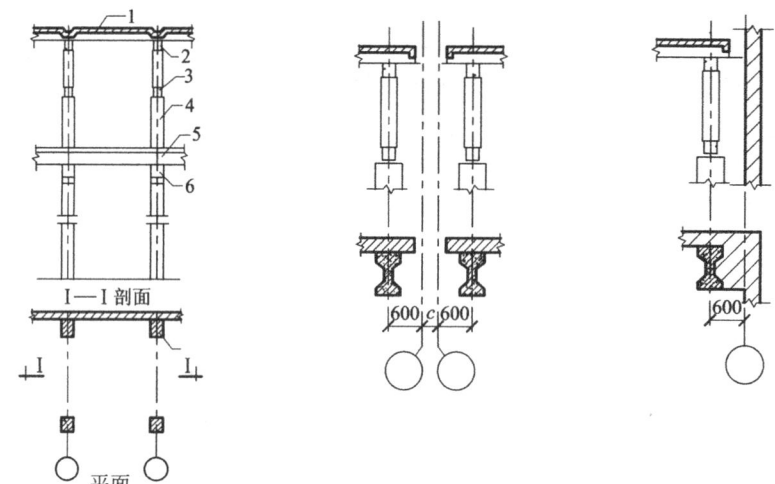

(a) 纵向列柱的中间柱与横向
定位轴线的联系

(b) 纵向列柱温度伸缩缝双柱与
横向定位轴线的联系

(c) 非承重山墙端部与横向
定位轴线的联系

图 18-52 横向定位轴线与墙柱的关系

1—屋面板;2—屋架上弦;3—屋架下弦;4—柱;5—吊车梁;6—牛腿;c—变形缝宽度

18.4.1.1 中间柱与横向定位轴线的联系

屋架(或屋面梁)支承在柱子的中心线上,中间柱的横向定位轴线与柱的中心线相重合,横向定位轴线之间的距离即是柱距,在一般情况下,也就是屋面板、吊车梁长度方向的标志尺寸(图18-52a)。

18.4.1.2 横向伸缩缝、防震缝与定位轴线的联系

横向温度伸缩缝和防震缝处的柱子采用双柱双屋架,可使结构和建筑构造简单。为了保证伸缩缝、防震缝宽度的要求,该处应设两条横向定位轴线;考虑符合模数及施工要求,两柱的中心线应从定位轴线向缝的两侧各移600mm。两条定位轴线间的插入距离 A,其值等于伸缩缝或防震缝的缝宽 c(c 值按有关规定确定)。该处两条横向定位轴线与相邻横向定位轴线之间的距离与其他柱距保持一致(图18-52b)。

18.4.1.3 山墙与横向定位轴线的联系

单层厂房的山墙,按受力情况分为非承重墙和承重墙,其横向定位轴线的划分也不相同。

(1)山墙为非承重墙时,横向定位轴线与山墙内缘重合,并与屋面板(无檩体系)的端部形成"封闭"式联系。端部柱的中心线从横向定位轴线内移600mm,目的是与横向伸缩缝、防震缝柱子内移600mm相统一,使端部第一个柱距内的吊车梁、屋面板等构件与横向伸缩缝、防震缝的吊车梁、屋面板相同,以便减少构件类型(图18-52c)。由于山墙面积大,为增强厂房纵向刚度,保证山墙稳定性,应设山墙抗风柱。将端部柱内移也便于设置抗风柱。抗风柱的柱距采用15M数列,如4500、6000、7500(mm)等。由于

单层厂房柱距常采用 6000mm，所以，山墙抗风柱柱距宜采用 6000mm，使连系梁、基础梁等构件可以通用（图 18-53）。

（2）山墙为砌体承重墙时，墙体内缘与横向定位轴线的距离按砌体的块材类别为半块或半块的倍数，或墙体厚度的一半，如图 18-54 中的 λ 值。

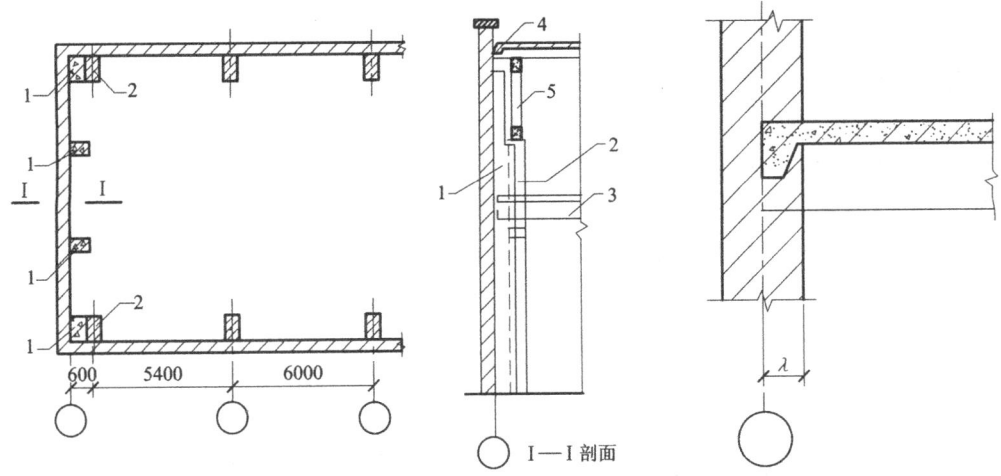

图 18-53 非承重山墙的抗风柱设置
1—抗风柱；2—承重端柱；3—吊车梁；4—屋面板；5—屋架

图 18-54 承重山墙横向定位轴线

18.4.2 纵向定位轴线

单层厂房的纵向定位轴线主要用来标注厂房横向构件如屋架（或屋面梁）长度的标志尺寸和确定屋架（或屋面梁）、排架柱等构件间的相互关系。纵向定位轴线的具体位置应使厂房结构和吊车的规格协调，保证吊车与柱之间留有足够的安全距离，必要时，还应设置检修吊车的安全走道板。

18.4.2.1 外墙、边柱与纵向定位轴线的联系

在支承式梁式吊车或桥式吊车的厂房设计中，由于屋架（或屋面梁）和吊车的设计生产制作都是标准化的，建筑设计应满足下述关系式：

$$L = L_k + 2e$$

式中 L——屋架跨度，即纵向定位轴线之间的距离；

L_k——吊车跨度，即同一跨内两条吊车轨道中心线的距离（也就是吊车的轮距），可查吊车规格资料；

e——纵向定位轴线至吊车轨道中心线的距离，其值一般为 750mm，当吊车为重级工作制而需要设安全走道板，或者吊车起重量大于 50t 时，可采用 1000mm。

根据图 18-55a 可知：

$$e = h + K + B$$

则

$$K = e - (h + B)$$

式中　K——吊车端部外缘至上柱内缘的安全距离；

　　　h——上柱截面高度；

　　　B——轨道中心线至吊车端部外缘的距离，查吊车规格资料。

由于受吊车起重量、柱距、跨度、有否安全走道板等因素的影响，边柱外缘与纵向定位轴线的联系有两种情况：

(1) 封闭式结合的纵向定位轴线

当定位轴线与柱外缘重合，这时屋架上的屋面板与外墙内缘紧紧相靠，称为封闭式结合的纵向定位轴线。采用封闭式结合的屋面板可以全部采用标准板（如宽 1.5m，长 6m 的屋面板），而无需设非标准的补充构件。

如图 18-55a 所示，当吊车起重量≤20t 时，查现行吊车规格，得 $B \leqslant 260 \text{mm}$，$K \geqslant 80 \text{mm}$，在一般情况下，上柱截面高度 $h = 400 \text{mm}$，纵向定位轴线采用封闭式结合，轴线与外缘重合。此时，$e = 750 \text{mm}$，则 $K = e - (h + B) = 90 \text{mm}$，能满足吊车运行所需安全距不小于 80mm 的要求。

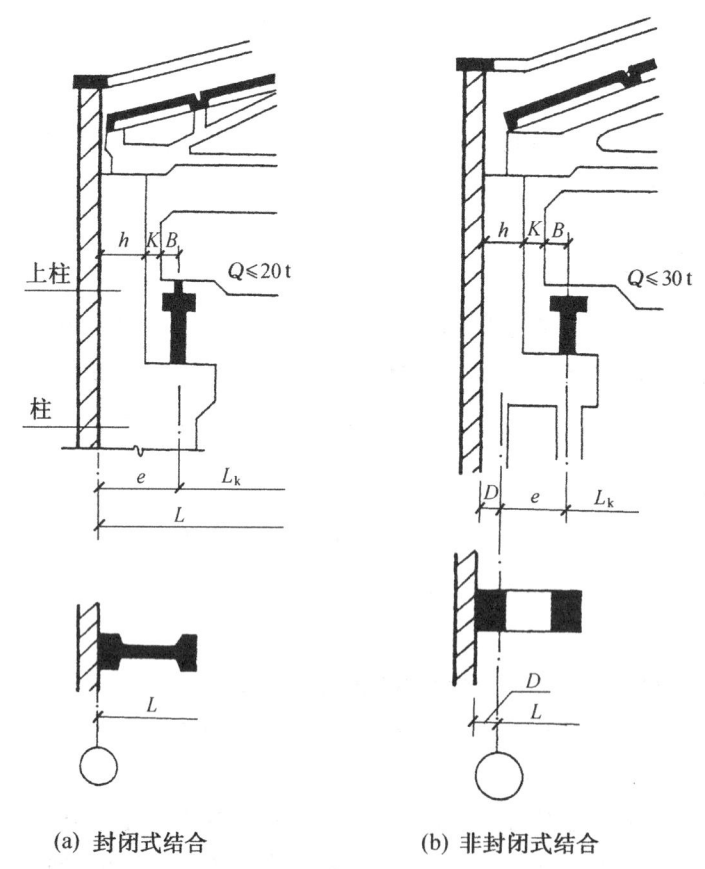

(a) 封闭式结合　　　　(b) 非封闭式结合

图 18-55　外墙边柱与纵向定位轴线的联系

采用封闭式结合的纵向定位轴线，具有构造简单、施工方便、造价经济等优点。

(2) 非封闭式结合的纵向定位轴线

所谓非封闭式结合的纵向定位轴线，是指该纵向定位轴线与柱子外缘有一定的距离。

因屋面板与墙内缘之间有一段空隙,故称为非封闭结合。

如图18-55b所示,吊车起重量 $Q=30t/5t$ 得知:$B=300$mm,$K\geqslant 100$mm,上柱截面高度仍为400mm,若仍采用封闭式纵向定位轴线($e=750$mm),则 $K=e-(B+h)=750-(300-400)=50$(mm),不能满足要求,所以需将边柱从定位轴线向外移一定距离,这个值称为联系尺寸,用 D 表示,采用300mm或其倍数。在设计中,应根据吊车起重量及其相应的 h、K、B 三个数值来确定联系尺寸的数值。当因构造需要或吊车起重量较大时(大于50t),e 值宜采用1000 mm,厂房跨度 $L=L_k+2e=L_k+2000$mm。

18.4.2.2 中柱与纵向定位轴线的联系

在多跨厂房中,中柱有平行等高跨和平行不等高跨两种形式。并且,中柱有设变形缝和不设变形缝两种情况。下面仅介绍不设变形缝的中柱纵向定位轴线。

(1) 当厂房为平行等高跨时,通常设置单柱和一条定位轴线,柱的中心线一般与纵向定位轴线相重合(图18-56a)。上柱截面高度 h 一般为600mm,以满足屋架的支承长度的要求。

当等高跨两侧或一侧的吊车起重量 $\geqslant$30t、厂房柱距>6m或构造要求等原因,纵向定位轴线需采用非封闭式结合才能满足吊车安全运行的要求时,中柱仍然可以采用单柱,但需设两条定位轴线。两条定位轴线之间的距离称为插入距,用 A 表示,并采用3M数列。此时,柱中心线一般与插入距中心线相重合(图18-56b)。

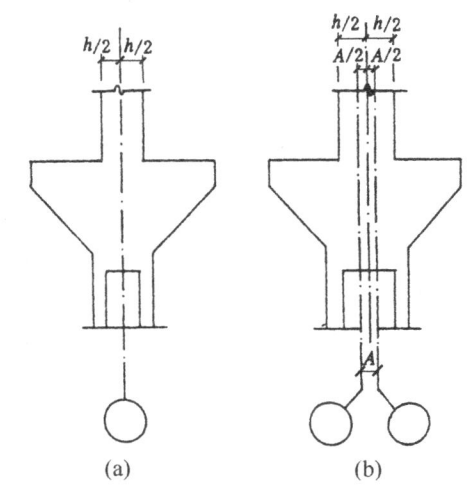

图18-56 平行等高跨中柱与纵向定位轴线的联系

如果因设插入距而使上柱不能满足屋架支承长度要求时,上柱应设小牛腿。

(2) 当厂房为平行不等高跨,且采用单柱时,高跨上柱外缘一般与纵向定位轴线相重合(图18-57a)。此时,纵向定位轴线按封闭结合设计,不需设联系尺寸,也无需设两条定位轴线。当上柱外缘与纵向定位轴线不能重合时(即纵向定位轴线为非封闭结合时),该轴线与上柱外缘之间设联系尺寸 D。低跨定位轴线与高跨定位轴线之间的插入距等于联系尺寸(图18-57b)。当高跨和低跨均为封闭结合,而两条定位轴线之间设有封墙时,则插入距应等于墙厚(图18-57c)。当高跨为非封闭结合,且高跨上柱外缘与低跨屋架端部之间设有封墙时,则两条定位轴线之间的插入距等于墙厚与联系尺寸之和(图18-57d)。

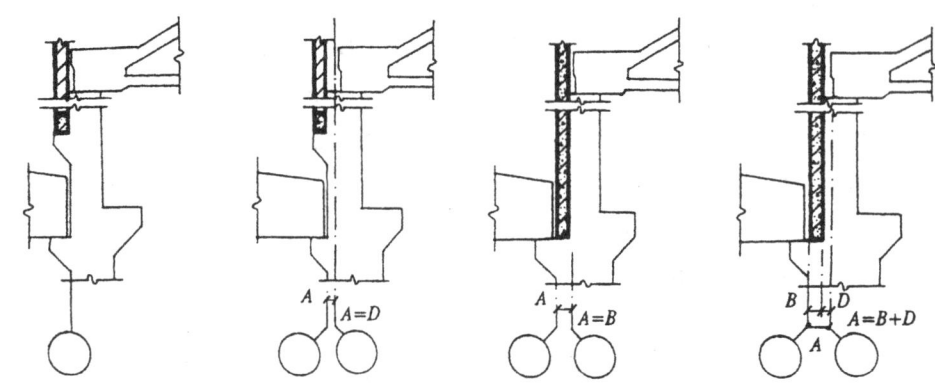

(a) 单轴线封闭结构　(b) 双轴线非封闭结合（插入距为联系尺寸）　(c) 双轴线封闭结合（插入距为墙体厚度）　(d) 双轴线非封闭结合（插入距为联系尺寸加墙厚）

图 18-57　无变形缝平行不等高跨中柱纵向定位轴线

18.4.3　纵横跨连接处柱与定位轴线的联系

有纵横跨的厂房，由于纵跨和横跨的长度、高度、吊车起重量都可能不相同，为了简化结构和构造，设计时，常将纵跨和横跨的结构分开，并在两者之间设置伸缩缝、防震缝、沉降缝。纵横跨连接处设双柱、双定位轴线。两定位轴之间设插入距 A（图 18-58）。

当纵跨的山墙比横跨的侧墙低，长度小于或等于侧墙，横跨又为封闭结合轴线时，则可采用双柱单墙处理（图 18-58a），插入距 A 为砌体墙厚度与变形缝宽度之和。当横跨为非封闭结合时，仍采用单墙处理（图 18-58b），这时，插入距 A 为砌体墙厚度、变形缝宽度与联系尺寸 D 之和。当墙体不是砌体而是墙板时，为满足吊装所需操作尺寸，可增大变形缝宽度 C 值。

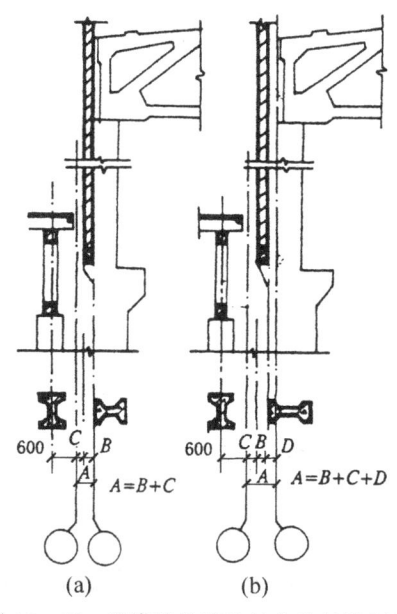

图 18-58　纵横跨连接处的定位轴线划分

18.5　单层厂房立面设计及内部空间处理

单层厂房的体型与生产工艺、平面形状、剖面形式和结构类型有密切的关系，而立面处理是在建筑体型的基础上进行的。建筑平面、立面、剖面三者是一个有机体，设计时虽然首先从平面着手，但自始至终应将三者统一考虑和处理。单层厂房的立面应根据功能要求、技术条件、经济等因素，运用前面所讲过的建筑构图原理进行设计，使建筑具有简洁、朴素、大方、新颖的外观形象。

18.5.1 立面设计

18.5.1.1 影响单层厂房立面设计的因素

单层厂房立面设计受许多因素的影响，归纳起来，主要有以下三点。

(1) 使用功能的影响

生产工艺流程、生产状况、运输设备等不仅对厂房平面、剖面设计有影响，而且也影响着立面的处理。建筑的形象应反映建筑的内容。

图 18-59 是某无缝钢管厂的金工车间。该单层厂房内部有吊车，空间较高，面积较大，屋顶设置锯齿形天窗，以满足车间天然采光的要求。竖向布置的预应力夹心墙板，具有明显的垂直方向感，有规律相间布置的条形窗、条形墙和锯齿形屋顶，都富有节奏韵律感。垂直的墙面和侧窗形成明显的虚实对比，入口门套处理简洁，与整个建筑立面的风格协调一致，整个立面处理朴素、大方、新颖、活泼，是单层厂房立面处理较成功的一例。

图 18-59 某无缝钢管厂金工车间

图 18-60 是某钢铁公司的轧板车间，由于轧板车间在生产时产生大量余热，为使余热能尽快排出室外，外墙采用开敞式，挡雨板既能通风，又能防雨，外墙下部采用立旋窗，可增大冷空气进风量，该建筑立面处理反映出热加工车间的个性。

(2) 结构、材料的影响

不同的结构形式和材料对立面处理会产生不同的效果。图 18-61 是意大利某造纸厂的立面图。该厂采用两组 A 形钢筋混凝土塔架，支承钢缆绳，悬吊屋顶。屋

图 18-60 某钢铁公司轧板车间

顶由四根纵向钢梁及间隔 10m 的斜交梁组成。塔架为现浇钢筋混凝土结构，钢缆通过塔架顶部把四根纵向钢梁悬挂起来。车间外墙不与屋顶相连，车间内部没有柱子，工艺布置灵活，使用方便。该厂的外围护结构，采用大面积钢筋混凝土肋条镶嵌磨砂玻璃，给人以明快、活泼的感觉。

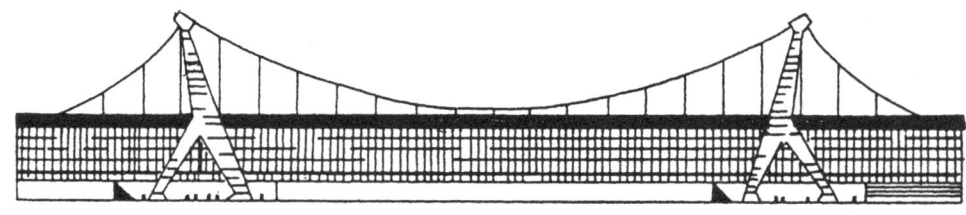

图 18-61 意大利某造纸厂

(3) 环境、气候的影响

气候条件主要指太阳辐射强度、室外空气温度、相对湿度等。

寒冷地区的厂房,窗洞面积较小,而墙体面积较大,给人以稳重厚实的感觉;炎热地区强调通风,窗洞面积较大,为减小太阳辐射热的影响,常采用遮阳板,建筑物的形象给人以开敞、明快的感觉。

18.5.1.2 墙面划分

墙面在单层厂房外墙中所占的比例与厂房的生产性质、建筑采光等级、地区室外照度和地区气候条件有关。墙面的大小、色彩与门窗的大小、位置、比例、组合形式等,直接关系到厂房的立面效果。墙面处理,关键在于墙面的划分及窗墙比例,并利用柱子、勒脚、窗间墙、窗台线、窗眉线、挑檐线、遮阳板等,按照建筑构图原理进行有机的组合,使厂房立面简洁、大方、新颖、美观。在工程实践中,墙面划分常采用以下三种方法:

(1) 垂直划分

根据砌块或板材的墙体结构特点,利用承重柱、壁柱、向外突出的窗间墙、竖向条形组合窗等构成竖向线条,可改变单层厂房扁平的比例关系,使厂房立面显得挺拔、有力。为使墙面整齐美观,门窗洞口和窗间墙的排列,多以一个柱距为一个单元,在立面中重复使用,使整个墙面产生统一的韵律。当墙面很长时,可隔一定距离插入一个变化的单元,这样既可避免立面单调又有节奏感(图 18-62)。

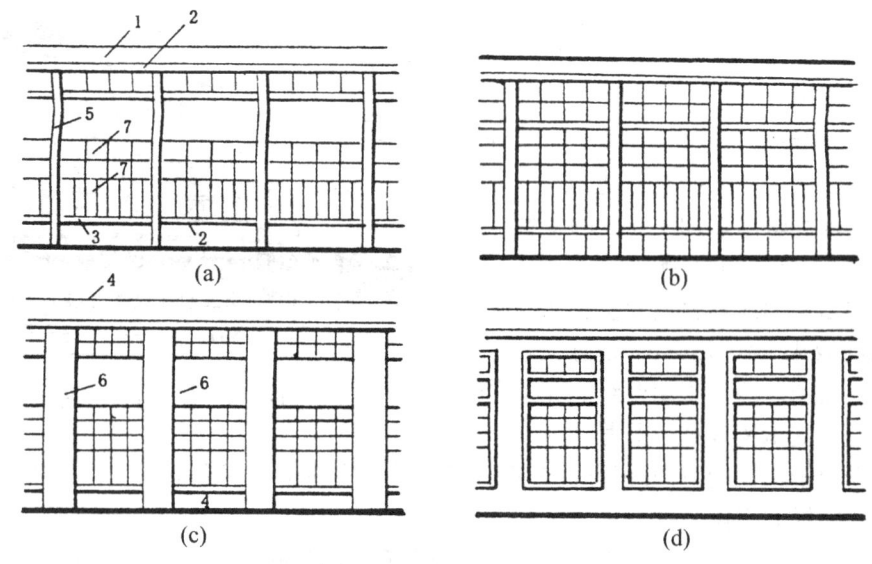

图 18-62 墙面垂直划分

1—女儿墙;2—窗眉线或遮阳板;3—窗台线;4—勒脚;5—柱;6—窗间墙;7—窗

(2) 水平划分

墙面水平划分的处理方法主要采用带形窗,使窗洞口上下的窗间墙构成水平横线条(图 18-63)。若再采用通长的水平窗眉线、窗台线、遮阳板、勒脚线,则水平线条的效果更为显著,亦可采用不同材料、不同色彩处理水平的窗间墙,使厂房立面显得明快、大方。

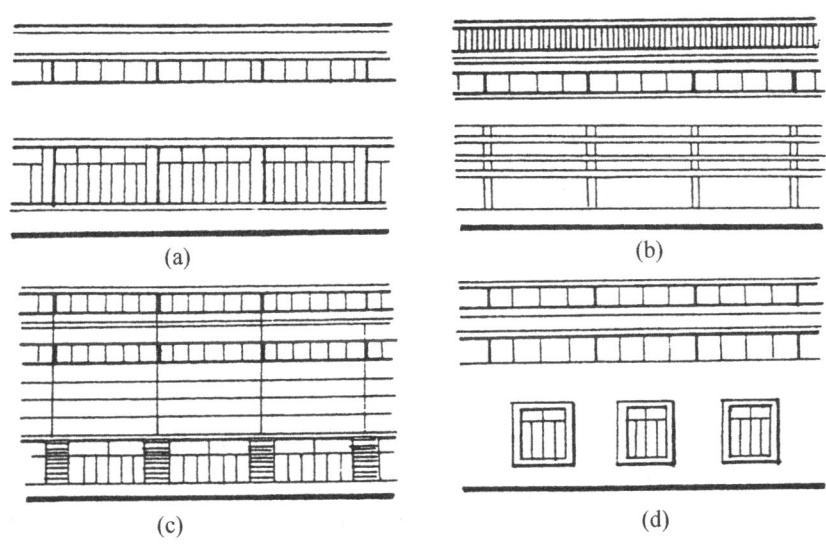

图 18-63 墙面水平划分

(3) 混合划分

在工程实践中,除单独采用垂直划分或水平划分外,常采用将两者结合的混合划分。这样,既能相互衬托,又有明显的主次关系。如图 18-64a 以垂直划分为主,图 18-64b 以水平划分为主,两者达到互相渗透,混而不乱,又有主次,取得了生动和谐的效果。

厂房立面中,窗洞面积的大小是根据采光和通风要求来确定的。窗与墙的比例关系有三种情况:①窗面积大于墙面积,立面以虚为主,显得轻巧、明快;②墙面积大于窗面积,立面以实为主,显得敦实、稳重;③窗面积等于或接近墙面积,虚实平衡,显得安静、平稳。设计中往往采用以虚或以实为主的立面处理,而虚实平衡的手法,显得平淡无味而较少采用。

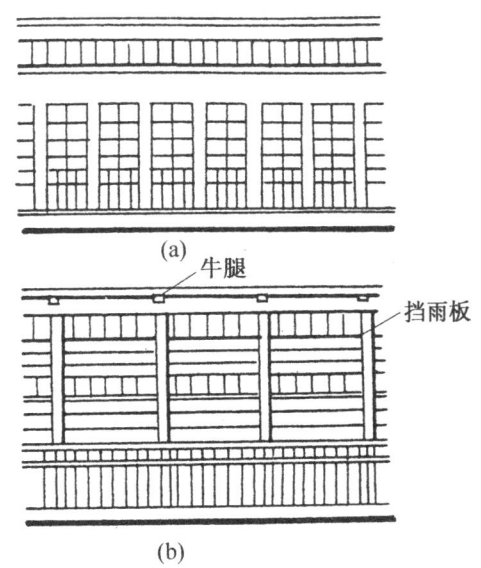

图 18-64 墙面混合划分

18.5.2 内部空间处理

影响内部空间处理的因素有以下几方面。

(1) 使用功能

厂房内部空间应满足生产要求，同时也应考虑空间的艺术处理。如纺织厂内部要求恒温恒湿，天窗可采用锯齿形，窗朝向北面，减少直射阳光进入室内。由于设备较矮小，厂房高度不大。锯齿形天窗可丰富室内空间，取得一定的艺术效果。

(2) 空间利用

设置在车间内的生活间使用方便，可利用柱间、墙边、门边、平台下等工艺不便利用的空间来布置生活设施，这样，可充分利用空间，降低造价。但如设计不当则会影响车间内部运输和工艺变更的灵活要求。

(3) 设备管道

有条不紊地组织排列设备管道，不但方便使用，而且便于管理和维修，其布置和色彩处理得当，会增加室内艺术效果。

(4) 室内绿化

室内采用水平或垂直绿化，可改善工作环境，减少工人的疲劳，提高劳动生产效率。

(5) 建筑色彩在车间内部的应用

目前，工业建筑上对色彩的运用，主要有以下几个方面：

①红色：用以表示电器、火灾的危险标志；禁止通行的通道和门；防火消防设备、高压电的室内电裸线、电器开关启动机件、防火墙上的分隔门。

②橙色：用以表示危险标志。用于高速转动的设备、机械、车辆、电器开关柜门；也用于有毒物品及放射性物品的标志。

③黄色：用以表示警告的标志。用于车间吊车、吊钩、户外大型起重运输设备、翻斗车、推土机、挖掘机、电瓶车。使用中常涂刷黄色与白色、黄色与黑色相间的条纹，提示人们避免碰撞。

④绿色：是安全标志。常用于洁净车间的安全出入口的指示灯。

⑤蓝色：多用于上下水道，冷藏库的门，也可用于压缩空气的管道。

⑥白色：是界线的标志，用于地面分界线。

建筑色彩受世界流行色的影响，虽然目前世界上趋向清淡或中和色，但鲜艳夺目的色彩仍广泛使用。建筑中墙面、地面、天棚的色彩应根据车间性质、用途、气候条件等因素确定。

第 19 章 单层厂房构造

19.1 外墙

厂房外墙主要是根据生产工艺、结构条件和气候条件等要求来设计的。一般冷加工车间外墙除考虑结构承重外，常常还有热加工方面的要求。而散发大量余热的热加工车间，外墙一般不要求保温，只起围护作用。精密生产的厂房为了保证生产工艺条件，往往有空间恒温、恒湿要求，这种厂房的外墙在设计和构造上比一般做法要复杂得多。有腐蚀性介质的厂房外墙又往往有防酸、碱等有害物质侵蚀的特殊要求。

单层厂房的外墙由于高度与长度都比较大，要承受较大的风荷载，同时还要受到机器设备与运输工具振动的影响，因此墙身的刚度与稳定性应有可靠的保证。

单层厂房的外墙按其材料类别可分为砖墙、砌块墙、板材墙、轻型板材墙等；按其承重形式则可分为承重墙、承自重墙和填充墙等（图 19-1）。当厂房跨度和高度不大，且没有设置或仅设有较小的起重运输设备时，一般可采用承重墙（图 19-1 中 A 轴的墙）直接承受屋盖与起重运输设备等荷载；当厂房跨度和高度较大，起重运输设备的起重量较大时，通常由钢筋混凝土排架柱来承受屋盖与起重运输等荷载，而外墙只承受自重，仅起围护作用，这种墙称为承自重墙（图 19-1 中 D 轴下部的墙）；某些高大厂房的上部墙体及厂房高低跨交接处的墙体，采用架空支承在与排架柱连接的墙梁（连系梁）上，这种墙称为填充墙（图 19-1 中 B 轴上部和 D 轴的墙）。承自重墙与填充墙是厂房外墙的主要形式。

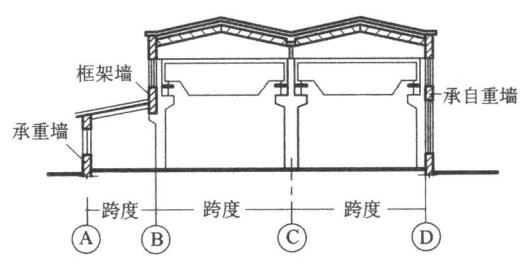

图 19-1 单层厂房外墙类型

19.1.1 砖墙及砌块墙

单层厂房通常为装配式钢筋混凝土排架结构。因此，它的外墙在连系梁以下一般为承自重墙，在连系梁上部为填充墙。填充墙即利用厂房的承重排架柱和厂房的连系梁之间砌筑墙体。装配式钢筋混凝土排架结构的单层厂房纵墙构造剖面示例如图 19-2 所示。承自

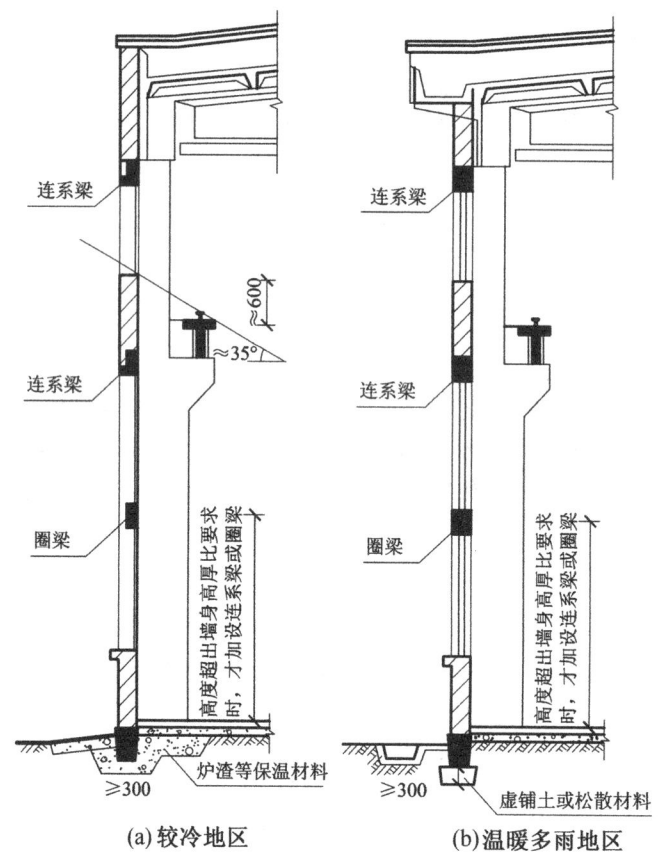

图 19-2 装配式钢筋混凝土排架结构的单层厂房纵墙剖面

重墙、填充墙的墙体材料有普通粘土砖和各种预制砌块。单层厂房的砖墙和砌块墙的外墙构造要点分述如下。

为防止单层厂房外墙由于受风力、地震或振动等影响而破坏，在构造上应使墙与柱子、山墙与抗风柱、墙与屋架（或屋面梁）之间有可靠连接，以保证墙体有足够的稳定性与刚度。

(1) 墙与柱子的连接：为使墙体与柱子间有可靠的连接，根据墙体传力的特点，主要考虑在水平方向与柱子拉结。通常的做法是在柱子高度方向每隔 500~600mm 预埋伸出两根 $\phi6$ 钢筋，砌墙时把伸出的钢筋砌在墙缝里（图 19-3、图 19-4）。

(2) 墙与屋架（或屋面梁）的连接：屋架的上弦、下弦或屋面梁可采用预埋钢筋拉接墙体；若在屋架的腹杆上预埋钢筋不方便时，可在腹杆预埋钢板上焊接钢筋与墙体拉接，其构造要求如图 19-5 所示。

(3) 纵向女儿墙的构造与屋面板的连接：纵向女儿墙是纵向外墙高出屋面的部分（图 19-2a 所示），其厚度一般不小于 240m，高度不仅要满足构造的要求，还要考虑保护在屋面上从事检修、清扫积灰和积雪、擦洗天窗等人员的安全。因此非地震区当厂房较高或屋面坡度较陡时，一般需设置 1m 左右高的女儿墙，或在厂房的檐口上设置相应高度的护栏。受设备振动影响较大或地震区的厂房，其女儿墙高度则不应超过 500mm，并需用整

第19章 单层厂房构造

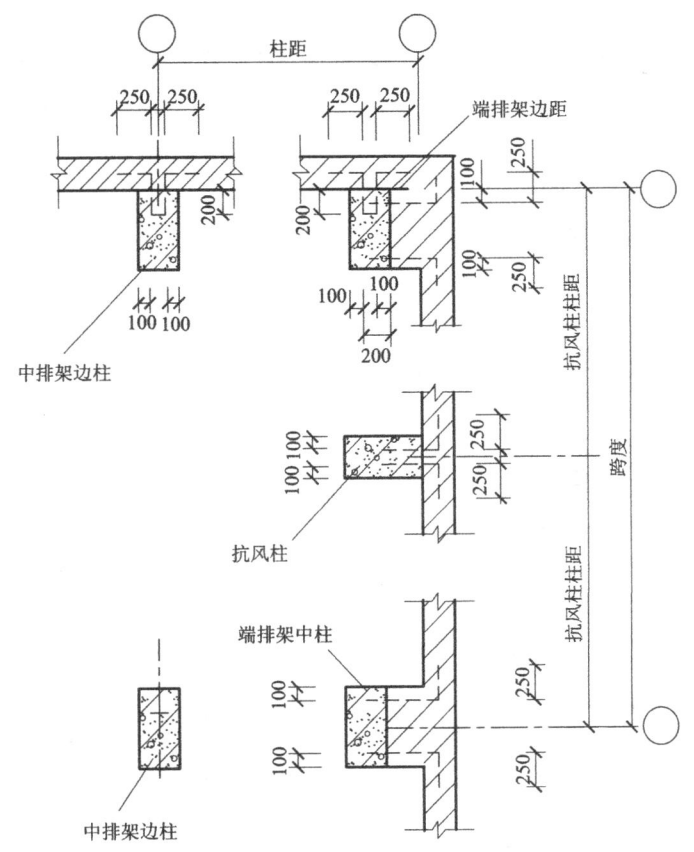

图 19-3 墙与柱的连接

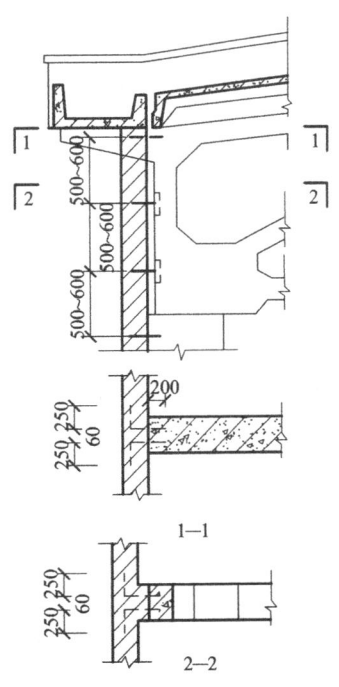

图 19-4 墙柱连接筋高度方向距离　　图 19-5 墙与屋架的连接

浇的钢筋混凝土压顶加固。

为保证纵向女儿墙的稳定性，在墙与屋面板之间常采用钢筋拉结措施，即在屋面板横向缝内放置一根 $\phi 12$ 钢筋（长度为板宽度加上纵墙厚度一半和两头弯钩），在屋面板纵缝内及纵向外墙中各放置一根 $\phi 12$（长度为 1000mm）的钢筋相连接（图 19-6），形成工字形的钢筋，然后在缝内用 C20 细石混凝土捣实。

（4）山墙与屋面板的连接：单层厂房的山墙面积比较高大，为保证其稳定性和抗风要求，山墙与抗风柱及端柱除用钢筋拉结外（图 19-3、图 19-4），在非地震区，一般还应在山墙上部沿屋面设置 2 根 $\phi 8$ 钢筋于墙中，并在屋面板的板缝中嵌入一根 $\phi 12$（长为 1000mm）钢筋与山墙中钢筋拉结（图 19-7）。

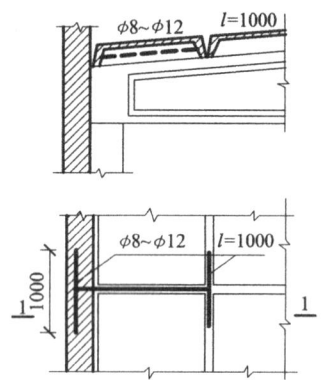

图 19-6 纵向女儿墙与屋面板的连接

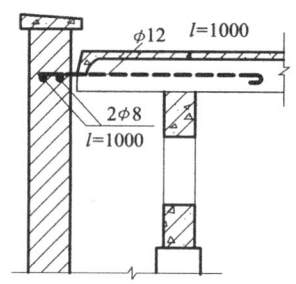

图 19-7 山墙与屋面板的连接

19.1.2 板材墙

推广应用板材墙是墙体改革的重要内容。生产板材墙能充分利用工业废料、不占用农田。使用板材墙可促进建筑工业化，能简化、净化施工现场，加快施工速度，同时板材墙较砖墙重量轻，抗震性优良，因此，板材墙将成为我国工业建筑广泛采用的外墙类型之一。但板材墙目前还存在用钢量大、造价偏高，连接构造尚不理想，接缝尚不易保证质量，有时渗水透风，保温、隔热效果尚不令人满意等缺点，这些问题正在逐步解决。

19.1.2.1 板材墙的类型与规格

（1）板材墙的类型

板材墙可根据不同需要作不同的分类。如按规格尺寸分为基本板、异型板和补充构件。基本板是指形状规整、量大面广的基本形式的墙板；异型板是指量少、形状特殊的板型，如窗框板、加长板、山尖板等；补充构件是指与基本板、异型板共同组成厂房墙体围护结构的其他构件，如转角构件、窗台板等。板材如按其所在墙面位置不同，可分为檐口板、窗上板、窗框板、窗下板、一般板、山尖板、勒脚板、女儿墙板等。如按其受力状况可分为承重板墙和非承重板墙，按其保温性能分为保温墙板和非保温墙板等。板材墙可用多种材料制作。现按板材墙的构造和组成材料不同分类叙述如下。

① 单一材料的墙板

钢筋混凝土槽形板、空心板：这类墙板（图 19-8）的优点是耐久性好、制作简单，可施加预应力。槽形板（或称肋形板）其钢材和水泥的用量较省，但保温隔热性能差，且易积灰，故只适用于某些热车间和不需保温的车间、仓库等。空心板的钢材、水泥用料较多，但双面平整，不易积灰，并有一定保温和隔热能力，虽比240mm砖墙热工性能稍差些，但仍得到较广泛的应用。

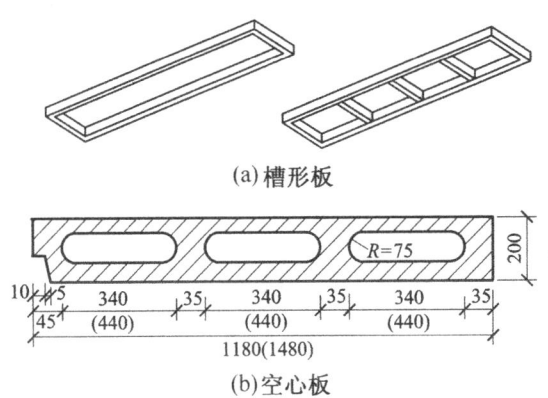

图 19-8 钢筋混凝土槽形板、空心板

配筋轻混凝土墙板：这类墙板很多，如粉煤灰硅酸盐混凝土墙板、各种加气混凝土墙板等。图19-9为陶粒珍珠砂混凝土墙板示例。它们的共同优点是比普通混凝土和砖墙轻，保温隔热性能好，配筋后可运输、吊装，并在一定堆叠高度范围内能承受自重；缺点是吸湿性较大，故一般需加水泥砂浆等防水面层，有的还有龟裂或锈蚀钢筋等缺点。适用于对保温或隔热要求较高，以及既要保温又要隔热但湿度不很大的车间。

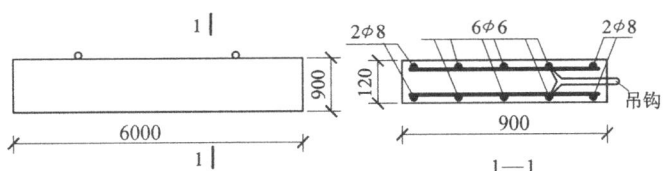

图 19-9 配筋轻混凝土墙板示例

②组合墙板（复合墙板）

组合墙板一般做成轻质高强的夹心墙板，其面板有薄预应力钢筋混凝土板（图19-10）、石棉水泥板、铝板、不锈钢板、普通钢板、玻璃钢板等；夹心保温、隔热材料包括矿棉毡、玻璃棉毡、泡沫玻璃、泡沫塑料、泡沫橡皮、木丝板、各种蜂窝板等轻质材料。组合墙板的特点是：使材料各尽所长，即充分发挥芯层材料的高效热工性能和面层外壳材料的承重、防腐蚀等性能。这类墙板的主要缺点是制造工艺较复杂，用作保温时易产生"热桥"等不利影响。

(2) 墙板的规格尺寸

单层厂房的墙板规格尺寸应符合我国《厂房建筑模数协调标准》（GBJ 6—86）的规定，并考虑山墙抗风柱的设置情况。一般墙板的长和高采用300mm为扩大模数，板长有：4500mm、6000mm、7500mm（用于山墙）和12000mm等数种，可适用于6m或12m

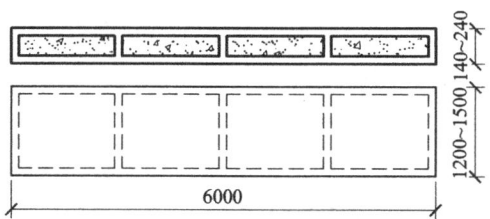

图 19-10 组合墙板示例

柱距以及3m整数倍的跨距。板高有 900mm、1200mm、1500mm 和 1800mm 四种。板厚以 20mm 为模数进级，常用厚度为 160~240mm。

（3）墙板的布置

墙板布置可分为横向布置、竖向布置和混合布置三种类型，各自的特点及适用情况也不相同，应根据工程的实际进行选用。

19.1.2.2 墙板的连接构造

以下主要介绍横向布置墙板的一般构造。

（1）墙板与柱的连接

单层厂房的墙板与排架柱的连接一般分柔性连接和刚性连接两类。

①柔性连接

柔性连接适用于地基不均匀、沉降较大或有较大振动影响的厂房，这种方法多用于承自重墙，是目前采用较多的方式。柔性连接是通过设置预埋铁件和其他辅助件使墙板和排架柱相连接。柱只承受由墙板传来的水平荷载，墙板的重量并不加给柱子而由基础梁或勒脚墙板承担。

墙板的柔性连接构造形式很多，其最简单的为螺栓连接（图 19-11）和压条连接（图 19-12）两种做法。

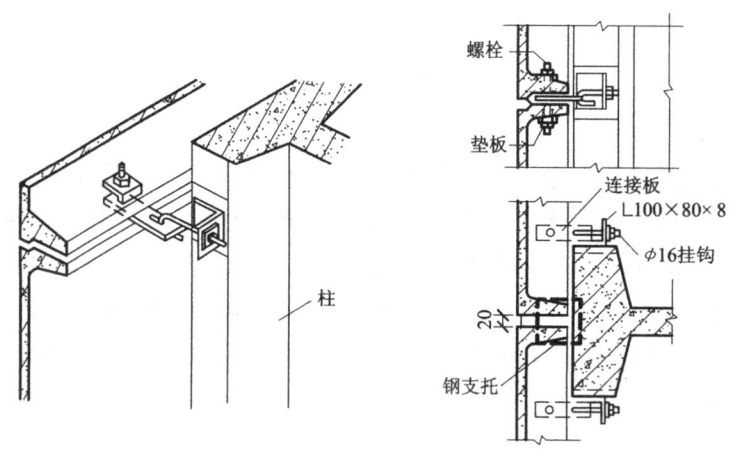

图 19-11 螺栓挂钩柔性连接构造示例

②刚性连接

刚性连接是在柱子和墙板中先分别设置预埋铁件，安装时用角钢或 $\phi16$ 的钢筋段把

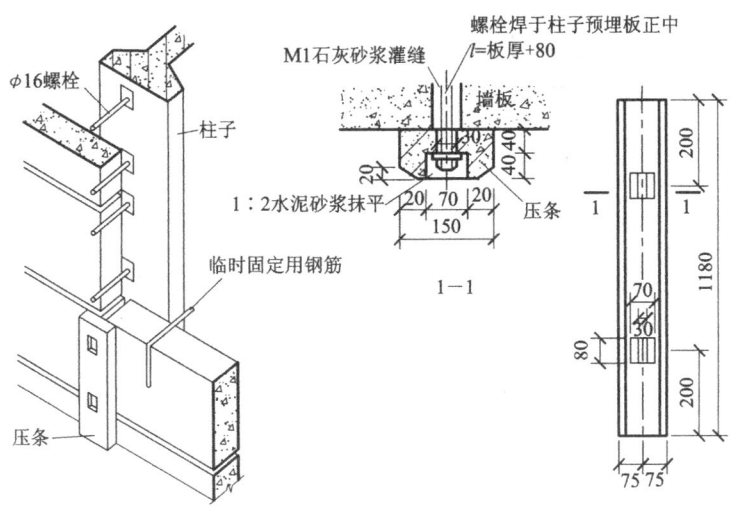

图 19-12 压条柔性连接构造示例

它们焊接连牢（图 19-13）。优点是施工方便，构造简单，厂房的纵向刚度好。缺点是对不均匀沉降及振动较敏感，墙板板面要求平整，预埋件要求准确。刚性连接宜用于地震设防烈度为 7 度或 7 度以下的地区。

（2）墙板板缝的处理

为了使墙板能起到防风雨、保温、隔热的作用，除了板材本身要满足这些要求之外，还必须做好板缝的处理。

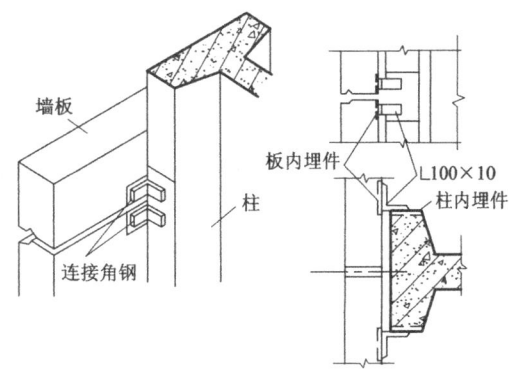

图 19-13 刚性连接构造示例

板缝根据不同情况，可以做成各种形式。水平缝可做成平口缝、高低错口缝、企口缝等。后者的处理方式较好，但从制作、施工以及防止雨水的重力和风力渗透等因素综合考虑，错口缝是比较理想的，应多采用这种形式。水平板缝形式和水平缝处理，如图 19-14 所示；垂直板缝可做成直缝、喇叭缝、单腔缝、双腔缝等。垂直板缝的处理如图 19-15 所示。

墙板在勒脚、转角、檐口、高低跨交接处及门窗洞口等特殊部位，均应作相应的构造处理，以确保其正常发挥围护功能。

19.1.3 轻质板材墙

不要求保温、隔热的热加工车间、防爆车间和仓库建筑的外墙，可采用轻质的石棉水泥板（包括瓦楞板和平板等）、瓦楞铁皮、塑料墙板、铝合金板以及夹层玻璃墙板等。这种墙板仅起围护结构作用，墙板除传递水平风荷载外，不承受其他荷载，墙板本身的重量也由厂房骨架来承受。

目前我国采用较多的是波纹石棉水泥瓦，它是一种脆性材料，为了防止损坏和构造方

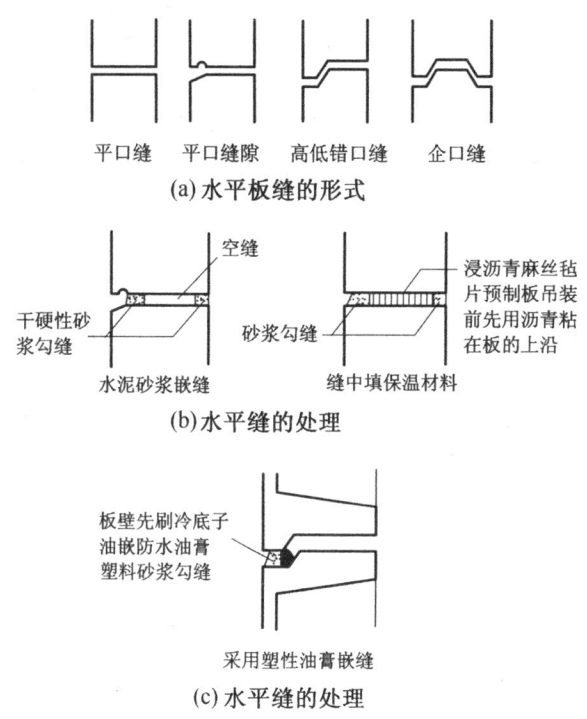

图 19-14 水平板缝的形式与水平缝的处理

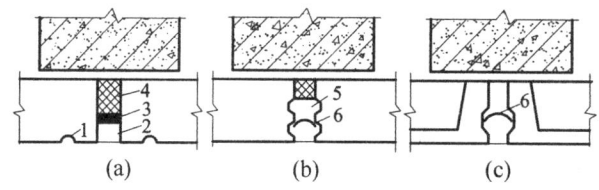

图 19-15 墙板垂直缝构造示例

1—截水沟；2—水泥砂浆或塑料砂浆；3—油膏；4—保温材料；5—垂直空腔；6—塑料挡雨板

便，在墙角、门洞旁边以及窗台以下的勒脚部分，一般常采用砖砌进行配合。这种墙板通常是悬挂在柱子之间的横梁上。横梁一般为 T 形或 L 形断面的钢筋混凝土预制构件。横梁长度应与柱距相适应，横梁两端搁置在柱子的钢牛腿上，并且通过预埋件与柱子焊接牢固（图 19-16）。横梁的间距应配合波纹石棉水泥瓦的长度来设计，尽量避免锯裁瓦板造成浪费。瓦板与横梁连接，可采用螺栓与铁卡子将两者夹紧（图 19-17）。螺栓孔应钻在墙外侧瓦垄的顶部，安装螺栓时，该处应衬以 5mm 厚的毡垫；为防止风吹雨水经板缝侵入室内，瓦板应顺主导风向铺设，瓦板左右搭接通常为一个瓦垄。

19.1.4 开敞式外墙

在我国南方地区，为了使厂房获得良好的自然通风和散热效果，一些热加工车间常采用开敞式外墙。开敞式外墙通常是在下部设矮墙，上部的开敞口设置挡雨遮阳板。

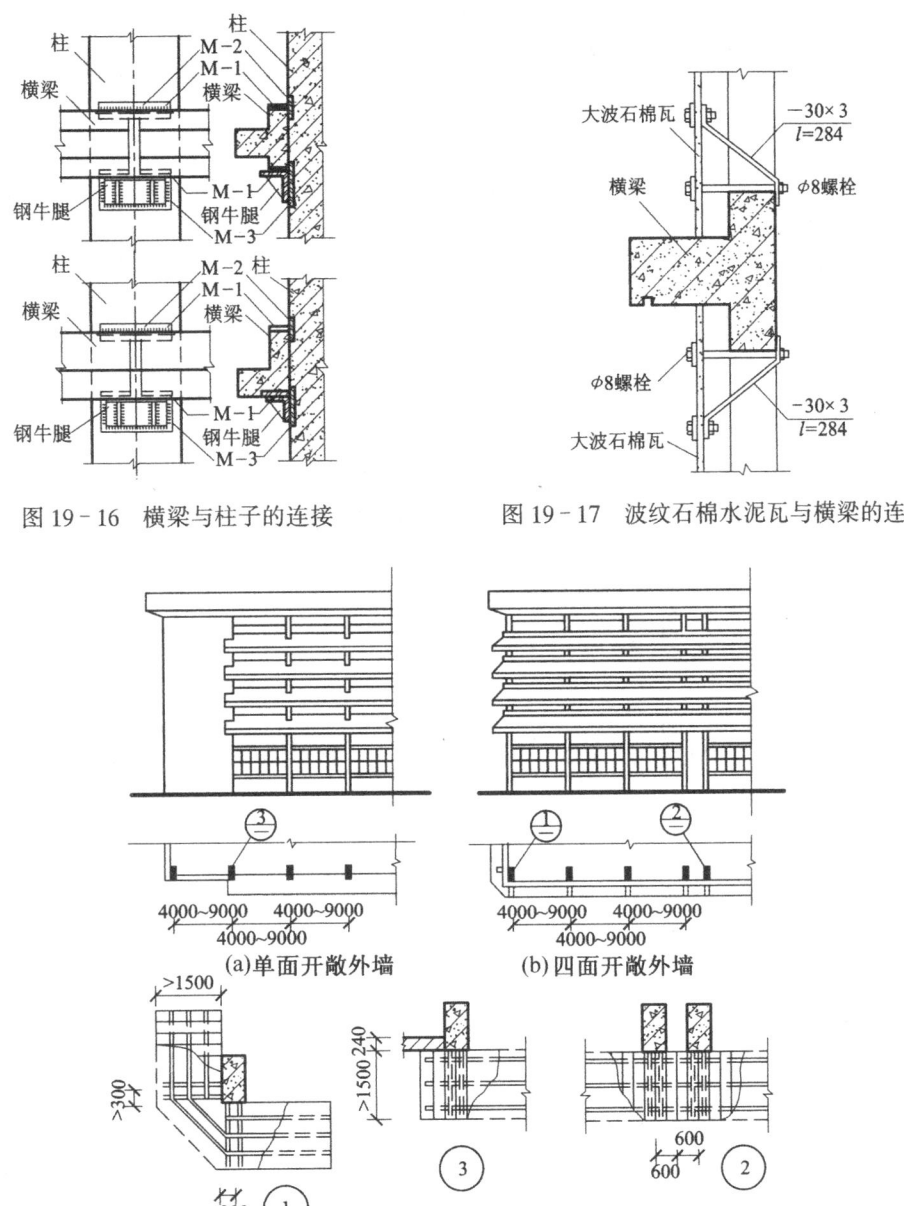

图 19-16 横梁与柱子的连接　　图 19-17 波纹石棉水泥瓦与横梁的连接

图 19-18 开敞式外墙的布置

图 19-18 为典型的开敞式外墙的布置。

挡雨遮阳板每排之间的距离，与当地的飘雨角度、日照以及通风等因素有关，设计时应结合车间对防雨的要求来确定，一般飘雨角可按 45°设计，风雨较大地区可酌情减小角度。挡雨板有如下几种构造形式。

（1）石棉水泥瓦挡雨板

它的基本构件有型钢支架（或圆钢轻型支架）、型钢檩条、中波石棉水泥瓦挡雨板和防溅板。型钢支架通常是与柱子的预埋件焊接固定的。这种挡雨板重量轻、施工简便、拆装灵活，但瓦板脆性大，容易损坏，适用于一般热加工车间。石棉水泥瓦挡雨板构造如图 19-19 所示。

（2）钢筋混凝土挡雨板

钢筋混凝土挡雨板分为有支架钢筋混凝土挡雨板和无支架钢筋混凝土挡雨板两种。

有支架钢筋混凝土挡雨板（图 19-20）一般采用钢筋混凝土支架，上面直接架设钢筋混凝土挡雨板。挡雨板与支架，支架与柱子均通过预埋件焊接进行固定。这种挡雨板耐久性好，但构件重量较大，适用于高温车间。

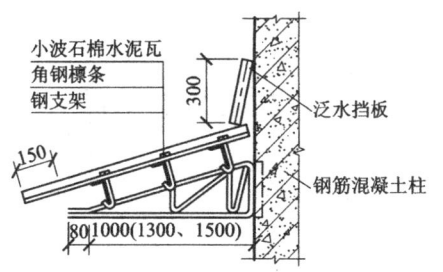

图 19-19 石棉水泥瓦挡雨板

无支架钢筋混凝土挡雨板（图 19-21）是直接将钢筋混凝土挡雨板固定在柱距之间。挡雨板与柱子的连接，通过角钢与预埋件焊接进行固定。这种挡雨板用料省，构造也较简单。但因板的长度受柱子断面大小的影响，故规格类型较多。它也适用于高温车间。

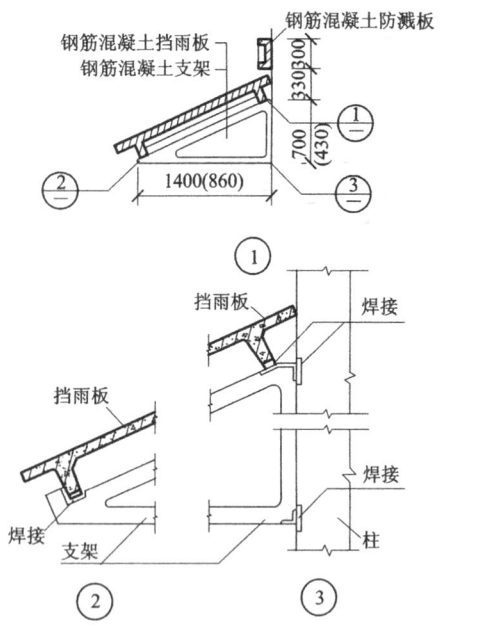

图 19-20 有支架钢筋混凝土挡雨板

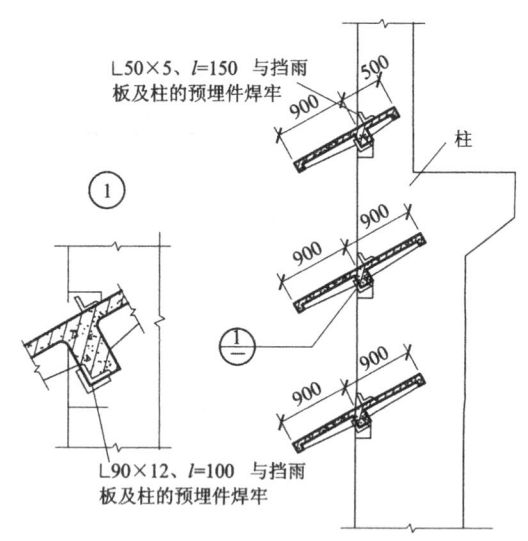

图 19-21 无支架钢筋混凝土挡雨板

19.2 屋面

单层厂房的屋面与民用建筑的屋面相比，其宽度一般都大得多，这就使得厂房屋面在排除雨水方面比较不利，而且由于屋面板大多采用装配式，接缝多，且直接受厂房内部的振动、高温、腐蚀性气体、积灰等因素的影响，因此，解决好屋面的排水和防水是厂房屋面构造的主要问题。有些地区还要处理好屋面的保温、隔热问题；对于有爆炸危险的厂房，还须考虑屋面的防爆、泄压问题；对于有腐蚀气体的厂房，还要考虑防腐蚀的问题。

通常情况下，屋面的排水和防水是相互补充的。排水组织得好，会减少渗漏的可能性，从而有助于防水；而高质量的屋面防水也会有益于屋面排水。因此，要防排结合，统筹考虑，综合处理。

19.2.1 屋面排水

19.2.1.1 屋面排水方式与排水坡度

(1) 排水方式

厂房屋面排水方式基本分为无组织排水和有组织排水两种。选择排水方式，应结合所在地区的降雨量、气温、车间生产特征、厂房高度和天窗宽度等因素综合考虑。一般屋面排水方式可参考表 19-1 来选择。

表 19-1 屋面排水方式的选择

	地区年降雨量 (mm)	檐口高度 H (m)	天窗高度 l (m)	相邻屋面高差 h (m)	排水方式
	≤900	>10 <10	≥12	≥4 <4	有组织排水 无组织排水
	>900	>8 <8	≤9	>3	有组织排水 无组织排水

① 无组织排水

无组织排水构造简单，施工方便，造价便宜，条件允许时宜优先选用，尤其是某些对屋面有特殊要求的厂房，如屋面容易积灰的冶炼车间，屋面防水要求很高的铸工车间以及对内排水的铸铁管具有腐蚀作用的炼铜车间等均宜采用无组织排水。

无组织排水的挑檐应有一定的长度，当檐口高度不大于 6m 时，一般宜不小于 300mm；檐口高度大于 6m 时，一般宜不小于 500mm（图 19-22）。在多风雨的地区，挑檐尺寸要适当加大，以减少屋面落水浇淋墙面和窗口的机会。勒脚外地面须做散水，其宽度一般宜超出挑檐 200mm，也可以做成明沟，其明沟的中心线应对准挑檐端部。

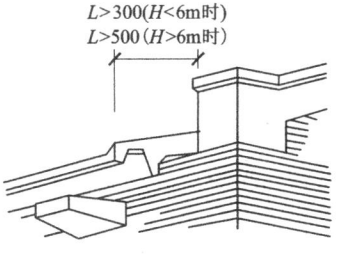

图 19-22 无组织排水
L—挑檐长度；H—离地高度

高低跨厂房的高跨为无组织排水时，在低跨屋面的滴水范围内要加铺一层滴水板作保护层。保护层的材料有混凝土板、机平瓦、石棉瓦、镀锌铁皮等。

② 有组织排水

有组织排水是将屋面雨水有组织地汇集到天沟或檐沟内，再经雨水斗、落水管排到室外或下水道。单层厂房有组织排水通常分为外排水、内排水和内排外落式排水，具体可归纳为以下几种形式。

檐沟外排水：当厂房较高或地区降雨量较大，不宜作无组织排水时，可把屋面的雨、雪水组织在檐沟内，经雨水口和立管排下。这种方式构造简单，施工方便，管材省，造价低，且不妨碍车间内部工艺设备布置，尤其是在南方地区应用较广（图 19-23a）。

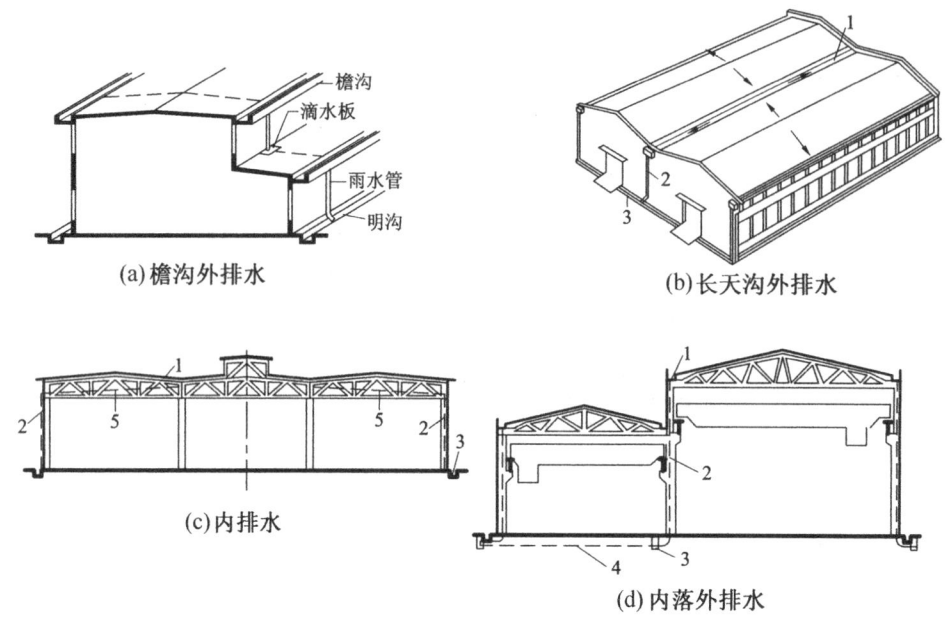

图 19-23 单层厂房屋面有组织排水形式
1—天沟；2—立管；3—明（暗）沟；4—地下雨水管；5—悬吊管

长天沟外排水：当厂房内天沟长度不大时，可采用长天沟外排水方式。这种方式构造简单，施工方便，造价较低，但受地区降雨量、汇水面积、屋面材料、天沟断面和纵向坡度等因素的制约。即使在防水性能较好的卷材防水屋面中，其天沟每边的流水长度也不宜超过 48m（纺织印染厂房也有做到 70～80m，但天沟断面要适当增大）。天沟端部应设溢水口，防止暴雨时或排水口堵塞时造成漫水现象（图 19-23b）。

内排水：内排水不受厂房高度限制，屋面排水组织灵活，适用于多跨厂房（图 19-23c）。在严寒多雪地区采暖厂房和有生产余热的厂房，采用内排水可防止冬季雨、雪水流至檐口结成冰柱拉坏檐口及落下伤人，以及外部雨水管冻结破坏。但内排水构造复杂，造价及维修费高，且与地下管道、设备基础、工艺管道等易产生矛盾。

内落外排水：这种排水方式是将厂房中部的雨水管改为具有 0.5%～1% 坡度的水平悬吊管，与靠墙的排水立管连通，下部导入明沟或排出墙外（图 19-23d）。这种方式可避免内排水与地下干管布置的矛盾。

(2) 排水坡度

屋面排水坡度的选择，主要取决于屋面基层的类型、防水构造方式、材料性能、屋架形式以及当地气候条件等因素。一般说来，坡度越陡对排水越有利，但若某些卷材（如油毡），在屋面坡度过大时夏季会产生沥青流淌，使卷材下滑。搭盖式构件自防水屋面坡度过陡时，也会引起盖瓦下滑等问题。通常，各种屋面的坡度可参考表 19-2 选择。

表 19-2 屋面坡度选择参考表

防水类型	卷材类型	非卷材防水		
		嵌缝式	F板	石棉瓦
选择范围	1:4～1:50	1:4～1:10	1:3～1:8	1:2～1:5
常用坡度	1:5～1:10	1:5～1:8	1:5～1:8	1:2.5～1:4

19.2.1.2 排水组织及排水装置的布置

(1) 排水组织

屋面排水应进行排水组织设计。如多跨多坡屋面采用内排水时，首先要按屋面的高低变形缝位置、跨度大小及坡面，将整个厂房屋面划分为若干个排水区段，并定出排水方向；然后根据当地降雨量和屋面汇水面积，选定合适的雨水管管径、雨水斗型号。通常在变形缝处不宜设雨水斗，以免因意外情况溢水而造成渗漏。

(2) 排水装置

①天沟（或檐沟）：天沟（或檐沟）的形式与屋面构造有关，天沟有钢筋混凝土槽形天沟和直接在钢筋混凝土屋面板上做成的"自然天沟"（图 19-24）两种。当厂房屋面为卷材防水时，由于屋面板接缝严密，钢筋混凝土槽形天沟或"自然天沟"均可采用。当屋面为构件自防水时，因接缝不够严密，故应采用钢筋混凝土槽形天沟。

为使天沟（或檐沟）内的雨、雪水顺利流向低处的雨水斗，沟底应分段设置坡度，一般为0.5%～1%，最大不宜超过2%，长天沟排水不宜小于0.3%。垫坡一般用焦砟混凝土找坡，然后再用水泥砂浆抹面。槽形天沟（或檐沟）的分水线与沟壁顶面的高差应大于50mm，以防雨水出槽而导致渗漏。

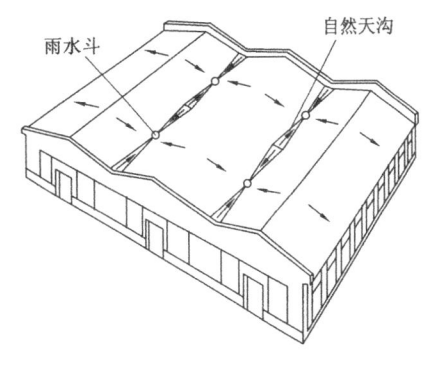

图 19-24 自然天沟示意图

②雨水斗：雨水斗的型式较多，以65型较好（图19-25a）；当采用"自然天沟"时，最好加设铁水盘与65型水斗配套使用（图19-25b）。有女儿墙的檐沟，也可采用铸铁弯头水漏斗和铸铁箅装在檐沟女儿墙上，再经立管将雨水排下（图19-25c）。

雨水斗的间距要考虑每个雨水斗所能负担的汇水面积，一般为18～24m（除长天沟以外）。少雨地区可增至30～36m，当采用悬吊管外排水时，最大间距为24m。

③雨水管：在工业厂房中一般采用铸铁雨水管，管径选用 $\phi100 \sim \phi200$mm。一般可根据雨水管最大集水面积确定。雨水管用铁片固定在墙上或柱上，做法同民用建筑。

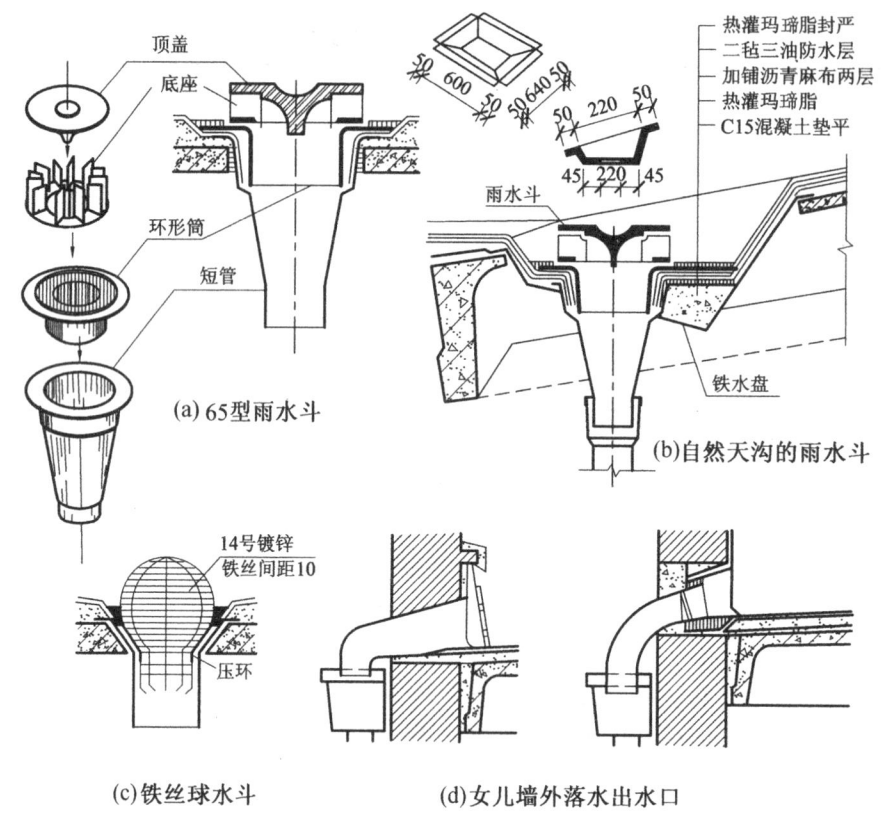

图 19-25 几种雨水斗的组成及构造

19.2.2 屋面防水

单层厂房的屋面防水主要有卷材防水、各种波形瓦（板）屋面和钢筋混凝土构件自防水等类型。应根据厂房的使用要求和防水、排水的有机关系，结合屋盖形式、屋面坡度、材料供应、地区气候条件及当地施工经验等因素来选择合适的防水形式。

19.2.2.1 卷材防水屋面

卷材防水屋面在单层工业厂房中应用较为广泛（尤其是北方地区需采暖的厂房和振动较大的厂房）。它可分为保温和不保温两种，两者构造层次有很大不同。保温防水屋面的构造一般为：基层（结构层）、找平层、隔蒸汽层、保温层、防水层和保护层；不保温防水屋面的构造一般为：基层、找平层、防水层和保护层。卷材防水屋面构造原则和做法与民用建筑基本相同，它的防水质量关键在于基层和防水层。由于厂房屋面荷载大、振动大，因而变形可能性大，一旦基层变形过大时，易引起卷材拉裂。施工质量不高也会引起渗漏。

下面仅以基层为 1.5m×6m 钢筋混凝土屋面板的屋面为例，着重介绍单层厂房卷材防水屋面的几个节点构造。

（1）接缝

大型屋面板相接处的缝隙，必须用 C20 细石混凝土灌缝填实。在无隔热（保温）层的屋面上,屋面板短边端肋的交接缝(即横缝)处的卷材被拉裂的可能性较大,应加以处理。实践证明,采用在横缝上加铺一层干铺卷材延伸层的做法,效果较好(图19-26)。板的长边主肋的交缝(即纵缝)由于变形较小,一般不需特别处理。

(2) 挑檐

屋面为无组织排水时,可用外伸的檐口板形成挑檐,有时也可利用顶部圈梁挑出挑檐板。挑檐处应处理好卷材的收头,以防止卷材起翘、翻裂。通常可采用卷材自然收头(图19-27a)和附加镀锌铁皮收头(图19-27b)的方法。

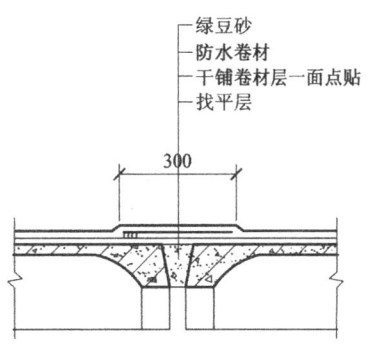

图19-26 无隔热(保温)层的屋面板横缝处卷材防水层处理

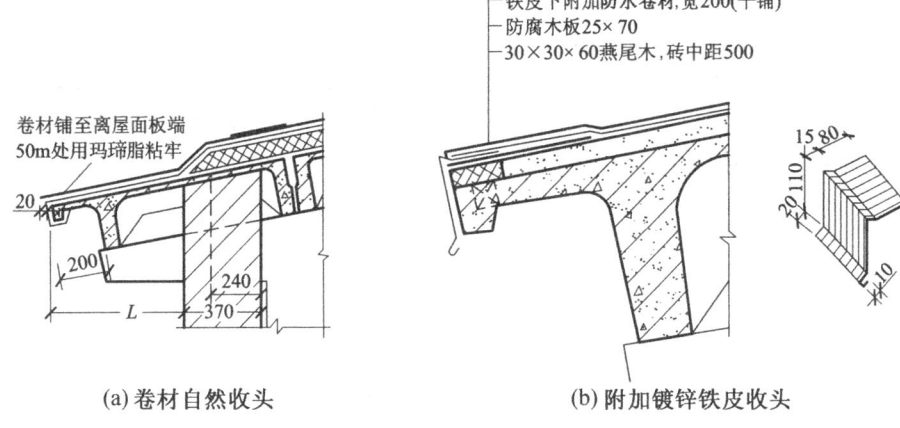

(a) 卷材自然收头　　　　(b) 附加镀锌铁皮收头

图19-27 挑檐构造

(3) 纵墙外天(檐)沟

南方地区较多采用檐沟外排水的形式,其槽形天沟板一般支承在钢筋混凝土屋架端部挑出的水平挑梁上或钢屋架、钢筋混凝土屋面大梁端部的钢牛腿上。檐沟的卷材防水层除与屋面相同以外,在防水层底应加铺一层卷材。雨水口周围应附加玻璃布两层。檐沟的卷材防水也应注意收头的处理(图19-28a)。因檐沟的檐壁较矮,为保证屋面检修、清灰的安全,可在沟外壁设铁栏杆(图19-28b)。

(4) 天沟

①中间天沟:中间天沟是在等高多跨厂房的两坡屋面之间,一般用两块槽形天沟板并排布置。其防水处理、找坡等构造方法与纵墙檐沟基本相同。两块槽形天沟板接缝处的防水构造是将天沟卷材连续覆盖(图19-29a)。直接利用两坡屋面的坡度做成V形"自然天沟"的仅用于内排水(或内落外排水),其构造如图19-29b所示。

②长天沟:当采用长天沟外排水时,必须在山墙上留出洞口,天沟板伸出山墙,该洞

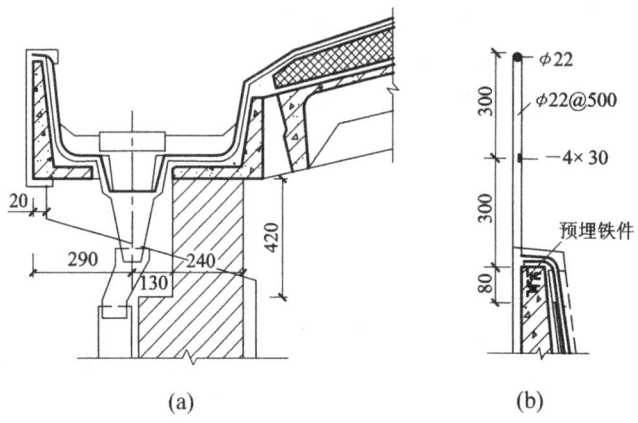

图 19-28 纵墙外檐沟构造

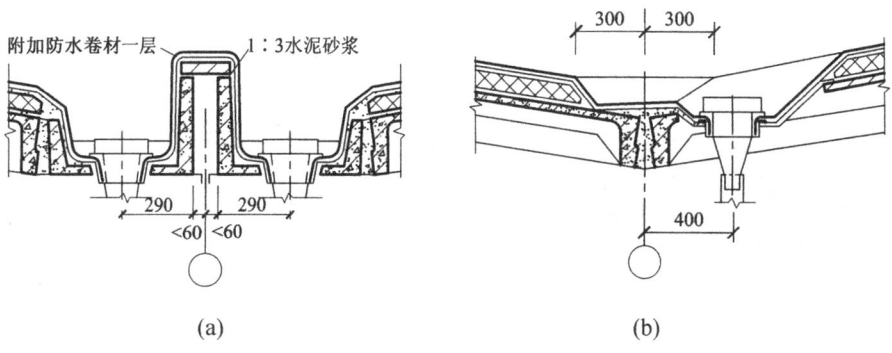

图 19-29 中间天沟构造

口可兼作溢水口用，洞口的上方应设置预制钢筋混凝土过梁。长天沟及洞口处应注意卷材的收头处理（图 19-30）。

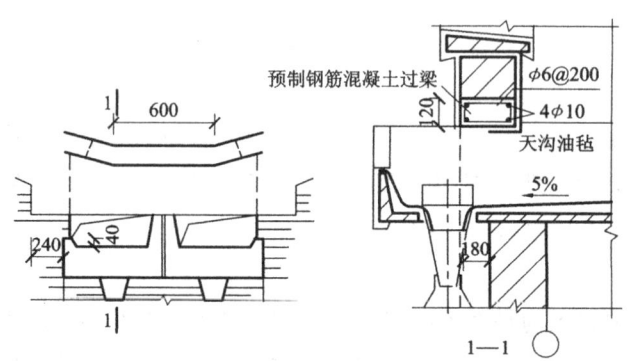

图 19-30 长天沟外排水构造

(5) 泛水

①山墙泛水：山墙泛水的做法与民用建筑基本相同，应做好卷材收头处理和转折处理。振动较大的厂房，可在卷材转折处加铺一层卷材（图 19-31），山墙一般应采用钢筋

混凝土压顶，以利于防水和加强山墙的整体性。

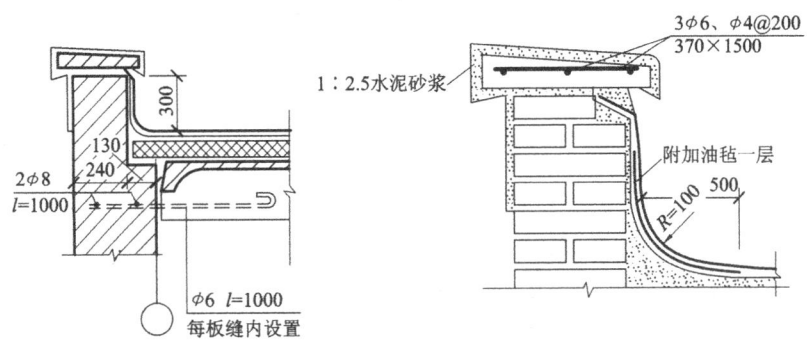

图 19-31　山墙泛水构造

②纵向女儿墙泛水：当纵墙采用女儿墙形式时，应注意天沟与女儿墙交接处的防水处理。天沟内的卷材防水层应升至女儿墙上一定高度，并做好收头处理，做法与山墙泛水相似（图 19-32）。

③高低跨处泛水：如在厂房平行高低跨处无变形缝，而由墙梁承受侧墙墙体时，墙梁下需设牛腿。因牛腿有一定高度，因此高跨墙梁与低跨屋面之间必然形成一个大空隙，这段空隙应采用较薄的墙封嵌，并作泛水处理（图 19-33）。

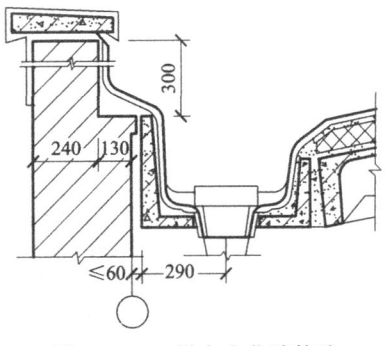

图 19-32　纵向女儿墙构造

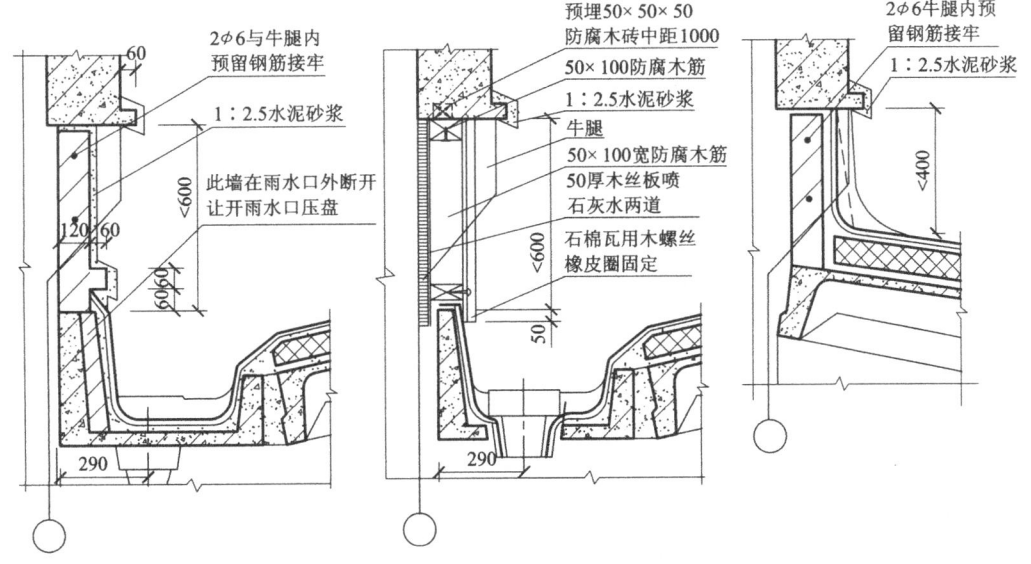

(a) 有天沟高低跨泛水　　(b) 有天沟高低跨泛水　　(c) 无天沟高低跨泛水

图 19-33　高低跨处泛水

④变形缝泛水：屋面的横向变形缝处最好设置矮墙泛水，以免水溢入缝内，缝的上部应设置能适应变形的镀锌铁皮盖缝或预制钢筋混凝土压顶板（图19‑34a）。镀锌铁皮盖缝较轻，但易锈蚀，故有时可用铝皮代替；预制钢筋混凝土压顶板盖缝耐久性好，但构件较重，如横向变形缝处不设矮墙泛水，其构造可如图19‑34b所示。

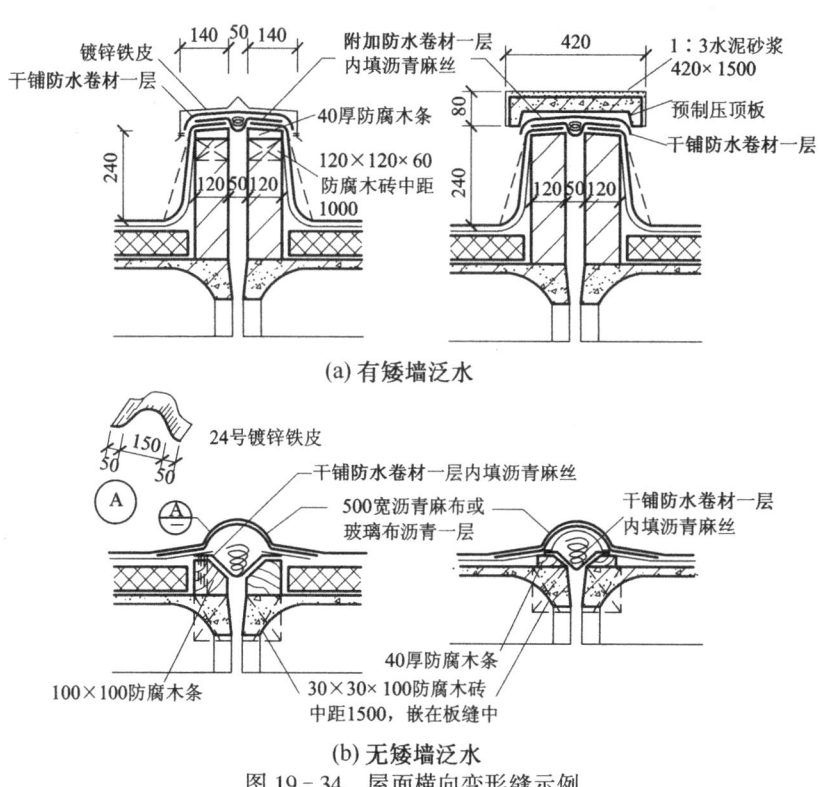

图19‑34 屋面横向变形缝示例

19.2.2.2 钢筋混凝土构件自防水屋面

钢筋混凝土构件自防水屋面，是利用钢筋混凝土板本身的密实性，对板缝进行局部防水处理而形成防水的屋面。构件自防水屋面具有省工、省料、造价低和维修方便的优点。但也存在一些缺点，如混凝土易碳化、风化，板面后期易出现裂缝和渗漏，油膏和涂料易老化，接缝的搭盖处易产生飘雨。构件自防水屋面目前在我国南方和中部地区应用较广泛。

钢筋混凝土构件自防水屋面板有钢筋混凝土屋面板、钢筋混凝土F板两类。根据板的类型不同，其板缝的防水处理方法也不同。

（1）板面防水

钢筋混凝土构件自防水屋面板要求有较好的抗裂性和抗渗性，应采用较高强度等级的混凝土（C30～C40）。确保骨料的质量和级配，保证振捣密实、平滑，无裂缝，控制混凝土的水灰比，增强混凝土的密实度，是增加混凝土的抗裂性和抗渗性的重要措施。

（2）板缝防水

钢筋混凝土构件自防水屋面，按其板缝的构造可分为嵌缝式、贴缝式和搭盖式等基本类型。

①嵌缝式、贴缝式防水：嵌缝式构件自防水是利用钢筋混凝土屋面板作为防水构件，板缝嵌油膏防水的一种屋面。

板缝防水尤其是横缝防水是这类屋面防水的关键。板缝分为横缝、纵缝、脊缝。缝内应先清扫干净后用C20细石混凝土填实，缝的下部在浇捣前应吊木条，浇捣时预留20～30mm的凹槽，待干燥后刷冷底子油，填嵌油膏。嵌缝油膏的质量是保证板缝不渗漏的关键，要求有良好的防水性能、弹塑性、粘附性、耐热性、防冻性和抗老化性，还应取材方便、便于制作和施工、造价适宜，可根据当地具体条件选用。嵌缝式构造如图19-35a所示。

当采用的油膏的韧性及抗老化性能较差时，为保护油膏，减慢油膏老化速度，可在油膏嵌缝的基础上，板缝处再粘贴上卷材条（油毡或玻璃布或其他卷材），构成贴缝式构造（图19-35b），这种构件自防水屋面的防水性能优于嵌缝式。贴缝的卷材在纵缝处只要采用一层卷材即可；横缝和脊缝处，由于变形较大，宜采用二层卷材。每种缝在卷材粘贴之前，先要干铺（单边点贴）一层卷材，以适应变形需要。

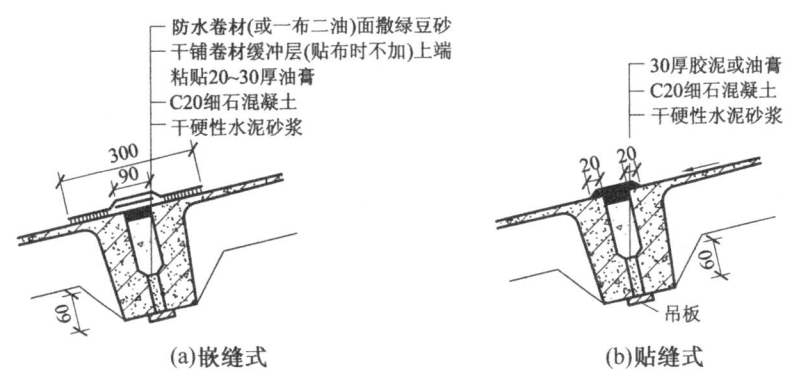

图19-35 嵌缝式、贴缝式板缝构造

嵌缝式和贴缝式构件自防水屋面的天沟（或檐沟）及泛水、变形缝等局部位置，也均应采用卷材防水做法。

②搭盖式防水：搭盖式构件自防水屋面利用钢筋混凝土F形屋面板上下搭接盖住纵缝，用盖瓦、脊瓦覆盖横缝和脊缝的方式来达到屋面防水的目的。

F形板屋面是以断面呈F形的预应力钢筋混凝土屋面板为主，配合盖瓦和脊瓦等附件组成的构件自防水屋面（图19-36）。

19.2.2.3 波形瓦（板）防水屋面

波形瓦（板）防水屋面常用的有石棉水泥波瓦、镀锌铁皮波瓦、钢丝网水泥波瓦和压型钢板等。它们均属轻型瓦材屋面，具有厚度薄、重量轻、施工方便、防火性能好等优点。

(1) 石棉水泥波瓦屋面

石棉水泥波瓦的优点是厚度薄，重量轻，施工简便。其缺点是易脆裂，耐久性及保温

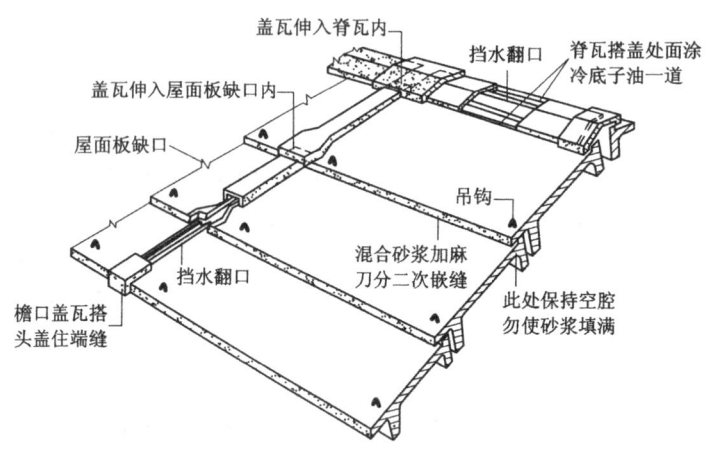

图 19-36 F形板屋面的组成

隔热性差，所以在高温、高湿、振动较大、积尘较多、屋面穿管较多的车间以及炎热地区厂房高度较小的冷加工车间不宜采用。主要用于一些仓库及对室内温度状况要求不高的厂房中。

石棉水泥波瓦规格有大波瓦、中波瓦和小波瓦三种。在厂房中常采用大波瓦。

石棉水泥波瓦直接铺设在檩条上，檩条间距应与石棉瓦的规格相适应，一般是一块瓦跨三根檩条。所以，大波瓦的檩条最大间距为1300mm，中波瓦为1100mm，小波瓦为900mm。檩条有木檩条、钢筋混凝土檩条、钢檩条及轻檩条等。采用较多的是钢筋混凝土檩条。石棉水泥波瓦与檩条的固定要牢固，但石棉水泥波瓦性脆，对温湿度收缩及振动的适应力差，所以固定不能太紧，要允许它有变位的余地。其做法是用挂钩保证固定，用卡钩保证变位，同时挂钩也是柔性联结，允许小量位移。为了不限制石棉水泥波瓦的变位，一块瓦上挂钩数量不超过2个，挂钩的位置应设在石棉水泥波瓦的波峰上，以免漏水，并应预先钻孔，孔径较挂钩直径大2~3mm，以利变形和安装。挂钩不应拧得太紧，以垫圈稍能转动为度。镀锌卡钩可免去钻孔、漏雨等缺点，瓦材的伸缩性也较好，但不如挂钩连接牢固，因此，除檐口、屋脊等部位外，其余最好用卡钩与檩条连接(图19-37)。

石棉水泥波瓦横向间的搭接为一个半波，并且搭接方向宜顺主导风向，以便防止风和保证瓦的稳定。瓦的上下搭接长度不小于200mm。在檐口处其挑出长度不大于300mm。

在四块瓦的搭接处会出现瓦角相叠现象，这样会产生瓦面翘起；放在相邻四块瓦的搭接处，应随盖瓦方向的不同事先将斜对瓦片进行割角，对角缝隙不宜大于5mm。石棉水泥波瓦的铺设也可采用不割角的方法，但应将上下两排瓦的长边搭接缝错开，大波瓦和中波瓦错开一个波，小波瓦错开两个波。

(2) 镀锌铁皮波瓦屋面

镀锌铁皮波瓦是较好的轻型屋面材料，它抗震性能好，在高烈度地震区应用比大型屋面板优越。适合一般高温工业厂房和仓库。但由于造价高，维修费用大，目前使用很少。

镀锌铁皮波瓦的横向搭接一般为一个波，上下搭接、固定铁件以及固定方法基本与石棉水泥波瓦相同，但其与檩条连接较石棉水泥波瓦紧密。屋面坡度比石棉水泥波瓦屋面

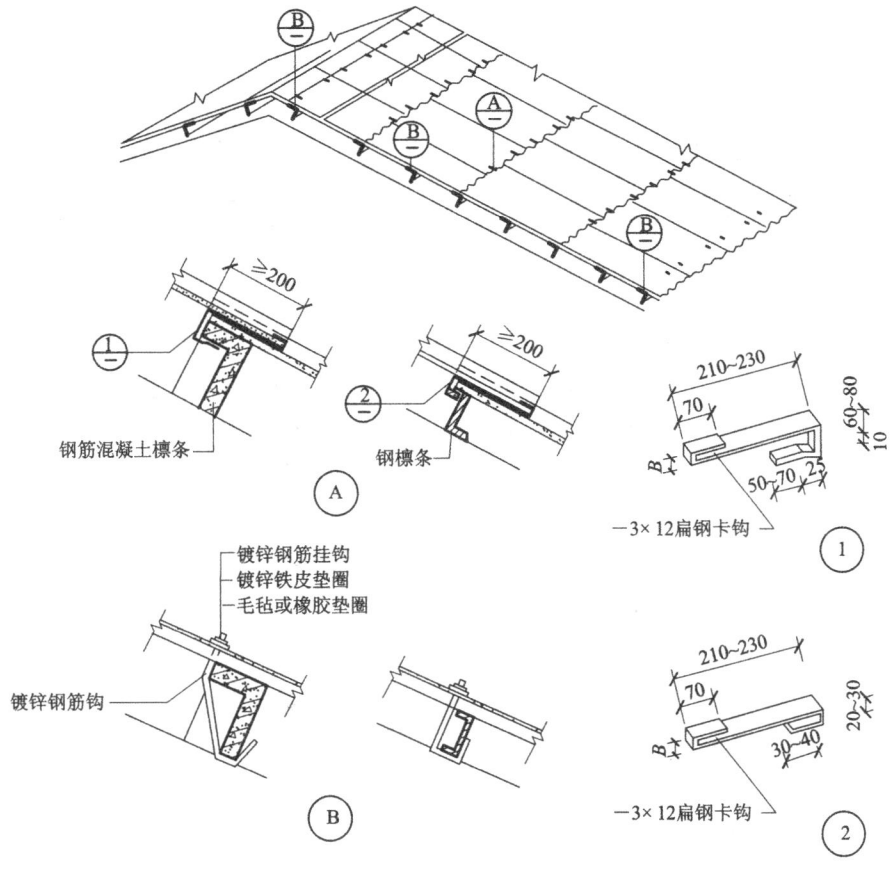

图 19-37 石棉水泥波瓦的固定与搭接

小,一般为 1/7。

此外尚有钢丝网水泥波瓦以及可同时采光的玻璃钢波瓦等。

(3) 彩色压型钢板屋面

20 世纪 60 年代以来,不少国家对压型钢板的轧制工艺和镀锌防腐喷涂工艺进行了不断改进和革新,并已从单纯镀锌和涂层发展为多层复合钢板及轻型金属夹芯板,产品规格也由短尺板发展为长尺板。我国从 20 世纪 70 年代开始应用彩色压型钢板做屋面及墙面。这类屋面板的特点是施工速度快,重量轻,美观。彩色压型钢板具有承重、防锈、耐腐、防水、装饰的功能,根据需要也可设置保温、隔热及防结露层。金属夹芯板则直接具有保温、隔热的作用。

图 19-38 为彩色压型钢板屋面主要节点构造示例。

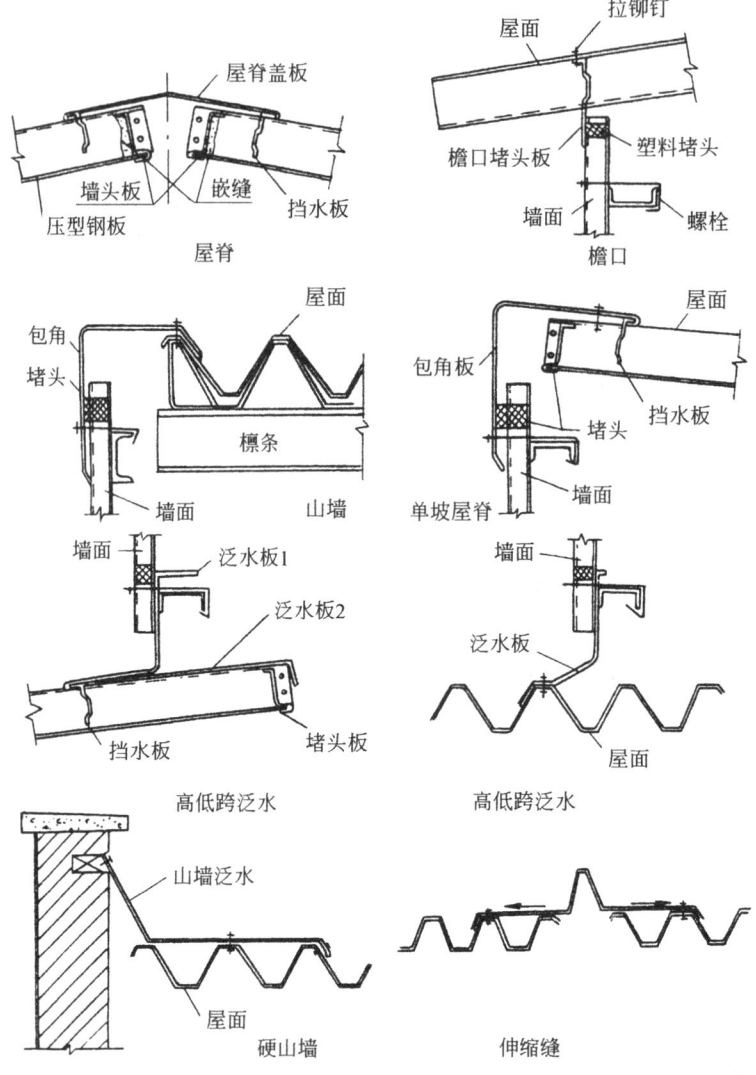

图 19-38 彩色压型钢板屋面主要节点构造示例

19.3 侧窗、大门

19.3.1 侧窗

单层厂房的侧窗不仅应满足采光和通风的要求,还要根据生产工艺的特点,满足一些特殊要求。例如有爆炸危险的车间,侧窗应有利于泄压;要求恒温恒湿的车间,侧窗应有足够的保温隔热性能;洁净车间要求侧窗防尘和密闭等。单层厂房的侧窗面积往往比较大,因此设计与构造上应在坚固耐久、开关方便的前提下,尽量节省材料、降低造价。

19.3.1.1 侧窗布置形式及窗洞尺寸

单层厂房侧窗一般均为单层窗,但在寒冷地区的采暖车间,室内外计算温差大于

35℃时，距地 3m 以内应设双层窗。若生产有特殊要求（如恒温恒湿、洁净车间等），则应全部采用双层窗。

单层厂房外墙侧窗布置形式一般有两种：一种是被窗间墙隔开的单独的窗口形式；另一种是厂房整个墙面或墙面大部分做成大片玻璃墙面或带状玻璃窗。

由于厂房采光和通风的需要，侧窗面积较大，而各类侧窗为便于制作和运输，其基本窗尺寸均有一定限制。如钢侧窗一般不超过 1800mm×2400mm；木侧窗一般不超过 3600mm×3600mm 等。因此，如所需的窗洞尺寸大于上述尺寸，就必须选择若干个基本窗进行拼装组合，以得到所需尺寸和窗型，这种窗称为拼框组合窗。

19.3.1.2 侧窗种类及其构造

单层工业厂房侧窗，按材料分有木侧窗、钢侧窗、钢筋混凝土侧窗等；按层数分有单层窗和双层窗；按开启方式分有中悬窗、平开窗、固定窗、垂直旋转窗等。

中悬窗：窗扇沿水平中轴转动，开启角度可达 80°，并可利用自重保持平衡。这种窗便于采用侧窗开关器进行启闭，因此是车间外墙上部理想的窗型。中悬窗的缺点是构造较复杂，由于开启扇之间有缝隙，易产生飘雨现象。中悬窗还可作为泄压窗，调整其转轴位置，使转轴位于窗扇重心之上，当室内达到一定的压力时，便能自动开启泄压。

平开窗：窗口阻力系数小，通风效果好，构造简单，开关方便，便于做成双层窗。但防雨较差，风雨大时易从窗口飘进雨水。此外，这种窗由于不便于设置联动开关器，只能用手逐个开关，不宜布置在较高部位，通常布置在外墙的下部。

垂直旋转窗：窗扇沿垂直轴转动，可装置手拉联动开关设备。这种窗启闭方便，并能按风向来调节开启角度，通风性能较好，故又称为引风扇，但密闭性差，适用于要求通风好、密闭要求不高的车间。常用于热加工车间的外墙下部，作为进风口。

固定窗：构造简单，节省材料，造价较低。常用在较高外墙的中部，既可采光，又可使热压通风的进、排气口分隔明确，便于更好地组织自然通风。有防尘密闭要求的侧窗，也多做成固定窗，以避免缝隙渗透。

综合上面所述，根据车间通风需要，一般厂房常将平开窗、中悬窗和固定窗组合在一起（图 19-39）。为了便于安装开关器，侧窗组合时，在同一横向高度内，应采用相同的开启方式。

图 19-39 单层厂房的侧窗组合示例

（1）木侧窗

木侧窗施工方便，造价较低，但耗木量大，容易变形，防火及耐久性差。常用于中、小型及辅助车间，或对金属腐蚀的车间（如电镀车间），但不宜用于高温高湿或木材易腐蚀的车间（如发酵车间）。

工业建筑木侧窗的组成及构造与民用建筑基本相同。由于工业厂房侧窗窗洞面积较大，窗料截面也随之增大。此外，往往还由于生产上采光和通风的需要，将侧窗做成多种开启方式组成的组合窗。

我国制定的木侧窗标准图集中，洞口尺寸大于 3600mm×3600mm 的侧窗，均由两个基本木窗拼框组成。两个基本窗左右拼接，称为横向拼框；两个基本窗上下拼接，则称为竖向拼框。木侧窗的拼接采用拼框直接、拼接固定的方法，通常是用 φ10 螺栓或 φ6 木螺栓（中距小于 1000mm）将两个窗框连接在一起。采用螺栓连接时，应在两框之间加入垫木,窗框间的缝隙应用沥青麻丝嵌缝,缝隙的内外两侧还应用木压条盖缝(图19-40)。

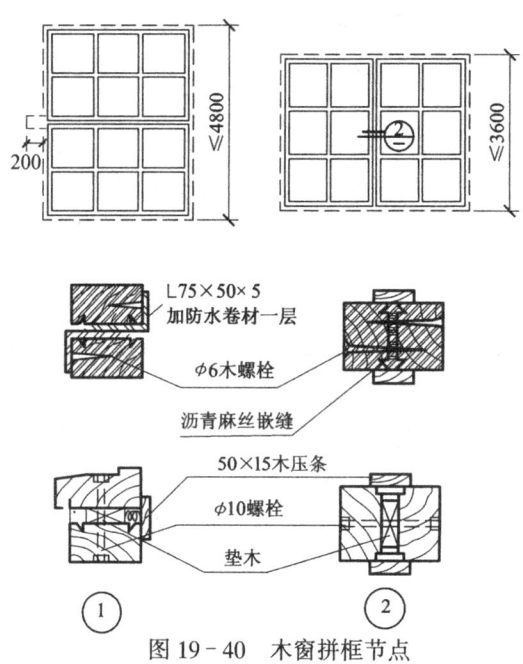

图19-40 木窗拼框节点

(2)钢侧窗

钢侧窗具有坚固、耐火、耐久、挡光少、关闭严密、易于工厂机械化生产等优点,目前在工业厂房中应用较广。但有碳碱介质侵蚀的车间和湿度较大的车间不宜采用。工业建筑钢侧窗的构造与民用建筑钢窗基本相同。本节不再重复。

(3)垂直旋转通风板窗

垂直旋转通风板窗主要用于散发大量热量、烟灰和无密闭要求的高温车间。其制作材料有钢丝网水泥、钢筋混凝土和金属板等数种,其中以钢丝网水泥通风板窗应用较广。钢丝网水泥通风板窗扇的基本宽度为910mm,窗扇之间横向搭缝长度为10mm,因而窗扇的标志尺寸是900mm。其组合宽度有2700mm(三扇)、3600mm(四扇)、4500mm(五扇)、5400mm(六扇)及10800mm(12扇)等五种;窗洞口高度有1800mm、2100mm、2400mm、2700mm和3000mm等五种(图19-41a)。

通风板窗扇是用M10水泥砂浆内配φ0.9钢丝网及φ3冷拔钢丝骨架采用点焊连接,用定型模板捣制成型。

钢丝网水泥及其他材料的垂直旋转通风板窗均属于无框结构,通风板窗扇中心上下两端没有磨圆的窗扇主轴钢筋,上部套入由钢管或钢板组合的钢转轴座,下部插入钢插销板的中心孔内。钢插销板上设有不同开启角度的孔洞,使用时可根据风向,利用插销和不同的插孔位置,使通风板与墙面分别形成0°、45°、90°和135°的夹角(图19-41b)。

19.3.2 大门

19.3.2.1 大门类型

厂房大门按用途可分为:一般大门和特殊大门。特殊大门是根据特殊要求设计的,有保温门、防火门、冷藏门、射线防护门、防风砂门、隔声门、烘干室门等。

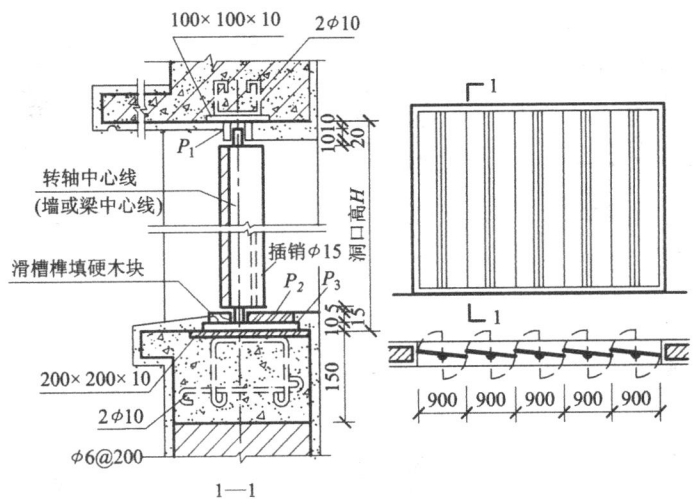

(a) 窗扇平面及节点大样

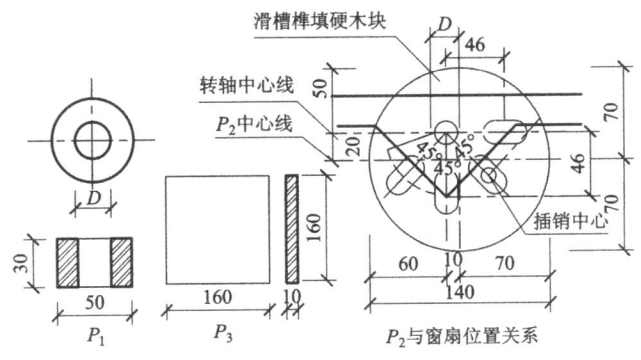

(b) 旋转轴座及插销板

图 19-41 钢丝网水泥垂直旋转通风板窗

厂房大门按门窗制作材料可分为：木门、钢板门、钢木门、空腹薄壁钢板门、铝合金门等。

厂房大门按开启方式可分为：平开门、平开折叠门、推拉门、推拉折叠门、上翻门、升降门、卷帘门、偏心门、光电控制门等（图 19-42）。

(1) 平开门

平开门是单层厂房常用的一种大门，其构造简单，开启方便。为便于疏散和节省车间使用面积，平开门通常向外开启，但需设置雨篷，以保护门扇和方便出入。厂房中的平开门均为两扇，大门扇上可开设一扇供人通行的小门，以便在大门关闭时使用。

平开门受力状态较差，易产生下垂或扭曲变形，需用斜撑等进行加固，因此，一般平开门尺寸不宜过大。

(2) 平开折叠门

较宽的平开门，为了减小门窗宽度和占地面积，可将门扇做成四扇或六扇，每边两扇或三扇，门扇之间用铰链固定，可自由水平折叠开启，使用灵活方便。关闭时分别用插销固定，以防门扇变形和保证大门刚度。

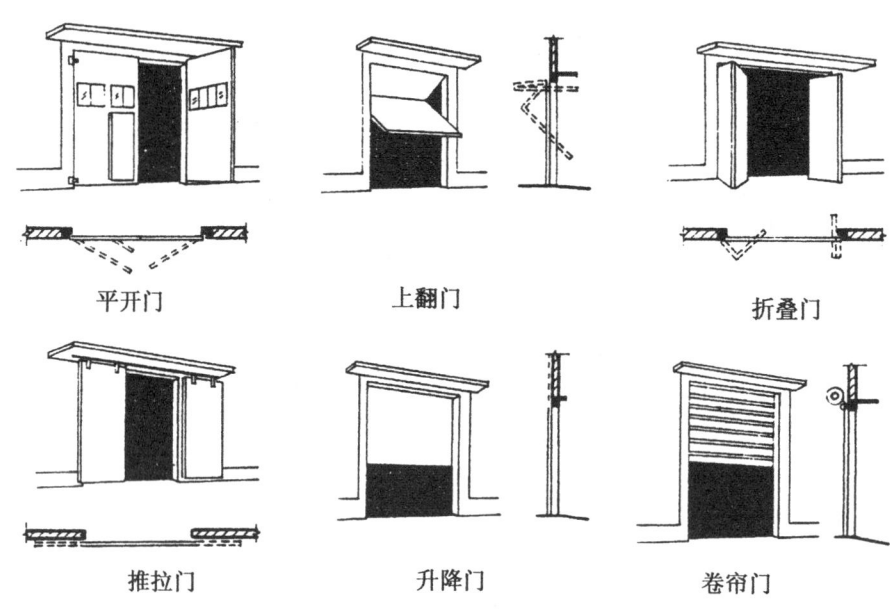

图 19-42 几种常见开启方式的大门

（3）推拉门

推拉门也是单层厂房中采用较广泛的大门形式之一。推拉门的开关是通过滑轮沿着导轨向左右推拉，门扇受力状态好，构造简单，不易变形。推拉门一般为两个门扇，当门洞宽度较大时可设多个门扇，分别在各自的轨道上推行。门扇因受室内柱子的影响，一般只能设在室外一侧，因此，应设置足够宽度的雨篷加以保护。

推拉门的密闭性较差，不宜用于密闭要求高的车间。

（4）推拉折叠门

推拉折叠门是在推拉门的基础上演变而来的，即门由四扇组成。边扇做成推拉式，中间两扇用铰链分别侧挂在边扇上。需打开门时，先平开中间扇，并固定在边肩上，再推拉边扇，使用灵活方便。

（5）折叠门

折叠门是由几个较窄的门扇互相间以铰链连接而成。门洞的上下设有导轨，开启时门扇沿导轨左右推开，使门扇折叠在一起。此门开启轻便，占用的空间较少，适用于较大的门洞。

折叠门按门扇转轴的位置不同又可分为中轴旋转和边轴旋转两种形式，又称为中悬式和侧悬式折叠门。

（6）上翻门

上翻门开启时整个门扇翻到门顶过梁下面，不占车间使用面积，可避免大风及车辆造成门扇碰损破坏，门扇开启不受厂房柱子影响，常用于车库大门。

上翻门按导轨的形式和门扇的形式又分为重锤直轨吊杆上翻门、弹簧横轨杠杆上翻门和重锤直轨折叠上翻门。

（7）升降门

升降门开启时门扇沿导轨向上升。门洞高时可沿水平方向将门扇分为几扇。这种门不占使用空间，只需在门洞上部留有足够的上升高度。开启方式宜采用电动，也可用平衡锤手动开启。升降门适用于较高大的大型厂房。

(8) 卷帘门

卷帘门的帘板（页板）由薄钢板或铝合金冲压成型，开启时由门上部的转轴将帘板卷起，这种门的高度不受限制。卷帘门有手动和电动两种，当采用电动时，必须设置停电时手动开启的备用设施。卷帘门制作复杂，造价较高，适用于非频繁开启的高大门洞。

19.3.2.2 大门构造

工业厂房各类大门的构造各不相同，一般均有标准图可供选择。以下着重介绍平开门及推拉门的构造。

(1) 平开门构造

平开门是由门扇、门框与五金配件组成。平开门的洞口尺寸一般不宜大于3600mm×3600mm。门扇有木制、钢板、钢木混合等几种，当门扇面积大于 $5m^2$ 时，宜采用钢木或钢板制作。

门扇是由骨架和面板构成，除木门外，骨架通常是用角钢或槽钢制成。为防止门扇变形，钢骨架应加设角钢的横撑和交叉支撑，木骨架应加设三角铁，以增强门扇的刚度。钢木门及木门的门扇一般均用15mm厚的木板作门芯板，用螺栓固定在骨架上。钢板门则用1~1.5mm厚薄钢板做门芯板。为防止风沙吹入车间，在门扇下沿以及门扇与门框、门扇与门扇间的缝隙应加钉橡皮条。

平开门的门框由上框和边框构成。上框可利用门顶的钢筋混凝土过梁兼作。过梁上一般均带有雨篷，雨篷应比门洞每边宽出370~500mm，雨篷挑出长度一般为900mm。边框有钢筋混凝土和砖砌两种。当门洞宽度大于2.4m时，应采用钢筋混凝土边框，用以固定门铰链。边框与墙砌体应有拉筋连接，并在铰链位置上预埋铁件（图19-43）。当门洞宽度小于2.4m且两边为砌体墙时，可不设钢筋混凝土边框，但应在铰链位置上镶砌混凝土预制块，其上带有与砌体的拉接筋和与铰链焊接的预埋铁件（图19-44）。

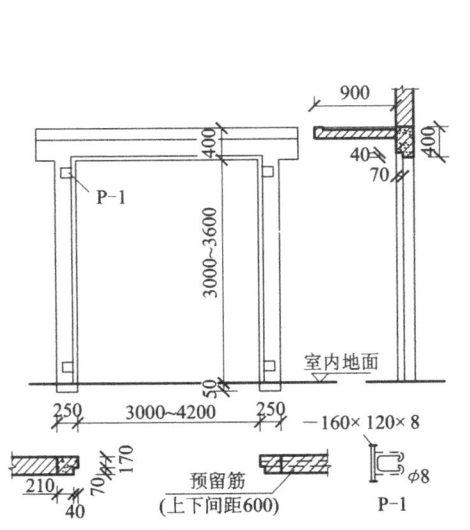

图19-43 钢筋混凝土门框与过梁构造

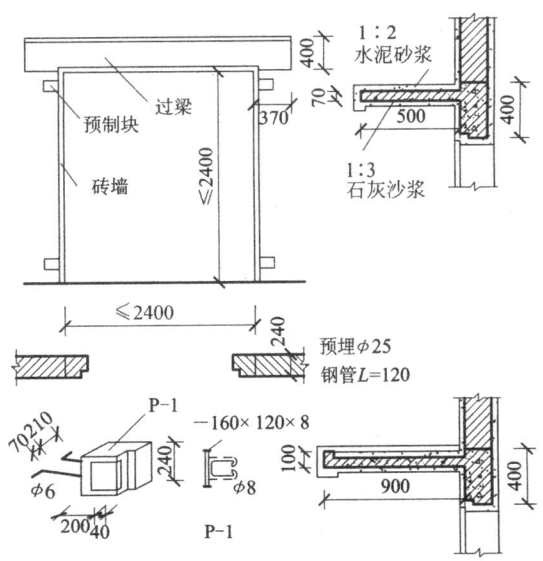

图19-44 砖砌门框与过梁构造

平开门中的五金配件除铰链（门轴）外，一般还有上、下插销，以及门扇定位钩、门闩、拉手等。

图 19-45 为钢木平开大门构造示例。

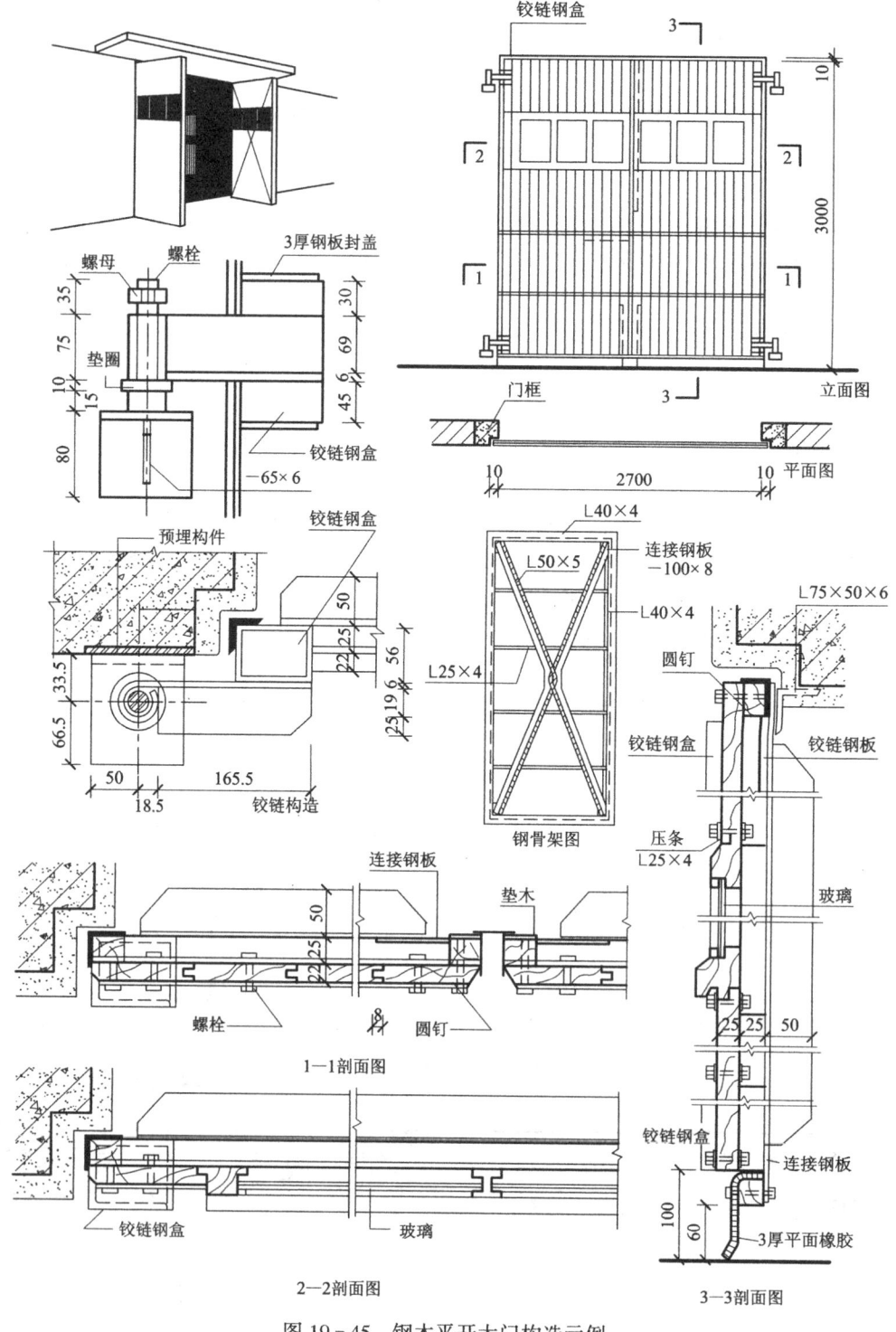

图 19-45 钢木平开大门构造示例

(2) 推拉门构造

推拉门由门扇、上导轨、滑轮、导饼（或下导轨）和门框组成。门扇可采用钢木门扇、钢板门扇和空腹薄壁钢板门等。门框一般均由钢筋混凝土制作。推拉门按门扇的支承方式又分为上挂式（由上导轨承受门的重量）和下滑式（由下导轨承受门的重量）两种。一般多采用上挂式；当门扇高度大于4m，且重量较重时，则应采用下滑式。

上挂式推拉门的上轨道和滑轮是使门扇向两侧推拉的重要部件，构造上应做到坚固耐久，滚动灵活，并需经常维修，以免生锈。滑轮装置有单轮、双轮或四轮，前者制作简单，后者制作复杂但不易卡滞和脱轨，可根据门大小选用。为防止门扇脱轨，导轨尽端应设门挡。下部导向装置有凹式、凸式和导饼轨道，目前多用导饼，导饼由铸件制成，凸出地面20mm，间距300～900mm。

图19-46为上挂式推拉门构造示例。

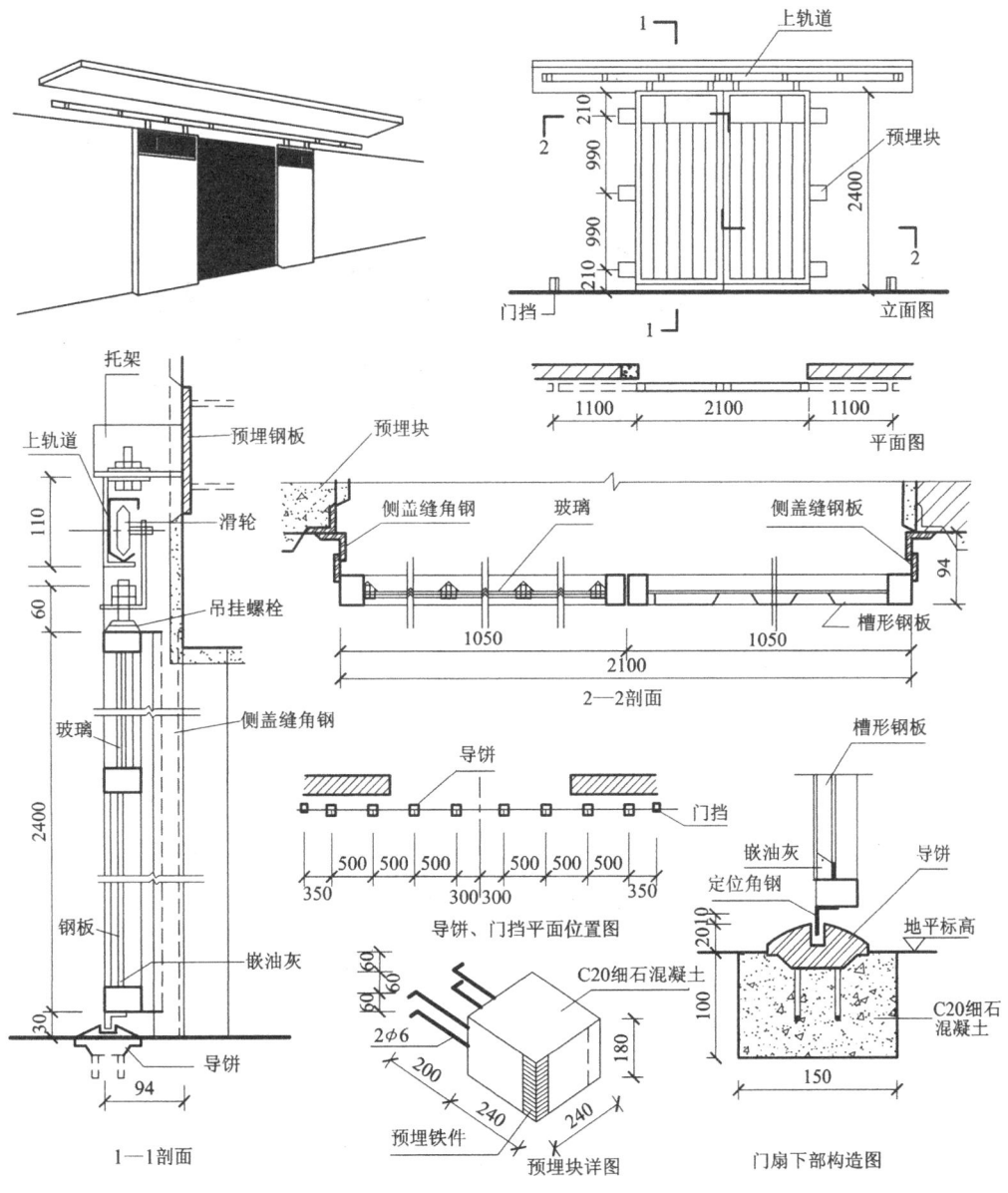

图19-46　上挂式推拉门构造示例

19.4 天窗

大跨度或多跨的单层厂房中,为满足天然采光与自然通风的要求,在屋面上常设置各种形式的天窗。这些天窗按功能可分为采光天窗与通风天窗两大类型,但实际上只起采光或只起通风作用的天窗是较少的,大部分天窗都同时兼有采光和通风双重作用。

单层厂房采用的天窗类型较多,目前我国常见的天窗形式中,主要用作采光的有:矩形天窗、锯齿形天窗、平天窗、三角形天窗、横向下沉式天窗等;主要用作通风的有:矩形避风天窗、纵向或横向下沉式天窗、井式天窗、M形天窗。图19-47为各种天窗示意图。

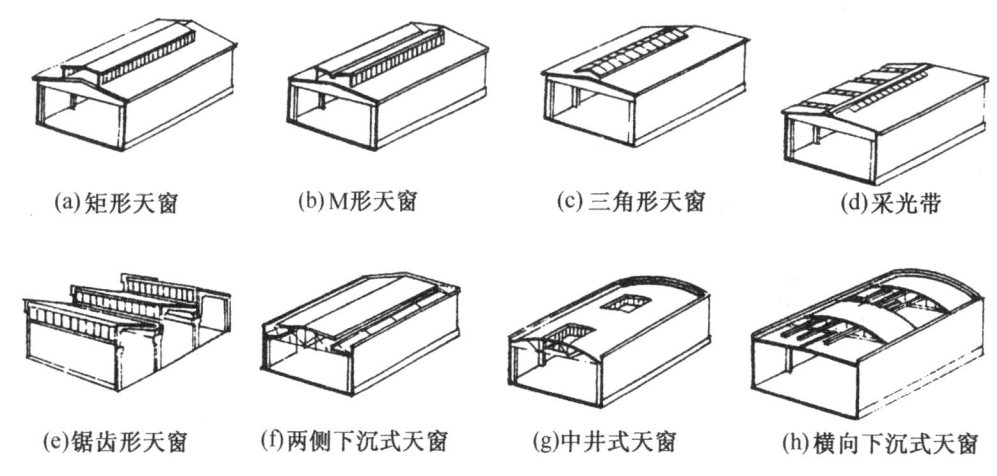

图19-47 各种天窗示意图

19.4.1 矩形天窗构造

矩形天窗沿厂房纵向布置,为了简化构造并留出屋面检修和消防通道,在厂房的两端和横向变形缝的第一个柱间通常不设天窗(图19-48a),在每段天窗的端壁应设置上天窗屋面的消防梯(检修梯)。

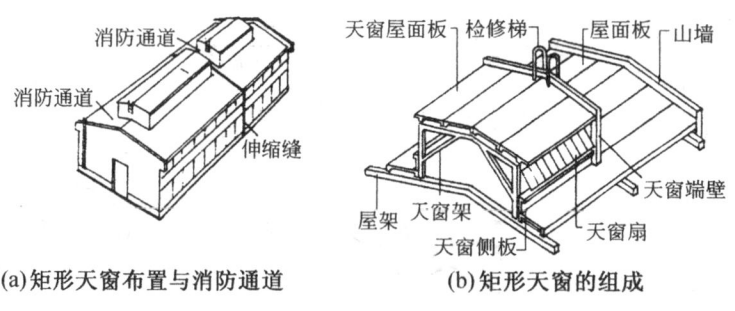

图19-48 矩形天窗布置与组成

矩形天窗主要由天窗架、天窗屋顶、天窗端壁、天窗侧板及天窗扇等构件组成(图19-48b)。

19.4.1.1 天窗架

天窗架是天窗的承重构件，它支承在屋架或屋面梁上，有钢筋混凝土和型钢制作的两种。钢天窗架重量轻，制作吊装方便，多用于钢屋架上，也可用于钢筋混凝土屋架上。钢筋混凝土天窗架则要与钢筋混凝土屋架配合使用。

钢筋混凝土天窗架的形式一般有Ⅱ形和W形，也可做成Y形；钢天窗架有多压杆式和桁架式（图19-49）。天窗架的跨度采用扩大模数 $30M$ 系列，目前有6m、9m、12m三种；天窗架的高度是与根据采光通风要求选用的天窗扇的高度配套确定的，表19-3为我国常用的Ⅱ形和W形钢筋混凝土天窗架的尺寸。

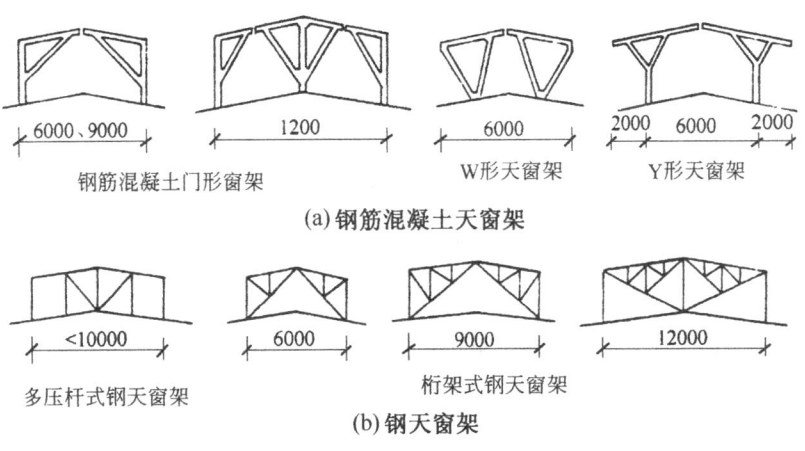

图 19-49　天窗架形式

表 19-3　常用钢筋混凝土天窗架的尺寸　　　　　　　　　　　　mm

天窗架形式	Ⅱ形							W形	
天窗架宽度	6000				9000			6000	
天窗扇高度	1200	1500	2×900	2×1200	2×900	2×1200	2×1500	1200	1500
天窗扇高度	2070	2370	2670	3270	2670	3270	3850	1950	2250

钢筋混凝土天窗架一般由两榀或三榀预制构件拼接而成，各榀之间采用螺栓连接，其支脚与屋架采用焊接（图19-50）。

19.4.1.2 天窗屋顶及檐口

天窗屋顶的构造通常与厂房屋顶构造相同。由于天窗宽度和高度一般均较小，故多采用自由落水。为防止雨水直接流淌到天窗扇上和飘入室内，天窗檐口一般采用带挑檐的屋面板，挑出长度为300~500mm。檐口下部的屋面上需铺设滴水板，以保护厂房屋面。雨量多的地区或天窗高度和宽度较大时，宜采用有组织排水，一般可采用带檐沟的屋面板或天窗架的钢牛腿上铺槽形天沟板，以及屋面板的挑檐下悬挂镀锌铁皮或石棉水泥檐沟等三种做法（图19-51）。

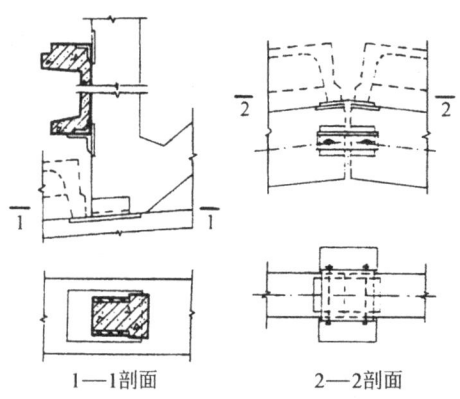

图 19-50　钢筋混凝土天窗架与屋架的连接

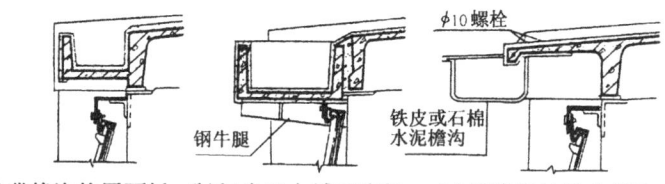

图 19-51　有组织排水的天窗檐口

19.4.1.3　天窗端壁

天窗两端的山墙称为天窗端壁。天窗端壁通常采用预制钢筋混凝土端壁和石棉水泥瓦端壁。

(1) 钢筋混凝土天窗端壁

当采用钢筋混凝土天窗架时，天窗端部可用预制钢筋混凝土端壁板来代替天窗架。这种端壁板既可支承天窗屋面板，又可起到封闭尽端的作用，是承重与围护合一的构件。根据天窗宽度不同，端壁板由两块或三块拼装而成（图19-52a），它焊接固定在屋架上弦轴线的一侧，屋架上弦的另一侧搁置相邻的屋面板。端壁板上下部与屋面板的空隙，应采用 M5 砂浆砌砖填补，端壁板下部与屋面交接处应作泛水处理（图19-52b、c）。端壁板两侧边向外挑出一片薄板，用以封闭天窗转角。需保温的厂房，一般在端壁板内侧加设保温层。

(2) 石棉水泥瓦天窗端壁

采用钢筋混凝土天窗架的天窗虽常用钢筋混凝土端壁板，但其重量较大，数量却不多，为了减少构件类型及减轻屋盖荷重，也可改用石棉水泥瓦或其他波形瓦作天窗端壁。这种做法仍采用天窗架承重，而端壁的围护结构由轻型波形瓦做成，但这种端壁构件琐碎，施工复杂，故主要用于钢天窗架上。

石棉瓦挂在由天窗架（钢或钢筋混凝土）外挑出的角钢骨架上（图19-53）。需做保温用时，一般在天窗架内侧挂贴刨花板、聚苯乙烯板等板状保温层；高寒地区还需注意檐口及壁板边缘部位保温层的严密，避免热桥。

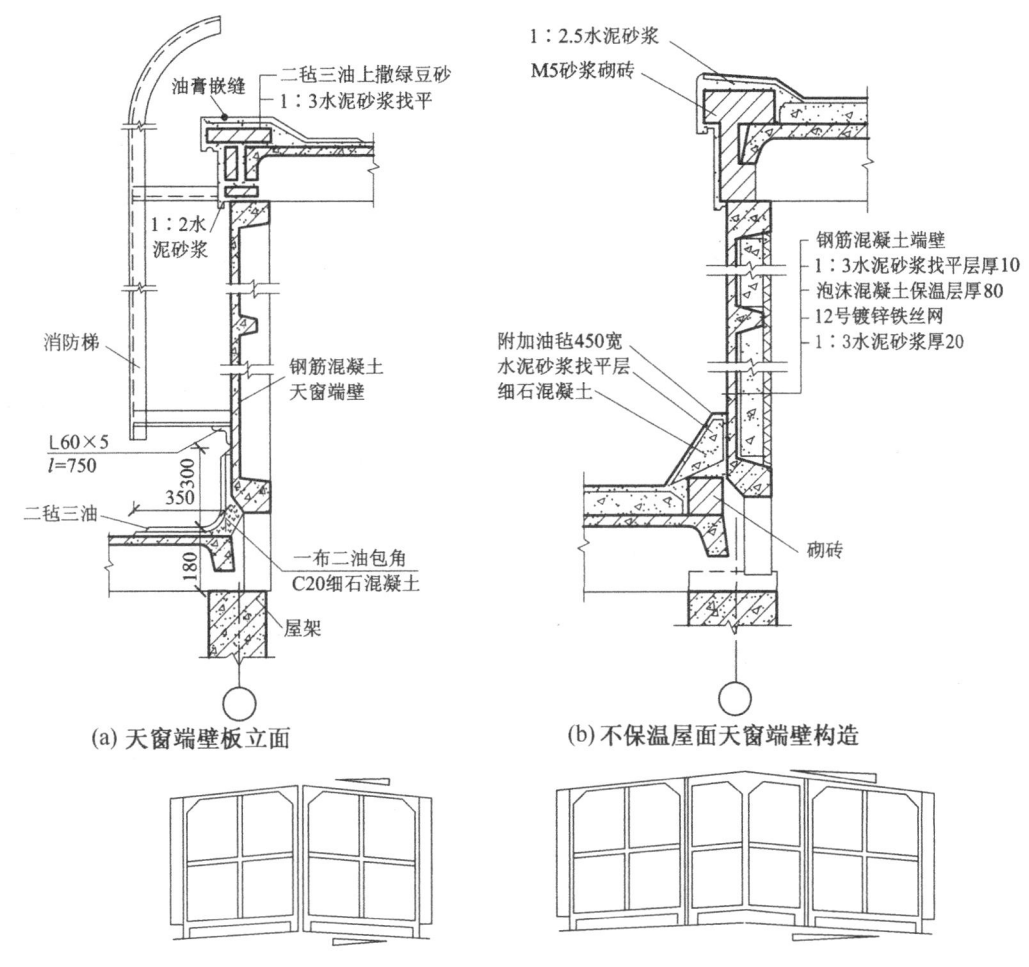

图 19-52 钢筋混凝土端壁

19.4.1.4 天窗侧板

天窗侧板是天窗下部的围护构件。它的主要作用是防止屋面的雨水溅入车间以及不被积雪挡住天窗扇开启。屋面至侧板顶面的高度一般应大于 300mm，多风雨或多雪地区应增高至 400~600mm（图 19-54）。

19.4.1.5 天窗扇

天窗扇有钢制和木制两种，无论南方还是北方一般均为单层。钢天窗扇具有耐久、耐高温、挡光少、不易变形、关闭严密等优点，因此工业建筑中常用钢天窗扇。木天窗扇造价较低、易于制作，但耐久性、抗变形性、透光率和防火性较差，只适用于火灾危险不大、相对湿度较小的厂房。

钢天窗扇按开启方式分为：上悬式钢天窗、中悬式钢天窗。上悬式天窗扇最大开启角仅为 45°，因此防雨性能较好，但通风性能较差；中悬式天窗扇开启角为 60°~80°，通风好，但防雨较差。木天窗扇一般只有中悬式，最大开启角为 60°。

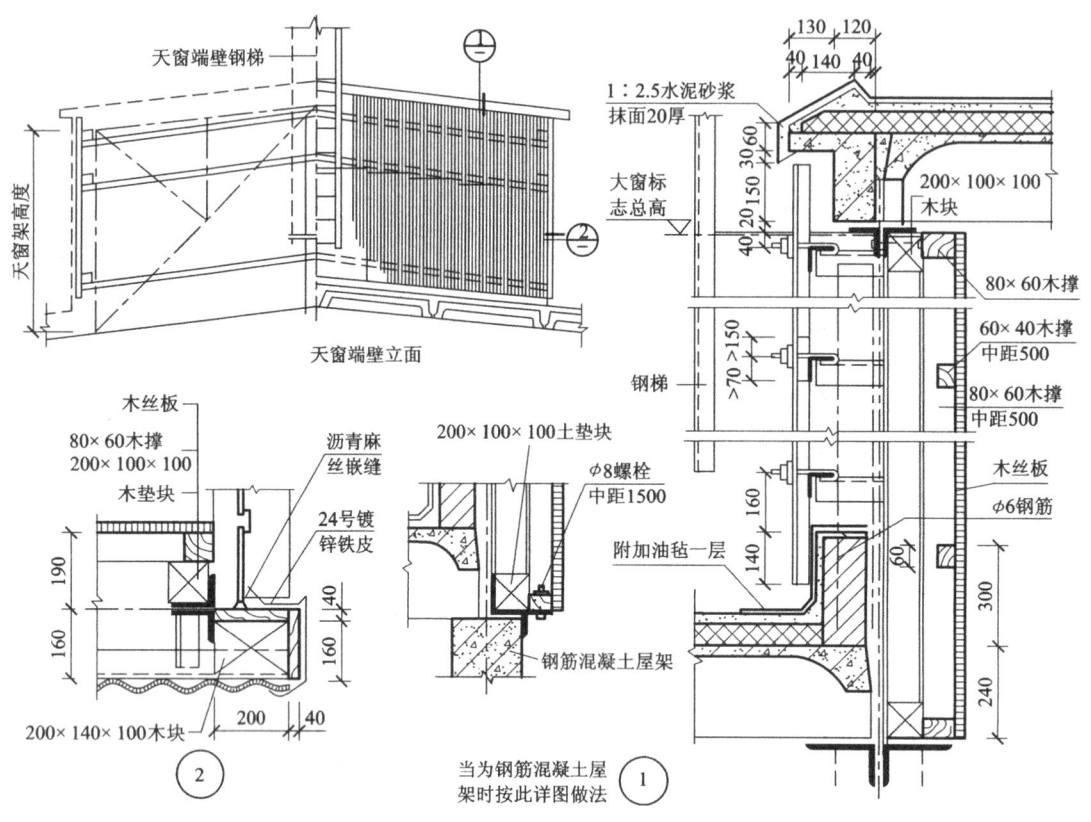

图 19-53 石棉水泥瓦天窗端壁构造（有保温）

（1）上悬式钢天窗扇

上悬式钢天窗扇的高度有三种：900mm、1200mm、1500mm（标志尺寸），可根据需要组合形成不同的窗口高度。上悬式钢天窗扇主要由开启扇和固定扇等若干单元组成，可以布置成统长窗扇和分段窗扇。

统长窗扇是由两个端部窗扇和若干个中间窗扇利用垫板和螺栓连接而成（图 19-55a），开启扇可长达数十米，其长度应根据厂房长度、采光通风的需要以及天窗开关器的启动能力等因素决定。分段窗扇是每个柱距设一个窗扇，各窗扇可单独开启，一般不用开关器（图 19-55b）。无论是统长窗扇还是分段窗扇，在开启扇之间以及开启扇与天窗端壁之间，均须设置固定窗扇起竖框作用。防雨要求较高的厂房可在上述固定扇的后侧附加 600mm 宽的固定挡雨板（图 19-55c），以防止雨水从窗扇两端开口处飘入车间。

上悬式钢天窗扇由上下冒头、边框及窗棂组成。窗扇上冒头为槽钢，它悬挂在统长的弯铁上，弯铁用螺栓固定在纵向角钢上框上，上框则焊接或用螺栓固定于角钢牛腿上。窗扇的下冒头为⌐形断面的型钢，关闭时搭在天窗侧板的外沿。当设置两排天窗扇时，必须设置角钢中挡，用以搭靠上排开窗的下冒头和固定下排天窗的统长弯铁。天窗扇的窗棂为 T 形钢，边梃则用角钢制成，并附加盖缝板。

（2）中悬式钢天窗扇

中悬式钢天窗扇高度有三种（与上悬式钢天窗相同），也可组合形成不同的窗口高度

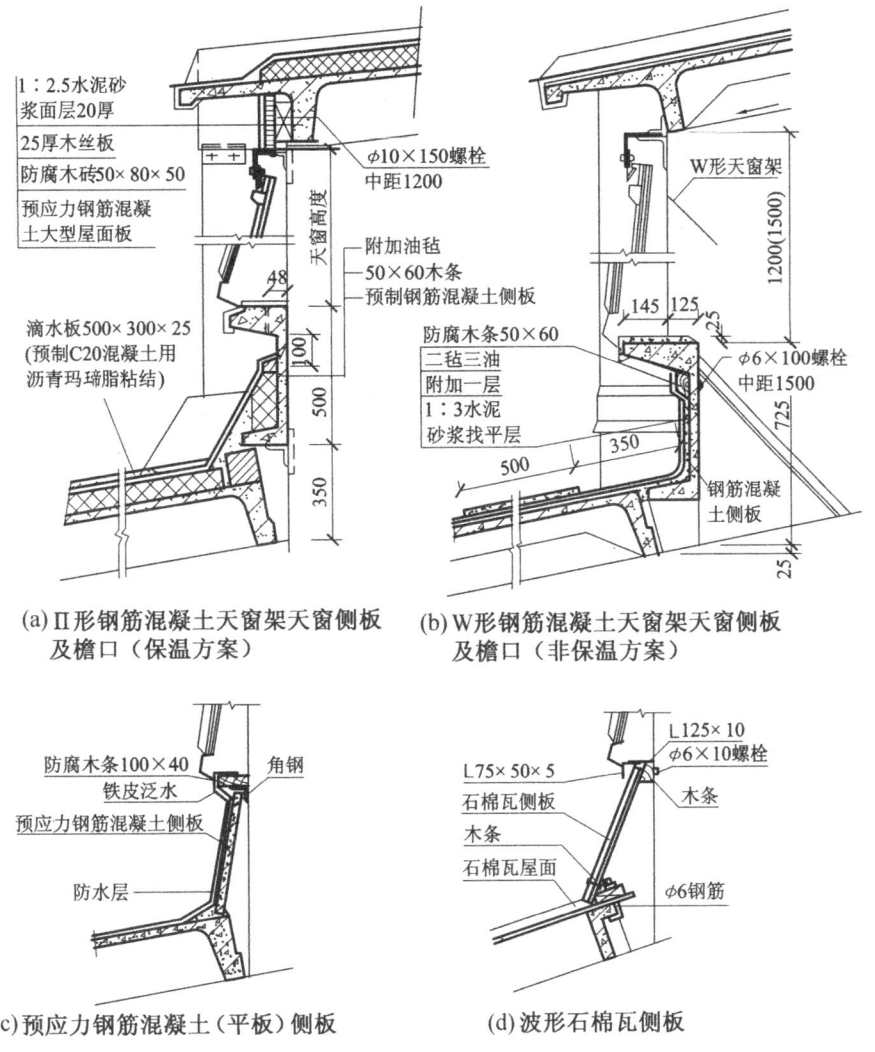

图 19-54 天窗侧板及檐口

(图 19-56)。中悬式钢天窗因受天窗架的阻挡和转轴位置的限制,只能分段设置,每个柱距内设一樘窗扇。

中悬式钢天窗扇的上下冒头及边梃均为角钢,窗棂为 T 形钢。每个窗扇之间设槽钢做竖框、窗扇转轴固定在竖框上。中悬式钢天窗在变形缝处(如不断开时)设置固定小扇。

19.4.1.6 天窗开关器

由于天窗位置较高,需要经常开关的天窗应设置开关器。天窗开关器可分为电动、手动、气动等多种。用于上悬式钢天窗的有电动和手动撑臂式开关器(图 19-57);用于中悬式天窗的有电动引申式或简易联动拉绳式开关器等。各种开关器均有定型产品,土建人员要了解它们的特点以及对建筑构造的要求,合理选用。

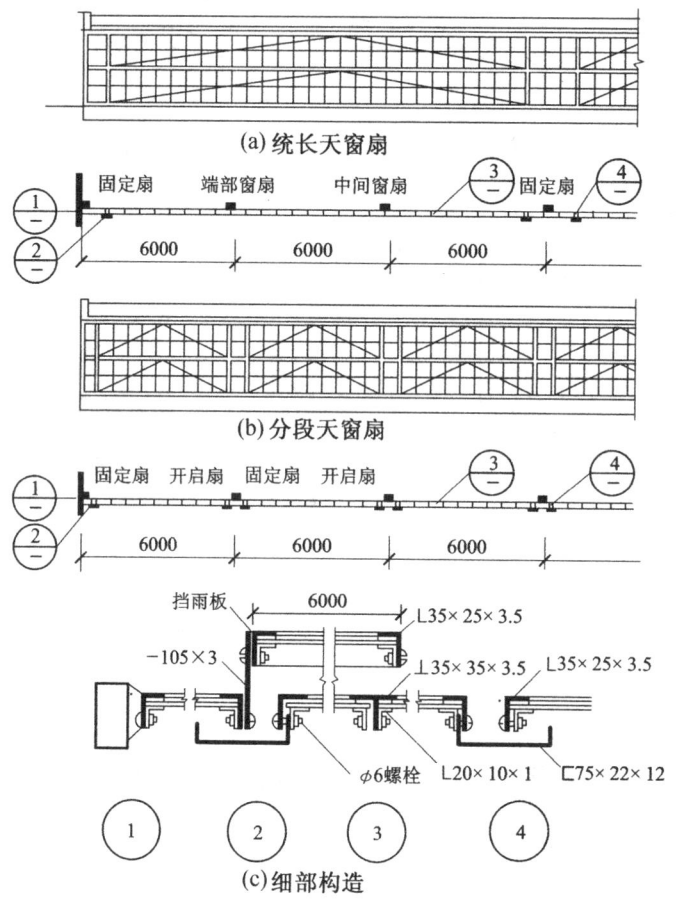

图 19-55 上悬式钢天窗扇

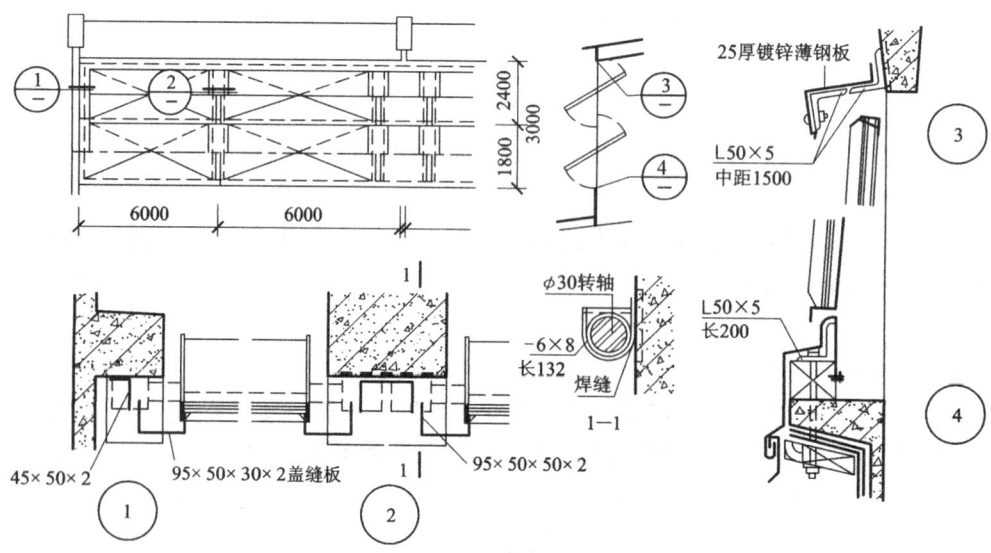

图 19-56 中悬式钢天窗扇

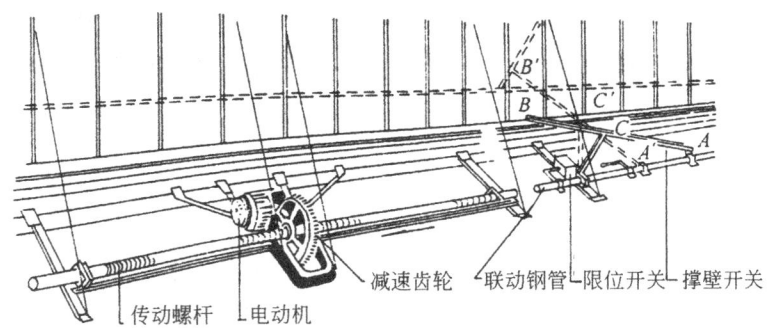

图 19-57 撑臂式电动开关器示意图（适用于上悬式天窗）

19.4.2 矩形避风天窗构造

矩形避风天窗构造与矩形天窗相似，不同之处是根据自然通风原理在天窗两侧增设挡风板和不设窗扇，图 19-58 为矩形避风天窗挡风板布置。

19.4.2.1 挡风板的形式与构造

挡风板有垂直式、外倾式、内倾式、折腰式和曲线式几种。一般较常见的为垂直式和外倾式。

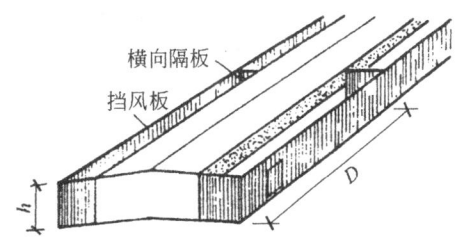

图 19-58 矩形避风天窗挡风板布置

挡风板是固定在挡风支架上的，支架按结构的受力方式可分为立柱式（包括直立柱与斜立柱）和悬挑式（包括直悬挑和斜悬挑）两类。立柱式支架是将型钢或钢筋混凝土立柱支承在屋架上弦的柱墩上，并用支撑与天窗架连接，因此结构受力合理，常用于大型屋面板类的屋盖。屋面为搭盖式构件自防水时，其立柱处的防水较为复杂。由于立柱应位于四块屋面板的连接处，所以挡风板与天窗之间的距离受屋面板排列的限制，不够灵活。图 19-59 为立柱式挡风板构造示例。

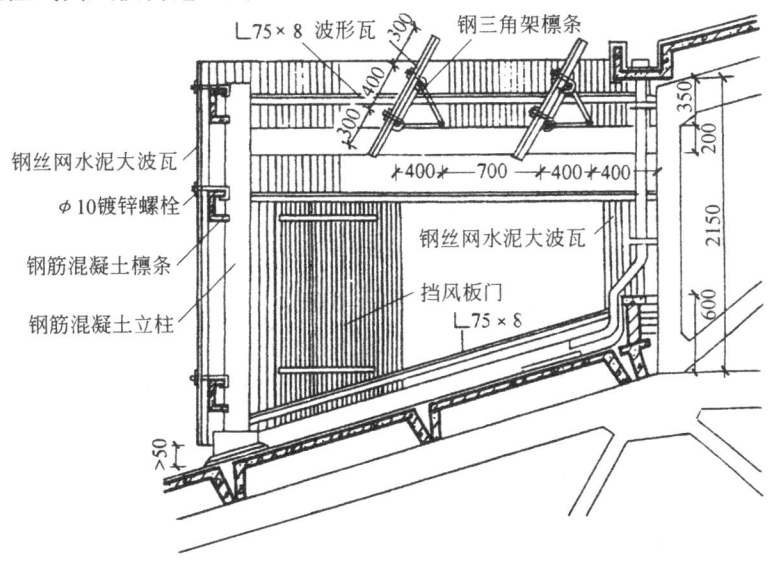

图 19-59 立柱式挡风板构造

悬挑式支架是将角钢支架固定在天窗架上，与屋盖完全脱离。因此，挡风板与天窗之间的距离可较灵活，且屋面防水不受支柱的影响，适应性广，但支架杆件增多，荷载集中于天窗架上，受力较大，用料及造价较高，对抗震不利，图 19-60 为悬挑式挡雨板构造示例。

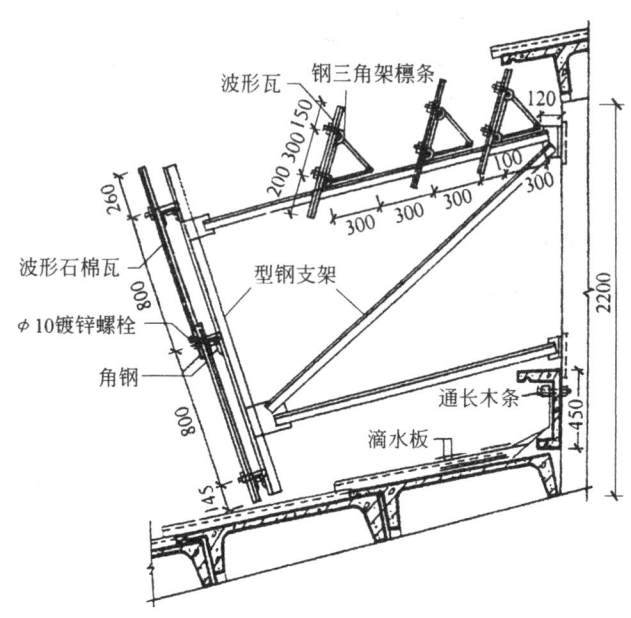

图 19-60　悬挑式挡雨板构造

挡风板可采用中波石棉水泥瓦、瓦楞铁皮、钢丝网水泥波形瓦、预应力槽瓦等，安装时可用带螺栓的钢筋钩将瓦材固定在挡风板的骨架上。

19.4.2.2　挡雨设施

为便于通风，减小局部阻力，除寒冷地区外，通风天窗多不设天窗扇，但必须安装挡雨设施，以防止雨水飘入车间内。天窗口的挡雨设施有大挑檐挡雨、水平口设挡雨片和垂直口设挡雨板等三种构造形式（图 19-61）。挡雨构造形式和挡雨角的大小，都会影响天窗通风效果。确定挡雨角时既要满足防雨要求，又要考虑通风需要。由于有挡风板的天窗口处于负压区，这时挡雨角 α 可比无挡风板的窗口大 10°左右，一般可按 35°~40°选用，南方多雨地区，可按 30°~35°选用；防雨要求较高的车间及有台风暴雨的地区，α 值应酌情减小，或使排风口完全处于遮挡区内。

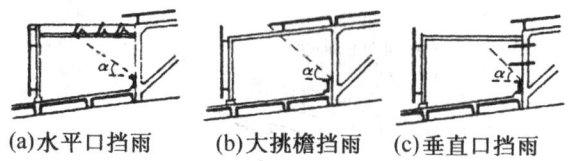

(a) 水平口挡雨　　(b) 大挑檐挡雨　　(c) 垂直口挡雨

图 19-61　挡雨设施形式

挡雨片可采用石棉瓦、钢丝网水泥板、钢筋混凝土板、薄钢板、瓦楞铁等。当通风天窗还有采光要求时，宜采用透光较好的材料制作，如铅丝玻璃、钢化玻璃、玻璃钢波形瓦等。采用不同类型的挡雨片时，应选择与之配套的支架和固定方法。

19.4.3 平天窗

平天窗是利用屋顶水平面进行采光的。它有采光板（图 19-62）、采光罩（图 19-63）和采光带（图 19-64）三种类型。

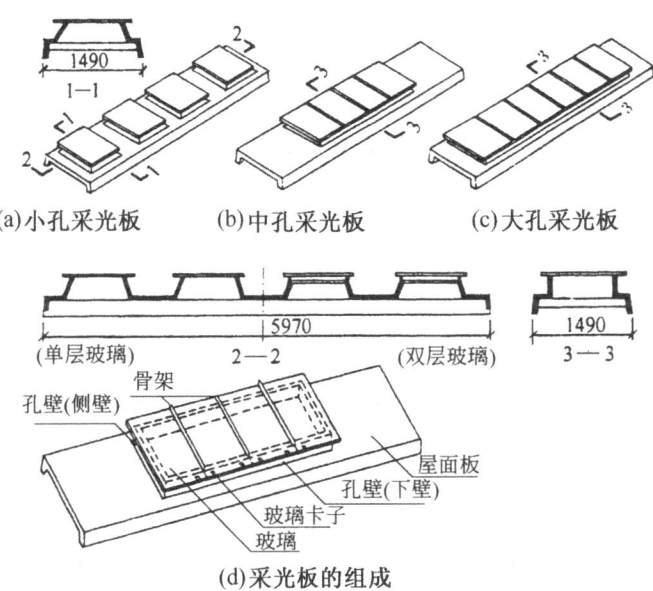

图 19-62 采光板形式和组成

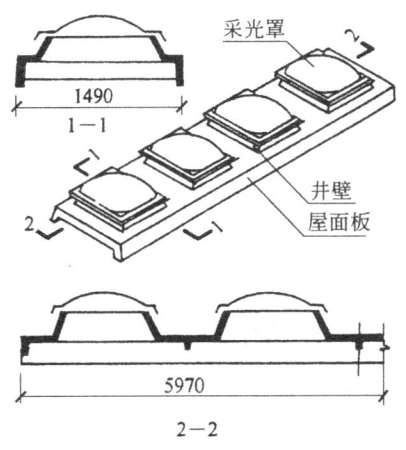

图 19-63 采光罩

19.4.3.1 平天窗防水构造

防水处理是平天窗构造的关键问题之一。防水处理包括孔壁泛水和玻璃固定处防水等环节。

(1) 孔壁形式及泛水

孔壁是平天窗采光口的边框。为了防水和消除积雪对窗的影响，孔壁一般高出屋面

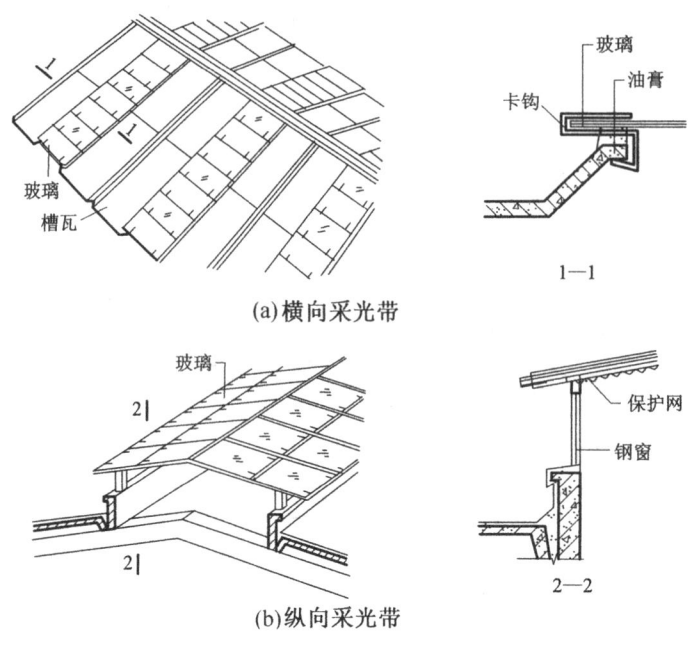

图 19-64 采光带形式

150mm 左右，有暴风雨的地区则可提高至 250mm 以上，孔壁的形式有垂直和倾斜的两种，后者可提高采光率。孔壁常做成预制装配的，材料有钢筋混凝土、薄钢板、玻璃纤维塑料等，应注意处理好屋面板之间的缝隙，以防渗水；也可以做成现浇钢筋混凝土（图 19-65）。

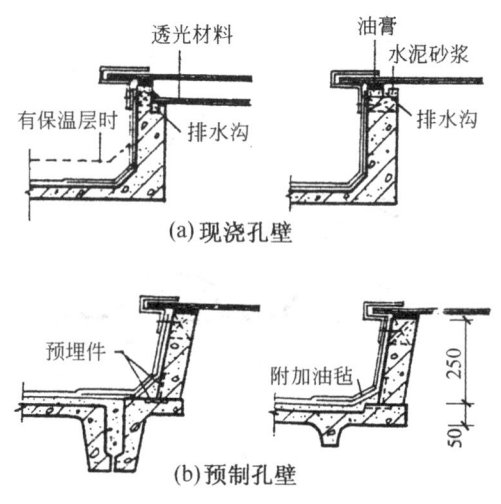

图 19-65 孔壁构造

（2）玻璃固定及防水处理

安装固定玻璃时，要特别注意做好防水处理，避免渗漏。小孔采光板及采光罩为整块透光材料，利用钢卡钩及木螺钉将玻璃或玻璃罩固定在孔壁的预埋木砖上即可，构造较为简单（图19-66a）。

大孔采光板和采光带需由多块玻璃拼接而成，故需设置骨架作为安装固定玻璃之用。横档的用料有木材、型钢、铝材和预制钢筋混凝土条等；应注意玻璃与横档搭接处的防水一般用油膏防止渗水（图19-66b）。

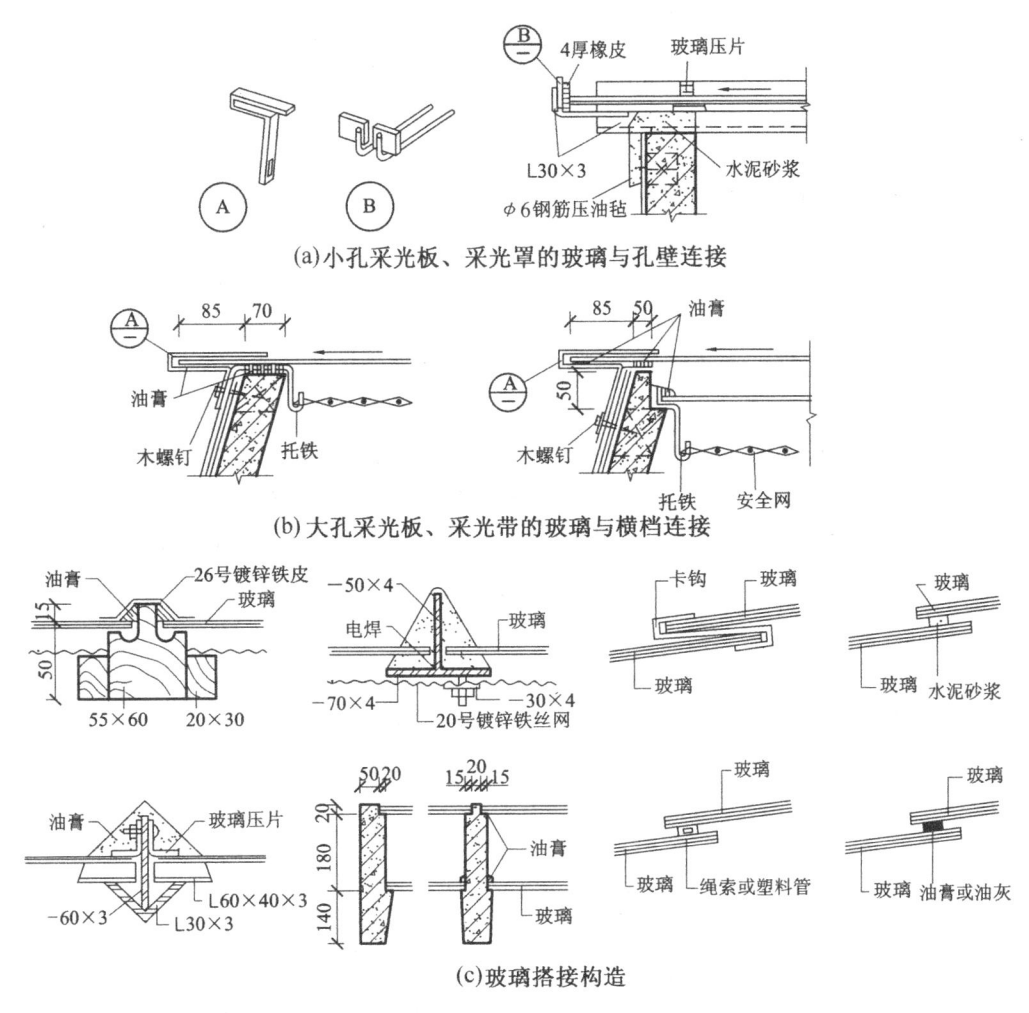

图19-66 平天窗玻璃固定、搭接构造

玻璃上下搭接应不小于100mm，并用S形镀锌卡子固定，为防止雨雪及灰尘随风从搭缝处渗入，上下搭缝宜用油膏条、胶管或浸油线绳等柔性材料封缝（图19-66c）。

19.4.3.2 玻璃的安全防护

平天窗宜采用安全玻璃（如钢化玻璃、夹丝玻璃和玻璃钢罩等），但此类材料价格较高。当采用平板玻璃、磨砂玻璃、压花玻璃等非安全玻璃时，为防止玻璃破碎落下伤人，须加设安全网。安全网一般设在玻璃下面，常采用镀锌铁丝网制作，挂在孔壁的挂钩上或横档上（图19-67）。安全网易积灰，清扫困难，构造处理时应考虑便于更换。

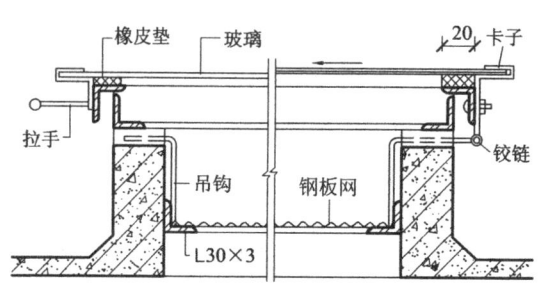

图 19-67 安全网构造示例

19.4.3.3 其他构造问题

(1) 防止太阳辐射热及眩光措施

透过平天窗进入室内的直射阳光较多,且照射时间长,会引起室内过热,并产生眩光,损害视力及影响操作安全和产品质量。通常可采用以下措施来防止太阳辐射热和眩光:

①采用扩散性能好、透热系数小的透光材料,如夹丝压花玻璃、钢化磨砂玻璃、玻璃钢、乳白玻璃、磨砂玻璃,以及吸热玻璃和热反射玻璃等;

②当采用平板玻璃时,在平板玻璃下表面涂刷聚乙烯酸缩丁醛(简称P.V.B)或将环氧树脂(或聚酯树脂、聚酯酸乙烯乳液)内加5%滑石粉涂刷在玻璃的下表面,便可产生照度均匀、消除眩光的效果,也可以在玻璃下加设浅色格片,起扩散作用;

③采用双层玻璃,中间留一定的空气间层,能起到一定的隔热作用,对严寒地区,可减少或避免玻璃内表面的凝结水。

(2) 通风措施

设有平天窗的厂房,可有两种组织自然通风的措施:一种是采光与通风相结合,采用可开启的采光板或采光罩,或采用加挡风板、通风井的采光、通风型平天窗(图19-68);

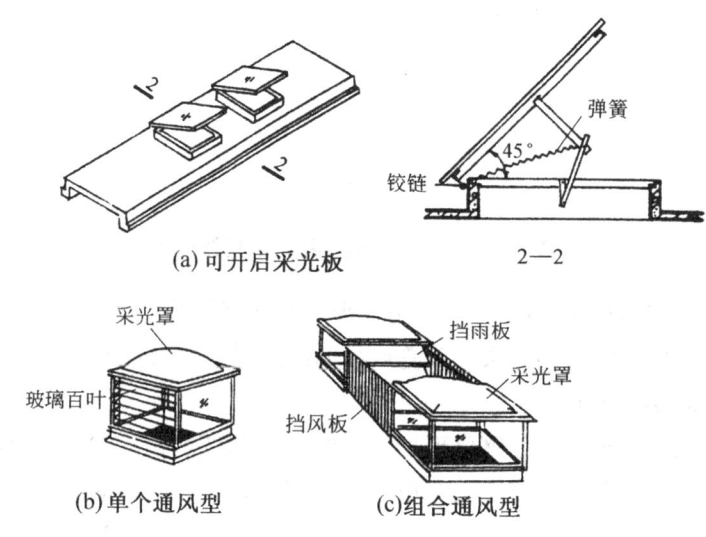

图 19-68 采光、通风型天窗示例

另一种是采用采光与通风分离的方式,即采光板或采光罩只考虑采光,另外利用通风屋脊来解决通风问题。通风屋脊是在屋脊处留出一条狭长的喉口,然后将此处的脊瓦或屋面板架空,形成屋脊状的通风口(图19-69)。

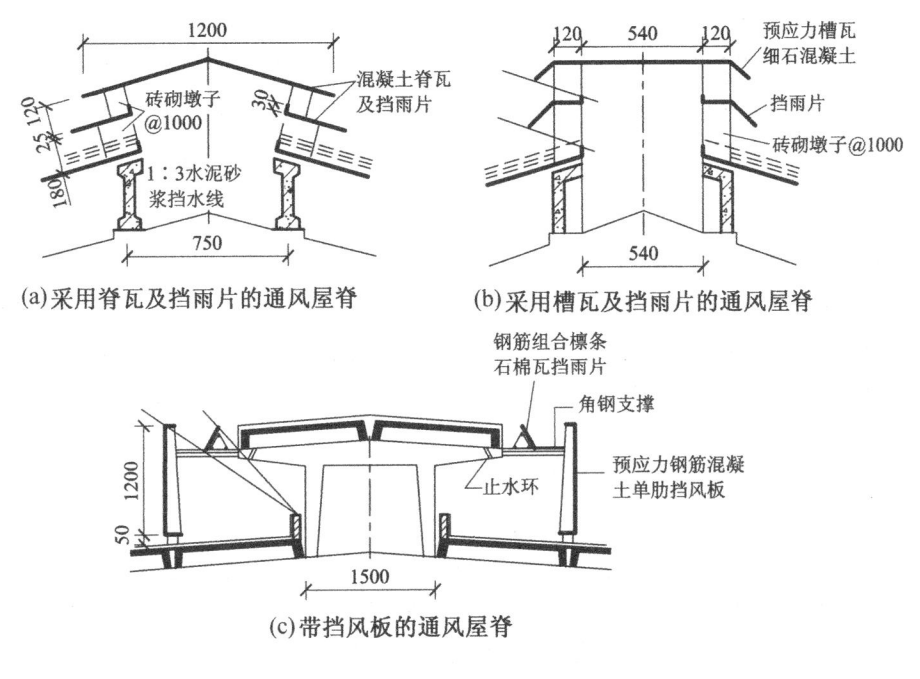

图 19-69 通风屋脊示例

19.5 地面及其他设施

19.5.1 地面

19.5.1.1 厂房地面的特点与要求

工业厂房地面应能满足生产使用要求。如生产精密仪器或仪表的车间,地面应满足防尘要求;生产中有爆炸危险的车间,地面应满足防爆要求(不因撞击而产生火花);有化学侵蚀的车间,地面应满足防腐蚀要求等。因此,地面类型的选择是否恰当,构造是否合理,将直接影响到产品质量的好坏和工人劳动条件的优劣。同时,因厂房内工段数量较多,各工段生产要求不同,地面类型也应不同,这就使地面构造增加了复杂性。此外,单层厂房地面面积大,荷重大,材料用量也多。据统计,一般机械类厂房混凝土地面的混凝土用量占主体结构的25%~50%。所以正确而合理地选择地面材料和相应的构造,不仅有利于生产,而且对节约材料和基建投资都有重要意义。

19.5.1.2 地面的组成

厂房地面与民用建筑一样,一般是由面层、垫层和基层(地基)组成。当上述构造层不能充分满足使用要求或构造要求时,可增设其他构造层,如结合层、找平层、隔离层等(图19-70);某些特殊情况下,还需增设保温层、隔绝层、隔声层等。

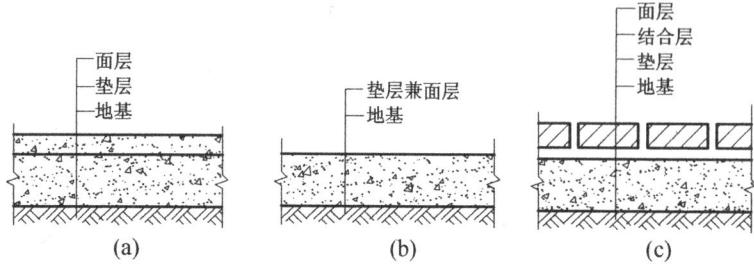

图 19-70 厂房地面的组成

(1) 面层及其选择

地面的名称常以面层材料来命名。根据构造及材料性能不同，面层可分为整体式（包括单层整体式和多层整体式）及板、块状两大类。由于面层是直接承受各种物理、化学作用的表面层，因此应根据生产特征、使用要求和技术经济条件来选择面层。

(2) 垫层的选择

垫层是承受并传递地面荷载至基层（地基）的构造层。按材料性质不同，垫层可分为刚性垫层和非刚性垫层两种。

刚性垫层是指用混凝土、沥青混凝土和钢筋混凝土等材料做成的垫层。它整体性好，不透水，强度大，适用于直接安装中小型设备、受较大集中荷载且要求变形小的地面，以及有侵蚀性介质或大量水、中性溶液作用或面层构造要求为刚性垫层的地面。

非刚性垫层是指灰土、三合土、四合土等材料做成的垫层。非刚性垫层受力后有一定的塑性变形，它可以利用工业废料和建筑废料制作，因而造价低。

垫层的选择还应与面层材料相适应，同时应考虑生产特征和使用要求等因素。如现浇整体式面层、卷材或塑料面层，以及用砂浆或胶泥做结合层的板、块状面层，其下部的垫层宜采用刚性垫层；用砂、炉渣作结合层的块材面层，宜采用非刚性垫层。

垫层的厚度，主要根据作用在地面上的荷载情况来确定，其所需的厚度应按《建筑地面设计规范》（GB50037—96）的有关规定计算确定。按构造要求的最小厚度、最低强度等级和配合比，可参考表 19-4 选用。

表 19-4 垫层最小厚度、最低强度等级和配合比

名　称	最小厚度（mm）	最低强度等级和配合比
混凝土	60	C15（水泥、砂、石子）
四合土	80	1:1:6:12（水泥、石灰渣、砂、碎砖）
三合土	100	1:3:6（石灰、砂、粒料）
灰土	100	2:3（石灰、素土）
粒料	60	（砂、煤渣、碎石等）

注：混凝土垫层兼面层时，混凝土最低强度等级为 C15，最小厚度为 60mm。

在确定垫层厚度时，应以生产过程中经常作用于地面的最不利荷载作为计算的主要依据。当最不利荷载的作用地段只占车间局部面积时，可视具体情况分区确定垫层厚度，或

者采用相同厚度而用调整混凝土垫层的强度等级来区别对待。同时也应综合考虑适应今后工艺设备改革的灵活性。

混凝土垫层应设接缝，接缝按其作用可分为伸缝和缩缝两种。厂房内的混凝土垫层受温度变化影响不大，故不设伸缝，只做缩缝。缩缝分为纵向和横向两种，平行于施工方向的缝称为纵向缩缝，垂直于施工方向的缝称为横向缩缝。纵向缩缝间距为3~6m，横向缩缝间距为6~12m。纵向缩缝宜采用平头缝，当混凝土垫层厚度大于150mm时，宜设企口缝。横向缩缝则采用假缝形式（图19-71），假缝的处理是上部有缝，但不贯通地面，其目的是引导垫层的收缩裂缝集中于该处。

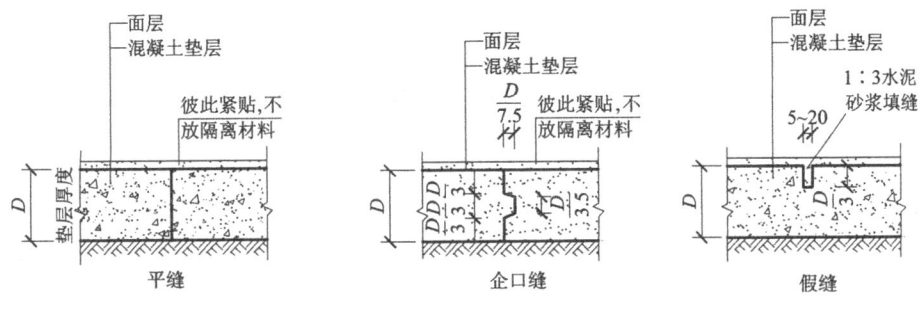

图19-71 混凝土垫层接缝

（3）基层（地基）

基层是承受上部荷载的土壤层，是经过处理的基土层，最常见的是素土夯实。地基处理的质量直接影响地面承载力，地基土不应用过湿土、淤泥、腐殖土、冻土以及有机物含量大于8%的土作填料。若地基土松软，可加入碎石、碎砖或铺设灰土夯实，以提高强度。用单纯加厚混凝土垫层和提高其强度等级的办法来提高承载力是不经济的。

（4）结合层、隔离层、找平层

①结合层：结合层是联结块材面层、板材或卷材与垫层的中间层。它主要起上下结合的作用。结合层的材料应根据面层和垫层的条件来选择，水泥砂浆或沥青砂浆结合只适用于有防水、防潮要求或要求稳定而无变形的地面；当地面有防酸防碱要求时，结合层应采用耐酸砂浆或树脂胶泥等。此外，块材、板材之间的拼缝也应填充与结合层相同的材料，有冲击荷载或高温作用的地面常用砂作结合层。

②隔离层：隔离层的作用是防止地面腐蚀性液体由上向下或地下水由下向上渗透扩散。如果厂房地面有侵蚀性液体影响垫层时，隔离层应设在垫层之上，可采用再生油毡（一毡二油）或石油沥青油毡（二毡三油）来防止渗透。地面处于地下水位毛细管作用上升范围内，而生产上又需要有较高的防潮要求时，地面需设置防水的隔离层，且隔离层应设在垫层下，可采用一层沥青混凝土或灌沥青碎石的隔离层（图19-72）。

③找平（找坡）层：找平层起找平或找坡作用。当面层较薄，要求面层平整或有坡度时，垫层上需设找平层。在刚性垫层上，找平层一般为20mm厚1:2或1:3水泥砂浆；

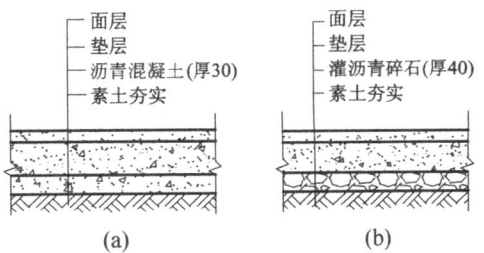

图19-72 防止地下水影响的隔离层

在柔性垫层上，找平层宜采用细石混凝土制作（厚度不大于30mm）。找坡层常为1:1:8水泥石灰炉渣做成（最薄处不大于30mm）。

19.5.1.3 地面的类型及构造

单层厂房地面一般是按照面层材料的不同而分类的，有素土夯实、灰土、石灰炉渣、石灰三合土、水泥砂浆、混凝土、细石混凝土、水磨石、木板、块石、粘土砖、陶土板、菱苦土、沥青混凝土、金属板等各种地面。

根据使用性质，地面又可分为一般地面及特殊地面（如防腐、防爆等）两类。按构造不同也可分为整体面层和板、块料面层。

厂房一般地面的做法与民用建筑相比，除垫层厚度的选择不同外，其余基本相同。

19.5.1.4 地沟

由于生产工艺的需要，厂房内有各种生产管道（如电缆、采暖、压缩空气、蒸汽管道等）需要设在地沟。

地沟由底板、沟壁、盖板三部分组成。常用有砖砌地沟和混凝土地沟两种（图19-73）。砖砌地沟适用于沟内无防酸、碱要求，沟外部也不受地下水影响的厂房。沟壁一般为120~490mm，上端应设混凝土垫梁，以支承盖板。砖砌地沟一般需作防潮处理，做法是在壁外刷冷底子油一道、热沥青两道，沟壁内抹20mm厚1:2水泥砂浆，内掺3%防水剂。

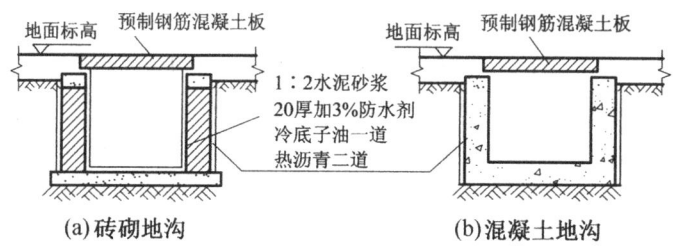

图19-73 地沟构造

19.5.1.5 坡道

厂房的室内外高差一般为150mm。为了便于各种车辆通行，在门口外侧需设置坡道。坡道宽度应比门洞大出1200mm，坡度一般为10%~15%，最大不超过30%。坡度较大（大于10%）时，应在坡道表面作齿槽防滑。若车间有铁轨通入时，则坡道设在铁轨两侧（图19-74）。

19.5.2 其他设施

在工业厂房中常需设置各种钢梯，如作业平台钢梯、吊车钢梯、屋面检修及消防钢梯等。

（1）作业钢梯

作业钢梯是工人上下生产操作平台或跨越生产设备联动线的通道。作业钢梯多选用定型构件。定型作业钢梯坡度一般较陡，有45°、59°、73°、90° 4种。45°钢梯的高度（即平台高度）可达4200mm，宽度为800mm；59°钢梯的高度可达5400mm，宽度有600mm和

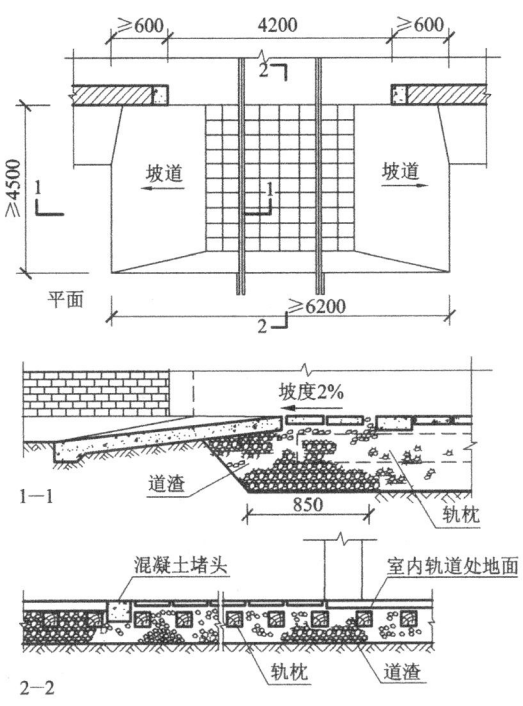

图 19-74 入口处轨道地面

800mm 两种；73°钢梯的高度也可达 5400mm，宽度 600mm；90°直梯的高度不超过 4800mm，宽度为 600mm。钢梯的形式如图 19-75 所示。

作业钢梯的构造随坡度陡缓而异，45°、59°、73°钢梯的踏步一般采用网纹钢板，若材料供应困难时，可改用普通钢板压制或做电焊防滑点（条）；90°钢梯的踏条一般用 1~2 根 $\phi 18$ 圆钢做成；钢梯边梁的下端和预埋在地面混凝土基础中的预埋钢板焊接；边梁的上端固定在作业（或休息）平台钢梁或钢筋混凝土梁的预埋铁件上。

(2) 吊车钢梯

为便于用车司机上下驾驶室，应在靠驾驶室一侧设置吊车钢梯。为了避免吊车停靠时撞击端部的车挡，吊车钢梯宜布置在厂房端部的第二个柱距内。

当多跨车间相邻两跨均有吊车时，吊车钢梯可设在中柱上，使一部吊车钢梯为两跨吊车服务。同一跨内有两台以上吊车时，每台吊车均应有单独的吊车钢梯。

吊车钢梯主要由梯段和平台两部分组成（当梯段高度小于 4200mm 时，可不设中间平台，做成直梯）。吊车钢梯的坡度一般为 63°，即 1:2，宽度为 600mm（图 19-76）。

选择吊车钢梯时，可根据吊车轨顶标高，选用定型的吊车钢梯和平台型号。吊车钢梯平台的标高应低于吊车梁底面 1800mm 以上，以利于通行。为防止滑倒，吊车钢梯的平台板及踏步板宜采用花纹钢板。梯段和平台的栏杆扶手一般为 $\phi 22$ 圆钢制作。梯段斜梁的上端与安装在厂房柱列上（或固定在墙上）的平台连接，斜梁的下端固定在刚性地面上。若为非刚性地面时，则应在地面上加设混凝土基础。

(3) 屋面检修及消防钢梯

为了便于屋面的检修、清灰、清除积雪和擦洗天窗，厂房均应设置屋面检修钢梯，并

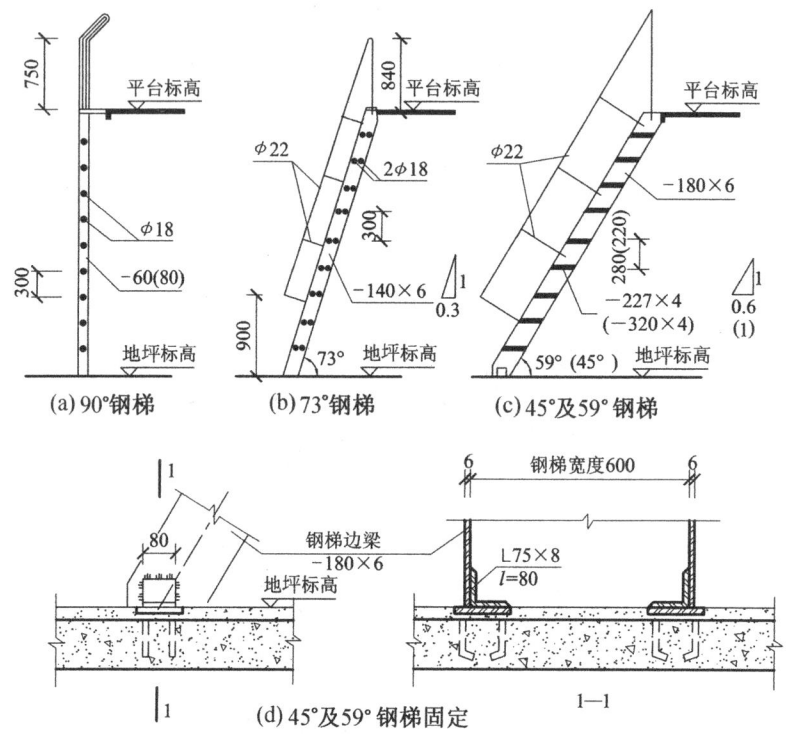

图 19-75 作业钢梯

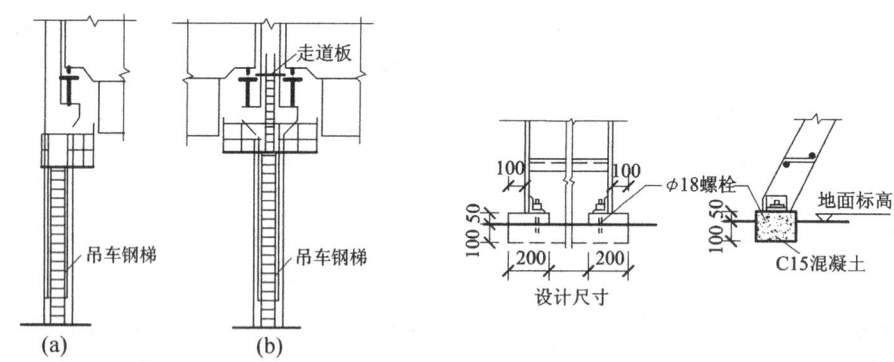

图 19-76 吊车钢梯及连接

兼作消防钢梯。屋面检修钢梯多为直梯形式;但当厂房很高时,用直梯既不方便也不安全,应采用设有休息平台的斜梯。

屋面检修钢梯设置在窗间墙或其他实墙上,不得面对窗口。当厂房有高低跨时,应使屋面检修钢梯经低跨屋面再通到高跨屋面。设有矩形、梯形、M形天窗时,屋面检修及消防钢梯宜设在天窗的间断处附近,以便于上屋面后横向穿越,并应在天窗端壁上设置上天窗屋面的直梯。

19.5.3 吊车梁走道板

吊车梁走道板是为维修吊车轨道及维修吊车而设，走道板均沿吊车梁顶面铺设。当吊车为中级工作制，轨顶高度小于8m时，只需在吊车操纵室一侧的吊车梁上设通长走道板；若轨顶高度大于8m时，则应在两侧的吊车梁上设置通长走道板；如厂房为高温车间、吊车为重级工作制，或露天跨设吊车时，不论吊车台数、轨顶高度如何，均应在两侧的吊车梁上设通长走道板。

走道板有木制、钢制及钢管混凝土三种。目前采用较多的预制钢筋混凝土走道板，有定型构件供设计时选择。预制钢筋混凝土走道板宽度有400mm、600mm、800mm三种，板的长度与柱子净距相配套，走道板的横断面为槽形或T形。走道板的两端搁置在柱子侧面的钢牛腿上，并与之焊牢（图19-77）。走道板的一侧或两侧还应设置栏杆，栏杆为角钢制作。

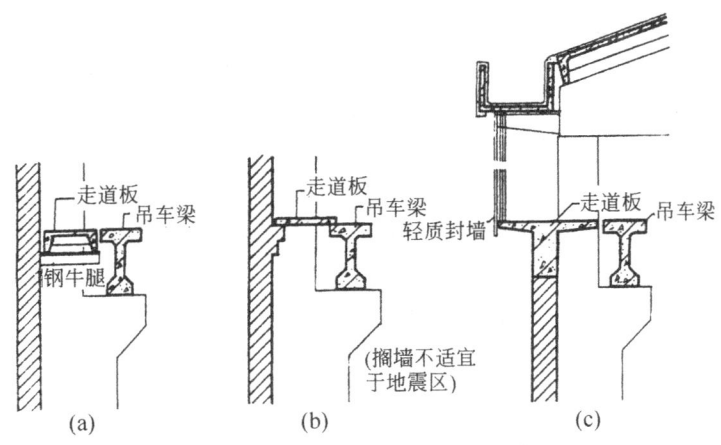

图19-77 边柱走道板布置

19.5.4 隔断

根据生产、管理、安全卫生等要求，厂房内有些生产或辅助工段及辅助用房需要用隔断加以隔开。通常隔断的上部空间是与车间连通的，只是在为了防止车间生产的有害介质侵袭时，才在隔断的上部加设胶合板、薄钢板、硬质塑料及石棉水泥板等材料做成的顶盖，构成一个封闭的空间。不加顶盖的隔断一般高度为2m左右，加顶盖的隔断高度一般为3~3.6m。

隔断按材料可分为木隔断、砖隔断、金属网隔断、预制钢筋混凝土隔断、混合隔断以及硬质塑料、玻璃钢、石膏板等轻质隔断。

第 20 章 多层厂房设计

20.1 概述

随着科学技术的进步,近年来,多层厂房有明显增长的趋势。

促使多层厂房获得发展的原因是多方面的。首先,是由于节约用地的要求。将 2~14 层的各类多层厂房和单层厂房相比较,一般能够节约用地 25%~80%,这在保护自然环境和国民经济方面具有重大的意义。土地是人们赖以生存的自然环境中最宝贵的自然资源之一。但是,由于建筑活动的发展,每年将有大批的土地,从自然环境变为建筑用地。因而,人们生活与自然环境之间的生态平衡日益遭到工业建设的威胁和破坏。为了保护人们赖以生存的自然环境,必须节约用地。在我国,土地资源贫乏,基本建设应尽量少占或不占农田,节约用地,特别是城市用地十分重要,是当前一项基本国策。其次,一些旧的工业企业,不能满足现代化生产发展的要求,需要进行改建和扩建。特别是位于城市中的旧企业,在改建和扩建时,往往受到地皮的限制,因而将厂房改建成多层厂房。第三,对于我国来说,为了实现四个现代化,尽快改善人民的生活,我国经济建设正在转向大力发展无线电电子工业、精密仪表工业、轻工业、食品工业等,而这类工业企业都适宜采用多层厂房。第四,现代科学技术的成就和应用,也为选用多层方案开拓了广阔的前景。

多层厂房与多数民用建筑有很多共同点,但是它作为生产性建筑与民用建筑又有区别。

(1) 在功能上,民用建筑是满足人们生活上的需要,而工业建筑则是满足生产上的需要。在工业建筑中,产品加工过程各个工序之间的衔接及其对建筑的要求往往左右着建筑布局。由于生产类别非常多,涉及经济建设的各个部门,即使在同一部门中,由于工艺不同、生产工序不同,对厂房的要求也不尽相同。所以设计中必须有工艺设计人员密切配合,共同协作。即使是统建的商品性多层厂房,也应适当考虑市场信息与未来租(购)者的需要。

(2) 在技术上,工业建筑比一般民用建筑复杂。在设计中它除了满足复杂的工艺要求外,在厂房中一般都配有各种动力管道以及各种运输设施。有时为了保证产品质量,还需要提供一定的生产环境,如防尘、防震、恒温、恒湿等,这些都为工业建筑的设计和建造带来了复杂性。

多层厂房与单层厂房相比较,具有下列特点:

(1) 占地面积小,可以节约用地。因缩短了工艺流程和各种工程管线的长度,以及减小了道路的面积,故可节约基本建设投资。

(2) 外围护结构面积小。同样面积的厂房,随着层数的增加,单位面积的外围护结构面积随之逐渐减小。在北方地区，可以减少冬季采暖费用，在空调房间则可以减少空调费用，且容易保证恒温恒湿的要求，从而获得节能的效果。

（3）屋盖构造简单，施工管理也比单层厂房方便。多层厂房宽度一般都比单层的小，可以利用侧面采光，不设天窗。因而简化了屋面构造，清理积雪及排除雨雪水都比较方便。

（4）柱网小，工艺布置灵活性受到一定限制。由于柱子多，结构所占面积大，因而生产面积使用率较单层的低。

（5）增加了垂直交通运输设施——电梯和楼梯。在多层厂房中，不仅有水平向运输，而且出现了竖向的垂直交通运输，人货流组织都比单层厂房复杂，而且增加了交通辅助面积。

（6）在利用侧面采光的条件下，厂房的宽度受到一定的限制。如果生产上需要宽度大的厂房，则需提高厂房的高度或辅以人工照明。

在实际工作中，接到设计任务书后，究竟是采用单层厂房还是多层厂房，必须根据生产工艺、用地条件、施工技术等具体情况，进行综合比较，才能获得合理的方案。

在多层厂房中必然有大部分车间（或工部）分别布置在各个楼层上，各车间之间以楼、电梯或其他形式的运输工具保证竖向联系，因而设备（产品）过重或过大以及不宜采用垂直运输的企业就不宜采用多层厂房。

宜于布置在多层厂房内的企业，基本上可分为六类：

（1）生产上需要垂直运输的企业。这类企业的原材料大部分为颗粒状的散料或液体材料，例如大型面粉厂中，利用皮带运输机或斗式提升机等运输工具将原料直接送到顶层，然后利用麦粒和面粉的自重向布置在下一层的车间传送并进行加工，传到底层再将加工成的面粉装袋出厂。

（2）生产上要求在不同层高操作的企业。属于这类企业的，有化工厂和热电站主厂房等。

（3）工艺对生产环境有特殊要求的企业。如电子、精密仪表类企业为了保证产品的质量，要求在恒温（湿）及洁净的条件下进行生产，多层建筑体积小，易于保证这些技术条件。

（4）生产上无特殊要求，但设备及产品都比较轻，运输量也比较小的企业。

（5）仓储型厂房及设施。如设环形多层坡道的汽车停放库、冷藏库等等。

（6）租售用商品性企业用房，性质不定型。

20.2 多层厂房平、剖面设计

多层厂房平、剖面设计是一项综合性工作。它的任务是以工艺原始资料为依据，综合解决各项土建问题。在做建筑设计时，必须与工艺、结构、电气、给排水、暖通等专业密切配合。同时，确定建筑体型及人、货流出入口位置时，还必须与企业总体布置及周围环境相协调。

对平、剖面设计的影响因素很多，下面仅就几个主要方面分别讲述。

20.2.1 生产工艺与平、剖面设计的关系

和总图设计一样，从原料投产到成品的工艺流程具体地体现了进行单项工业建筑设计时应满足的功能要求。不同的产业部门所属的工业企业，就有不同的工艺流程，根据不同的工艺流程，产生不同的布局和造型。例如热电站、机械制造厂、仪器厂三者的体形绝然不同。工艺流程是工业建筑设计的依据，是最重要的原始资料。

平面组合首先应满足工艺流程要求。这就需要建筑设计人员了解工艺。

工艺流程经常以工艺流程示意图表示。图 20-1 是一般精密机械加工工艺流程示意图。

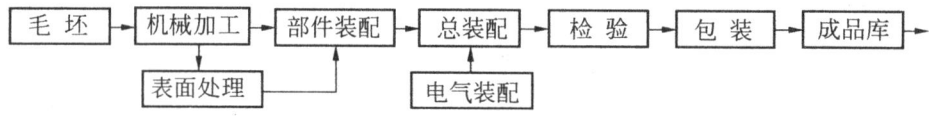

图 20-1　一般精密机械加工工艺流程示意图

工艺流程图表明了各个车间之间的联系。平面组合时应该以此为依据布置各个车间（工部）的相互位置，以免物料运输时产生迂回往返交叉等不合理现象。建筑设计人员只有在了解工艺的基础上，设计时才能获得主动权，发挥创造性，综合解决工艺和土建的矛盾，为设计出合理而先进的方案创造条件。

20.2.1.1　工艺流程的布置方式

在多层厂房中，工艺流程可概括为如下三种方式。

（1）自下而上的布置方式

将原料自底层按工艺流程顺序向上逐层加工，到顶层进行组装和总装成为成品，检验合格后，包装出厂（图 20-2a）。

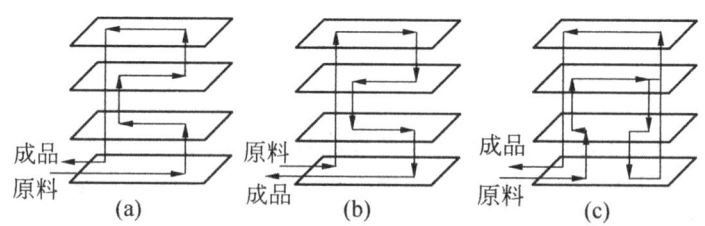

图 20-2　工艺流程的布置方式

在这种布置方式中，将初加工时所用的比较笨重的设备和大量的原材料运输引至底层，减少了垂直运输量，减轻了楼板荷载。有的工厂装配工部，为了保证产品的质量，在技术上有特殊要求，如要求车间的生产环境要具备一定的温（湿）度和一定的洁净度，将这样的工部布置在顶层，可以避免干扰，比较容易满足这些要求。照相机厂、手表厂等轻工业工厂以及中小型机械制造厂、电子仪器厂普遍采用这种工艺流程方式。

（2）自上而下的布置方式

这种布置方式是将原料提升到顶层，然后按照加工顺序逐层下降至底层加工成为成品运出（图 20-2b）。这种工艺流程的特点是利用原材料的重力在垂直运输过程中进行加工。

这种布置方式适用于利用散粒状或液体材料做原料的企业。如啤酒厂、面粉厂等。

(3) 往复的布置方式

这种工艺流程布置方式包括自下而上和自上而下两种工艺流程布置方式，如图20-2c所示。之所以出现这种情况，往往是因为在生产过程中出现了某些特殊要求，不得不采取这种往复布置方式。例如，中间工序的设备过大或是有振动，不得不把这种设备或工部移至底层；又如有的工部有特殊的要求，如精密度要求高，要求防振、恒温恒湿等，这种工部必须特殊考虑，最好集中布置在厂房的一侧，以便采取措施，这种情况下，也有可能出现往复式工艺流程。如印刷厂有时采用的就是这种往复式的工艺流程布置。这是因为纸和印刷机的重量都比较重，为了减轻楼板荷载，纸库和印刷机都布置在底层，装订车间不得不布置在第二层，因此出现了往复式布置的工艺流程（图20-3）。

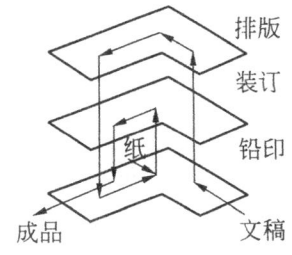

图20-3 某印刷厂的工艺流程

多层汽车停放库房则属于另一种类型，亦可归类于公共建筑。

在设计中具体选用哪种布置方案，需要根据工艺要求、生产设备、运输量以及建设地段的具体情况等多方面因素综合考虑确定。

20.2.1.2 工部组合

工艺流程中的工序，体现在生产组织上就是各种不同的工部。根据工艺流程进行工部组合时，既要满足工艺要求，又要为建筑设计的合理性创造方便的条件。

工部组合应保证工艺流程短捷，尽量避免不必要的往返。特别是尽量避免上下层之间的往返，以减少垂直运输量，减轻货运电梯的负荷。为此，同一工部不宜布置在不同层，以免造成生产管理的不便。

某些工部采用比较重的设备或者有吊车运输；有些工部使用的原材料多，运输量大；还有些工部，加工过程中用水量大，有湿过程，地面比较湿；再者，还有些工部中有振源，对其他工部产生有害影响。所有上述工部宜布置在底层，避免布置在楼层上。这样布置可以减轻楼面荷载，减少垂直运输负荷，简化土建处理，并降低建筑造价。

生产性质特殊，有共同技术要求的工部，例如要求空调等，则应尽可能集中布置，与一般工部，特别是人流大的工部，有明确的分区，以减少干扰，缩短技术管线，并便于管理。

散发有害气体或有火灾、爆炸危险的工部，要予以特别的注意，应将其布置在厂房的边角或是走廊的端部，主导风向的下侧，以减轻和缩小对其他工部的危害。

辅助工部一般布置在厂房的边角等非主要生产面积上，靠近其所服务的生产工部。由于辅助工部一般对厂房高度要求不大，无特殊要求，有时将其附建在厂房的一侧或与生活用房间布置在一起。

20.2.2 生产环境与平、剖面设计的关系

在工厂企业中，要获得高质量的产品，提高劳动生产率，除具有先进的设备和生产管理体制外，还必须具有良好的劳动生产环境。对于工人来说，就是指有良好的劳动条件和

完善的福利设施，在工作场地具有为生产所需的足够空间、照度和良好的通风换气条件；而对于生产的对象——产品来说，厂房则必须具有满足生产该产品的物质条件，如一定的温湿度、洁净度、防振、防磁等。随着科学技术的迅猛发展，要求在一定生产环境中进行生产的产品日益增多，某些工业部门，例如电子工业、精密仪器制造业等，必须在特定的人为环境中进行生产，否则难以保证产品质量。例如，第二次世界大战期间，美国在未采用洁净技术前，生产10个陀螺导航仪平均要返工120次，而采用洁净工艺后，返工量下降到2次。又如日本20世纪50~60年代发展了半导体集成电路外延扩散工序，由于采用不同标准的洁净室，产品合格率大不一样。如采用100级，合格率近100%，1000级近74%，10000级65%，100000级不到60%。其他如精密仪器仪表等产品的微型化，含尘量与温湿度的微量变化，都会对产品的精密度产生巨大影响。这些都说明了生产环境对保证产品质量的重要意义。

工厂中生产环境设计所涉及的内容比较多，本节仅就近年在工厂中应用比较广泛的恒温恒湿、洁净环境的设计，作简要的讲述。

满足一定温湿度要求的恒温室和保证一定洁净度的洁净室，既可以布置在多层厂房，也可以布置在单层厂房。但是由于采用恒温恒湿和洁净技术的工业企业，采用多层厂房的比较多，所以将这部分内容纳入本篇。

20.2.2.1 恒温室设计

空气温度的变化会引起产品和零件的温度变化，导致零件的尺寸产生变化，因而影响产品的精密度。在精密机械制造业如电子、仪表、光学仪器、高级印刷等工业中，产品的误差常以微米计，即使空气温度的微量变化，都会影响到产品的质量。因此，对生产房间的温湿度必须加以控制。凡是对于空气从温度、湿度、清洁度和气流速度加以控制的房间称作恒温室或空调室。室外空气经过空气处理室除尘、降温或加热、加湿等，使之达到一定温度和湿度后，用鼓风机通过送风管道送到恒温室内，然后通过回风管将污浊空气部分排除、部分抽回与室外新鲜空气混合，经过空气处理室再循环使用。

空气调节以温度和相对湿度两个参数作为指标。恒温室所要求的温度和湿度标准各用两个数字控制：一为温度（湿度）基数，指恒温室设计时所规定的空气温度（湿度）如18℃、20℃等，相对湿度60%、50%等；一为空调精度，即室温（湿度）允许波动的范围，如±1℃、±0.5℃、±0.1℃等，相对湿度波动范围±5%、±10%等。

不同的工艺对温（湿）度基数和空调精度有不同的要求。如计量室以20℃为常年基数，一般计量室为（20±2）℃、（20±1）℃等，而基准室则为（20±0.1）℃。精密机床则常采用随季节变化的温度基数，冬季为17℃，夏季为23℃，春秋季为20℃。

（1）平面布置

当厂房内有数个恒温室时，应尽可能将其集中布置在一起。集中布置可以减少恒温室的外围护结构面积，有利于节能和保证恒温室的温度和湿度。集中布置还可以减少空调管道的长度。

集中式布置可以有下列几种方式。

①水平集中式

将恒温室集中布置在同一楼层内，如图20-4a所示。如此布置，恒温室管理方便，但当其隶属于几个不同的工部时，可能使工艺流程不得不采取往复式的布置。另外，恒温室的朝向可能不尽理想。

②垂直集中式

将恒温室布置在多层厂房上下重叠的各层位置上（图20-4b），这样可以避免水平集中布置的缺点，选择厂房的有利朝向布置恒温室。

③混合集中式

综合上述水平和垂直集中两种形式而出现的布置方式，如图20-4c所示。

④地下室

在地下水位比较低的地区，可将恒温室集中布置在地下室，如图20-4d所示。地下室内温湿度比较稳定，特别适宜布置空调精度高的恒温室，例如计量室中的基准室、光栅刻度室等的空调精度都为±0.1℃。将其布置在地下室容易达到这一指标。

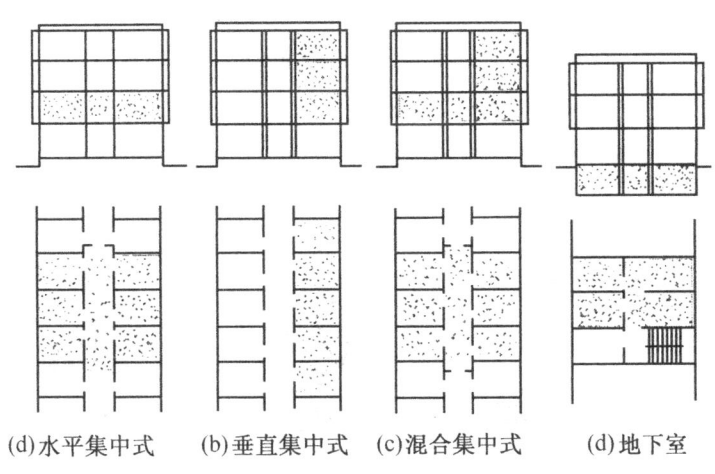

(d)水平集中式　(b)垂直集中式　(c)混合集中式　(d)地下室

图20-4　恒温室集中布置的几种形式（剖面与平面）

另外，恒温室还可采取分散的布置方式。当恒温室面积小，数量不多，对空调要求不同时，采取集中式布置反而可能造成管理不便。在这种情况下，采取分散式布置是适宜的。

恒温室的位置以北向为宜，避免东西向，以减少太阳辐射热对外围护结构的影响，从而降低空调费用。

恒温室的布局，根据其空调精度的不同，可采取套间的布置方式。即将高精度的恒温室布置在低精度的恒温室内，利用低精度的恒温室作为高精度恒温室的套间，如图20-5d、e所示。

精度要求相同的恒温室宜相邻布置，这样便于配置空调管道。

为了减少出口对恒温室内温湿度的影响，在入口处设置缓冲区。门斗和走廊，以及穿套布置的恒温室（图20-5）都可以起到缓冲区的作用。

空调精度为±(0.1~0.2)℃的恒温室，在实践中均不直接临外墙布置，如必须靠外墙时，应设套廊，如图20-5b、e所示。

精度为±0.5℃的恒温室不宜设外窗，如必须设外窗时，则应朝北。

(2) 恒温室的气流组织

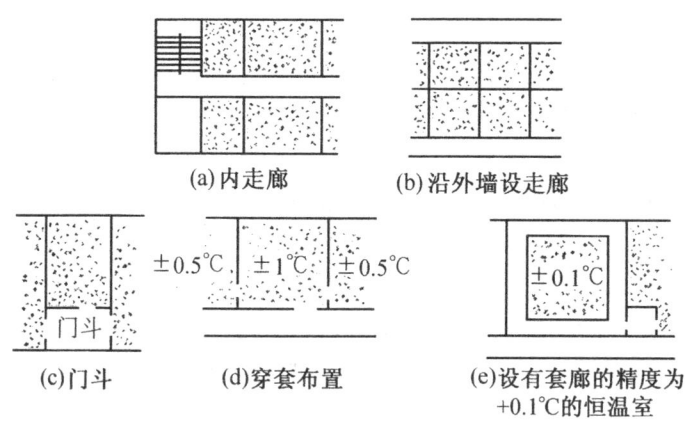

图 20-5 恒温室入口缓冲区布置举例

恒温室的气流组织是保证恒温室生产环境的重要手段，与建筑布局有着密切的关系。恒温室一般采用下列几种气流组织方式。

①上部孔板送风，下部均匀回风（图 20-6）

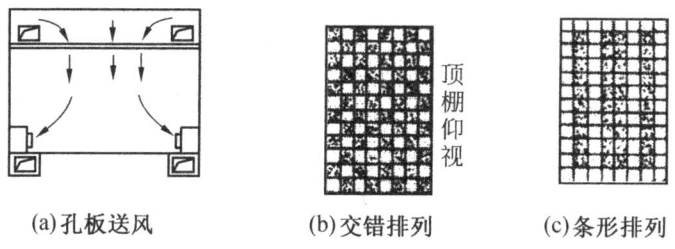

图 20-6 上部孔板送风、下部均匀回风

孔板送风是利用顶棚作为送风静压箱，空气在静压作用下，通过设置在顶棚上的细孔，大面积地向室内送风。顶棚离地面 2.5~3.5m；其上的细孔直径多为 4~5mm，这种送风方式的特点是射流的扩散和混合较好，射流的混合过程短，工作区的气流速度和区域温差都很小。由于造价高，用在空调精度小于 ±0.5℃ 的恒温室比较合适。回风口可均匀地布置在房间的下部，离地面 0.5~1.5m 之间，并装可调节百叶。

②上部周边均匀送风，下部均匀回风（图 20-7）

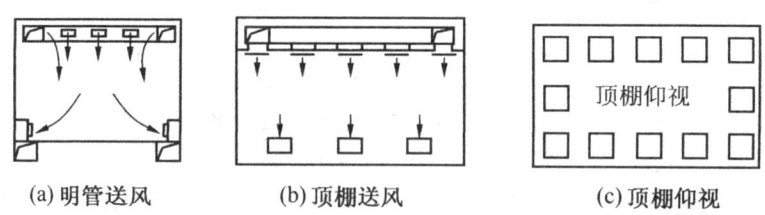

图 20-7 上部周边均匀送风，下部均匀回风

送风管围绕着房间，在靠近墙体处作周边式布置。一般做吊顶，送风口布置在顶棚上，也可做成明管布置。送风高度一般离地面 3.5~4m，送风口设计成带导叶片的条形

风口（即均匀送风），送风口风速在 2m/s 左右。回风方式和上述方式相同。气流比较稳定，适用于接近正方形的房间。

③上侧均匀送风，下侧回风（图 20-8）

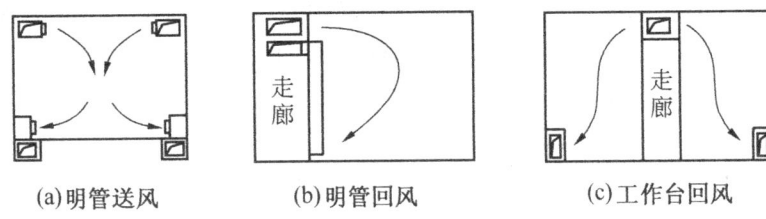

图 20-8　上侧均匀送风、下侧回风

送风管分两条在房间上部两侧布置，高度一般为 3.5~4m。适用于狭长房间。回风口布置在下部两侧离地面 0.5~1.5m 处，空调精度 ±1℃ 的房间采用这种方式可以满足要求。

④上侧送风，上侧回风（图 20-9）

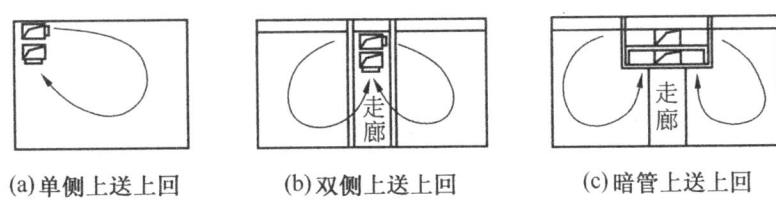

图 20-9　上侧送风、上侧回风

对于一般层高和面积都不大的恒温室可采用单侧上送上回方式。送风口离地面 3.5m 左右，均匀地向对面吹送。当房间进深较大，且中部顶棚上安装风管对工艺影响不大时可采用双侧上送上回方式。

（3）空调机房的布置

空调机房的位置，一般布置在恒温室附近，靠近其负荷中心，以期缩短风管长度，减少冷热能损耗，节约投资。但是，由于鼓风机有振动，还应远离防微振、防噪声的恒温室，必要时可利用变形缝将机房与恒温室分开。

空调机房可根据恒温室的面积、服务距离以及工艺要求，采取集中和分散两种布置方式。

当恒温室面积比较大且集中布置时，空调机房可相应地集中布置。在这种情况下，风管末端总长不宜超过 70m。当超过这一长度时，则需另设空调机房。

集中布置机房，管理方便，但有时导致延伸管道长度，如恒温室分层布置时，还需设置竖向管道井用以安置风管。

在多层厂房中，空调机房可根据恒温室在各层的分布情况，按空调系统分散布置在各层。例如手表厂主厂房中的动件车间、静件车间、装配车间等均要求空调，空调机房即可按照各车间的需要，按空调系统分层设置空调机房。

当恒温室精度 ≥±1℃ 且面积不大，空调机组的振动和噪声不影响生产时，采用的小型空调机组可直接放在恒温室内或与恒温室相邻的房间内。

空调机房的大小,根据空调机组的尺寸确定。

对于空调精度要求不高的恒温室,还可采用安放窗式空调机的方式保证室内温湿度。

20.2.2.2 洁净室设计

洁净室目前不仅广泛应用于精密仪器、精密机械、电子工业,而且已开始应用于生物制药、日用化妆品及食品工业等方面。洁净室内的洁净空气环境为现代化的高精度、高洁净产品的制造和包装创造了条件。

(1) 空气洁净度级别

所谓洁净度是指洁净空气环境中空气含尘量多少的程度。含尘浓度高则洁净度低,含尘浓度低则洁净度高。

含尘浓度有两种表示方法:一是单位体积空气中含浮游尘粒的数量(个/L),一是单位体积空气中所含浮游尘粒的重量(mg/m^3)。目前多用前一种方法评价。

洁净室根据室内单位体积空气中所含尘的数量或重量确定洁净度级别。如为生物洁净室还应考虑生物洁净级别。

洁净室的洁净度级别各国都不相同,许多国家都参照美国标准确定,或直接采用这一标准。

表20-1所列为我国《洁净厂房设计规范》(GB50073—2001)中的洁净度等级。

表20-1 洁净室及洁净区空气中悬浮粒子洁净度等级

空气洁净度等级(N)	大于或等于表中粒径的最大浓度限值(pc/m^3)					
	$0.1\mu m$	$0.2\mu m$	$0.3\mu m$	$0.4\mu m$	$1\mu m$	$5\mu m$
1	10	2				
2	100	24	10	4		
3	1000	237	102	34	8	
4	10000	2370	1020	352	83	
5	100000	23700	10200	3520	832	29
6	1000000	237000	102000	35200	8320	293
7				352000	83200	2930
8				3520000	832000	29300
9				35200000	8320000	293000

(2) 尘源及防尘净化措施

建筑设计中为了断绝尘源,就有必要对灰尘的来源进行分析,以便采取相应的措施。生物粒子往往附着在尘粒上,部分凝集成团。

洁净室灰尘的来源大体可归纳为两个方面:

①内部产生的灰尘,如生产过程中产生的灰尘,建筑材料的剥落,设备磨损和转动产生的粉尘等。

②外部的灰尘,通过不同的途径进入洁净室内,如由工作人员、物料、设备、工具、

空调送风系统带进的灰尘以及由门窗围护结构的缝隙钻进的灰尘。

针对灰尘的来源，可以采取下列防尘措施：

①人身净化

工作人员的服装及皮肤经常携带和散发大量灰尘。工作人员进入洁净室之前，都必须按照不同的洁净标准更衣换鞋进行人身净化处理。有生物洁净要求时还要进行消毒。

工作人员净化程序可参照图20-10。

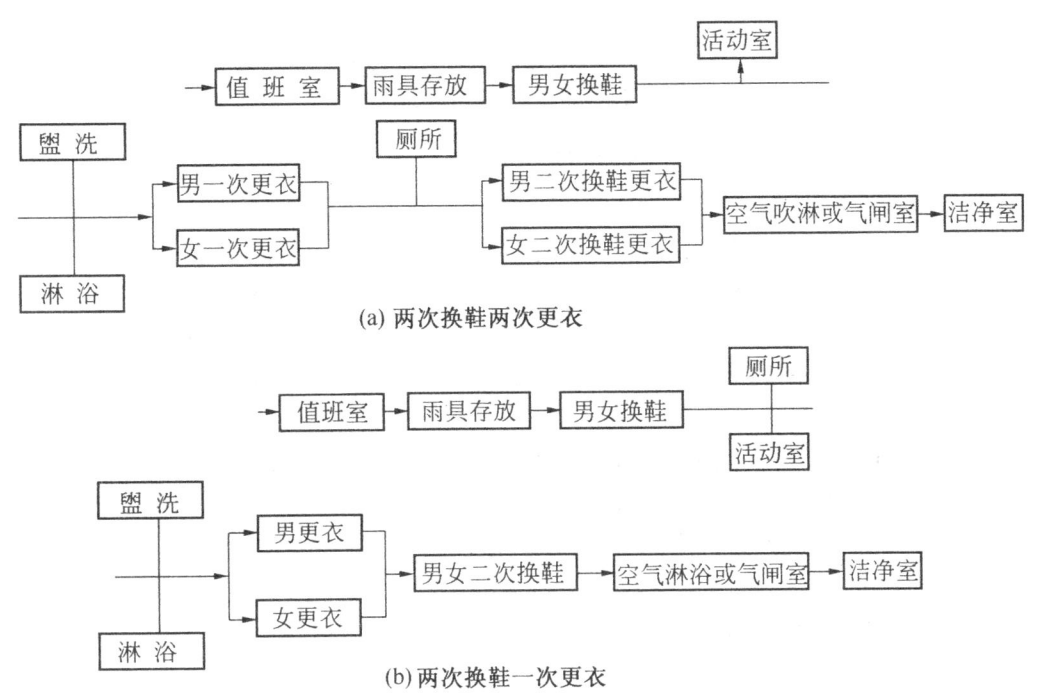

图20-10 人身净化程序和生活用室的设置

为了减少洁净室内的含尘量，洁净室内的工作人数须适当控制，洁净度越高的工作室，人员数量及进出越应当严格控制。

②物料净化

凡进入洁净室的一切物料，如原材料、设备、工具、半成品等都应清洗进行净化处理。一般物料设有单独出入口，与人流出入口分开设置。如物料出入频繁时，在清洗后宜设转手库。物料经过双层密闭的传递窗或带有空气幕的传递窗送入洁净室。

③空气的净化及气流组织

送入洁净室的空气都需要净化处理。目前广泛采用过滤的方法，使用的设备就是过滤器。

过滤器按效率高低分为低效、中效和高效三种。一般情况下，低效过滤器可以满足空气的粗净化要求；中效过滤器与低效过滤器配合可以满足空气的中净化要求；高效过滤器与低效、中效过滤器配合，可以满足空气超净化和生物洁净的要求。

图20-11为三级滤尘系统。新风先经过预过滤，主要滤除粒径5μm以上的尘粒；新

风、回风混合后，经风机进行中过滤，这时主要滤除 $1\sim5\mu m$ 的尘粒，最后在送风口前再进行高效过滤。

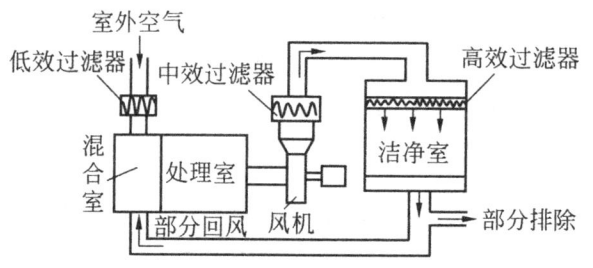

图 20-11　三级滤尘系统

洁净室的气流组织十分重要，在采用一般空调系统的情况下，气流是紊流状态，所以一般空调方式称作紊流式或乱流式。紊流式可以保证室内温度均匀，但不能使室内的尘粒完全从排风口排出，所以用于洁净度不十分高的洁净室，要求超净的洁净室则常用平行流（层流）式的气流组织。

所谓"层流式"，即送入室内的洁净空气在室内工作区整个截面上以规定的送风速度沿同一方向通过，再回风。这种气流方式可避免室内污染物因气流紊乱而交叉污染，使室内具有较强的自净能力（所谓自净能力是指受污染的洁净空间在空气净化系统或局部设备开机或运行中，从某一个高的含尘浓度降低到稳定的含尘浓度的能力），从而保证极高的洁净度。

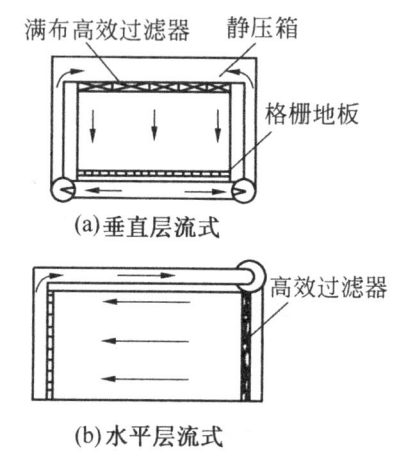

图 20-12　洁净室的气流组织方式

层流式洁净室按气流方向可分为垂直层流（平行流）式和水平层流式两种，如图 20-12 所示。

垂直层流式是整个顶棚满布高效过滤器作为送风口，下部整个地面架空，装设格栅地板作为回风口。由于气流方向和尘粒重力方向一致，各种操作都由层流的气幕隔开，有利于保证室内的洁净度。

水平层流式是把一面墙作为送风口，高效过滤器满布或局部布置在这面墙上，与其相对的另一墙面全部或局部作为回风口，气流沿水平方向移动。在这种气流组织中，当空气由一侧向另一侧流动时，含尘浓度逐渐增高，因此它适用于有多种洁净度要求的工艺流程。它比垂直层流容易布置灯具，造价低。

此外，还有一种在洁净室内设置洁净工作台的气流组织，洁净室用以满足初级或中级净化要求的工艺生产，而洁净工作台则用以满足超净要求的生产。

④建筑防尘措施

建筑防尘主要是使洁净室成为一个密闭空间，尽量减少或取消对洁净室不利的门窗等建筑缝隙，防止室内墙面、地面和顶棚产生灰尘。为使密闭的洁净室空间能防止外界灰尘进入，最有效的措施是在洁净度高的房间不设直接对外的门窗或设置面向走廊的密闭窗，而由走廊再设开向对外的密闭窗，这样既可避免室外大气中的灰尘进入洁净度高的车间，又可使工人操作时心理感觉比较舒适。此外，还应保证洁净室处于正压状态，门向内开启。

防止室内建筑构件产生灰尘的办法就是要合理地选择墙面、地面及顶棚的材料。材料要求质地坚硬耐磨，不起尘，表面光滑易清洗，室内表面及构配件应尽量减少凹凸和缝隙，以免积滞灰尘。此外还应考虑防静电要求。

(3) 建筑布置

洁净室的布置原则与恒温室基本相同，不过，在防尘方面要求更为严格。

工艺布置应紧凑，尽可能地控制洁净室面积。洁净室建筑造价及投产后管理费用昂贵，节约建筑面积即可大大节约投资。在不影响工艺流程的情况下，应把洁净度要求相同的房间集中布置，以便合理地布置空调系统。

洁净室之间的物料运送路线要尽量短捷，以减少途中的污染和人员流动产生的灰尘，并通过传递窗递送零件。

洁净室的人流组织应首先通过洁净辅助区进行人身净化，然后从低洁净度洁净室流向高洁净度洁净室。

由于洁净室的密闭性高，人流路线往往比较长而且曲折，一旦发生事故，容易造成伤亡，设计时必须设置足够的安全出入口和报警设施。出入口至洁净室的所有工作地点要近便，并需有明显的标志和事故应急照明。

人员出入口与物料出入口宜分别设置，其外门不要面向全年主导风向，并须设置门斗。

在满足工艺要求的前提下，洁净室的净高应尽量降低，既减少通风换气量，又降低造价，净高一般以 2.5m 左右为宜。下面以土建式洁净室为主加以阐述。

洁净室的平面布局大体可分为廊式和大厅式两种。

廊式可有单条走廊、两条走廊和三条走廊等布置方式（图 20-13a、b、c）。

单条走廊的洁净室一般是建筑物中有一条走廊，两侧布置洁净室以及辅助用室，走廊兼作送、回风管道，可以采用自然采光。这种布置方式适用于洁净度低的洁净室或无窗洁净室。

在两条及三条走廊布置方式中，洁净室的窗子可不直接开向室外。在三条走廊方案中，其中一条可兼作技术走廊，架设全部管线。这两种布置方式可以采用包括层流在内的各种气流组织，因而可布置各种不同洁净度要求的洁净室。

大厅式洁净室（图 20-13d）平面是由方形或接近方形的柱网组成。柱网尺寸一般为 6m×6m 或 6m×7m。根据工艺布置可设置固定的或可移动的装配隔墙。在大厅内，也可安装装配式层流洁净室。气流组织可采用上送下回的方式，即天棚上均匀地安放高效过滤器，回风口均布在地面上，通过地面下的地沟或技术夹层回风。在大厅中，房间可按工序依次套间布置，平面组合有较大的灵活性。当前，这种平面形式的应用日趋广泛，是洁净厂房今后发展方向之一。

洁净室的造价昂贵，它的建筑造价和日常运行费用比一般厂房高出许多倍，设计时应仔细研究工艺要求，合理确定洁净室的洁净度级别，选择合理的布局及技术措施，在满足生产要求的前提下,力求控制面积。因此,出现了隧道式和管道式层流方案。

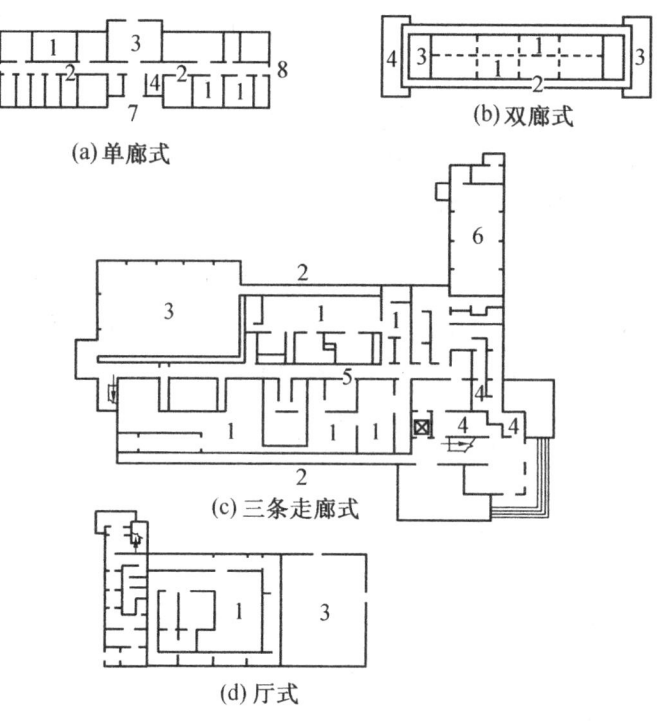

图 20-13　洁净室型式
1—洁净室；2—技术走廊；3—空调机室；4—生活室；5—洁净走廊；6—辅助用房；7—人流；8—货流

20.2.3　交通运输枢纽

在多层厂房中,不仅有水平交通运输,并且增加了垂直交通运输,以保证各层车间之间的联系。

在多层厂房中生产的产品和设备体量一般都比较小,重量比较轻,水平运输工具多采用手推车或运输带；而各层之间的垂直交通运输则主要通过楼、电梯来解决。楼、电梯经常布置在一起组成交通运输枢纽。

20.2.3.1　交通运输枢纽布置原则

交通运输枢纽的布置是否合理,对于厂房的人流和货流组织有着直接影响,它在一定程度上决定了人、货流的流向和工部的组合,同时影响着立面造型,所以对于交通运输枢纽的布置要给予足够的重视。

首先,它的位置要保证人、货流通畅近便,避免曲折迂回,在电梯前需留有货运回转堆放场地,以免堵塞交通。

其次,在货运量大的情况下,应尽可能避免人、货流交叉。人流和货流宜分别有自己的单独出入口。只有当货运量不大时,货流入口方可兼做人流出入口。

楼、电梯是厂房中的固定设施,一旦建成就不可能改动。枢纽最好布置在大空间的边侧,以保证大空间的完整性,从而为厂房的灵活性创造条件。

垂直交通枢纽是多层厂房立面造型的有机组成部分,是厂房的重点处理部位,可使立面造型生动富有变化。所以在满足生产使用要求的基础上,还应用其为立面处理创造条件。

除此之外,楼梯的数量及位置还应满足防火疏散的要求。

20.2.3.2 布置方式

(1) 人、货流分别设置出入口的楼、电梯布置

当货运量大时,人、货流需要分别设置出入口,以免相互交叉干扰。图20-14为人、货流从厂房相邻或相对两侧进入车间的布置,人、货流分开。

(2) 人、货流同一出入口的布置

货运量不大时,人、货流可使用同一出入口,亦可用于以货运为主兼作人流疏散。此时,楼、电梯可以相邻布置,也可以相对布置(图20-15)。无论哪种布置方式,电梯前均需留有缓冲区带,并使人流进入门厅后,迅速转入楼梯间,与货流路线适当分开,减小人、货流交叉混杂的矛盾。

此外,电梯可设在三跑楼梯中间,人、货流利用同一出入口(图20-15a、b)。

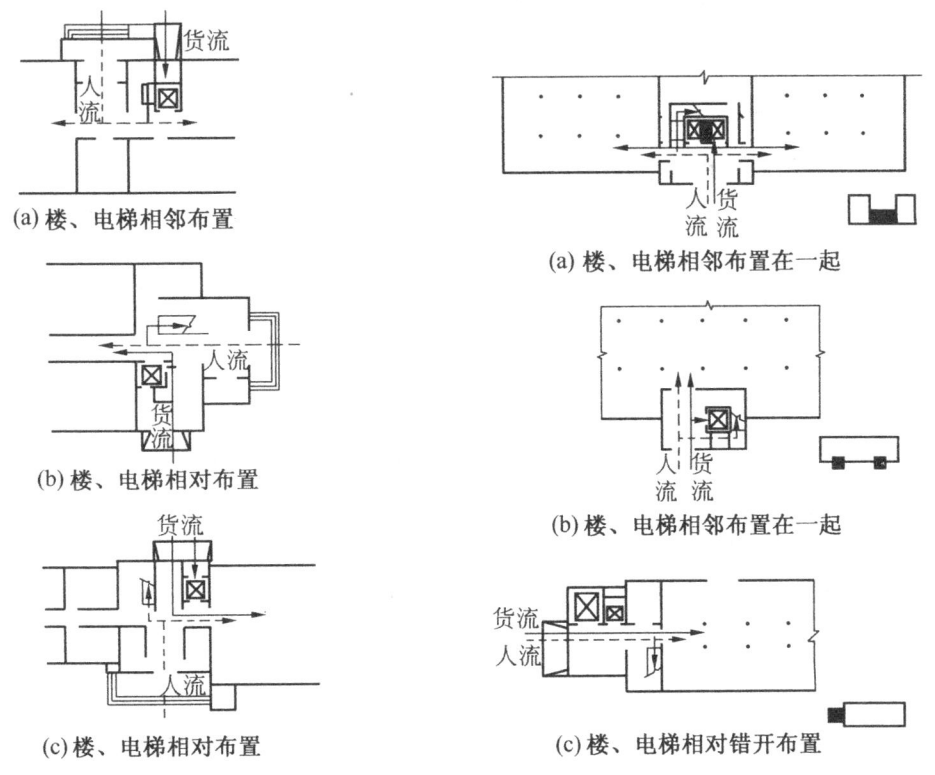

图20-14 人、货流从厂房相邻两侧边进入厂房的布置举例

图20-15 人、货流同一出入口布置举例

(3) 电梯间

电梯间由电梯井、电梯厢及机器房三部分组成。

电梯井内装有导轨,电梯厢沿导轨上下移动,电梯井下有缓冲坑,坑内设有缓冲器,

以免电梯厢发生事故下沉时引起撞击。

机器房是供安放曳引装置和控制设备（电动机、卷扬机、配电盘等）的房间。机器房通常布置在电梯井的顶上，机器房的净高一般不小于 2.5m。上机器房的楼梯可采用一般楼梯、钢梯或直爬梯。

(4) 楼梯间的防火间距

楼梯间或安全出入口位置的确定除满足工艺要求外，还应满足防火规范的要求。即由楼梯或安全出入口至厂房内最远点的距离，需根据不同的生产类别、建筑耐火等级，按照防火规范的规定，满足安全疏散的要求。

由厂房内最远工作地点至外部出口或楼梯间的最大距离见表 20-2。

表 20-2 楼梯间的最大距离

生产类别	耐火等级	多层厂房 (m)
甲	一、二	25
乙	一、二	50
丙	一、二	50
		40
丁	一、二、三	不限　50
戊	一、二、三	不限　75

20.3 多层厂房柱网选择与结构选型

20.3.1 柱网选择

柱网由跨度和柱距两个要素组成。

在多层厂房中，除底层外，设备荷载全部由楼板承受，因此柱网受到比较大的限制。柱网选择应满足工艺要求，在结构上要经济合理。常采用的跨度为 6～9m，柱距为 3.6～6m。近年来由于新材料、新结构的发展以及适应灵活性的需要，跨度有增大的趋势，在我国已采用到 12m。

20.3.1.1 影响柱网选择的因素

(1) 生产工艺及设备

生产工艺及设备大小、布置是影响柱网选择的首要因素。不同的产品和工艺流程因其所需要的设备布置不同，对于柱网有着不同的要求。例如在 7m 的跨度内，布置电子元件生产工艺，可布置两条生产线（图 20-16）。但若布置电视接收机装配线，则只能布置一条生产流水线，生产面积利用不充分，而 9m 跨度可布置两条生产线，面积利用得比较充分，如图 20-17 所示。

(2) 生产特点

某些工业部门如光学仪器厂、电子元件厂等要求在分隔的房间内进行生产，以免相互干扰，那么在选择柱网时就要考虑这些特点。某些生产对于温湿度及洁净度有要求，不宜有直接开向室外的窗，这时可能出现两条走廊或三条走廊的平面形式。又如，近年来电子工业发展异常迅速，工艺变更及设备更新比较频繁，则宜选择大柱网，使空间具有比较大的灵活

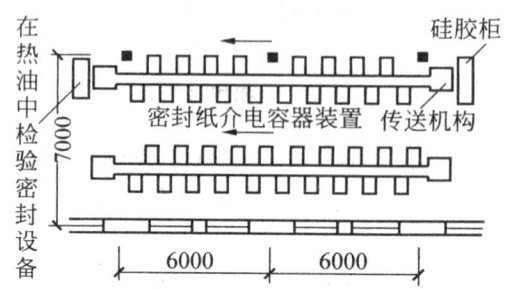

图 20-16　7m 跨度内电子元件生产线

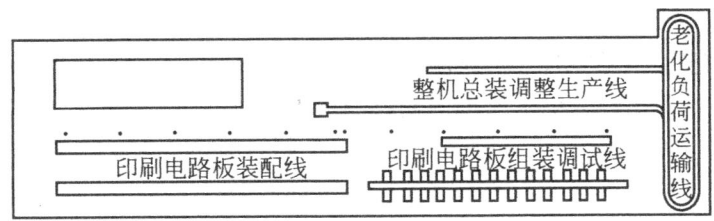

图 20-17 9m 跨度内电视接收机生产线布置

性,以适应工艺变动的要求。

(3) 结构类型

结构类型对柱网尺寸有直接影响。当楼面荷载大或工艺要求采用无梁楼盖时,柱网最好采用方形柱网。当采用梁板式结构时,在目前建筑技术条件下,所采用的跨度一般多不超过9m,这是因为楼板荷载大,跨度及柱距尺寸稍有增加(1~2m),造价就有比较大的变化。因此确定柱网时,不仅需要从工艺上分析是否合理,往往还需要从结构上进行技术经济比较,综合考虑确定。

20.3.1.2 柱网型式

多层厂房的柱网(图 20-18),其常用的组合型式可归纳为下列三种类型。

(1) 廊式柱网

廊式柱网的特点是在厂房的中部或两侧设置走廊,作为交通运输空间或是用以敷设工程技术管线,沿走廊布置生产房间,如图 20-19 所示。

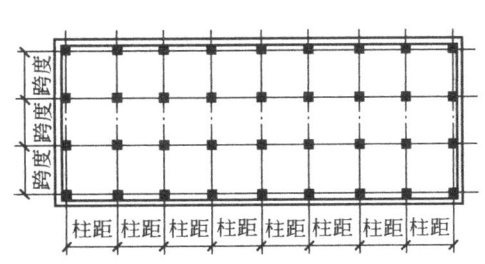
图 20-18 多层厂房的柱网组成

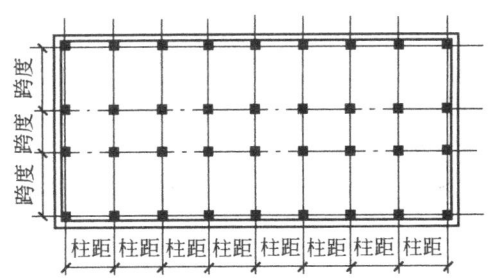
图 20-19 廊式柱网的多层厂房

这种柱网型式,可以根据生产需要,将厂房生产面积方便地分隔成大小不等的生产空间,避免相互干扰,具有较好的生产环境,联系方便。走廊上部,可集中敷设各种工程技术管线,不占用生产空间,并便于隐蔽。因此,内廊式柱网采用比较普遍。

这种柱网尺寸种类比较多,早期多为(7+3+7)×6m,为建筑构配件统一化带来了困难。《厂房建筑模数协调标准 GBJ6—86》对于廊式柱网尺寸有明确的规定。此外还有沿外墙两侧设双廊或悬挑外廊的柱网型式。

(2) 等跨式柱网

等跨式柱网是由数个相等的跨度连续组合形成的柱网型式。这种柱网没有廊式柱网中的固定通道,可以根据工艺流程及各工部所需面积的大小在柱网的任一部位设置通道,便于组织大空间,为工艺变更及设备更新提供了方便。因此,这种柱网具有比较大的灵活性。等跨式柱网适用于生产工艺需要大空间的工业企业,如工具制造工业、纺织工业、轻工业以及电子、仪表工业等。

在一般厂房中，等跨式柱网的跨度可采用6m、7.5m、9m和12m等。在国外可达到18m。在我国，由于受到天然采光的限制，当跨度为6m时，一般不超过6跨；7.5m和9m时，不超过4跨，即跨度组合的总宽度一般不超过36m。在人工照明的无窗厂房，则不受跨数的限制。

（3）不等跨柱网

不等跨柱网是由不相等的跨度或由不等的跨度及廊道跨度组合而成。之所以出现这种柱网型式，往往是为适应工艺布置的需要而确定的。这种柱网型式既可以为生产提供宽敞的大空间，又可以根据需要提供敷设技术管线的廊道，柱网组合比较灵活。其缺点是构件类型比较多。在这种柱网中跨度多取6m。图20-20所示为天津市长城无线电厂彩色电视机总装楼，该厂为了满足电视机装配线的需要采用了不等跨的柱网。

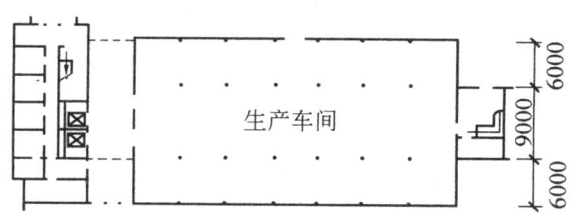

图20-20 天津长城无线电厂彩色电视机总装楼

20.3.2 结构选型

在实际工作中，结构选型一般由结构专业技术人员负责。但是由于它与工艺布置、建筑处理及室内观感有着密切的联系，建筑设计人员应具备这方面的基础知识，以便在空间组合中加以综合考虑。

多层厂房常用的结构类型可分为两大类：砖石钢筋混凝土混合结构，钢筋混凝土框架结构。

20.3.2.1 砖石钢筋混凝土混合结构

砖石钢筋混凝土混合结构，即楼板和屋盖为钢筋混凝土制作，砖墙承重。这种结构可分为两种。

（1）砖墙承重梁板结构

当荷载小于500kg/m²，层数在四层以下时可以采用这种结构形式。在这种结构类型中，可以是纵墙承重，也可以是横墙承重。纵墙承重，横向刚度差，但具有较大灵活性。横墙承重，纵向刚度好，但厂房由横墙分隔成小间，工艺布置灵活性小。

（2）砖砌外墙承重内框架结构

这种结构适用于楼层荷载500～1200kg/m²的厂房。与框架结构相比，它能够节约钢材和水泥，但层数不宜超过5层。

20.3.2.2 框架结构

框架结构是目前多层厂房最常用的结构型式。这种结构型式的构件截面小，自重轻，厂房的层数、跨度都无严格限制，门窗大小及位置都比较灵活。墙体仅作为填充墙起隔离围护的作用，所以应选择轻质材料，以减轻厂房的荷载。

常用的框架结构有梁板结构和无梁楼盖两类。此外，还有门式刚架结构和大跨度桁架式框架结构等。

(1) 梁板框架结构（图 20‑21）

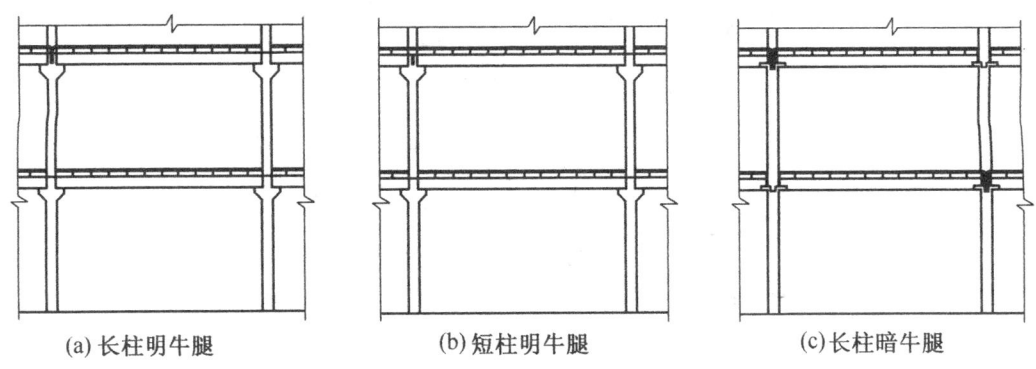

(a) 长柱明牛腿　　　　(b) 短柱明牛腿　　　　(c) 长柱暗牛腿

图 20‑21　梁板框架结构

在这种结构型式中，柱承受梁板传递来的荷载。柱有长柱、短柱、明牛腿、暗牛腿之分，板可用空心板、槽形板或 T 形板。梁则一般采用叠合梁，以减少结构高度。这种梁的下部是预制装配的，其上部则在现场叠浇混凝土，如图 20‑22 所示，图中 h 根据楼板的厚度确定。为了保证楼层的整体性，在浇注叠合梁时，同时在楼板上浇注一层结合层，其厚度为 50～80mm。

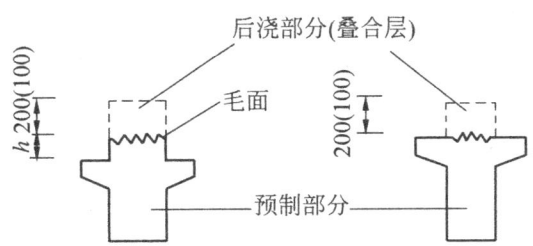

图 20‑22　梁板框架结构的叠合梁

长柱框架结构，柱子长度是整个厂房的高度，在每层的横梁下伸出牛腿或设置暗牛腿，柱子上没有接头，刚度较短柱好；但柱子长度受施工条件的限制，一般不超过 30m。短柱按楼层高度设置，因此采用短柱框架结构时，厂房高度不受限制。短柱与梁的搭接与长柱相同，有明牛腿和暗牛腿两种方式。明牛腿方案中，梁柱连接构造简单，用钢量少，但室内不够整齐美观，伸出的牛腿容易积灰。暗牛腿方案的梁柱连接比前者复杂，用钢量多，但室内平整美观，要求防尘的洁净厂房多采用这种结构方案。公共建筑中常见的等跨梁板框架结构与此相似。

(2) 无梁楼盖框架结构（图 20‑23）

无梁楼盖框架结构也是多层厂房经常采用的一种结构型式，适用于楼板荷载超过 $1000\,kg/m^2$ 的厂房。印刷厂和仓库多采用这种结构。由于在这种结构方案中的板是双向受

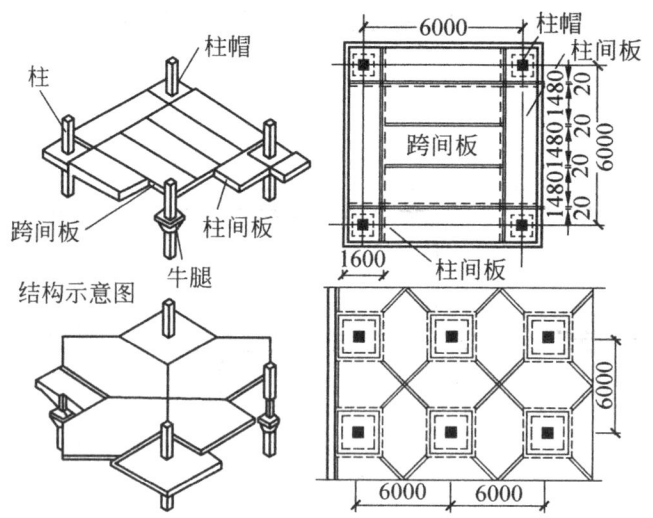

图 20-23 装配式无梁楼盖结构的组成

力,宜采用方形柱网。这种结构类型的优点是天花平整美观,为充分利用厂房内部空间创造了条件。

装配式无梁楼盖的承重骨架是由柱子、柱帽、柱间板和跨间板等构件组成。柱子四周伸出牛腿支承柱帽,在柱帽四周凹缘上搁置柱间板,作为骨架的水平构件,在柱间板的凹缘上再安放跨间板。如为整浇结构,在炎热地区,可将边柱外形成的空间围在室外,形成遮阳外廊,提高造型效果。

(3) 大跨度桁架式结构(图 20-24)

当工艺要求厂房大跨度及需设置技术夹层安放通风装置及各种工程管线时,可采用平行弦桁架。在桁架上下弦上各铺一层楼板或轻钢骨架吊顶,上层为生产车间。而在夹层内既可安放工程管线也可作为生活辅助房间。

除了上述结构类型外,在多层厂房中采用的还有门式刚架、全钢结构,施工方法用滑模、升板等结构施工类型。

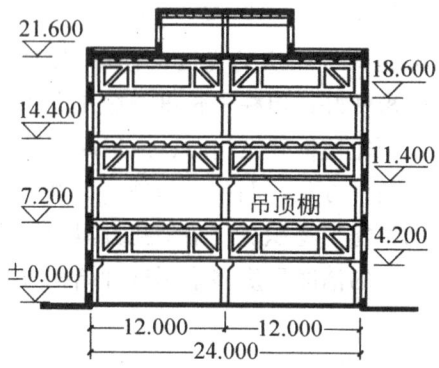

图 20-24 采用平行弦桁架的多层厂房

20.4 立面设计

本节主要讲述多层厂房的立面设计，它不仅是个体建筑的形象问题，实际上，在进行总平面设计组合建筑群时，已经对其体型、体量等作了初步考虑。由于多层厂房的建筑特点以及多数布置在市区或近郊区，直接影响城市面貌，对于立面设计更有必要给予应有的重视。

工业建筑的体型和立面处理在不同程度上取决于生产工艺，因此在作厂房的立面设计时，一般建筑构图原则的运用必须与内部的生产使用要求统一起来，用简练的手法表现工业建筑的性格和特色。至于厂房内部空间（环境）处理与艺术效果，当然也在很大程度上影响到常年在其中工作的工人的精神与心理，也必须给予充分的关注。

20.4.1 体型组合

体型组合是立面设计首先考虑的问题。由于在多层厂房内，一般多布置了工厂的主要生产车间，所以无论在其功能上还是在建筑体量上，都是该厂的主厂房或主要项目之一，左右着工厂建筑群的空间组合。它的体型设计既要反映功能的需要，还应考虑全厂建筑构图的完整与统一以及与周围环境的协调，正确表现建筑物本身的特征，做到形式与内容一致；恰当地确定体型和各个部分的比例；合理地选用材料和结构；适当地注意装饰。

20.4.1.1 体型组合与生产特征

工业建筑是为生产服务的，多层厂房的体型组合必然与内部的生产特征有着密切的联系。生产工艺的起伏变化，高低错落等各种不同的工艺流程及设备，使建筑物形成了各种各样的体型组合。图 20-25 为马德里普纶合成纤维厂。它的工艺流程是竖向布置的，原料首先提升到溶解塔的顶层，然后逐层向下加工至底层成为合成纤维出厂。高耸的溶解纺纱塔构成了这组建筑的特征。有的热电站也有类似的特征。

图 20-25 马德里普纶合成纤维厂

图 20-26 为德国某精密仪器厂设计竞赛方案，由于一些设备布置在单层，与多层部分的生产又有密切的联系，形成单多层组合的体型。

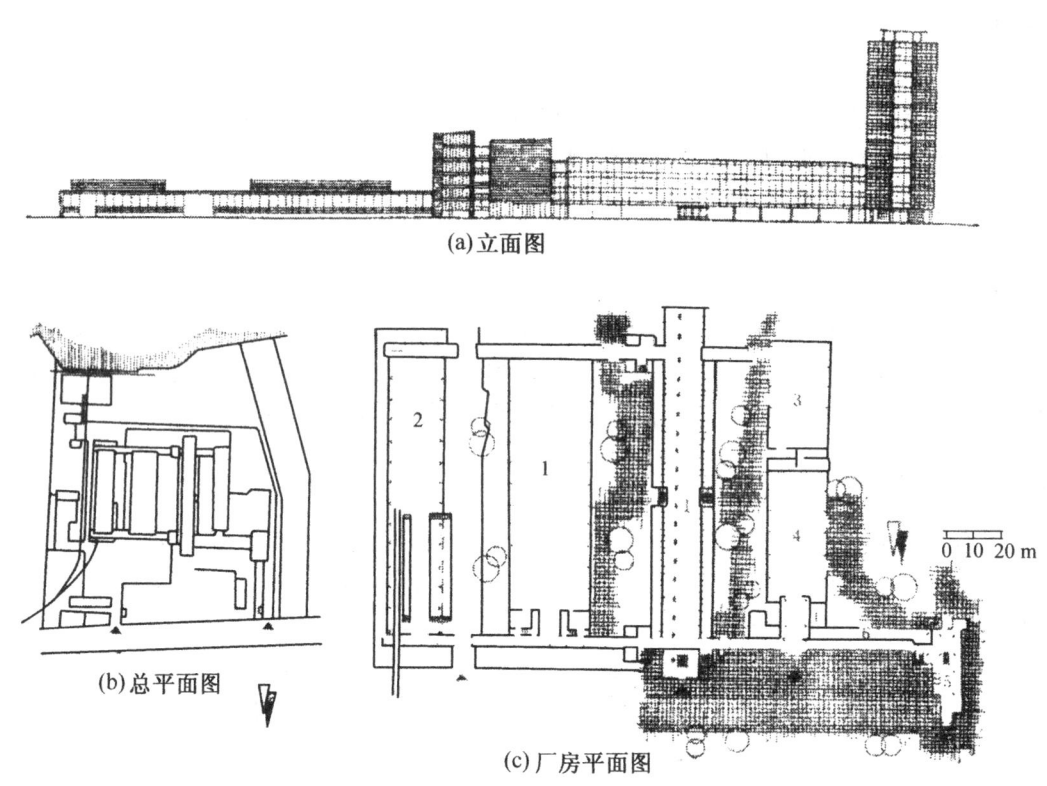

图 20-26 德国某精密仪器厂设计竞赛方案
1—生产车间；2—仓库；3—实习工厂；4—食堂；5—行政办公楼；6—实验室

有些类型的生产，如轻工业、电子仪器工业等，设备比较轻，各生产车间的工艺布置灵活、空间变化不大，体型则比较规整简洁。图 20-27 为国外某制鞋厂的体型组合。

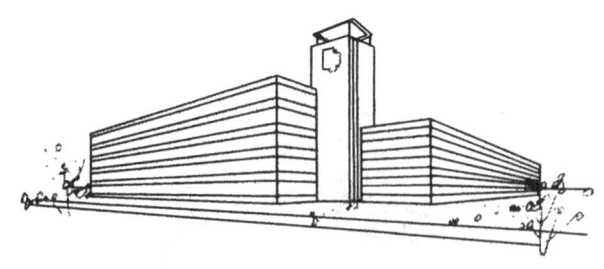

图 20-27 国外某制鞋厂透视

20.4.1.2 体型组合与建筑构图

体型组合在满足生产使用要求的基础上，还应运用建筑构图的一般规律，组织完整的建筑群，并与周围的环境相协调。组合空间时，在突出重点、强调中心的同时，建筑体型宜简洁，但须避免单调枯燥，使变化富于统一之中，并使建筑的体量和外形与其围合的空间呼应。图 20-28 为建筑体型与厂前广场空间的组合举例。外部空间的组合与变化，建筑起着主导作用，道路、绿化及美化设施、建筑小品等也是不可缺少的要素。

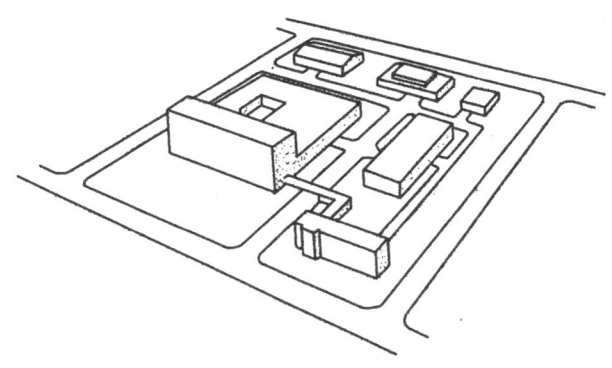

图 20-28　建筑体型与外部空间的呼应

图 20-29 为莫斯科压力计仪表厂，它位于城市三角地带，考虑与周围环境配合而产生的体形变化。

屋顶上部的水箱间、休息活动空间所需的构件在体型组合中心占有一定的地位。

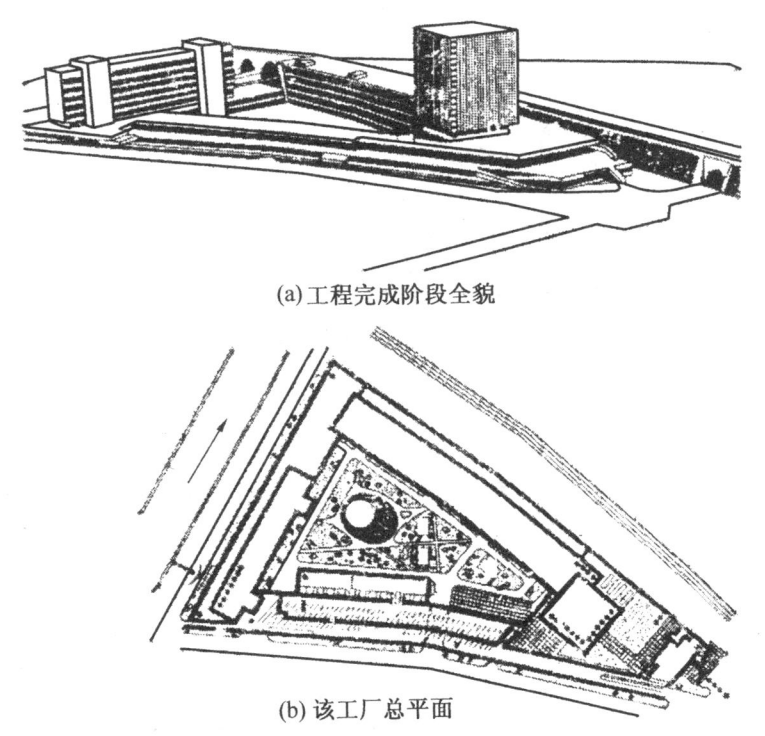

(a) 工程完成阶段全貌

(b) 该工厂总平面

图 20-29　莫斯科压力计仪表厂

20.4.2　墙面处理

多层厂房墙面处理是在体型设计的基础上进行的，它是立面设计的重要部分。

20.4.2.1 采光通风的影响

不同的生产工艺对采光通风有着不同的要求,因此对墙面甚至屋顶上部的处理影响较大。

一些精密性生产的工厂,因其加工的部件精密度高,天然采光标准为Ⅰ、Ⅱ级,需在明亮的环境中进行生产,一般在墙面上开设大片玻璃窗。图 20-30 为哈尔滨手表厂主厂房的墙面处理,大片的带形窗满足了车间采光要求,立面取得了较好效果。

图 20-30 哈尔滨手表厂主厂房

有的厂房为了争取窗子的好朝向,将侧窗设计成锯齿形。图 20-31 所示为锯齿形侧窗的某电器厂,立面形象新颖、生动活泼。

图 20-31 某电器厂的锯齿形侧窗

为了避免强烈的阳光射入车间,产生眩光,经常采用设置水平或垂直遮阳板的措施,它丰富了厂房立面造型。图 20-32 所示为云南电子设备厂主厂房,在首层设置了垂直遮阳板,以上各层设了水平遮阳板。图 20-33 所示为中国唱片厂压片车间,它采用了水平横向遮阳板的处理方式,遮阳板的布置方式不同,产生了不同的立面效果。

要求空调的密闭厂房,经常有大片的实墙面,如图 20-34 所示为某电影片洗印厂染印车间。在这类厂房中,即使开窗,也仅是为了适应工人的生活习惯而开的小面积"心理窗"。又如一些多层

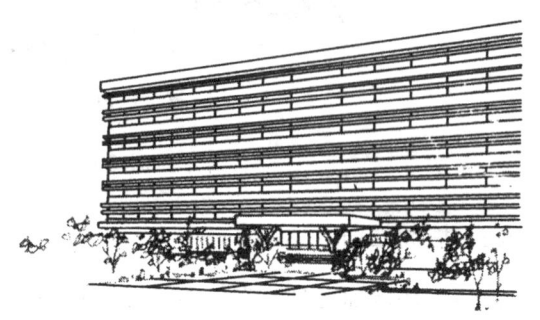

图 20-32 云南电子设备厂主厂房

仓库，采光要求低，在使用时还需要留有比较多的实墙面以存放货物和排列货架，一般用高窗解决采光的需要，如图20‑35所示为某烟草仓库，它的墙面处理另有特色。

图20‑33 中国唱片厂压片车间

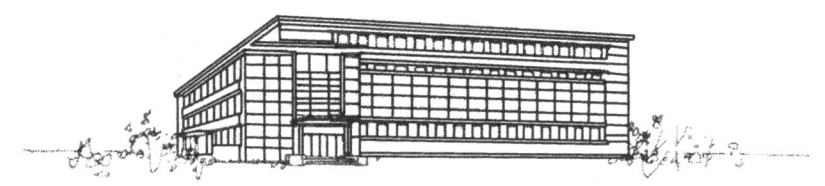

图20‑34 某电影片洗印厂染印车间

图20‑35 烟草仓库的立面处理

20.4.2.2 结构、材料等技术条件的影响

墙面结构与型式有着密切的联系。多层厂房大多为框架结构，梁柱与墙体、窗面的相互位置不同，立面造型亦有所不同。图20‑36为一暴露框架结构的实例。有些厂房柱子突出于墙面以获得挺拔的竖向划分，如图20‑37所示。

图20‑38为某制药厂透视图，顶层为悬挑的结构，立面随着结构形式的改变而出现了比较活泼、别具一格的立面造型。

处理墙面经常以不同建筑材料的质感和色彩来丰富立面造型，如砖墙、粉刷饰面、板

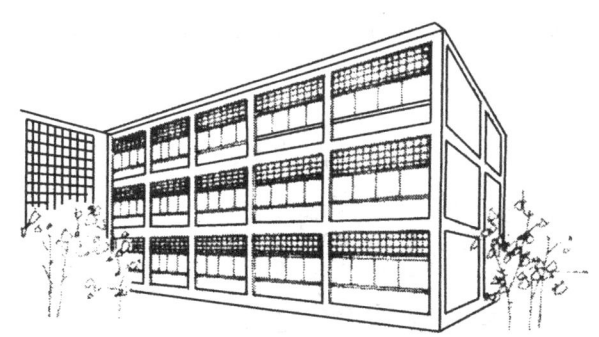

图 20-36 暴露框架的多层厂房实例

图 20-37 柱子凸出墙面的北京照相机厂生产车间

图 20-38 制药厂透视

材、玻璃、砌块等。图 20-39 为一漂染工厂的局部立面。为了使车间获得扩散光，厂房采用大片空心玻璃砖做墙面，并设部分可开启的玻璃窗，用以解决厂房的通风。玻璃砖半透明的质感，与透明的玻璃窗，大小、形状都形成强烈的对比，使人感到清新简洁，富于变化，它们又同端部的实墙面形成虚实对比，是墙面处理得比较好的实例。

20.4.2.3 门窗组合方式的影响

门窗组合的形式、比例是墙面处理时应注意推敲的问题。图 20-39 的例子已说明它的影响。多层厂房的墙面划分结合门窗组合形式可有垂直、水平、混合式。但无论采

图 20-39 漂染上浆车间局部立面

用哪种划分方式，窗子形式都不宜太多，以免墙面处理繁琐复杂。

水平划分一般是用墙体连系梁，带形窗、窗台板、遮阳板等构配件以及不同的建筑材料或线条组成的。图20-40为某电影机械厂联合车间，是用遮阳板构成的水平划分；图20-30则是水平带形"通长"窗方案，水平划分令人感到舒展、大方简洁。

图20-40　某电影机械厂联合车间

垂直划分的墙面不仅可用布置在墙体外侧的框架柱实现，也可用窗面变化、竖向遮阳板或砖砌竖向线条形成。图20-31及图20-38是这类例子。图20-37及图20-41均是利用框架柱形成的竖向划分，图20-42是利用竖向遮阳板形成的竖向划分。高耸部分的长边侧是水平遮阳板，做法结合了朝向要求。竖向划分高耸挺拔，当拟表现厂房的宏伟或高大时，竖向划分容易获得较好效果。

图20-41　上海无线电十八厂装配大楼

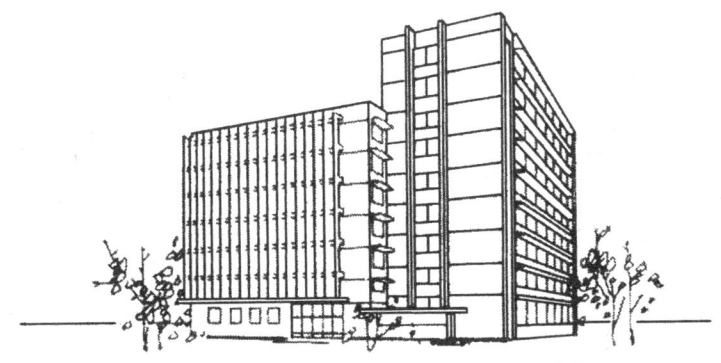

图20-42　上海广播器材厂彩色电视机车间

混合划分形式既有横向线条又有竖向线条，是二者交织形成的。可以用横向和竖向遮阳板组合（图 20-42、图 20-44），也可用柱及连系梁等其他方式组合（图 20-38、图 20-43）。

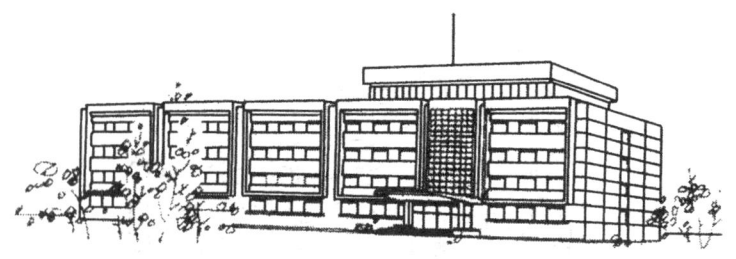

图 20-43　苏州手表厂

图 20-44　国外某打字机厂

20.4.3　重点处理

多层厂房的体型与墙面设计以及门窗组合趋向于简洁规整。为了避免呆板单调，常采用楼、电梯构件有规律地凸出于墙面的手法，强调节奏感，使立面统一而又活泼，富于变化。图 20-45 所示为斯德哥尔摩埃利克松电话设备厂，它利用两个圆形楼梯间凸出于墙

图 20-45　斯德哥尔摩埃利克松电话设备厂

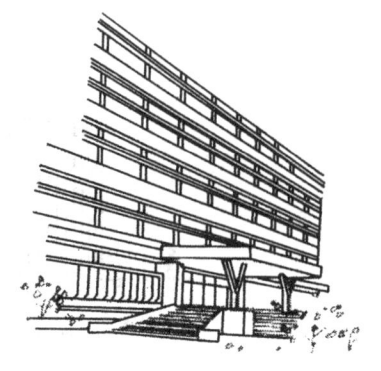

图 20-46　云南电子设备厂主要出入口

面的方法，打破了单调的条形立面处理，从而获得比较生动的效果。也可将布置在侧面的生活辅助用房的窗面与车间外墙窗面做不同的处理。

此外，为了丰富立面造型，常在楼、电梯及厂房出入口处进行重点处理。在这些部位可用雨罩、门斗、柱廊等建筑构件的凹凸的体形变化，或以线角，或以不同的建筑材料的质感和色彩加以强调，打破单一的门窗组合形式而引人注目。图 20-46 为云南电子设备厂的主要出入口，它以粗壮的 Y 形柱和凸出于厂房平面的门廊而引人注目，该主要入口与门前的步阶、花坛绿化配合，显得别有情趣。

图 20-47 为常州半导体厂，它以悬挑的二层工业电视控制室强调了主要出入口。

图 20-47 常州半导体厂

图 20-48 为赫尔辛基一酒厂，它利用楼梯间体形变化，玻璃窗面与墙面的虚实对比，使建筑立面在统一中求得变化。

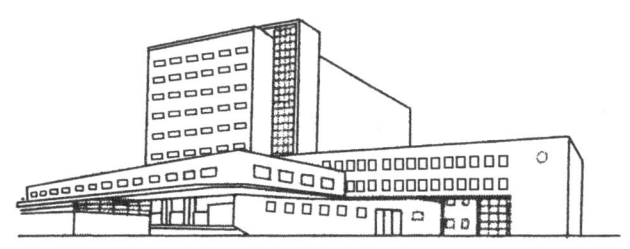

图 20-48 赫尔辛基国营酒厂

参 考 文 献

1 刘敦桢. 中国古代建筑史 [M]. 北京：中国建筑工业出版社，1980.
2 陈志华. 外国建筑史 [M]. 北京：中国建筑工业出版社，1979.
3 罗小未. 外国建筑历史图说 [M]. 上海：同济大学出版社，1986.
4 刘文锋. 建设法规概念 [M]. 北京：高等教育出版社，2004.
5 建设部工程质量安全监督与行业发展司. 全国民用建筑工程设计技术措施规划·建筑 [M]. 北京：中国建筑工业出版社，2003.
6 《民用建筑设计通则》、《屋面工程技术规范》、《地下工程防火技术规范》、《建筑设计防火规范》、《高层建筑设计防火规范》、《建筑装饰工程施工及验收规范》、《洁净厂房设计规范》等有关最新版本规范. 北京：中国建筑工业出版社.
7 全国城市规划执业制度管理委员会. 城市规划务实 [M]. 北京：中国建筑工业出版社，2000.
8 建筑设计资料集（1~8）[M]. 北京：中国建筑工业出版社，2002.
9 王建国. 城市设计 [M]. 南京：东南大学出版社，2000.
10 洪铁城. 城市规划100问 [M]. 北京：中国建筑工业出版社，2005.
11 彭一刚. 建筑空间组合论 [M]（第2版）. 北京：中国建筑工业出版社，1998.
12 刘建荣. 高层建筑设计与技术 [M]. 北京：中国建筑工业出版社，2005.
13 李必瑜. 房屋建筑学 [M]. 武汉：武汉工业大学出版社，2000.
14 傅信祁，广士奎. 房屋建筑学 [M]. 北京：中国建筑工业出版社，1997.
15 韩建新，刘广洁. 建筑装饰构造 [M]. 北京：中国建筑工业出版社，2004.
16 李必瑜，魏宏杨. 建筑构造 上册（第三版）[M]. 北京：中国建筑工业出版社，2005.
17 刘建荣，翁季. 建筑构造 下册（第三版）[M]. 北京：中国建筑工业出版社，2005.
18 颜宏亮. 建筑构造设计 [M]. 上海：同济大学出版社，1998.
19 刘昭如. 建筑构造设计基础 [M]. 上海：同济大学出版社，2000.
20 朱德本. 当代工业建筑 [M]. 北京：中国建筑工业出版社，1996.
21 哈尔滨建筑工程学院. 工业建筑设计原理 [M]. 北京：中国建筑工业出版社，1998.
22 陈霖新. 洁净厂房的设计与施工 [M]. 北京：化学工业出版社，2003.